Erich Becker-Boost
Ernst Fiala

Wachstum ohne Grenzen

Globaler Wohlstand durch nachhaltiges Wirtschaften

SpringerWienNewYork

Erich Becker-Boost
Frankfurt/Main

Ernst Fiala
Wien

Printed in Austria

Satz: Composition & Design Services, Minsk 220027, Belarus
Druck- und Bindearbeiten: Druckerei Theiss GmbH, A-9400 Wolfsberg

Gedruckt auf säurefreiem, chlorfrei gebleichtem Papier – TCF
SPIN: 10767777

Mit 207 Abbildungen

Die Deutsche Bibliothek – CIP-Einheitsaufnahme
Ein Titeldatensatz für diese Publikation ist bei
Der Deutschen Bibliothek erhältlich

ISBN 3-211-83510-5 Springer-Verlag Wien New York

Geleitworte

von

Ricardo Díez-Hochleitner (The Club of Rome)
Heinrich von Pierer (Siemens AG)
Gerhard Randa (Bank Austria AG)
Felix Unger (Europäische Akademie)

Chancen eines Wachstums

In der weitgefächerten und kontroversen Debatte um eine nachhaltige und zukunftsfähige Wirtschaft, die der Menschheit insgesamt Teilhabe am materiellen Wohlstand ermöglicht, setzt dieses Buch kräftige optimistische Akzente. Mit einer Vielzahl von Fakten legt es dar, daß wir dazu über hinreichende Ressourcen und Technologien verfügen. Es gilt diese nur durch eine entsprechende politische Gestaltung der Rahmenbedingungen am Markt zu nutzen.

Damit werden Gedanken aufgegriffen, wie sie im Bericht an den Club of Rome von Ernst Ulrich von Weizsäcker und L. Lovins „Faktor vier: Doppelter Wohlstand – halbierter Naturverbrauch" anklingen, noch stärker bei Franz Lehner und Friedrich Schmidt-Bleek in ihrem Buch „Die Wachstumsmaschine – Der ökonomische Charme der Ökologie" – hier ermöglicht eine Steigerung der Ressourcen-Effizienz die De-materialisierung der Wirtschaft mindestens um den Faktor 10.

Die Autoren dieses Buches untermauern ihre Thesen, die mit ihrer optimistischen Grundhaltung nicht allseitige Zustimmung finden werden, mit umfangreichem Datenmaterial. Die Annahmen, die diesem zugrunde liegen, und die Schlußfolgerungen, die daraus gezogen werden, stehen aber im Raum und sollten zur konstruktiven Kritik anregen.

Unabhängig davon, wie wir das Ressourcen-Potential hinsichtlich seiner Wachstumsverträglichkeit beurteilen, macht dieses Buch deutlich, daß zur Gestaltung einer nachhaltigen Entwicklung vor allem bessere Governance, d. h. eine handlungsfähige Politik auf allen Ebenen, besonders auf der globalen Ebene, unverzichtbar ist. Nicht umsonst steht daher bei unseren Debatten im Club of Rome, welchem Thema diese sich auch im einzelnen widmen, die Frage der Governance im Vordergrund.

Ich hoffe, daß dieses Buch viele Leser findet, zur konstruktiven Kritik und weiterführenden Gedanken Anregung gibt. Es wird unsere Diskussion im Club of Rome beleben.

Ricardo Díez-Hochleitner
Präsident, The Club of Rome

Den Wandel gestalten, Werte bewahren*

Durch die Globalisierung haben sich die Rahmenbedingungen für unternehmerisches Handeln deutlich geändert. Die einzelnen nationalen Märkte wachsen immer mehr zu einem einheitlichen Weltmarkt zusammen, eben zu einem globalen Markt. Das hat zu einer vorher nie da gewesenen Intensität des Wettbewerbs geführt – mit zunehmendem Druck auf Kosten und Preise. Die Geschwindigkeit, mit der sich die Unternehmen im Wettbewerb bewegen müssen, hat sich ganz deutlich erhöht. Produktions- und Entwicklungszeiten haben sich halbiert. Ein technischer Vorsprung, der früher vielleicht eine ganze Generation lang verteidigt werden konnte, geht heute in kurzer Zeit verloren. Ein Internetjahr, so sagt man, dauert nur noch drei Monate. Kapitalströme jagen fast in Sekundenschnelle um die Welt. Jeden Tag werden allein im Inter-Banken-Handel mit Devisen mehr als 1500 Milliarden Dollar umgesetzt. Das sind 5 Prozent des jährlichen Bruttoinlandsprodukts weltweit.

Vor diesem Hintergrund ist die Frage berechtigt: Sind die Normen und Werte der Unternehmen, die ja unter dem Vorzeichen der Nationalökonomie entstanden sind, für diese globale Wirtschaft noch brauchbar und ausreichend? Oder brauchen wir einen Wandel in der Unternehmenskultur? Siemens hat für das Unternehmen und seine 400.000 Mitarbeiter ein Leitbild definiert, das Ausdruck unserer gemeinsamen Wertvorstellungen ist. Es ist das Ergebnis einer Befragung unserer Mitarbeiter in 190 Ländern der Erde und umfasst sieben Leitsätze, die festhalten, welche Werte uns wichtig sind und worauf es uns beim Kulturwandel ankommt.

Unser erster Leitsatz lautet „Der Kunde bestimmt unser Handeln" – ohne zufriedene Kunden ist unternehmerischer Erfolg nicht möglich. Unsere Kunden kaufen keine Technik um der Technik willen. Sie wollen mit unseren Produkten und Dienstleistungen ihren eigenen Geschäftserfolg verstärken. Sie wollen ihre Ziele schneller, besser und kostengünstiger erreichen. Oder sie wollen im privaten Bereich mehr Lebensqualität und Komfort. Für uns bedeutet das: Wir müssen in den Anforderungen unserer Kunden und manchmal sogar in den Anforderungen der Kunden unserer Kunden denken. Es geht nicht um das technisch Machbare, sondern allein darum, was der Kunde

---

* Zusammenfassung des am 25. November 1999 in Wien gehaltenen Vortrags anlässlich der Eröffnung der Annual Conference 1999 des Club of Rome.

haben will und zu bezahlen bereit ist. Andererseits darf man die Menschen auch nicht zu sehr bremsen in ihrem Einfallsreichtum und ihrer Kreativität, weil sonst vielleicht wichtige Innovationen auf der Strecke bleiben.

Innovationen sind ein Schlüssel zum Erfolg im globalen Wettbewerb, und deshalb lautet unser zweiter Leitsatz: „Unsere Innovationen gestalten die Zukunft". Europa wird auch in Zukunft ein Standort mit hohen Löhnen, hohen Kosten, hohen Umwelt- und Sozialstandards bleiben. Aber auch wir müssen einen Vorteil haben im internationalen Wettbewerb. Wenn es nicht die bessere Kostenposition ist, dann kann es nur dadurch sein, dass wir bessere Produkte und bessere Dienstleistungen anbieten und dass wir sie schneller auf den Markt bringen. Das geht nur, wenn wir einen Vorsprung durch Innovationen erreichen und halten.

Ein ausreichendes F&E-Budget ist dafür die Grundvoraussetzung. Das allein reicht aber nicht aus. Denn Innovationen entstehen immer in den Köpfen von Menschen, die sicherlich eine gute Ausbildung brauchen, die aber vor allem in einem Umfeld leben müssen, das Kreativität fördert.

Innovativ zu sein, heißt nicht nur, neue Produkte zu entwickeln. Wettbewerbsentscheidend ist immer stärker die Verbindung von technischen Innovationen und innovativen Dienstleistungen – vom Consulting bis zu Outsourcing-Projekten für komplette Geschäftsprozesse. Gerade auf diesem Gebiet sehen wir ein enormes Wachstumspotential – und damit verbunden auch die Möglichkeit, Arbeitsplätze zu schaffen.

Innovation heißt auch, auf einen schonenden Umgang mit der Umwelt zu achten. So entwickeln wir zum Beispiel gemeinsam mit Shell ein Brennstoffzellen-Kraftwerk, das mit Erdgas arbeitet und so gut wie keine Emissionen an die Atmosphäre abgibt. Oder: Neue Elektromotoren senken die Verlustleistung um bis zu 40 Prozent und brauchen dadurch deutlich weniger Energie. Oder: Ein neues Recyclingkonzept sorgt dafür, dass alle von uns hergestellten Lampentypen vollständig aufbereitet werden können und kein Restmüll mehr entsorgt werden muss.

Natürlich rede ich keiner blinden Technik-Gläubigkeit das Wort. Wir wissen: Technik birgt auch Risiken, und diese Risiken müssen beherrschbar gemacht werden. Denn nur so ist nachhaltiger Fortschritt durch Technik möglich. Auch das geht nur mit Innovationen. Deswegen ist die Frage, wie aufgeschlossen unsere Gesellschaft modernen Technologien gegenübersteht, von zentraler Bedeutung für unsere Zukunftsfähigkeit. Dass es hier noch Verbesserungspotenzial gibt, zeigt sich aktuell in der Diskussion um die Nutzung der Kernenergie. Ich bin der festen Überzeugung, dass wir angesichts des weltweit steigenden Energiebedarfs auf absehbare Zeit nicht auf die Nutzung der Kernenergie verzichten können. Das gilt auch und gerade unter dem Aspekt des Klimaschutzes. Denn die sogenannten Industrienationen haben nicht das Recht, den Entwicklungs- und Schwellenländern einen geringeren Energieverbrauch nahe zu legen oder gar vorzuschreiben, nur damit ihr eigener vielfach höherer Verbrauch weiter wachsen kann.

Innovationen kosten viel Geld. Wir geben bei Siemens zum Beispiel weltweit zehn Milliarden DM pro Jahr für F&E aus. Das sind etwa 7,5 Prozent unseres Umsatzes. Das kann man sich nur leisten, wenn man auch ausreichend viel Geld verdient. Deshalb lautet unser dritter Leitsatz: „Erfolgreich wirtschaften heißt: Wir gewinnen durch Gewinn".

Nur ein wirtschaftlich erfolgreiches Unternehmen hat den finanziellen Spielraum, um in die Zukunft zu investieren – zum Bespiel in F&E. Das ist aber die Voraussetzung dafür, um den Mitarbeitern auf Dauer sichere Arbeitsplätze bieten zu können. Nur wer nicht ständig um seinen Arbeitsplatz bangen muss, wird mit Freude und Motivation bei der Sache sein. Ohne motivierte Mitarbeiter gibt es aber ganz bestimmt keinen wirtschaftlichen Erfolg. Wirtschaftlicher Erfolg und sichere Arbeitsplätze sind also keine Gegensätze, sondern zwei Seiten derselben Medaille.

Für eine erfolgreiche Unternehmensführung ist es entscheidend, dass die Mitarbeiter mitziehen. Deshalb brauchen wir eine Unternehmenskultur, in der sich die Mitarbeiter einerseits eingebunden und andererseits gefordert fühlen. Unser vierter Leitsatz bringt das auf den Punkt: „Spitzenleistungen erreichen wir durch exzellente Führung". Die Mitarbeiter erwarten heute zu recht, dass sie über wesentliche Vorgänge im Unternehmen frühzeitig und umfassend informiert werden. Wir bauen Hierarchien ab und fördern Eigenverantwortlichkeit und unternehmerisches Denken auch auf unteren Ebenen.

Mit der zunehmenden Bedeutung von Wissen als Produktions- und Wettbewerbsfaktor befassen sich unser fünfter und sechster Leitsatz: „Durch Lernen werden wir immer besser" und „Unsere Zusammenarbeit kennt keine Grenzen".

In einem so großen Unternehmen wie dem unseren steckt ein enormes Wissenspotenzial. Um das prinzipiell verfügbare Wissen auch tatsächlich wirtschaftlich zu nutzen, müssen mehrere Voraussetzungen erfüllt sein. Erstens ist eine umfassende Dokumentation notwendig. Das Wissen liegt ja zunächst nur in den Köpfen der Mitarbeiter. Zweitens benötigt man im Unternehmen die technische Basis, also ein Corporate Network oder Intranet, um das dokumentierte Wissen überall online abrufbar zu haben. Vor allem aber muss man drittens die Menschen im Unternehmen dazu bewegen, etwas voneinander anzunehmen, zu lernen, und ihr Wissen zu teilen. In jedem Unternehmen gibt es noch genügend Menschen, die nicht über ihren Gartenzaun schauen und nicht bereit sind, von anderen etwas anzunehmen. Und es gibt andere, die ihr Wissen auch nicht freiwillig teilen – ganz nach dem Motto, dass Wissen eben auch Herrschaftswissen ist und Macht gibt.

Wir haben deshalb den Austausch von Erfahrung und Know-how neu organisiert. Wir wollen zu einem lernenden Unternehmen werden. Das heißt: Ein Unternehmen, das von außen lernt durch *benchmarking* – also den ständigen Vergleich mit unseren besten Konkurrenten. Und das auch intern lernt durch *best practice sharing*, also intern die besten Leistungen für alle zum Vorbild macht.

Unternehmerisches Handeln ist immer eingebunden in die Gesellschaft und damit auch in deren Normen und Werte. Diese Werte respektieren, fördern und leben wir. Wir wollen in allen 190 Ländern der Erde, in denen wir unternehmerisch tätig sind, ein anerkanntes Mitglied der Gesellschaft sein. Unser siebter Leitsatz heißt daher: „Wir tragen gesellschaftliche Verantwortung". Wir nehmen Verantwortung u. a. durch Ausbildung und lokale Wertschöpfung wahr. Mit unserem Wissen und unseren Lösungen wollen wir einen Beitrag leisten zum Fortschritt und damit zu einer besseren Welt.

Über unserem Betätigungsfeld steht in der nüchternen Sprache der Ingenieure die Überschrift „Elektrotechnik und Elektronik". Ebenso gut können wir bei unserem Leistungsspektrum auch in der Neusprache von „Life Technologies" sprechen. Denn mit unseren Technologien tragen wir mit dazu bei, privates und öffentliches Leben zu gestalten und zu vereinfachen – durch medizinische Geräte, moderne Verkehrssysteme, Telefonnetze, Mobilfunk oder durch Energieversorgung.

Der Aufbau moderner Infrastruktur ist außerdem immer auch verbunden mit dem Transfer von Technologie und Know-how. Dieser Prozess verringert den Abstand im Wohlstand zwischen Schwellen- und Industrieländern. Er hilft aufstrebenden Volkswirtschaften sich von Lowtech- zu Hightech-Ländern zu entwickeln und stärkt so ihre Position im globalen Wettbewerb.

Nur wenn wir uns vor Ort engagieren, haben wir die Chance, Einfluss zu nehmen und mitzugestalten. Wir helfen mit, die Lebensbedingungen der Menschen zu verbessern. Und bessere Lebensverhältnisse für die Menschen fördern auch den Demokratisierungsprozess und die Achtung der Menschenrechte in diesen Ländern. Es ist eine belegte Erfahrung aus der Geschichte, dass die politischen Freiheiten den wirtschaftlichen Freiheiten folgen.

Die Globalisierung und ihre Auswirkungen verlangen von uns allen und speziell auch von den Unternehmen ein hohes Maß an Flexibilität und Veränderungsbereitschaft. Globalisierung bedeutet weltweiten Wettbewerb, der an Schärfe ständig zunimmt. Das ist aber kein Nullsummenspiel, bei dem nur zu gewinnen wäre, was andere verlieren. Der englische Nationalökonom David Ricardo hat in seinen berühmten „Principles of Political Economy and Taxation" bereits 1817 nachgewiesen, dass *alle* Partner durch Außenhandel ihren Wohlstand verbessern können, wenn sie ihre komparativen Vorteile nutzen. Dieses Prinzip gilt auch unter dem Vorzeichen der Globalisierung. Also kein Nullsummenspiel, sondern ein Gewinn für alle.

Dr. Heinrich v. Pierer
Vorsitzender des Vorstands der Siemens AG

Vorsichtiger Optimismus

Im vorliegenden Buch wird die Frage gestellt, ob es naturgegebene Grenzen für das Wachstum der Wirtschaft und damit des Wohlstands der Menschen gibt. Das Buch fragt aber nicht nur, es stellt auch Antworten zur Diskussion.

Ich begrüße diese Neuaufnahme der Diskussion über die „Grenzen des Wachstums", die sich von Anfang an – also seit etwa dreißig Jahren – durch die Arbeiten des Club of Rome gezogen hat.

Der Club of Rome hat eine globale und langfristige Weltsicht. Er will international und unabhängig wesentliche Probleme der Menschheit frühzeitig erkennen und identifizieren sowie als notwendig erkannte Veränderungen beschleunigen. Lösungsansätze für aktuelle Probleme sollen erarbeitet werden, die weder von kurzfristigen ökonomisch-finanziellen Interessen noch von politisch bedingten Zwängen (denen relativ kurzfristig agierende Regierungen ausgesetzt sind) beeinflusst werden. Schwerpunktthemen des Clubs – wie sie z. B. auf der Annual Conference 1999 in Wien dargestellt wurden – sind: Nachhaltigkeit, Regierungsfähigkeit („globale Governance"), Friede und Sicherheit, Umwelt, Ernährung, Zukunft der Arbeit und gesellschaftliche und kulturelle Aspekte des Informationszeitalters.

Das vorliegende Buch spricht alle diese Themen an.

Es soll der Wahrheitsfindung dienen. Die dafür angewandten Methoden und das entwickelte Weltmodell bauen auf naturwissenschaftlichen Denk- und Rechenmethoden auf und vermeiden Trendanalysen und ähnliche Voraussagen über die Zukunft. Erst recht werden keine vorgefassten Schlussfolgerungen präsentiert, die auf unbewiesenen Annahmen beruhen (englisch treffender mit „preconceived conclusions based on unwarrented assumptions" ausgedrückt). Diese Denkweise schließt auch die weit verbreiteten Vorurteile gegen den wissenschaftlich-technischen Fortschritt aus. Sie fußt aber sehr wohl auf der Erkenntnis, dass ein langfristiges Wachstum der Wirtschaft und des Wohlstandes die Interessen der Umwelt und der künftigen Generationen der Menschheit in angemessener Weise – allerdings ohne Hysterie – berücksichtigen muss. In dieser Hinsicht schließt das Buch eher an den Bericht von Lovin und von Weizsäcker „Faktor Vier" an als an frühe überzogene Warnungen vor dem Ende aller Ressourcen. Es hat eine positive Grundhaltung: Nicht skeptischer Pessimismus über die Zukunft der Welt herrscht vor, sondern vorsichtiger Optimismus – allerdings nicht in dem Sinne, dass ein Optimist ein schlecht informierter Realist sei. Im Gegenteil – das Buch versucht mit umfangreicher Information den Optimismus zu begründen.

Das Buch ist das Werk von zwei Mitgliedern des Austrian Chapters des Club of Rome. Die Autoren haben jahrzehntelang in der Wirtschaft, an Universitäten und in internationalen Organisationen an maßgebender Stelle gewirkt und einen anerkannten Beitrag zur Entwicklung der Wirtschaft, der Technik und der Umwelt geleistet. Die Ergebnisse des Buches wurden auf der Annual Conference des Internationalen Club of Rome im November 1999 vorgetragen.

Ich wünsche dem Buch eine weite Verbreitung und damit den Beginn einer neuerlichen Diskussion darüber, in welchem Umfang die Wirtschaftsleistung den Wohlstand der Menschen bedingt.

Dkfm. Gerhard Randa,
Generaldirektor, Vorsitzender des Vorstandes
der *Bank Austria AG*

Nüchterne Reflexion

Der Bericht „Limits of Growth" an den Club of Rome hat vor 30 Jahren der wirtschaftlichen Entwicklung einen anhaltenden Input gegeben. Sie müsse sich in die Homöostase der globalen Evolution einfügen, nach den Quellen des Wachstums fragen und Folgen der durch sie bewirkten Veränderungen berücksichtigen. Das progressive Wachstum der Bevölkerung und der Wirtschaft müsse die begrenzten Ressourcen als Lebensgrundlage aller kommenden Generationen versiegen lassen.

Die Berichte an den Club of Rome haben versucht, die Grenzen aufzuzeigen und Reichweiten zu nennen, innerhalb derer eine nachhaltige Entwicklung der Wirtschaft möglich ist. Besonders wurden Bilder der Finalität an die Wand gemalt, ausgelöst durch explosives Bevölkerungswachstum, das Zuendegehen der Ressourcen und irreparable Umweltschäden. Die Welt werde sich ihrem Ende zuneigen. Von diesen pessimistischen Prognosen sind dreißig Jahre später nicht alle eingetreten. Das progressive Bevölkerungswachstum ist linear verlaufen, die Ressourcen sind nicht zu Ende, Luft und Gewässer werden in industrialisierten Ländern wieder sauberer.

Es ist daher angesagt, neue Untersuchungen über die Notwendigkeit, die Zweckmäßigkeit und die Möglichkeiten zukünftigen Wirtschaftswachstums zu beginnen. Den pessimistischen Aussagen sind realistische gegenüberzustellen. Nur im Spannungsfeld konträrer Aussagen kann die Annäherung an die Realität erfolgen. Die heuchlerische Polarität, in der sich einerseits Politiker und Wirtschaftstreibende um eine Zunahme der wirtschaftlichen Aktivitäten bemühen und andererseits weltabgewandte Gutmeinende eben diese für böse erklären, ist sinnlos und unmoralisch.

Dieses Buch ist dem Club of Rome auf Anregung von dessen Austrian Chapter vorgelegt worden. Es hat sich zur Aufgabe gemacht, gediegene Unterlagen für eine emotionslose und realitätsbezogene Diskussionsbasis zu schaffen. Den beiden Verfassern, Erich Becker-Boost und Ernst Fiala, ist für diese gelungene Grundlage herzlich zu danken.

Prof. Dr. Dr. h.c. Felix Unger
Präsident der Europäischen Akademie
der Wissenschaften und der Künste

Vorwort der Autoren

In einer Zeit progressiver Zunahme von Bevölkerungszahl, Material- und Energiebedarf und Belastung der Sphären einerseits sowie des progressiven Rückgangs der Zahl der Arten und Individuen frei lebender Tiere und Pflanzen andererseits ist die Frage nach der zukünftigen Entwicklung angebracht. Progressive Veränderungen erschrecken uns, weil ihr Ende nicht absehbar ist. Wir wollen den Endpunkt der Entwicklung kennen oder zumindest den Wendepunkt der S-Kurve, an dem das progressive in ein degressives Wachstum übergeht. Erst dann kann der Zustand eingeschätzt werden, der sich nachhaltig ergibt.

Der Club of Rome hat die Sorge um die weitere Evolution menschlicher Aktivitäten zum Gegenstand seiner Untersuchungen gemacht. Aus ihnen folgt die Warnung vor einer ungezügelten Zunahme dieser Aktivitäten, der Hinweis auf begrenzte Ressourcen und Abbaukapazitäten der Sphären, auf ökologische und soziale Probleme, die eine nachhaltige Bewirtschaftung der Erde zunichte machen könnten. Der überwältigende Einfluss, den die Ideen des Clubs of Rome auf Denkweise und politisches Verhalten genommen haben, beweist, wie notwendig diese Aussagen waren.

Mit fortschreitender Zeit weicht aber die reale Entwicklung von jeder Prognose ab. Es ist eine fortwährende Anpassung der Aussagen notwendig, wenn jeweils die bestmögliche Prognose geliefert werden soll. Am deutlichsten wird die Notwendigkeit der Anpassung bei konkreten Zahlen: für die meisten Rohstoffe und Energieträger nimmt die nominelle Reichweite immer weiter zu, die Konzentration vieler Schadstoffe in den Gewässern und in der Luft nehmen wieder ab.

Dieses Buch versucht das alte Bild einer geplünderten Erde durch ein neues zu ersetzen, in dem technische Materialkreisläufe eingerichtet werden, die innerhalb der natürlichen nachhaltig bestehen können. Auf diese Weise werden die materiellen Kreisläufe gewissermaßen unerschöpflich, weil nur der kleine Teil des unwiederbringlich Verlorenen ersetzt werden muss und die moderne Technik auf keine bestimmten Rohstoffe angewiesen ist, reichlich vorhandenes Material ersatzweise verwenden kann. Die Nutzung fossiler Energie versetzt uns in die Lage, die zukünftige Versorgung mit nachhaltiger Energie zu entwickeln. Die Rückkehr in den Stoff- und Energiekreislauf der

Natur bedeutet nicht eine Begrenzung der Wirtschaft, sondern im Gegenteil eine gewaltige Erweiterung. Wir können mit Zuversicht einer Welt von morgen entgegengehen, in der mehr Menschen besser leben können. Diese Welt entsteht nicht durch Passivität und Bedauern, sondern durch zielgerichtetes Handeln.

Die Wirtschaft *muss* weiter wachsen, solange
- die Zahl der Menschen größer wird, und
- fortwährende Rationalisierung Arbeitskräfte freisetzt.

Die Bevölkerungszahl ist letztlich die einzig kritische Größe. Bisher hat sich in allen Ländern ein enger Zusammenhang zwischen Bevölkerungswachstum und Wirtschaftsleistung gezeigt. Allein eine bestimmte Wirtschaftsleistung pro Kopf, genauer: die mit ihr zusammenhängenden Kenngrößen wie Bildung, Emanzipation der Frau usw, führt zum Ende des Bevölkerungswachstums. Besonders aus diesem Grund muss die Wirtschaft global weiter wachsen.

Wir können nicht gleichzeitig das Wachstum der Wirtschaft begrenzen, in den Industrieländern neue Arbeitsplätze schaffen und in den Entwicklungsländern die Armut beenden.

Das Brutto-Inlandsprodukt ist eine Messgröße für die Wirtschaftsleistung, für materiellen Wohlstand – aber nicht für Glück und Wohlbefinden.

Die Wirtschaft *kann* weiter wachsen, weil wir vollständig in den Material- und Energiekreislauf der Natur zurückkehren können. Wir *ver*brauchen weder Material noch Energie, wir *ge*brauchen sie nur. Wir geben fast alles wieder zurück. Wir füllen den technischen Materialkreislauf für immer wieder neue Verwendung, wir sammeln kurzwellige Strahlung und geben langwellige zurück, wandeln Licht in Wärme und gewinnen daraus die notwendige Energie. Wir können genug Land für alle anderen Lebensformen lassen, wenn sich nur die Bevölkerungszahl stabilisiert. Wir können die Belastung der Umwelt in Grenzen halten.

Das Zeitgeschehen erklärt vielfach Pessimismus zur Tugend. Darin folgt es alter Tradition, nach der die Menschen von Göttern abstammen, ein Abstieg der Kultur stattfindet. Tatsächlich sind wir aber von unseren tierischen Vorfahren aufgestiegen. Glaube, Hoffnung und Liebe sind die Tugenden abendländischer Kultur, nicht Pessimismus. Wir sollten bescheiden unser Verstehen der Zusammenhänge beurteilen und mit Zuversicht das Morgen erwarten.

Die Autoren bedanken sich auch an dieser Stelle für die Förderung des Buches durch Mitglieder des Internationalen Club of Rome, insbesondere durch ihren Präsidenten Ricardo Díez-Hochleitner, und die Diskussionen im Austrian Chapter, sowie bei der Siemens AG und der Bank Austria AG für materielle Unterstützung, und der CDI-AMandA in Wien für Hilfe bei Büroarbeiten. Vor allem aber schulden sie dem Springer-Verlag Wien New York für die Publikation dieses Buches und dessen ansprechende Gestaltung Dank.

Erich Becker-Boost
Ernst Fiala

PS:
Der Titel dieses Buches spricht von „nachhaltigem" Wachstum und verwendet damit ein weit verbreitetes, wenn auch falsch gebrauchtes Wort. H. Rosenau (NZZ, 8. 2. 1999) schreibt von dem „Übersetzungsfehler des Jahrhunderts": Spätestens seit der Weltklimakonferenz 1992 in Rio werde der Begriff „sustainable development" im offiziellen Deutsch falsch übersetzt mit „nachhaltige Entwicklung". Der Wortsinn von „sustainable" ist „aufrechterhaltbar, durchhaltbar oder dauerhaft". „Aufrechterhaltbares Wirtschaften" wäre also richtig, klingt aber hölzern und ungewohnt. „Nachhaltig" bedeutet wirksam, unaufhörlich. Während der Ausdruck etwas Positives signalisieren soll, könne dagegen eine nachhaltige Entwicklung äußerst unerwünscht sein. Zum Beispiel die nachhaltige Verkarstung von Mittelmeerländern durch ungebremsten Holzeinschlag. Aus der richtigen Erkenntnis, dass wir nicht mehr Bäume fällen dürfen, als nachwachsen, wurde vor Jahrzehnten der ungenaue Begriff „nachhaltige Forstwirtschaft" geprägt. Aber nachhaltig sei ja auch ein Raubbau, der nur abholzt und nie nachpflanzt. Nachhaltig ist der Maßstab für die *Wirkung* der Entwicklung, „sustainable" dagegen ein Maßstab dafür, was ein *Täter* vermag oder nicht vermag. „Sustainable development" ist eine Entwicklung, die sich der *Täter* auf Dauer leisten kann.

Trotz dieses Wissens um die falsche Übersetzung vermögen die Autoren sich nicht nachhaltig dem Gebrauch des Wortes entgegenzustellen und schließen sich der schreibenden Mehrheit an.

Inhaltsverzeichnis

Abkürzungsverzeichnis

BIP	Bruttoinlandsprodukt
BSP	Bruttosozialprodukt
EU	Europäische Union
GDP	Gross Domestic Product
GNP	Gross National Product
HDI	Human Development Index
HIPC	Heavily Indebted Poor Countries (hochverschuldete arme Länder)
IBRD	Weltbank (International Bank for Reconstruction and Development)
IEA	Internationale Energieagentur
IIASA	Internationales Institut für angewandte Systemanalyse
IMD	Institute for Management Development
IMF	Weltwährungsfonds
ISW	Index of Sustainable Welfare
KKP	Kaufkraftparität (siehe PPP)
MICI	Microeconomic Competitiveness Index (nach M. Porter)
NWR	Nachwachsende Rohstoffe
OECD	Organisation für wirtschaftliche Zusammenarbeit
OPEC	Organisation erdölexportierender Länder
PIMS	Profit Impact of Market Strategy
PPP	Purchasing Power Parity (siehe KKP)
SBIP	Pro-Kopf-BIP
TMR	Total Material Requirement
UNIDO	Industrieentwicklungsorganisation der UN
WTO	World Trade Organisation
WWF	World Wide Fund for Nature

1 Einleitung

Die Ideen des Club of Rome haben das letzte Viertel des ausgegangenen Jahrhunderts geprägt, haben beträchtlichen Einfluss auf Gesellschaft, Politik und Wirtschaft genommen. Meist werden sie als eine Aufforderung zur Mäßigung der wirtschaftlichen Aktivitäten verstanden. Den begrenzten Ressourcen drohe die Erschöpfung, nachhaltiger Einsatz sei im Hinblick auf die Bedürfnisse zukünftiger Generationen angebracht.

Die verschiedenen Berichte des Club of Rome und an den Club of Rome nennen Zahlen für die Reichweite der Ressourcen und die Umweltbelastung, warnen vor einer Überforderung des ökologischen Gleichgewichts. Der erste Bericht an den Club of Rome 1972 „The Limits to Growth" (Meadows)[1] konzentrierte sich auf die Zunahme von Bevölkerung, Ressourcenverbrauch, Umweltbelastung, auf das Wachstum der Wirtschaft insgesamt. Dieses Wachstum sei durch das Versiegen der Rohstoff- und Energievorräte und durch die irreparablen Umweltschäden, die durch dieses Wachstum entstünden, begrenzt. Jan Tinbergen fordert, dass „auch alle künftigen Generationen ... aus den begrenzten Flüssen der irdischen Ressourcen" versorgt und ernährt werden müssen (Geleitwort zu „Die neuen Grenzen des Wachstums" 1992). Im Vorwort der Autoren heißt es dort (S. 12): „Eine lebenswerte Zukunft muss zu einer Epoche des Rückzugs werden, in der man die Aktivitäten zurückfährt und die entstandenen Schäden ausheilen lässt. Es hat sich erwiesen, dass das materielle Wachstum die Armut nicht beseitigen kann. Man muss sie jetzt bekämpfen, während sich die wirtschaftliche Tätigkeit vermindert."

Im Vorwort zu „Mit der Natur rechnen" (1995) fordert Alexander King, Ehrenpräsident des Club of Rome, „sowohl die Zerstörung unserer natürlichen Umwelt als auch die Dimensionen sozialer Faktoren in das System der Volkswirtschaftlichen Gesamtrechnung (VGR) einzubeziehen ... Wenn durch Produktion jedoch Knappheit verursacht und nicht reduziert wird, ist das wirtschaftliche Wachstum negativ einzuschätzen ... Wir können keine nachhaltige Zukunft schaffen, solange wir ... die Erschöpfung und den Zusammenbruch der existierenden Rahmenbedingungen alles Lebens ignorieren und als Fortschritt deklarieren". Im Begleitwort und in der Einleitung meint der Herausgeber des Berichts, dass die Grenzen des Wachstums erreicht

---

1 Quellenangaben finden sich in der Literaturliste, alphabetisch nach Autoren gereiht.

worden seien, ohne dass wir das überhaupt bemerkt hätten, und dass die Welt in den Untergang zu stürzen drohe aufgrund des ungebremsten Bevölkerungswachstums, der ungehinderten industriellen Entwicklung, des Verbrauchs natürlicher Rohstoffe, von Umweltzerstörung und Nahrungsmangel.

Einen verfeinerten Ansatz der „Grenzen des Wachstums" hatten schon 1974 Mesarovic und Pestel vorgelegt, eine kritische Würdigung Bruckmann und Fleissner 1989. Eine Zusammenfassung aller Berichte liefert Streich 1997. Den schärfer werdenden Mahnungen folgt mit dem Bericht an den Club of Rome „Faktor 4: Doppelter Wohlstand – halbierter Naturverbrauch" (1995) von von Weizsäcker und Lovins eine weniger pessimistische Aussage: Der Wohlstand könne auch bei halbem „Naturverbrauch" mit Hilfe einer entsprechend gesteigerten Stoff-, Energie- und Transportproduktivität verdoppelt werden. „Abfall-Lawinen" und „Klimakatastrophe" werden als unverträglich mit einer nachhaltigen Entwicklung dargestellt. Bezüglich der Grenzen des Wachstums heißt es aber da (S. 285): „Einige der für die Studie verwendeten Ausgangsdaten über die Begrenztheit von Rohstoffen stellten sich als falsch heraus. Sie entwarfen ein zu düsteres Bild."

Insgesamt haben die Berichte eine neue Denkweise angestoßen. Wachstum wird kritischer gesehen, auf Nachhaltigkeit geprüft. Die Zunahme der Bevölkerung, der wirtschaftlichen Aktivitäten, des Material- und Energieumsatzes werden differenziert wahrgenommen. Die moralische Kraft der Ideen des Club of Rome wird aber nur dann nachhaltig wirken können, wenn sie sich fortwährend selbst in Frage stellen und nach Perfektion streben, indem sie die jeweils neuesten Erkenntnisse oder auch andere – selbst konträre – Denkergebnisse in die Weiterentwicklung der schon bisher segensreichen Ideen des Club of Rome einbeziehen.

1.1 Sind die Ressourcen erschöpfbar?

Den Autoren des vorliegenden Berichts geht es außer der Eliminierung von falschen Ausgangsdaten vor allem um die Beantwortung anderer, grundsätzlicher Fragen:

1. Das Bild der sich erschöpfenden materiellen Ressourcen kann in der bisher dargestellten Form nicht aufrecht erhalten werden. Vielmehr tritt an die Stelle der Verbrauchswirtschaft (in der fortlaufend der Erde wertvolle Rohstoffe entnommen und Abfall und Müll zurückgegeben werden) eine Kreislaufwirtschaft, in der fast alle gebrauchten Stoffe immer wiederverwendet werden (Abb. 1-1). Das Angebot von Rohstoffen ist größer als die Nachfrage, was sich in fallenden Preisen äußert (Abb. 1-2). Auch ist die Wirtschaft nicht auf bestimmte Rohstoffe angewiesen. Neue Technologien ersetzen knapp werdende Rohstoffe durch solche, die unerschöpflich zur

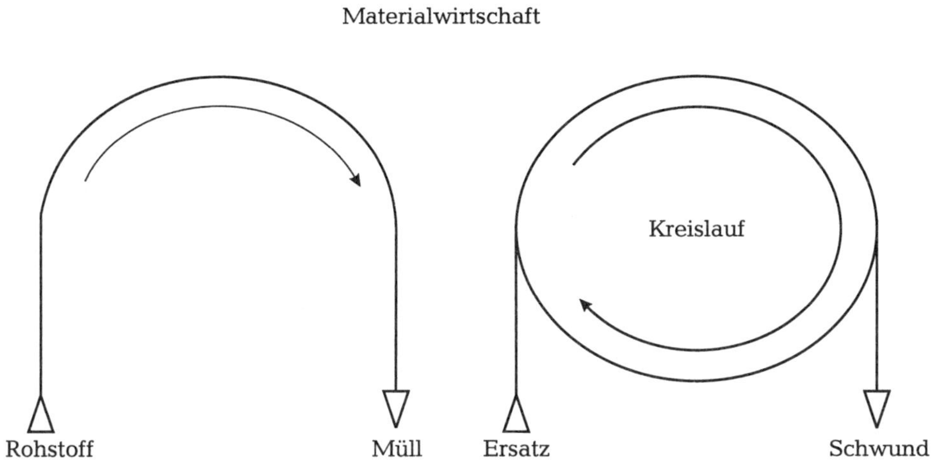

Abb. 1-1. Materialwirtschaft bedeutet nicht länger der Erde unersetzbare Rohstoffe zu entnehmen und wertlosen Müll zurückzugeben (links), sondern das Führen der Werkstoffe im Kreislauf (rechts). Nur was in zu große Verdünnung entschwindet (Abrieb, Auswaschung, Verdampfen) muss ersetzt werden

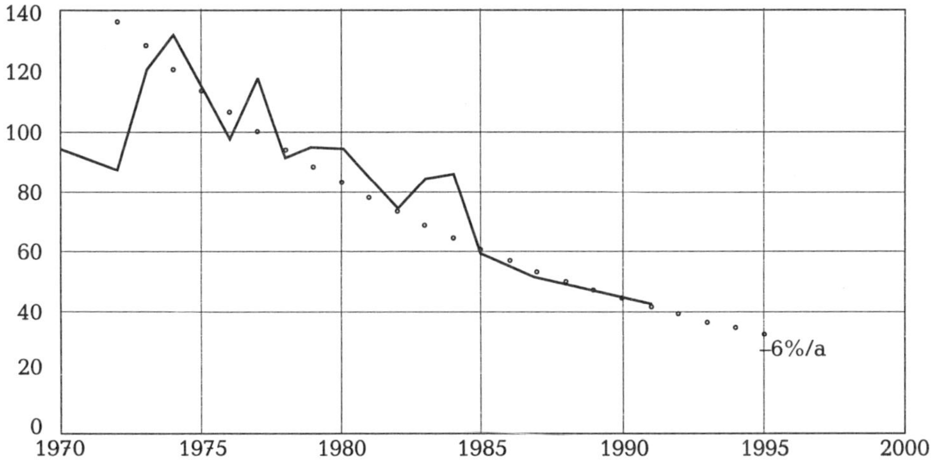

Abb. 1-2. Die auf 1979–1981 indexierten Rohstoffpreise nehmen seither mit etwa 6% pro Jahr ab. Nach Weizsäcker S. 220

Verfügung stehen: z. B. durch Keramik, Kunststoffe und nachwachsende Rohstoffe.

2. Energie gibt es im Überfluss für alle Zeiten. Die Nutzung fossiler Energie kann nur eine kurze Episode der Erdgeschichte sein. Auch die biologische Art Mensch wird sich wieder in den nachhaltigen Energiekreislauf der Natur

einschalten (Abb. 1-3). Für die Produktion unserer Ernährung nutzen wir die Solarstrahlung in einer sehr verschwenderischen Art und Weise: von dem auf 1,5 Milliarden ha Ackerland (10 Prozent der Festlandfläche) fallenden Energiestrom von etwa 1800 Milliarden kW nutzen wir für die Ernährung kaum mehr als 0,05 Prozent (180 W pro Kopf). Insgesamt erreicht aber ein solarer Energiestrom von 90.000 Milliarden kW die Erdoberfläche. (Ein Energiestrom von 1 kW bedeutet 1 kWh/h = 8760 kWh/a.) Das ist 7500 mal so viel wie wir heute an technischer Energie für Landwirtschaft, Industrie, Heizen und Transport brauchen. Ein kleiner Teil der sonst ungenutzten Flächen (Wüsten) sowie lokale Solartechnik (Fassadenvoltaik und Sammler für Niedertemperaturwärme) reichen für eine Versorgung mit Energie aus. Die Transformation von Solarstrahlung in direkt nutzbare Energieformen verspricht Arbeitsplätze für viele Millionen Menschen.

3. Es ist keine Umweltbelastung bekannt, die nicht mit überschaubarem Aufwand abgestellt werden könnte. Schon werden in den industrialisierten Ländern die Gewässer wieder sauberer, geht die Belastung der Luft durch Staub, giftige und kanzerogene Stoffe zurück (Abb. 1-4).
4. Daher gibt es auch keinen Grund, warum nicht alle Menschen einen Lebensstil erreichen sollen, der dem der Bewohner eines heute „reichen Landes" entspricht – mit ausreichender Ernährung, klimatisierter und beleuchteter Wohnung, fließendem Wasser, ärztlicher Versorgung, Bildung, Information und Mobilität, in der Freiheit und sozialen Gerechtigkeit einer demokratischen Regierungsform. Niemals dürfen wir eine Gesellschaft unterschiedlicher Wohlstandsklassen auf Dauer akzeptieren, weder weltweit noch innerhalb der einzelnen Länder oder Regionen.

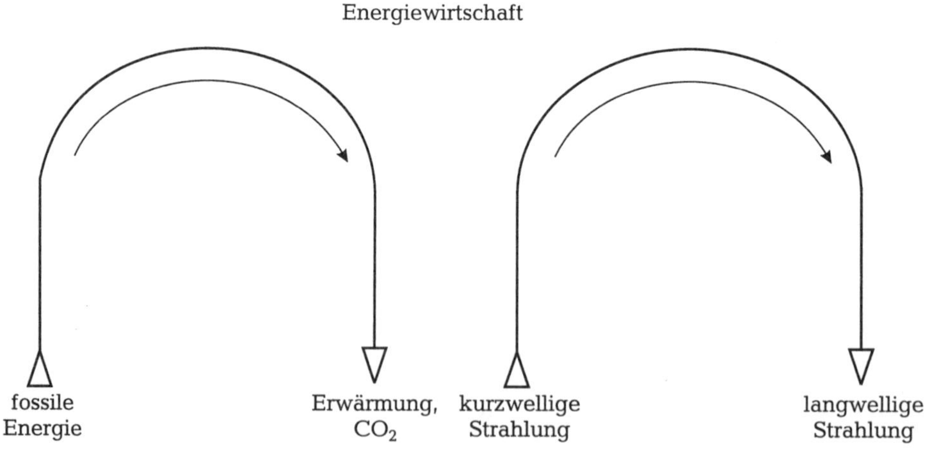

Abb. 1-3. Die Energiewirtschaft verändert ihr Bild: Es wird nicht immer weiter fossil angesparte Energie in Wärme und CO_2 umgewandelt. Vielmehr schalten sich die menschlichen Aktivitäten in den davon unabhängigen Prozess der Umwandlung von kurzwelliger in langwellige Strahlung ein

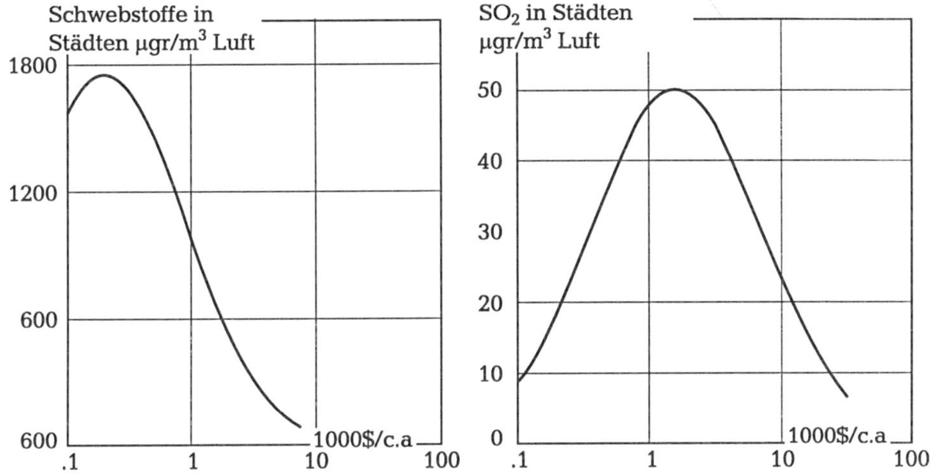

Abb. 1-4. Konzentration von Schwebstoffen (links) und Schwefeldioxid in Städten abhängig vom Pro-Kopf-Einkommen, zitiert nach van Dieren, S. 139. Die Schadstoffkonzentration in Städten nimmt nach dem Überschreiten eines Maximums mit dem verfügbaren Einkommen wieder ab. Nach der gleichen Studie nimmt der Bevölkerungsanteil ohne sauberes Wasser mit zunehmendem Einkommen ab, ebenso wie der Bevölkerungsanteil ohne angemessene sanitäre Versorgung

5. Die globale Bevölkerungszahl wird sich stabilisieren, wenn sich der bisher empirisch feststellbare Zusammenhang zwischen Bruttoinlandsprodukt pro Kopf und Bevölkerungswachstum bei allen Bevölkerungsgruppen einstellt und das Bruttoinlandsprodukt pro Kopf bei allen Bevölkerungsgruppen stetig weiter steigt (Abb. 1-5 und 1-6). Wir leben heute glücklicherweise in einigem Abstand von der Tragekapazität der Erde. Lokaler Mangel an Nahrung ist eher auf lokale politische Missstände als auf Verfügbarkeit zurückzuführen. Erstmals in der Geschichte der Menschheit gibt es begründete Hoffnung dafür, dass die Zunahme der Bevölkerung endet, bevor eine neue Grenze der Tragekapazität erreicht wird: Das Bevölkerungswachstum nimmt mit zunehmender Wirtschaftsleistung ab, endet vielleicht sogar ab einem Bruttoinlandsprodukt von 20.000 $ (1990) pro Kopf.
6. Die wirtschaftlichen Aktivitäten müssen rasch zunehmen, wenn wir ein Ende des Bevölkerungswachstums bald erreichen wollen. Sie müssen aber auch zunehmen, solange der Wettbewerb fortlaufende Rationalisierung erzwingt und das Einkommen letztlich von der Beteiligung an der Arbeit abhängt.

Die erwünschte Evolution wird sich nicht ohne bewusstes Wollen einstellen. Dieses Wollen hat aber die Akzeptanz der ungeschminkten Gegebenheiten zur Voraussetzung. Ohne Missgunst und Angst sollen sich die Bevölkerungsgruppen begegnen und mit Zuversicht an einer „besseren Welt" der zukünf-

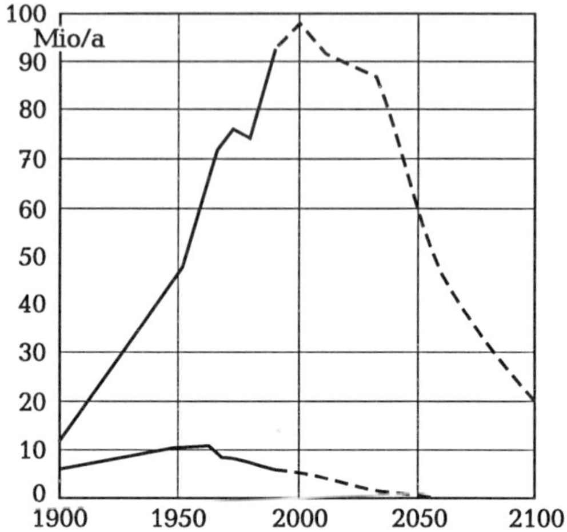

Abb. 1-5. Jährlicher Bevölkerungszuwachs als Funktion der Zeit (nach Meadows, Die Neuen Grenzen, S. 48). Nach 1990 ist die Prognose gestrichelt eingezeichnet. Im unteren Teil des Bildes ist angegeben, wie viele Menschen davon in stärker industrialisierten Regionen hinzukommen (ein irreführender Hinweis, weil sich fortlaufend noch nicht industrialisierte Bevölkerungsgruppen industrialisieren, die Bevölkerung in stärker industrialisierten Regionen auf diese Weise zunimmt)

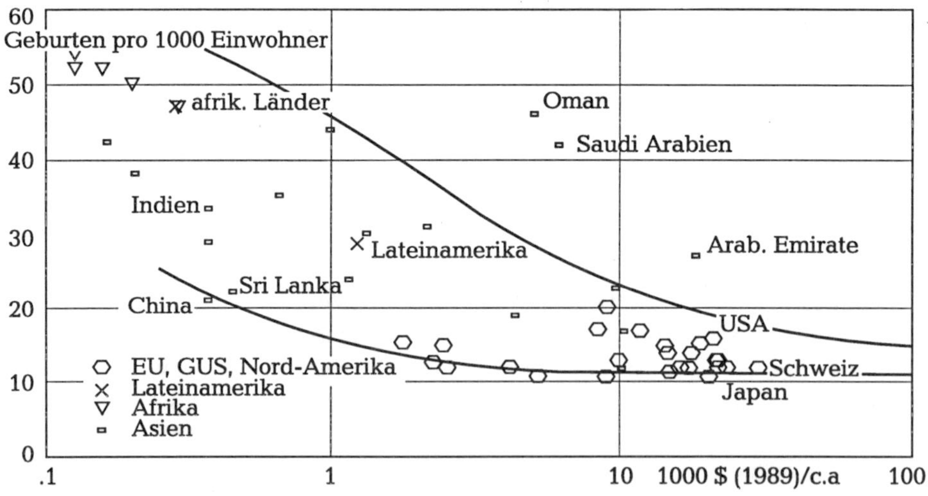

Abb. 1-6. Geburten pro 1000 Einwohner jährlich als Funktion des BSP pro Kopf (nach Meadows, Die Neuen Grenzen, S. 54). Mit steigendem Wohlstand fällt die Geburtenrate (Ausnahme Golfstaaten). Eine Geburtenrate von z.B. 13 Geburten je 1000 Einwohner „reicht" bei einer Lebenserwartung von 77 Jahren aus, um die Bevölkerungszahl gleich hoch zu halten

tigen Generationen arbeiten. Dazu braucht es keine große Bekehrung der Menschen. Wir können die Entwicklungen der letzten Jahrzehnte als Ermutigung auffassen. Wie bisher werden auch in Zukunft die meisten wirtschaftlichen Entscheidungen des Einzelnen und der Unternehmen aufgrund ökonomischer Faktoren fallen. Wie bisher müssen die legistischen, sozialen und ökologischen Rahmenbedingungen gewissenhaft geschaffen, wie bisher müssen alle auf die Notwendigkeit ethischen Verhaltens hingewiesen werden.

1.2 Die Wirtschaft muss und kann wachsen

Die Devise „Wirtschaftswachstum beenden" ist zu simpel. Es ist eine Anpassung an die Realität erkennbar, wenn es darum geht, Arbeitsplätze zu erhalten oder zu schaffen. Nach den Mahnungen zur Askese treten die Nachteile eines zu langsamen Wirtschaftswachstums hervor: ein Mangel an Arbeitsplätzen und eine sich öffnende Schere zwischen Arm und Reich. Deshalb muss fortlaufend untersucht werden, wie und wo die Wirtschaft unter den gegebenen Bedingungen nachhaltig wachsen kann.

Ohne ausreichendes Wirtschaftswachstum

- kann die angestrebte Vollbeschäftigung nicht gesichert werden, die eine der Voraussetzungen für eine friedliche soziale Entwicklung ist,
- öffnet sich die Schere zwischen Arm und Reich,
- bleibt die Wahrscheinlichkeit der Anwendung inner- und zwischenstaatlicher Gewalt groß,
- wird den Bevölkerungsgruppen, die in der wirtschaftlichen Entwicklung zurückliegen, der unbestreitbare Vorteil eines höheren verfügbaren Einkommens vorenthalten.

Die Wirtschaft kann weiter wachsen,

- weil es ausreichende Mengen an Rohstoffen gibt, um notwendige technische Materialkreisläufe zu füllen,
- weil fossile Energieträger durch synthetische ersetzbar sind,
- weil die Belastung der Umwelt wie bisher durch geeignete Maßnahmen begrenzt werden kann,
- weil die landwirtschaftlichen Flächen für die Ernährung einer wachsenden Bevölkerungszahl ausreichen und
- weil die begründete Hoffnung besteht, dass die Menschen am Beginn einer bisher ungeahnten Globalisierung der Wirtschaft und des Denkens endlich lernen, die skizzierten Probleme gemeinsam zu lösen, anstatt weiterhin in engen sektoralen oder nationalstaatlichen oder regionalen Kategorien zu denken und zu handeln.

Umweltgrenzen

„Das Wirtschaftswachstum stößt an Umweltgrenzen", meint Friedhelm Hengsbach. Aber: Sechs Milliarden Menschen haben ein Recht auf Leben wie alle anderen Geschöpfe auch. Sie verändern die Welt, wie das Leben von Anfang an die Oberfläche der Erde verändert hat. Dafür hat es nie „Umweltgrenzen" gegeben und wird es nie welche geben. Verschwendung von materiellen und energetischen Ressourcen ist gewiss „sündhaft". Aber auch Geiz ist es. Die Menschen dürfen die Schöpfung nach ihren Fähigkeiten genießen wie alle anderen Geschöpfe auch. Askese ist eine Tugend, die Anderen nicht aufgezwungen werden darf.

1.3 Zukunftsfragen

Der vorliegende Bericht versucht zu belegen, dass Wirtschaftswachstum notwendig, wünschenswert und auf unübersehbar lange Zeit möglich ist. Er greift dazu auf allgemein anerkannte Daten zurück, häufig auf solche, die den Berichten an den Club of Rome zu entnehmen sind. Das heißt aber nicht, dass alle pessimistischen Prognosen für wahr gehalten werden. Besonders dann nicht, wenn sie im gleichen Bericht widerlegt werden.

Zum Beispiel die Aussagen in van Dieren, S. 21: „In den simulierten Szenarien des Modells wurden verschiedene Erschöpfungszeichen vorhergesagt, die sich zu Beginn des 21. Jahrhunderts bemerkbar machen werden, wenn die Weltbevölkerung einen Spitzenwert von 10 Milliarden erreicht hat, während die Pro-Kopf-Produktion von Nahrungsmitteln auf lediglich 25 Prozent bis 15 Prozent der Werte des Jahres 1970 sinkt, die Verschmutzung sich verzehnfacht hat und die wichtigsten Rohstoffe wie Öl und Gas erschöpft sind." Auf S. 139 des gleichen Berichts ist dann gezeigt, wie die Konzentration von Schwebstoffen und Schwefeldioxid in Städten mit steigendem Pro-Kopf-Einkommen abnimmt. Von einer Verzehnfachung der Verschmutzung ist da nichts zu bemerken. – Das Nahrungsmittelangebot ist so groß, dass in Nordamerika und Europa Prämien für die Stilllegung von Landwirtschaftsflächen bezahlt werden. Die nominelle Reichweite von Öl und Gas nimmt eher zu, neue Technologien zur Nutzung von Ölschiefer, Ölsanden, dem abgefackelten Gas oder gar von Gashydraten (Weiden) werden gar nicht erwähnt.

Eine Zusammenfassung zu den Problemen des technisch-wissenschaftlichen Fortschritts liefert Goertz.

Die Zukunft bleibt unsicher

Niemand kann etwas Sicheres für die Zukunft behaupten. Wenn aber konkrete Prognosen durch die tatsächliche Entwicklung seither widerlegt werden, dann kann nicht länger unkritisches Akzeptieren verlangt werden. Vielmehr ist zu untersuchen, warum die seinerzeitigen Annahmen zu einer falschen Prognose geführt haben und ob bessere Annahmen zur Verfügung stehen.

Zum Beispiel: Energie

Weizsäcker macht in der Einleitung zu „Faktor Vier" auf die Bedeutung des sparsamen Umgangs mit Energie aufmerksam. Tatsächlich ist der Wirkungsgrad das Selektionskriterium der Natur: in der biologischen Evolution sind die Arten erfolgreicher, die mit den gegebenen Ressourcen die meisten Nachkommen zur Geschlechtsreife bringen können. Auch den Menschen ist der sparsame Umgang mit Stoffen und Energie angeboren. Weizsäcker beklagt, dass 70% der erzeugten elektrischen Energie auf dem Weg vom Kraftwerk zum Haushalt „versickern" und die Glühlampe nur 10% der verbleibenden Energie in Licht umwandelt, der Gesamtwirkungsgrad also nur 3% beträgt; im Auto bleiben angeblich „80–85% (der Benzin-Energie) im Motor oder dem Getriebe" stecken, nur 15–20% erreichen die Antriebsräder. Aber verglichen mit den biologischen Wirkungsgraden sind diese technischen doch sehr hoch. Ein Fußgänger oder Radfahrer setzt nur 14% der aufgenommenen Nahrungsenergie in Muskelleistung um, und die Nahrung wird (ohne Berücksichtigung der eingestrahlten Energie) nur mit 3% Wirkungsgrad hergestellt (dort S. 84 und Kapitel 6). Der Gesamtwirkungsgrad beträgt also nur 0,4%. Unsere Landwirtschaft nutzt die Solarstrahlung mit nur 0,05%. Und wenn man die in die Ozeane strahlende Energie mit dem Energieinhalt der Fische vergleicht, so ist der Wirkungsgrad noch sehr viel schlechter. Guter Wirkungsgrad und hohe Materialeffizienz sind nur mit viel Technologieeinsatz zu erreichen.

Marktwirtschaft, Wachstum, Ethik

Die Verwirrung der Gesellschaft ist nicht auf die Einschätzung der materiellen und energetischen Reichweiten beschränkt. Allgemein wird der „Turbokapitalismus" (Luttwak) beklagt, der „uneingeschränkte Wettbewerb". Bedrückend ist das verschwommene Bild unseres politischen Systems, das in der Gesellschaft die Norm ist. Allzu leichtfertig wird unser erfolgreiches Wirtschaftssystem in Frage gestellt, statt nach den notwendigen Verbesserungen zu suchen. Obwohl Marktwirtschaft und Zinsertrag die Voraussetzung für die Programme aller maßgebenden Parteien sind, bekennen sich nur wenige Bürger öffentlich dazu. Marktwirtschaft wird oft als unvermeidbares Übel geschmäht, „edler Wettbewerb" ins Reich der Fabeln verwiesen. Die wesentlichen Züge unseres sozialen Zusammenlebens werden verleugnet oder gar diffamiert. Kaum jemand akzeptiert, dass Nächstenliebe und marktwirtschaftlicher Wettbewerb die einzigen nachhaltig erfolgreichen Erfindungen des Menschen im sozialen Zusammenleben sind. Wettbewerb, Aggression und Liebe sind natürliche Elemente, die in uns wie in allen höheren Tieren genetisch verankert sind. Auch dem Fremden zu helfen, wenn er in Not gerät, den Fremden am Markt freundlich-rational statt feindlichemotional zu begegnen, sind die Verhaltensweisen, die wir allen anderen biologischen Arten voraus haben. Dass Wettbewerb nur nach strengen Regeln seine schöpferische Kraft entfalten kann, sehen wir an den ritualisierten Kämpfen aller höher entwickelten Tiere. Marktwirtschaft ritualisiert den Wettbewerb, kehrt die unerfreulichen Konsequenzen für den Unterlegenen und Fremden in eine neue Chance. Ohne Marktwirtschaft ist das als notwendig erkannte Wirtschaftswachstum nicht erreichbar.

1.4 Neuer Realismus

Die letzten Jahre des ausgehenden 20. Jahrhunderts waren von einer schwer verständlichen Diskrepanz zwischen Befürchtungen und tatsächlicher Entwicklung überschattet. „Die Ressourcen gehen zu Ende!" und „Wir vergiften uns!" waren die Schlagworte, welche die allgemeine Bewusstseinslage bestimmt haben. Aber es wird alles billiger, Material und Energie, und ein immer kleiner werdender Teil der Erwerbstätigen ist in Produktion und Urproduktion beschäftigt; die Lebenserwartung steigt.

Neuer Realismus heißt die Urangst überwinden. Die Sorge um die Zukunft ist eine wichtige und lebenserhaltende Eigenschaft des Menschen. Unbegründeter Pessimismus ist aber ebenso schädlich wie unbegründeter Optimismus. Allein die realistische Einschätzung der gegebenen Umstände kann zum richtigen Handeln führen. In Tabelle 1-1 sind Sorgen und Hoffnungen einander gegenübergestellt. Die realistische Nachricht lautet: Es gibt genug Ressourcen, genug Energie für heute und für alle kommenden Generationen. Das bedeutet nicht, dass ein bestimmter Rohstoff (z. B. Kaolin) oder eine bestimmte Energiequelle (z. B. Erdöl) unerschöpflich sei. Aber es gibt immer einen Ersatz, der unerschöpflich ist (z. B. Glaskeramik oder Solarenergie). Dieser Ersatz mag zunächst teurer sein, sonst würde man bisher nicht anderes vorgezogen haben. Der Ersatz birgt auch neues Entwicklungspotenzial. Kunststoffe sind ein Beispiel: Sie haben als Ersatzstoff begonnen, inzwischen aber viele Werkstoffe, die sie ursprünglich nur ersetzen sollten, an Brauchbarkeit weit übertroffen.

Neuer Realismus heißt Probleme und Chancen gemeinsam zu sehen. Wenn die fossilen Energieträger eines Tages zu Ende gehen oder wegen des ansteigenden CO_2-Pegels nicht mehr genutzt werden können, müssen Energieträger synthetisch produziert werden. Wasserstoff oder Methanol zum Beispiel. Diese synthetischen Energieträger werden teurer sein, einen größeren Arbeitsaufwand erfordern. Vielleicht werden dann 10% der Erwerbstätigen in der Beschaffung und Verteilung von Energie Arbeit finden. Heute sind dort etwa 3% beschäftigt. Aber sorgen wir uns nicht ohnehin, dass eines Tages „die Arbeit ausgeht"? In den heute entwickelten Ländern haben vor 200 Jahren noch 80% der Erwerbstätigen im 1. Wirtschaftszweig, der Land-

Tabelle 1-1. Sorgen und Hoffen der Menschen am Beginn des 21. Jahrhunderts

1. Die Bevölkerungszahl nimmt jährlich um rund 80 Millionen Menschen zu.	Das Bevölkerungswachstum endet mit zunehmender Wirtschaftsleistung.
2. Die materiellen Ressourcen gehen zu Ende. Die Förderung vieler Rohstoffe nimmt exponentiell zu.	Es ist kein Rohstoff bekannt, der zu Ende geht und nicht durch einen anderen ersetzt werden kann.
3. Der Vorrat an fossiler Energie geht zu Ende. Mit schwindenden Erdölvorräten wird es Kriege darum geben.	Es gibt genug Energie. Wasser-, Wind-, Erdwärme-, Kern-, Solar- und Biomasseenergie können auch einen mehrfach höheren Bedarf nachhaltig decken.
4. Fossile Energie kann nicht länger genutzt werden, weil der steigende CO_2-Pegel die Gefahr einer nachhaltigen Schädigung des Klimas wahrscheinlich macht.	Der Energiebedarf wird zunehmend aus nachhaltigen Quellen ohne CO_2-Emission gedeckt. Dieser Anteil kann weiter rasch zunehmen, wenn das erforderlich ist.
5. Es droht eine globale Hungersnot. Immer mehr Menschen haben nicht genug zu essen.	Die ha-Erträge können überall und besonders in den Entwicklungsländern steigen. Die Versorgung der Hungernden ist häufig ein lokales Problem.
6. Wasser wird immer knapper. Die Gefahr von Kriegen um Wasser nimmt zu.	Es gibt genug Siedlungsflächen, die durch technische Maßnahmen mit einem ausreichenden Angebot von Wasser versorgt werden können.
7. Emissionen und Abfall überfordern die Regenerationsfähigkeit der Sphären. „Das Wachstum stößt an Umweltgrenzen."	Die Belastung der Umwelt kann begrenzt werden. Sie geht mit steigender Wirtschaftsleistung in vielen Fällen bereits wieder zurück (sinkende Immissionswerte in Städten, saubere Gewässer).
8. Die vergiftete Umwelt schädigt Mensch, Tier und Pflanzen.	Die Lebenserwartung steigt mit der pro Kopf Wirtschaftsleistung. Nachhaltige Waldwirtschaft nimmt zu.
9. Der Mangel an Arbeitsplätzen öffnet die Schere zwischen Arm und Reich, Nord und Süd.	Neue Aufgaben bringen neue Arbeitsplätze (Energie-Transformation, neue Werkstoffe, Wasserversorgung).
10. Der gnadenlose Wettbewerb zerstört die Gesellschaft. An die Stelle von sozialem Engagement tritt Egoismus.	Die globale Marktwirtschaft bringt alle Bevölkerungsgruppen zum friedlichen Wettbewerb. Private und öffentliche Hilfsbereitschaft nimmt zu.
11. Die Bewirtschaftung und überzogene Ausnützung von Land und Meer führt zum Aussterben von immer mehr Arten.	Wie alle anderen Arten braucht auch die biologische Art Mensch Lebensraum. Als erste biologische Art kümmert sie sich aber um das Fortbestehen anderer.
12. Wir zerstören die Lebensgrundlage zukünftiger Generationen.	Wir hinterlassen keine geplünderte Erde, sondern das Know-how für eine nachhaltige Wirtschaft.

wirtschaft, Arbeit gefunden. Heute sind dort weniger als 5% beschäftigt. Der 2. Wirtschaftszweig, die Weiterverarbeitung (Gewerbe und Industrie), hat die frei werdende Arbeitskraft zunächst aufgenommen. Steigende Produktivität setzt aber heute auch dort Arbeitskräfte frei. Wenn „die Ressourcen" zu Ende gingen, müssten immer mehr Menschen in Urproduktion und Weiterverarbeitung arbeiten. Das Gegenteil ist der Fall.

Neuer Realismus heißt, die Meinung nach den Tatsachen zu richten. Gängiges Klischee sind Waldsterben und Umweltvergiftung. Gewiss gibt es beides, aber als lokale Erscheinung im Böhmerwald und beim Chemieunfall. Nicht aber als generelle Bedrohung, zu der die Begriffe hochstilisiert werden. Vielmehr nimmt in Mitteleuropa der Wald an Fläche und Bestand zu und die sanitären Verhältnisse waren niemals in der Geschichte des Menschen besser. In der zweiten Hälfte des Jahrhunderts, also während der Blütezeit des Schreckgespensts „Waldsterben", hat z. B. die Waldfläche in Österreich von 39 auf 48% (also um 23%) zugenommen. Die Atmosphäre Londons war vor 50 Jahren durch immer wiederkehrende Smogsituationen mit signifikanten Todesraten belastet. Eine bedrohliche Belastung der Sphären findet sich heute in den Entwicklungsländern, die sich die notwendigen Maßnahmen für eine gesunde Umwelt nicht leisten können. Ihnen bei dieser Aufgabe zu helfen und gleichzeitig im eigenen Umfeld weitere Verbesserungen zu erreichen ist die Aufgabe, der wir uns nur bei wirtschaftlicher Prosperität stellen können.

Neuer Realismus heißt Mut schöpfen, Kraft finden für die vor uns liegenden Aufgaben. Das Bevölkerungswachstum wird um so rascher zu Ende gehen, je schneller wir den Entwicklungsländern zu einer Pro-Kopf-Wirtschaftsleistung von über 2000 $ (2000) verhelfen können (Abb. 1-6). Das Ende des Bevölkerungswachstums ist die Voraussetzung dafür, dass wir auch anderen biologischen Arten Platz lassen können. Nur die Anwendung der naturwissenschaftlichen Erkenntnisse lässt uns sparsam mit den Ressourcen umgehen, die andere zum Leben brauchen. Hat vor 10.000 Jahren ein Mensch mehrere ha Landfläche zum Leben benötigt, so sind es heute nur mehr 0,25 ha und es werden eines Tages weniger als 0,1 ha sein. Eine Milliarde ha (für dann vielleicht 10 Milliarden Menschen) sind 7% der Festlandfläche oder 20% der Fläche mit gemäßigtem Klima. Das scheint ein tragbarer Kompromiss zwischen der übermächtigen Art Homo sapiens und aller übrigen Natur zu sein.

1.5 Inhalt dieses Berichts

In den folgenden Kapiteln wird versucht, ein realistisches Bild der Ist-Situation zu entwerfen und einen Blick in die Zukunft mittels eines naturwissenschaftlichen Ansatzes zu liefern. Kapitel 2 versucht eine kritische Bestandsaufnahme der Weltwirtschaft und Prognosen für ihre Entwicklung. In Kapitel 3 wird nach den Gesetzmäßigkeiten des Wachstums gefragt, nach dem Muster, nach dem Bevölkerungszahl, Wirtschaft, der Umsatz von Material und Energie zu- oder abnehmen. Kapitel 4 zeigt anhand zahlreicher

Beispiele den Zusammenhang von Wirtschaftsleistung und Lebensqualität. Kapitel 5 legt eine These vor, die besagt, dass sich alle Bevölkerungsgruppen bei gleichem Bruttoinlandprodukt pro Kopf ähnlich verhalten. Anhand dieser These ist eine Prognose für die Lebensumstände der meisten Bevölkerungsgruppen möglich. Kapitel 6 bis 8 untersuchen die zukünftige Verfügbarkeit von Nahrung, materiellen und energetischen Ressourcen. Kapitel 9 befasst sich mit der Nutzung der Landflächen, mit Umwelt, Klima und Verkehr, mit dem Lebensraum für andere biologische Arten. Die Kapitel 10 und 11 untersuchen das ethische und soziale Umfeld zukünftigen Wachstums.

Die Autoren möchten sich nicht konkrete Anweisungen anmaßen, wie die Probleme dieser Welt zu lösen seien. Vielmehr möchten sie die Situation so wissenschaftlich wie möglich beschreiben und einen Blick in die Zukunft auf der Basis des Festgestellten werfen.

Zehn THESEN zu diesem Bericht

1. Alle Bevölkerungsgruppen verhalten sich bei gleichem Bruttoinlandsprodukt (BIP) pro Kopf ähnlich. Auf dieser Grundlage sind Prognosen möglich.
2. Die Zunahme der Bevölkerungszahl wird sich bei steigendem BIP pro Kopf verlangsamen.
3. Die Ressourcen reichen für weiteres Wirtschaftswachstum und für alle kommenden Generationen, vorausgesetzt dass für jeden Rohstoff ein Ersatz akzeptiert und der solare Energiestrom genutzt wird. Dann sind die Ressourcen unerschöpflich.
4. Die Nahrungsproduktion kann auch eine weiter zunehmende Bevölkerung erhalten, wenn die technisch verfügbaren Möglichkeiten ausgeschöpft werden. Auch Wasser ist ausreichend vorhanden.
5. Die Landfläche reicht bis zum wahrscheinlichen Ende dieses Bevölkerungsschubs für Nahrungsproduktion, Energiegewinnung, Arbeits-, Wohn- und Freizeitnutzung, Verkehr und alle anderen biologischen Arten.
6. Die Belastung der Sphären durch Abfall jeder Art (Müll, Abwässer und Emissionen) kann auf einem von der Natur nachhaltig verkraftbarem Maß gehalten werden.
7. Die menschliche Erfindungskraft ermöglicht die Rückkehr in den Material- und Energiekreislauf der Natur und schafft dabei neue Arbeitsplätze, die Vollbeschäftigung ermöglichen (sozialer Friede, kleine Unterschiede zwischen Arm und Reich).
8. Drastische Störungen des Weltfinanzsystems und somit der realen Wirtschaft können durch bessere internationale Kooperation verhindert werden.
9. Die Marktwirtschaft in ihrer heute ausgeprägten, sozial und ökologisch verträglichen Form ist das für nachhaltiges Wachstum erfolgreichste Sy-

stem. Nicht die Marktwirtschaft ist unsozial (gnadenlos), die Regeln können es sein und vor allem deren Nichteinhaltung.

10. Die Wirtschaft wird und kann weiter wachsen; sie muss weiter wachsen, um die Voraussetzungen für die Erfüllung der obigen Thesen zu sichern.

2 Die Weltwirtschaft und ihre nachhaltige Entwicklung

Wenn wir über nachhaltig erzielbare Lebensqualität und über Wirtschaftswachstum als eine der Grundlagen dafür nachdenken, dann beruht eine solche Analyse auf vier Säulen: einer Untersuchung der Vergangenheit, des Ist-Zustandes und auf empirisch und theoretisch gesicherten Zusammenhängen zwischen den Faktoren, die die Zukunft der Wirtschaft bestimmen werden. Ergänzt werden die Ergebnisse durch sogenannte Trendanalysen und andere Zukunftsvermutungen, wie sie beispielsweise durch „Delphi-" Befragungen erarbeitet werden; der vorliegende Bericht befasst sich jedoch nicht mit solchen Vermutungen. Kapitel 2 beschreibt den „Ist-"Zustand der Weltwirtschaft zum Beginn des neuen Jahrhunderts sowie die wirtschaftspolitischen Grundlagen und Aussichten für deren nachhaltige Entwicklung – zunächst bezogen auf Nationalstaaten und Gruppen davon. Als Maßstab für die Wirtschaftsleistung und deren Wachstum werden in diesem Bericht das Bruttoinlandsprodukt (BIP) und das daraus abgeleitete BIP pro Kopf (SBIP) verwendet; siehe Anhang I. – Mit Kapitel 4 und 5 werden auf der Grundlage von empirisch (also aus der Vergangenheit) abgeleiteten, gesicherten Zusammenhängen zwischen vielen Lebensumständen und dem Pro-Kopf-BIP Prognosen für die künftige Entwicklung der Wirtschaft und damit des Wohlstandes (oder der Armut) der Bevölkerung dargestellt, und zwar bezogen auf Bevölkerungsgruppen.

Staaten und Staatengruppen

Von der Weltbevölkerung lebten 1998 (in Klammer: Prognose für das Jahr 2050) etwa 60 (58)% in Asien, 14 (13)% in Nord- und Südamerika, 13 (22)% in Afrika, und 13 (7)% in Europa. Die (1999) 209 Staaten und Territorien (davon sind 187 Mitglieder der UN) werden nach verschiedenen Gesichtspunkten mehr oder weniger willkürlich in Ländergruppen eingeteilt. Nach wie vor sind in UN-Gremien – auch in den „Boards" der Sonderorganisationen – die Staaten in vier Gruppen eingeteilt:

- Gruppe A: Länder Afrikas und Lateinamerikas;
- Gruppe B: „westliche" Industrieländer einschließlich Japan und Australien;
- Gruppe C: asiatische Staaten; die Ländergruppen A und C treten oft gemeinsam als „Gruppe der 77" auf, benannt nach den ursprünglich darin zusammengeschlossenen 77 „Entwicklungsländern" (heute sind es 133 Mitgliedsländer);
- Gruppe D: früher planwirtschaftliche Staaten vor allem Ost- und Zentraleuropas.

In einer globalisierten, marktwirtschaftlich ausgerichteten und politisch vielfältigen Welt machen solche Gruppierungen keinen Sinn mehr, auch deshalb nicht, weil die Unterschiede in Wohlstand oder Armut innerhalb der Gruppen viel größer sein können als zwischen den vier genannten Gruppen. Bis zur Öffnung Osteuropas und Chinas wurde die Welt in marktwirtschaftliche und planwirtschaftliche Industrieländer („Erste und Zweite Welt") und in Entwicklungsländer (heute noch häufig als „Dritte Welt" bezeichnet) gruppiert, ergänzt durch eine Gruppe der am wenigsten entwickelten Länder (Least Developed Countries, LDC, manchmal „Vierte Welt" genannt.) Zur Jahrhundertwende hat sich diese Einteilung verschoben und ist komplexer und verschwommener geworden: Praktisch alle Länder der Erde gelten mittlerweile als marktwirtschaftlich orientiert, mit Ausnahme einiger Überbleibsel aus der sozialistisch-planwirtschaftlichen Periode wie Kuba, Nordkorea und zu einem gewissen Grad immer noch Russland und die VR China.

Die Arbeit einiger der Unterorganisationen der UN ist in der Öffentlichkeit besser bekannt als die der UN selbst (also des Generalsekretariats und des Sicherheitsrates). Beispiele: Welternährungsorganisation (FAO), Weltgesundheitsorganisation (WHO), Umweltagentur (UNEP), Welterziehungsorganisation (UNESCO), Internationales Arbeitsamt (ILO), Welthandelsorganisation (WTO), Industrieentwicklungsorganisation (UNIDO), Flüchtlingshilfsorganisation (UNRRA) und das Kinderhilfswerk (UNICEF). Auch die Weltbank und der IWF sind Spezialorganisationen der UN.

Die frühere „Erste Welt"

ist im wesentlichen repräsentiert durch die „reichen" 29 OECD-Länder, die die sogenannten „Industrieländer" umfassen. Als Kern der OECD-Mitgliedsländer wiederum haben sich die G7-Staaten abgesondert, in der G8-Gruppe ergänzt um Russland. Die Welt scheint zu einer losen Versammlung von Gruppierungen unter dem Zeichen des großen „G" zu werden. Es soll nämlich eine „G 20" gegründet werden aus der „G7/G 8"- Gruppe und wichtigen Schwellenländern einschließlich einiger Staaten, die auf dem Weg zu „ökonomischen Mittelmächten" sind. „Das große G wird zu einer Art supranationalen Verdienstkreuzes höchster politisch-ökonomischer Leistung" (FAZ, 2. 11. 1999), gemessen am Erreichten und Erwarteten. Im Unterschied zur bestehenden OECD ist die neue Gruppierung aber weniger homogen; sie besteht nicht aus wirtschaftlich und politisch Ähnlichen. Letzten Endes könnten die mit diesem Bericht vorgeschlagenen 50 Bevölkerungsgruppen eine weit aussagekräftigere Gruppierung von Menschen sein, die zwar nicht politisch, aber wirtschaftlich jeweils ähnliche Ziele und Interessen haben – nämlich durch Wirtschaftswachstum ihre Armut zu beseitigen oder zu höherem „Wohlstand" zu gelangen. Jede dieser Gruppen entwickelt sich sozusagen parallel zum herrschenden – wenn auch aufgeweichten (EU, GUS) – Nationalstaatsprinzip wirtschaftlich und damit auch politisch weiter.

Die frühere „Zweite Welt"

hat sich aufgelöst in 12 GUS-Staaten und 15 „Reformstaaten" in Mittel- und Osteuropa. Nach wie vor spricht man von der

„Dritten Welt",

bestehend aus 133 *„Entwicklungsländern"* (in englisch mit „developing countries" besser ausgedrückt), die einerseits 41 ärmste Länder einschließlich der „Heavily Indebted Poor Countries" (HIPC) umfassen, andererseits ein Dutzend sogenannte Schwellenländer (nämlich an der Schwelle zum irreführenden Begriff „Industriestaat"); dazu gehören die asiatischen „Tigerstaaten" als Aushängeschilder. Die Zusammensetzung der Gruppe der „Entwicklungsländer" ändert sich mit der Zeit und die Definition ist willkürlich: Schließlich sollten sich alle Länder entwickeln! Von den UN – oder von deren Regierungen selbst – sind einige Länder (Israel, Kuwait, VAE, Singapur) als Entwicklungsländer eingestuft, obwohl sie wegen ihres hohen SBIP zu den High-Income-Ländern zählen.

Grob eingeteilt leben von den sechs Mrd. Erdbewohnern etwa die Hälfte in diesen Entwicklungsländern (davon wiederum drei Viertel in China und Indien), etwa ein Drittel in den am wenigsten entwickelten Ländern und ein Sechstel in den sogenannten Industriestaaten; grobe Formel: 1/2 + 1/3 + 1/6.

Mehrere regionale Organisationen bestehen zur Jahrhundertwende, allen voran die eng integrierten 15 Staaten der Europäischen Union (EU), von denen wiederum 11 eine gemeinsame Währung (EURO) haben werden. Ob und wann die 13 (Anfang 2000) Aufnahmekandidaten, oder einige davon, Teil einer erweiterten – und damit „anderen" – EU sein werden, ist nicht abzusehen. Eine solche „Super-EU" hätte eine gegenüber dem heutigen Zustand sehr unterschiedliche ökonomische und politische Kraft oder auch Schwäche.

Zur Jahrhundertwende gibt es noch andere mehr oder weniger intensiv miteinander verknüpfte regionale Organisationen, von denen einige „nur" Freihandelszonen sind: die NAFTA (North American Free Trade Area: USA, Kanada, Mexiko); 4 Staaten des Mercosur in Südamerika; 14 Caricom-Staaten der Karibik; 9 ASEAN Staaten in Südostasien; 53 OAU-Staaten in Afrika; 20 OAS-Staaten in Lateinamerika. Zeitweise einflussreich ist die Interessengemeinschaft der 11 OPEC-Staaten.

Die Weltbank

veröffentlicht detaillierte Daten über 133 Staaten, gruppiert nach Low, Middle und High Income Countries, und grundlegende Kennzahlen für weitere 76 Länder und Territorien (die entweder weniger als 1 Mio. Einwohner haben oder von denen es keine verlässlichen oder nur sporadische Angaben gibt – oder auf die beides zutrifft).

Die statistischen Angaben in diesem Bericht sind wegen der genannten Vielfalt von Gruppierungen nicht auf einheitlich abgegrenzte Ländergruppen bezogen. Die Einteilung in Bevölkerungsgruppen mit jeweils gleichem SBIP enthebt uns von dieser Problematik.

Im übrigen beträgt die durchschnittliche Einwohnerzahl der rund 200 Nationalstaaten der Welt derzeit ungefähr 30 Mio. pro Land – mit allerdings gewaltigen Unterschieden zwischen weniger als hunderttausend Einwohnern (Antigua, Bermuda, St. Kitts, Kiribati, Seychellen, Nauru, Lesotho) und mehr als 1 Mrd. (China, Indien). Ein „statistisches Durchschnittsland" im Sinne von Größe und Wohlstand mit etwa 30 Mio. Einwohnern und einem Pro-Kopf-BIP von ungefähr $ 5000 gibt es zur Jahrtausendwende nicht. Eine ungefähr durchschnittliche Einwohnerzahl haben Kanada, Kenia, Tansania, Algerien, Marokko und Argentinien. Ein durchschnittliches Pro-Kopf-BIP von rund $ 5000 haben Belorussland, Estland, Kroatien, Tunesien, Namibia, Dominikanische Republik, Ecuador und Peru. Die in diesem Bericht propagierten 50 gleich großen Bevölkerungsgruppen umfassen je 120 Mio. Menschen, die eine jeweils ähnlich hohe Pro-Kopf-Wirtschaftsleistung haben; siehe Kapitel 4 und 5.

Eine „Weltregierung",

die über all diesen Staaten und Organisationen steht, war schon oft das Ziel großer Teile der Menschheit. Aber auch die nach dem Zweiten Weltkrieg gegründeten Vereinten Nationen (UN) haben es bislang nicht geschafft, weltweit die Menschenrechte – die sie in einer Erklärung festgelegt haben – durchzusetzen oder zumindest Kriege zu verhindern. Trotzdem geben viele Einzelerfolge bei der Konfliktlösung (viele Friedensmissionen, auf dem Gebiet der Menschenrechte der Internationale Strafgerichtshof) Anlass zur Hoffnung, dass es eine „globale Governance" geben wird. Dies postuliert auch der Club of Rome, auch und vor allem für den Schutz der Ressourcen, der Umwelt und des Klimas. Mit der UNEP und vielen NGOs gibt es gute Ansätze.

Der Grund für das häufige Versagen internationaler Organisationen wie der UN, letzten Endes auch der OSZE in Europa, ist die Tatsache, dass die Nationalstaaten ihre Souveränität nicht aufgeben wollen. Die UN, die nicht als „Weltregierung" konzipiert war und ist, weil sie kein Gewaltmonopol hat, wird immer dann, wenn es „nationale Interessen" erfordern, beiseite geschoben. Aber auch hier – bei der Aufgabe solcher Souveränitätsrechte – gibt es positive Signale, wie die EU zeigt: Die EZB hat sogar die Währungshoheit von den Nationalstaaten übernommen. Es wäre an der Zeit, den vorhandenen multilateralen Organisationen genügend Macht und Einfluss zu geben, damit die Probleme der Welt nicht nur untersucht und diskutiert, sondern auch gelöst werden können. Die Welthandelsorganisation WTO leidet unter dem Missverständnis der medial hochgespielten angeblichen Gefahren eines globalisierten Welthandels mit Gütern, Dienstleistungen, Finanzen und Ideen. Sie hat nur soviel Macht, wie ihre Mitglieder bereit sind ihr zu geben. Nur der freie Markt hat den dort Handelnden (im doppelten Sinne des Wortes) Wohlstand gebracht. Nicht allen – aber wem hat die Alternative, also die Planwirtschaft, Wohlstand gebracht? Nun soll offenbar eine Art „Marktwirtschaft light" erfunden werden.

Andere internationale Organisationen wie Internationaler Währungsfond (IWF) und Weltbank (IBRD) und ähnliche zeigen, dass mit Macht – in diesem Falle mit Finanzmitteln, aber auch mit Rat und Erfahrung – Probleme auch in einer chaotischer werdenden Welt gelöst werden können.

Falls ein Teil der Macht der Nationalstaaten in Zukunft ohnehin an Unternehmen und andere ökonomische Mächte übergehen sollte, dann liegt es nahe, dass diesen globalen Unternehmen eine global agierende „Regierung" gegenübersteht: GM, SHELL, Bertelsmann, Microsoft, SIEMENS oder FUJITSU auf der einen – die UN, WTO, Weltbank oder die „Selbstverwaltung" einer globalen Governance auf der anderen Seite? Oder mehr NGOs (Greenpeace, WWF) mit mehr Einfluss, als Teile eines Systems der globalen Governance? Oder werden die dezentralisierten Regionalstaaten vielleicht direkt einer Art „Weltregierung" unterstehen? Alle derartigen Fragen haben ohne Zweifel einen entscheidenden Einfluss auf die zukünftige Wirtschaftsleistung der Bevölkerungsgruppen. Visionen und Spekulationen sind daher angesagt und erlaubt, auch im Rahmen eines wissenschaftlich fundierten Berichtes wie dem vorliegenden.

2.1 Ist-Zustand an der Jahrhundertwende

Globale Wertschöpfung

Das dem BIP weitgehend entsprechende Bruttosozialprodukt (also die gesamte Wertschöpfung aus Waren und Dienstleistungen) aller in den Weltbankberichten detailliert erfassten 133 Staaten mit insgesamt 5,7 Mrd. Einwohnern betrug 1995 etwa $ 25.000 Mrd. (World Development Report 1997). Zur Jahrhundertwende erreicht das globale BIP etwa $ 30.000 Mrd., in laufenden US$ ausgedrückt, siehe Kapitel 4 und 5. Die offiziell nicht publizierte Summe der globalen Kaufkraft, also das Produkt aus Bevölkerungszahl und Pro-Kopf-BIP ausgedrückt in KKP (PPP) liegt vergleichsweise oberhalb von $ 35.000 Mrd., wobei es sich hier um „internationale Dollar" handelt, also nicht um US$ (siehe Anhang I).

Tabelle 2-1 nennt die globale Wertschöpfung, aufgeteilt auf die Sektoren Landwirtschaft, „Industrie" und Dienstleistungen. Die Wirtschaftsleistung pro Kopf liegt je nach Bezugsgröße zwischen $ 290/c.a und $ 27.000/c.a. Tabelle 2-2 unterteilt die Ländergruppen nach der Definition der Weltbank, nach „Kurswert" und nach KKP.

Die Abb. 2-1 zeigt die Verteilung des global erwirtschafteten BIP (1996) über die Gesamtbevölkerung der Welt. Demnach erzielen etwa zwei Drittel der Weltbevölkerung etwa ein Viertel des globalen BIP, und ein Sechstel (nach KKP gerechnet) der Bevölkerung erarbeitet etwa 60% des Welt-BIP. Nach dieser Darstellung auf der Basis KKP erreicht das globale BIP $ 35.000 Mrd. (Nach Abb. 5-15 schafft die Hälfte der Weltbevölkerung ein Drittel des BIP, das Drittel der Ärmsten erzielt 7 bis 8%.) Der globale Durchschnittswert der Wertschöpfung pro Kopf und Jahr (SBIP) von rund $ 5000 (oder rund $ 6000 nach KKP) sagt wenig über den sozio-ökonomischen Zustand der Welt aus,

Tabelle 2-1. Das Bruttosozialprodukt (BSP=BIP) der Welt und seine Aufteilung nach Wirtschaftssektoren, 1994 (World Development Report p. 208/211, UNIDO Industry and Development 1995). Weltbevölkerung 5,6 Mrd., Welt-BSP US$ 25.223 Mrd. Der Begriff „Industrie" schließt in den meisten Ländern die Bauwirtschaft, den Bergbau, die Strom-, Gas- und Wasserwirtschaft (Energiegewinnung) und das „verarbeitende Gewerbe" („manufacturing industries") ein. Der relative Beitrag der Industrie zum gesamten BIP der Welt geht immer mehr zurück und erreichte 1996 weltweit noch etwa 27% (Beispiele: USA 22%, BRD 29%, Österreich 28%), zugunsten eines wachsenden Beitrages des Tertiären Sektors. Der Anteil der sogenannten „New Economy" ist nicht ausgewiesen, da unscharf oder gar nicht definiert

Land- und Forstwirtschaft; Fischerei	8%
"Industrie" gesamt	37%*
Dienstleistungen	53%
Sonstige	2%

* davon verarbeitendes Gewerbe 22%

Tabelle 2-2. Wirtschaftsleistung pro Kopf (SBIP) in $/c.a, aufgeteilt auf die Ländergruppen nach Weltbankdefinition, für Gruppen mit niedrigem, mittlerem und hohem „Einkommen pro Kopf". * auf- bzw. abgerundete Werte; ** SBIP aus BSP errechnet

	Länder Anzahl	Bevölk. Mrd.*	Durchschn. SBIP US$/c.a**	SBIP nach KKP internat. $/c.a
A „Low Income"	49	1,05	290	450–2300
China, Indien	2	2,13	620/340	1400–2900
B „Middle Income"				
Lower category	34	1,15	1670	1700–5300
Higher category	16	0,44	4260	5000–13.000
C „High Income"	25	0,9	24930	11.000–27.000
„Welt"	126	5,67	4500	
„Andere Länder"	76	0,2	(400–40.000)	

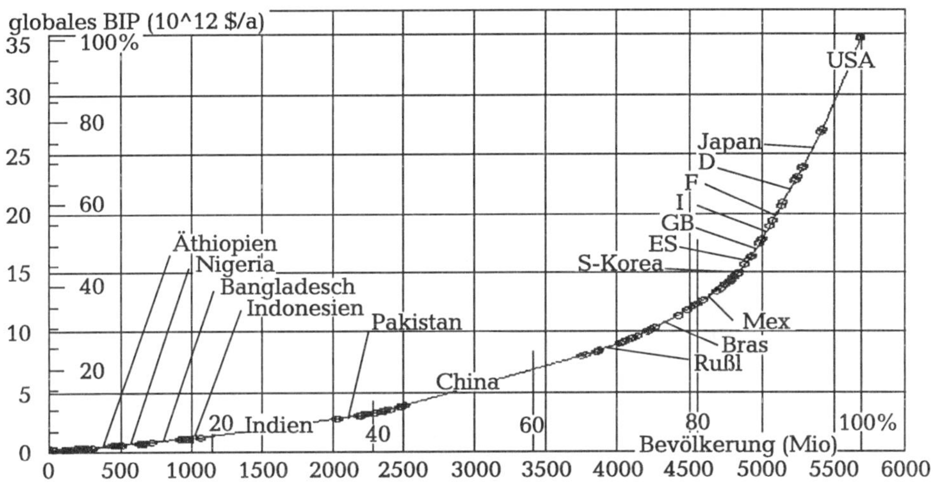

Abb. 2-1. Globales BIP (nach KKP) in $ 1000 Mrd./a

denn die Werte reichen von wenigen hundert bis zu zehntausenden von US$ pro Kopf und Jahr. Außerdem gibt es innerhalb der Nationalstaaten, für die das jeweilige SBIP als Durchschnittswert ermittelt wird, teils erhebliche Unterschiede des Einkommens und des erwirtschafteten SBIP – die sogenannte Einkommensschere. Die diesem Bericht zugrunde liegende These vom ähnlichen Verhalten der durch gleich hohes SBIP gekennzeichneten Bevölkerungsgruppen zeigt einen Ausweg aus diesem Dilemma der nationalstaatlichen Durchschnittswerte. Abb. 2-2 stellt das durchschnittliche SBIP der genannten Ländergruppen dar. Im Vorgriff auf Ergebnisse von Untersuchungen in Kapitel 4 und 5 dieses Berichtes sind zugleich die kritischen Bereiche bzw. die Maxima des SBIP für verschiedene Lebensumstände an-

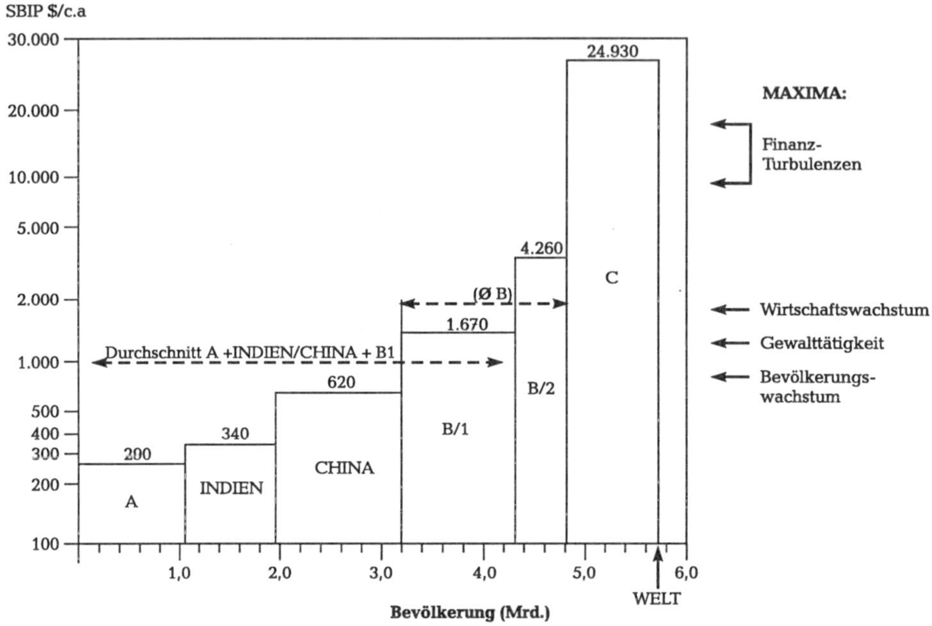

Abb. 2-2. Das SBIP in $/c.a und die Bevölkerungszahl nach Ländergruppen (A = Low Income plus China und Indien; B/1 und B/2 = Middle Income, C = High Income). Es sind einige der „kritischen" Bereiche des SBIP angezeigt

gedeutet, nämlich Wachstum von Bevölkerung und Wirtschaft, Gewalttätigkeit und Gefahr durch Finanzturbulenzen. Abb. 2-3 zeigt die SBIP-Verteilung über die Welt mit Hinweisen auf ausgewählte Länder. Die ungleiche Verteilung des SBIP auf die eingangs erwähnten 50 gleich großen Bevölkerungsgruppen und dessen Veränderung in den nächsten Jahrzehnten wird mit Kapitel 5 ausführlich analysiert.

Die Zunahme des BIP und des SBIP

betrug zwischen den Jahren 1995 und 2000 global etwa 20%, also etwa 3,9%/a. (real). Da die Bevölkerung in der gleichen Zeitspanne um 1,5%/a. zunahm, wuchs die Pro-Kopf-Wirtschaftsleistung (SBIP) real um etwa 2,4%/a. Die jährlichen Steigerungsraten des BIP zwischen 1995/97 waren bei den Ländern mit mittlerem BIP am geringsten, in China mit etwa 13% am höchsten, und in den High Income Countries betrugen sie etwa 2% (Tabelle 2-3).

Das BIP-Wachstum stammte in verschieden hohem und wechselndem Ausmaß von den drei Wirtschaftssektoren Landwirtschaft/Forstwirtschaft/Fischerei/Bergbau (etwa 20%), Verarbeitende Industrie/Bauindustrie/Gewerbe/Energieerzeugung (etwa 50%) und Dienstleistungen/Handel (etwa 30%).

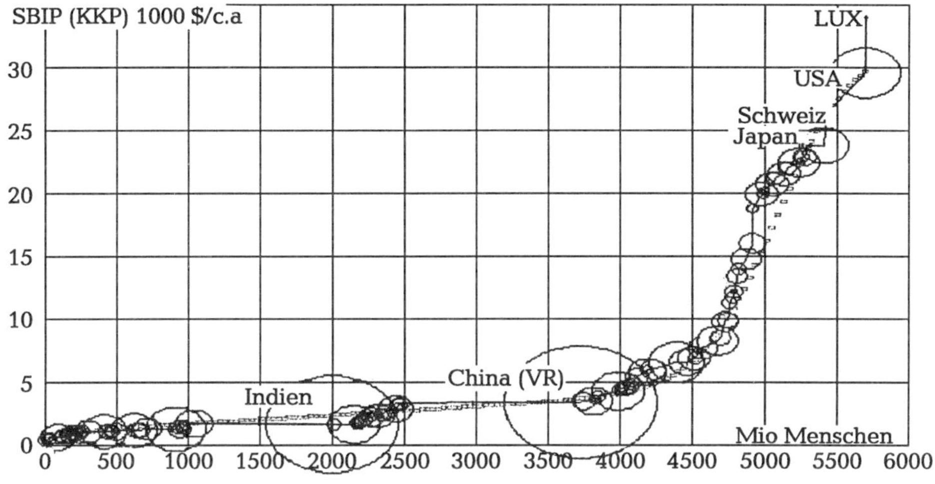

Abb. 2-3. Verteilung der Wirtschaftsleistung pro Kopf (SBIP) nach KKP auf die Weltbevölkerung, 1997 (Spiegel Jahrbuch 1999); siehe Abb. 5-2 und 5-4. Fläche der Ovale proportional der Bevölkerungszahl

Tabelle 2-3. Jährliche Wachstumsraten in Prozent für Länder verschiedener SBIP-Gruppen (Weltentwicklungsbericht 1997). * Industrieländer sowie Südkorea, Singapur, VAE, Kuwait

	BIP	Landwirtschaft	Industrie	Dienstleistungen
Länder mit niedr. SBIP	1,8	1,9	–	–
China	12,8	5,9	18,1	10,0
Indien	4,6	3,1	5,1	6,1
Länder mit mittl. SBIP	0,1	0,9	–	3,9
Länder mit hohem SBIP*	2,0	0,6	0,7	2,3

Diese Sektoren sind immer weniger scharf voneinander abgetrennt: Allein durch die zunehmende Ausgliederung („outsourcing") von Dienstleistungsbereichen (EDV, Vertrieb) aus Industrieunternehmen verschieben sich die Anteile der gesamten Wertschöpfung, ohne dass sich real irgendetwas verändert hätte – außer der Organisation und der Zuordnung zu einer sogenannten „New Economy". Deshalb sind zeitliche Veränderungen der sektoralen Zusammensetzung des BIP sehr kritisch zu beurteilen.

Wie entsteht wirtschaftliche Entwicklung (und „Unterentwicklung")?

In der wirtschaftlich vernetzten Welt hängt der Wohlstand der Staaten (und damit ihrer Bevölkerung) und dessen Zunahme von ihrer wirtschaftlichen Wettbewerbsfähigkeit gegenüber den anderen Staaten, also von makroökonomischen Vorgaben, sowie von politischen Rahmenbedingungen ab. Wirtschaftliche Entwicklung bedingt nach Peneder zunehmende Spezialisierung und Differenzierung der einzelnen Wirtschaftsräume. Entwicklung kann nur dann nachhaltig gesichert werden, wenn auch ökologische Gesichtspunkte berücksichtigt, extrem ungleiche Einkommensverteilung vermieden und die Interessen zwischen heutigen und künftigen Generationen gegeneinander abgeglichen werden. Andererseits beruht die Leistungsfähigkeit eines Landes auf der Produktivität der einzelnen Unternehmen und selbständig Tätigen (siehe Kapitel 10 und 11), also auf mikroökonomischen Voraussetzungen. Die Frage heißt also: Warum löst der eine Staat die wirtschaftlichen Probleme um soviel besser als ein anderer? Anhang II versucht, die Frage zu beantworten, wie wirtschaftliche Entwicklung gefördert oder gebremst und wie die Wettbewerbsfähigkeit eines Landes (oder einer Bevölkerungsgruppe) quantifiziert werden kann. Solche Zusammenhänge bieten ein Prognoseinstrument für künftigen Wohlstand, ausgedrückt beispielsweise als Pro-Kopf-BIP (SBIP). Eine wichtige Messlatte für den Zustand einer Wirtschaft ist der Grad der (Voll-)Beschäftigung, oder – negativ ausgedrückt – das Ausmaß der

Arbeitslosigkeit,

die um die Jahrhundertwende in vielen Teilen der Welt das überragende wirtschaftliche und soziale Problem ist. Weltweit suchen mehr als 200 Millionen (von mehr als 3 Mrd. arbeitsfähigen) Menschen bezahlte Arbeit, in der EU etwa 20 Millionen. Die veröffentlichten Zahlen darüber sind oft nicht vergleichbar, weil die Arbeitslosigkeit nicht einheitlich definiert ist. Nach der Definition der Internationalen Arbeitsorganisation ILO – die weltweit gelten sollte – wird nur derjenige als arbeitslos bezeichnet, der keinerlei (bezahlte) Beschäftigung hat. Vollbeschäftigung herrscht dann, wenn alle Menschen, die arbeiten können und wollen, eine bezahlte Arbeit finden (die nicht immer den Wünschen und Vorstellungen des Suchenden entsprechen muss). Demgegenüber konnten sich bisher z. B. in den EU-Ländern auch geringfügig Beschäftigte als arbeitslos melden. Erst am Ende des Jahrhunderts wurde das neue Europäische System der Volkswirtschaftlichen Gesamtrechnung (ESVG) eingeführt und damit die Statistik der EU-Länder vergleichbar gemacht. Damit werden für einige EU-Länder Arbeitslosenraten ermittelt, die von den bisherigen um mehrere Prozentpunkte abweichen können (in Deutschland für 1998 rückwirkend von 11,2 auf 9,4% korrigiert). Für Mittel- und Osteuropa werden 8 Mio. und für die GUS-Staaten 12 Mio. Arbeitslose (Russland 12%) genannt. Auch in China nimmt die Massenarbeitslosigkeit zu. In den USA geht bei praktisch erreichter Vollbeschäftigung die Zahl der jährlich neugeschaffenen Arbeitsplätze zurück. Geringe Arbeitslosigkeit wird zur Jahrhundertwende nur in einigen der „reichen" Länder beobachtet (Niederlande, Irland, Österreich, Japan) (Abb. 4-37).

Der Anteil der unselbständig Erwerbstätigen an der Bevölkerung liegt bei etwa 40%, aber rund 60% der Bevölkerung sind im „arbeitsfähigen" Alter, das (willkürlich) zwischen 16 und 64 Jahren festgelegt ist. Immer mehr Frauen drängen in Erwerbsarbeit. Dazu kommt ein Alterungsschub: In der EU wird es im Vergleich zu 1999 im Jahre 2005 etwa 4 Mill. mehr Alte über 60 Jahre geben und 2 Mill. weniger Junge unter 20 Jahren.

Mit wachsender Wirtschaftsleistung können zwar oberhalb einer von Land zu Land verschiedenen Wachstumsschwelle (in diesem Bericht werden z. B. für die EU-Länder 3,5%/a genannt) neue Arbeitsplätze entstehen. Aber die strukturelle Arbeitslosigkeit wird davon nicht oder wenig beeinflusst. Immer mehr Güter und Dienstleistungen werden ohne menschliche Arbeitskraft geschaffen. Aus Arbeitsplätzen werden Wertschöpfungsplätze, die durch Kapital und Wissen, zum Teil ohne Mitwirkung des menschlichen Gehirns gegeben sind („New Economy"). Die Nicht-Normarbeit nimmt zu; nur noch die Hälfte der abhängig Beschäftigten wird einen dauerhaften Vollzeitarbeitsplatz haben, die Anderen sind mit Teilzeitjobs, befristet oder geringfügig beschäftigt. Die geleisteten Überstunden müssten in die Betrachtung einbezogen werden; sie machen z. B. in Deutschland etwa 4% der gesamten Arbeitsstunden aus. Viel mehr Menschen werden selbständig sein (müssen); das wiederum wird nur in funktionierenden Marktwirtschaften möglich sein. Immer mehr Erwerbstätige werden in niedrigproduktiven, wenig lukrativen Bereichen tätig sein. Andererseits können viele abhängig Beschäftigte und Selbständige dank hochqualifizierter Ausbildung und Erfahrung (die zur Nachfrage am Arbeitsmarkt passen müssen) entsprechend hohes Einkommen beziehen. Deshalb kann sich die Einkommens- und Vermögensschere in den Industriestaaten weiter öffnen (R. Miegel). Arbeit wird subventioniert oder überhaupt von Steuern weitgehend befreit werden müssen. Eine staatliche Umverteilung der Wertschöpfung zur Sicherung eines Grundeinkommens bei gleichzeitiger (notwendiger) Einschränkung der Wohlfahrtsleistung und einer Schwächung des sozialen Netzes kann sozial und politisch unerwünscht sein. Einer solchen Entwicklung kann und muss, soweit möglich, durch hohes Wirtschaftswachstum gegengesteuert werden. Mit Kapitel 11 dieses Berichtes werden geeignet erscheinende Lösungsvorschläge gemacht; siehe P. M. Liedtke u. a.

2.2 Welthandel

Eine treibende Wachstumskraft war und ist der Welthandel (siehe H. J. Bauer) der mit der Zeit immer rascher zunimmt – im 19. und in der ersten Hälfte des 20. Jahrhunderts um 3,5%/a, in der zweiten Hälfte um etwa 5%/a. Der Welthandel wächst stärker als die Produktion von Gütern und Dienstleistungen (Abb. 2-4). Das Ergebnis dieses Handelswachstums zeigt sich in den

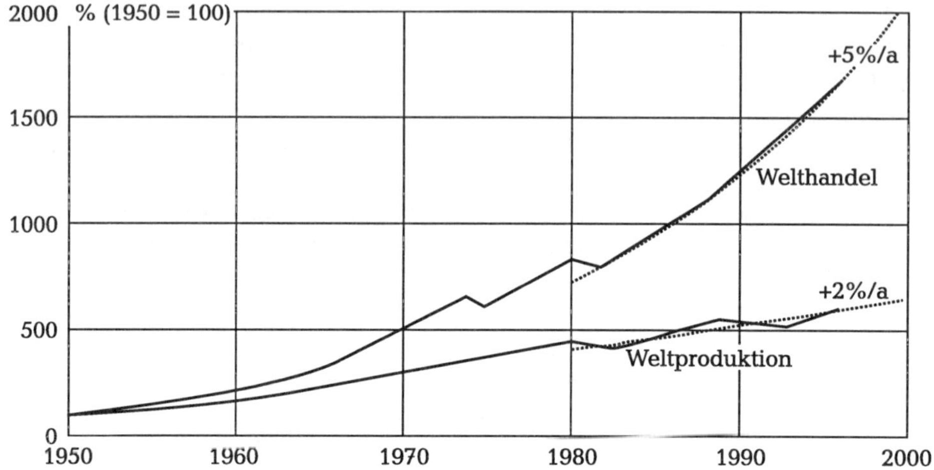

Abb. 2-4. Der Handel steigt rascher als die Produktion, die seit 1970 ihr Volumen verdoppelt hat, der Handel verdreifachte sein Volumen; 1950 = 100% (Time Magazine/Die Presse 26. 9. 1997)

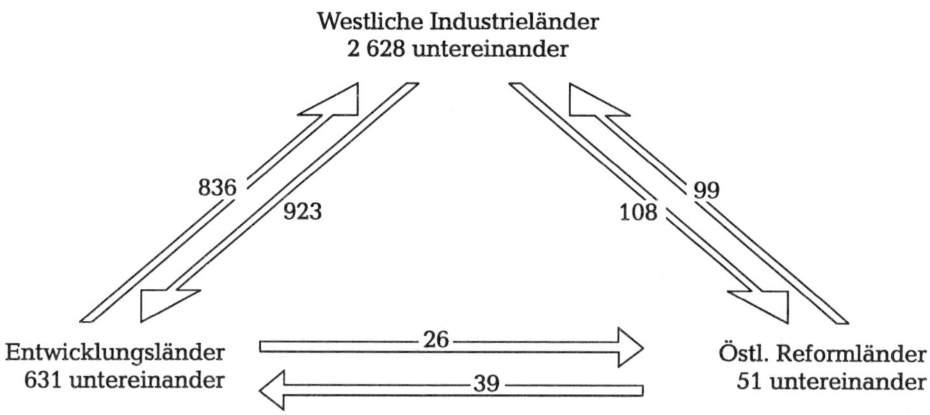

Abb. 2-5. Welthandelsströme in $Mrd./a im Jahre 1996 zwischen westlichen „Industrieländern", osteuropäischen Reformländern und Entwicklungsländern, Südd. Zeitung 30. 7. 97

Welthandelsströmen zwischen westlichen „Industrieländern", osteuropäischen Reformländern und Entwicklungsländern (Abb. 2-5): Der Handelsstrom ausgedrückt als Exporte zwischen den Industrieländern ist mehr als viermal so groß wie der zwischen den Entwicklungsländern und mehr als 50-mal so groß wie zwischen den „Reformländern" (der Außenhandel der Industrieländer untereinander erreicht etwa 13% ihres Gesamt-BIP).

Der Weltmarktanteil – also das Ergebnis der Exporte – konzentriert sich auf einige wenige Länder (1998: USA 16%, Deutschland 11%, Japan 8%, Frankreich 6%, Italien 5%, China 4%, zusammen ungefähr 50% Weltmarktanteil). Die Handelsströme zwischen Industrie- und Entwicklungsländern entsprechen größenordnungsmäßig 5% des BIP der Industrieländer in beide Richtungen. In diesen Handelsströmen sind Rüstungsexporte im Wert von etwa $ 22 Mrd./a enthalten (Tabelle 2-4). Vom Gesamtvolumen der Rüstungsexporte stammt ungefähr die Hälfte aus den USA, aus den EU-Ländern etwa ein Viertel.

Der freie Welthandel, dessen Regeln zwischen den beteiligten Staaten im Rahmen der Welthandelsorganisation (WTO) ausgehandelt und durch diese überwacht werden sollen, ist ein wesentliches Element der Marktwirtschaft und des Wettbewerbs und damit eine der Voraussetzungen weltweiten Wohlstandswachstums. Die WTO befasst sich mit der Liberalisierung des grenzüberschreitenden Handels und bietet Streitschlichtungsverfahren an. Viele der ärmeren Länder (die zwei Drittel der 135 WTO-Mitgliedsländer stellen) behaupten, sie seien – wegen der ungleichen Machtverhältnisse – dabei benachteiligt, weil die Regeln der WTO das Nord-Süd-Gefälle nicht reduzieren, sondern die Einkommensunterschiede zwischen armen und reichen Menschen weltweit vergrößert haben. Sie forderten daher mit einer „Erklärung von Bern" (1999), dass die Ministerkonferenz in Seattle (1999) keine neue Welthandelsrunde eröffnen möge. Stattdessen soll die WTO als zusätzliche Aufgabe Umwelt- und soziale Gesichtspunkte vor allem im Interesse dieser ärmeren Länder berücksichtigen, mit dem Ziel einer nachhaltigen Entwicklung für alle Länder. Von einer notwendigen „good governance" ist dabei nicht die Rede. Die Forderungen – letzten Endes nach Aufweichung der Ziele und Aufgaben der WTO – unterstellen vielmehr, dass die desolate Situation einiger der WTO-Mitgliedsländer nicht auf deren eigene Unfähigkeit, sondern auf Fehler im System des freien Welthandels zurückzuführen

Tabelle 2-4. Rüstungsexporte in $-Mrd. (1998) nach Sipri Stockholm, 1999

	$ Milliarden pro Jahr
USA	11,9
Frankreich	3,6
Russland	1,2
Deutschland	1,0
Großbritannien	0,6
Niederlande	0,5
Ukraine	0,4
Italien	0,3
Spanien	0,2
Kanada	0,2
Summe 10 Länder	20

seien. Allerdings sollten viele Verzerrungen beseitigt, beispielsweise die Exportsubventionen für Agrarprodukte durch die sogenannten „Industrieländer" abgebaut werden.

Die Konferenz wurde ergebnislos abgebrochen und auf unbestimmte Zeit vertagt. Weder die Interessen der USA gegenüber der EU noch die der „Entwicklungsländer" gegenüber den „Industriestaaten" konnten einander angenähert werden: Kinderarbeit sollte verboten, soziale Mindeststandards müssten gesichert werden. Dagegen stellen sich die „armen" Länder, weil ihre Wettbewerbsfähigkeit damit weiter eingeschränkt würde. Und die EU ist nicht zu einer weitgehenden Liberalisierung – sprich: Beseitigung der Subventionen – für ihre Landwirtschaft bereit.

Wie sich aus Abb. 2-5 ergibt, beträgt der Handel der „westlichen" Industrieländer untereinander plus Handelsströme mit den Entwicklungs- und Reformländern insgesamt etwa ein Sechstel des globalen BIP. Diese wichtige Grundlage des Wohlstandes in den „reichen" Ländern (siehe Kapitel 10) steht auch den beiden anderen Gruppen des Dreiecks nach Abb. 2-5 offen, wenn sie weiter wachsen und sich in die Weltwirtschaft integrieren wollen. Es gibt eine starke Korrelation zwischen SBIP und Anteil des Welthandels am BIP; in vielen „reichen" Ländern wächst die Wirtschaft proportional zum Wachstum der Exporte. Exporte werden durch niedrige Wechselkurse des exportierenden gegenüber dem importierenden Land begünstigt. Diesem Vorteil können aber höhere Preise für Importe in das Exportland gegenüber stehen. Deshalb kann dort die Inflation angeheizt und damit das reale BIP-Wachstum verringert werden. (Diese Situation zeigte sich z.B. im Jahre 2000 in den EURO-Ländern durch unerwartet niedrige Wechselkurse des EURO gegenüber dem US $, was die in US $ notierten Erdöl- und Rohstoffpreise umgerechnet auf eine der EURO-Währungen drastisch ansteigen ließ.)

Bisher macht der Handel zwischen den Entwicklungsländern untereinander etwa 14% ihres kumulierten BIP aus, der Handel zwischen den Reformländern nur etwa 5%. Selbst das bisher streng planwirtschaftlich regierte China hat die Vorteile des freien Handels erkannt; es erinnert sich vielleicht daran, dass der Chinese Tschien im 2. Jhdt. v. Chr. die Marktwirtschaft „erfunden" haben soll, H. J. Bauer; China will bald Mitglied der WTO werden, sobald die Aufnahmebedingungen (Zölle, Agrarsubventionen, Urheberrechtsschutz) ausgehandelt sein werden.

Vor allem im letzten Jahrzehnt des 20. Jahrhunderts haben regionale Gruppierungen wie NAFTA, EU, ASEAN, LAFTA, CARICOM, MERCOSUR u. a. offene Märkte innerhalb dieser Gruppierungen geschaffen. Verhandlungen fanden und finden statt – teils unter der „Governance" der WTO – zwischen diesen regional abgegrenzten Handels- und Wirtschaftsorganisationen. Beispiel: Die EU hat einen 50-Prozent-Anteil am Lateinamerikamarkt bei einem Handelsvolumen von $ 90 Mrd./a, am Mercosurmarkt (Brasilien, Argentinien, Uruguay, Paraguay) von nur 3% bei $ 50 Mrd./a Volumen. Deshalb versucht die EU eine Freihandelszone mit dem Mercosur zu etablieren (1999).

Komparative Handelsvorteile und das SBIP

Länder exportieren jene Güter und Dienstleistungen, für deren Produktion sie komparative Handelsvorteile haben (Peneder): Im Welthandel ist der Begriff „Wettbewerbsfähigkeit" schwer zu definieren. Länder mit hohen Arbeitskosten exportieren Güter und Leistungen, auf deren Herstellungskosten die Arbeitskosten weniger Einfluss haben als Kapitalinvestitionen, Qualität der Produkte, Marketing und Design und vor allem verlässlicher Service. Deshalb werden auch in Zukunft „teure" Industrieländer wie bisher in einem freien Weltmarkt bestehen können, wenn die makroökonomischen Rahmenbedingungen stimmen ebenso wie die nationale Branchenstruktur und deren Vernetzung mit anderen Ländern. Je höher das SBIP, umso stärker sind die wechselseitigen Austauschbeziehungen im Weltwirtschaftssystem – und zwar im Positiven wie im Negativen: Einwirkung der Asienkrise bis nach Europa; „wenn die USA Schnupfen haben, bekommt Europa eine Lungenentzündung".

Angriffe auf den freien Handel

Überall dort, wo der Wohlstand der Menschen zunimmt, geschieht dies auch dank offener Märkte. Trotzdem nehmen die Angriffe gegen das liberale Wirtschafts- und Handels-System zu, zugleich als Angriff gegen die „Globalisierungsfalle", H. P. Martin. Offene Märkte, die auf einem liberalen Handelssystem beruhen, dürfen nicht durch nationalstaatliche oder Gruppeninteressen eingeschränkt werden. Diese Tendenz nimmt aber zwischen den großen Handelsblöcken USA – EU-Staaten – Japan zu. Falls die USA als stärkste Wirtschaftsmacht (nicht-tarifäre) Handelsbarrieren errichtet oder verstärkt (Quotengesetzgebung) – wenn auch „nur" als Antwort auf Restriktionen ihrer Partner (Bananenexporte aus dem US$-Raum und von Hormon-Rindfleisch und Genmais in die EU; Investitionshemmnisse der Japaner) –, dann wird dadurch die Glaubwürdigkeit des erklärten Zieles „freier Welthandel mit Gütern und Dienstleistungen" untergraben. Solche Bestrebungen können nur als Rückzugsgefechte nicht lernfähiger Planwirtschaftler angesehen werden. Die Vorteile des freien Welthandels müssen der Bevölkerung verständlich kommuniziert werden, statt mögliche Nachteile für einzelne Interessengruppen (Landwirtschaft, Bergbau) oder gar einzelne Unternehmen zu plakatieren. Vielleicht mangelt es auch in der (medialen) Öffentlichkeit an einer Grunderkenntnis: Keine Volkswirtschaft kann zur gleichen Zeit Überschüsse im Außenhandel erzielen und netto Kapital importieren, denn Exporte minus Importe = Sparen minus Investitionen.

2.3 Nord-Süd-Problematik und globale Governance des Wirtschaftswachstums

Zur Jahrhundertwende haben vor allem der Verbrauch an Energie und Nahrungsmitteln und die Inanspruchnahme von Bildung, Verkehr, Kommunikation und Unterhaltung weltweit ein nie gekanntes Ausmaß erreicht. Demnach müssten alle – oder jedenfalls die meisten – Menschen länger, gesünder, besser und produktiver leben als je zuvor. Das durchschnittliche Pro-Kopf-BIP beträgt ungefähr $ 5000 – aber mit gewaltigen Unterschieden bei der Verteilung der riesigen Mengen an Gütern und Dienstleistungen von Land zu Land, von Region zu Region: 20% der Menschheit verbrauchen 86% aller Waren und Dienstleistungen (siehe Abb. 2-2). Damit sind die Ungleichheiten der Pro-Kopf-Kaufkraft innerhalb der Staaten noch nicht berücksichtigt.

Das „reiche" Sechstel der Weltbevölkerung

(oder genauer gesagt: diejenigen Bevölkerungsgruppen, die in den „reichen" Ländern leben) verfügt über drei Viertel des globalen BIP und hat mit einem SBIP von mehr als $ 15.000 ein Niveau des Einkommens und der Lebensqualität erreicht, das es vorher nicht gegeben hat: Verglichen mit dem Beginn des Jahrhunderts wurde die Lebenserwartung um 35% gesteigert, es gibt einfachen Zugang zu Erziehung und Ausbildung, zu Information, medizinischer Versorgung, zu vielen sportlichen Möglichkeiten und kulturellen Ereignissen; es gibt viel Urlaub, den man sich auch leisten kann, weltweite Telefonverbindungen, zahlreiche Radio- und TV-Kanäle, die Menschen haben hohen Wohnkomfort und hohe Mobilität. Im Durchschnitt werden nur 7% der Lebenszeit für bezahlte Arbeit verwendet – zu Beginn des Jahrhunderts waren es noch 25%. Körperliche Arbeit wird erleichtert durch Maschinen, geistige Arbeit durch Computer und das Internet. Reguläre Arbeitszeit wird durch viele Urlaubs- und Feiertage unterbrochen. Die soziale Sicherheit ist hoch – durch den Staat arrangiert und unterstützt oder durch eigene Ersparnisse. Der Pro-Kopf-Konsum in den Industrieländern stieg in den letzten 25 Jahren auf das Doppelte. Ausgedehnter Konsum ist kein Verbrechen: Die Menschen dürfen die Schöpfung nach ihren Fähigkeiten genießen, wie alle anderen Geschöpfe das für sich in Anspruch nehmen. ("Dass der Mensch das edelste aller Geschöpfe sei, ergibt sich allein daraus, dass ihm bis heute niemand widersprochen hat", sagt Georg Chr. Lichtenberg, Philosoph und Physiker.) Diese „glücklichen Millionen" werden vielleicht manchmal durch ein schlechtes Gewissen geplagt, weshalb sie – die „Reichen" – einen kleinen Teil ihres wirtschaftlichen Wohlstandes über ihre Regierungen oder auch direkt an die Armen spenden. Kann dieser begünstigte „reiche" Teil der

Menschheit diesen Vorzugsstatus und seine wirtschaftliche Überlegenheit aufrechterhalten? Und wenn ja – wie lange noch?

Das Vertrauen in die Zukunft für alle Gruppen der Menschheit ist nicht parallel gestiegen mit dem hohen Lebensstandard der wenigen „Reichen". Vielmehr haben Ängste und Sorgen zugenommen, dass die erreichte wirtschaftliche Lebensqualität abnimmt oder sogar endet (siehe Tabelle 1-1).

Die anderen fünf Sechstel der Weltbevölkerung

haben ein niedriges oder mittleres Einkommen und teilen sich ein Viertel des globalen BIP: Etwa zwei Drittel der Weltbevölkerung haben ein SBIP von unter $ 1250; ein Sechstel der Bevölkerung muss mit weniger als $ 730/c.a auskommen. Diese Menschen sind noch weit entfernt von dem beschriebenen Wohlstand der anderen und von dem globalen „Fortschritt" nach wie vor ausgeschlossen: Von den zur Jahrhundertwende in den Entwicklungs- und Schwellenländern lebenden Menschen haben ein Viertel bis ein Drittel keine Sanitäreinrichtungen, kein sauberes Trinkwasser, keine ausreichende Unterkunft, keine Gesundheitsfürsorge. Allerdings leben auch in „reichen" Staaten Bevölkerungsgruppen mit ähnlich niedrigen Realeinkommen und Lebensstandards (zum Beispiel die Sioux-Indianer in Dakota).

Die globale Arm-Reich-Schere

Erkennbar sind die Unterschiede an Konsumausgaben, Nahrungsmittelverbrauch (kalorien) und Energieverbrauch sowie Zahl der Autos bei Industrie- und Entwicklungsländern (Abb. 2-6) und als Folge davon unter anderem bei Lebenserwartung und Sterblichkeitsrate; siehe Kapitel 4 und Kapitel 5.

Die „Wohlstands-Schere" zwischen den Industrie- und Entwicklungs- bzw. Schwellenländern hat sich in den vergangenen Jahrzehnten nicht weiter geöffnet; das Nord-Süd-Gefälle hat deutlich abgenommen. Das „Wohlstandsniveau" stieg in allen Entwicklungsländern von 1960 bis 1995, als Pro-Kopf-Kaufkraft (also nicht als SBIP) ausgedrückt, um 235% auf $ 3068/a; die durchschnittliche Lebenserwartung nahm von 46 auf 62 Jahre zu (in Lateinamerika und Ostasien auf 93% des Niveaus der Industrieländer, in Südasien auf 83%, in Afrika auf 68%). Die Alphabetisierungsrate ist auf durchschnittlich 70% gestiegen; siehe Kapitel 5.

Trotz dieser Fortschritte sind die Ungleichheiten beim Konsum zwischen Industrie- und Entwicklungsländern an der Jahrhundertwende immer noch erschreckend hoch. Um ihren Rückstand aufzuholen, sollten die Entwicklungsländer im neuen Jahrhundert nicht die Wachstumsmuster der vergangenen 50 Jahre nachmachen, mit allen damit verbundenen Risiken und Schäden, sondern ohne diesen Umweg zu Wachstumsmodellen übergehen,

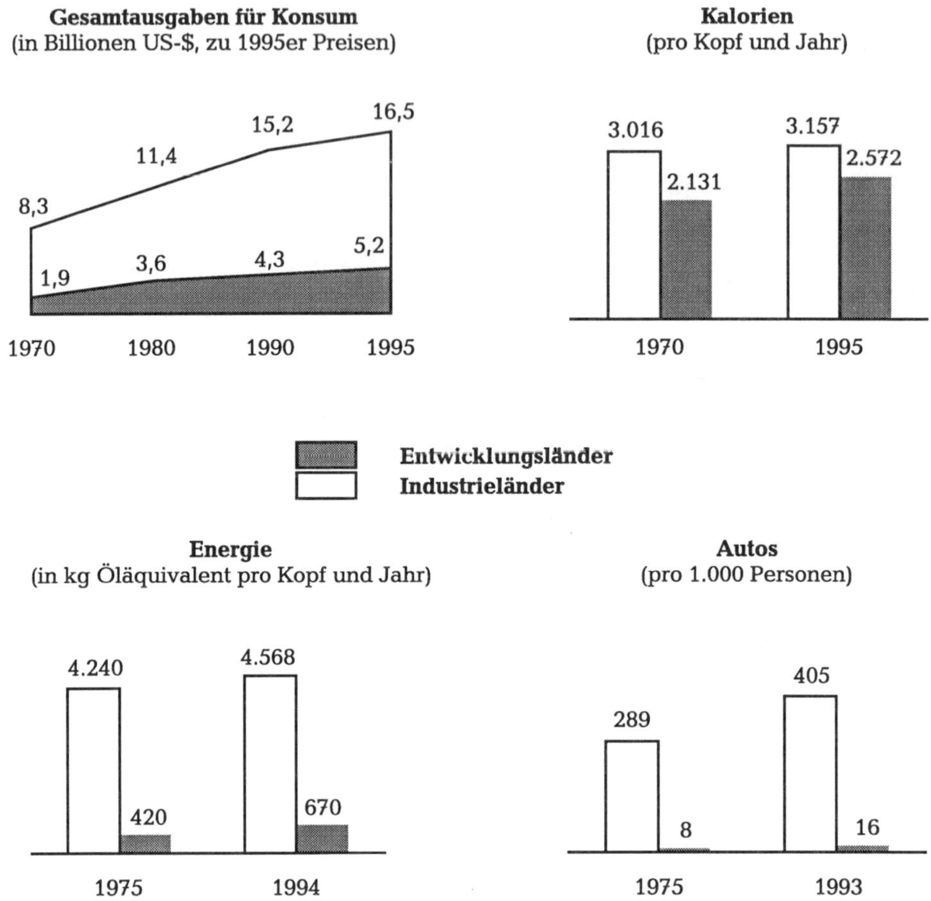

Abb. 2-6. Gesamtausgaben für Konsum ($Mrd. pro Jahr), Nahrungsmittelangebot (kcal/c.a), Energieverbrauch (kg Öläquivalent/c.a) und Zahl der Automobile pro 1000 Einwohner für Industrie- und Entwicklungsländer, 1970 bis 1995; siehe Abb. 4-15 und 16-18. Die Steigerungsraten sind für Entwicklungsländer durchwegs größer: Der Energieverbrauch nimmt 6-mal so rasch zu, die Zahl der Autos doppelt so rasch, der Gesamtkonsum um 47% rascher. Vergleicht man das reichste und das ärmste Fünftel der Weltbevölkerung (also jeweils etwa 1,2 Mrd. Menschen) miteinander, dann ergeben sich folgende Anteile: Beim Fleisch- und Fischverbrauch hat das reichste Fünftel 45% Anteil, das ärmste weniger als 4%; beim Verbrauch an Papier ist das Verhältnis 84% zu 1.1%, beim Besitz an Fahrzeugen 87% zu weniger als 1% und bei Telefonleitungen 74% zu 1,5%

die auch den Armen und der Umwelt zugute kommen. Dazu gehört die Nachhaltigkeit einer (erwünschten) Entwicklung („sustainable development"), die auch eine weitgehende Kreislaufwirtschaft voraussetzt. Derartige Entwicklungsrichtungen können gesteuert werden durch Steuern auf den Verbrauch von Ressourcen wie zum Beispiel die sogenannten „Ökosteuern", die die exzessive Besteuerung der Erwerbstätigkeit ablösen sollten, wie sie auch in diesem Bericht mit Kapitel 11 „Arm und Reich" beispielhaft dargestellt wird.

„Kann die Verelendung der Entwicklungsländer gestoppt werden?", fragt F. Nuscheler. Armut müsse aus politischer Vernunft bekämpft werden, sonst entstünde eine Welt, die in eine der Zivilisation und eine der Barbarei geteilt werde. Auf der Armutskonferenz 1996 der UN wurde der Weltbank und allen Internationalen Organisationen das Ziel vorgegeben, die Zahl der in „extremer Armut" (mit weniger als $ 1/c.d) lebenden 1,2 Mrd. Menschen bis zum Jahre 2015 auf die Hälfte zu reduzieren.

Der zur Jahrhundertwende immer noch herrschende Zustand der teils exzessiv ungleichen Wohlstandsverteilung ist für alle Ländergruppen – auch für die „High Income Countries" – nachteilig. Deshalb sollte im Rahmen einer globalen Governance ein Teil des globalen Wirtschaftswachstums verstärkt in „ärmere" Länder gelenkt werden, damit auch die Armen dieser Welt wenigstens ihre Grundbedürfnisse befriedigen können. Das ist eine Aufgabe der Solidarität der Staaten. Stattdessen wird das von der Staatengemeinschaft im Rahmen der UN und der bi- und multilateralen Institutionen mehrmals vereinbarte und immer wieder beschworene Ziel der „offiziellen Entwicklungshilfe" (ODA) in Höhe von 0,7% des BSP der OECD-Länder nicht einmal zur Hälfte erreicht (Abb. 4-38 und 38a). Die finanzielle Entwicklungshilfe („Kapitalhilfe") betrug zum Beispiel im Jahre 1998 nur 0,25% des BIP der Geberländer, nämlich $ 33 Mrd. von $ 13.000 Mrd.; angekündigt waren mindestens $ 83 Mrd. Allerdings reichen finanzielle Mittel allein nicht aus, um den beschriebenen Zustand zu ändern. Die internationale Gemeinschaft sollte im Rahmen der erwähnten globalen Governance den Armen vor allem zeigen, wie andere Menschen ihren Lebensstandard erhöht haben, und ihnen auf dem Weg dahin helfen; siehe Anhang II. Die wirtschaftliche Ungleichheit zwischen den Ländern setzt sich innerhalb der Länder fort. Es ist empirisch erwiesen, dass sich die „Arm-Reich-Schere" sowohl zwischen Ländern als auch innerhalb davon mit wachsendem SBIP schließen kann. Die beste Gesundheit herrscht in jenen Ländern, in denen die Arm-Reich-Schere am geringsten ist. Selbst in Europa ist Armut eine Ursache für Krankheit und frühen Tod. Auch in den USA wurde erkannt, dass Armut die Gesundheit schädigt. Eine neue Einstellung gegenüber der Armut deutet sich an, Wohlstand soll einen Zweck haben, „Reichtum allein ist nur Materialismus" ist der neue Slogan der Republikaner (!); siehe Kapitel 11.

Ein Blick auf die „Entwicklungshilfe": Optimismus ist angebracht

Ein Optimist, der den Thesen dieses Berichtes folgt, schließt aus den Vergleichen zwischen dem „Wohlstand" der Staaten und Bevölkerungsgruppen, dass Wirtschaftswachstum global auch von der Bedarfs- oder Nachfrageseite her gesehen dringend erforderlich ist. Das künftige Wachstum in den bisherigen Industrieländern wird durch diesen gewaltigen Nachfrageüberhang aus den Entwicklungs- und Schwellenländern mitgezogen werden. Es kann

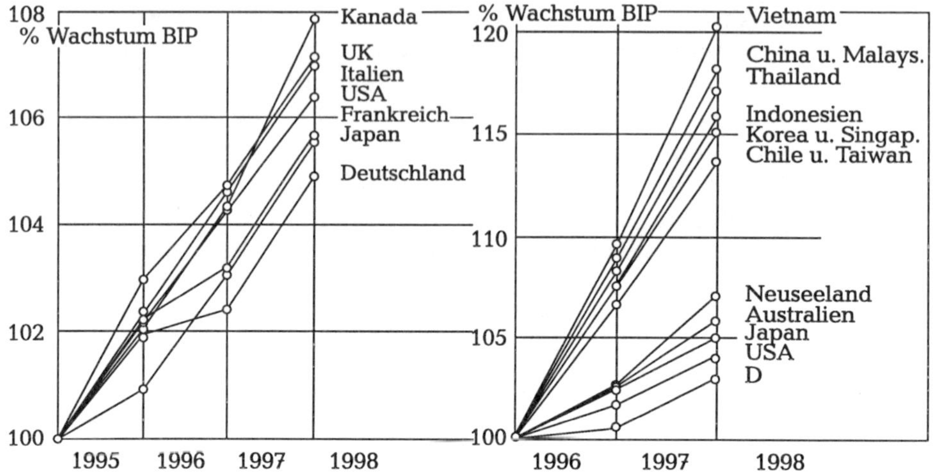

Abb. 2-7. Wachstum des BIP für Industrie- und Entwicklungsländer. Es war beispielsweise 1996/97 für die hier angeführten Entwicklungsländer (Chile, Taiwan, China, Vietnam u. v. a.) mit 6 bis 11%/a rund 4-mal so groß (allerdings auf niedriger Basis) wie für Industrieländer; das höchste Wachstum der Wirtschaft wird im SBIP-Bereich zwischen $ 1500 und $ 2000 beobachtet

also dauerhaft steigen, selbst wenn dies nicht mit den in den letzten beiden Jahrzehnten des 20. Jahrhunderts beobachteten sehr hohen Wachstumsraten einzelner Länder geschieht (China zeitweise über 10%, Südostasien 5–8%, Brasilien und Irland 8% p. a.). Abb. 2-7 zeigt das BIP-Wachstum ausgewählter Industrieländer sowie einiger Entwicklungsländer (Abb. 4-6 bis 4-10). Weiteres Wirtschaftswachstum in diesen Ländern erhöht die Nachfrage nach Produkten und Dienstleistungen aus den Industrieländern. Kredite und sonstige Mittel der Kapitalhilfe helfen der Exportwirtschaft beispielsweise durch Lieferung von Umweltschutzanlagen ebenso wie dem Umweltschutz in den betreffenden Empfängerländern. Direktinvestitionen in den Entwicklungsländern schaffen einerseits dort Arbeitsplätze und helfen beim Technologietransfer, andererseits sichern sie durch die Präsenz vor Ort Märkte oder Rohstoffe für die investierenden ausländischen Unternehmen: ein Beispiel für eine Symbiose. Die Erkenntnis „Entwicklungshilfe zahlt sich aus – sie bringt volkswirtschaftlich mehr als sie kostet" gilt auch im neuen Jahrhundert.

... aber es gibt auch begründete Skepsis!

Ein Optimist, sagt man, sei ein schlecht informierter Realist. Immer wieder wird von Medien in den „Geber-"Ländern darauf verwiesen, dass ein mehr oder weniger großer Teil der für wirtschaftliche Zusammenarbeit – wie die offizielle Bezeichnung für Entwicklungshilfe lautet – vergebenen finanziellen Mittel irgendwo versickert. Sie steigert in den Ländern, deren Wirtschaftswachstum beschleunigt werden soll, vor allem den Wohlstand einiger weniger; Stichworte: Indonesien, Philippinen, viele afrikanische und arabische Potentaten. Allerdings bedienen sich auch in „reichen" Ländern Einfluss-reiche nicht immer legaler Mittel zur Förderung ihres eigenen Wohlstandes: Ein Finanzminister wurde als Steuerhinterzieher verurteilt, Vorstände von Großbanken werden der Beihilfe zur Steuerhinterziehung bezichtigt, es gibt der Begünstigung überführte Kommissare der EU-Kommission, zahlreiche andere öffentlich bekannt gewordene Fälle von „schwarzen (Partei-)Kassen" und eine Unzahl betrügerischer Konkurse. Offensichtlich ist die Überwachung der Einhaltung marktwirtschaftlicher Regeln und Gesetze auch in funktionierenden Demokratien unzureichend.

Missallokation von Krediten und anderen Hilfen: Stichwort Korruption.

Ein Weltbankprojekt zur Armutsbekämpfung in China wurde gestoppt, weil damit die zwangsweise Umsiedlung großer Bevölkerungsteile – also eine Missallokation – verbunden wäre, jedenfalls nach Ansicht der Kreditgeber: „Wer zahlt, schafft an." Ursachen für die Verwendung von Ressourcen für andere als die vorgesehenen Zwecke ist mangelnde Regierungsfähigkeit, die aber keine Funktion des SBIP ist: Indien (SBIP $ 1500) ist die größte funktionierende Demokratie der Welt, und Singapur (SBIP $ 27.500) gilt als hervorragend regiert. Ein anderes Problem ist die immer wieder beklagte Korruption. Beides sind keine für Entwicklungsländer spezifischen Probleme, auch wenn sie dort stärker ausgeprägt sein mögen als in „reichen" Marktwirtschaften. Weltweit fließen jährlich geschätzt $ 50 Mrd. in die Korruption, vermutlich aber noch viel mehr. Bestechung wirkt insbesondere für mittelgroße Unternehmen wettbewerbsverzerrend. Zur Korruption gehören immer zwei (oder mehrere) Beteiligte – ein aktiver und ein passiver. Solange in gewissen Staaten Schmiergelder steuerlich abzugsfähig sind, erleichtert man nicht gerade die Arbeit der bestehenden amtlichen wie auch privaten Organisationen, wie „Transparency International", die Korruption international vor allem durch Anprangern bekämpfen. Selbst in der Schweiz konnten bis zum Frühjahr 2000 Schmiergelder („Gewinnungskosten") von der Steuer abgesetzt werden. Die OECD sagt der transnationalen Korruption den Kampf an; die neuen OECD-Regeln sollen in nationale Gesetze umgewandelt werden.

Stichwort: Waffen- und andere Rüstungskäufe

Ein großer Teil der „Nord-Süd-Kapitalflüsse" mit Hilfscharakter werde für Waffenkäufe ver(sch)wendet. Aber: Wer liefert denn diese Waffen und andere Rüstungsgüter und die Kredite zum Kauf gleich dazu? Wie viel Prozent des BIP mancher OECD-Länder beruhen auf solchen Lieferungen und wie viel Prozent ihres Wirtschaftswachstums? Die Militäretats aller Staaten nehmen seit 1999 wieder zu, nachdem sie im Jahr davor noch weltweit um 3,5% auf etwa $ 700 Mrd. (also $ 120/c.a) abgenommen haben – seit 1987 sogar um ein Drittel. Die Staaten mit den höchsten Rüstungsausgaben – zur ethischen Verbrämung oft „Verteidigungsausgaben" genannt – USA mit $ 280 Mrd./a ($ 1000/c.a entsprechend 4% des BIP) und Russland – erhöhen ihre Etats ebenso wie Länder in Asien; China gibt 1,9% seines BIP für „Rüstung" aus. Von der gesamten Rüstungsproduktion geht ein Teil im Wert von derzeit (1998) $ 22 Mrd. in den internationalen Waffenhandel; davon gelangt wiederum ein Teil in Entwicklungsländer, die damit ihre inner- oder zwischenstaatlichen Konflikte austragen (oder auch erst beginnen) (Tabelle 2-4). Wenn ein Staat Kredite vergibt, die für solche Zwecke missbraucht werden – oder sogar ausdrücklich dafür zweckgebunden sind –, aber seiner Industrie zugute kommen, und wenn diese Kredite dann nur zum Teil nach Umschuldung oder gar nicht vom Kreditnehmer bedient werden, dann gehen solche Abschreibungen eben zumindest teilweise auf das Konto der eigenen damit geförderten Industrie. Dies ist das altbekannte Problem der bilateralen „gebundenen Entwicklungshilfe".

Kredite mit hohem „grant element" für die ärmsten Länder

Es ist zu unterscheiden zwischen humanitärer Hilfe in Form von „Geschenken" für die 41 ärmsten ("least developed" oder HIPC-Länder) – wie zum Beispiel das World Food Program der FAO – und den Krediten, die auch bei noch so günstigen Konditionen irgendwann zurückzuzahlen sind. An viele dieser Länder werden z. B. von der Weltbank-Schwester IDA, vom Europäischen Entwicklungsfond und von nationalen Fonds Kredite zinslos oder mit einer „Bearbeitungsgebühr" von weniger als 1% p. a. mit etwa 40 oder 50 Jahren Laufzeit vergeben, die also einen sehr hohen Geschenkanteil („grant element") enthalten. Diese Länder gelten als „nicht kreditwürdig" für Kredite zu marktüblichen Konditionen, aber aus politischen und prinzipiellen Gründen werden solche Kredite nicht von vorneherein als Geschenk deklariert. Finanzielle und andere Geschenke ebenso wie nicht zurückgezahlte Kredite erhöhen das BIP des betreffenden Landes; deshalb müssten diese Transfers eigentlich von dem jeweiligen BIP abgezogen werden!

Der Schuldenstand dieser Länder war per 1999 insgesamt $ 225 Mrd. einschließlich aufgelaufener Zinsen (Aufteilung in $-Mrd.: 84 bilateral, 65 IWF/IBRD, 51 private Gläubiger, 51 Kredite mit kürzeren Laufzeiten). Welche Last an Rückzahlung und Zinsen können und sollen Schuldnerländer jährlich tragen? Die Belastungsgrenze wird nach dem Gegenwartswert der Schulden geschätzt und auf die Export- und Staatseinnahmen bezogen, wobei 200 bis

250% als „tragfähig" gelten. Abb. 4-35 zeigt die Exporterlöse als Prozentsatz des BIP (bis zu 4%), Abb. 4-36 das Verhältnis von Exporterlösen zu Importausgaben, das bis zu 200% betragen kann. Die Summe der Außenstände soll 150% der jährlichen Exporteinnahmen nicht überschreiten. Übrigens wurden beim Londoner Schuldenabkommen mit der Bundesrepublik 50% der Exporterlöse als tragbarer Schuldendienst angesetzt. Bei der Berechnung pro Land fließen jeweilige Wirtschaftsdaten ein, die sich bei jeder Änderung der Rohstoff-, Energie- und anderer Export- und Importpreise („Austauschverhältnis") und der Wechselkurse mit verändern.

Der „Schuldenerlass": eine Art „Ablass" für begangene Sünden?

Dieses Thema beherrscht seit Ende der neunziger Jahre aus akutem und chronischem Anlass viele finanzpolitische internationale Diskussionen. Es wurde erkannt, dass die „Industriestaaten" solidarische „Hilfe zur Selbsthilfe" leisten müssen, weil viele Schuldnerländer (nicht nur aus dem Kreis der Entwicklungsländer) allein aus der Überschuldung nicht herauskommen. Bei der Problemlösung ist zu unterscheiden zwischen den kurz- und mittelfristigen Liquiditätskrisen der Schwellenländer und den langfristigen Insolvenzkrisen der am höchsten verschuldeten armen Länder (HIPC).

Schon A. Herrhausen (Deutsche Bank) schlug 1989 eine „Schuldenerleichterung" vor, die an wirtschaftliche Reformen gekoppelt sein sollten. Es besteht Übereinstimmung darüber, dass nur ein breites und nachhaltiges Wirtschaftswachstum die Voraussetzung für eine auch finanzielle Gesundung der betroffenen Länder sei. Es wird eine „bessere" Wirtschaftspolitik gefordert statt neuer Kredite, die ja den Schuldendienst nur weiter vergrößern. Viele der Auflagen des IWF allerdings führen zu einem Teufelskreis: Die Schuldnerländer müssen auch Ausgaben für Ausbildung und Gesundheitsvorsorge verringern und steuern damit noch mehr in einen Zustand der Unterentwicklung.

Ein Plan von J. Baker (USA) sah daher vor, dass Tilgung und Zinsendienst erleichtert werden sollen unter der Vorgabe, dass die eingesparten Gelder den Armen der betroffenen Länder zugute kommen müssen und nicht für Waffenkäufe und Prestigeprojekte verwendet werden dürfen. Außerdem müssen sich alle – auch die privaten – Gläubiger an den Kosten für eine Schuldendiensterleichterung beteiligen. Damit soll eine fahrlässige Kreditvergabe der privaten Kreditgeber („moral hazard") verhindert und damit die Belastung der Steuerzahler der Geberländer verringert werden. Letzten Endes aber müssen die betroffenen Länder ihre Kreditwürdigkeit wiedererlangen, wofür auch ein internationales „Insolvenzrecht" notwendig wäre.

Die G7-Staaten einigten sich (1999) auf eine Schuldenentlastung für die genannten Länder ab dem Jahre 2000: 40% ihrer Schulden beim IWF und bei der IBRD sollen gestrichen werden, dazu kommen bilaterale Schuldennachlässe durch die USA und andere Staaten. Allerdings hat die Weltbank dafür kein Geld und der IWF muss dafür einen Teil seiner Goldreserven verkaufen. Als Auflage gilt: Die betroffenen Länder müssen sich einige Jahre lang um marktwirtschaftliche Reformen bemühen; es handelt sich also um eine Art „Ablass" für begangene „Sünden". Auch bisher wurden HIPC-Ländern (zum Beispiel Uganda, Burkina Faso, Guyana, Mali, Mocambique, Elfenbeinküste – einst ein Vorzeigeland der Entwicklungshilfe) etwa $ 3 Mrd. an Schulden erlassen. Andere Länder (Myanmar, Liberia, Kongo Dem. Rep.) sind dagegen nicht „reformbereit". Alle Staaten in Afrika südlich der Sahara zahlen ohnehin nur etwa ein Fünftel dessen, was sie vertraglich zahlen müssten; ein 40%iger Schuldenerlass hat also keine reale, sondern nur eine legale Wirkung. Beispiel: Durch die Streichung von $ 70 Mio. an multilateralen Außenständen von Uganda verringert sich der Schuldendienst auf einen Betrag, der immer noch 80% der Exporterlöse erfordert. Es gibt Vorschläge, dass die 1000 größten Unternehmen der Welt zur Jahrtausendwende insgesamt $ 0,1 Mrd. in einen „Millennium Trust Fund" einzahlen sollen; auch das ist ein eher optisch-politisch wirkender Effekt.

Konservative Volkswirte und Finanzpolitiker halten jeden Schuldenerlass für falsch, weil dann die betreffenden Länder ihre Kreditwürdigkeit verlieren und kein privates Kapital – vor allem Risikokapital – mehr bekommen. Ein solcher Schuldenerlass ist oft kein Geschenk an das betroffene Land, sondern nur die Legalisierung eines ethisch verwerflichen Handelns, das auf Diebstahl an den Eigentümern der Bank – und wenn diese staatlich ist, an den Bürgern des Landes – hinausläuft und an dem Staat, dem die Steuern entgehen. Denn oft sind die Nutznießer dieses Prozesses diejenigen, die „hartes Geld" oft zum hohen Schwarzmarktkurs in ihre „weiche" Landeswährung und später wieder zum offiziellen Kurs in die „harte" Währung umtauschen können. Sie bringen den dabei erzielten Gewinn als „harte" Währung außer Landes (sogenannte „Kapitalflucht"), während im kreditnehmenden Land die Auslandsverschuldung bleibt. Solche Vorgänge fallen unter das Stichwort Korruption oder Betrug. Einen Betrüger kann man nur schwer an seinem Tun hindern, wie die vielen betrügerischen Währungsspekulationen unter marktwirtschaftlichem Deckmantel (z. B. Fall Leeson) deutlich machen und wie selbst als hochseriös angesehene Bürger oft genug demonstrieren.

Das notwendige SBIP-Wachstum der betroffenen Länder ist bei voller Tilgung und Verzinsung der noch ausstehenden Kredite nicht denkbar. Was also kann eine „globale Governance" anstreben und erreichen? Verwerfliches Handeln – nämlich Schuldenerlass – in Kauf nehmen oder die Schuldnerländer in einen „Staatsbankrott" treiben? (Den gibt es allerdings nach herrschender Ansicht nicht: Ein Staat kann aus politisch-wirtschaftlich-theoretischen Gründen nicht in Konkurs gehen; Länder wie Russland und Ecuador scheinen sich auf diese Theorie zu verlassen.)

Risiken der Entwicklungsfinanzierung

Wer zwingt eigentlich ein staatliches oder privates Finanzinstitut, Kredite oder Beteiligungskapital an „windige" Kunden zu vergeben? Übliche Antwort: der Wettbewerb. Der global zunehmende Wettbewerb zwischen privaten, aber auch staatlichen Banken treibt diese dazu, höhere Erträge mit höherem Risiko zu erkaufen. Von den Erträgen wird ein Teil an die Kunden und Besitzer der Bank weitergegeben. Ärger gibt es, wenn auch ein Teil des Risikos in Form von Verlusten an die Eigner der Bank weitergegeben wird. Das global fluktuierende Kapital fließt dorthin, wo es die höchsten Erträge erzielt – nicht immer unter Beachtung des Risikos. Ein hohes Risiko kann in der instabilen Währung des Kreditnehmerlandes liegen, falls die Anleihe in dieser Währung denominiert ist (Beispiele: Staatsanleihen von Argentinien, Brasilien, Thailand, Russland). Falls die Anleihe in harter Währung, also z. B. in $ aufgenommen wird, liegt das Risiko darin, dass das Schuldnerland wegen zu geringer Deviseneinnahmen (Abb. 4-36) unfähig sein kann, Zinsen und Rückzahlung in „harter" Währung zu bedienen bis zum so genannten „Staatsbankrott" (siehe oben). In solchen Fällen wählen die Gläubiger eben den Ausweg über immer neue Umschuldungen. Die gleichen Bemerkungen gelten für Kredite an Unternehmen. Je höher die Risiken, umso höher die Chance, im Vergleich z. B. zu „sicheren" Staatsanleihen hohe Kapitalerträge zu erwirtschaften. Wenn die Risikoabwägung schlecht fundiert und als Folge davon ein „hedging" (z. B. Wechselkursrisikoabsicherung) unzureichend war, dann müssen eben solche notleidenden Kredite abgeschrieben werden. Beispiele: Selbst große japanische Geschäftsbanken sowie Privatinvestoren (wie George Soros) müssen Kredite an Russland abschreiben. Die Last trägt zumindest teilweise über steuerliche Abschreibungen der Steuerzahler des Landes, in dem die Bank ihren Sitz hat.

2.4 Weltfinanzen und Kapitalmärkte

Da alle Wirtschaftsaktivitäten in und zwischen Ländern mit freier Marktwirtschaft mit Kapitalströmen verbunden sind, hängen die Wirtschaft und ihr Wachstum eng mit den globalen Kapitalströmen und den Wechselbeziehungen zwischen den Währungen zusammen. Wirtschafts- und Kapitalkrisen behindern oder begrenzen das Wirtschaftswachstum. Einige Entwicklungsländer, aber auch Japan und andere Industrieländer haben als Folge der Finanzmarktkrise 1997/98 einen Teil ihres vorher erarbeiteten Wirtschaftswachstums wieder verloren. Deshalb müssen kritische Situationen rechtzeitig erkannt und bekannt gemacht werden, damit Gegenmaßnahmen geplant und durchgeführt werden können. Dieser Bericht soll einige Erkenntnisse beisteuern.

Gefährdungspotential und das SBIP

Die Häufigkeit von Finanzkrisen ist in den vergangenen drei bis vier Jahrzehnten stark gestiegen, in den neunziger Jahren waren es vor allem Bankenzusammenbrüche. Finanzkrisen werden nicht nur durch falsche makroökonomische Politik eines Landes verursacht, sondern auch durch ungeeignete Wechselkursstrategie, ungenügend vorbereitete Kapitalmarktliberalisierung, schlechtes Schuldenmanagement und einen schwachen Bankensektor, der zudem unzureichend überwacht ist. Krisen sind in Ländern mit ganz verschieden hohem Pro-Kopf-BIP aufgetreten, wenn auch die Häufigkeit in Schwellenländern besonders augenfällig ist. Gerade bei dieser Ländergruppe kommt es nicht nur auf deren eigene „richtige" Wirtschaftspolitik an, sondern auch auf die Stabilität der internationalen Finanzmärkte und eine bessere Risikoaufteilung. Der nächste „Crash", meint W. Hankel, beträfe vor allem die reichen und die Schwellen-Länder.

Tabelle 2-5 deutet darauf hin, dass diejenigen Länder, die im letzten Jahrzehnt Finanzkapitalkrisen erlebten oder noch haben, ein SBIP zwischen etwa $ 6500 (Brasilien) und $ 14.600 (Südkorea) aufwiesen (1995). Der Finanzcrash in Indonesien, dessen SBIP $ 1100 (nach Kaufkraftparität $ 4400) nicht in diese Gruppe „passt", hat besondere Ursachen, unter anderem eine autokratisch-planwirtschaftliche Wirtschaftspolitik, die wiederum zu einer extrem ungleichen Einkommensverteilung führte. Aus dieser empirischen Beobachtung können wir einen Zusammenhang zwischen dem SBIP von Staaten und der Gefahr einer Wirtschafts- und/oder Finanzkapital-Krise ableiten: Wie Tabelle 2-5 zeigt, sind demnach europäische Länder wie die Türkei, Zypern und Griechenland sowie Iran, Saudi-Arabien, Südafrika und Länder in Südamerika gefährdet. Der Druck auf die Währungen der Schwellenländer hat sich vor der Jahrhundertwende zwar verringert, aber nach wie vor gibt es ein Gefährdungspotential in Lateinamerika und Südostasien; Malaysia nimmt am globalen „kapitalistischen" Finanzsystem – vorübergehend? – nicht teil.

Bei den Reformländern („Transition Economies"), also den ehemaligen planwirtschaftlich regierten Ländern in Ost- und Mitteleuropa, die unter Finanzkrisen leiden, liegt der „gefährliche" SBIP-Bereich offenbar zwischen $ 2300 (Ukraine) und $ 4500 (Bulgarien). Nordkorea und Kuba (mit SBIP um $ 1000) sind Dauerkrisengebiete, die von der übrigen Weltwirtschaft weitgehend abgekoppelt sind, wenngleich Annäherungen erkennbar sind. Das für die Weltwirtschaft wichtigste Land dieser Gruppe ist Russland (SBIP $ 4300). Gefährdet sind vermutlich auch andere Länder mit Bevölkerungsgruppen im ähnlichen SBIP-Bereich, wie Ungarn, die baltischen Staaten und vor allem China. China war zwar gegen Ende des Jahrhunderts (noch) nicht von einer Finanz- und Wirtschaftskrise erkennbar betroffen, aber die Probleme mehren sich auch dort, auch ausgelöst durch die kritische Situation in der Region. Ein Sonderfall ist der Balkan, auch als Folge der kriegerischen

Tabelle 2-5. a) Länder mit Problemen der Wirtschaftsentwicklung, verbunden mit Finanzkrisen. Quellen: Spiegel Almanach 1999 und 2000; Weltentwicklungsbericht 1997
b) Länder mit ähnlichem SBIP (im Bereich zwischen etwa $ 6000 und $ 14.000), die vermutlich durch Finanz- und Wirtschaftskrisen gefährdet sind.
c) Reformländer Osteuropas (Gefährdungspotential oberhalb SBIP $ 2000)

a) Problemländer bisher	SBIP*	b) Gefährdete Länder	SBIP*
Südkorea	14,6	Taiwan	13,2
Malaysia	8,3	Chile	12,0
Argentinien	9,7	Zypern	11,5
Mexiko	8,3	Griechenland	11,4
Venezuela	8,3	Saudi-Arabien	9,9
Thailand	6,9	Uruguay	7,8
Brasilien	6,5	Südafrika	7,6
		Türkei	6,5
		Libyen	6,0
		Libanon	5,9
		Iran	5,7
c) Reformländer Osteuropa			
Bulgarien	4,5	Slowakei	7,5
Belorussland	4,4	Ungarn	7,0
Russland	4,3	Estland	4,7
Ukraine	2,3	Litauen	4,4
		Lettland	2,3
		China	3,1

* SBIP in $ 1000/c.a (1997)

Auseinandersetzungen zwischen Rest-Jugoslawien und den NATO-Staaten. Deren Ursache wiederum kann auch in der hohen Aggressivität von Ländern im SBIP-Bereich von $ 1500 (wie bei Rest-Jugoslawien) gesucht werden. In diese vorhersehbare Finanzkrise können nicht nur alle Balkanstaaten, sondern auch die damit wirtschaftlich verbundenen Länder hineingezogen werden – auch indirekt durch die Belastungen der Haushalte der beteiligten Länder durch Militärausgaben und nachfolgende Wiederaufbauhilfe: eine wirtschaftlich absurde Situation.

THESE: Wirtschafts- und Finanzkrisen betreffen vor allem Staaten, in denen vorwiegend Bevölkerungsgruppen mit einem SBIP (nach KKP) zwischen etwa $ 5000 und $ 15.000 (1997-$) leben; bei so genannten Reformländern in Osteuropa liegt der kritische Bereich zwischen etwa $ 2000 und $ 5000. Um rasch über die genannten Hürden zu kommen, sollten die gefährdeten Länder (außer einem raschen Wirtschaftswachstum) vor allem eine wirksame Finanzinfrastruktur schaffen.

Sind also Finanz- und Wirtschaftskrisen vorhersehbar?

Vielleicht ließen sich mit detaillierten Informationen Wirtschafts- oder Finanzkapitalkrisen mittelfristig vorhersehen, weil sich eben die Menschen gemäß ihrem SBIP auch auf diesem Gebiet ähnlich verhalten. Es könnte sich ein Maximum des Gefährdungspotentials (das entsprechend zu definieren wäre) wiederum bei Bevölkerungsgruppen mit mittlerem SBIP ergeben. Nach der These vom Gleichverhalten der Bevölkerungsgruppen steuern alle Gruppen, also alle Länder mit geringem SBIP, irgendwann auf eine Finanz- und/oder Wirtschaftskrise zu.

In der Vergangenheit kamen die ersten Hinweise von der Börse. Auch das Jahr 1929 war in den USA ein gutes Börsenjahr, das siebte in Folge. In der dann beginnenden Weltwirtschaftskrise wurden Vermögen einschließlich Renten verloren, es gab Arbeitslosigkeit und Devisenbewirtschaftung, ein „monetärer Nationalismus" entwickelte sich und eine „Funktionalisierung des Geldes" durch dessen Abkopplung von der Realwirtschaft, wie es bis heute der Fall ist.

Auch in der zweiten Hälfte des 20. Jahrhunderts gab es mehrere Börsencrashs und Wirtschafts-„Dellen", die aber jeweils im Vergleich zur Größe der betroffenen Volkswirtschaften nicht gefährlich waren. Bei den Börsencrashs wie beispielsweise im Jahre 1987 verloren vor allem Privatleute Geld, die die Spielregeln der Börse hätten kennen müssen, deren Geldgier aber offenbar größer war als ihr (Sach-)Verstand.

Wegen der wachsenden Diskrepanz zwischen Real- und Finanzwirtschaft wird ein Crash auf den internationalen Finanzmärkten erwartet (G. Robol). Das Wachstum des Geldvermögens hat sich völlig vom Wachstum der Realwirtschaft abgekoppelt, nur noch zwei Prozent der Finanztransaktionen haben einen realwirtschaftlichen Hintergrund: Nur ein Prozent der Optionen und Futures wird zur tatsächlichen Absicherung realwirtschaftlicher Risiken eingesetzt. Deshalb muss das Gleichgewicht wiederhergestellt werden – vermutlich durch eine „Vernichtung von Geldvermögen". Auch M. Camdessus (IWF) warnte wiederholt vor einer Finanzkrise, allerdings aus anderen Gründen: In den USA wächst das Zahlungsbilanzdefizit, die Sparquote ist negativ, gleichzeitig steigen die Aktienkurse weiter. Wenn Aktien auf Kredit gekauft werden, können diese nicht mehr bedient werden, wenn die Kurse fallen, was zu einem Absturz der US-Konjunktur führen würde – und in ihrem Gefolge zu einem Absturz des weltweiten Wirtschaftswachstums.

Wirtschaftswachstum hilft, Finanzkrisen zu überwinden

Durch schnelles und starkes Wirtschaftswachstum kann die erwähnte vermutlich unvermeidbare SBIP-Schwelle in kürzerer Zeit durchgestanden werden. Einige der erwähnten Länder haben hohe Wachstumsraten während mehrerer Jahre erzielt. Zur Jahrhundertwende stehen die Währungen einiger wirtschaftlich aufstrebender Länder unter Abwertungsverdacht. Ein Paradoxon: Der nächste umfassende finanzielle Schock kann durch die wirtschaftliche Erholung gerade dieser Länder ausgelöst werden – vermutlich Anfang dieses Jahrhunderts. Als Folge davon werden die Zinsen auf Kapital in den USA steigen. Das ist nachteilig für die Aktien- und Anleihenmärkte und damit für die gesamte Wirtschaftstätigkeit weltweit. Die treibende Kraft für die Weltwirtschaft sind nach wie vor die Ausgaben der „Verbraucher", die in den USA als der stärksten Wirtschaft zum Teil aus Börsengewinnen stammen, also nicht aus „Arbeit" in der Realwirtschaft. Wenn diese Kapitalerträge ausbleiben, fehlt ein großer Teil der Nachfrage. Deshalb können von Industriestaaten mit sehr hohem SBIP die nächsten Finanzturbulenzen ausgehen. Dazu gehören eine Schwächung von US-Dollar, EURO und Yen bei gleichzeitig steigender Staatsverschuldung in Japan als Folge staatlicher Konjunkturmaßnahmen.

Wer oder was ist „schuld" an den Finanz- und Wirtschaftskrisen? Sind es zu hohe Kredite oder sind es schlechte Ratgeber oder gar die betroffenen Regierungen selbst? Ist es das kapitalistisch-marktwirtschaftliche System, also zu wenig Kontrolle, oder sind volatile Wechselkurse schuld?

Die größten Schuldner

werden mit Tabelle 2-6 genannt: Von den insgesamt etwa $ 1200 Mrd. an Außenständen betreffen 90% sogenannte Entwicklungsländer mit einem SBIP zwischen $ 4400 und $ 14.600 und Indien mit SBIP $ 1500. Keines dieser Länder zählt zu den oben genannten „ärmsten" Ländern. Zu dieser Summe kommen die Schulden aller anderen Entwicklungs- und Schwellenländer und der oben genannten HIPC-Länder. (Die Schulden der afrikanischen

Tabelle 2-6. Die größten Schuldner (1998, $-Mrd.) und ihr SBIP

	$ Milliarden	SBIP* $ 1000/c.a
Brasilien	194	6,5
Mexiko	150	8,3
China	147	3,1
Korea(Süd)	143	14,6
Indonesien	136	2,0
Russland	126	4,3
Argentinien	123**	9,7
Indien	94	1,7
Thailand	93	6,9
Summe	1206	

* nach KKP
** 2001 geschätzt 174

Länder belaufen sich – Stand vom März 2000 – auf etwa $ 350 Mrd.) Vergleiche: Kapitalhilfe der Entwicklungszusammenarbeit im Jahre 1998: etwa $ 33 Mrd. Die Summe der Schulden wird auf weniger als 7% des Welt-BIP von $ 27.000 Mrd. geschätzt. Letzten Endes müsste das veröffentlichte BIP der verschuldeten Länder um jene Schuldenbeträge gekürzt werden, die nicht zurückgezahlt werden, weil dieser Anteil der Wirtschaftsleistung ja nicht erarbeitet, sondern „für immer geborgt" wurde. Die Schuldnerländer haben eine verschiedene Einstellung zur Bedienung ihrer Verpflichtungen: Während beispielsweise Russland auf teilweisen Erlass seiner Schulden drängt – siehe Abschnitt 2.6. –, versuchen andere Schuldnerländer, sich selbst aus der Schuldenfalle zu befreien.

Marokko mag – vom Standpunkt der Gläubiger – als positives Beispiel gelten. Dessen Auslandsschulden ($ 17,5 Mrd., Stand 1999) wurden innerhalb von sechs Jahren auf die Hälfte des BIP reduziert und sollen weiter auf einen Zielwert 40% des BIP zurückgeführt werden. Damit erhält das Land ein besseres Kreditrating und wird für ausländische Investoren interessanter. Nach marktwirtschaftlichen Methoden löst Marokko sein Schuldenproblem durch Rückkauf hochverzinster Altschulden mit Hilfe von niedriger verzinsten neuen Schuldtiteln und durch „Debt-Equity-Swap", also Umwandlung eines Teiles der Kredite in Direktinvestitionen. (Auf diese Weise kamen übrigens viele „westliche" Geschäftsbanken in vielen Ländern, auch „zu Hause", ungewollt zu ihren Unternehmensbeteiligungen.) Bei nominalem BIP-Wachstum von etwa 3%/a gibt es trotz sozialistischer Regierung kein Defizitspending, sondern eine Begrenzung der Sozialausgaben. Allerdings erschwert das die Bekämpfung der hohen (40%!) Arbeitslosigkeit und der großen Armut. Dieses „Modell Marokko" zeigt den schwierigen Spagat zwischen finanziellen und sozialen Verpflichtungen einer Regierung.

Auch bei Krediten gibt es immer zwei Partner – wie bei Korruption und Waffenhandel. Auf jeden schlechten Schuldner trifft immer ein schlechter Gläubiger – oder mehrere. Aber: Unabhängig davon, ob der Kapitalsuchende im eigenen oder in einem anderen Land, ob Entwicklungsland oder Industriestaat, sitzt, entscheidet doch allein das Bankmanagement darüber, welches Risiko es eingehen will oder darf, es sei denn, politische Gründe – auch mit dem vielzitierten Argument der Arbeitsplatzsicherung im Kreditgeberland – veranlassen solche a priori riskanten Geldgeschäfte. Oft ist das Bankmanagement in einer Zwickmühle zwischen Gewinnstreben und solider Finanzgebarung durch Risikovermeidung, also der Ertragsmaximierung bei gleichzeitiger Risikominimierung. Ein Ausweg „nach dem Fall" könnte die erwähnte Umwandlung von Krediten in Beteiligungskapital sein – also eine Art erzwungene Schaffung von Risikokapital –, wodurch sich internationale Investoren das Investitionsrisiko mit den nationalen Unternehmen oder Staaten teilen.

Übrigens waren auch die ERP-Gelder ursprünglich US$-Hilfsgelder (Marshallplan), die aber in lokaler Währung (z. B. in DM) zurückzuzahlen waren. Diese Regelung war ein Teil der Ursachen für den europäischen Wirtschaftsaufschwung nach dem zweiten Weltkrieg. Für Länder rund um Jugoslawien, die durch den „Kosovo"-Krieg „schuldlos" geschädigt wurden, sollen ähnliche Finanzhilfeprogramme aufgestellt werden – sprich: Kredite und Investitionen.

... oder tragen schlechte Ratgeber die Schuld?

IWF und Weltbank als die beiden wichtigsten multilateralen Institutionen werden von manchen Medien und Politikern als „Schuldige" identifiziert, vor allem deshalb, weil sie die Krisen nicht rechtzeitig erkannt und bekannt gemacht haben, trotz all ihrer umfassenden Informationen und Denkkapazität. Dabei wird unterstellt, dass viele der IWF-Ökonomen (aus den Reihen der „Chicago-Boys") ohne Rücksicht auf die Wirklichkeit in den betroffenen Ländern Modelle umsetzen wollen, die vor allem auf Austerität bauen, was für viele Entwicklungsländer Armut bedeutet. Der IWF war und ist beherrscht von den USA und den anderen G7-Staaten, repräsentiert durch einen europäischen „Chef". Trotz aller Kritik ist der IWF nach wie vor das einzige vorhandene Vehikel für globale Governance, also auch für eine Reform des globalen Finanzsystems, in Zusammenarbeit mit dem privaten Finanzsektor. Auch die Weltbank hat Fehler gemacht und sich z. B. vom indonesischen Wirtschaftswunder (hohe Wachstumsraten) verleiten lassen, Warnsignale zu übersehen, wie Korruption, politische Unterdrückung und ein gefährdetes Finanzsystem.

Die „Asienkrise"

in den 90er Jahren, also der Beinahe-Zusammenbruch asiatischer Wirtschaften und Währungen, wurde nicht rechtzeitig erkannt, und danach wurden zu ihrer Lösung Rezepte angewandt, die in dem spezifischen Umfeld ungeeignet waren. Diese Krise war, rückblickend, vermeidbar: Die zu vielen kurzfristigen privaten Kredite hätten nicht gleichzeitig zurückgefordert werden dürfen. Die Finanzkrise ist teilweise durch leichtfertig vergebene Kredite ausgelöst worden. Sie kann nur durch neue Kredite gelöst werden (Lawrence Summers, Davos-Forum 1999).

Die Ratschläge, die den betroffenen Regierungen von IWF und Weltbank und anderen UN-Organisationen sowie von Legionen von Wirtschaftsfachleuten, Beratungsfirmen aller Art, Privatbanken und von anderen Regierungen erteilt wurden und noch werden, sind sehr widersprüchlich. Wem aber sollen die Hilfe suchenden Regierungen glauben?

Viele Programme und Vorschläge haben bei den „großen" Krisen der 90er Jahre (Thailand, Malaysia, Indonesien, Mexiko, Brasilien, Russland, aber auch Japan, und Ende 2000 Argentinien) entweder nichts genützt oder nicht die von den Ratgebern (selbstlos?) erwarteten Wirkungen gezeigt. Manche haben sogar geschadet. Diese Erkenntnis wird verdeckt durch immer neue Bekenntnisse zu grenzenloser Freiheit des Welthandels und der Finanzkapitalbewegungen rund um die Erde. Andererseits werden Vorschläge wie eine Stärkung des Staatseinflusses, verbunden mit Kapitalverkehrskontrollen, propagiert, die ein Jahrzehnt vor der Jahrhundertwende zum Untergang eben dieses Systems geführt haben. So setzt Malaysia auf staatliche Kontrollen, Thailand auf freie Wirtschaft, Brasilien auf Bremsung des Kapitalabflusses, Japan auf Kontrolle der Banken. In Europa wird um die Rolle der Zentralbanken gestritten, nämlich ob Wirtschaftspolitik zu ihrer Aufgabe gehört (wie bei der Fed in USA) oder nicht und wie wichtig Inflationsverhinderung sei bei Inflationsraten, die eher auf Deflation deuten.

... oder sind nicht doch die Regierungen selbst verantwortlich?

Ein Kollaps, sagen die Kapitalisten, sei Schuld der Politik des betreffenden Staates: falsche Budgetpolitik (aber was ist die richtige?), fehlende Rechtsgrundlage und Bilanztransparenz, Korruption und geduldetes oder gar gefördertes überhitztes Wachstum früherer Jahre (aber was ist „überhitzt"?). Schließlich sitzen in den meisten Regierungen auch der gefährdeten Länder bestens ausgebildete Spezialisten aller Fachrichtungen, unterstützt, wie gesagt, von unzähligen externen Beratern. Nur: Regieren muss eine Regierung selbst.

Sind feste Wechselkurse eine Abhilfe?

Ein wirtschafts- und finanzpolitisches Thema von großer Bedeutung war und ist um die Jahrhundertwende die Frage nach festen Wechselkursen. Einige Politiker befürworten eine wenn auch begrenzte Fixierung der Wechselkurse der drei Hauptwährungen US$, Euro und Yen; dafür werden Bandbreiten ("Kurskorridore" oder „Leitplanken") vorgeschlagen. Andere Regierungen, vor allem die der USA, lehnen eine Wechselkursbindung ab, weil die betroffenen Wirtschaften zu unterschiedlich sind. Schließlich gab es ja bis 1972 solche an den US$ gebundenen Kurse. Mit „kontrolliert flexiblen Wechselkursen" könnten sich auch die USA anfreunden. Die Freigabe des brasilianischen Real im Jahre 1999 führte zu einem Kursverlust von 40%, Zinsen wurden auf 70% p. a. angehoben. Argentinien hat seine Währung an den US$ gekoppelt und eine Finanzkrise (Ende 2000). Währungsanpassungen müssen mit Preisanpassungen verbunden werden, wie dies Brasilien mit dem System des „crawling peg" gemacht hat: nämlich mit einer ungefähren Parallelität des Verlaufes von Wechselkurs und Inflation. Übertrieben starke Anpassung kann soziale Spannungen in den betroffenen Ländern erzeugen.

Sollten globale Kapitalströme kontrolliert werden?

Im Zusammenhang mit den Kapitalmarktproblemen ist „antikapitalistische" Rhetorik zur Jahrhundertwende „in", zumal die EU von sozialdemokratisch regierten Ländern dominiert ist und auch die USA von einer in diesem Sinne (sozial-)demokratischen Partei beeinflusst wird. „Der Wohlstand der Welt darf nicht verschwinden, weil ein paar Börsenbuben in New York Unsinn machen" (Chretien, Ministerpräsident von Kanada). Die Finanzwirtschaft muss neu geordnet, die Kapitalströme müssen kontrolliert werden, so die Folgerung, der auch „Kapitalisten" zustimmen. Aber wie?

Staatsgrenzen bleiben statisch, aber die Marktgrenzen weiten sich immer mehr aus – erst recht durch Internethandel. Deshalb greifen nationalstaatliche Maßnahmen zur Regelung von grenzüberschreitenden Bewegungen von Kapital nicht mehr. Eine globale Governance ist nötig. Nur: Wie werden Kapitalströme kontrolliert, wenn nicht durch die Ertragsmöglichkeiten auf eben dieses Kapital? Wirtschaftspolitiker aller Couleur verlangen globale Regulatoren für das Finanzsystem der Welt. Die G7-Staaten beschlossen Maßnahmen, die Spekulationen gegen ganze Volkswirtschaften eindämmen helfen. Kontrollmechanismen der internationalen Kapitalmärkte sollen so weit verbessert werden, dass Finanzkrisen wie in Lateinamerika und in Asien früh genug erkannt werden, um bekämpft werden zu können. Aber keine Regierung, und auch nicht die EZB, wird nationale oder regionale Währungsverantwortung an einen Super-IWF, eine globale Bankenaufsichtsbehörde, oder eine andere wie auch immer geartete globale Governance abtreten wollen.

Private, also vor allem die von Geschäftsbanken vergebenen, Kredite können ohnehin kaum kontrolliert werden, allenfalls durch eine Meldung aller grenzüberschreitenden Kredite und eine Kontrolle der Geschwindigkeit von Kapitalströmen. Dann aber kommt weniger Investitionskapital in das Land mit solchen Kontrollen – das Wirtschaftswachstum sinkt. Um die Abgleichung dieser beiden Probleme werden die betroffenen Länder auch künftig nicht herumkommen.

Finanzinvestoren wollen sich absichern und treten ihre Risiken an Dritte ab (Derivate, Hedging). Der Kauf solcher Risikopapiere wird anstatt aus vorhandener Liquidität mit unregulierten Krediten zwischen den Banken finanziert. Das ist eine der Ursachen für Spekulation und Volatilität. Sie soll begrenzt und daher überwacht werden.

Finanzmärkte sind inhärent instabil, und Marktdisziplin kann nicht erzwungen werden. Trotzdem müssen die internationalen Finanzmärkte stabil gehalten werden, damit Kapitalkontrollen überflüssig sind. Ein Widerspruch? Unerwünschte und „exzessive" Spekulationen wie gegen das britische Pfund und gegen die Währungen von Thailand, Malaysia und Russland und damit verbundene extrem kurzfristige Kapitalanlagen können durch bessere Zusammenarbeit der nationalen Zentralbanken und der EZB erschwert werden: Damit sind vielleicht auch Beinahe-Zusammenbrüche von Banken und

Fonds (wie dem New Yorker LTCM Hedge Fund) vermeidbar. Vorgeschlagen wurde ein Ausschuss aus IWF, Weltbank, nationalen Zentralbanken- und Börsenaufsichten zur Überwachung der internationalen Kapitalströme, der Informationen austauschen und bewerten soll. Damit sollen Bedrohungen der Weltwirtschaft im Frühstadium erkannt werden. Noch weiter gehen Vorschläge für eine Art weltweiter Kredit- und Bankenaufsicht, eine „Finanzpolizei" mit Strafbefugnissen wie z. B. dem Entzug der Banklizenz. Über weltweite Eigenkapitalnormen und eine Kapitalverkehrsordnung wird gesprochen. Das (langfristige) Kapital sollte, kurz gesagt, nicht mit immer größerer Geschwindigkeit „herumvagabundieren".

Fundamentalisten der Marktwirtschaft sind allerdings gegen jede Art von Intervention, auch oder erst recht von internationalen Institutionen. Aber können Überwachung und Durchsetzung international vereinbarter Regeln als Intervention (ab-)klassifiziert werden?

Vielleicht ist das „kapitalistische System" ungeeignet?
Viele sprechen von einem neuen „Weltfinanzsystem" ...

Globalisierung, „Turbokapitalismus" und „Monaco-Mentalität" sind Schlagworte und Feindbilder der Medien, siehe Kapitel 11. W Hankel (1999) verweist darauf, dass die weltweite Arbeitsteilung nicht nur Quelle für Wohlstand ist, sondern auch für Konflikte zwischen hochmobilem Kapital und standortgebundenen Arbeitskosten. Die Geld- und Gütermärkte streben auseinander. Finanzmärkte aber sollen den Güterfluss ermöglichen und nicht das „Geldmachen" durch immer schnellere Geldbewegungen. Deshalb werden weltweit Stimmen laut, die ein neues Weltfinanzsystem fordern – meistens ohne konkrete Vorstellungen darüber und ohne an die Pleiten mit den alternativen Systemen zu denken.

Im ganz anderen Sinne spricht „Newsweek" von einer „neuen Welt des Kapitals". Noch nie sei die Kapitalseite so mächtig gewesen wie zu Beginn des 21.Jahrhunderts. Und noch nie bestand die Kapitalseite aus so vielen „Nicht-Kapitalisten", nämlich Angestellten, Arbeitern, Beamten, meistens vertreten durch Fondsgesellschaften. Das Eigentum an Produktionsmitteln ist in den Händen der Beschäftigten – allerdings in einem ganz anderen Sinne, als Karl Marx das propagierte. Die USA seien nach diesem Maßstab das „sozialistischste Land der Welt" (Peter Drucker). Soll dieses System geändert werden? Trotz aller Schmähungen hat das weltweit verfügbare Investitionskapital ein „wunderbares Wachstum" ausgelöst, sagt Jon Corzine von Goldman Sachs. Aber der globale Kapitalismus solle im neuen Jahrhundert auch ein „Herz" bekommen und nicht nur auf kurzfristige Profite schauen, meinen immer mehr Wirtschaftspolitiker. Der reine neoliberale oder ordoliberale Kapitalismus der Prägung Thatcher–Reagan wird vielleicht abgelöst von einem Streben nach Ausgleich zwischen Arm und Reich – auf Staatenebene ebenso wie innerhalb der Nationen und zwischen den Bevölkerungsgruppen; siehe Kapitel 11. Dies wird unterstützt werden durch die Verschiebung der „Produktionsmittel" vom Materiellen zum Geistigen („New Economy"). Die Mobilität dieser Produktionsmittel wird allein bestimmt von den Menschen, die diese Mittel in ihrem Gehirn besitzen: ihre Ausbildung, ihr Wissen, ihre Fähigkeit, Information zu beschaffen und auszuwerten. Damit wird auch die Durchdringung der Bevölkerungsgruppen untereinander leichter sein – also wird auch die Möglichkeit besser werden, die Arm-Reich-Schere zu schließen. Aber niemals wird sich die Verteilungskurve des SBIP der 50 Bevölkerungsgruppen (siehe Kapitel 4 und 5) als Abszissenparallele zeigen.

"Die Rolle der Finanzmärkte in der Weltwirtschaft muss radikal überdacht werden" sagt selbst der Börsen- und Währungsspekulant George Soros (1999). Finanzmärkte schwingen nicht, wie es die Wirtschaftstheorie sagt, wie ein Pendel hin und her, das an einem Gleichgewichtspunkt zur Ruhe kommt. Bei der „Asienkrise" wirkte vielmehr das Pendel „wie eine Abrissbirne, die von Land zu Land schwingt und die schwächeren umstößt". Diese Schwingungen sollen beobachtet oder sogar kontrolliert werden. Ohne ein globales System der (wirtschafts-)politischen Entscheidungsfindung kann eine globale Wirtschaft auf Dauer nicht vor der „Abrissbirne" geschützt werden. Nachher ist ja ohnehin die internationale Gemeinschaft gefragt, um solche Schäden zu reparieren. Die bestehenden Institutionen wie IWF, Weltbank, und die Zentralbanken der finanzstarken Länder einschließlich der EZB, im Handel auch die WTO, sind am Beginn des neuen Jahrhunderts dazu aufgerufen, kollektive Interessen über Nationalstaatsgrenzen hinweg zu erkennen und dafür Regeln zu schaffen und vor allem auch durchzusetzen.

Eine Folge aus den diametral entgegengesetzten Meinungen der „Führer der Welt" könnte es sein, gar nichts zu tun – also ein Laisser-faire zu propagieren – und zu warten, ob die Weltwirtschaft wirklich kollabiert oder sich selbst aus dem Schlamm zieht, in dem sie angeblich zum Jahrhundertbeginn steckt. Wenn es gelungen zu sein scheint, international verbindliche Regeln über den CO_2-Ausstoß zu vereinbaren (wenn auch noch nicht durchzusetzen), wird die Staatengemeinschaft in Form einer World Governance auch Selbstschutzmaßnahmen gegen die Behinderung oder gar Zerstörung des an sich funktionierenden Weltfinanzsystems schaffen wollen – und auch können.

2.5 Ziele und Prognosen für Wirtschaftswachstum

Das Wachstum des Wohlstandes

der Menschen ist kein Selbstzweck, sondern Voraussetzung für das Überleben künftiger Generationen. Die Wirtschaftsleistung pro Kopf der Bevölkerung soll oder muss wachsen, weil mit wachsendem SBIP die meisten der

Wohlstandsindikatoren wie Lebenserwartung, Befriedigung von Grundbedürfnissen und von „höheren" Bedürfnissen verbessert werden und weil damit die Zahl der Arbeitsplätze wächst. Andererseits werden Faktoren wie Säuglingssterblichkeit, Seuchen und die „Arm-Reich-Schere" verringert, die für die Lebensqualität ungünstig sind. In Kapitel 4 werden viele Zusammenhänge aufgezeigt. Für jedes Land gibt es einen Bereich des SBIP, in dem negative und positive Korrelationen mit den Lebensumständen besonders ausgeprägt sind; sie können zum Beispiel durch eine Glockenkurve beschrieben werden und haben daher ein Maximum (Kapitel 4 und 12): Dieses Maximum liegt für das Bevölkerungswachstum bei 1000, für die Gewaltbereitschaft oder „Kriegslust" bei 1500, für das Wirtschaftswachstum bei 2000, und für die Finanzturbulenzen bei etwa 10.000 $ pro Kopf und Jahr (SBIP).

Da also für einen Zuwachs des Wohlstandes das BIP pro Kopf die hier gewählte Messzahl ist, kommt es entscheidend auf die Zahl der „Köpfe" an, auf die die Wirtschaftsleistung und ihr Zuwachs aufgeteilt werden.

Die Bevölkerung wächst

derzeit im weltweiten Durchschnitt mit 1,3 bis 1,4%/a (ungefähr 84 Mio. Menschen jährlich, siehe Abb. 4-1 bis 4-5, 5-11 bis 5-13 und 3-10). Dieses Wachstum liegt zwischen 0,8%/a bei Bevölkerungen mit hohem Wohlstand und 2 bis 3%/a bei niedrigen Einkommen, mit einem Maximum bei einem SBIP von etwa $ 1000 (oder $ 2400 nach KKP). Bei einigen Ländern mit hohem SBIP oberhalb von $ 22.000 (z. B. in den USA und EU-Ländern) sinkt das Bevölkerungswachstum – ohne Zuwanderungsgewinne – sogar bis auf Null, oder es kehrt sich in ein Schrumpfen um. Wenn also weltweit alle Menschen ein so hohes SBIP erreicht hätten, würde die Zahl der Weltbevölkerung stagnieren oder irgendwann sogar zurückgehen – falls dem nicht andere Einflüsse entgegenwirken. An dieser Stelle werden im Vorgriff auf Ergebnisse der Kapitel 4 und 5 und ergänzend dazu einige der wirtschaftspolitischen Zusammenhänge mit dem Wachstum der Bevölkerung untersucht.

Bevölkerungsprognosen

Bei Voraussagen unterscheidet man zwischen Prognosen (die auf relativ sicheren Annahmen beruhen), Modellrechnungen (aus willkürlichen „Setzungen" oder Szenarien abgeleitet) und Projektionen, deren Verlässlichkeit zwischen diesen beiden Methoden liegt. Durch Variieren verschiedener Parameter kann man herausfinden, welche der Parameter welchen Einfluss auf die Prognose haben. Man erhält ein „optimistisches", „pessimistisches" und „mittleres" Bild. Dies sagt aber gar nichts über die Wahrscheinlichkeit aus, mit der die eine oder andere Entwicklung eintritt. Oft wird unrichtigerweise das „mittlere" Ergebnis mit dem wahrscheinlichsten gleichgesetzt. In diesem Bericht werden außer optimistischen und pessimistischen – was eine Frage des Standpunktes sein kann – auch „realistische" (im Sinne von wahrscheinlichen) Szenarien dargestellt.

Bei Bevölkerungsprognosen spielen die verfügbaren Daten eine große Rolle. Diese Datenbasis ist in vielen Entwicklungsländern völlig unzureichend, da viele Menschen ihr Alter nicht kennen, also statt einer Alterspyramide sich ein „Tannenbaum" mit vielen Lücken zeigt.

Demografische Daten

Die Demografie (siehe Kapitel 4.3) versucht, Strukturen und Entwicklung einer Bevölkerung zu (er)klären, was ethische und politische Implikationen beinhaltet. Bevölkerungsprognosen sind zwar sicherer als Wirtschaftsprognosen, weil die Altersstruktur der künftigen Bevölkerung vorhersehbar ist, also auch die Zahl der gebärfähigen (aber nicht der gebärwilligen!) Frauen und die Sterberate. Aber Fertilität und Mortalität werden von aktuellen Ereignissen und Entwicklungen beeinflusst, auch und vor allem von politischen und wirtschaftlichen. Seit der Vereinigung von West- und Ostdeutschland beispielsweise ging die Geburtenzahl in Ostdeutschland vermutlich wegen unsicherer Zukunftserwartungen drastisch zurück. Ein „constant fertility scenario" ist daher unrealistisch, weil sich die Entwicklung ändert, vor allem mit dem SBIP. Diese Korrelation zwischen Bevölkerungswachstum und SBIP ist ein empirisch gesicherter, aber summarischer Ausdruck für viele Einflussgrößen. Die Abb. 4-14 bis 4-16 geben die quantifizierbaren demografischen Größen wieder, die das Bevölkerungswachstum bestimmen: Es sind die Zahl der Geburten pro Frau (4-14), die Säuglingssterblichkeit (4-15) und die Lebenserwartung (4-16). Alle drei zeigen einen überraschend engen Zusammenhang mit dem SBIP.

Die Fruchtbarkeit

(Zahl der Geburten pro Frau) ist das summarische Ergebnis vieler sozialer, medizinischer, emotionaler und politischer Einflussfaktoren, von denen einige nicht mit dem SBIP zusammenhängen und nur zum Teil quantifiziert werden können: Positiv wird die Geburtenzahl beeinflusst

- durch die religiös-kirchliche Einstellung der Frau bzw. der Eltern (Kinder als Sinn und Zweck der Ehe, künstliche Empfängnisverhütung gilt als Sünde);
- durch eingepflanzte Veranlagung der Frau (Streben nach Mutterschaft, Kinder als Ergebnis auch sexueller Liebe und als „Kitt" einer Ehe, Wunsch

nach sozialer Anerkennung) und des Mannes (Patriarchat, Weitergabe seines Erbgutes, Bindung der Frau an ihn über gemeinsame Kinder, manche „Machogesellschaften" verlangen möglichst viele Kinder – der Präsident der Philippinen hat mindestens zehn Kinder von mindestens vier Frauen);

- durch die oft vergebliche Hoffnung der Eltern, ihre Betreuung im Alter und ihre Altersversorgung durch die eigenen Nachkommen zu sichern, z. B. durch Erbfolge bei Bauernhöfen oder Unternehmen, auch aus Sorge vor unzureichender staatlicher Altersversorgung (also durch die künftigen arbeitenden Bürger);
- durch den Staat durch Verbot der Schwangerschaftsunterbrechung, durch Familienförderung z. B. in Form von Steuervergünstigungen, Karenzjahr, mehr Teilzeitarbeitsplätzen und „Kindergeld"; beispielsweise sagte der Generaldirektor eines großen Unternehmens in Frankreich, er erhielte aus der progressiv mit der Kinderzahl gestaffelten staatlichen Familienförderung für seine neun Kinder mehr Geld als sein Nettogehalt ausmache; die Niederlande unterstützten höhere Kinderzahlen, bezahlten aber gleichzeitig wegen ihrer begrenzten Landfläche Prämien für Auswanderung.

Negativ beeinflusst wird die Geburtenzahl dagegen

- durch wirtschaftliche und soziale Gründe wie die Sorge um eine unzureichende wirtschaftliche Grundlage zur Erhaltung einer Familie – erst recht nach einer möglichen Trennung der Eltern;
- aus medizinischen Ursachen, z. B. wegen Unfruchtbarkeit oder Impotenz des Mannes, gesundheitlicher Probleme der Frau, Angst vor Weitergabe von genetisch bedingten Krankheiten wie Krebs, MS, oder von Aids, Alkoholismus;
- durch Empfängnisverhütung; das setzt wiederum finanzielle Mittel – also ein Mindest-SBIP – dafür voraus, der sogenannte „Pillenknick" in der Geburtenstatistik z. B. in Europa ergab sich mit der Einführung der medikamentösen Geburtenregelung;
- durch „Egoismus" der Frau: Selbstverwirklichung durch Erfolg im Beruf wichtiger als Familienglück; Mangel an Kinderbetreuungsplätzen in „reichen" Ländern und dadurch Einschränkung der Möglichkeiten zur Berufstätigkeit, die andererseits mit steigendem SBIP und damit besserer Ausbildung größer sind; wenn Frauen „Macht", also z. B. Kredite, erhalten, haben sie auch eine selbstbestimmte Fruchtbarkeit und damit eine geringere Kinderzahl; Abneigung gegen Schwangerschaft und damit verbundene Veränderung ihrer „Figur"; Abneigung gegen Abhängigkeit von einem „Ernährer"; Freiheitsdrang und Emanzipation;
- durch manche Staaten, die Familienplanung betreiben: „Eine glückliche Familie hat nur zwei Kinder" (Indien); China versucht eine Ein-Kind-Familie zu erzwingen, was in Staatsbetrieben durch die Androhung der Entlassung gelingt, während auf dem Land nach wie vor Kinder als Ar-

beitskräfte gebraucht werden und die Frauen dort solange Kinder bekommen, bis sie einen Sohn haben; schon im Jahre 1834 hat die britische Regierung die Unterstützung der Armen gestoppt, weil diese zu viele Kinder hatten, und L. Brentano sagte 1909, dass ein Volk, das seinen Zuwachs durch hohe Geburtenraten erziele, kein „Herrenvolk" werden könne, und verlangte deshalb stattdessen mit staatlicher Hilfe eine Senkung der Sterberate.

Trotz dieser vielfältigen und komplexen Einflüsse zeigt sich ein deutlicher Zusammenhang zwischen der Geburtenzahl und dem Pro-Kopf-BIP: Die Zahl der Geburten pro Frau steigt mit zunehmendem SBIP zunächst an, um bei etwa $ 1000 ein Maximum zu erreichen; dann fällt sie auf unter 2 ab, was bei heutiger Lebenserwartung einen unteren Grenzwert für den Fortbestand der Menschheit darstellt. Die großen Staaten China und USA liegen wenig unter 2, die europäischen Staaten zwischen etwa 1 und 2 (wobei derzeit die Geburtenrate in Spanien mit 1,2 am niedrigsten ist); in den Philippinen beispielsweise sank die Geburtenzahl von 6 im Jahre 1973 auf 3,6 in 1999. Vergleiche auch Abb. 1-5 und 1-6.

Auch für die Säuglingssterblichkeit

(Abb. 4-15) und die hier nicht gezeigte Müttersterblichkeit sind viele Gründe verantwortlich, die ihrerseits eine Funktion des SBIP sein können, wie die medizinische Versorgung der Bevölkerung, Zugänglichkeit zu sauberem Trinkwasser, ausreichende Ernährung und Hygiene, Vermeidung von Seuchen usw. Das summarische Ergebnis dieser Einflüsse zeigt, dass die Säuglingssterblichkeit mit steigendem SBIP von einem Wert über 12% der Lebendgeborenen auf weniger als 0,5% abnimmt.

Die Lebenserwartung

verdoppelt sich von weniger als 40 Jahren auf nahezu 80 Jahre, wenn das SBIP von einigen hundert $/c.a auf die Werte der heute „reichen" Länder steigt (Abb. 4-16 und 4-17). Die durchschnittliche Lebenserwartung liegt weltweit bei 74 Jahren. Das Durchschnittsalter der Weltbevölkerung steigt von etwa 25 Jahren (1995) auf 43 Jahre (2150) bei einem Anteil von 30% an über 60-Jährigen. Das Streuband ist breit, weil die Lebenserwartung auch von anderen Dingen abhängt – von denen allerdings einige wiederum eine Funktion des SBIP sind – wie z. B.

- der Lebensweise (Körper- und Gesundheitspflege, Sport, Bewegung), insbesondere
- den Essgewohnheiten,

- der medizinischen Versorgung und Vorsorge einschließlich der Geriatrie (Alterskrankheiten wie Diabetes, Zirrhose, dagegen noch nicht die Alzheimer Demenz können immer besser behandelt werden, wenn das Geld dafür vorhanden – also das SBIP hoch genug ist),
- Umweltfaktoren wie Verunreinigung der Luft und des Wassers, Staubgehalt in der Atemluft,
- der Art der Beschäftigung während des Arbeitslebens (früher Tod von Bergarbeitern durch Silikose, sogenannte „Staublunge") sowie
- von Bürgerkriegen, Kriegen und anderen politischen Einflüssen.

Gibt es eine „Grenze des Lebensalters"? Im Vergleich mit anderen Lebewesen, insbesondere Säugetieren, schneidet der Mensch mit seinem bisher nachgewiesenen Höchstalter (eine Französin) von 122 Jahren gut ab: Maus 4, Schnecke 18, Katze 35, Schimpanse 50, Elefant, Uhu 70, Karpfen 100, Schildkröte 150 Jahre. Methusalem wurde angeblich 696 Jahre alt. Elias Canetti meinte, dass der Tod eine „unerträgliche Zumutung" sei und der Mensch 400 Jahre alt werden sollte – obwohl heute viele Menschen selbst mit ihrem viel kürzeren Leben nicht viel Sinnvolles anfangen können. Jedenfalls wünschen und erhoffen sich die meisten Menschen ein langes Leben und wollen dabei körperlich und geistig fit und gesund bleiben.

Es gibt keine grundlegende Grenze für die Länge des menschlichen Lebens und keine einheitliche Theorie über das Altern (fortschreitende Veränderungen verschlechtern meistens die Lebensfähigkeit) und die Seneszenz (Funktionsverluste z. B. der Blutgefässe und des Gehirns). Angeblich sind freie Radikale, Röntgen- und radioaktive Strahlen, also Umweltfaktoren, die Ursache dafür, dass Zellen irgendwann nicht mehr regeneriert werden können.

Die Zu- und Abwanderungsbilanz (Migration)

In die Statistik der Bevölkerungsveränderung von Staaten geht auch die Zu- und Abwanderungsbilanz ein. Einerseits wandern bei offenen Grenzen Menschen aus „armen" Ländern in solche aus, die Arbeit und Wohlstand bieten, was einen steigenden Wanderungsgewinn mit zunehmendem SBIP ergäbe: Wie bei freiem Welthandel und Kapitalverkehr wird es – wie heute in den EU-Staaten – zu freier Wohnsitzwahl kommen. Der anhaltende Geburtenüberschuss wird in die nicht mehr wachsenden Länder ausweichen. Heute versuchen Menschen aus Kuba in die USA, aus Nordkorea nach Japan, aus Rumänien und Albanien in die EU, aus Pakistan in reiche arabische Staaten zu gelangen, „unerwünschte" Töchter wandern aus den Philippinen und aus armen Osteuropastaaten aus und werden in „reichen" Ländern Krankenschwestern, Kindermädchen oder Prostituierte (6% der Philippinos arbeiten als „overseas workers" und transferieren etwa 10% des BIP in ihre Heimat, ähnlich wie Türken, Inder u. v. a.) Von einer Wanderung in umgekehrte Richtung sind keine Beispiele bekannt, abgesehen von Bevölkerungsteilen, die wegen Krieg und Bürgerkrieg wie in vielen Staaten Afrikas und auf dem Balkan ihre Heimat verlassen und eher „von arm nach arm" wandern. Eine zahlenmäßig geringe, wenn auch wirtschaftlich wichtige Migration erfolgt auch „von reich nach reich" z. B. aus Europa in die USA, weil dort bessere wirtschaftliche Chancen gesehen werden. Viele europäische Wissenschaftler (Einstein, Bohr) erhielten als Amerikaner den Nobelpreis. Die „natürliche" – weil zu erwartende – Migration in Richtung „höheres SBIP" wird von manchen Staaten gefördert – insgesamt oder auf bestimmte Einwanderungsgruppen wie Fachkräfte beschränkt (Australien und Deutschland, das Informatikfachkräfte aus Osteuropa und Indien befristet einwandern lassen will). Immer mehr Staaten begrenzen die Zuwanderung gesetzlich, die USA z. B. auf jährlich 0,3% der Bevölkerung zusätzlich zu 0,6% „eigenem" Wachstum, Österreich auf 0,1%, die Schweiz, Saudi-Arabien u. a. Ölstaaten auf Null außer Zeitarbeitern. Deutschland hat einen „Wanderungsgewinn" von 0,06% bei 0% Gesamtwachstum; die Bevölkerung in Deutschland würde ohne Zuwanderung bis zum Jahre 2040 von 82 auf geschätzt 63 Millionen zurückgehen. Die Zuwanderung entlastet im allgemeinen das Budget der Zielstaaten. Für die meisten Länder der „Dritten Welt" gibt es keine Kontinente, außer vielleicht Australien, wohin sie ihre wachsenden Menschenmassen auswandern lassen könnten.

Das veröffentlichte „Brutto-"Bevölkerungswachstum impliziert alle diese Faktoren, von denen einige positiv, andere negativ mit steigendem „Wohlstand" (SBIP) korrelieren; andere wiederum haben gar nichts mit dem SBIP zu tun. Umso erstaunlicher ist die gute summarische Korrelation zwischen Bevölkerungswachstum und SBIP (Abb. 4-1 bis 4-5). Bei Ländern mit sehr hohem SBIP, aber auch bei anderen Ländern wie Russland sinkt das Bevölkerungswachstum bis auf Null oder auf negative Werte. Abb. 2-8 stellt die erwähnten Zusammenhänge des Bevölkerungswachstums übersichtlich dar. Dieses Bild berücksichtigt auch heutige Theorien, wonach sich das Bevölkerungswachstum aus einer Verknüpfung von vier Teilsystemen zusammensetzt: Bevölkerung – Gesellschaft (Staat) – Umwelt – Wirtschaft.

Die Bevölkerungszahl wächst global, obwohl die durchschnittliche Kinderzahl je Frau sinkt, weil es weltweit eine nie vorher da gewesene Anzahl (etwa 1 Mrd.) an jungen Menschen zwischen 15 und 24 Jahren gibt, also in dem für die Reproduktion günstigsten Alter. In den Industrieländern dagegen steigt die Zahl der alten Menschen. In China gibt es nebeneinander beide Probleme: zu viele Junge und zu viele Alte. Die Situation verdanken wir der Intelligenz und der Potenz des Menschen: Sein Gehirn hat den Tod immer weiter hinausgeschoben, seine Potenz sorgt dafür, dass ungefähr doppelt so viele Menschen geboren werden wie sterben. Des Teufels Alternative (Jacobi): Entweder werden weniger Menschen geboren oder mehr müssen früher sterben. Mit Hilfe seines Gehirns kann der Mensch die

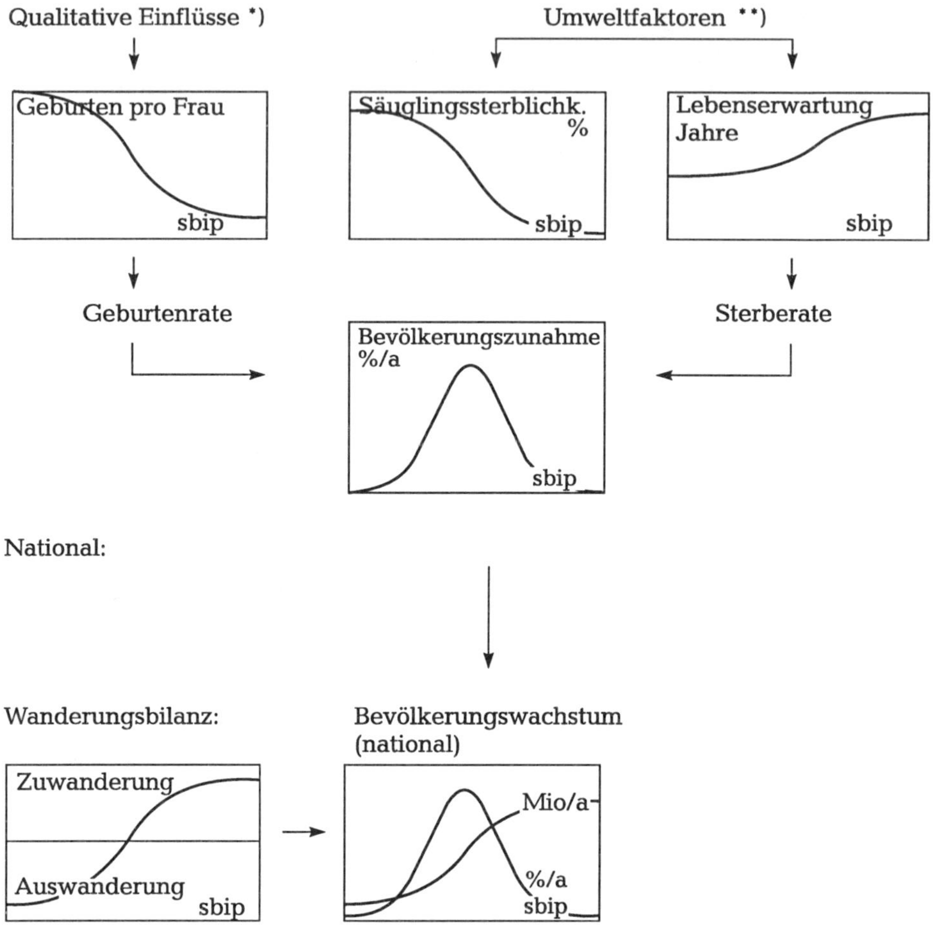

Abb. 2-8. Bevölkerungswachstum: Einflüsse und Zusammenhänge der Teilsysteme. *) Qualitative Einflüsse und Gründe: genetische, emotionale, religiöse, soziale/wirtschaftliche, staatliche, medizinische; **) „Umwelt"-Faktoren: Ernährung, Trinkwasser, medizinische Versorgung, Seuchen, Staub, SO_2, Nox, Krieg, Terror (siehe Abb. 3-7, 8, 10; 4-39/40, und 5-16, 17)

Geburtenzahl bewusst einschränken, zum Beispiel durch steigenden Wohlstand. Aber das gleiche Gehirn erfindet auch Wege zu längerem Leben.

Nicht nur die Zahl der Menschen beeinflusst den Wohlstand, sondern auch der

Altersaufbau

in einem Staat oder einer Bevölkerungsgruppe. Der Altersaufbau spielt für die Altersversorgung, ob staatlich oder durch eigene Kinder, eine entscheidende

Rolle (auch in der Politik). Abb. 2-9a zeigt schematisch den Altersaufbau bei verschiedenem SBIP. Die Fälle b und c deuten eine Überalterung an. Abb. 2-9b ist die demografische Situation in Österreich als einem dafür „typischen" europäischen Land, sie nähert sich Fall c oder gar d nach Abb. 2-9a.

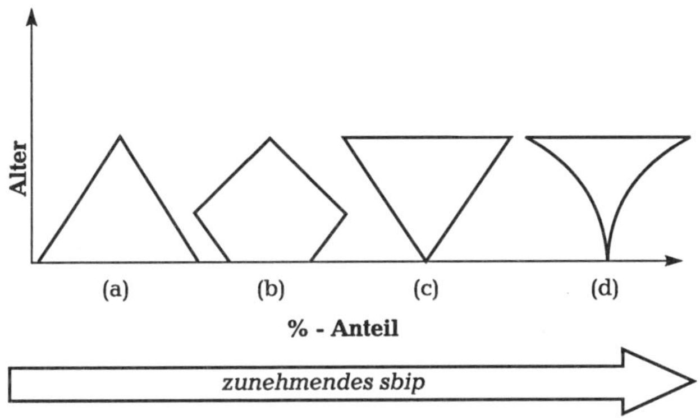

a)

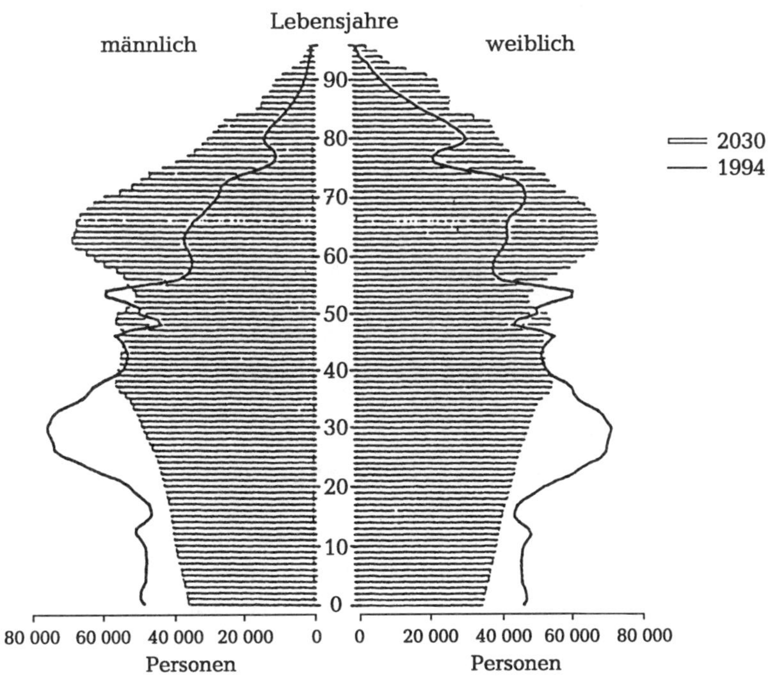

b)

Abb. 2-9. Altersaufbau der Bevölkerung a) abhängig vom SBIP (schematisch), b) Beispiel Österreich 1994 und Prognose 2030

Künftiger Geburtenrückgang ist vorprogrammiert, weil es weniger junge Erwachsene gibt. In der Zukunft wird sich das demografische Gewicht auf die Alten und die Last der Finanzierung auf die Jungen verlagern (R. Münz) – eine wirtschaftliche Gefahr nicht nur für Pensionsversicherungen. Nur bei genügend hoher Wirtschaftsleistung können diese Probleme gelöst werden.

Ein „sterbendes Volk" – eine Schreckensvorstellung?

Dass es verhängnisvoll sei, wenn ein Volk, ein Staat kleiner werde, ist eine Ansicht, die (nach Matzka) als Versatzstück aus längst vergangener Zeit gilt. Es werden nämlich keine jungen Menschenmassen zur Kriegführung gebraucht wie früher, und einen Mangel an Arbeitskräften für die Landwirtschaft gibt es auch nicht. Eher gibt es zuwenig Arbeit für die vorhandene Bevölkerung. Die Eltern treffen also eine dementsprechende rationale bevölkerungspolitische Entscheidung, wozu sie das Recht haben: Weder soll ein zweites Kind verboten (wie in China) noch ein drittes oder viertes (wie im Dritten Reich) anbefohlen werden. Ein sterbendes Volk ist aber eine Schreckensvision für die Altersversorgung, die nur mit gewaltig steigendem BIP lösbar wäre, wie in kleinen, aber reichen Ländern (Schweiz, Singapur, Luxemburg).

Seid fruchtbar und mehret euch und füllet die Erde (1. Mose, 1)

Es wird nicht gesagt, wie fruchtbar wir Menschen sein sollen. Mehr als 90% der Bevölkerungszunahme stammt aus Entwicklungsländern, allein ein Drittel des Zuwachses aus China und Indien. Andere Länder mit hohen Zuwachsraten haben einen großen Anteil an Moslems. Wenn zu viele Kinder der Familie Schaden zufügen, dann erlaubt die islamische Religion Familienplanung. Die Weltbevölkerungskonferenz (UNFPA) in Kairo 1994 hat erkannt, dass solche Planungen erfolgen müssen, allerdings ohne Zwang.

Notwendiges Wirtschaftswachstum

Solange die Bevölkerung weltweit oder in einzelnen Regionen oder Staaten weiter wächst, müssen genug Nahrung und Land dafür verfügbar sein. Wenn außerdem der Wohlstand der Bevölkerung im Weltdurchschnitt erhalten werden soll, muss die Wirtschaft in gleichem Maße wachsen wie die Bevölkerung, also derzeit global mit durchschnittlich 1,3 bis 1,4%/a. Wenn aber der Wohlstand pro Kopf zunehmen soll, muss die Wirtschaft stärker wachsen als die Bevölkerung. Sie nimmt derzeit weltweit zwischen 3 und 4%/a zu – also um größenordnungsmäßig zwei Prozent mehr als das Bevölkerungswachstum – und zeigt ein Maximum des SBIP-Wachstums bei etwa $ 3000.

Ziel und Aufgabe einer globalen Governance muss es sein, außer der Begrenzung des Bevölkerungswachstums auch die Kriegs- und Terrorgefahr zu vermindern (oder die Friedfertigkeit zu erhöhen) und bei „Middle Income Countries" die Zone der Gefahr für Finanzturbulenzen oder gar Wirtschaftscrashs möglichst rasch zu überwinden. Ist das möglich? Vorab: Die Antwort ist „ja"!

Das Ziel des Wirtschaftswachstums

ist also vor allem damit vorgegeben, dass die Bevölkerungsgruppen im niedrigen SBIP-Bereich möglich schnell, z. B. innerhalb eines Jahrzehnts, über den „Wachstumsbuckel" (Kapitel 3) gebracht werden. Das erfordert hohe Wachstumsraten des BIP in der Größenordnung von 8 bis 12%/a, wie sie in einigen Ländern im letzten Jahrzehnt tatsächlich erreicht wurden (Abb. 2-7). Pro Kopf sind das Wachstumsraten zwischen 6 und 10%/a (siehe Abb. 4-8 und 4-11 bis 4-13). Die „reichen" Länder brauchen heute ein Wirtschaftswachstum von mehr als etwa 3,5%/a, weil dies die empirisch beobachtete Grenze ist, oberhalb der neue Arbeitsplätze geschaffen werden oder (ab etwa 2,5%/a) vorhandene hohe Arbeitslosigkeit zurückgeht. Die Wachstumsraten sollten also je nach Land dauerhaft zwischen mindestens 2,5 und 12%/a liegen. Wenn die Wirtschaft schwächer wächst, dann werden die genannten Hauptziele der Governance nicht erreicht. Falls andererseits die Wirtschaft zu stark wachsen sollte, dann können die Notenbanken leichter (zum Beispiel durch Zinserhöhung) gegensteuern als die Wirtschaft wieder anzukurbeln, wenn sie zu schwach zunimmt oder gar abnimmt.

Prognosen des Wirtschaftswachstums

Wie sehen im Vergleich zu den angestrebten Zielen die Prognosen für die nächsten Jahre und darüber hinaus aus? Zahlenmäßige (Vor-)Aussagen über das BIP und seine Herkunft sind nur relativ kurzfristig einigermaßen verlässlich – vielleicht nicht mal so lange, wie das Herausbringen dieses Berichtes dauern wird. Mittelfristige Prognosen über fünf bis sechs Jahre und Langfristprognosen bis zum Jahre 2030 oder darüber hinaus werden in diesem Bericht auf der These des Gleichverhaltens der Bevölkerungsgruppen mit ähnlichem SBIP aufgebaut werden; die Ergebnisse sind vor allem mit den Kapiteln 3 bis 5 dargestellt. Dagegen sind „konventionelle" Prognosen vor allem wegen der unsicheren Ist-Situation zur Jahrhundertwende schwierig. Selbst wenn wir wüssten, welche wirtschaftlichen und politischen Ereignisse und Entwicklungen in den nächsten Jahren und Jahrzehnten eintreten, könnten wir die Auswirkung auf das Wirtschaftswachstum nicht voraussehen oder gar quantifizieren.

Das reale Bruttosozialprodukt der Welt veränderte sich nach Abb. 2-10 jeweils gegenüber dem Vorjahr unregelmäßig und mit teils heftigen (erklärbaren) Ausschlägen. Das gestattet eine Projizierung in die Zukunft nur unter Vorbehalten. Das durchschnittliche kumulierte BSP-Wachstum lag zwischen 1975 und 1998 bei 3,2%/a. Vielleicht kann auf dieser Grundlage für das erste Jahrzehnt dieses Jahrhunderts optimistisch mit 3 bis 4%/a globalem realem Wachstum gerechnet werden; das ist, wie gesagt, unzureichend. IWF und Weltbank gehen für das Jahr 2000 von einem weltweiten BIP-Wachstum von 2,9% aus (1999: 2,6%). Für die Jahre von 2002 bis 2008 werden etwa 5%/a BIP-Wachstum prognostiziert – also weniger als in den 90-er Jahren, weil geringere Kapitalmittel in die Entwicklungsländer fließen und die Rohstoffpreise abgesehen vom Erdölpreis niedrig bleiben werden.

Die OECD und mehrere Wirtschaftsforschungsinstitute rechnen für die Jahre 2000 (2001) mit einem BIP-Wachstum der EURO-Länder um 3,5 (3,0)%, der USA um 5,0 (2,8)%, von Japan um 1,0 (1,5)% und von Deutschland um 3,0 (2,8)%.

Die Veränderung des BIP osteuropäischer Staaten seit 1996 erlaubt keine sinnvolle Prognose für die folgenden Jahre, siehe Anhang III. Die meisten Reformländer Ost- und Mitteleuropas können positive BIP-Raten verzeichnen im Bereich von 4,0 bis 4,5%. Ein solcher Zuwachs kann sich bei dem Beitritt einiger der Staaten zur EU positiv auf die prognostizierten EU-Wachstums-

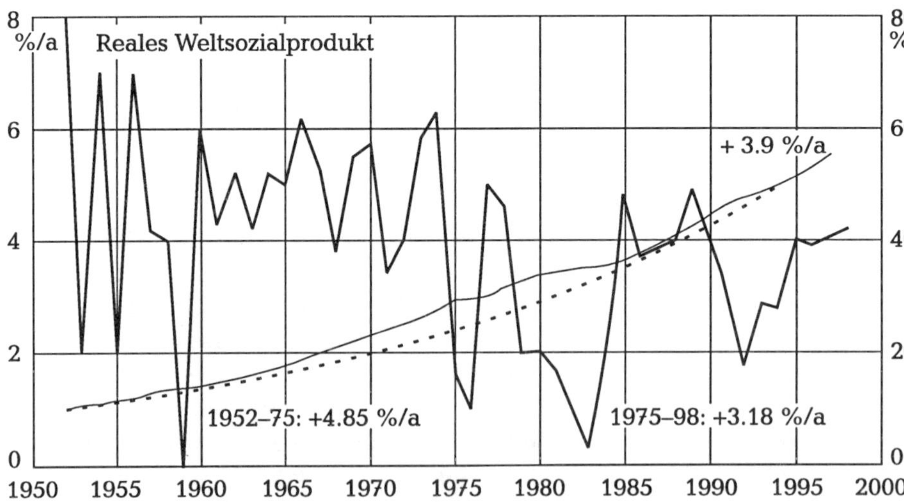

Abb. 2-10. Entwicklung des realen Welt-BSP von 1950 bis 1997 in Prozent gegenüber Vorjahr. Das kumulative Wachstum während der 47 Jahre war real 3,9%/a; mit großen Unterschieden von Jahr zu Jahr: Erkennbar sind vor allem die starken Ausschläge des Wachstums um bis zu etwa 5 Prozent-Punkte als Folge der Ölpreiserhöhungen 1973 und 1981 sowie der drastischen Zinserhöhungen 1991 (IWF, World Economic Outlook/ Wirtschaftswoche 49/1998 und Spiegel-Almanach 1999)

raten auswirken. Ob und in welchem Umfang das künftige Wachstum in Europa und den USA von den Entwicklungen in den sogenannten Krisenregionen beeinträchtigt wird oder gar in eine Stagnation übergehen kann, ist zu Beginn des Jahrhunderts unter Ökonomen und Politikern strittig. Für die Euro-Länder wird eine niedrige Inflationsrate von 1,6%/a, für Japan eine schwache Deflation angenommen. Die Ergebnisse der Prognostiker liegen nicht so weit auseinander, wie dies unter Berücksichtigung der komplexen Zusammenhänge und des Einflusses externer, fragiler Größen erwartet werden könnte – vielleicht auch deshalb, weil das Voneinander-Abschreiben die Arbeitskosten der Prognostiker senkt. Auch der IWF, der bei allen Hilfsaktionen in den Krisenregionen führend mitgewirkt hat, ändert seine Wachstumsprognosen häufig. Aber trotz der erkennbaren Probleme sagt (abgesehen von einigen professionellen Schwarzsehern) keiner der „prominenten" Wirtschaftsforscher zum Jahrhundertbeginn eine globale Rezession oder Deflation voraus. (Von Rezession wird dann gesprochen, wenn in zwei aufeinanderfolgenden Quartalen negative „Wachstums"-Raten des BIP ermittelt werden.)

Nullwachstum? Ein pessimistisches Szenario

der OECD hält ein Nullwachstum der Weltwirtschaft dann für denkbar, wenn zum Beispiel in den USA ein Börsencrash eintritt, wenn Brasilien, China und andere Länder abwerten müssen, wenn Japan seine Probleme nicht meistert und wenn die Probleme in Russland und anderen osteuropäischen Staaten sich auswachsen. Auch wenn zur Jahrhundertwende die „Asienkrise" überwunden zu sein scheint (Thailand, Südkorea), ist nicht abzusehen, wie schnell sich die betroffenen Staaten erholen und ob nicht andere, bisher nicht betroffene Länder wie China und Taiwan in eine Rezession stürzen. Die noch Anfang der 90-er Jahre so hochgelobten Wachstumslokomotiven, die sogenannten Tigerstaaten, haben keinen Dampf mehr im Kessel, weil der Brennstoff dafür fehlt. Vielleicht fehlen auch die „richtigen Heizer". Die internationalen Ratgeber wissen keinen anderen Rat als die Forderung, dass sich die Krisenstaaten selbst helfen sollen. Eine „Finanzkrisen-Vorschau" auf der Basis des SBIP wurde im vorigen Abschnitt dieses Kapitels versucht.

Falls das globale Wirtschaftswachstum Null wäre oder erzwungen würde (z. B. durch extreme Gesetze zum Umweltschutz), also das globale BIP im Durchschnitt stagniert, dann würde das Pro-Kopf-Einkommen im Ausmaß des Bevölkerungswachstums abnehmen; in zehn Jahren wäre der „Wohlstand" pro Kopf global um 15% geringer als heute. Stillstand ist Rückgang! Je nach Verteilung dieses Rückganges würden einige Bevölkerungsgruppen zurückrutschen in die Zonen hohen Bevölkerungswachstums und hoher Kriegslust. Der Vorgang würde sich negativ aufschaukeln.

Um das zu vermeiden, müsste bei globalem Nullwachstum von der Wirtschaftsleistung der „Reichen" ein Teil – und zwar ein viel höherer als heutzutage in Form des 0.7-Prozent-Zieles der Entwicklungshilfe vereinbart ist – auf die „Armen" übertragen werden. Das nachhaltige Ziel kann es dabei nicht sein, Geld zu transferieren. Stattdessen sollte den Ländern geholfen werden, ihren Handel mit anderen Ländern auszuweiten, ihre Rohstoffe vor Ort selbst weiterzuverarbeiten, ihre natürlichen Ressourcen einschließlich ihrer (noch) billigen Arbeitskraft auszunutzen, und es sollten ihnen dabei „gerechte" Preise für ihre Produkte zugestanden werden. Dagegen sind Gewinne einzelner Unternehmen und Staaten aus den Waffen- und Rüstungsverkäufen an arme Entwicklungsländer keine „Wohlstandsgewinne". Hohes Bevölkerungswachstum und Kriege als Folge von Armut wirken sich letzten Endes auf die ganze Menschheit aus, auch auf die westlichen Industrieländer. Sie sind ebenso wenig regional oder auf einzelne Länder begrenzbar wie Umwelt- und Klimaschäden.

Noch schädlicher: ein Schrumpfen der Weltwirtschaft,

weil es sich vor allem auf diejenigen auswirken könnte, die jetzt schon ein niedriges SBIP haben, wie die „Low Income"-Länder und die mit mittlerem Einkommen der unteren Kategorie. Dagegen ist es nicht realistisch anzunehmen, dass die jetzt schon wirtschaftlich starken oder „reichen" Volkswirtschaften und Bevölkerungsgruppen langfristig nicht weiter wachsen, weil deren Voraussetzungen für dauerhaftes Wachstum bei Einhaltung hoher ökologischer Standards (siehe Kapitel 9) gegeben sind, falls nicht

- Naturkatastrophen hohen Ausmaßes (Asteroideneinschlag) eintreten,
- finanzielle oder kriegerische (ABC-Krieg) Katastrophen passieren,
- eine Mehrheit der Länder im exzessiv „grünen" Sinne regiert oder gesteuert würde
- oder große Teile der Welt in wachstumsfeindliche Wirtschaftssysteme gezwungen würden.

2.6 Wirtschaftspolitischer Ausblick

Wirtschaftspolitisch begann das neue Jahrhundert oder Jahrtausend schon 1989 mit dem Ende der Planwirtschaft in der Welt und der Öffnung Russlands und Chinas, gefolgt von der Einführung des Euro 1999. Am kalendermäßigen Beginn des neuen Jahrhunderts zeigt sich die Weltwirtschaft zwar relativ entspannt, nach heftigen Turbulenzen in den Jahren davor vor allem an den Rohstoff- und Finanzmärkten. Viele Banken und andere Finanzinstitute machen weltweit Verluste, weil sie bewusst hohe Risiken eingehen. Sie haben wenig dazugelernt und werden, statt „bestraft" zu werden, indirekt mit öffentlichen Geldern (IWF) aus dem Schlamassel geholt, siehe Abschnitt 2.4.

Manche Pensionsfonds verlieren die Hälfte ihres Wertes; woher sollen die Gelder für die Pensionszahlungen eines Tages kommen? Für Willen und Fähigkeit zur Problemlösung wichtig ist die „Stimmung" der Wirtschaftstreibenden, die wiederum von den Medien stark beeinflusst werden kann.

Als Ergebnis der „Globalisierung"

haben vor allem im letzten Jahrzehnt die „reichen" Länder mit hohen Lohnkosten und hohen Steuern steigenden Wohlstand erreicht. Viele andere Länder mit niedrigen Löhnen und Steuern haben geringeres Wachstum oder sogar Schrumpfen akzeptieren müssen. Wegen der Instabilität der Weltwirtschaft breitet sich Ratlosigkeit über ihren künftigen Weg aus. Das zeigt sich beispielsweise auf dem alljährlichen World Economic Forum in Davos, einem „Sechstagerennen" mit hunderten von Veranstaltungen und teilnehmenden Staatsmännern, Wirtschaftsführern, Politikern, im Verein mit Journalisten. „Globalisierung" ist bei diesen und anderen Weltwirtschaftskonferenzen deshalb kein Diskussionsgegenstand mehr, weil die Wirtschaft längst global vernetzt ist, also der Weg dahin – nämlich die Globalisierung als Vorgang – nicht mehr erörtert zu werden braucht. Welches aber sind die Handlungsanweisungen für die Stabilisierung einer wankenden globalisierten Weltwirtschaft? Politisches Pathos und ökonomische Ungenauigkeit können keine Lösungen bieten. Wirtschaftswachstum auf allen (nationalen, regionalen, branchenmäßigen) Ebenen wird unter Wirtschaftlern ohne Widerspruch als notwendig erkannt, weil dies für das angestrebte Wachstum pro Kopf Voraussetzung ist. Die dafür notwendigen Wachstumsrezepte werden mit Anhang II erläutert. Sie bauen auf stabilen Geldwert, auf Lohnsteigerungen gemäß dem Fortschritt der Arbeitsproduktivität oder darunter und auf niedrige Kapitalzinsen. Beispielsweise hatte sich in der EU schon vor der Einführung des Euro ein einheitlicher Diskontsatz von 3%/a gebildet, der dann zu den seit einem halben Jahrhundert niedrigsten Kapitalkosten bei gleichzeitig niedriger Inflationsrate geführt hat. Allerdings hat das Beispiel Japan gezeigt, dass auch Zinsen nahe 0%/a allein weder ein Wirtschaftswachstum bewirken noch Arbeitsplätze schaffen. Seit Beginn des neuen Jahrhunderts steigen die Zinssätze in der EU und in den USA wieder an; die Leitzinsen der EZB nähern sich der 5%/a-Marke.

Dauerhaftes Wachstum – darin sind sich selbst konservativ-liberale Marktwirtschaftspolitiker einig – setzt die Einbeziehung des Schutzes der Umwelt und des Klimas voraus, auch wenn dies vordergründig den kurzfristigen Gewinn der Wirtschaft zu schmälern scheint. Solche finanziellen Nachteile können langfristig durch die Chancen, die der Umwelt- und Klimaschutz als Wirtschaftszweig bietet, zumindest teilweise ausgeglichen werden.

Die Hälfte der Weltwirtschaft hat Probleme

Das Wirtschaftswachstum wird sich zu Beginn des Jahrhunderts regional weiterhin sehr unterschiedlich entwickeln. Anhang III analysiert im Detail die Situation in wichtigen Regionen und Ländern und nach verschiedenen „Income Groups", nämlich für die USA, Europa/EU-Staaten, Reformländer Ost- und Zentraleuropas, Russland, Japan, China, Südasien/Indien, Südostasien, Lateinamerika, den Mittleren Osten und Afrika. Nachfolgend werden die Ergebnisse zusammengefasst. Die entsprechenden Beobachtungen und Rückschlüsse für die Bevölkerungsgruppen gemäß der Definition dieses Berichtes werden mit Kapitel 4 und 5 dargestellt.

Da zum globalen BIP ungefähr zwei Drittel von den Industrieländern beigetragen wird, bestimmen Art und Umfang von deren Wirtschaftsentwicklung die weltwirtschaftliche Entwicklung insgesamt; siehe Kapitel 5.

Die USA, die EU-Staaten und Japan

haben zusammen den größten, weiter wachsenden Anteil an der globalen Wertschöpfung. Grundsätzlich gesund ist die Wirtschaft der USA. Viele Politiker und Wirtschaftler in Europa – aber auch in den USA selbst – sorgen sich um die geradezu erdrückende Dominanz der USA in der Wirtschaft wie auch in der Weltpolitik. Die USA erobern (trotz innerpolitischer Spannungen: Präsidentenwahl 2000) mit ihren wirtschaftlichen und finanziellen Standards die Welt: mit Bilanzierungsmethoden, M&A-Bewertungs- und -Abwicklungsverfahren und Publizierungsvorschriften. Europa muss, wenn es im Wettbewerb mithalten will, politisch und wirtschaftlich mit einer Stimme sprechen, damit die im Vergleich zu den USA potenziell größere Wirtschaftskraft eines Tages realisiert wird. Einige der EU-Staaten mit bisher unterdurchschnittlichem SBIP werden ihren teils dramatischen Aufholprozess fortsetzen, wie beispielsweise Spanien und Irland. Nach wie vor werden aber die großen Wirtschaftsmächte Deutschland, Frankreich und Großbritannien die EU-Wirtschaft dominieren. Aber auch das BIP von Italien erreicht mit $ 1179 Mrd. z. B. etwa 90% des BIP aller südostasiatischer Länder zusammengerechnet oder das von China einschließlich Hongkong.

Japans Wirtschaft – die zweitgrößte der Welt – schrumpft seit 1996 und ihre Aussichten bleiben unsicher. Zum Jahrhundertbeginn zeichnet sich eine Trendwende in Richtung auf positives BIP-Wachstum ab. Das SBIP zählt mit knapp $ 40.000 aus dem BIP errechnet, bzw. $ 24.000 nach Kaufkraftparität, zu den höchsten der Welt, was sich allerdings im eher relativ bescheidenen

Lebensstandard der japanischen Bevölkerung nicht ausdrückt. (Anzeichen für eine Konsumsteigerung zeigen sich u. a. im wachsenden Modebewusstsein.)

Die Reformländer Osteuropas

haben mit verschieden großem wirtschaftlichem Erfolg den Übergang in marktwirtschaftliches Wachstum und die damit verbundenen Freiheiten eingeleitet. Slowenien, Ungarn, Tschechien und Polen wechseln einander in der Führungsrolle ab und Ukraine und Weißrussland bilden die Schlusslichter. Diese Beobachtungen sind aber nur kurzfristig gültig, wie die Jahre vor dem Jahrhundertwechsel gezeigt haben: Ständig ändern sich Prognosen und erzielte Erfolge.

Die geplante Stabilisierung der Balkanländer, die zum Teil als Folge der Bosnien- und Kosovokriege notwendig ist, kostet viel Geld, das den anderen Regionen wie Osteuropa, den Entwicklungsländern allgemein und vor allem den ärmsten (HIPC-)Ländern vorenthalten werden wird. Bosnien hat bisher $ 5 Mrd. erhalten mit wenig sichtbarem Erfolg. Für den Balkan insgesamt sind ganz andere Größenordnungen – hundert Milliarden $ oder mehr – im Gespräch, die über eine Dekade verteilt aufgebracht werden sollen.

Russland

Vor allem aber wird die Entwicklung des nach wie vor politisch-militärisch starken, wirtschaftlich und finanziell aber schwachen Russland das wirtschaftliche Schicksal auch vieler der anderen Staaten des ehemals kommunistischen Wirtschaftsblockes COMECON (seinerzeit mit mehr als 300 Millionen Einwohnern als „Zweite Welt" bezeichnet) bestimmen. Zum Jahrhundertbeginn scheint die Talfahrt der russischen Wirtschaft zu Ende zu gehen: Die Industrieproduktion nahm 2000 – allerdings auch wegen stark gestiegener Erdöl- und Erdgaspreise – um etwa 6% zu. Das Wirtschaftswachstum soll sich dem EU-Durchschnitt nähern, verglichen mit einem Rückgang des BIP seit 1990 um rund die Hälfte. Aber die russische Bevölkerung ist verarmt, die Reallöhne sind stark gesunken, mehr als ein Drittel lebt unter dem Existenzminimum. Die Kapitalflucht soll so groß sein wie der Leistungsbilanzüberschuss.

China

hat eine große Einkommensdisparität zwischen den im Landesinneren lebenden, hauptsächlich landwirtschaftlich Beschäftigten und den vorwiegend in Handel, Gewerbe und Industrie tätigen Bewohnern der Küstenregionen und der großen Städte. Das Bevölkerungswachstum ist mit etwa 1%/a geringer als es dem durchschnittlichen SBIP ($ 710, oder $ 3130 nach KKP) entspricht, weil die Regierung eine Ein-Kind-Politik erzwingt, teilweise mittels wirtschaftlicher Bestrafungen. Zu Anfang des neuen Jahrzehnts erwartet China ein BIP-Wachstum von immerhin etwa 8%/a (nach 7% in 1999). In 20 Jahren könnte ein „Gesamtchina" angenommen mit Taiwan und Hongkong ein BIP von $ 4000 bis $ 5000 Mrd. erreichen (zu heutigen Preisen), also wirtschaftlich so groß sein wie Japan und Deutschland heute zusammen sind. Da aber die westlichen Länder ihre Wirtschaft und erst recht – wegen geringen Bevölkerungswachstums – ihr SBIP ebenfalls ausweiten, vergrößert sich der Abstand des SBIP von „Gesamtchina" gegenüber der EU absolut und relativ. Aber es gibt nicht nur wirtschaftliche Macht: China verfügt über Nuklearwaffen.

Süd- und Südostasien.

Indien hat mit nahezu 20% der Weltbevölkerung nur 2% des globalen BIP und zählt zu den ärmsten Ländern (SBIP unter $ 400, nach Kaufkraft $ 1670). Indien ist zwar die größte Demokratie der Welt, ist aber immer wieder in kriegerische Auseinandersetzungen mit seinem Nachbarn Pakistan mit ähnlich niedrigem SBIP verwickelt, die eines Tages zu einem „richtigen" sogar nuklear geführten Krieg werden können. Das Bevölkerungswachstum könnte nach der hier vertretenen These nur dann sinken, wenn das SBIP in Indien und Pakistan auf mindestens $ 1500 wüchse. Das erfordert geschätzt ein nachhaltiges Wachstum von 5%/a – 20 bis 25 Jahre lang. Im übrigen Südasien (Bangla Desh, Nepal) herrscht große Armut und wenig Hoffnung auf Besserung.

In Südostasien – lange Zeit als Wachstumsmotor apostrophiert – gibt es deutliche SBIP-Unterschiede zwischen den 380 Mio. Menschen, die in der Region leben: sehr arme (Kambodscha, Laos) und sehr reiche (Singapur, Brunei, Südkorea) Länder erwirtschaften ein BIP von (1998) zusammen etwa $ 1300 Mrd. – mithin ein durchschnittliches SBIP unter $ 4000. In den armen Ländern wie Indonesien (SBIP $ 1100) ist die Friedfertigkeit wenig ausgeprägt. Südostasien wird sich wirtschaftlich erholen.

In Lateinamerika

sind die Unterschiede im Pro-Kopf-Einkommen zwischen den Ländern und innerhalb davon sehr groß, ebenso wie die Differenzen in wirtschaftlicher Größe und im SBIP der Länder: Brasilien hat ein BIP von $ 750 Mrd., also mehr als halb soviel wie Frankreich; Chile liegt mit seinem SBIP in der Größenordnung der EU-Länder Griechenland und Portugal; Ecuador dagegen ist arm, klein und zahlungsunfähig. Hohe Anteile an armen Bevölkerungsgruppen gibt es in Kolumbien und Peru. Mexiko – wirtschaftlich halb so groß wie Brasilien, aber immerhin ähnlich groß wie die Niederlande – müsste mit seinen großen materiellen und energetischen Ressourcen und seiner Verknüpfung mit der US-Wirtschaft Chancen für starkes Wohlstandswachstum haben – wenn die Governance greift.

Insgesamt bietet Lateinamerika auch wegen der im allgemeinen gut ausgebildeten Menschen bei effizienter Governance Chancen für kräftiges SBIP-Wachstum: Es soll (2000) auf 4%/a steigen. Die gefährlichen Bereiche für hohes Bevölkerungswachstum und Gewaltbereitschaft sind überschritten, aber Finanzturbulenzen sind weiterhin zu erwarten. Lateinamerika konnte eine Rezession als Folge („Contagion") der Finanzkrisen in Asien und Russland durch wirtschaftspolitische Maßnahmen vermeiden. Die Interamerikanische Entwicklungsbank hilft bei der Steigerung der Wettbewerbsfähigkeit der Länder (siehe Anhang II) und bei sozialen Reformen (Erziehung, Wasserversorgung, Stadtentwicklung, Armutsbekämpfung vor allem in ländlichen Gebieten).

Auch im Mittleren Osten

leben sehr arme und sehr reiche Bevölkerungsgruppen: Im Irak, Syrien, Jemen vor allem arme, in den VAE, Kuwait und Saudi-Arabien viele reiche, gemeinsam mit niedrig entlohnten Gastarbeitern. Irans Wirtschaft hat die Größenordnung der Niederlande und gute Wachstumschancen – falls die Re-Integration in die Weltwirtschaft gelänge. Israel gilt ohnehin als „Industrieland" mit „europäischem" SBIP ($ 18.500), das dank Kreativität und hohem Dienstleistungsanteil auch ohne natürliche Ressourcen und trotz hoher Verteidigungsausgaben einen hohen Wohlstand erreicht hat.

Afrika

In Nordafrika gibt es zwar derzeit (2000) keine Kriege, aber Terrorismus, was bei den SBIP-Werten z. B. für Algerien ($ 1500) zu erwarten ist. Andererseits sind ähnlich arme Länder (Marokko, Tunesien) friedlich. Bei einem niedrigen SBIP ($ 800; aber nach KKP $ 3100) leidet – wie zu erwarten ist – Ägypten unter hohem Bevölkerungswachstum und Terror.

Südlich der Sahara löst ein Krieg oder Bürgerkrieg den vorhergehenden ab – Kriege zur Zementierung der Armut der Menschen, die etwa 10% der Weltbevölkerung ausmachen mit hohen Wachstumsraten, wie z. B. 3%/a in Nigeria. Stichworte: Hunger, Korruption, Waffenkäufe, Resignation statt afrikanischer Renaissance. Wenige positive Beispiele gibt es im südöstlichen Afrika (Mosambik, Namibia, vielleicht Südafrika). Dabei hätten viele Länder beste Voraussetzungen für Wirtschaftswachstum, weil reiche materielle oder energetische (oder beide) Ressourcen vorhanden sind. Stattdessen sind Angola, Nigeria, Kongo-Kinshasa Armenhäuser mit SBIP-Werten unter $ 250. Andere Länder beherbergen ohnehin nur Armut und bekämpfen sich sinnlos (Eritrea/Äthiopien). Nahrungslieferungen der Welthungerhilfe werden angeblich verkauft, um mit dem Erlös Waffen beschaffen zu können (vielleicht von den selben Ländern, die für die Hungerhilfe gespendet haben?). Deshalb nimmt die Bereitschaft für Hilfeleislungen an diese Länder rapide ab.

2.7 Bei welchen Staaten bzw. Bevölkerungsgruppen muss also eine „Governance" ansetzen?

Einig sind sich multi- und bilaterale Fachleute darüber, dass die Bekämpfung der Armut (Halbierung der Zahl der Armen weltweit auf die Hälfte) das wichtigste Ziel jeder Entwicklungspolitik sein muss. Bisher wurden aber die wahren Gründe für diese Notwendigkeit entweder nicht erkannt oder jedenfalls nicht publik gemacht – nämlich die Zusammenhänge zwischen Wirtschaftsleistung pro Kopf und den Lebensumständen, die über „arm" oder „reich" entscheiden, siehe Kapitel 11 und Anhang II. Was aber heißt „wirtschaftlich arm"? Wir sprechen in diesem Bericht weder von den „Armen im Geiste, denn ihrer ist das Himmelreich", noch von Armut an Ressourcen, Kindern, an landschaftlicher Schönheit – obwohl dies alles Ursache für materielle Armut oder Reichtum sein kann. Wir sprechen hier ausschließlich von materieller Armut. Der Inder Amartya Sen erhielt 1998 den Wirtschaftsnobelpreis für seine Forschungen über Armut. Es gibt offensichtlich eine absolute und eine relative Armut.

Als absolut arm

gelten nach Definitionen der Weltbank und des UNDP Menschen mit einer Kaufkraft (nicht SBIP!) von weniger als etwa $ 300/c.a bis $ 500/c.a – etwa $ 1,50 pro Tag, Stand 1998. Das sind ungefähr 20% der Weltbevölkerung. Bevölkerungsgruppen mit einem so niedrigen Einkommen findet man überall auf der Welt, aber weit überwiegend in Ländern, die insgesamt arm sind („low income countries") wie Albanien, Bangla Desh, Nepal, Haiti, China, Indien und in den meisten afrikanischen Staaten. Zum Vergleich: In den USA ist der Mindestlohn pro Stunde (!) mit $ 6 gesetzlich fixiert, in Deutschland liegen die niedrigsten Löhne (Landwirtschaft und Lederwarenindustrie) bei etwa $ 6,50, in Österreich bei $ 7 (Fremdenverkehr).

Bei der Definition der relativen Armut

vergleichen wir arm und reich miteinander: beispielsweise reiche und arme Länder nach ihrem SBIP oder reiche und arme Regionen (Afrika gegenüber Westeuropa) oder Regionen innerhalb der Staaten (reiches Flandern gegen armes Wallonien, armes Grenzgebiet Mexiko/USA gegen Kalifornien, arme Land- gegen reiche Stadtbevölkerung [oder umgekehrt: Slums]), Vergleich zwischen Mann und Frau, jung und alt und so weiter. Die EU-Kommission bezeichnet alle Menschen als arm, die weniger als 60% des Durchschnittseinkommens – ausgedrückt als „Medianwert" – haben (stiegen alle Einkommen auf das Zehnfache, dann gäbe es also immer noch genau so viele „Arme"). In Deutschland werden solche Personen als arm bezeichnet, die weniger Einkommen haben als der ihnen jeweils zustehenden Sozialhilfe entspricht; davon leben etwa 3% der Bevölkerung. Diese Sozialhilfe soll hoch genug sein, dass die Teilhabe am gesellschaftlichen und kulturellen Leben gesichert ist; nur wer freiwillig auf Sozialhilfe verzichtet, ist „arm". Es gibt auch qualitative Kriterien: In Österreich gilt jemand dann als „arm", wenn mindestens eines der Kriterien zutrifft: große finanzielle Nöte bei Bezahlung von Lebensmitteln, Heizung, Bekleidung und Miete, Substandard- oder überbelegte Wohnung; selbst in einem reichen Land wie Österreich sind 4% der Bevölkerung von Armut betroffen und 11% armutsgefährdet; viele Haushalte haben weniger als $ 20/d zur Verfügung. Armut ist also kein „Privileg" der „armen" (Entwicklungs-)Länder, auch wenn sich der Armutsgrad immer noch um mindestens eine Zehnerpotenz von dem der „wirklich" Armen unterscheidet.

Eine soziale Marktwirtschaft lässt materielle Notlagen definitionsgemäß gar nicht entstehen. Ein Ziel jeder Governance muss es sein, durch Wirtschaftswachstum pro Kopf mehr Wohlstand zu erzielen und diesen Wohlfahrtsgewinn auf möglichst viele Menschen „gerecht" aufzuteilen. Mit Kapitel 10 und 11 werden Ursachen und Zusammenhänge zwischen Arm und Reich diskutiert.

Wo leben die „armen" und die „reichen" Bevölkerungsgruppen?

Nach der Aussage dieses Berichtes können die Bevölkerungsgruppen mit ähnlichem SBIP theoretisch in allen Ländern leben. Die ärmste Gruppe mit einem SBIP von $ 200 lebt aber ausschließlich in „Low Income"-Ländern der A-Gruppierung (mit durchschnittlichem SBIP $ 290 bis $ 620). Die reichste Gruppe (mit durchschnittlich etwa $ 23.000) lebt hauptsächlich in den „High Income"-Ländern der C-Gruppe. Tabelle 2-7 zeigt die geographische Verteilung der A- und B-Länder nach dem Stand von 1997.

Wir unterstellen auf Grund des Weltentwicklungsberichtes 1998, dass in den „low and middle income/lower category countries" mit insgesamt

Tabelle 2-7. Geografische Aufteilung der Ländergruppen A und B („Entwicklungsländer") nach Weltentwicklungsbericht 1998;
Beispiele:
Südasien – Nepal, Bangla Desh
Ostasien – Kambodscha, Nordkorea, Burma, Indonesien
Naher Osten – Irak, Ägypten, Algerien, Marokko
Osteuropa – Albanien, Kasachstan, Ukraine
Lateinamerika – Haiti, Ecuador

	Bevölkerung Mrd.	SBIP $/c.a	Millionen Arme*
Südasien einschließlich Indien	1,2	350	100
Afrika südl. Sahara	0,6	500	50
Ostasien und Pazifik	1,7	800	140
Naher Osten, Nordafrika	0,3	1800	20
Europa, Zentralasien	0,5	2200	40
Lateinamerika, Karibik	0,5	3300	40
Ländergruppen A+B	4,8	1100	390

* relativ arm mit der Hälfte des durchschnittlichen SBIP

4,35 Mrd. Einwohnern ungefähr 3,3 Mrd. Menschen ein SBIP zwischen $ 150 und $ 840 haben. Dazu zählen u. a. die meisten Menschen in Afrika südlich der Sahara, Slumbewohner in Indien und Bangla Desh, Favela-Menschen in Brasilien, Landbevölkerung in Teilen von China. Aber in diesen ärmsten Ländern gibt es auch Bevölkerungsgruppen, deren SBIP weit über dem durchschnittlichen SBIP des Landes liegt: Diktatoren, Militärherrscher, Großgrundbesitzer, Scheichs – wie beispielsweise in Indonesien, Brunei, in den Philippinen, im Mittlerer Osten, Kongo, in Nigeria und vielen anderen afrikanischen Staaten, ebenso wie auch in Südamerika.

Die Aufgabe für eine globale Governance, nämlich die Bemühungen, das Wirtschaftswachstum auf die gefährdeten Länder zu fokussieren, bedeutet also, das SBIP der genannten Länder im Durchschnitt von $ 290 bis 620 auf mindestens $ 1500, also auf das 2,5- bis 5fache zu erhöhen. Die in der oberen Kategorie der B-Länder (durchschnittliches SBIP $ 4260) lebenden „relativ Armen" haben ein durchschnittliches SBIP von $ 2130 und sind damit über die gefährlichen Wachstumsbuckel hinweg – allerdings auch über das Maximum des Wirtschaftswachstums. Die Ländergruppe B ist nach dem SBIP-Gruppendurchschnitt zwar in „guter" Verfassung, aber es gibt eine untere Kategorie mit etwa zehn Ländern (Ägypten, Lesotho, Indonesien, Philippinen, Marokko u. a.), deren SBIP auf das 1,5- bis 2fache erhöht werden muss. In den High Income Countries werden allenfalls – wenn überhaupt – vernachlässigbar kleine Teile der Bevölkerung leben, die zu den absolut „armen" Gruppen zählen, um die es hier geht (unter SBIP $ 1500), z. B. Sioux-Indianer in Dakota/USA, vereinzelte Bergbauern und Fischer in Europa, und Menschen, die Sozialhilfe ablehnen. Dagegen verfügen die relativ Armen immerhin über Einkommen in der Größenordnung von $ 10.000/c.a.

Dieses notwendige Wachstum ist erreichbar – und es kann auch aufrechterhalten werden. Wenn das SBIP gegenüber 1995 auf den x-fachen Wert steigen soll, dann ist je nach kumulativer (gleichbleibender) Wachstumsrate für die Erreichung des Zieles eine Zeitspanne erforderlich, die aus Abb. 2-11 abgelesen werden kann. Es dauert beispielsweise 14 Jahre, um bei einer kumulativen Wachstumsrate von 12%/a das 5fache BIP oder SBIP zu erreichen. Die Abb. 2-7 und 2-10 sowie 4-6 bis 4-13 zeigen das tatsächlich erreichte BIP-Wachstum ausgewählter Länder und global; es lag im letzten Jahrzehnt des Jahrhunderts zwischen 2,3 und 11%/a. Außerdem ist zu bedenken, dass das SBIP-Wachstum der Quotient aus Wachstum von BIP und Bevölkerung ist. Wenn also die Bevölkerung wegen steigendem SBIP weniger stark wächst, dann nimmt das SBIP wiederum stärker zu – eine positive Selbstaufschaukelung. Die „reichen" Länder werden das angestrebte Wachstum von mehr als etwa 2,5%/a verwirklichen können.

Wie können solche Wachstumsraten erreicht werden?

Mit Anhang II werden makroökonomische und wirtschaftspolitische „Rezepte" beschrieben, mit denen einige Staaten Erfolg hatten oder haben. Diese Erfahrungen werden seit Jahrzehnten untersucht und publiziert (UN, Weltbank, OECD, IWF u. a.). Aber man kann ein Pferd zur Tränke führen – zum Trinken kann man es nicht zwingen: Manche Pferde sind misstrauisch gegenüber dem angebotenen Wasser. Dort, wo Ratschläge aufgezwungen wurden (im Zusammenhang mit Kreditvergaben: „Wenn ihr nicht regiert,

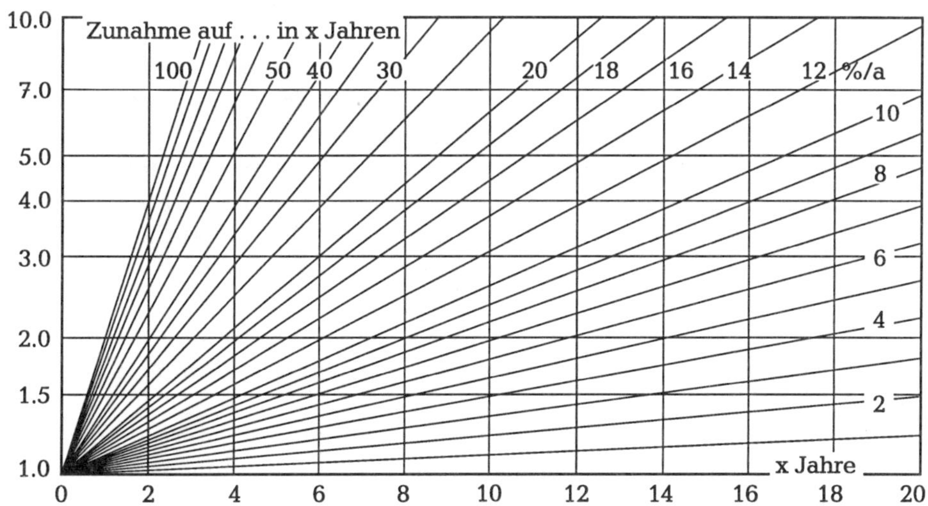

Abb. 2-11. Zusammenhang zwischen dem notwendigen oder erwünschten Multiplikator und der erforderlichen Anzahl der Jahre bei verschiedenen Wachstumsraten

wie wir es für richtig halten, dann gibt es kein Geld"), gibt es ebenso Misserfolge (Russland, Malaysia, Rumänien) wie in Ländern ohne solche externen aufgezwungenen Ratschläge (China, Indien, Brasilien). Andere Länder wiederum haben große Wachstumserfolge nach eigenen Modellen erzielt (Taiwan, Singapur, Irland). Es gibt keine Einheitsrezepte für Erfolg, die auf jeden Entwicklungszustand und in jeder Umgebung anwendbar sind und die zur Mentalität und zu bisherigen Erfahrungen der Bevölkerungsgruppen und zu ihrer Geschichte passen. Die Bürger Russlands haben jahrhundertelang unter Diktatoren jeder Art gelebt ebenso wie die Chinesen. Wirtschaftliche Entwicklung kann also nicht nur „westliche" Maßstäbe anlegen als Voraussetzung für Wachstum, auch nicht deren spezifische ethisch-moralische Werte wie Freiheit, Rechtssicherheit usw. Eines der IWF-Standardrezepte „Steuern erhöhen und auch eintreiben, Staatsausgaben senken, Sozialleistungen reduzieren" passt vermutlich zu allen Staaten, ist aber nicht überall und schon gar nicht von heute auf morgen umsetzbar. Solche oft drastischen Änderungen brauchen viel Zeit und individuelle Hilfe und Rat. Ein indischer Minister sagte zu einer IWF-Delegation: „You give me your money, and you keep your advice – that's a fair deal." Und als eine Weltbankmission bei einem Stahlwerksprojekt in Brasilien (übrigens schon in den siebziger Jahren!) verlangte, dass Abgasreinigungsanlagen eingebaut werden müssten, sagte der zuständige Minister: „Saubere Luft haben wir hier genug – was wir brauchen, ist Stahl." So ähnlich wird auch heute noch vielerorts argumentiert.

Die Fähigkeit der Menschen

und nicht materielle und energetische Ressourcen entscheiden über dauerhaft erzielbares Wachstum von Wirtschaft und Wohlstand. Menschen sind eine nachwachsende Ressource! Ressourcenarme Länder (Japan, Deutschland, Luxemburg, Schweiz, Österreich, Niederlande, Singapur, Hongkong) haben weltweit mit die höchsten SBIP-Werte. Abgesehen von der Begabung und der Veranlagung der Menschen – insbesondere ihrer Kreativität – sind also Ausbildung, Wissen und Erfahrung und der Zugang zu Informationen maßgebend, erst recht in einer „New Economy". Das wiederum zählt zur Infrastruktur eines Landes, die ein Ergebnis der Politik ist.

Und wieviel kostet dieses notwendige Wachstum?

Für die „armen" HIPC Länder insgesamt werden größenordnungsmäßig $ 700 Mrd. gebraucht, um über den „Buckel" zu kommen. Bei realistisch möglichem (nicht prognostiziertem!) Wachstum dauert das, wie gesagt, zehn bis 15 Jahre. Also würden im Schnitt etwa $ 50 Mrd./a gebraucht. Zum Vergleich: heutige gesamte Entwicklungshilfe: $ 33 Mrd./a.

Das heißt aber nicht, dass das „Ausgießen“ von diesen Kapitalsummen über die „Armen“ eine erwünschte dauerhafte Entwicklung einleiten könnte. Kapitalhilfe muss, wie oben gesagt, mit technischer Hilfe und Beratung oder noch besser mit (Risikokapital-) Investitionen vor Ort und der Schaffung von Handelsmöglichkeiten verbunden werden.

Letzten Endes ist die Weltwirtschaft kein Nullsummenspiel: Das SBIP kann in allen Ländern gleichzeitig wachsen oder schrumpfen.

3 Wachstum

Wachstum nennen wir die geordnete Vergrößerung von Organismen oder Systemen. Eine ungeordnete Vergrößerung nennen wir Wucherung.

In Organismen ist das Wachstum genetisch vorgegeben, programmiert. Ein Mensch zum Beispiel wächst aus der nur 5 Mikrogramm schweren, befruchteten Eizelle genetisch gesteuert zum fast 1 Milliarden mal schwereren Geburtsgewicht und dann zum nochmals 20 mal schwereren Gewicht des ausgewachsenen Menschen heran. Fehler im genetischen Programm können zu Missbildung, zu Zwerg- oder Riesenwuchs, zu Krebs führen. Für jeden Organismus gibt es eine bestimmte, arteigene Größe, die im Regelfall nicht überschritten wird.

Soziale, technische oder wirtschaftliche Systeme wachsen nach tradierten Mustern, nach Plänen, Umweltbedingungen, dem Erfolg, nach Theorien. Wie bei Organismen sind bestimmte Umweltbedingungen Voraussetzung für ihr Wachstum. Dieses ist aber nicht genetisch fixiert. Es gibt keine Missbildung, die nicht sofort korrigiert werden könnte. Es gibt auch keine Wachstumsgrenze.

Die Kontrolle der Vergrößerung des Individuums erfolgt in biologischen Systemen genetisch, in anderen Systemen durch einen Regeleingriff, eine Rückkoppelung. Erst langfristig gesehen, über viele Generationen hinweg, wirkt auch in der biologischen Evolution eine Rückkopplung. Genetische Veränderungen sind naturwissenschaftlich gesehen zufällig. Nach dem Grundgesetz der Evolution, dem Versuch und Irrtum, folgt der Veränderung die Selektion. Diese Rückkoppelung nimmt Veränderungen zurück, wenn sie eine für die Funktion abträgliche Konsequenz haben; sie sorgt dafür, dass Wachstum den Ressourcen angepasst bleibt. Je nach dem Zeitverzug der Rückkopplung sprechen wir von einer sanften oder harten Regelung. Ein zu großer Zeitverzug beseitigt ungünstige Veränderungen so spät, dass ihre Folgen eine bereits gefährdende Größe erreicht haben können; es kommt zur Wucherung. Krankhafte Wucherung unterscheidet sich von gesundem Wachstum dadurch, dass eine präzise Rückkopplung fehlt, der Regelkreis offen ist; Beispiele: Krebsgeschwülste, innerstädtischer Fahrzeugverkehr. Überforderung der Ressourcen führt im ersten Beispiel zum Tod, im zweiten zum „Verkehrsinfarkt" und zu überhöhten Betriebskosten des Verkehrs. Wir haben ein Gefühl dafür, wann Wachstum exzessiv wird. Wir haben Angst vor uns unbekannten Größenordnungen.

Physisches Wachsen sehen wir in unserer Umgebung an Pflanzen und Tieren. Wir erleben das eigene Heranwachsen, die Zunahme unserer Erfahrung, unseres Wissens; das Wachstum unserer Kinder. Wir erleben die Zunahme der Bevölkerungszahl (mit durchschnittlich 0,28% im 2. Jahrtausend und um 1,5% pro Jahr im 20. Jahrhundert, 1930: 2, 1954: 3, 2000: 6 Milliarden Menschen), das Wachstum der Wirtschaft (um 4% pro Jahr), der Städte, Straßen, des Verkehrs, die „Eroberung des Alls". Aus der Erdgeschichte lernen wir das Wachstum des Lebens, das zwar immer noch nur einen winzigen Bruchteil der Erdmasse ausmacht, aber im Lauf der Zeit das Antlitz der Erde verändert hat. Die 20% CO_2 der Atmosphäre wurden durch 20% Sauerstoff ersetzt (siehe Kapitel 9). Wir leben in der Sauerstoffzeit. In einer Atmosphäre, die einzigartig auf allen uns bekannten Himmelskörpern ist.

Wachstum verändert die Welt. Nichts bleibt so, wie es früher war. Dabei messen wir mit menschlichen Zeitmaßstäben. Uns ängstigt z. B. die Zunahme des Kohlendioxids in der Atmosphäre in den letzten 100 Jahren um 60 ppm. Würden wir die letzten 100 Millionen Jahre ins Auge fassen, dann würden wir eine Abnahme des CO_2-Pegels um 650 ppm feststellen. Wir messen aber mit dem menschlichen Maß, den 100 Jahren, auch wenn wir so tun, als würden wir im Namen der Natur sprechen, deren Zeitmaßstab aber unvergleichlich größer ist.

Auch ist unsere Wahrnehmung eher pessimistisch als objektiv. Schon im Altertum wurde die moralische Entwicklung als negativ eingeschätzt. Aber ist seit damals nicht alles besser geworden? Aus einem Sklavenstaat eine demokratische Gesellschaft, in der jeder nach seiner Fasson selig werden kann? Haben wir nicht Folter und Leibeigenschaft hinter uns gelassen? Werden nicht heute die Mächtigen schonungsloser kontrolliert als je zuvor? Wir nehmen aber eher einen moralischen Niedergang wahr, den Niedergang der Kirchen, den Wettbewerb, der angeblich unethisch sei.

Wachstumsmerkmale

Wachstum ist ein Merkmal junger und gesunder biologischer, ökonomischer oder sozialer Strukturen (Tiere, Pflanzen; Unternehmen; Gesellschaften). Wir erwarten, dass durch Wachstum die Funktion, die Lebensfähigkeit, des Systems besser wird.

Wachstum braucht Ressourcen: Rohstoffe, Energie, Platz. Wachstum hinterlässt Abfall. Wachstum verändert die Umwelt. Wachstum ist wie Wettbewerb ein Teil der Evolution: Immer dann, wenn eine bessere Anpassung an die Erfordernisse des Lebens erscheint, breiten sich die Träger des neuen Merkmals aus – in neue Biotope oder in den alten unter Verdrängung der vorher da Ansässigen. Das ist im Verlauf der Erdgeschichte schon oft geschehen: manchmal als Folge einer großen Katastrophe, oft aber auch als Folge einer genetischen Veränderung oder einer kulturellen Errungenschaft, wie der „Erfindung" der Landwirtschaft oder der modernen chemisch-mechanischen Agrikultur.

Seit es ein Bewusstsein gibt, seit es Betrachter der Evolution gibt (Koestler), ist uns auch bewusst geworden, dass wir Pfad und Ziel zukünftiger Evolution nicht kennen. Sicher ist nur die Vergangenheit, sonst wären wir nicht dahin gekommen, wo wir sind. Sicher wären wir nur, wenn wir die Evolution beendeten. Ein wahrhaft naiver Wunsch, dessen Erfüllung ebenso unmöglich ist wie das Umkehren des Zeitverlaufs. Trotzdem treten immer wieder Propheten auf, die aus der Natur ein Museum machen oder die bewusste, aktive Rolle des Menschen unterbinden wollen. Die Spur dieser Propheten führt vom alten Testament über das „Kehret um!" des Johannes des Täufers, Rousseaus „Zurück zur Natur" bis zur Sehnsucht nach dem „einfachen Leben", der uns alle überfallen kann, solange wir die Segnungen der Zivilisation in Frieden, mit klimatisierter Wohnung, WC, fließendem Trink- und Warmwasser, frischer Nahrung, ärztlicher Versorgung, Mobilität, Information und Kommunikation genießen.

Wachstum – wohin? Die Sorge um die Zukunft

Die Zeit schreitet fort. Nichts bleibt so, wie es war oder ist. Ratschläge, wie wir die Zukunft sichern können, bleiben wenig wirksam. Niemand ist in der Lage, Sicheres vorauszusagen. Hätte Malthus recht behalten, wären wir schon verhungert. Stattdessen haben wir weltweit eine Überproduktion an Nahrungsmitteln. Wären die in den 70er Jahren „berechneten Reichweiten" für die Rohstoffvorräte richtig gewesen, müssten die Rohstoffe für Blei, Molybdän, Wolfram, Gold, Silber, Zinn und Zink zu Ende gegangen sein. Diese Prognosen (die sich nahezu ausschließlich auf metallische Rohstoffe bezogen haben) waren nicht einmal ansatzweise richtig: Ein Vierteljahrhundert später beobachten wir einen anhaltenden Verfall der Rohstoffpreise. Diejenigen mineralischen Rohstoffe aber, die tatsächlich verbraucht werden (z. B. Kaolin, Elektrodengraphit), sind entweder in ausreichender Menge vorhanden oder sie können mit heute schon bekannten Technologien ersetzt werden.

Die Angaben über die sicheren oder vermuteten Vorräte an fossiler Energie wachsen noch immer rascher als ihr Verbrauch: Die Prognose der „Reichweite" der sicheren Erdölvorräte hat sich seit den siebziger Jahren eher vergrößert. Der meist gar nicht erwähnte Energievorrat in Gashydraten (Weiden) ist wahrscheinlich größer als der in allen bekannten Kohle-, Öl- und Gasvorräten zusammengenommen. Die vorausgesagte Vergiftung der Atmosphäre und Gewässer ist ausgeblieben. Die lokalen Schadstoffkonzentrationen sinken in den voll industrialisierten Ländern, ebenso die Zahl der Unfallopfer je Kopf. Die Lebenserwartung steigt: Kein Versicherungsmathematiker rechnet mit dem von Meadows für 2020 vorhergesagten Rückgang der Lebenserwartung.

Die Sorge um die Zukunft entstammt angeblich der Büchse der Pandora, in der sie alle Krankheiten und alles Böse in die Welt gebracht hat. Diese Sorge bewirkt das Anlegen von Vorräten, ohne die wir die nächste Ernte nicht erleben könnten. Analog zu dieser richtigen und wichtigen Verhaltensweise fragen wir nach der Nachhaltigkeit aller Quellen, ob es genug Rohstoffe gäbe, genug Energie, genug Nahrung, genug Wasser für uns und unsere Nachkommen. Und weil wir wissen, dass unsere Bedürfnisse nach der nächsten Ernte die gleichen sein werden, nehmen wir fälschlich an, dass auch unsere Nachkommen in ferner Zukunft noch die gleichen Bedürfnisse haben werden. Aber wissen wir das? Haben denn unsere Vorfahren vor 200 Jahren gewusst, was wir heute brauchen? Sie konnten sich unser Leben auch nicht annähernd vorstellen. Hätte man ihnen damals gesagt, dass in 200 Jahren 95% der Landarbeiter ihren Arbeitsplatz verlieren würden, sich die Zahl der Menschen versechsfachen würde und dass jeder Mitteleuropäer mit weniger als der halben Ackerfläche auskommen müsse, sie hätten einen Rückgang des Wohlstands, Hungersnot, Krieg und Sozialrevolten vorausgesagt. Handy, Herztransplantation und Raumfahrt hätten sie ins Reich der Phantasie verwiesen. Eine Verknappung der Erdöl- und Erdgasreserven hätte sie ebenso kalt gelassen wie eine Erhöhung der Strompreise oder der Rückgang der Kernenergie. Eine Zunahme des CO_2-Pegels hätten sie wahrscheinlich begrüßt, denn die Katastrophen der Geschichte waren immer auf ein Absinken der Temperatur als Folge zu niedrigen CO_2-Pegels zurückzuführen. Für unvermeidlich hätten sie vielleicht das Versiegen der Erzvorkommen gehalten, denn die Menschheit erwartet z. B. schon seit über 2000 Jahren (der Bronzezeit) das Ende der Verfügbarkeit von Zinn als Bestandteil der Bronze.

Wir können nicht wissen, was zukünftige Generationen brauchen

Wir sind heute in der gleichen Situation wie unsere Vorfahren vor 200 Jahren. Wir haben keine Ahnung, was in 200 Jahren knapp sein wird: Rohstoffe, Energie, Platz, saubere Luft, sauberes Wasser, Nahrung, Arbeit oder Menschen – nichts davon, alles zusammen oder anderes. Sicher ist nur, dass die primitiven Reichweitenrechnungen irreführend sind. Weder kennen wir den vollständigen Umfang der Lagerstätten noch den „Verbrauch".

Die wirklich bewegende Frage ist die nach der Zahl der Menschen. Immer schon hat sich die Zahl der Menschen nach der verfügbaren Nahrung gerichtet. Nun erleben wir zum ersten Mal, dass die Zahl der Nachkommen trotz reichlich vorhandener Nahrung mit dem Wohlstand sinkt.

3.1 Wachstumsgesetze

Jedes Wachstum folgt einem ähnlichen Muster: Zunächst beginnt es langsam, wächst dann immer rascher, um schließlich wieder langsamer einen Endwert zu erreichen (Abb. 3-1). Solches Wachstum finden wir überall in der Natur: die Körperlänge eines Menschen von der befruchteten Eizelle, über den mit vier Wochen 5 mm großen Fötus, bei der Geburt 40 cm langen Kind bis zum erwachsenen Menschen (Abb. 3-2); bei Unternehmen, die zu-

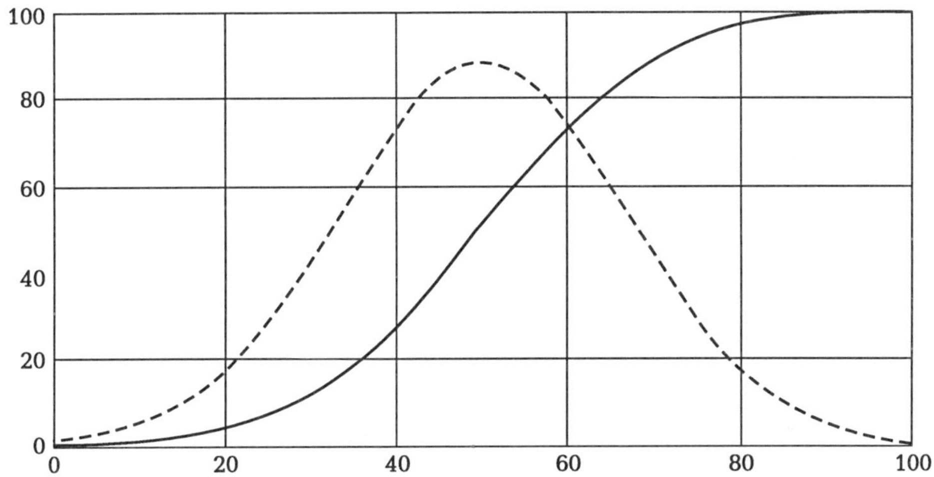

Abb. 3-1. Wachstum als S-Kurve. Gestrichelt ist die Wachstumsgeschwindigkeit eingezeichnet, eine Glockenkurve

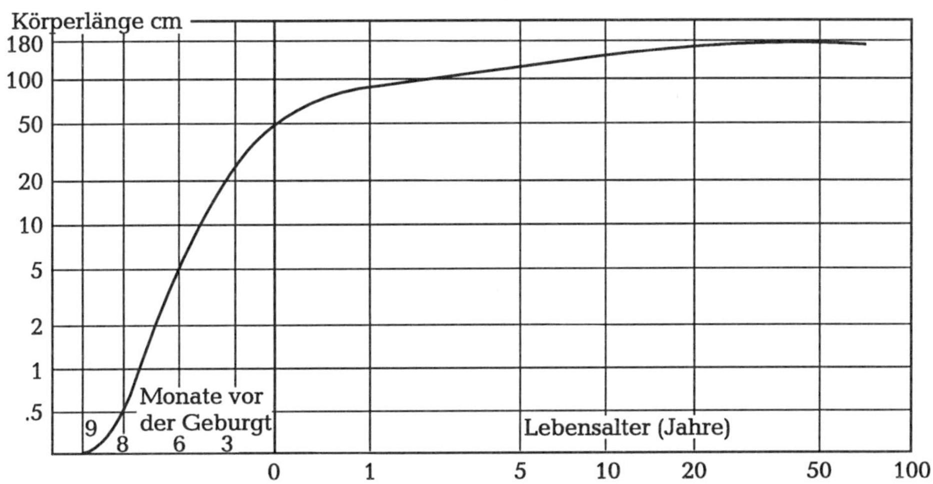

Abb. 3-2. Auch die Körperlänge eines Menschen folgt von seiner Zeugung an einer S-Kurve

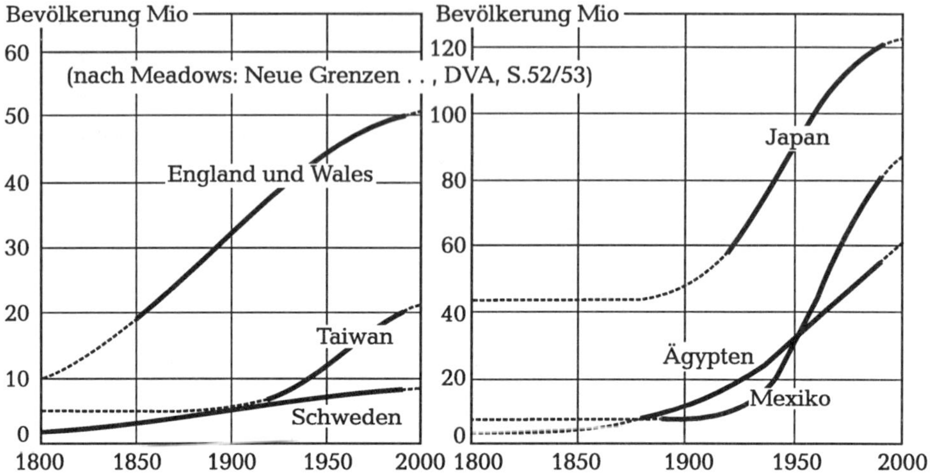

Abb. 3-3. Die Zunahme der Bevölkerungszahl mit der Zeit kann als Teil einer S-Kurve gesehen werden

nächst aus Kapitalmangel langsam wachsen, dann rasch und schließlich wieder langsamer wegen der Marktsättigung mit ihren Produkten; bei der Bevölkerungszahl (Abb. 3-3).

Formeln und Kurven zur Beschreibung von Wachstum

(Volterra) hat die „typische" Wachstumskurve in eine mathematische Formel gekleidet:

ds/dt = c s (s-smax)   Volterra'sche Wachstumskurve

Dabei bezeichnet s die in Frage stehende Größe, also z. B. die Bevölkerungszahl, den Umsatz eines Unternehmens, die Größe einer Pflanze. smax ist die maximal erreichbare Größe, ds/dt die Wachstumsgeschwindigkeit. Sie ist bei fortschreitender Zeit zunächst klein, weil s noch klein ist, sie erreicht bei s = smax/2 ihr Maximum mit c/4 und wird dann wieder kleiner, weil (s-smax) bei der Annäherung an den Maximalwert immer kleiner wird. Abb. 3-4 zeigt eine solche Wachstumskurve. Sie hat drei Parameter: smax, c und s zu einem beliebigen Zeitpunkt. Die Kurve kann nicht mit s = 0 starten, weil dann auch die Wachstumsgeschwindigkeit immer 0 bliebe.

Die Gauß'sche Glockenkurve $y = a\mathrm{EXP}(-b(x - c)^2)$ ist der Volterra'schen Wachstumskurve sehr ähnlich, wie Abb. 3-4 zeigt. Deshalb wird sie oft als Wachstumskurve verwendet. Auch sie hat drei Parameter, von denen a die größte Wachstumsgeschwindigkeit bezeichnet, c den Zeitpunkt zu dem das Maximum auftritt und b die „Breite der Glocke".

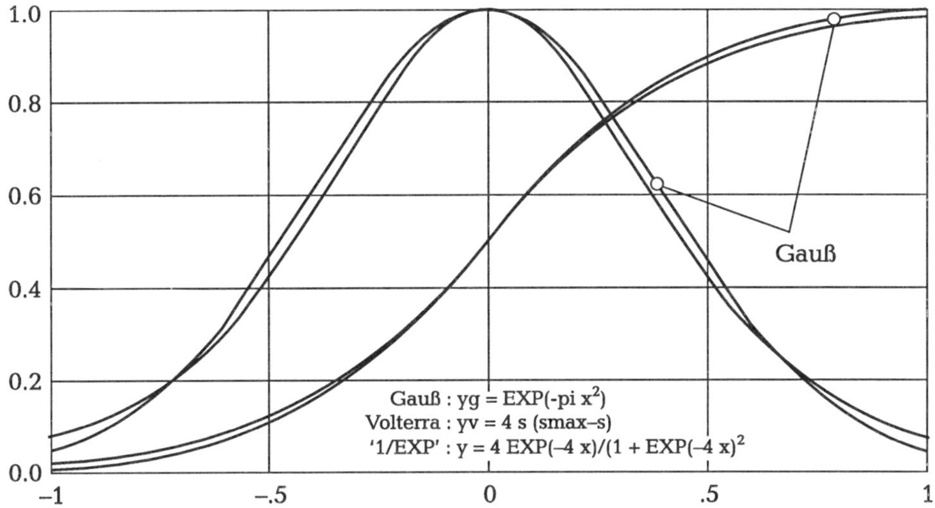

Abb. 3-4. Vergleich der Wachstumskurven nach den im Bild angegebenen Formeln. Die Gauß'sche Glockenkurve ist etwas „schärfer" als die beiden anderen, die auf Strichstärke zusammenliegen (yg ... Wachstumsgeschwindigkeit Gauß, yv ... Wachstumsgeschwindigkeit Volterra, s ... Wachstumsgröße Volterra, y ... Wachstumsgröße „1/EXP", x... Zeit)

Die Wachstumskurve y(t) selbst erhält man in beiden Fällen durch Integration über der Zeit. Weil man sowohl die Kurve Wachstumsgeschwindigkeit als auch die Wachstumsgröße selbst über der Zeit als Wachstumskurve bezeichnet, soll im Folgenden das eine als Glocken-(Wachstums-)Kurve und das andere als S-(Wachstums-)Kurve bezeichnet werden.

Die einfachste „S-Kurve" ist

$$s = a/(1 + EXP(-b.(x - c))) \qquad \text{„S-Kurve"}$$

Sie entspricht im Rahmen der Zeichengenauigkeit der Volterra-Wachstumskurve.

Die Volterra-S-Kurve „beginnt zu schwingen", wenn die Wachstumsgeschwindigkeit mit einer zeitlichen Verzögerung eingeht (Abb. 3-5). Zu einer solchen zeitlichen Verzögerung kommt es z. B. bei der Vermehrung der Lemminge oder Heuschrecken. Sie vermehren sich so stark, dass sie ihre Nahrungsbasis überfordern, durch Kahlfraß vernichten. Sie müssen sich dann auf Wanderschaft begeben, was bei Lemmingen oft in Gewässern oder bei Heuschrecken mit dem Ende des Vegetationszyklus endet. Pessimisten befürchten, dass auch die Menschen die Basis ihrer Ressourcen nachhaltig überfordern. Eines Tages könnten dann mehr Menschen da sein, als die Erde ernähren kann. In der Geschichte ist das immer wieder geschehen, wenn die Zahl der Menschen nahe der Grenze der Tragekapazität ihres Biotops war. Bei guten Ernten konnten die meisten gerade noch genug zu essen be-

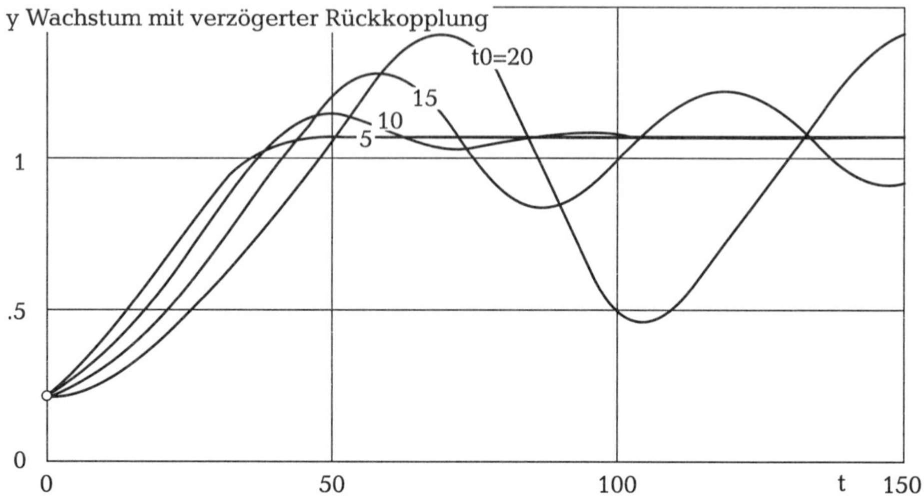

Abb. 3-5. Erfolgt bei der Volterra-S-Kurve die Rückkopplung mit dem Zeitverzug t_0, dann wird sie dynamisch instabil, wenn $t_0 > .13\ t_x$: $dy/dt = 4\ \{y(t-t_0)\ [1 - y(t-t_0)]\} / t_x$ (Im gezeichneten Fall ist tx = 40)

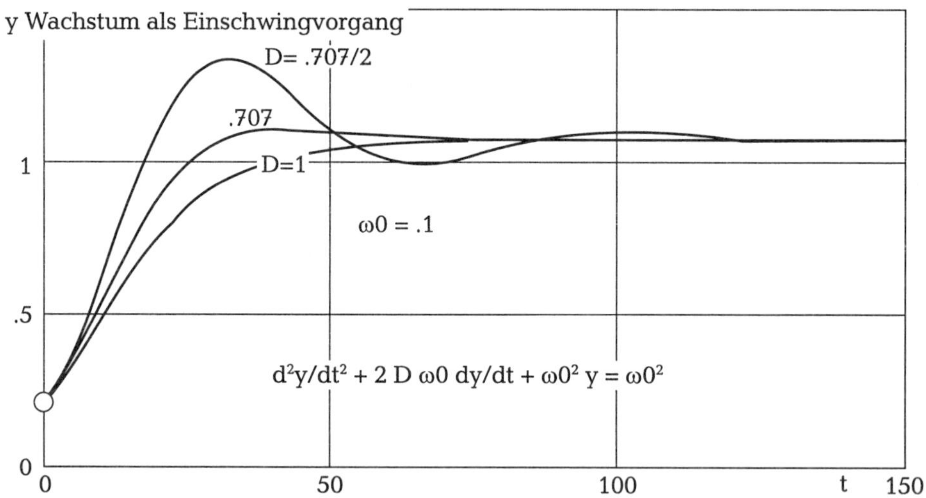

Abb. 3-6. Wachstum als Einschwingvorgang. Auch dieser Vorgang kann als zeitliche Verzögerung der Rückkopplung verstanden werden (D ... Dämpfungsmaß, ω ... Kreisfrequenz

kommen. Wenn es dann aber zu Missernten oder den biblischen sieben mageren Jahren kam, war die Hungersnot unvermeidlich. Noch in diesem Jahrhunderts kam es zu solchen Hungersnöten: in Irland infolge einer Kartoffelseuche, in Russland infolge der Revolutionswirren, in Mitteleuropa als Kriegsfolge 1918 und 1945, in Afrika südlich der Sahara wegen Dürre und Fehlorganisation, in China und Indien wegen Überschwemmungen usw. Einen absoluten Schutz vor kontinentalen oder globalen Missernten gibt es nicht. Tröstlich ist es, dass wir heute in einigem Abstand von der Grenze der Tragekapazität leben (in Kapitel 5 wird dieser Zusammenhang besprochen werden). Diese Epochen waren bisher in der Geschichte immer nur von kurzer Dauer. Nach der Erfindung des Ackerbaus mag es eine solche Epoche gegeben haben: Es hat aber wahrscheinlich nur wenige Generationen gedauert, bis die Nahrungsquellen bei guten Ernten voll genutzt wurden. Für die meisten Generationen war eine Missernte gleichbedeutend mit Hunger.

Die Annäherung an den Endwert eines Wachstumsprozesses kann man auch als Einschwingvorgang sehen, wie das in Abb. 3-6 dargestellt ist.

3.2 Bevölkerungswachstum

Die Bevölkerungszahl und ihre weitere Zunahme ist das eigentliche Wachstumsproblem. Die Vorläufer der biologischen Art Homo haben sich vor etwa 7 Millionen Jahren von ihrer nächstverwandten Art, den Schimpansen, getrennt. Der Australopithecus hat die Bäume verlassen, geht aufrecht. Die weitere Entwicklung führt vor 2 Millionen Jahren zur Art Mensch. Ihr Gehirnvolumen ist damals etwa halb so groß wie heute. Sie fertigt erstmals Werkzeuge an. Sie verbreitet sich über die Alte Welt. Vor 120.000 Jahren tritt eine grazilere Version auf, der moderne Mensch, der bessere Waffen erfindet (Pfeil und Bogen), die robusteren Formen überall verdrängt und vor 30.000 Jahren auch die Neue Welt besiedelt. Die Überlegenheit des „modernen" Menschen liegt in seiner intellektuellen Fähigkeit, die Widrigkeiten des Klimas, des Nahrungserwerbs und der konkurrierenden Arten zu überwinden. Wie jede andere biologische Art verdrängt er seine Konkurrenten.

Die Überlegenheit der biologischen Art Mensch steigert sich erst allmählich. Wie alle anderen Arten auch, lebt die Art Mensch an der Grenze der Tragekapazität des jeweiligen Biotops. Solange (bis vor 10.000 Jahren) die Wirtschaftsform wie bei allen anderen Arten nur Sammeln und Jagen ist, bleibt die Anzahl der Menschen auf wenige Millionen begrenzt. Erst mit der Erfindung von Ackerbau und Viehzucht erhöht sich die globale Tragfähigkeit auf das 10fache, mit der Erfindung des Pfluges und ertragreicherer Pflanzen auf das 100fache und mit der modernen mechanischen und chemischen Agrikulturindustrie auf das 1000fache (Mohr). So stieg die Zahl der Menschen in Schüben auf einige Milliarden, ohne dass bisher „unbesiedelbare" Festland- oder gar Meeresflächen intensiv genutzt werden.

In Abb. 3-3 wurde bereits die Zunahme der Bevölkerung als Teil einer Wachstumskurve gedeutet. Auch die Bevölkerungsentwicklung nach Abb. 1-3 ähnelt einer Glockenkurve. In Abb. 3-7 ist der Bevölkerungszuwachs durch

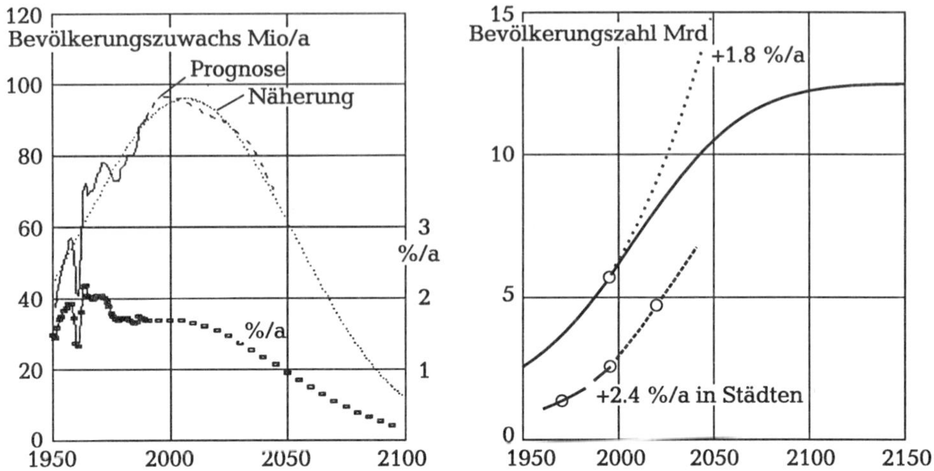

Abb. 3-7. Bevölkerungszuwachs (links) und Bevölkerungszahl sowie Prognose (gestrichelt) und Näherung durch eine Glockenkurve. Auf ihr beruht auch die Prognose zukünftigen Wachstums in Prozent pro Jahr (kleine Rechtecke). Rechts ist gepunktet der weitere Verlauf der Bevölkerungszahl angegeben, der bei einem bleibenden Wachstum von 1,8%/a sich einstellen würde. (Die Werte sind höher als die inzwischen tatsächlich eingetretenen.) In Städten wächst z. Zt. die Bevölkerungszahl mit 2,4%/a. Bevölkerungszahl nach UNO -Schätzung für 2025: je nach Geburten pro Frau: zwischen 7,7 Mrd. (bei 1,6 Kindern pro Frau) und 11,2 Mrd. (bei 2,5 Kindern), wahrscheinlich 9,4 Mrd. Danach könnte sich dann die Weltbevölkerung bei 11 Mrd. stabilisieren

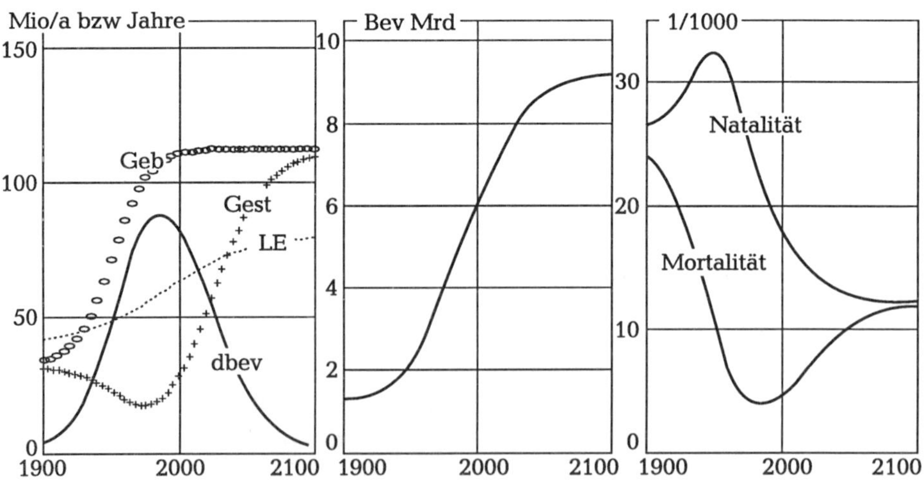

Abb. 3-8. Die Zahl der Geburten Geb und Todesfälle Gest rückt mit zunehmender Lebenserwartung LE horizontal weiter auseinander (links). Die Natalität und Mortalität (Geburten bzw. Todesfälle je Einwohnerzahl) durchlaufen dabei die rechts gezeichneten Werte

eine Glockenkurve genähert. Mit dieser mathematischen Interpretation kann dann einfach weiter gerechnet werden, wie in Abb. 3-8 gezeigt.

Untersucht man die Entwicklung der Bevölkerungszahl im Laufe der Geschichte, so stellt man fest, dass sie immer schubweise zugenommen hat (Abb. 3-9). Jede neue Erfindung hat die Grenze der Tragekapazität weiter hinausgeschoben, einen Schub in der Bevölkerungszahl ausgelöst. Brauchte die biologische Art Homo sapiens zunächst in der aneignenden Wirtschaftsform 500 ha pro Kopf Lebensraum (Mohr), so sank die notwendige Fläche nach der Erfindung von Ackerbau und Viehzucht auf einen Bruchteil. Dementsprechend konnten mehr Menschen Nahrung finden und sie haben sich entsprechend von 10 auf 500 Millionen vermehrt. Neuzeit und industrielle Revolution bewirken neue Schübe, die zu 10 Milliarden Menschen führen werden. Es bleibt völlig offen, ob es jemals noch einen neuen Schub geben wird und wie dieser aussehen wird: Entweder besteht ein solcher Schub aus der Nutzung zusätzlicher landwirtschaftlicher Flächen oder aus einem gesteigerten Ertrag an Nahrungsmitteln pro Fläche. Möglich oder zumindest denkbar ist die Besiedlung bisher „unbesiedelbarer" Festlandflächen, die Besiedelung des Meeres, anderer Himmelskörper, des Alls (in Raumschiffen). Auch könnte die mit kleinen Wirkungsgraden arbeitende Landwirtschaft erheblich intensiviert (Gentechnik, vollautomatisierte Landtechnik) oder durch technische Prozesse ersetzt werden. In den Niederlanden leben 3,82 Menschen auf einem ha – und die Niederlande exportieren Nahrungsmittel. Wenn das heute für besiedelbar gehaltene Drittel der Festlandfläche (5 Milliarden ha) so dicht besiedelt wäre, dann hätten 19 Milliarden Menschen Platz. Bei einer Besiedlungsdichte wie in Bangladesch (8,27 Menschen pro ha) über 40 Milliarden.

Die Menschheit nimmt stark und rasch in den meisten Entwicklungsländern zu und langsam oder gar nicht in den Industrienationen. In Afrika südlich der Sahara ist die Hälfte der Bevölkerung unter 15 Jahre alt. Kinder sind dort immer noch „der Reichtum der Armen" – aber sie essen einen großen Teil des BIP auf, wenn das BIP nicht schneller wächst als die Bevölkerungszahl.

Daraus folgen sozial und politisch untragbare Zustände (Jacobi): das Elend der meisten Entwicklungsländer erhält sich selbst, die Arm-Reich-Schere zwischen Entwicklungs- und Industrieländern weitet sich, die Landflucht nimmt zu (17 Megastädte mit mehr als 10 Mill. Einwohnern fördern Elend, Verbrechen, das Nebeneinander von Reichtum und Not).

Begrenzung der Bevölkerungszahl

Das Wachstum einer Population wird letztlich vom Nahrungsangebot begrenzt, von der Tragekapazität eines Gebiets, das geographisch, klimatisch und von konkurrierenden Arten begrenzt ist. Veränderungen ergeben sich durch Änderung eben dieser Begrenzung: Erschließt sich ein neues geeig-

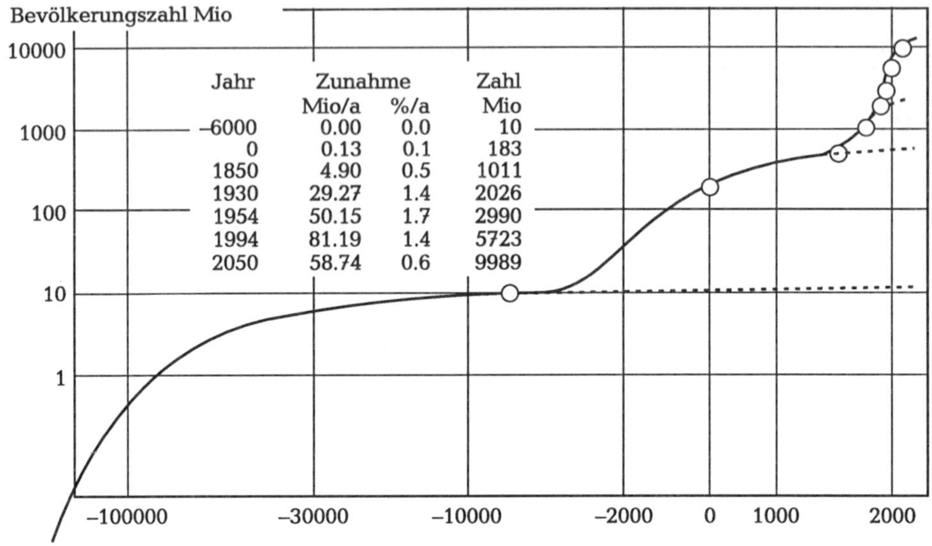

a)

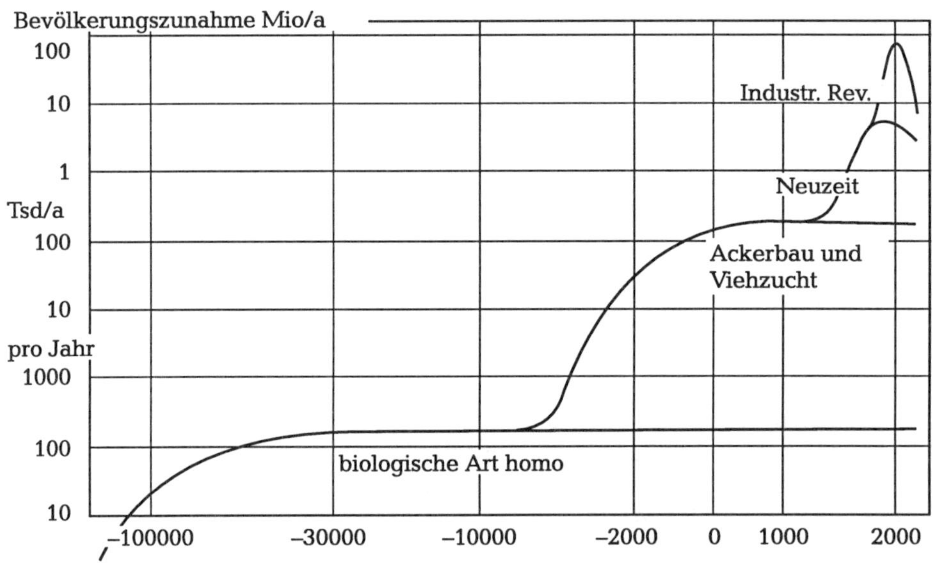

b)

Abb. 3-9. Bevölkerungszahl (oben) und -zunahme in der Geschichte über einen logarithmischen Zeitmaßstab ($x = -\log(3000 - t)$). Die S-Kurven sind im oberen Bild gut erkennbar, die Glockenkurven im unteren Bild infolge der logarithmischen Darstellung aber verzerrt

netes Gebiet, so beginnt eine Zunahme der Zahl der Population, bis die Tragekapazität des neuen Gebiets erreicht ist. Die Tragekapazität schließt alle Lebensumstände ein: Klima, Nahrungsangebot, Konkurrenten, Krankheitserreger. Als Beispiel kann die Besiedlung Australiens mit Schafen, Kaninchen oder Hunden dienen. Diese für den Kontinent neuen Arten haben ein neues Gebiet gefunden, das sie nach ihren Fähigkeiten bevölkern konnten. Dabei haben sie dort schon ansässige, unterlegene Arten verdrängt, z. B. das Känguru und den Beutelwolf. Bakterienkulturen in der Laborschale oder die Hefebakterien im Gärbottich vermehren sich, solange ein Nahrungsangebot verfügbar ist. Auch für Menschen begrenzt der Nahrungsmangel in vielen Ländern noch immer das Bevölkerungswachstum. Die Gefahr einer globalen Hungersnot wird immer wieder als Bedrohung empfunden. Malthus hat versucht, ihr eine mathematische Begründung zu geben. Heute wird das Bevölkerungswachstum nicht durch Nahrungsmittelmangel begrenzt.

Es gibt noch andere Grenzen des Wachstums. Tiere und Pflanzen versuchen Konkurrenten von ihren Ressourcen fern zu halten. Das gilt besonders für die Konkurrenten der eigenen Art, die ja die gleichen Bedürfnisse und Fähigkeiten haben. Lorenz hat gezeigt, wie verschiedene Arten eine Übervölkerung ihres Territoriums verhindern: Sie verhalten sich aggressiv gegen Mitglieder der eigenen Art, verwehren ihnen den Zutritt zum eigenen Territorium oder versuchen Artgenossen aus ihrem Territorium zu verdrängen. Dadurch ist genug Futter für die Mitglieder der eigenen Clans vorhanden. Artgenossen, die kein eigenes Territorium erobern oder halten können, ist die Fortpflanzung verwehrt. Die Bevölkerungszahl wird durch das Aggressionsverhalten begrenzt, bevor es zum Futtermangel kommt. (Stress in einem übervölkerten Territorium kann auf verschiedene Weise zur Unfruchtbarkeit führen. Ursache ist aber die innerartliche Aggression.) Wir haben die Aggression genetisch ererbt. Sie äußert sich in unserem Misstrauen allen Fremden gegenüber bis hin zum Fremdenhass. So wie die Liebe innerhalb des Clans die Aggression sublimiert (Lorenz), so wird sie außerhalb durch die Marktwirtschaft, die freundlich-rationale Begegnung mit dem Fremden, kompensiert.

Der Mensch verfügt über beide Verhaltensweisen: Im Wohlstand versucht er, eindringende Artgenossen draußen zu halten, in der Not fällt er auf das primitive Aneignen des zum Überleben Notwendigen zurück.

Für Menschen scheint es noch eine dritte Art der Begrenzung zu geben: Mit zunehmendem Wohlstand nimmt überall der Geburtenüberschuss ab (Abb. 1-6 und Abb. 2-7 in „Die Neuen Grenzen des Wachstums").

Alle Maßnahmen zur Begrenzung des Bevölkerungswachstums erweisen sich als wirkungslos, wenn nicht das verfügbare Einkommen vergrößert werden kann. Worauf diese Wachstumsbegrenzung letztlich beruht, ist umstritten. Engels meint, der Generationsvertrag mache die Altersvorsorge durch eigene Kinder für den Einzelnen überflüssig. Eigene Kinder seien sehr teuer. Es sei billiger, über den Generationsvertrag die Kinder anderer das eigene Alter absichern zu lassen. Andere meinen, der Wohlstand und die mit ihm einhergehenden Veränderungen machen eigene Kinder auch psychologisch entbehrlich oder zumindest unattraktiv.

Die genannten Mechanismen der Wachstumsbegrenzung sind hierarchisch geordnet: Fällt der Wohlstand aus, tritt die Aggression stärker hervor, werden die Ressourcen knapp, dann wirkt schließlich nur mehr der individuelle Kampf ums Überleben.

Das Bevölkerungswachstum hängt von der spezifischen Wirtschaftsleistung ab, dem Bruttoinlandsprodukt pro Kopf. Abb. 3-10 liefert den Zusammenhang. Weil das SBIP langfristig gesehen kontinuierlich steigt (Abb. 3-11), stellt sich auch hier eine Verteilung ein, die der Glockenkurve gleicht.

Die Zahl der Geburten pro 1000 Einwohner wird offenbar stark vom SBIP bestimmt (Abb. 1-6; Meadows, Abb. 2-7). Abweichungen ergeben sich z. B. für die Golfstaaten, Saudi-Arabien, auch China und die USA; Gründe dafür sind eine besondere wirtschaftliche Situation (Golf-Staaten) und die stark positive Wanderungsbilanz: In den USA wandern 0,3% p. a. der Bevölkerung zu, was gesetzlich begrenzt ist. In manchen Staaten können Veränderungen der Grenzen wie im Falle China/Hongkong als Bevölkerungswachstum registriert werden (was natürlich nicht mit dem SBIP zusammenhängt). Eine Komponente des nachhaltigen Bevölkerungswachstums ist die Lebenserwartung, die wiederum durch die Säuglingssterblichkeit beeinflusst wird, also auch den Lebensstandard (SBIP) der Bevölkerungsgruppe.

Die Begrenzung der Bevölkerungszunahme kommt nur dann zustande, wenn sich das SBIP fortlaufend erhöht. Andernfalls bliebe ja die hohe Be-

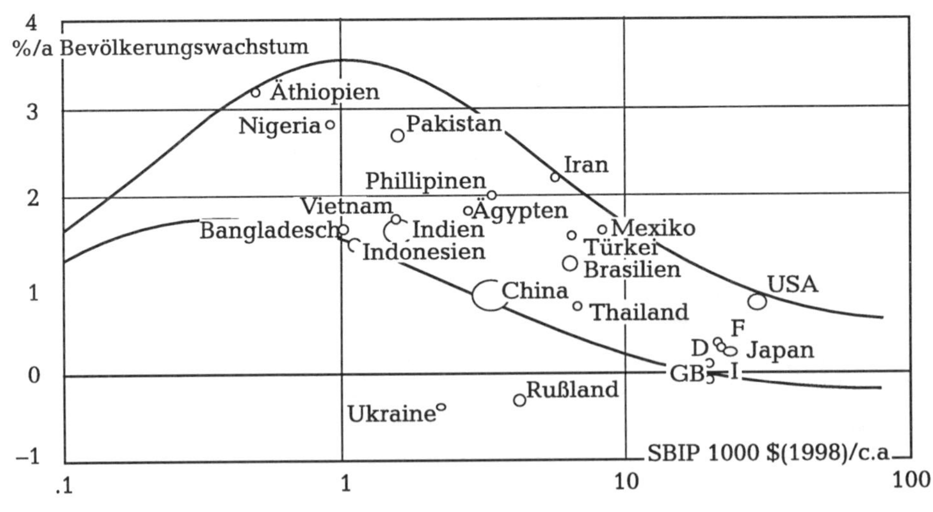

Abb. 3-10. Bevölkerungswachstum in Prozent pro Jahr über dem Bruttoinlandsprodukt pro Kopf und Jahr (SBIP) nach dem Spiegel-Almanach '99. Die Fläche der Ovale ist proportional der Bevölkerungszahl

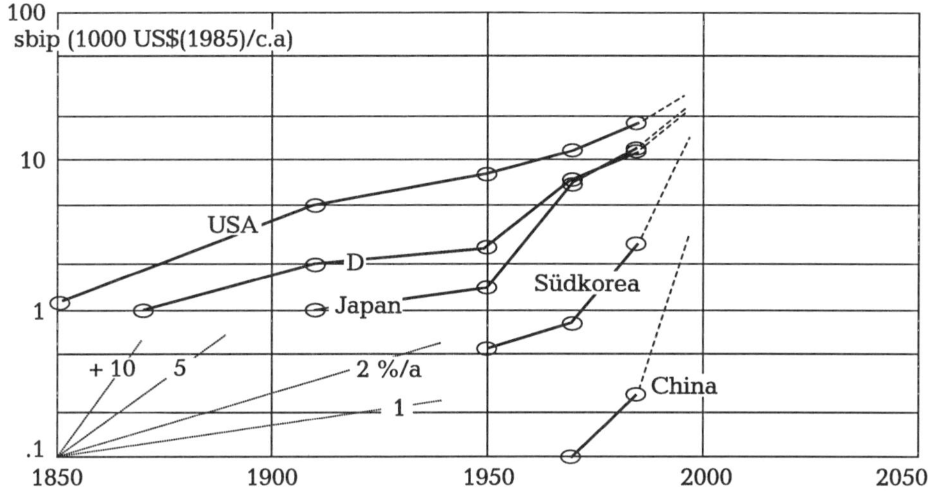

Abb. 3-11. Zunahme des Bruttoinlandsprodukt pro Kopf und Jahr (SBIP) über der Zeit nach Aubauer, H. P.: Zielkonflikte ..., Jahresbericht der Österreichischen CO_2-Kommission, 1993

völkerungszunahme derjenigen Bevölkerungsgruppen erhalten, deren SBIP zwischen etwa $ 700 und $ 10.000 (1993) liegt. Wir müssen alle Bevölkerungsgruppen über dieses Maximum der Bevölkerungszunahme „hinwegbringen". Durch dieses dafür notwendige Wachstum wird in den wenig entwickelten Bevölkerungsgruppen der Ressourcenverbrauch zunehmen.

3.3 Wirtschaftswachstum

Es ist „in", die Wirtschaft und ihr Wachstum zu schmähen. Dabei kümmert sich der größte Teil der Politiker und Unternehmer um nichts anderes als um die Zunahme der wirtschaftlichen Aktivitäten. Van Dieren liefert ein typisches Traktat, wie es zu dieser Diskrepanz kommt (S. 33–46): Thomas Hobbes habe schon vor mehr als 300 Jahren erklärt, dass die Knappheit durch das Verhältnis von begrenzten Mitteln und unbegrenzter Begierde entstünde und daher jeder Mensch der Feind des anderen sei (homo hominis lupus). John Locke hätte darauf die Flucht aus der Knappheit propagiert und damit die Natur zum Feind des Menschen gemacht. John Stuart Mill habe dann vor 150 Jahren festgestellt, dass „eine Steigerung von Wohlstand nicht endlos sein kann". Das industrielle Wissen müsse „seiner eigentlichen, legitimen Bestimmung zugeführt" werden, „nämlich Arbeit zu verkürzen, statt lediglich einer Vermehrung des Wohlstands zu dienen". John Maynard Keynes prognostizierte dann 1930, dass die Industriegesellschaft innerhalb von zwei Generationen (also bis 1996?) der Knappheit ein Ende setzen könne. Nach van Dieren's Meinung ist es „unmöglich, der Knappheit durch Wachstum und Expansion zu entgehen". Etwas wirr (vielleicht schlecht übersetzt?) heißt es da: „Wir sollten nicht zögern, unsere verdrängte Geschichte mit ihren Ängsten zu entblößen, die hinter den Verheißungen wirtschaftlichen Wachstums stehen. Erst dann werden wir in der Lage sein, die entscheidende Frage zu stellen: Wird wirtschaftliches Wachstum ... tatsächlich Knappheit in der ganzen Welt verbreiten, und zwar so erfolgreich, dass sich die Welt ihrem Ende zuneigt – und zwar nicht mit einem großen Knall, sondern unter Winseln, wie T. S. Eliot geschrieben hat."

Knappheit

Nähert man sich unvoreingenommen dem Problem „Knappheit", dann ist zunächst der zweifache Sinn auffällig: Knapp sind alle Mittel, weil sie nicht umsonst zu haben sind, weil sie etwas kosten. Wirklich knapp werden sie aber erst, wenn sie notwendig sind, man aber nicht weiß, ob und wie man sie beschaffen kann. Welche Knappheit meinen die Philosophen und Wirtschaftsgelehrten im Vorstehenden? Offenbar die Mittel (Rohstoffe, Energie), von denen man eines Tages nicht mehr wissen wird, wie man sie beschaffen kann. Die Natur versorgt uns aber mit allem, was wir notwendig brauchen, im Überfluss für alle überschaubare Zeit. Sie ist nicht unser Feind. Wir selbst sind ein Teil der Natur. (Niemand kann ernsthaft beklagen, dass alle Mittel unbegrenzt und ohne eigenes Zutun zur Verfügung stünden, dass die gebratenen Tauben nicht von allein in den Mund fliegen.)

Warum sollten wir nicht nutzen, was uns die Natur anbietet? Wir geben (fast) alles wieder zurück, nutzen Material und Energie im Kreislauf. Gewiss, wir verändern dabei das Gesicht der Erde, wie es das Leben von Anfang an getan hat. Wir verdrängen Konkurrenten so, wie diese ihrerseits Konkurrenten verdrängen. Wir sorgen uns aber außerdem um das Überleben anderer Arten, für ein schönes Bild der Welt, für Nachhaltigkeit. Nicht genug? Das mag sein. Jedenfalls um so mehr, je größer der Wohlstand ist. In der Not sichern wir zuerst unser Überleben in der Gegenwart, erst im Wohlstand denken wir an die anderen, an Nachhaltigkeit („primum vivere, deinde philosophare").

Thomas Hobbes, der sich selbst als Kind der Angst bezeichnet, entwirft ein Schreckensbild, in dem alle Beteiligten auf begrenzte Mittel angewiesen sind und um ihr Überleben kämpfen. Es ist das Bild eines Toren, der zu dumm oder träge ist, sich das zu beschaffen, was er zum Leben braucht. Die Wissenschaft versetzt uns in die Lage, nachhaltig alles im Überfluss zu beschaffen, was wir benötigen. Wir haben auch die Forderung nach Verkürzung der Arbeitszeit und Arbeitslast John Stuart Mills erfüllt. In keiner Generation vor der unseren war die soziale Sicherung so groß, auch nicht die Spendenbereitschaft für den „Nachbar in Not", in der Caritas, in Care.

Wovor sollten wir Angst haben? Vor den immer möglichen tektonischen und kosmischen Katastrophen, Erdbeben oder dem Einschlag von Asteroiden? Angst vor einer Umkehrung der Magnetpole der Erde – in vielleicht 2000 Jahren? (Der letzte Polsprung soll vor knapp 800.000 Jahren stattgefunden haben.) Das hätte in der Tat dramatische Folgen, wenn der Nord- zum Südpol wird, zum Beispiel auf das Wetter und die Temperatur der Erde.

Aber auch diesen Gefahren können wir entgegentreten, sie zumindest voraussagen, wenn sich Wirtschaft und Wissenschaft global weiterentwickeln. Wir können die Übervölkerung der Erde befürchten. Dieser Frage sind wir im vorigen Abschnitt nachgegangen, und wir werden nachfolgend den Zusammenhang mit dem Wirtschaftswachstum untersuchen.

Dies ist kein Plädoyer für die „schöne neue Welt". Es ist ein Plädoyer gegen die dumpfe Angst, die nicht hilft. Es ist kein Aufruf, die Erde zu verwüsten. Es ist ein Ausdruck der Hoffnung, dass es uns gelingen möge, eine lebenswerte Erde den zukünftigen Generationen zu hinterlassen. Es gibt keinen Grund, an dieser Hoffnung zu zweifeln. Sie zu verwirklichen wird allerdings mit Arbeit verbunden sein.

Die Wirtschaft wächst; kann und wird weiter wachsen

Abb. 3-11 zeigt die stetige Aufwärtsentwicklung des BIP pro Kopf und Jahr (SBIP) in flacheren oder steileren S-Kurven, Abb. 2-10 die Entwicklung des Weltsozialprodukts (BSP), das seit 1952 mit durchschnittlich 3,9% pro Jahr gestiegen ist. Da gibt es viel Auf und Ab, und insgesamt verlangsamt sich die Zunahme, besonders seit 1975. Einzelne Staaten leiden unter jahrelangem Stillstand der Wirtschaftsentwicklung (oft als Folge eines gewaltsamen Konflikts), ohne dass jemand ernst zu Nehmender meinen würde, dass das gut für den Fortgang der Geschichte dieser Staaten wäre.

Abb. 3-11 zeigt, dass das SBIP besonders rasch wächst, wenn es 1000 bis 10.000 $ (1985) beträgt. Auch die wirtschaftliche Entwicklung folgt einer Wachstumskurve. Wenn das SBIP zu wachsen beginnt, dann wächst es zunächst immer schneller, um schließlich wieder auszuklingen. Der Prozess verläuft bei den verschiedenen Staaten offenbar immer schneller. Ob das so weiter geht oder ob die maximale Wachstumsgeschwindigkeit wieder kleiner wird, ist noch nicht auszumachen. Auch kann (noch) keine obere Grenze für das SBIP genannt werden. In Luxemburg war es 1997 mit US$ (1997) 30.140 am höchsten.

Man kann auch in Zweifel ziehen, ob das Bruttoinlandsprodukt der richtige Maßstab für die Wirtschaftsleistung ist. Andere Vorschläge, wie sie z. B. von van Dieren vorgestellt werden, haben wieder andere Schwächen. (Vgl. Kapitel 2 und Anhang I.)

Tabelle 3-1. Näherungsweise Bevölkerungszahl, absolute und Prozent-Zunahme zwischen dem Jahr –5000 und 2060

Jahr	Zunahme Mio/a	Gesamtzahl Mio
–4000	0	11
–2000	0	30
0	117	164
1000	156	304
1600	591	430
1700	1590	543
1800	3358	803
1900	12.101	1465
1920	20.689	1879
1940	34.073	2560
1960	50.787	3576
1980	66.430	4905
2000	75.215	6409
2020	73.324	7875
2040	61.507	9105
2060	44.558	9997
2080	28.171	10.560
2100	15.926	10.879

Tabelle 3-2. Erwartete Bevölkerung der Erdteile 1996 und 2050 (statist Jb A'97)

	1996		2050		Veränderung	
	Mio.	%	Mio	%	%	%/a
Europa	727	12,6	637	6,8	–12,4	–0,244
Asien	3490	60,5	5442	58,1	56,0	0,826
Amerika	784	13,6	1190	12,7	51,6	0,774
Afrika	738	12,8	2042	21,8	176,6	1,902
Ozeanien	29	0,5	47	0,5	62,4	0,902
Summe	5768	100,0	9367	100,0	62,4	0,902

4 Die Wirtschaftsleistung bestimmt die Lebensqualität

Wirtschaftsleistung und andere menschliche Aktivitäten hängen eng zusammen. Die Wirtschaftsleistung messen wir als Bruttoinlandsprodukt (BIP) des betreffenden Landes, unbeschadet der Kritik, die sich darauf richtet, dass das BIP nichts über Wohlbefinden oder Glück aussagt. Das wird hier auch nicht behauptet. Andererseits ist das SBIP unbestreitbar eine wichtige Kennzahl: Nur wenige werden gerne auf ein höheres BIP pro Kopf (ein SBIP) verzichten. Nimmt das BIP eines Landes nicht jedes Jahr deutlich zu, dann spricht man rasch von einer Wirtschaftsflaute. (Wenn an zwei aufeinanderfolgenden Quartalen negative Wachstumsraten gemessen werden, spricht man von Rezession.) Der Wunsch nach einem hohen SBIP wird gerne als unmoralisch abgetan, obwohl ihm alle anhängen. Besonders diejenigen, die ihr Einkommen als vom BIP unabhängig betrachten, erklären sich für abstinent. Diese Abstinenz würde allerdings rasch schwinden, wenn man die Einkommen der im öffentlichen Dienst Stehenden an das BIP koppeln würde, wie das durchaus sinnvoll ist. Nur dadurch kann die notwendige Rückkopplung auf alle Staatsbürger erreicht werden. Der Lehrer, der heute seine Schüler von den möglichen negativen Auswirkungen des Wirtschaftswachstums warnt, muss vor Augen haben, dass sich die Entwicklung der Wirtschaft auf die Höhe seiner Pension auswirken wird. Dann hätten auch die für das zukünftige BIP zu einem gewissen Teil Verantwortlichen ein direktes Interesse an der wirtschaftlichen Prosperität des Gemeinwesens.

4.1 Bevölkerungswachstum

In der Tabelle 4-1 sind diesbezügliche Zahlen für 105 Länder angegeben (5,7 von 5,9 Mrd. Menschen), die in ihrer Vielfalt unübersichtlich sind. Klarer wird der Zusammenhang durch eine grafische Darstellung (Abb. 4-1). Als Abszisse ist der Logarithmus des SBIP (= BIP [KKP] pro Kopf) gewählt, weil sich dadurch eine gleichmäßigere Verteilung ergibt. Auch wird die Veränderung des SBIP meist in Prozent pro Jahr angegeben, was einem Skalenabschnitt konstanter Größe entspricht. Die Zunahme der Bevölkerungszahl

Tabelle 4-1. Daten aus Spiegel Almanach 1998

	1	2	3	4	5	6	7	8	9	10	11
Afghan.	22	34	5,3	6,9	–	–	69	800	8	10	–
Ägypten	64	65	1,9	3,4	66	53	49	2853	11	34	30
Albanien	3	125	0,6	2,6	72	37	–	786	12	65	31
Algerien	29	12	2,3	3,8	70	32	39	5442	30	10	53
Angola	12	9	3,3	6,7	47	124	58	2004	50	47	21
Argent.	36	13	1,3	2,6	73	22	4	9652	16	8	154
Aserbeid.	8	89	0,8	2,3	70	20	0	1515	1	14	48
Äthiopien	60	53	3,2	7,0	50	109	65	504	–	14	1
Australien	18	2	1,1	1,9	78	6	–	21.104	9	–59	604
Bangladesch	122	829	1,6	3,1	58	77	62	1010	36	10	1
B	10	333	0,3	1,6	77	7	–	22.782	9	75	469
Beloruß.	10	50	–0,1	1,4	69	13	0	4393	4	7	101
Benin	6	51	2,8	5,8	55	87	63	1254	2	51	8
Bolivien	8	7	2,3	4,4	61	67	17	2913	4	109	48
Brasil.	163	19	1,2	2,2	67	36	17	6491	5	3	79
Bulgar.	8	76	0,5	1,5	71	16	–	4455	13	20	234
Burk. F.	11	40	2,8	6,6	46	98	81	954	1	38	5
Chile	15	19	1,4	2,4	75	12	5	12.013	6	14	110
China R	22	603	0,8	–	75	7	–	13.233	3	1	–
China	1250	131	0,9	1,8	70	33	19	3364	–	2	8
DK	5	122	0,2	1,8	76	6	–	23.496	6	–310	390
D	82	230	0,3	1,3	77	5	–	22.073	10	–72	538
Dom. Rep.	8	167	1,6	2,8	71	40	18	4527	17	13	47
Ecuador	12	44	2,0	3,1	70	34	10	5099	9	22	46
Elfb. k.	14	44	2,0	5,1	54	84	60	1724	–	68	32
Finnl.	5	15	0,3	1,8	77	4	–	20.071	14	–74	431
F	58	108	0,3	1,6	78	5	–	21.335	12	–109	521
Ghana	18	77	2,8	5,3	59	71	35	1831	–	36	8
GR	10	80	0,3	1,4	78	8	3	11.424	10	–18	312
GB	59	243	0,0	1,7	77	6	–	19.600	7	–57	399
Guatem.	11	103	2,8	4,9	67	41	44	3877	–	19	18
Guinea	8	31	1,4	6,6	47	122	64	1788	–	39	5
Haiti	7	267	1,9	4,6	56	72	55	1135	70	51	7
Hondur.	6	53	2,8	4,3	67	44	27	2133	–	61	33
Indien	960	292	1,6	3,1	63	65	48	1606	–	2	7
Indones.	203	107	1,5	2,6	65	49	16	1110	7	6	22
Irak	21	48	2,8	5,3	62	101	42	596	–	18	14
Iran	72	43	2,2	4,8	70	36	32	5720	–	2	38
Israel	6	263	1,9	2,8	77	6	–	18.520	8	383	263

Tabelle 4-1 (Fortsetzung)

	1	2	3	4	5	6	7	8	9	10	11
I	57	191	0,0	1,2	78	6	2	20.577	12	–21	674
J	126	333	0,2	1,5	80	4	–	23.759	3	–74	552
Jemen	16	30	3,7	7,6	54	98	–	899	40	16	34
Jordan.	6	65	3,3	5,1	71	30	14	3649	13	89	68
Y	11	106	0,5	1,8	73	14	2	1583	26	6	230
Kambod.	11	58	2,2	4,5	54	105	–	300	–	43	6
Kamer.	14	29	2,7	5,3	57	54	36	1900	–	30	12
CND	29	3	0,9	1,6	79	6	–	22.484	9	–74	559
Kasach.	17	6	0,1	2,3	65	25	0	3243	4	7	80
Kenia	28	49	2,2	4,8	59	57	22	1162	35	21	13
Kolumb.	40	35	1,7	2,7	70	25	9	2120	12	6	38
Kongo	48	21	2,6	6.2	53	90	23	902	–	3	31
N-Kor.	24	190	1,6	2,1	63	56	2	916	–	2	–
S-Kor.	46	460	0,9	1,6	73	9	2	14.564	10	–3	195
Kuba	11	100	0,4	1,5	76	8	4	1275	7	6	5
LUX	0	162	1,1	1,8	–	–	–	33.756	4	–208	–
Lybien	6	3	3,3	5,9	68	25	25	5965	–	2	138
Madag.	16	27	3,1	5,7	59	88	–	270	–	23	6
Malawi	10	85	2,5	6,7	43	133	43	705	–	50	6
Mali	11	9	3,0	6,6	50	120	69	727	–	44	4
Marok.	28	60	1,8	3,1	66	53	56	3433	–	24	50
Mex	94	48	1,6	2,8	72	32	10	8306	4	3	140
Mosam.	18	23	2,5	6,1	45	123	60	556	–	51	1
Myanm.	47	69	1,8	3,3	60	80	17	1100	–	1	2
Nepal	23	154	2,5	4,9	57	85	73	1074	–	18	–
NL	16	382	0,5	1,5	78	5	–	21.904	5	–189	400
Niger	10	8	3,3	7,1	47	118	87	934	–	26	6
Nigeria	118	128	2,8	6,0	53	78	43	894	–	2	12
A	8	96	0,6	1,4	77	5	–	22.255	4	–66	495
Parag.	5	13	2,6	4,2	71	24	8	3520	7	19	24
Pakist.	144	181	2,7	5,0	64	88	63	1605	–	6	7
Peru	24	19	1,7	3,0	69	42	11	4523	–	17	121
Philip.	71	236	2,0	3,6	66	37	5	3416	10	12	13
PL	39	124	0,1	1,6	73	12	0	6016	11	21	248
P	10	108	–0,1	1,5	76	7	10	13.788	7	–25	370
Ruanda	6	223	7,8	6,0	41	129	39	636	–	115	4
Rumän.	23	95	–0,2	1,4	69	22	2	4632	6	10	124
Rußland	147	9	–0,3	1,4	67	17	0	4269	11	8	158
Samb.	8	11	2,5	5,5	45	112	22	884	–	72	26

Tabelle 4-1 (Fortsetzung)

	1	2	3	4	5	6	7	8	9	10	11
S.-Arab.	19	9	3,4	5,9	70	22	39	9908	–	31	26
S	9	20	0,3	1,8	79	4	–	19.831	10	–189	450
CH	7	172	0,7	1,5	78	5	–	25.929	4	–118	501
Seneg.	9	45	2,7	5,6	51	60	67	1693	–	66	14
Simbab.	12	30	2,1	4,7	56	56	15	2298	–	32	32
Slovak.	5	110	0,1	1,5	73	11	–	7478	12	26	217
Slowen.	2	95	–0,1	1,3	75	5	–	12.010	14	43	387
Somal.	10	16	3,9	7,0	–	–	–	500	–	9	–
ES	39	78	0,1	1,2	77	5	2	15.722	21	–31	455
SriLan.	18	279	1,0	2,1	73	15	10	2324	–	27	14
S.afr.	43	36	2,2	3,8	65	49	18	7623	5	8	134
Sudan	28	11	2,2	4,6	55	74	54	953	–	8	12
Syrien	15	81	2,5	4,0	69	311	29	3139	–	15	28
Tadsch.	6	42	1,9	3,9	69	32	35	400	3	19	1
Tans.	32	33	2,3	5,5	51	86	32	650	–	28	5
Thail.	59	115	0,8	1,7	70	34	6	6873	2	14	106
Tschad	7	5	2,8	5,5	49	115	52	910	–	46	4
CZ	10	130	–0,1	1,4	74	6	–	11.006	4	12	349
Tunes.	9	57	1,8	2,9	70	30	33	4811	–	14	64
Türkei	63	81	1,5	2,5	69	42	18	6521	6	4	70
Uganda	21	86	2,6	7,1	43	99	38	1038	–	33	4
Ukrain.	51	85	–0,4	1,4	68	14	–	2259	1	8	92
Ungarn	10	107	–0,6	1,4	70	11	1	6952	9	19	273
Usbek.	24	53	1,9	3,5	69	24	0	2582	0	4	–
Venez.	23	25	2,0	3,0	73	22	9	8321	9	2	88
USA	268	27	0,8	2,0	77	7	–	29.180	5	–23	767
Vietn.	77	231	1,8	3,0	68	40	4	1570	–	12	–

Angabe in Spalte

1	Bevölkerung	Mio
2	Bevölkerungsdichte	Ew/km²
3	Bevölkerungswachstum	%/a
4	Fruchtbarkeit	Geburten pro Frau
5	Lebenserwartung	Jahre
6	Säuglingssterblichkeit	pro 1000 Geburten
7	Analphabeten	%
8	SBIP (KKP)	US$ (1997(98) pro Kopf und Jahr)
9	Arbeitslosigkeit	%
10	empfangene Entwicklungshilfe pro Kopf	US$ (1997/98)
11	Motorisierung	Kfz pro 1000 Ew

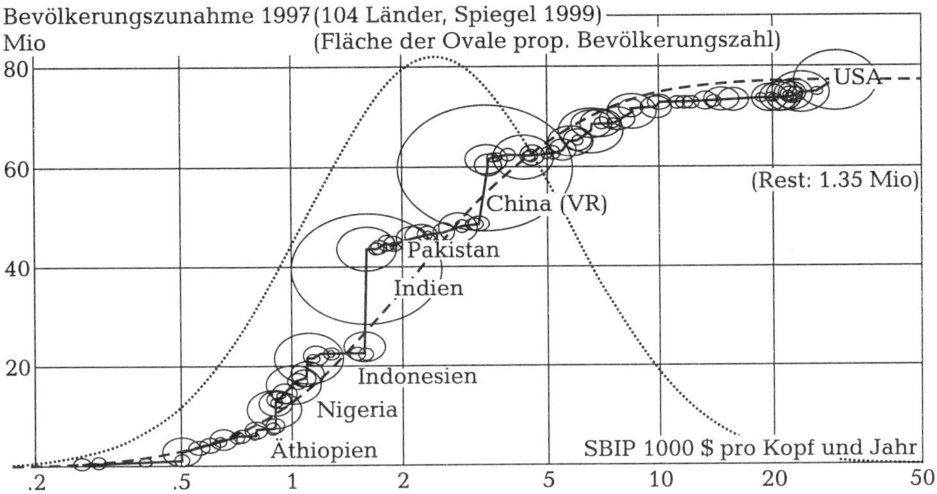

Abb. 4-1. Bevölkerungszunahme im Jahre 1997 in 104 Ländern um insgesamt 78 Millionen abhängig vom kaufkraftbewerteten Bruttoinlandsprodukt (BIP [KKP] pro Kopf). Gestrichelt ist die Ausgleichskurve, gepunktet die Wachstumsgeschwindigkeit mit dem SBIP eingetragen

verläuft eindeutig nach einer S-Kurve, wie sie gestrichelt eingezeichnet ist. Die Abweichung der einzelnen Werte von dieser S-Kurve hat neben Zufälligkeiten und Ungenauigkeiten zwei Gründe: Die in einer einzigen Zahl gegebenen Werte verteilen sich in Wirklichkeit auf Personengruppen unterschiedlichen SBIP's und unterschiedlicher Zunahme; oder ein bestimmter Wert ist untypisch auf Grund bestimmter Verhältnisse: z. B. die Bevölkerungszunahme der USA (0,79% pro Jahr, davon 0,3% pro Jahr Zuwanderung). Nach der S-Kurve stammen 50% des Bevölkerungszuwachses aus dem SBIP-Bereich zwischen 1450 und 4160 $ pro Kopf, 90% zwischen 600 und 10.000 $ pro Kopf und Jahr. Die gepunktet eingezeichnete Glockenkurve gibt die Steigung der S-Kurve wieder. Sie hat ihr Maximum bei 2450 $ pro Kopf und Jahr.

Die Fläche der Ovale in Abb. 4-1 ist proportional der Bevölkerungszahl der betreffenden Landes. Die sehr großen Länder sind angegeben: China, Indien, die USA, Indonesien. Das SBIP der Europäischen Länder liegt über 10.000 $ pro Kopf. Auch Japan, Australien, Chile und Israel liegen in diesem Bereich, in dem die Bevölkerung nur wenig zugenommen hat. Eine Identifizierung einzelner Länder ist mit Hilfe der Tabelle 4-1 möglich.

Eine direkte Zuordnung des Bevölkerungswachstums zum SBIP ist wegen der dabei stärker hervortretenden Streuung schwieriger (Abb. 4-2).

Zur weiteren Vereinfachung und Verbesserung der Übersichtlichkeit wird eine Datenreduzierung und Zusammenfassung (Tabelle 4-2) vorgenommen: Es sind nur Länder mit mehr als 50 Millionen Einwohnern berücksichtigt bzw. die EU ist als ein „Land" der anderen 18 Länder mit über 50 Millionen

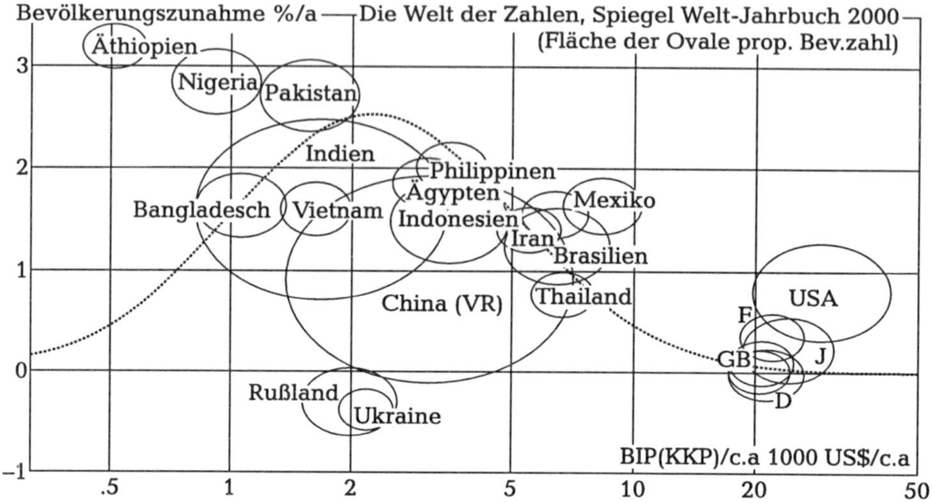

Abb. 4-2. Bevölkerungswachstum 1997 in Prozent mit einer Ausgleichskurve, deren Begründung aus Abb. 4-1 weit besser abzulesen ist

Tabelle 4-2. Bevölkerung und BIP pro Kopf der EU und Ländern mehr als 50 Millionen Einwohner nach SBIP (KKP) geordnet (Spiegel Almanach 1999)

Land	Bevölkerung Mio	Bevölkerung %/a	Lebenserw. Jahre	BIP pro Kopf US $/c.a. (Kurs)	BIP pro Kopf US $/c.a. (KKP)
Äthiopien	62,1	3,2	50,0	97	510
Nigeria	122,0	2,8	52,5	327	920
Bangladesch	124,0	1,6	58,0	256	1050
Pakistan	148,0	2,7	64,0	417	1560
Vietnam	76,8	1,6	67,5	324	1630
Indien	976,0	1,6	62,5	391	1670
Rußland	146,0	–0,3	65,0	1986	1984
Ukraine	51,2	–0,4	69,0	970	2190
Ägypten	65,7	1,9	66,0	1259	3050
China (VR)	1261,0	0,9	70,0	715	3130
Philippinen	72,0	2,0	68,5	1141	3520
Iran	61,0	1,4	69,5	1492	5500
Türkei	64,0	1,5	69,5	3105	6350
Brasilien	165,0	1,2	67,0	4972	6480
Thailand	59,6	0,8	69,0	2582	6690
Mexiko	96,0	1,6	73,0	4347	8370
EU	373,0	0,1	77,7	22.440	20.193
Japan	126,0	0,2	80,0	29.978	24.070
USA	274,0	0,8	76,5	31.062	29.010

Einwohner definiert. Aus dieser Tabelle wird auch deutlich, wie sich Bevölkerungswachstum und Lebenserwartung mit dem SBIP verändern: Das Bevölkerungswachstum sinkt mit zunehmendem SBIP von über 3 auf unter 1% pro Jahr, die Lebenserwartung steigt von 50 auf 80 Jahre.

Auch nach dieser Datenreduktion bleibt die S-förmige Bevölkerungszunahme (Abb. 4-3) bzw. die Glockenkurve für das Wachstum (Abb. 4-4) er-

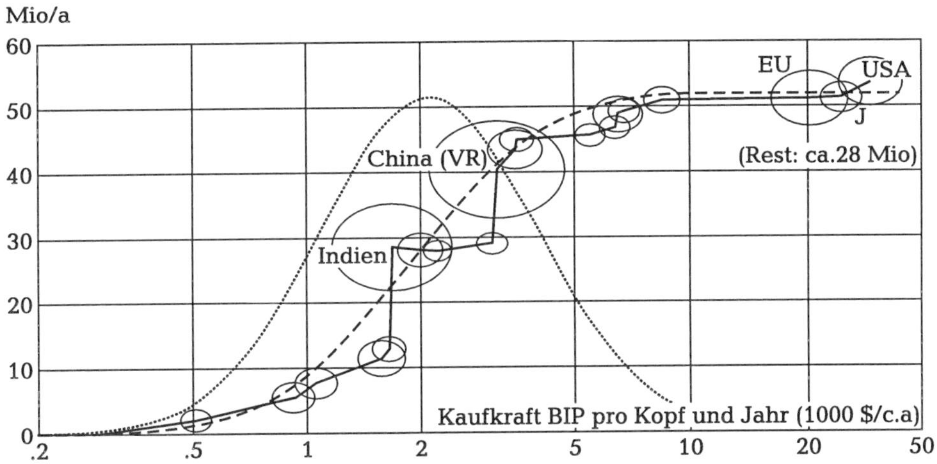

Abb. 4-3. Bevölkerungszunahme 1998 in 18 Ländern + EU. Die Fläche der Ovale ist der Bevölkerungszahl des betreffenden Landes proportional. Die Namen der Länder überdecken sich teilweise, erleichtern aber trotzdem die Zuordnung. Eine genaue zuordnung ist unter Zuhilfenahme von Tabelle 4-5 möglich

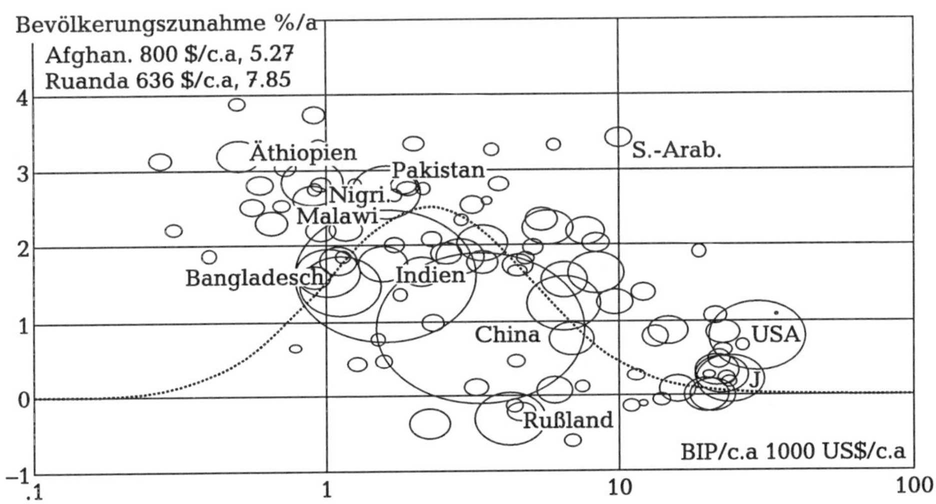

Abb. 4-4. Bevölkerungswachstum der Länder mit mehr als 50 Millionen Einwohner in Prozent pro Jahr

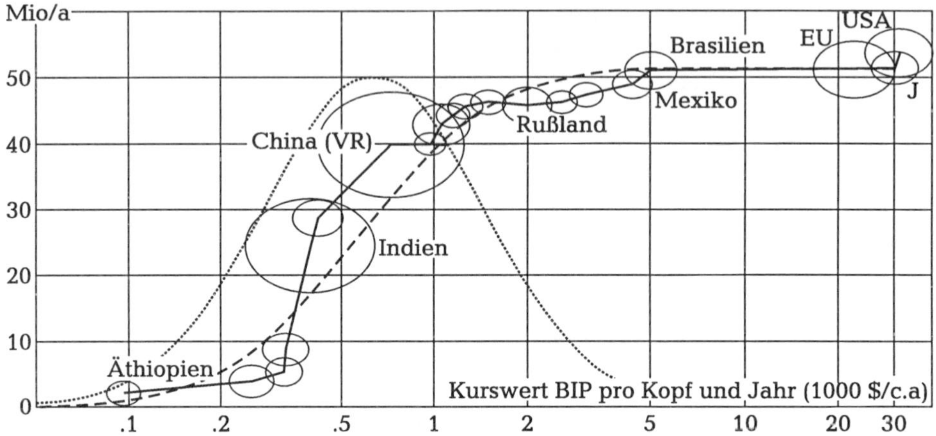

Abb. 4-5. Bevölkerungszunahme der Länder mit mehr als 50 Millionen Einwohner abhängig vom BIP, berechnet nach Wechselkursen

halten. (Die Namen der Länder sind z. T. überschrieben, erleichtern aber trotzdem die Zuordnung.) Die globale Bevölkerungszunahme erfolgt hauptsächlich im Bereich von 1000 bis 5000 $ pro Kopf und Jahr. (Ein ähnliches Bild ergibt sich, wenn die globale Bevölkerungszunahme über dem nach Kurswerten gerechneten BIP pro Kopf aufgetragen wird [Abb. 4-5]. Die stärkste Zunahme liegt nun im Bereich von 600 $ pro Kopf und Jahr. Der S-förmige Charakter ist aber ebenso deutlich.)

4.2 Wirtschaftswachstum

Ähnlich wie die Zunahme der Bevölkerung ist auch die Zunahme der Wirtschaftsleistung von der Wirtschaftsleistung pro Kopf abhängig (Abb. 4-6 und 4-7). Die Werte streuen allerdings stärker, was nur die Summenkurve Abb. 4-6 einigermaßen ausgleichen kann. Dort zeigt sich der eindeutige Zusammenhang der Veränderung des SBIP vom SBIP selbst: 80% der Zunahme liegen zwischen 1000 und 10.000 $ pro Kopf und Jahr, bei 3000 ist sie am größten. Für einige Länder sind keine Angaben zum Wirtschaftswachstum verfügbar. Die Angabe eines verlässlichen Durchschnittswerts für 1997/98 und erst recht für die Zukunft ist jedenfalls viel schwieriger als für das Bevölkerungswachstum. Ein S-förmiger Zusammenhang darf aber mit einiger Wahrscheinlichkeit auch für die Zukunft angenommen werden: Die Bevölkerungsgruppen mit einem SBIP zwischen 1000 und 10.000 $ pro Kopf und Jahr haben ein höheres Wirtschaftswachstum als die „reichen" und die „armen".

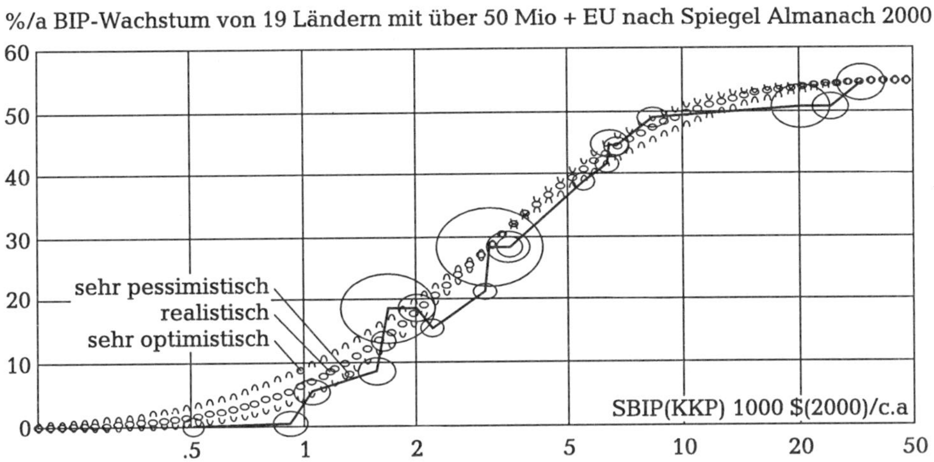

Abb. 4-6. Summe der Zunahme des BIP pro Kopf in Prozent pro Jahr abhängig vom BIP pro Kopf, berechnet nach Kaufkraft

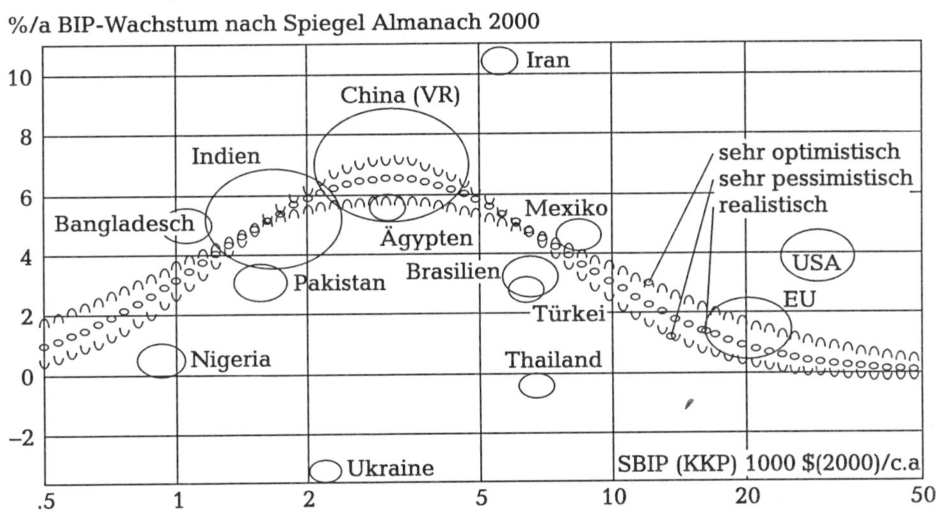

Abb. 4-7. BIP-Wachstum in Prozent pro Jahr. Es sind drei Ausgleichskurven eingezeichnet, mit deren Hilfe in Kapitel 5 die zukünftige Entwicklung berechnet wird

In der Vergangenheit hat das SBIP fortwährend zugenommen (Abb. 4-8 bis 4-10). Auch aus diesen Bildern lässt sich ein typischer Zusammenhang der Zunahme der Wirtschaftsleistung mit sich selbst ablesen: Mit steigendem SBIP (also steigender Wirtschaftsleistung pro Kopf) nimmt das SBIP zunächst nur langsam, dann rascher und dann wieder langsamer zu. Aus der stetigen Zunahme in Prozent pro Jahr folgt zunächst ein immer größer werdender Abstand zwischen den ärmsten und reichsten Bevölkerungsgruppen.

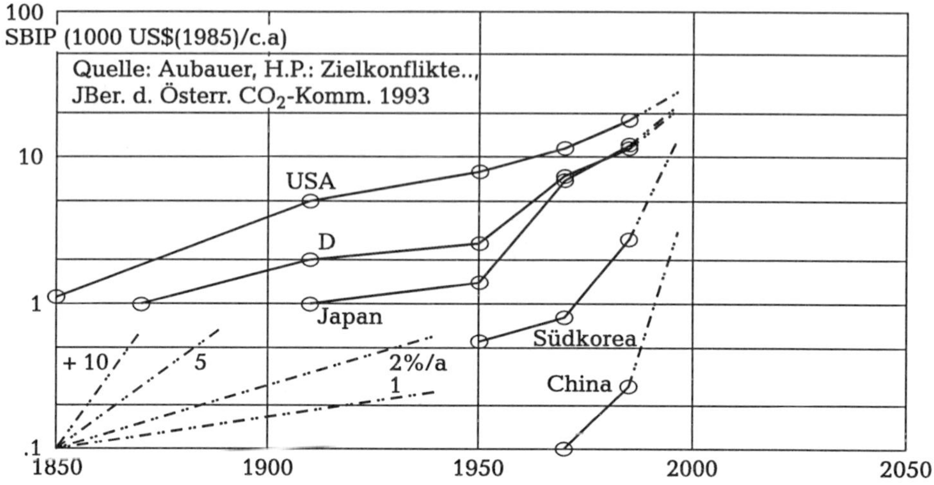

Abb. 4-8. Entwicklung des BIP pro Kopf über die Zeit

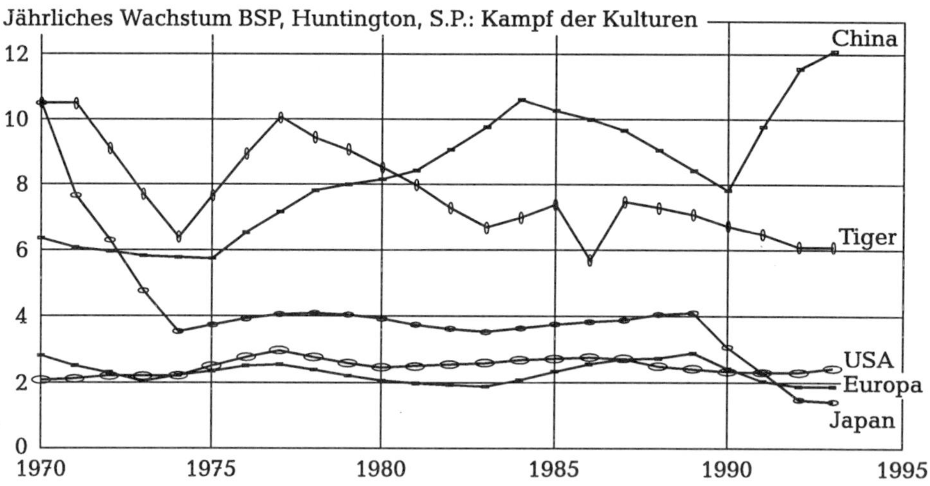

Abb. 4-9. Jährliche Zunahme des Bruttosozialprodukts für einige Länder und die als „kleine Tiger" bezeichneten Länder Südostasiens

Für die Zukunft liefert eine Studie der IIASA von 1995 ein eingehendes, vielleicht zu optimistisches Bild (Tabelle 4-3 u. 4 und Abb. 4-11 bis 4-13). Die Welt wird dabei in elf Regionen eingeteilt, für die unterschiedliche Wachstumsraten genannt werden. Zwischen den Jahren 1990 und 2050 ergeben sich Wachstumsfaktoren, die von weniger als 3 (für die Pacific OECD) bis über 90 (Central Planned Asia & China) reicht (Tabelle 4-4). Auch der Region Afrika südlich der Sahara wird ein Wachstumsfaktor von 17 bis 13 zugebil-

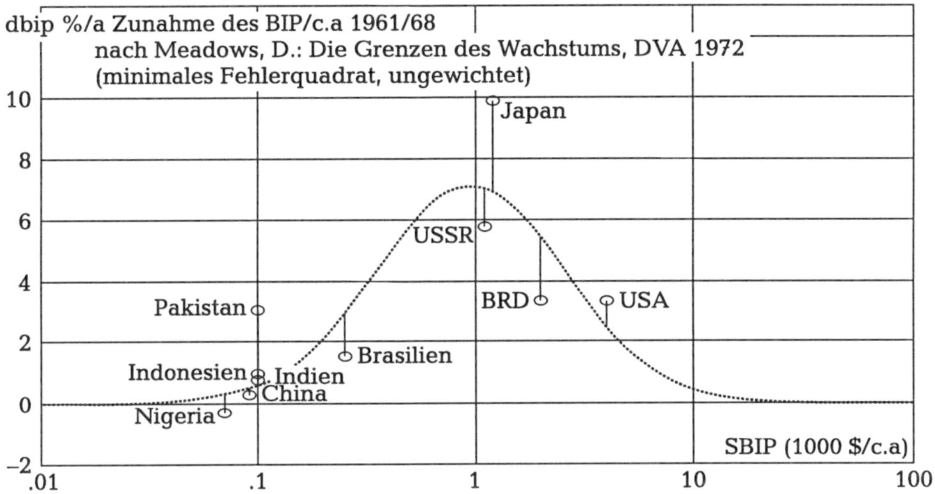

Abb. 4-10. Zunahme des BIP pro Kopf in den Jahren 1961–1968

Tabelle 4-3. Wirtschaftsleistung und Energie, IIASA 1995 Veränderung der Wirtschaftsleistung pro Kopf und Jahr, 1990 = 100%

Land	1950	1990	2050 opt.	2050 pess.
SAS	17	100	2792	2489
AFR	34	100	2301	1693
CPA	9	100	9033	7747
PAS	2	100	3365	3114
MEA	17	100	1901	1342
LAM	19	100	1195	947
EEU	22	100	1501	875
FSU	13	100	1321	591
WEU	23	100	451	370
PAO	9	100	342	292
NAM	27	100	469	385

ligt. Die Wachstumsfaktoren für Westeuropa und Nordamerika liegen dagegen nur zwischen 3,7 und 4,7. Dadurch wird das SBIP-Verhältnis zwischen den ärmsten und reichsten Regionen von 17,5 auf 9,2 bzw. 3,6 verringert. Diese wünschenswerte Veränderung wird durch die gegenwärtige Entwicklung allerdings nicht bestätigt. Die armen Regionen (z. B. Afrika südlich der Sahara, aber auch Balkanstaaten, Staaten der früheren UdSSR) lassen heute eher eine weitere Vergrößerung des SBIP-Abstands befürchten.

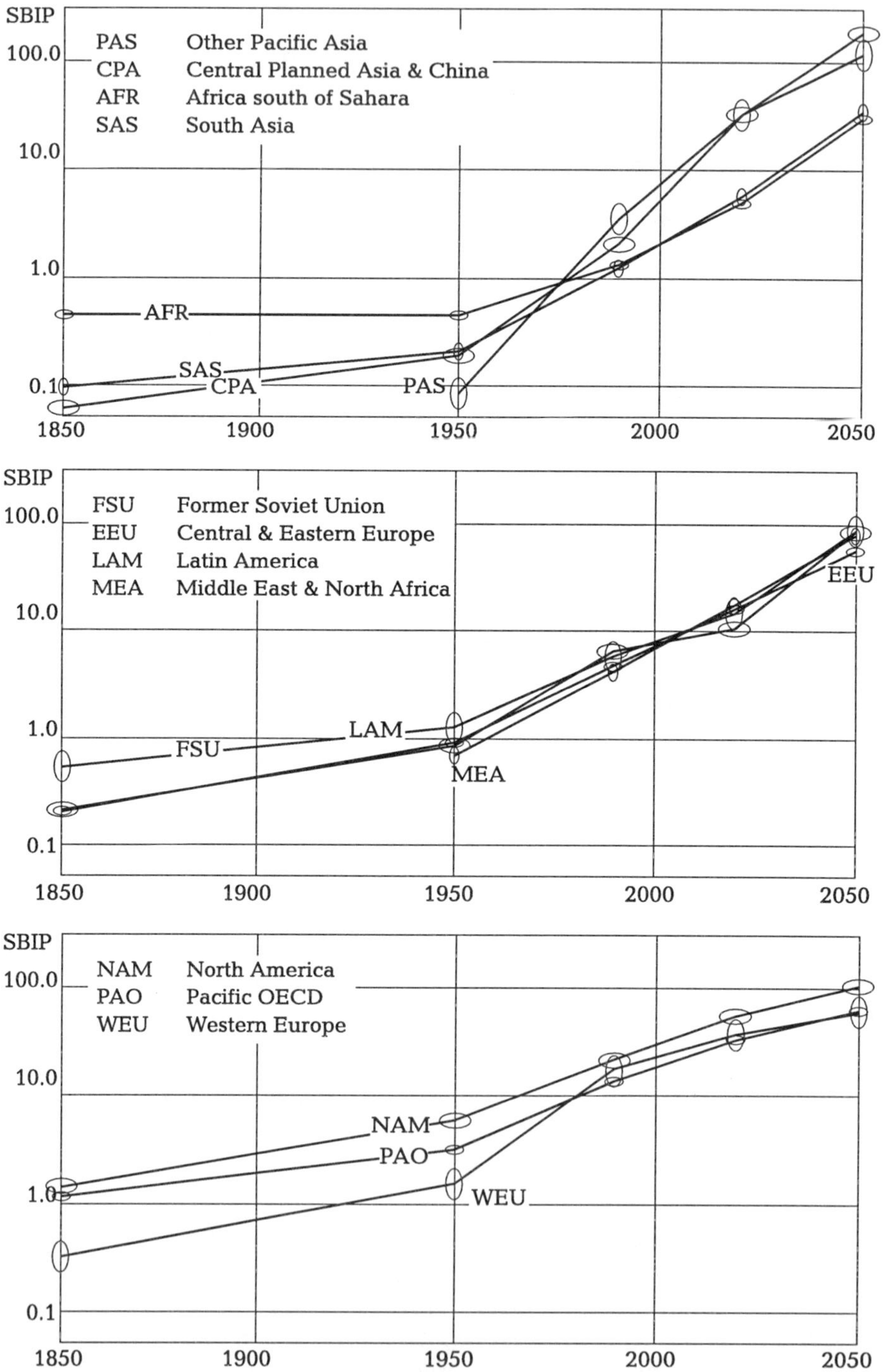

Abb. 4-11 bis 4-13. Entwicklung bzw. Prognose des BIP pro Kopf zwischen 1850 und 2050 in 1000 US$ (1990) nach „Global Energy Perspectives“, IIASA 1995

Tabelle 4-4

Region		GDP/c.a (1990) 1000 $ (1990)/c.a	Vergrößerungsfaktor 2050 zu 1990 opt.	pess.
SAS	South Asia	1200,00	27,92	24,89
AFR	Africa south of Sahara	1300,00	23,01	16,93
CPA	Central Planned Asia & China	2000,00	90,33	77,47
PAS	Other Pacific Asia	3500,00	33,65	31,14
MEA	Middle East & North Africa	4200,00	19,01	13,42
LAM	Latin America	4700,00	11,95	9,47
EEU	Central & Eastern Europe	5800,00	15,01	8,75
FSU	Former Soviet Union	6400,00	13,21	5,91
WEU	Western Europe	13.200,00	4,51	3,70
PAO	Pacific OECD	16.800,00	3,42	2,92
NAM	North America	21.000,00	4,69	3,85

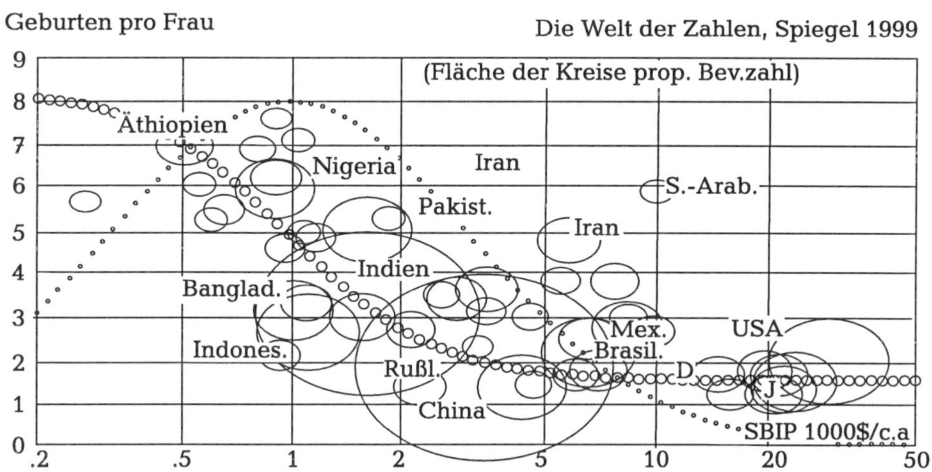

Abb. 4-14. Zahl der Geburten pro Frau. Dieses und die folgenden Bilder sind in Abhängigkeit vom kaufkraftbewerteten BIP pro Kopf und Jahr angegeben

4.3 Demografische Daten

Die Abb. 4-14 bis 4-18 geben die Größen wieder, die gemeinsam das Bevölkerungswachstum bestimmen: Es sind Fruchtbarkeit (die Zahl der Geburten pro Frau, 4-14), Säuglingssterblichkeit (4-15) und Lebenserwartung (4-16). Alle drei zeigen einen überraschend engen Zusammenhang mit dem SBIP. Die Zahl der Geburten pro Frau steigt mit zunehmendem SBIP zunächst an, um bei etwa 1000 $ pro Kopf und Jahr ein Maximum zu erreichen. Dann

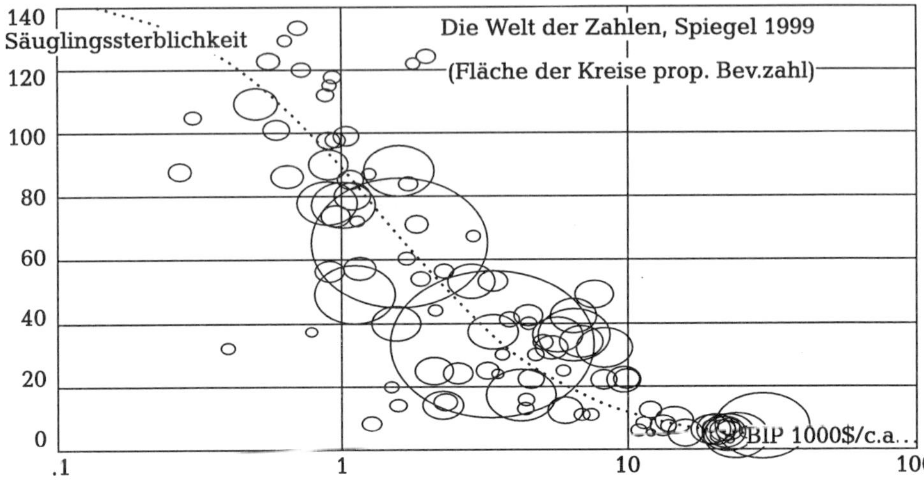

Abb. 4-15. Zahl der gestorbenen Kinder unter einem Jahr pro 1000 Lebendgeburten

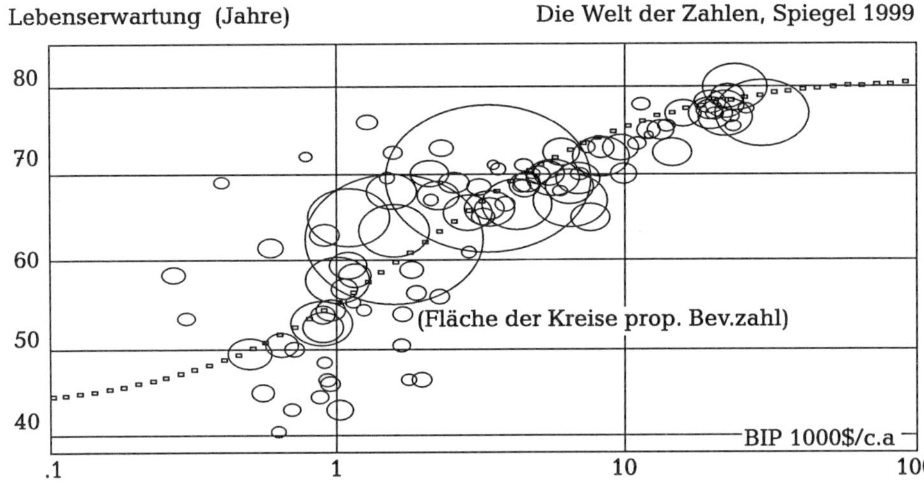

Abb. 4-16. Geschätzte Zahl der Lebenserwartung bei Geburt, berechnet auf der Grundlage der gegenwärtigen Sterberaten

fällt sie auf 2 ab, was einen unteren Grenzwert für den Fortbestand der Bevölkerungsgruppen darstellt. Die großen Staaten China und USA liegen ganz leicht unter 2, die europäischen Staaten zwischen 1 und 2 (vergleiche auch Abb. 1-5 und Abb. 2-8).

Die Säuglingssterblichkeit sinkt mit steigendem SBIP von einem Wert über 120 pro 1000 Lebendgeborenen auf unter 5, die Lebenserwartung aber verdoppelt sich (Abb. 4-16 und 4-17). Das Streuband ist breit, weil die Lebenserwartung auch von anderen Dingen abhängt, wie z. B. von den Eßgewohn-

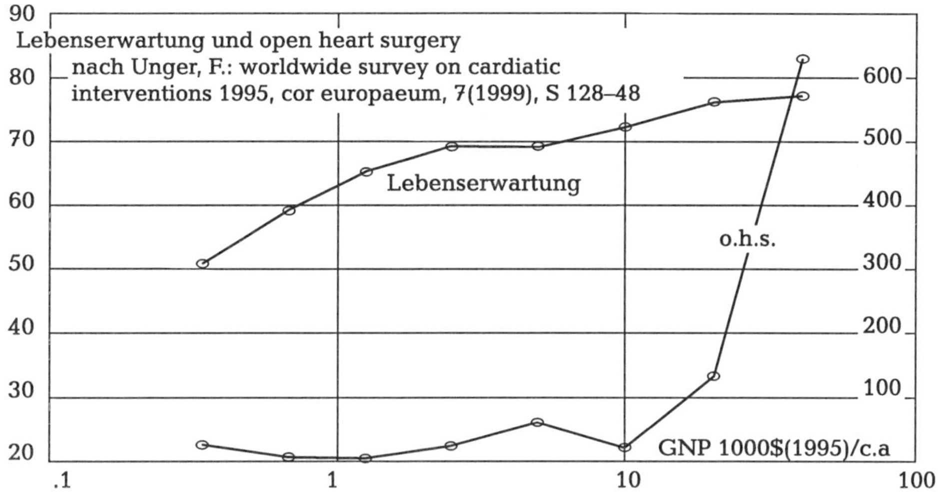

Abb. 4-17. Lebenserwartung und Chirurgie am offenen Herzen, abhängig vom GNP (BSP) pro Kopf 1995

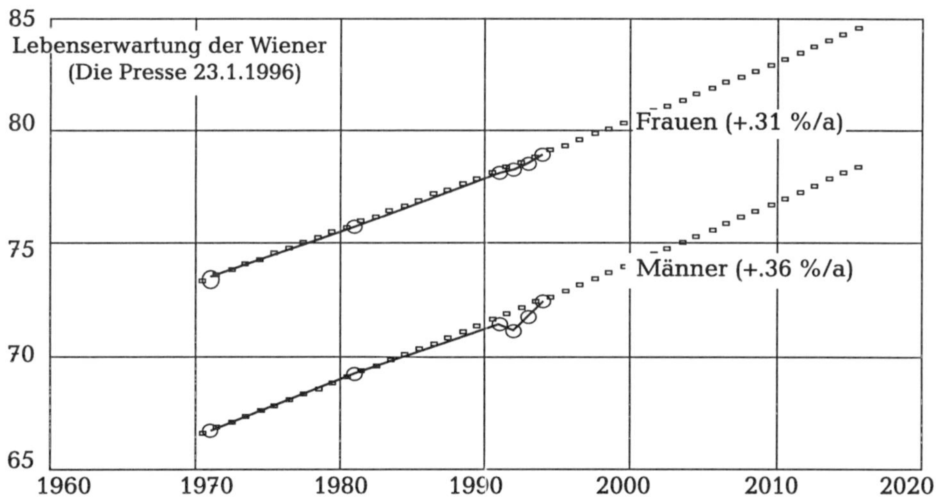

Abb. 4-18. Die Lebenserwartung auch hoch entwickelter Bevölkerungsgruppen nimmt weiter zu, hier als Beispiel die Bevölkerung Wiens

heiten der Bevölkerungsgruppe. Die Lebenserwartung der Wiener beträgt bereits 75 Jahre (Abb. 4-18) und hat in den letzten 20 Jahren um mehr als 0,3% pro Jahr zugenommen. Um 1600 lag sie unter 19 Jahren (Klusacek), wobei allerdings 40% der Geborenen das erste Lebensjahr (66% das dreißigste) nicht überlebten. Die Bevölkerungszahl wird außerdem ganz wesentlich durch die Migration bestimmt. Die kleine Zahl der Geburten pro Frau der europäischen Länder wird teilweise durch Zuwanderung substituiert.

4.4 Bildung, Information und Mobilität

Mit steigender Wirtschaftsleistung sinkt der Anteil der Analphabeten dramatisch, etwa gegenläufig zum Bevölkerungswachstum (Abb. 4-19). Versetzt zu höheren SBIP hin steigt dann die Dichte der Telefone (Festnetz), der Fernsehapparate, der Personal Computer und der Internetzugänge (Abb. 4-20 bis 4-23). Alle Veränderungen folgen überraschend eng S-Kurven, deren Wendepunkt zu immer höheren SBIP-Werten rückt.

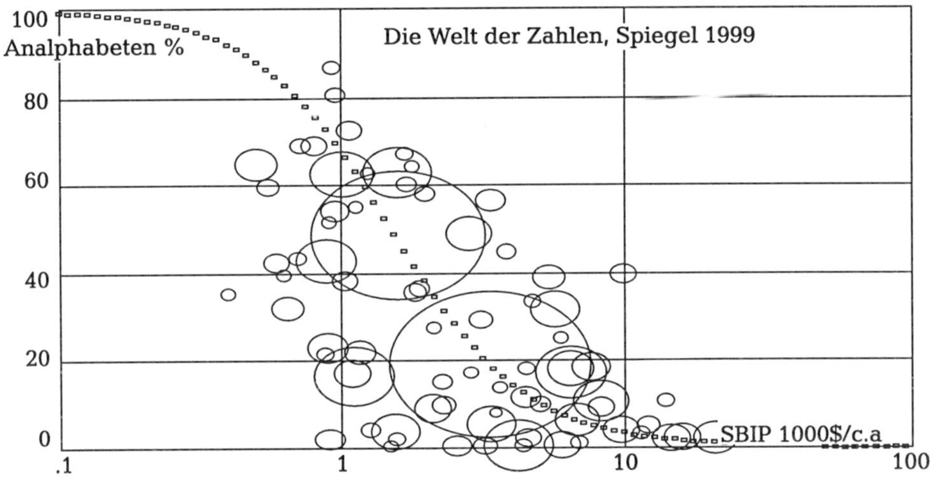

Abb. 4-19. Der Anteil der Analphabeten nimmt zwischen 1000 und 10.000 $ pro Kopf und Jahr steil ab

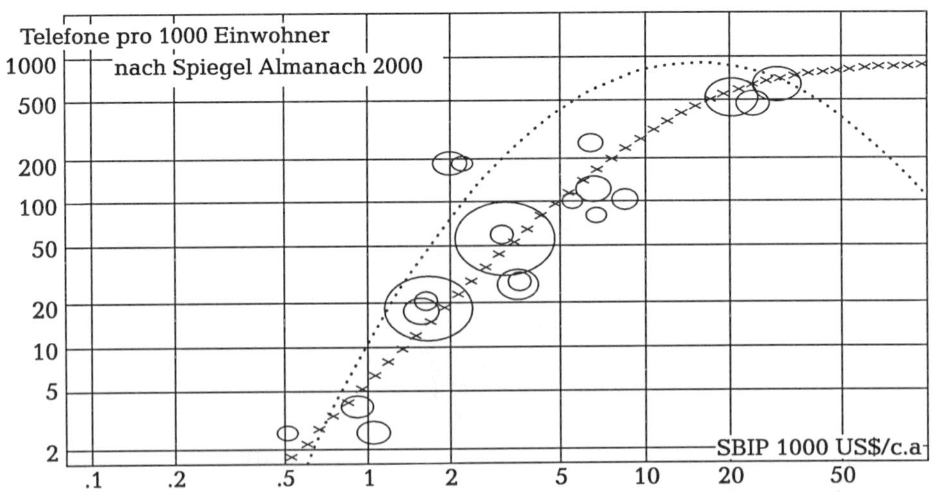

Abb. 4-20. Zahl der Fest-Telefone pro 1000 Einwohner abhängig vom BIP pro Kopf

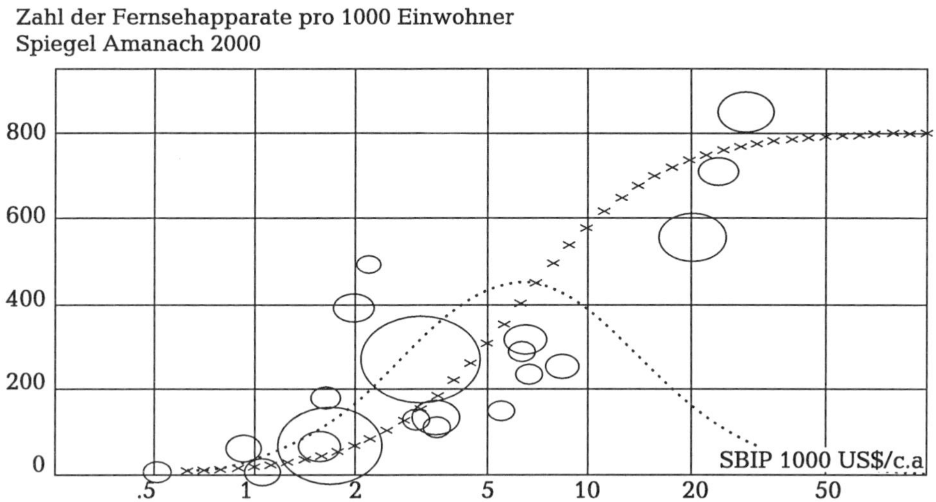

Abb. 4-21. Zahl der Fernsehapparate pro 1000 Einwohner abhängig vom BIP pro Kopf

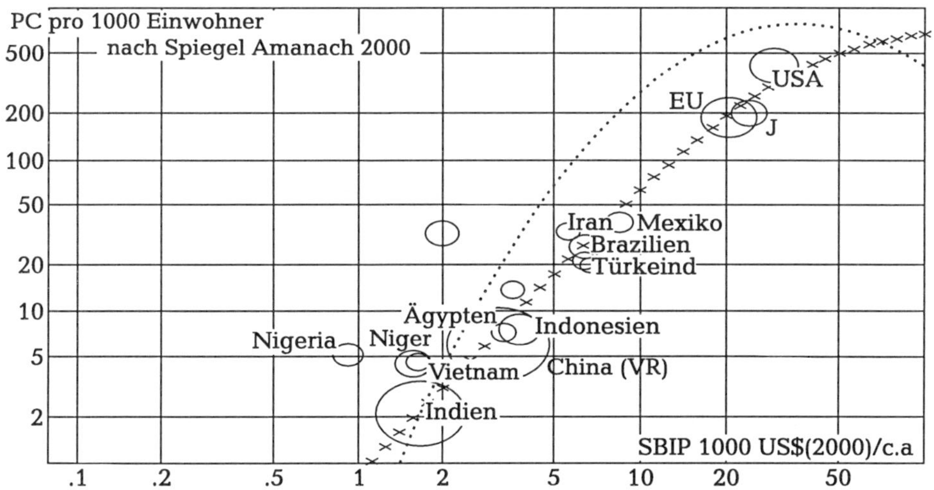

Abb. 4-22 Zahl der Personal Computer pro 1000 Einwohner abhängig vom BIP pro Kopf

Der Mobilfunk (das „Handy") hat in sehr kurzer Zeit das Festnetztelefon eingeholt (Abb. 4-24). Auch die Zahl der Zeitungen steigt mit dem SBIP, wobei die nationalen Unterschiede überraschend groß sind: In Grossbritannien gibt es pro Kopf doppelt so viele Zeitungen wie in Frankreich (Abb. 4-25).

Die Fahrzeugdichte nimmt ab einem SBIP von 8000 $ pro Kopf und Jahr steil zu (Abb. 4-26 a). Die logarithmische Skala (Abb. 4-26 b) allerdings zeigt, dass auch bei kleineren SBIP eine Abhängigkeit besteht. Lokale geografische,

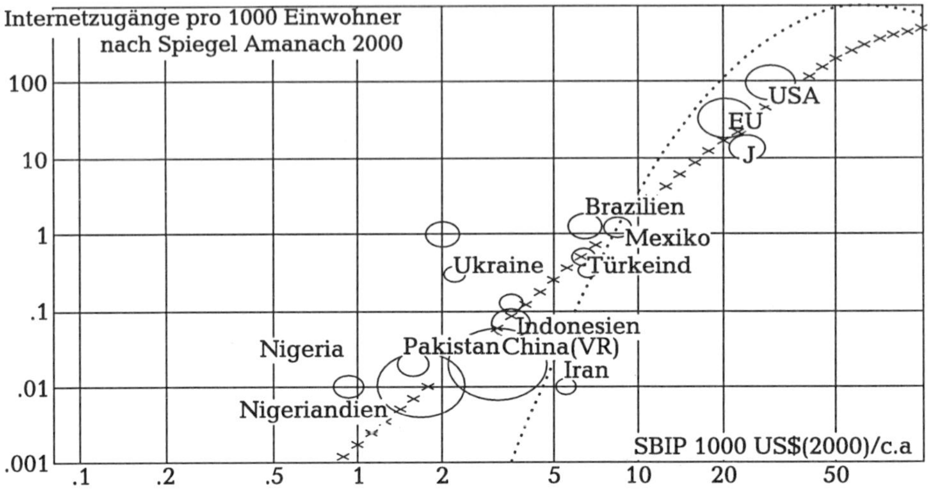

Abb. 4-23. Zahl der Internet-Zugänge pro 1000 Einwohner abhängig vom BIP pro Kopf

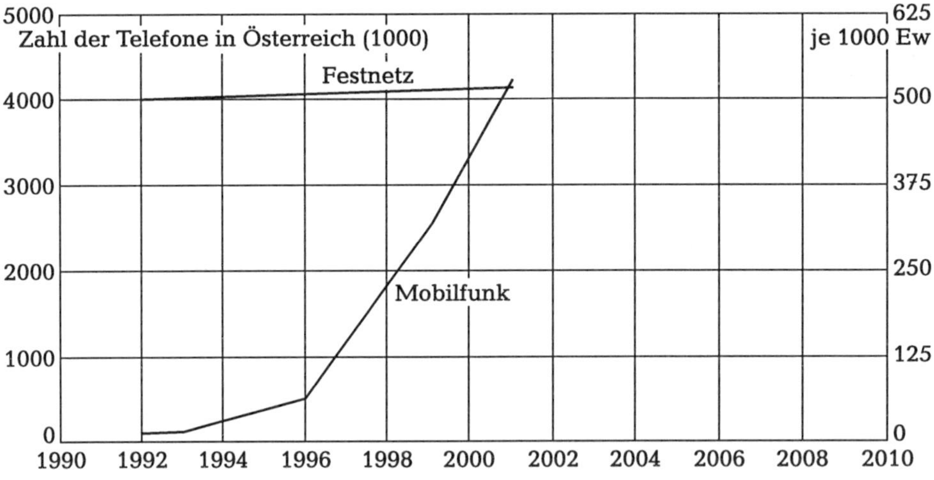

Abb. 4-24. Die Zahl der Mobilfunkgeräte („Handys") nimmt steil zu, ohne die Festnetzanschlüsse bisher zu verdrängen

politische und kulturelle Unterschiede führen dann zu einer erheblichen Streuung, die aber mit größer werdendem SBIP abnimmt. Die offene Frage, bis zu welchem Wert sich die Fahrzeugdichte noch entwickeln werde, ist je nach Darstellungsart unterschiedlich schwer zu beantworten.

Auch die Mobilität, gemessen als Personenkilometer und Tonnenkilometer pro Kopf und Jahr, verändert sich mit dem SBIP in charakteristischer Weise (Abb. 4-27 und 4-28). Bei mehr als 10.000 Pkm pro Kopf und Jahr flacht die Kurve dann aber aus, ohne dass ein Endwert schon absehbar wäre: Die

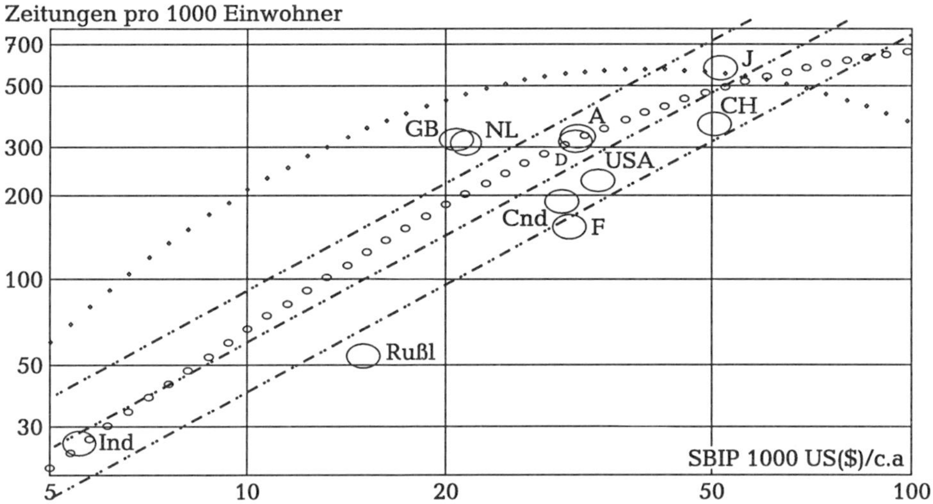

Abb. 4-25. Zahl der verkauften Zeitungen pro 1000 Einwohner abhängig vom BIP pro Kopf

USA weichen ebenso offensichtlich nach oben ab wie Japan nach unten. Für den Güterverkehr sind nur spärliche Daten vorhanden. Im Kapitel 9 kehren wir zu dieser Frage zurück.

Die Streckenlängen von Straße und Bahn werden häufig überschätzt: In den voll industrialisierten Ländern kommen 15 m Straße und 0,5 m Bahnstrecke auf einen Einwohner (Abb. 4-29 und 4-30).

4.5 Erwerbstätigkeit und Konsumanteile

Der Anteil der in den verschiedenen Wirtschaftszweigen Tätigen verändert sich mit dem SBIP in typischer Weise: Vor der Industrialisierung sind über 80% der Erwerbstätigen in der Landwirtschaft tätig. Dieser Anteil fällt mit steigendem SBIP zwischen 2000 und 15.000 $/c.a steil ab (Abb. 4-31). Er verschiebt sich zur Industrie, die bei etwa 5000 $ (1985) mit 50% ein Maximum erreicht (Abb. 4-32). Mit weiter steigendem SBIP sind die meisten Erwerbstätigen in der Dienstleistung tätig, die schließlich den 1. Wirtschaftszweig auf unter 5% und den 2. auf unter 15% verdrängt. Bei großem SBIP sind mehr als 80% im 3. Wirtschaftszweig beschäftigt.

Auf der anderen Seite sinken die relativen Ausgaben für Nahrung und Bekleidung mit steigendem SBIP von 85 auf 30 Prozent (Abb. 4-33), die Ausgaben für Wohnen, Heizen, Beleuchten, Körper- und Gesundheitspflege und Genussmittel steigen auf über 30%, die für Bildung, Erholung, Freizeit, Sport, Verkehr und Nachrichten auf 40%.

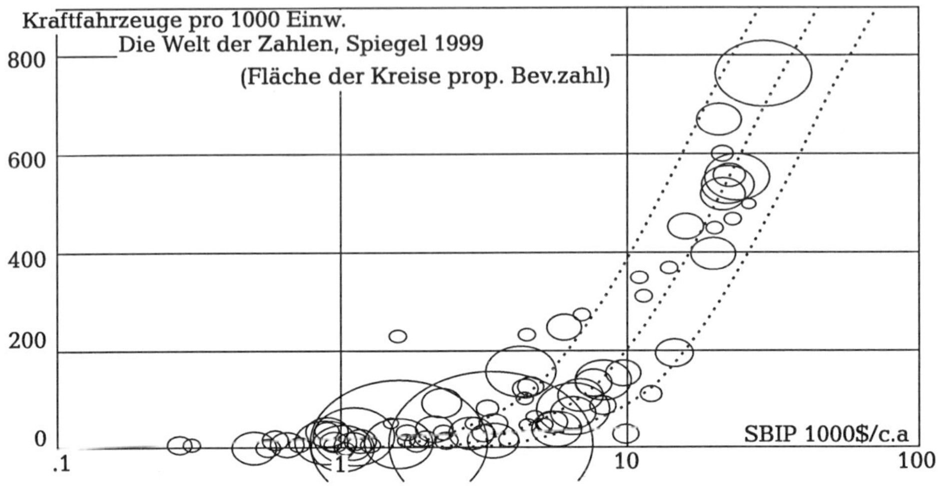

a)

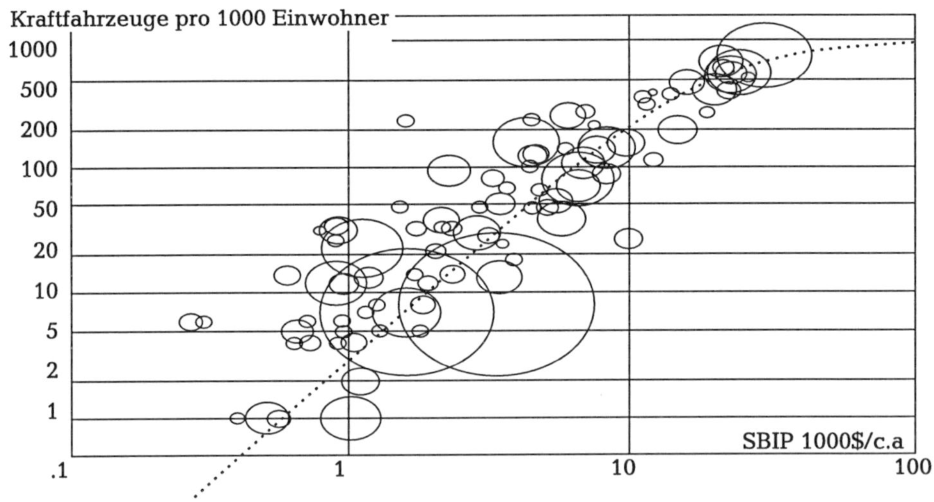

b)

Abb. 4-26. Zahl der Kraftfahrzeuge pro 1000 Einwohner abhängig vom BIP pro Kopf und Jahr, a) linear und b) logarithmisch mit jeweils der gleichen S-Ausgleichskurve. Die logarithmische Darstellung zeigt, dass auch unterhalb von 5000 $ pro Kopf und Jahr eine funktionale Abhängigkeit besteht, die allerdings mit einer großen Streuung behaftet ist

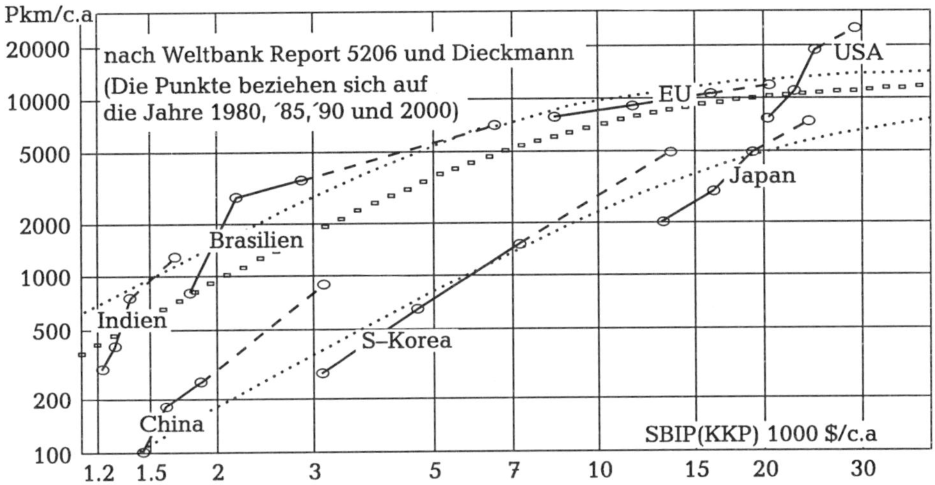

Abb. 4-27. Personenverkehr (Personenkilometer pro Kopf und Jahr) abhängig vom BIP pro Kopf in US$ (1980) in logarithmischer Darstellung

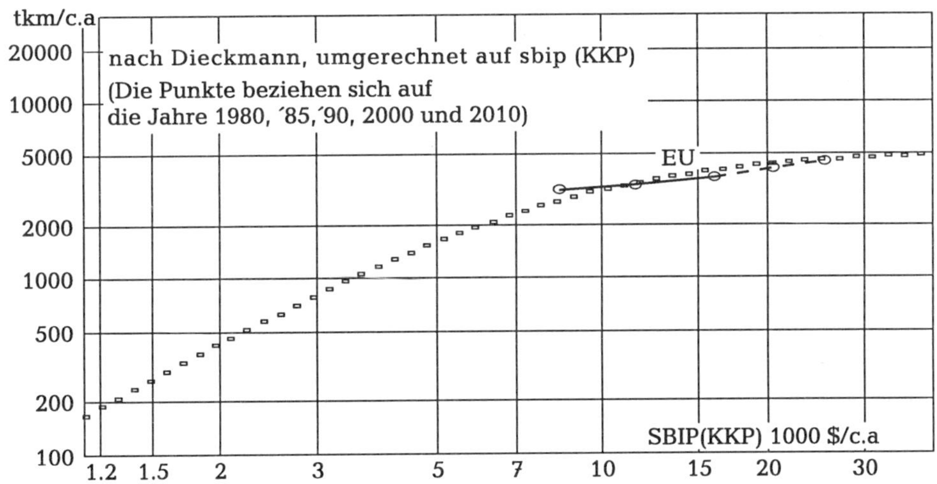

Abb. 4-28. Güterverkehr wie 4-27

4.6 Energie, Handel, Konflikt und Glück

Der Energiebedarf nimmt mit der Wirtschaftsleistung zu, wobei die Geschwindigkeit der Zunahme erst bei einem SBIP (KKP) von 20.000 $ pro Kopf und Jahr abnimmt (Abb. 4-34).

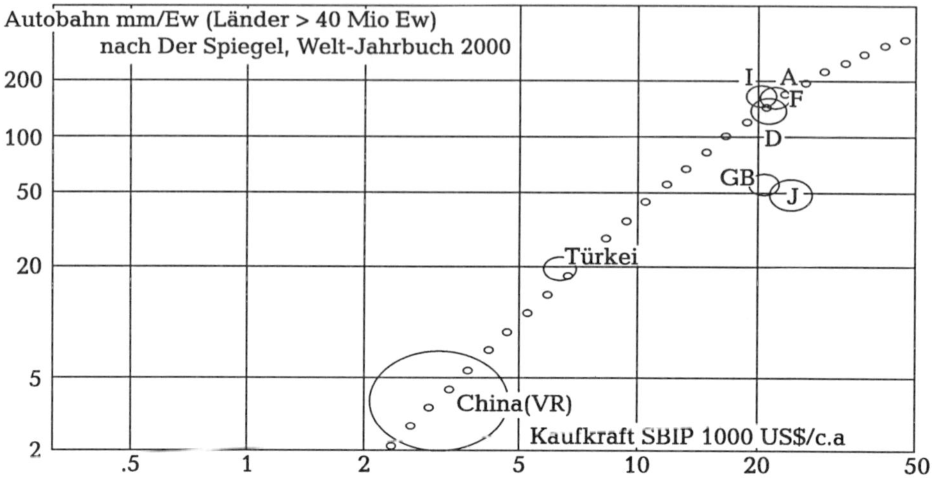

a)

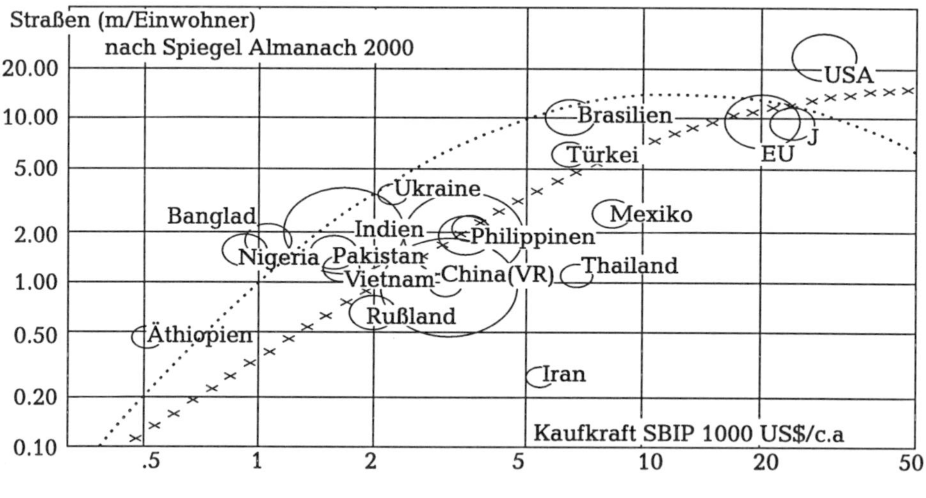

b)

Abb. 4-29. Straßenlänge je Einwohner, a) Autobahn, b) Straßen

Die Exporterlöse pro BIP nehmen mit steigendem SBIP eher ab (Abb. 4-35), das Verhältnis Export zu Import zeigt keine eindeutige Abhängigkeit (Abb. 4-36), ist aber für die Wirtschaft des betreffenden Landes charakteristisch. Auch die Arbeitslosigkeit zeigt keinen einheitlichen Trend (Abb. 4-37). Die geleistete und empfangene Entwicklungshilfe lässt sich hingegen in ein breites Band einordnen (Abb. 4-38).

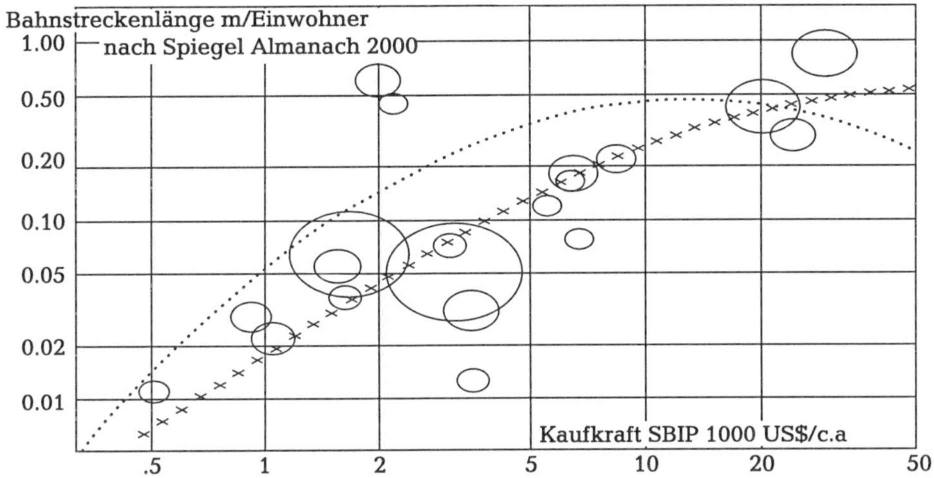

Abb. 4-30. Bahnstreckenlänge je Einwohner

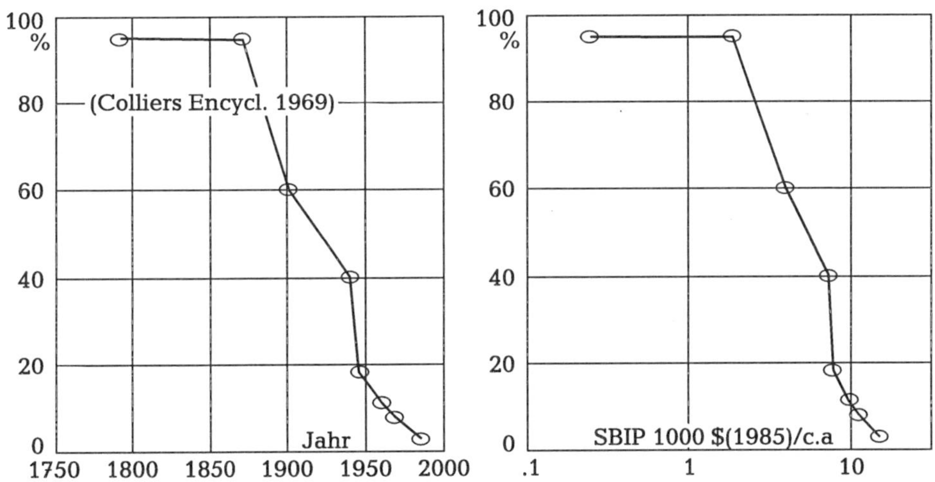

Abb. 4-31. Anteil der in der US-Landwirtschaft Beschäftigten abhängig von Jahr und BIP pro Kopf und Jahr

Eine enge Beziehung besteht zwischen Konflikten und dem SBIP (Abb. 4-39 und 4-40). Sowohl bei innerstaatlichen als auch bei zwischenstaatlichen Konflikten erreicht die Bereitschaft zur gewalttätigen Auseinandersetzung bei etwa 1500 $ (1996) pro Kopf und Jahr ein Maximum. Offenbar sind die Bevölkerungsgruppen dann soweit erstarkt, dass sie sich solche Auseinandersetzungen leisten können, aber noch nicht „zivilisiert" genug, um die Sinnlosigkeit von Gewalt einzusehen. Die Friedfertigkeit nimmt mit zu-

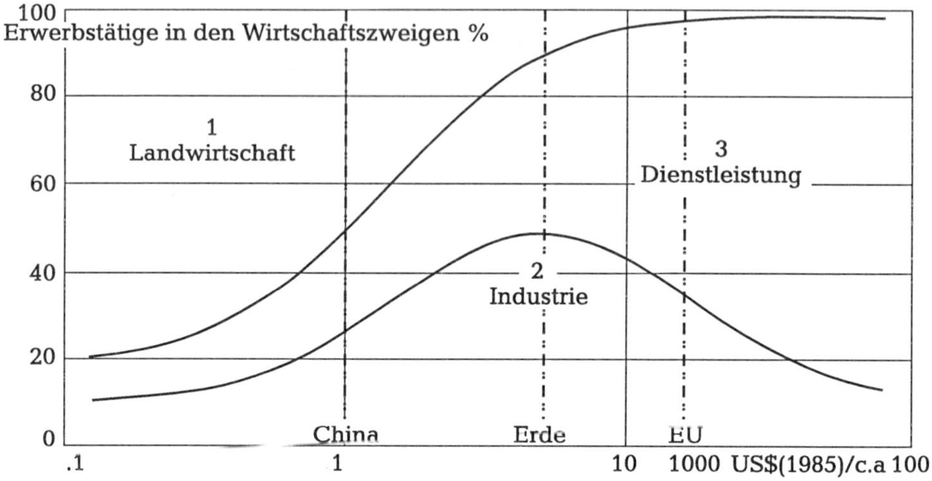

Abb. 4-32. Erwerbstätige in den Wirtschaftszweigen bei Durchgang durch die „Industrielle Revolution" bzw. dem Anstieg des BIP pro Kopf

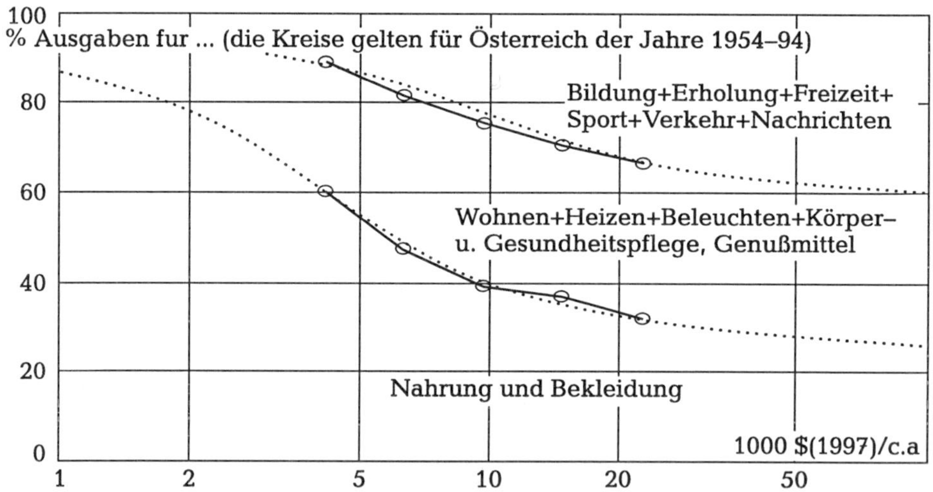

Abb. 4-33. Konsumausgaben als Funktion des BIP pro Kopf

nehmendem SBIP zunächst ab, dann aber zu. Wer kann sich einen Krieg zwischen Deutschland und Frankreich vorstellen, zwischen Italien und Österreich? Diese Länder haben über Jahrhunderte kaum ein Jahrzehnt ohne Waffengang verstreichen lassen. Die europäischen Randstaaten fürchten nicht länger die Eroberung durch kriegslüsterne Mächte, sondern suchen von sich aus die wirtschaftliche Integration. Wer kann sich einen Krieg zwischen Georgia und Florida vorstellen, zwischen Arizona und New Mexico, zwi-

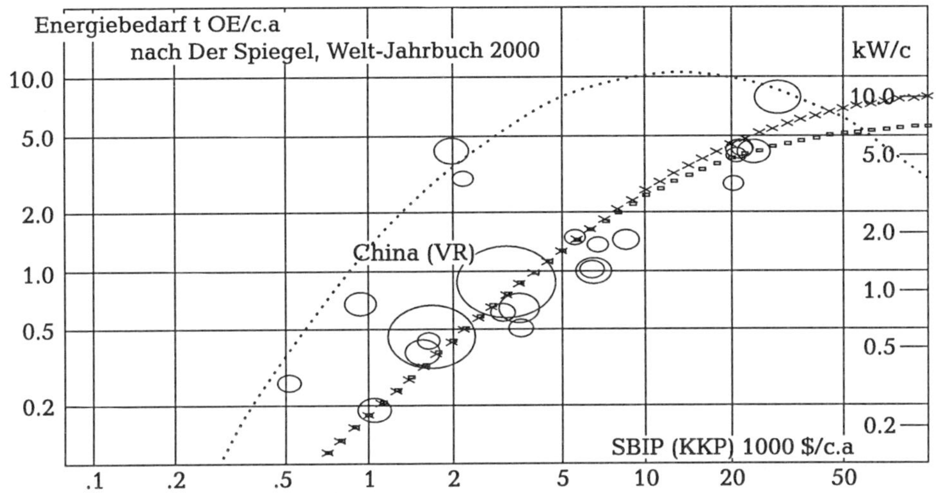

Abb. 4-34. Energiebedarf in t Öl-Äquivalent pro Kopf und Jahr abhängig vom BIP pro Kopf. Auf der rechten Skala ist die Umrechnung in den Energiestrom kW pro Kopf mit der Annahme 1 kg Öl entspricht 11 kWh angegeben

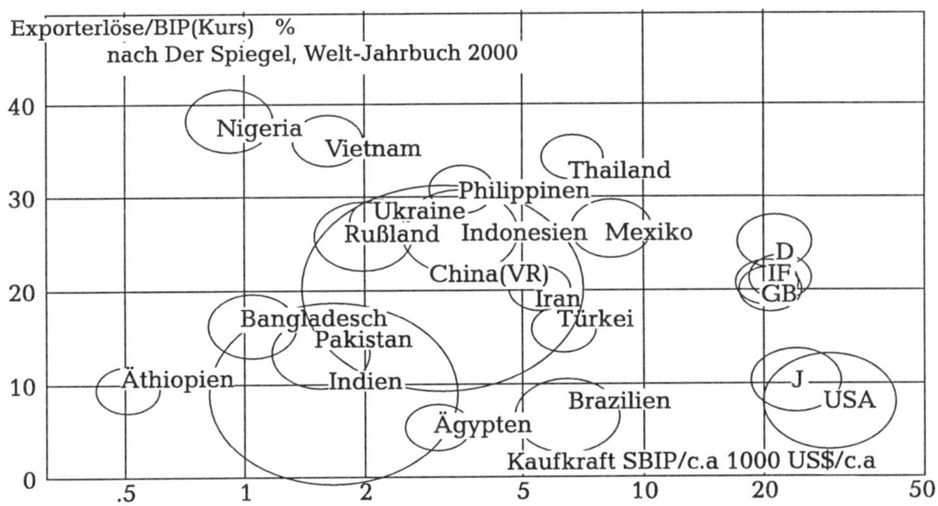

Abb. 4-35. Exporterlös pro BIP (Kurs) abhängig vom BIP pro Kopf

schen den USA und Cuba? Man mag alle möglichen Staaten vergleichen und die gleiche Frage stellen. Man wird feststellen, dass es einen Zusammenhang zwischen der Möglichkeit einer gewaltsamen Auseinandersetzung und dem SBIP gibt: Für den Verzicht auf Gewalt scheint eine Wirtschaftsleistung von mehr als 10.000 $ (1990) pro Kopf und Jahr die sicherste Voraussetzung zu sein.

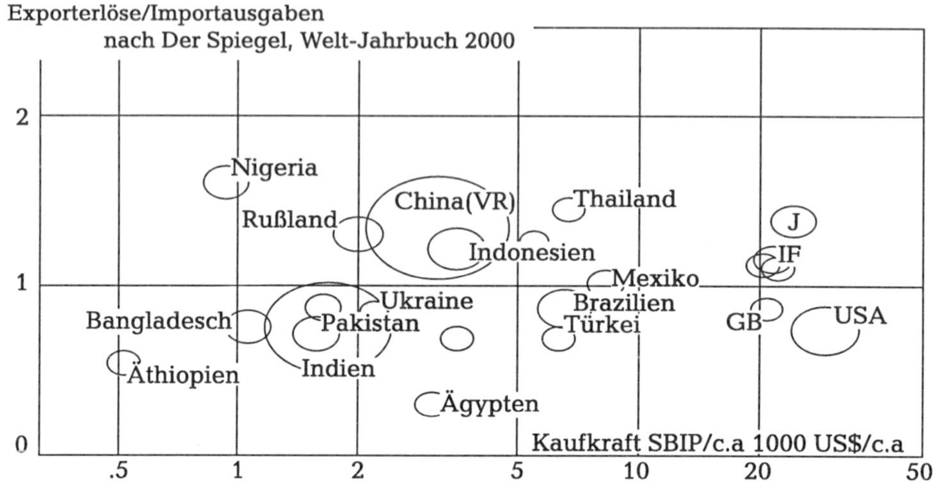

Abb. 4-36. Exporterlös pro Importausgaben abhängig vom BIP pro Kopf

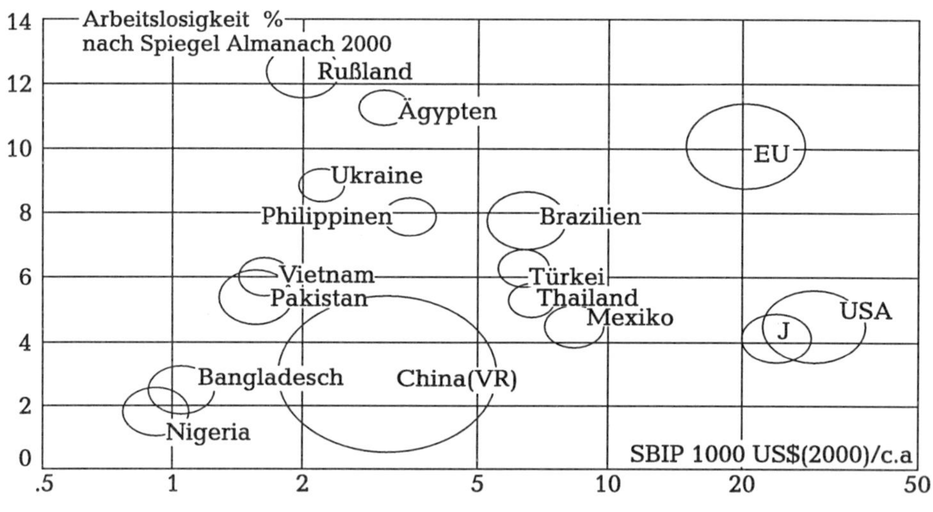

Abb. 4-37. Arbeitslosigkeit abhängig vom BIP pro Kopf

Die hier gemachte Aussage ist wenig gesichert und daher diskutabel. Aber auch die Friedensforschung hat bisher keine einfachen und sicheren Wege zum Frieden publiziert.

In Anbetracht der großen Zahl der Bevölkerungsgruppen, die sich im Bereich 800 bis 10.000 $ (1996) pro Kopf und Jahr befinden (heute etwa 3,4 Milliarden Menschen, im Jahr 2050 noch immer 1,2 Milliarden), ist das eine erschreckende Feststellung (vgl. Abb. 5-3 und 5-15 und 5-16).

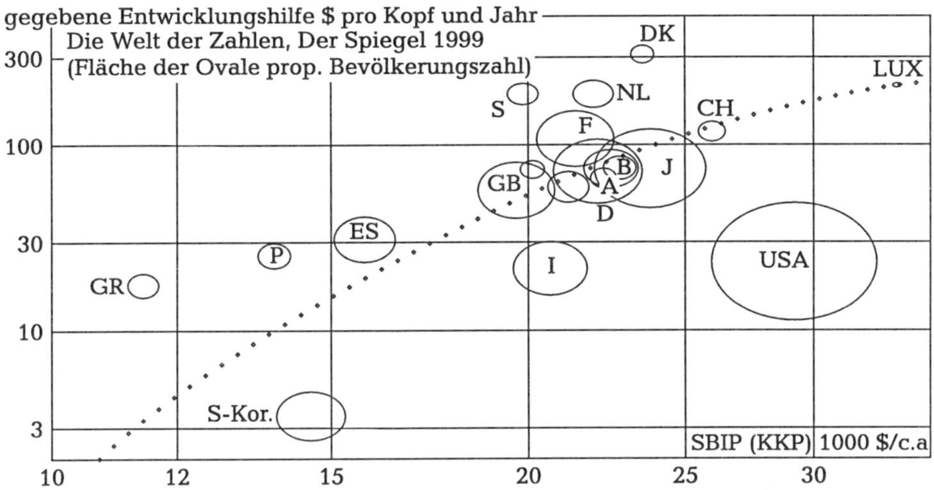

a)

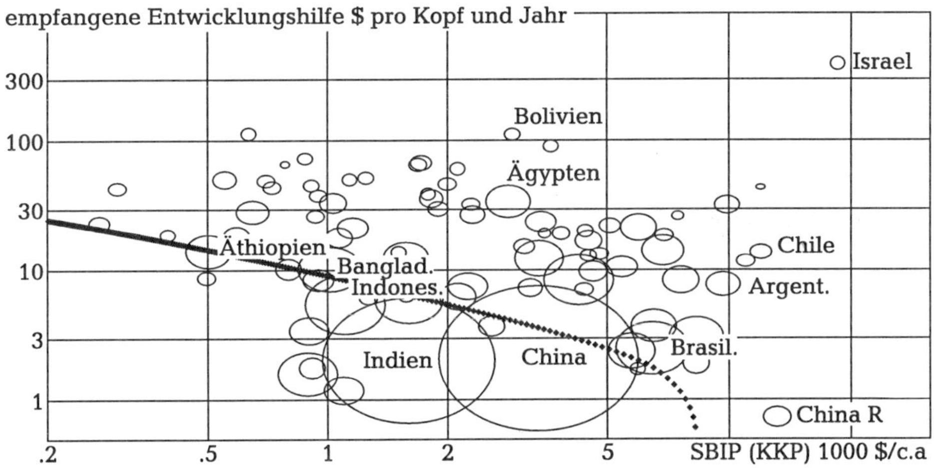

b)

Abb. 4-38. Gegebene und empfangene Entwicklungshilfe in einem nichtlinearen Maßstab abhängig vom BIP pro Kopf

Der Zusammenhang von Wohlstand und Glück ist ein altes und bleibendes Thema. „Geld macht nicht glücklich" ist ein nachweislich wahres Wort. Trotzdem streben alle nach Wohlstand und der Verlust von Wohlstand wird nur im Märchen vom Hans im Glück als wünschenswert erzählt. Die vielleicht fragwürdigen Ergebnisse der Glücksforscher zeigen, dass mit steigendem SBIP die Zahl der Unglücklichen sinkt (Abb. 4-41 und 4-42). Auch

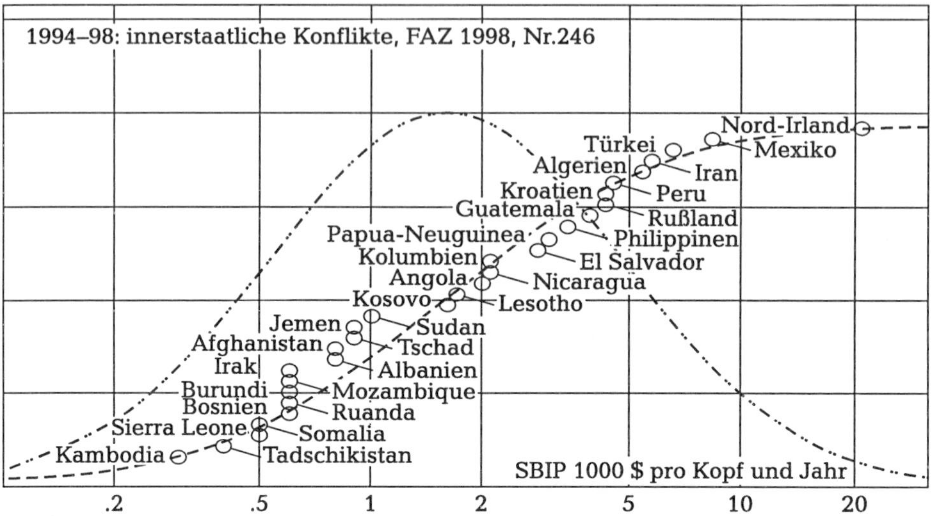

Abb. 4-39. Die Häufigkeit innerstaatlicher Konflikte zwischen 1994 und 1998 scheint bei 1600 $ (1996) pro Kopf, also im Bereich der „Entwicklungsländer", ein Maximum zu haben. Gestrichelt ist eine passende S-Kurve, punktiert die dazu gehörende Glockenkurve eingezeichnet

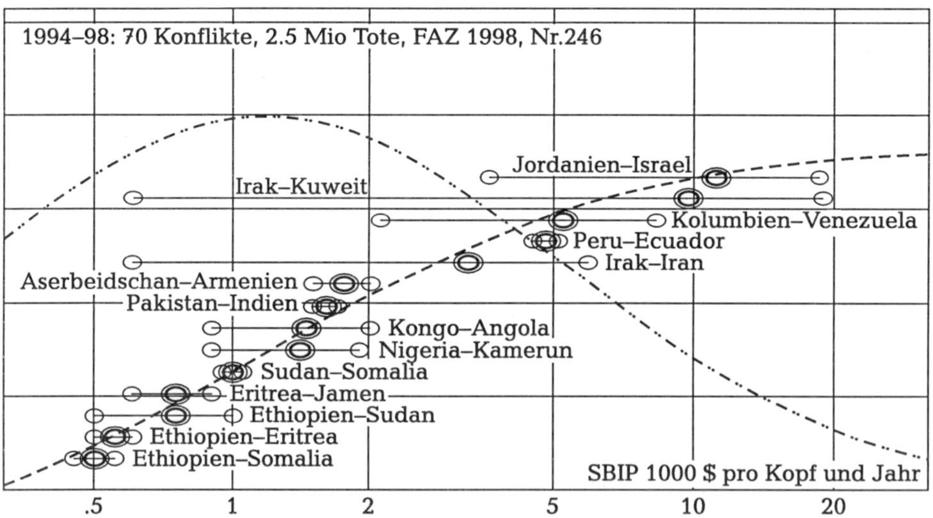

Abb. 4-40. Zwischenstaatliche Konflikte wurden 1994–1998 besonders häufig von Ländern ausgelöst, deren Wirtschaftsleistung um 800 $ (1996) pro Kopf liegt. Die Häufigkeitsverteilung ist für den arithmetischen Mittelwert der Wirtschaftsleistungen gezeichnet. Danach ist ein zwischenstaatlicher Konflikt dann am häufigsten zu erwarten, wenn das arithmetische Mittel der Wirtschaftsleistungen der Kriegführenden bei 1700 $ pro Kopf und Jahr liegt

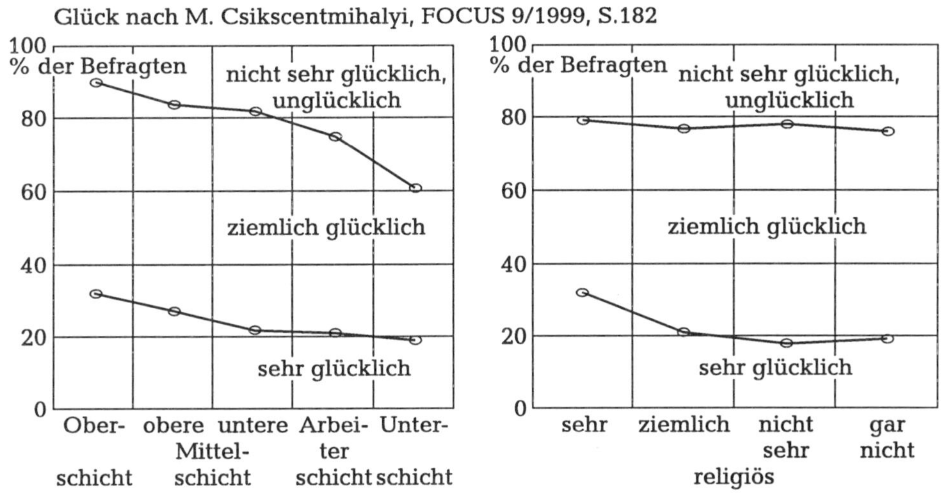

Abb. 4-41. Das Glücksgefühl ist nach der zitierten Befragung vom Wohlstand abhängig: 32% der Oberschicht, aber nur 19% der Unterschicht geben an, „sehr glücklich" zu sein; nur 10% der Oberschicht, aber 39% der Unterschicht geben an, „nicht sehr glücklich, unglücklich" zu sein

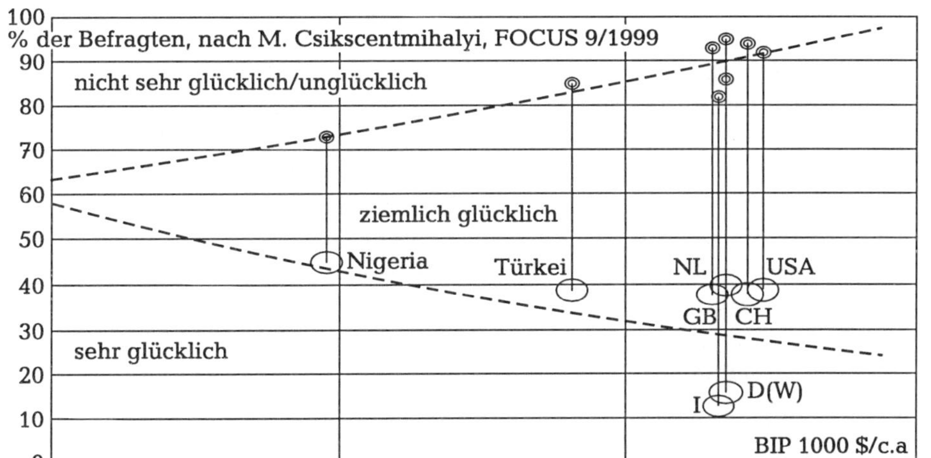

Abb. 4-42. Nach dieser Interpretation nimmt mit steigendem Wohlstand sowohl der Anteil der nicht sehr Glücklichen als auch der sehr Glücklichen ab, der Anteil der ziemlich Glücklichen aber zu

wenn man diese Aussagen in Frage stellt, so scheint doch auch der Beweis des Gegenteils nicht möglich zu sein.

Auch der belegbare Zusammenhang zwischen SBIP und Zahl der Nobelpreise pro Million Einwohner (Abb. 4-43) kann hier nur als Anregung dienen,

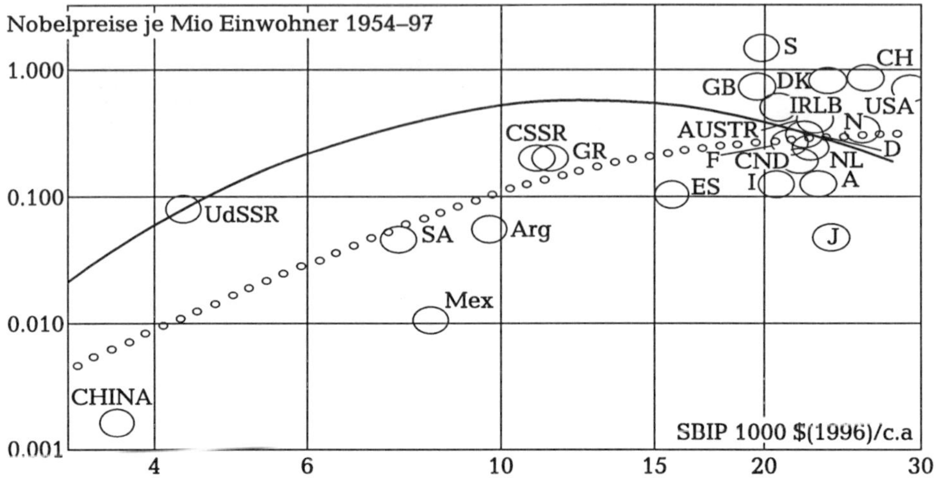

Abb. 4-43. Mit der Wirtschaftsleistung steigt die Zahl der Nobelpreise je Million Einwohner

über die Ursachen darüber nachzudenken, die zur Abweichung von der S-Kurve führen, die auch diesem Zusammenhang zugrunde liegt.

Wie verändert sich in einem bestimmten Zeitraum „die Kultur"? Nimmt man die weiteste Definition von Kultur, dass nämlich alles Kultur ist, was außergenetisch tradiert wird, könnte man den in Abb. 4-44 dargestellten Zusammenhang vermuten. Wenn das Maximum des Bevölkerungswachstums etwa beim Jahr 2000 und der Zunahme des globalen BIP bei 2050 angenommen wird, so könnte man der darstellenden Kunst ein Maximum bei etwa 1800, der Musik bei 1840, den Naturwissenschaften bei 1860, der Technik bei 2050 zuordnen. Jede Zeit erlebt offenbar einen Evolutionsschub in einer bestimmten Sache. Die Menschen mögen etwa zu den angegebenen Zeiten den genannten Evolutionsschub als den besonderen Fortschritt ihres Zeitalters empfunden haben. In der Geschichte hat es immer wieder solche Schübe an verschiedenen Orten und Zeiten gegeben. Lagen die Zentren dieser Schübe aber damals voneinander weit entfernt, so empfinden wir heute die Evolutionsschübe als globale Ereignisse. Hinter uns liegt der große Schub der Naturwissenschaften, vor uns die weitere technische Evolution und mit ihr zusammen die Zunahme des BIP.

Auch Arthur Koestler meint in „Der Mensch – Irrläufer der Evolution", daß sich die Kunst in Schüben entwickle. „In der Geschichte der europäischen Malerei gibt es zum Beispiel zwei herausragende Perioden, in denen ein schneller, kontinuierlicher, kumulativer Fortschritt in der Darstellung der Natur zu beobachten war, beinahe so konkret wie der Fortschritt in der Technik. Die erste dauerte etwa von der Mitte des 6. Jahrhunderts bis zu Mitte des 4. Jahrhunderts v. Chr., der zweite vom Beginn des 14. bis zur Mitte des 16. Jahrhunderts. Beide unfaßten 6 bis 8 Generationen." In der Wissenschaft

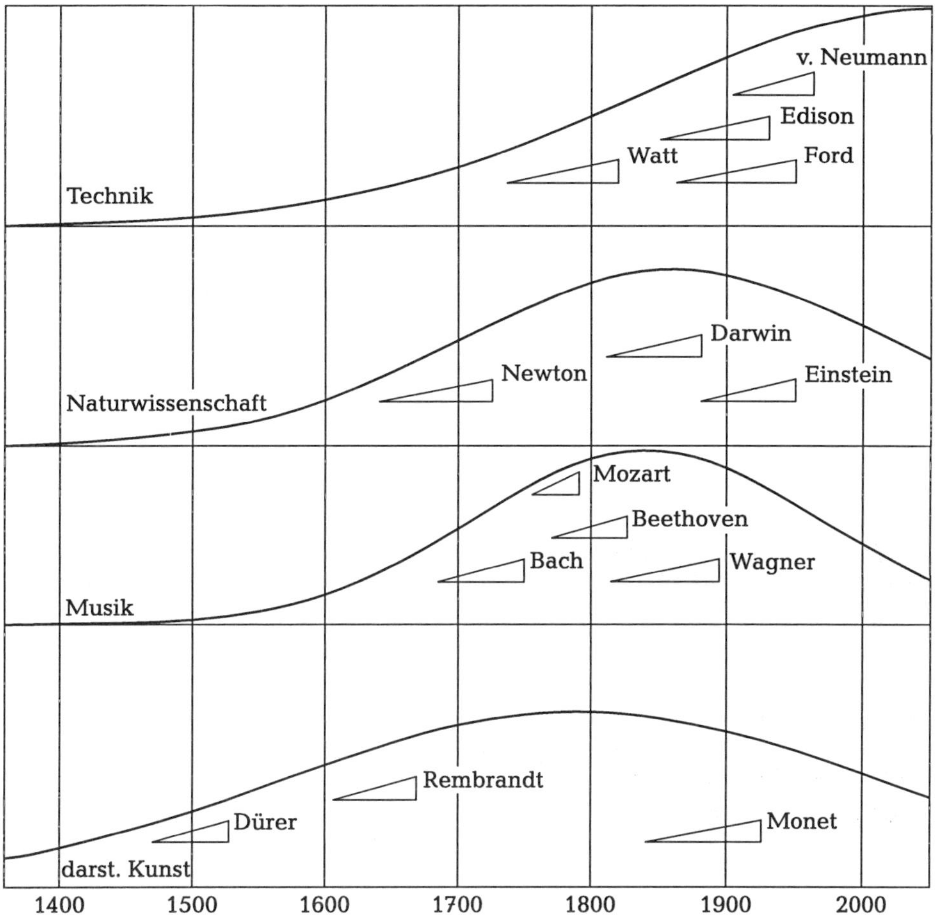

Abb. 4-44. Kulturschübe Darstellende Kunst, Musik, Naturwissenschaft und Technik. Die Namen sollen nur als Beispiel und Orientierungshilfe verstanden werden

habe „Europa im Jahr 1500 weniger gewußt als Archimedes... Nach den drei ruhmreichen Jahrhunderten der griechischen Wissenschaft, die etwa mit der Blütezeit der griechischen Kunst zusammenfielen, kam eine ungefähr sechsmal so lange Periode der Leblosigkeit, dann urplötzlich eine neue, fieberhafte Tätigkeit, die seit nunmehr zehn Generationen anhält." – Die von Koestler genannten jeweils 300 Jahre eines Entwicklungsschubs finden sich auch in Bild 4-44 wieder.

Offen bleiben die Frage, was der nächste Kulturschub sein könnte. Die Vorhersage eines Kulturschubs scheint völlig ausgeschlossen zu sein. Hätte jemand 1750 vermutet, dass die nächsten Kulturschübe fast gleichzeitig Musik und Naturwissenschaften sein würden? Konnte jemand 1900 den Aufschwung der Technik prognostizieren? Die Entwicklung der Mobilität, der medizinischen Technik, der Raumfahrt waren unvorhersehbar. Ebenso wenig können wir auch nur vermuten, welcher Art der ohne Zweifel folgende Kulturschub sein wird. Gewiss ist nur, dass einer folgen wird. Wir wissen auch nicht, was einen Kulturschub auslösen kann. Allgemeiner Wohlstand eher nicht. Not lehrt beten und bringt Künstler hervor. Das rechtfertigt aber sicher nicht, Not herbeizuführen. Wohlstand pflegt andererseits vorhandenes Kulturgut. Auch das ist in der Geschichte wiederholt geschehen. Heute setzen wir moderne Technik ein um Kunstformen zu revitalisieren und zu konsumieren, die vielen Generationen vor uns verschlossen waren.

4.7 Zusammenfassung

Aus dem Vorstehenden geht eindeutig hervor, dass viele Lebensumstände in einem engen Zusammenhang mit der Wirtschaftsleistung pro Kopf, dem SBIP, stehen. Die Lebensumstände verändern sich bei einem bestimmten SBIP am schnellsten (Abb. 4-45). Mit steigendem SBIP nimmt bei etwa 1100 $ (2000) pro Kopf und Jahr die Zahl der Geburten pro Frau am raschesten ab, dann die Lebenserwartung am raschesten zu. Bei etwa 2000 $ pro Kopf und Jahr ist das Bevölkerungswachstum maximal, bei 3000 die Zunahme des SBIP selbst. Über 5000 $ pro Kopf und Jahr ist dann die Zunahme der Fernsehgeräte, der Straßen, der Nobelpreise, der Telefone, der Kraftfahrzeuge und der PCs pro Kopf am größten.

Veränderungen abhängig vom BIP(KKP) pro Kopf

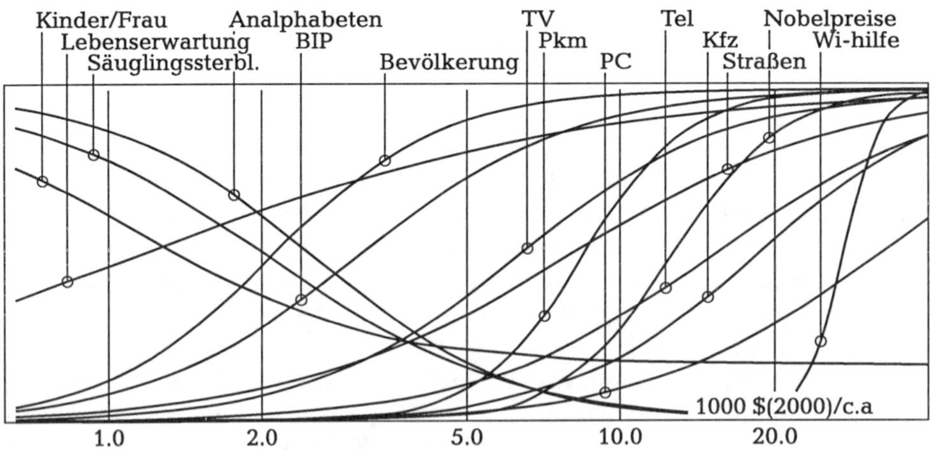

Abb. 4-45. Hier ist der Versuch gemacht, verschiedene Abhängigkeiten von der Wirtschaftsleistung zusammenzufassen (siehe auch 12-1 bis 12-3)

Zieht man die Streubreite der Angaben (sowohl SBIP als auch der zugeordneten Werte) in Betracht, so legt das die Feststellung nahe, dass sich alle Bevölkerungsgruppen gleicher Wirtschaftsleistung pro Kopf recht ähnlich verhalten. Ferner wird man annehmen dürfen, dass dieser empirisch gefundene Zusammenhang auch in der nächsten Zukunft Bestand hat, wenn nicht außerordentliche Gründe eine besondere Änderung erzwingen. Das könnte z. B. bei der Erschöpfung einer bestimmten Ressource der Fall sein (Erdöl) oder einer bestimmten Umwelterscheinung (Ozonloch, CO_2-Pegel). Rechnet man mit den gegebenen Verhältnissen fort, handelt man sich den Vorwurf ein, dem „business as usual"-Prinzip anzuhängen. Oft ist aber tatsächlich die Richtung der Veränderung zweifelhaft. Wird sich z. B. die CO_2-Emission tatsächlich verringern oder führt eine zunehmende Aversion gegen Kernkraft zu einer Erhöhung? Wunsch und Realität klaffen oft auseinander. Wunschdenken führt nur zur Fehleinschätzung der Zukunft, ist den Maßnahmen abträglich, die zur Verbesserung der Verteilung der Wirtschaftsleistung auf alle Menschen notwendig sind.

5 Ein Weltmodell

Obwohl wir nichts Sicheres über die Zukunft sagen können, ist es doch zweckmäßig, nach dem zu fragen, was uns erwartet. Zwar ist es möglich, dass die Veränderungen des Lebens eines Tages zum Stillstand kommen, die menschliche Evolution also aufhört, doch ist das nach den bisherigen Erfahrungen recht unwahrscheinlich. Wahrscheinlich wird sich „der Trend" fortsetzen. Aber mehr noch als nach dem bekannten Trend fragen wir nach „dem Trendbruch", nach der Veränderung der Veränderung. Wie kann man die erkennen?

Die hier behandelte These sagt, daß sich Bevölkerungsgruppen gleicher Wirtschaftsleistung ähnlich verhalten. Die Bilder in Kapitel 4 zeigen an vielen Beispielen, daß das der Fall ist: z. B. hängen Bevölkerungswachstum, Mobilität, Friedfertigkeit und das Wirtschaftswachstum selbst mit der Wirtschaftsleistung pro Kopf, dem Brutto-Inlandsprodukt pro Kopf und Jahr (dem SBIP), eng zusammen. Nimmt man an, daß dieser Zusammenhang auch in Zukunft ähnlich bleibt, so kann die zukünftige Entwicklung abgeschätzt werden. – Karl Popper setzt sich in seinem umfassenden Werk „Die offene Gesellschaft und ihre Feinde" mit dem Problem der Vorhersage eingehend auseinander (Band 2, S. 133). Ein Aspekt des historischen Materialismus sei der Historizismus, „die Behauptung, daß der Bereich der Sozialwissenschaften mit dem Bereich der historischen und evolutionistischen Methode und insbesondere mit dem Bereich historischer Prophezeiungen zusammenfällt. Ich glaube (schreibt Popper), daß diese Behauptung zurückgewiesen werden muß. Der zweite Aspekt ist der Ökonomismus (oder der ‚Materialismus'), das heißt die Behauptung, daß *die ökonomische Organisation der Gesellschaft, die Organisation des Austausches von Materie zwischen uns und der Natur, grundlegend ist für alle sozialen Institutionen und insbesondere für ihre historische Entwicklung*. Diese Behauptung ist meiner Ansicht nach völlig einwandfrei, solange wir den Ausdruck ‚grundlegend' in einem gewöhnlichen, vagen Sinn auffassen".

Nach der hier vorgebrachten These wird dieser „vage Sinn" durch die statistischen Daten konkretisiert. Karl Marx überlegt, wie sich die Gesellschaft, wie sich der Kapitalismus bei den schon am weitesten entwickelten Bevölkerungsgruppen weiterentwickeln könnte (Popper, 2. Band, S. 167). In diesem Weltmodell wird untersucht, wie die allgemeine Entwicklung weiter geht, wenn die noch nicht hoch entwickelten Bevölkerungsgruppen (und das ist die große Zahl der Menschen) sich ähnlich verhalten wie die schon höher entwickelten vor ihnen. Die aus Kapitel 4 folgende Mittelwertbildung liefert dafür eine objektive Basis. Es darf daher von einer Hochrechnung gesprochen werden, die freilich auch mit allen Unsicherheiten behaftet ist, die jede Aussage über die Zukunft darstellt.

Natürlich ist es darüber hinaus von aller größter Bedeutung, wie sich unsere Gesellschafts- und Wirtschaftsform weiterentwickeln wird. Auf diese Fragen geht Kapitel 11 ein. Im Anhang IV wird der typische Durchgang einer Bevölkerungsgruppe durch die Industrielle Revolution untersucht.

5.1 These vom ähnlichen Verhalten der Bevölkerungsgruppen

Verteilung der Wirtschaftsleistung

Das Verhalten der Menschen, die Evolution der Kultur (als Summe allen tradierten Wissens), folgt wie in Kapitel 4 gezeigt näherungsweise dem Bruttoinlandsprodukt pro Kopf und Jahr (dem SBIP). Nimmt man an, dass die Bevölkerungsgruppen bei kontinuierlich steigender Wirtschaftsleistung sich ähnlichen verhalten, so können ihre Lebensumstände prognostiziert werden.

Dazu ist zunächst zu untersuchen, wie sich das SBIP auf die Bevölkerung verteilt (Abb. 5-1 bis 5-4). Um eine zutreffende Annahme für eine Ausgleichskurve zu finden, sind die Werte sowohl linear (Abb. 5-2) als auch logarithmisch (Abb. 5-3) aufgetragen. Außerdem ist die angenommene Ausgleichskurve in beiden Fällen eingezeichnet. Diese Kurve glättet den un-

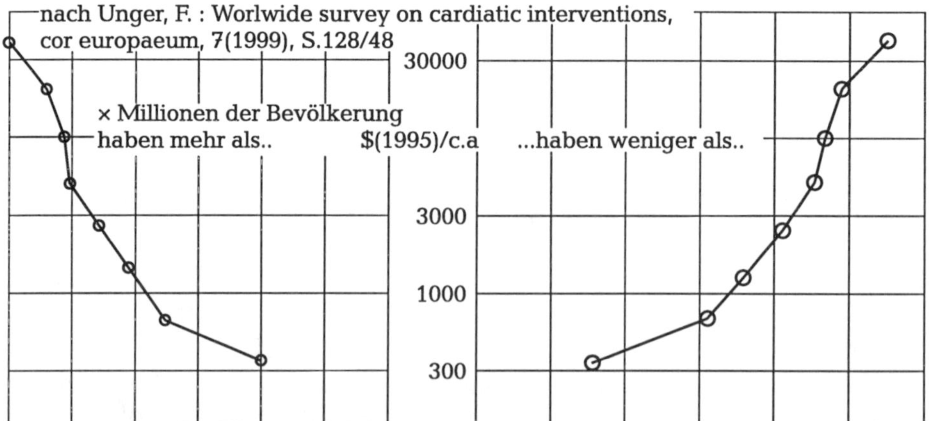

Abb. 5-1. Verteilung des verfügbaren Einkommens nach der angegebenen Quelle (im Hinblick auf die Unsicherheiten und Ungenauigkeiten bei der Erfassung des verfügbaren Einkommens und der Wirtschaftsleistung pro Kopf liegen diese Werte eng zusammen)

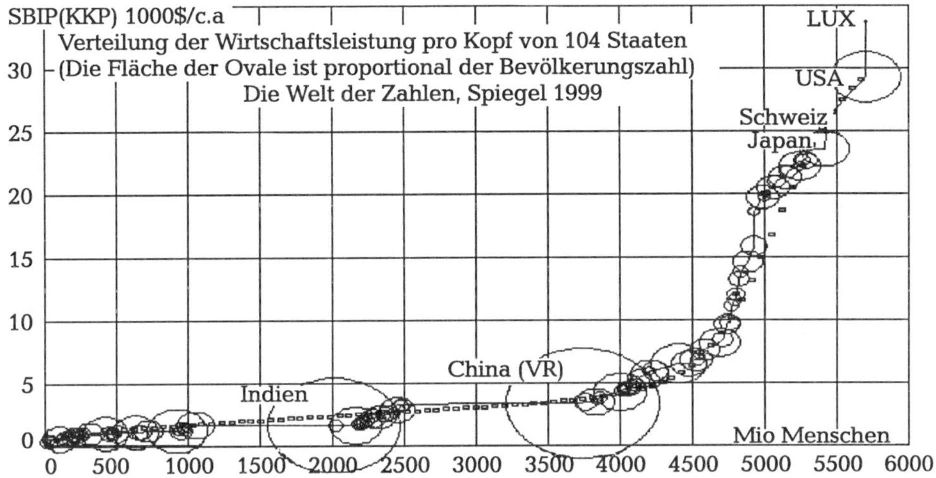

Abb. 5-2. Verteilung der spezifischen Wirtschaftsleistung nach der angegebenen Quelle. Es wird eine Zahl von etwa 5,7 Milliarden Menschen erfasst. Das sind etwa 97% der Gesamtbevölkerung der Jahre 1997/98, für die diese Zahlen gelten

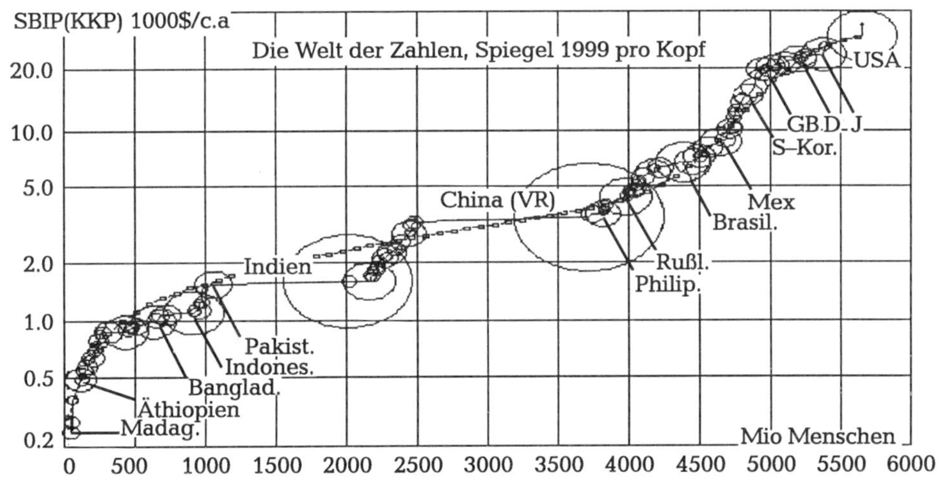

Abb. 5-3. Wie Abb. 5-2, aber Ordinate in logarithmischem Maßstab, der die Verteilung bei den ärmeren Bevölkerungsgruppen deutlicher macht. Es ist die gleiche Ausgleichskurve wie in Abb. 5-3 eingezeichnet (kleine Rechtecke)

stetigen Verlauf, der sich infolge der großen Länder wie z. B. China und Indien ergibt. Auch der Ausreißer Luxemburg findet infolge seiner geringen Bevölkerungszahl keine Berücksichtigung.

Die Verteilung des globalen BIP auf die Gesamtbevölkerung ergibt eine glatte Kurve (Abb. 5-4).

Die Ausgleichskurve ermöglicht dann z. B. die Beantwortung der oft gestellten Frage, um wie viel die Wirtschaftsleistung der reichen Bevölkerungsgruppen größer ist als die der ärmeren (Abb. 5-5). Gelegentlich werden viel größere Verhältnisse kolportiert. Natürlich ist das SBIP des reichsten Einzelnen sehr viel größer als das des ärmsten. Die Größe des Verhältnisses hängt

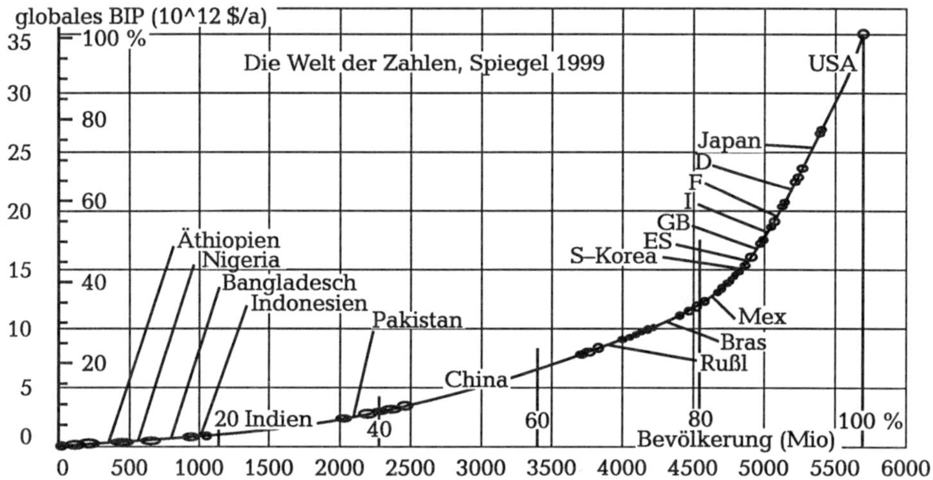

Abb. 5-4. Beiträge zum globalen BIP der einzelnen Länder

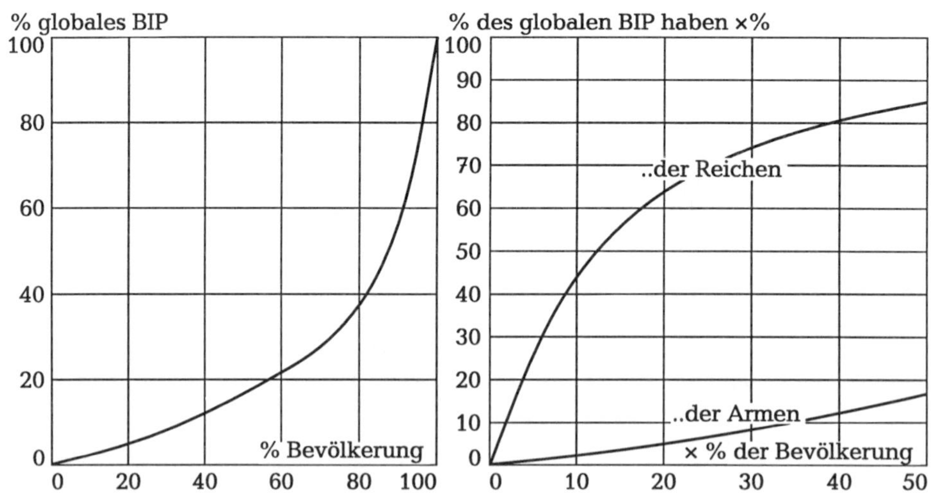

Abb. 5-5. Im linken Bildteil die Ausgleichskurve der Abb. 5-2 und 5-3, im rechten der daraus abgelesene Anteil der reichsten und ärmsten x Prozent der Bevölkerung (eigentlich der Länder). Zum Beispiel erbringen die „armen" 20% der Bevölkerung 4% der globalen Wirtschaftsleistung, die „reichen" 20% der Bevölkerung 64% der globalen Wirtschaftsleistung

nur davon ab, wie das SBIP des Einzelnen definiert wird. Im Idealfall sollte das BIP gleichmäßig verteilt sein, alle Menschen das gleiche SBIP haben, was voraussetzt, daß alle den gleichen Beitrag zum BIP leisten.

Zur weiteren Behandlung wird die Gesamtbevölkerung (6 Milliarden Menschen im Jahr 2000) in 50 gleich große Gruppen von je 120 Millionen unterteilt, die nur durch ihre Wirtschaftsleistung pro Kopf und Jahr, das SBIP, definiert sind. Gegenüber der Aufteilung in Staaten hat das den Vorteil, dass diese so definierten Bevölkerungsgruppen homogener als Staaten sind, in denen jeweils Bevölkerungsgruppen unterschiedlichen SBIPs wohnen und sich daher unterschiedlich verhalten. In Abb. 5-6 und 5-7 ist die angenommene Aufteilung der 6 Milliarden Menschen des Jahres 2000 auf 50 Gruppen zu je 120 Millionen Menschen jeweils gleichen SBIPs bzw. die Verteilung des globalen BIP angegeben.

Unter Zugrundelegung einer bestimmten Abhängigkeit des Bevölkerungswachstums dBEV und der Zunahme der spezifischen Wirtschaftsleistung dBIP in Prozent pro Jahr kann die zukünftige Zahl der Menschen einer Bevölkerungsgruppe sowie ihre Wirtschaftsleistung errechnet werden (Tabelle 5-1 bis 5-3 und Abb. 5-8 bis 10). Die bereits in Abb. 4-6 als realistisch, sehr optimistisch und sehr pessimistisch bezeichnete Erwartung ist in den beiden linken Diagrammen der Abb. 5-11 bis 5-13 wiederholt. Realistisch steigt die Zahl der Gesamtbevölkerung bis 2050 von 6 auf rund 9 Milliarden, das BIP auf 143 bis 170 10^{12} \$ (2000). Das sind keine großen Unterschiede. Auf sie beziehen sich auch die Bezeichnungen optimistisch oder pessimistisch nicht. Der Unterschied liegt vielmehr in der Verteilung des SBIP: Die erste (ärmste) Bevölke-

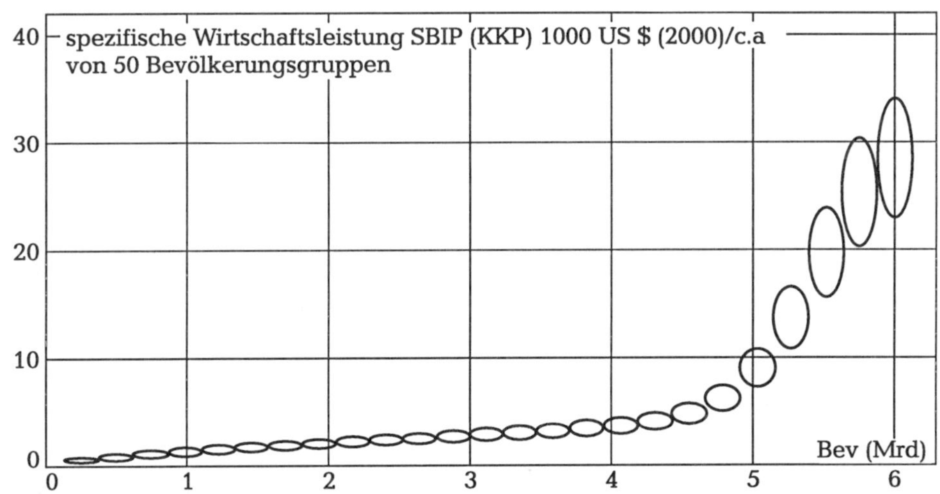

Abb. 5-6. Angenommene Verteilung des SBIP für das Jahr 2000 auf 50 Bevölkerungsgruppen. Die horizontale Achse der Ellipsen ist der Bevölkerungszahl, die vertikale Achse dem SBIP proportional. Die Fläche der Ellipse entspricht dem BIP der betreffenden Bevölkerungsgruppe

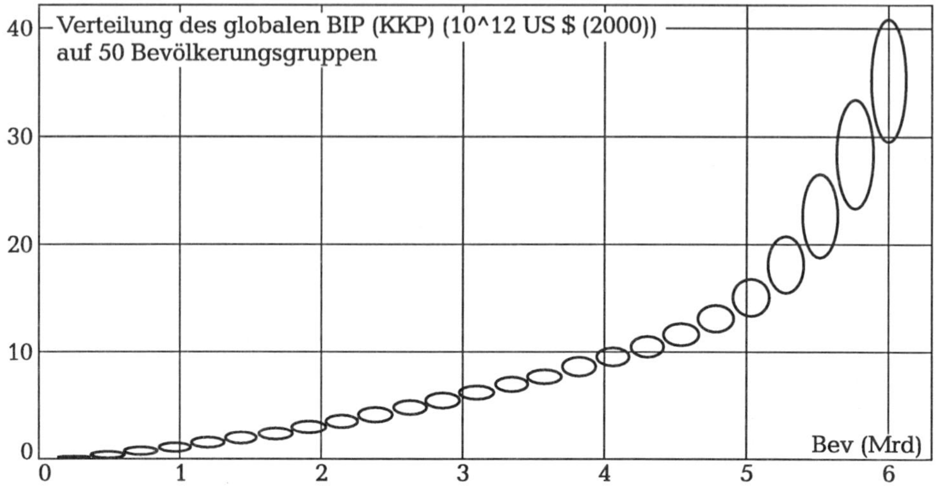

Abb. 5-7. Angenommene Aufteilung des globalen BIP für das Jahr 2000 auf 50 Bevölkerungsgruppen. Die horizontale Achse der Ellipsen ist der Bevölkerungszahl, die vertikale Achse dem SBIP proportional. Die Fläche der Ellipse entspricht dem BIP der betreffenden Bevölkerungsgruppe. Mit dieser Darstellung können zugleich fünf Größen dargestellt werden: Bevölkerungsgruppe 1 bis 50, globales BIP, Bevölkerungszahl der Gruppe, SBIP und BIP der Gruppe

Tabelle 5-1. Bevölkerungszahl, BIP unl SBIP in den Jahren 2000 bis 2050 für die Annahmen „realistisch"

Bev. gruppe	1	10	20	30	40	50
Jahr 2000						
Bevölkerung Mio	120,0	120,0	120,0	120,0	120,0	120,0
SBIP $ (2000)/c.a.	551,8	1698,8	2517,8	3357,0	6329,1	28.790,0
BIP d. Bev. gr. 10^9 $	66,2	203,9	302,1	402,8	759,5	3454,8
Jahr 2010						
Bevölkerung Mio	128,3	138,7	138,8	137,5	132,3	121,8
SBIP $ (2000)/c.a.	627,7	2969,5	4705,2	6158,1	9735,4	29.907,8
BIP d. Bev. gr. 10^9 $	80,5	411,9	653,3	846,6	1287,7	3643,8
Jahr 2030						
Bevölkerung Mio	151,9	177,7	169,3	162,7	148,8	125,2
SBIP $ (2000)/c.a.	924,5	8908,5	11.295,4	12.697,5	15.526,4	31.960,0
BIP d. Bev. gr. 10^9 $	140,4	1583,1	1912,4	2065,4	2310,8	4002,0
Jahr 2050						
Bevölkerung Mio	193,4	201,9	187,6	178,2	160,0	128,3
SBIP $ (2000)/c.a.	1974,2	14.904,2	16.688,0	17.733,9	19.883,6	33.811,5
BIP d. Bev. gr. 10^9 $	381,7	3008,5	3130,9	3159,7	3182,0	4338,1

Tabelle 5-2. Wie Tabelle 5-1, aber für eine andere Verteilung („sehr optimistisch")

Bev. gruppe	1	10	20	30	40	50
Jahr 2000						
Bevölkerung Mio	120,0	120,0	120,0	120,0	120,0	120,0
SBIP $ (2000)/c.a.	551,8	1698,8	2517,8	3357,0	6329,1	28790,0
BIP d. Bev. gr. 10^9 $	66,2	203,9	302,1	402,8	759,5	3454,8
Jahr 2010						
Bevölkerung Mio	128,5	138,7	138,9	137,7	132,3	121,8
SBIP $ (2000)/c.a.	669,8	2809,6	4342,1	5739,7	9683,8	31.279,2
BIP d. Bev. gr. 10^9 $	86,1	389,7	603,2	790,1	1281,4	3809,6
Jahr 2030						
Bevölkerung Mio	155,1	179,9	171,7	164,4	148,5	124,7
SBIP $ (2000)/c.a.	1181,7	7865,3	10.652,1	12.653,0	16.768,7	35.835,6
BIP d. Bev. gr. 10^9 $	183,2	1415,1	1829,4	2065,1	2489,5	4470,1
Jahr 2050						
Bevölkerung Mio	203,9	206,7	190,7	179,5	158,0	127,1
SBIP $ (2000)/c.a.	2993,2	14.959,1	17.682,7	19.425,9	23.125,4	39.931,1
BIP d. Bev. gr. 10^9 $	610,4	3092,7	3372,1	3486,6	3653,1	5074,6

Tabelle 5-3. Wie Tabelle 5-1, aber für eine andere Verteilung („sehr pessimistisch")

Bev. gruppe	1	10	20	30	40	50
Jahr 2000						
Bevölkerung Mio	120,0	120,0	120,0	120,0	120,0	120,0
SBIP $ (2000)/c.a.	551,8	1698,8	2517,8	3357,0	6329,1	28.790,0
BIP d. Bev. gr. 10^9 $	66,2	203,9	302,1	402,8	759,5	3454,8
Jahr 2010						
Bevölkerung Mio	128,2	138,7	138,8	137,3	132,3	121,9
SBIP $ (2000)/c.a.	598,7	3085,9	5015,7	6480,1	9641,9	29.277,2
BIP d. Bev. gr. 10^9 $	76,8	428,1	696,0	890,0	1275,2	3567,5
Jahr 2030						
Bevölkerung Mio	149,5	176,1	167,8	161,8	149,5	125,5
SBIP $ (2000)/c.a.	754,3	9409,0	11.350,7	12.379,2	14.377,6	30.196,2
BIP d. Bev. gr. 10^9 $	112,8	1657,3	1904,9	2002,9	2150,0	3788,8
Jahr 2050						
Bevölkerung Mio	182,3	199,7	186,6	178,4	162,5	129,0
SBIP $ (2000)/c.a.	1159,7	14.230,0	15.485,7	16.178,7	17.588,6	31.050,9
BIP d. Bev. gr. 10^9 $	211,4	2841,1	2889,9	2885,6	2857,6	4005,5

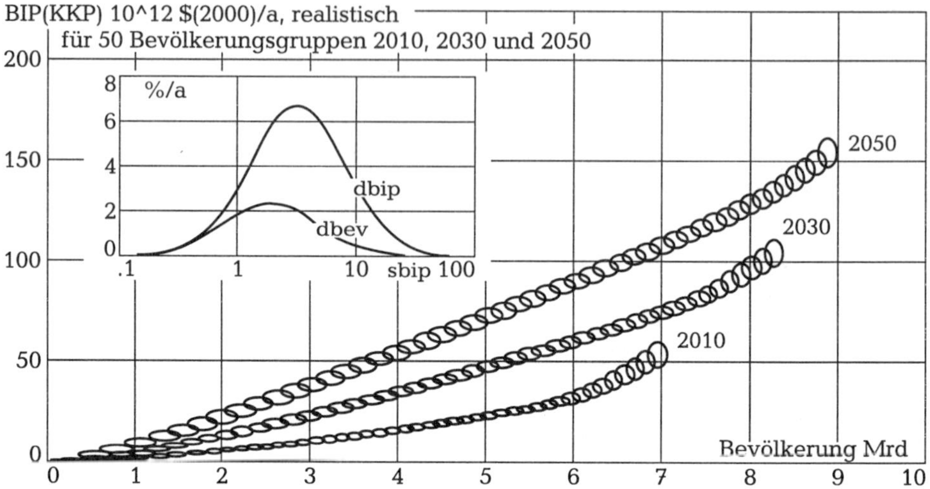

Abb. 5-8. Wendet man die im einliegenden Bild gezeigte Abhängigkeit des Bevölkerungswachstum dBEV und Wirtschaftswachstum dBIP auf die Aussagen der Abb. 5-7 an, dann ergeben sich die hier dargestellten Aussagen: Im Jahre 2050 (obere Kurve) wird die Bevölkerungszahl 8,8 Mrd. und das globale BIP 157 10^{12} \$ (2000) betragen (siehe auch Tabelle 5-1). Die mittleren Bevölkerungsgruppen gewinnen weit mehr als die oberen, so dass sich das BIP der Gruppen (proportional der Fläche der Ellipsen) angleicht

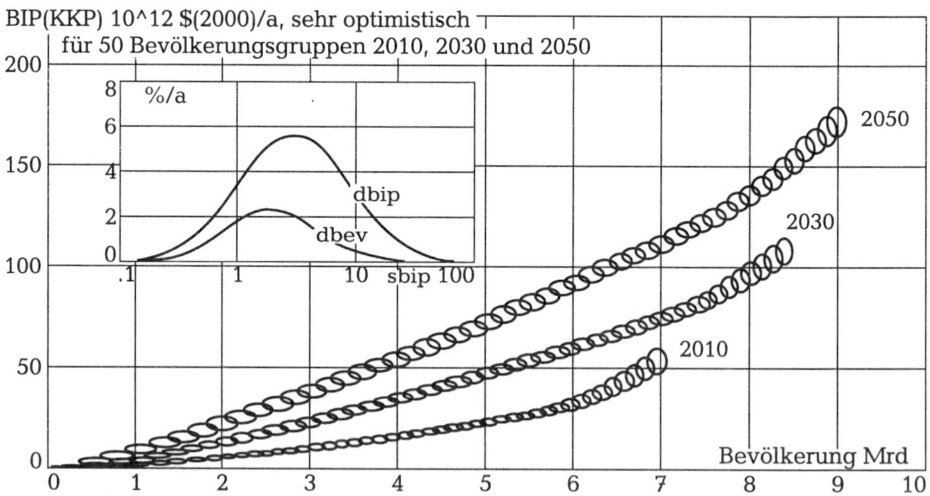

Abb. 5-9. Wie Abb. 5-8, jedoch mit einer sehr optimistischen Einschätzung der Wirtschaftsentwicklung (maximal 5,65% pro Jahr statt 6,55%/a, aber breitere Glocke)

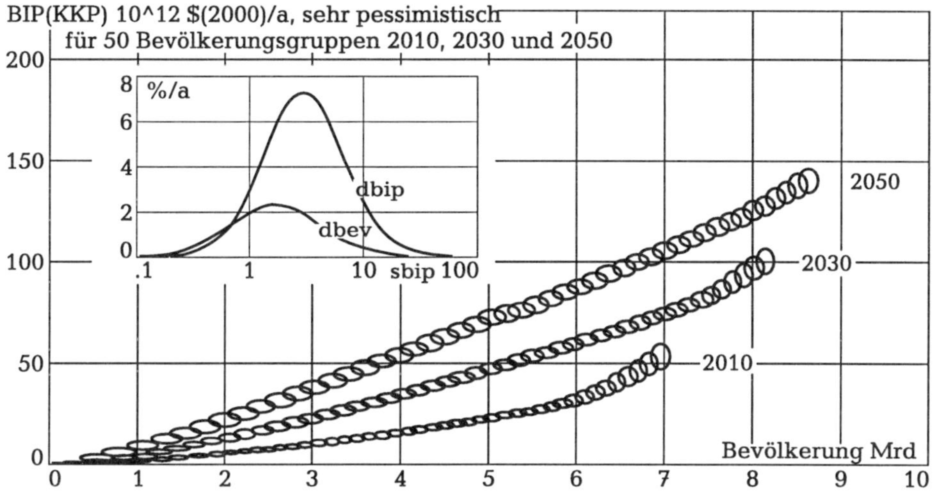

Abb. 5-10. Wie Abb. 5-8, jedoch mit einer sehr pessimistischen Einschätzung der Wirtschaftsentwicklung (maximal 7,3% pro Jahr statt 6,55%/a, aber schlankere Glocke)

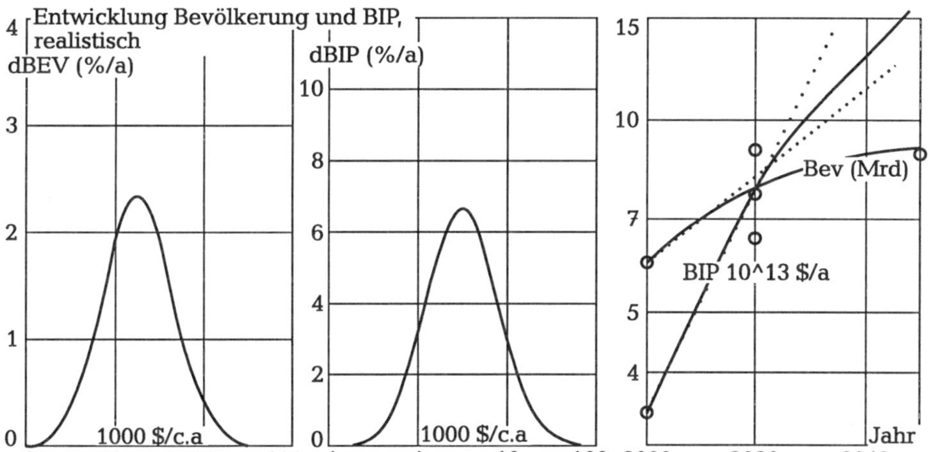

Abb. 5-11. Entwicklung von Bevölkerungszahl und BIP global unter Zugrundelegung der im linken und mittleren Bild gezeigten Abhängigkeit der prozentualen Veränderung. Im Bild rechts ist für das Jahr 2020 das globale BIP angegeben, das bei einem Wachstum von 3, 4 oder 5% pro Jahr zu erwarten wäre. Die Annahmen sind in diesem als realistisch bezeichneten Fall so getroffen, dass 4% BIP-Wachstum pro Jahr erreicht wird

rungsgruppe kann in diesen 50 Jahren ihr BIP von 66 auf 211 oder 610 Mrd. $ erhöhen (Tabellen 5-1 bis 5-3), also um 140 oder um 410%. Auf diesen Unterschied bezieht sich die Bezeichnung optimistisch oder pessimistisch. Das Ziel der Entwicklung ist ja nicht nur die allgemeine Erhöhung des SBIP, als

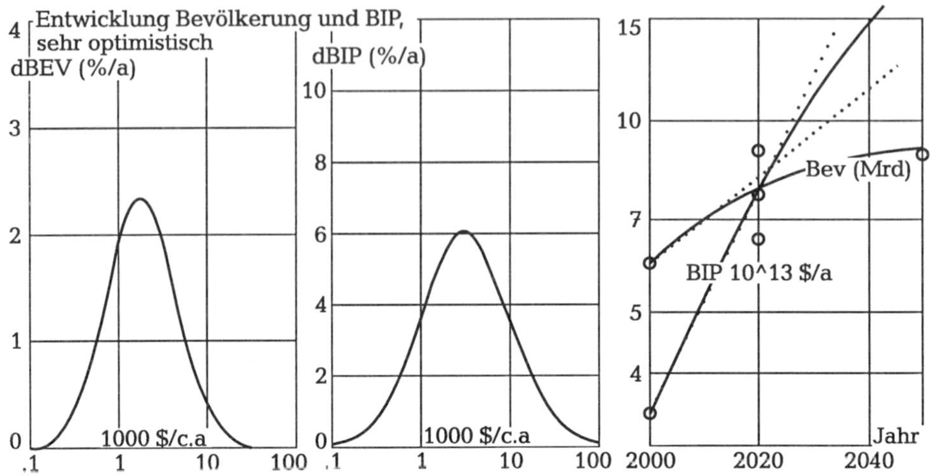

Abb. 5-12. Entwicklung von Bevölkerungszahl und BIP global unter Zugrundelegung der im linken und mittleren Bild gezeigten Abhängigkeit der prozentualen Veränderung. Die Annahmen sind auch in diesem als sehr optimistisch bezeichneten Fall so getroffen, dass das BIP bis zum Jahre 2020 mit durchschnittlich 4% pro Jahr wächst

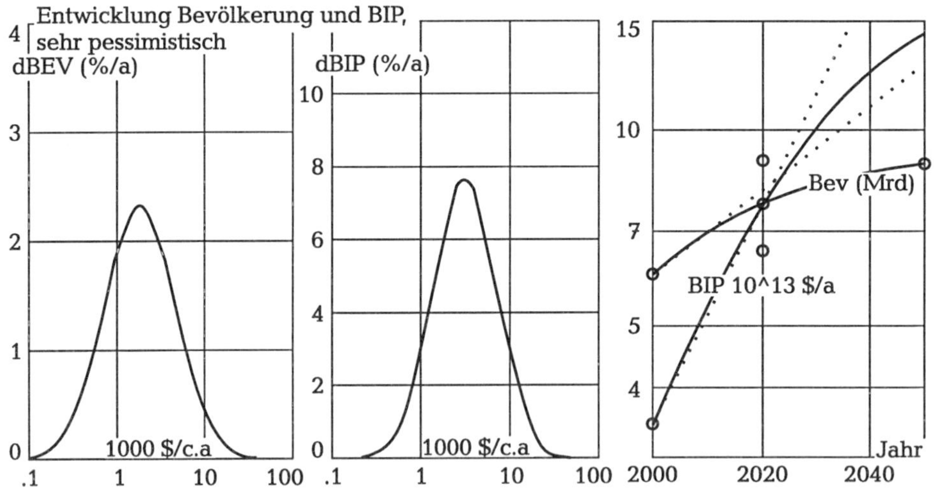

Abb. 5-13. Entwicklung von Bevölkerungszahl und BIP global unter Zugrundelegung der im linken und mittleren Bild gezeigten Abhängigkeit der prozentualen Veränderung. Die Annahmen sind auch in diesem als sehr pessimistisch bezeichneten Fall so getroffen, dass das BIP bis zum Jahre 2020 mit durchschnittlich 4% pro Jahr wächst

vielmehr die raschere Entwicklung der noch nicht Entwickelten. Beträgt die Wirtschaftsleistung der fünfzigsten (reichsten) Bevölkerungsgruppe das über 50fache der ärmsten, so kann dieser Abstand auf den Faktor 19 (im Fall sehr pessimistisch) oder 8,3 (im Fall sehr optimistisch) reduziert werden.

Grafisch wird die Entwicklung in den Abb. 5-8 bis 5-10 dargestellt. Im Vergleich zu heute (Abb. 5-7) gewinnen die heute noch nicht Entwickelten auf alle Fälle: Die Kurve wird in erwünschter Weise wesentlich flacher. Aber im Fall „sehr optimistisch" eben noch ein bisschen flacher.

Die gemeinsame Entwicklung aller 50 Bevölkerungsgruppen zeigt Abb. 5-11. In den beiden linken Diagrammen ist der angenommene Zusammenhang zwischen Bevölkerungswachstum dBEV und Wirtschaftswachstum dBIP von der Wirtschaftsleistung entsprechend den Abb. 4-6 und 4-7 dargestellt; im rechten Diagramm die daraus folgende Entwicklung der gesamten Bevölkerungszahl und des globalen BIP. Es steigt bis 2020 mit 4% pro Jahr entsprechend der gepunkteten Gerade. In den vergangenen 50 Jahren ist es zunächst mit 4,85, dann mit 3,18% pro Jahr gestiegen (Abb. 2-10), im Mittel also um 4% pro Jahr. Das ist auch für die Zukunft angenommen. Es kommt aber weniger auf diese Zahl an als auf die Verteilung des Wirtschaftswachstums. Deshalb ist diese Annahme für alle drei Fälle gleich gewählt (siehe Abb. 5-12 und 5-13). Nur die Verteilung ist verändert, also die Höhe und Breite der Glockenkurve dBIP.

Die Bevölkerungsgruppen 1 bis 50 verändern die Zahl ihrer Menschen, ihr SBIP und ihr BIP sehr unterschiedlich (Abb. 5-14). Die Bevölkerungsgruppe 3 z. B. vergrößert bis zum Jahr 2040 ihre Zahl von 120 auf 270 Millionen, während die Bevölkerungsgruppen 46 bis 50 ihre Zahl kaum verändern.

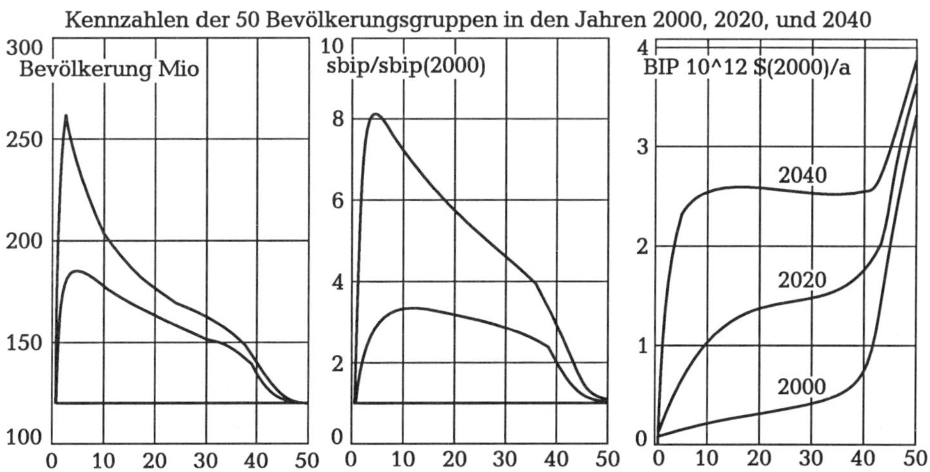

Abb. 5-14. Über der Nummer der Bevölkerungsgruppen ist die jeweilige Veränderung bis zum Jahr 2020 bzw. 2040 aufgetragen. Im Jahr 2000 sind alle 50 Bevölkerungsgruppen gleich groß (120 Millionen). Bis zum Jahr 2020 wird z. B. die Bevölkerungsgruppe 20 auf 165 Millionen, bis 2040 auf 180 Millionen zugenommen haben. – Das SBIP dieser Bevölkerungsgruppe wird sich bis dahin verdreifachen bzw. versechsfachen, das BIP der Gruppe von 0,3 auf 1,4 bzw. 2,6 Billionen $ zunehmen

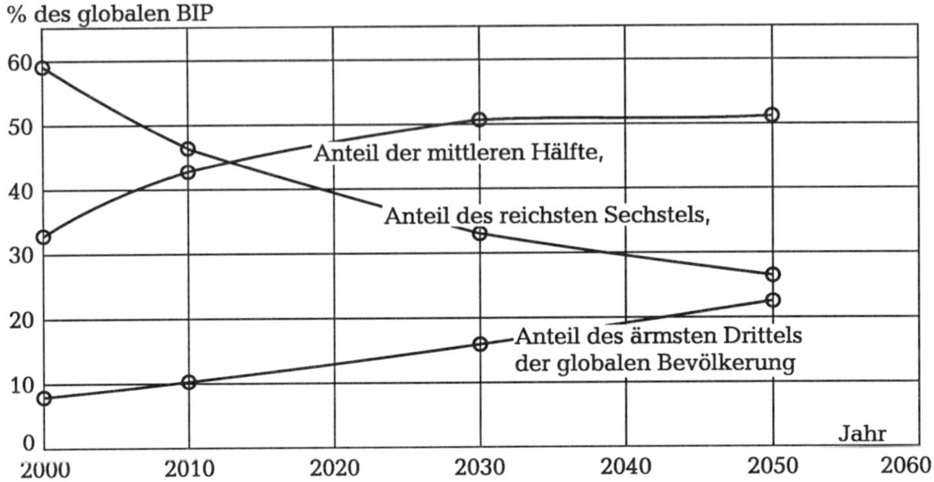

Abb. 5-15. Anschaulicher Vergleich der Aufteilung des globalen BIP: Im Jahr 2000 leistet 1/6 der Bevölkerung (die „Reichen") 59% des globalen BIP, 1/3 (die „Armen") 9% und die Hälfte (die „Mittleren") 33%. Die Entwicklung strebt der idealen Verteilung zu

Bis zum Jahr 2040 verachtfacht die Bevölkerungsgruppe 8 ihr SBIP; die Bevölkerungsgruppen 25 bis 50 vergrößern ihr BIP auf mehr als das BIP der reichsten, 50. Bevölkerungsgruppe im Jahr 2000.

Das globale BIP ist heute recht ungleich verteilt (Abb. 5-15): Das ärmste Drittel der Bevölkerung hat nur 8% zur Verfügung (kann nur 8% des globalen BIP beisteuern), während das reichste Sechstel über fast 60% verfügt. Bis zum Jahr 2050 gleicht sich diese Ungerechtigkeit wesentlich aus: Das ärmste Drittel verfügt dann über 22% des globalen BIP (statt der ihm „zustehenden" 33%), das reiche Sechstel nur mehr über 27% (statt der ihm „zustehenden" 17%). Die mittlere Hälfte der Bevölkerung verfügt heute über 33%, erreicht aber schon ab 2030 die ihm zustehenden 50% des globalen BIP.

Historischer Materialismus?

Die These vom ähnlichen Verhalten der Bevölkerungsgruppen gleicher Wirtschaftsleistung folgt der bereits von Platon geäußerten Idee, dass die gesellschaftliche und kulturelle Entwicklung der wirtschaftlichen folgt. Diese Ansicht ist seither immer wieder bestätigt worden und findet auch in den Bildern des Kapitels 4 ihren Niederschlag. Damit wird keine religiöse Aussage verknüpft, nicht behauptet, dass alle geistigen Prozesse nichts als Funktionen der Materie seien. Auch gelten die hier abgeleiteten Beziehungen nicht streng wie ein Naturgesetz, nicht für alle Zeiten, sondern vielleicht nur für einige Jahrzehnte. Sie schränken auch nicht die persönliche Willensfreiheit des Einzelnen ein.

5.2 Anwendung der These vom ähnlichen Verhalten der Bevölkerungsgruppen mit gleicher Wirtschaftsleistung pro Kopf

In den Abb. 5-8 bis 5-32 sowie in den folgenden Kapiteln ist diese These auf die aus den Bildern des Kapitels 4 annähernd bekannten Zusammenhänge angewendet.

Nimmt man z. B. die Näherung für die Entwicklung der Bevölkerungszahl und des SBIP in den 50 Bevölkerungsgruppen nach Abb. 5-8 als gegeben an sowie den Zusammenhang zwischen SBIP und Geburten pro Frau (Abb. 4-14), so kann für jede Bevölkerungsgruppe und jedes Jahr die durchschnittliche Zahl der Geburten errechnet werden. Die Aufsummierung führt dann zur Zahl der Geburten pro Jahr (Abb. 5-16). Danach sinkt die Zahl der jährlichen Geburten von heute 120 Millionen bis 2025 auf 90 Millionen ab. Eine Bevölkerungszahl von konstant 9 Milliarden würde bei einer Lebenserwartung von 78 Jahren 115 Millionen Geburten pro Jahr erfordern.

In gleicher Weise wird bei der Errechnung der durchschnittlichen Lebenserwartung vorgegangen: Abb. 4-16 liefert näherungsweise den durchschnittlichen Zusammenhang zwischen Lebenserwartung und SBIP. Die Anwendung dieses Zusammenhang je nach SBIP auf die Zahl der Menschen in jeder Bevölkerungsgruppe führt zu der angegebenen durchschnittlichen Lebenserwartung aller Menschen. Sie steigt von heute etwa 68 bis 2050 auf 78 Jahre.

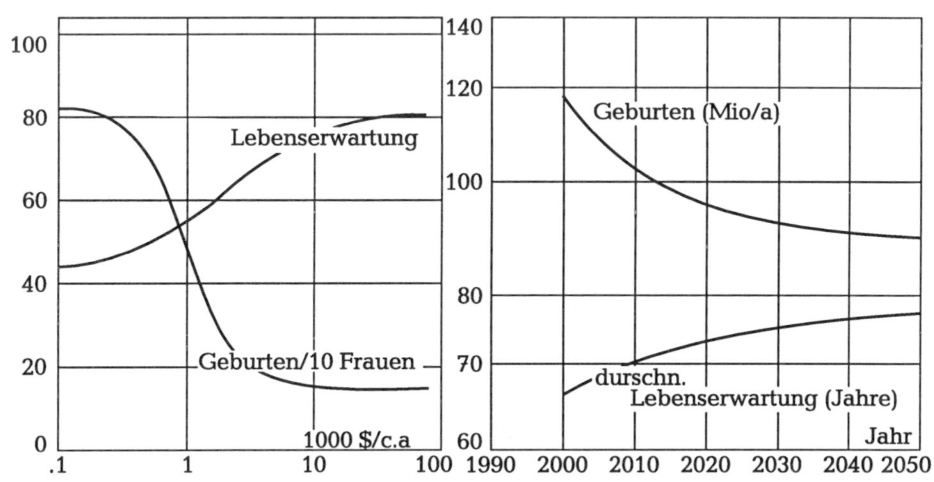

Abb. 5-16. Lebenserwartung und Fruchtbarkeit. Im linken Bildteil sind die in den Abb. 4-14 und 4-16 ermittelten Näherungskurven dargestellt. Aus ihnen und aus dem nach Abb. 5-8 bekannten Angaben von SBIP und Bevölkerungszahl der Gruppe ist die Zahl der Geburten pro Jahr und die durchschnittliche Lebenserwartung errechnet

Bei van Dieren findet sich eine Angabe darüber, wie viel Prozent der Menschen kein sauberes Wasser haben und ungenügend sanitär versorgt sind (siehe Abb. 5-17 links). Die Errechnung der Zahl der Menschen ohne Zugang zu sauberem Wasser bzw. ohne ausreichende sanitäre Versorgung führt zum Ergebnis, dass bis zum Jahr 2050 die Zahl der Menschen ohne sauberes Wasser von 1,8 auf 0,3 Milliarden sinkt; die Zahl der Menschen ohne ausreichende sanitäre Versorgung von 1,8 auf 0,85 Milliarden.

Der Anteil von Analphabeten sinkt von fast 70 auf nahe 0%, entsprechend Abb. 5-18 (links) bzw. 4-19. Daraus errechnet sich, dass bis zum Jahr 2050 die Zahl der Analphabeten von heute 1,8 Milliarden auf unter 0,2 Milliarden fallen wird. Gegenläufig nimmt die Zahl der PCs von heute 0,22 Milliarden bis 2050 auf 1,2 Milliarden zu (errechnet aus Abb. 4-22). Bis zum Jahr 2050 wird die Zahl der Fernsehgeräte von 1,5 auf fast 7 Milliarden zunehmen (Abb. 5-19), die Zahl der Internetzugänge von 0,25 auf 1 Milliarde. Diese Angabe ist mit einer besonders großen Unsicherheit behaftet, weil die Abschätzung auf einer noch relativ kleinen Zahl beruht, die erst in den letzten Jahren zustande kam. Die Zahl der Telefone mit Festanschluß (Abb. 5-19: heute 1,5 Milliarden, 2050 fast 5 Milliarden) ist aus einem anderen Grund zweifelhaft: Das Handy könnte die weitere Entwicklung so beeinflussen, dass die Zahl der Telefone mit Festanschluß nicht das errechnete Niveau erreicht bzw. sogar wieder sinkt. Die Beantwortung dieser Frage erfordert eine weitergehende Untersuchung. Die Zahl der inner- und zwischenstaatlichen Konflikte wird bis zum Jahre 2050 um fast 60% abnehmen, entsprechend der Berechnung aufgrund der Abb. 4-39 und 4-40 (Abb. 5-20).

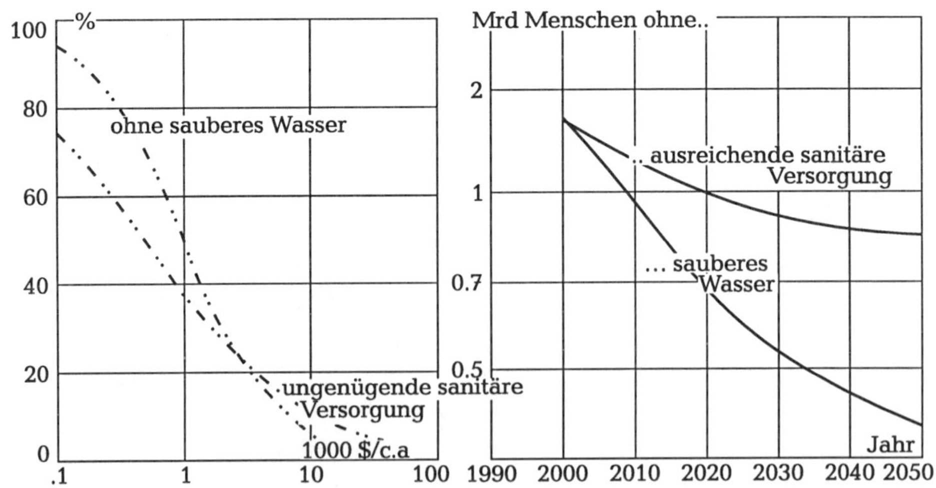

Abb. 5-17. Nach van Dieren sind die links gezeigten Anteile der Bevölkerung ohne sauberes Wasser bzw. ohne ausreichende sanitäre Versorgung. Daraus ist die Zahl der von diesen Unzulänglichkeiten betroffenen Menschen errechnet

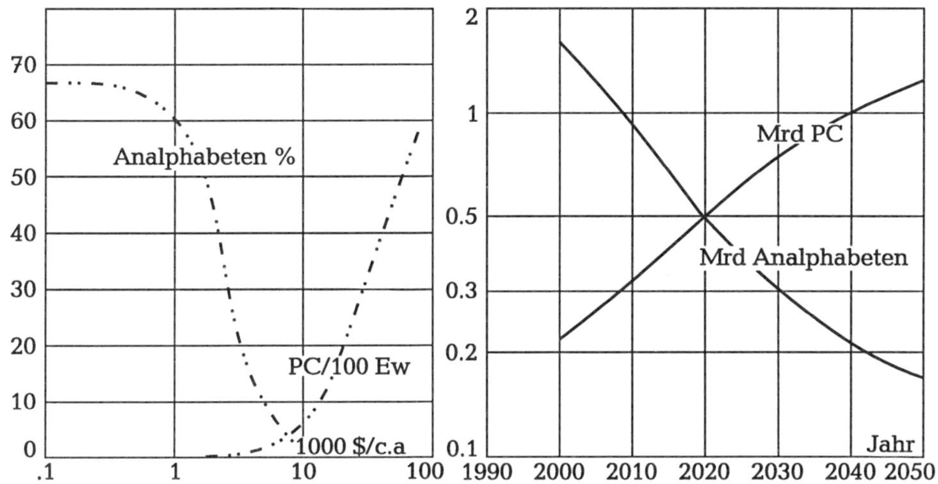

Abb. 5-18. Der Anteil der Analphabeten nimmt mit steigendem SBIP entsprechend der im linken Bildteil gezeigten Kurve ab (siehe auch Abb. 4-19). Die Zahl der PCs nimmt mit dem SBIP zu (siehe auch Abb. 4-22). Aus diesen Durchschnittswerten ist die Zahl der Analphabeten errechnet

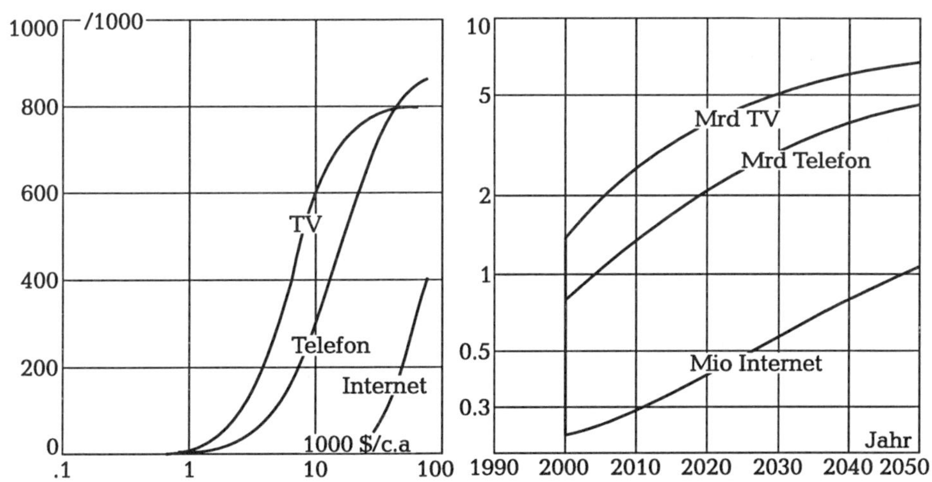

Abb. 5-19. Die Abhängigkeit der Zahl der Telefone, TV-sets und Internetzugänge ist von den Abb. 4-21, 4-23 und 4-24 näherungsweise bekannt (links). Aus diesen Angaben sind die rechts ersichtlichen Zahlen ermittelt

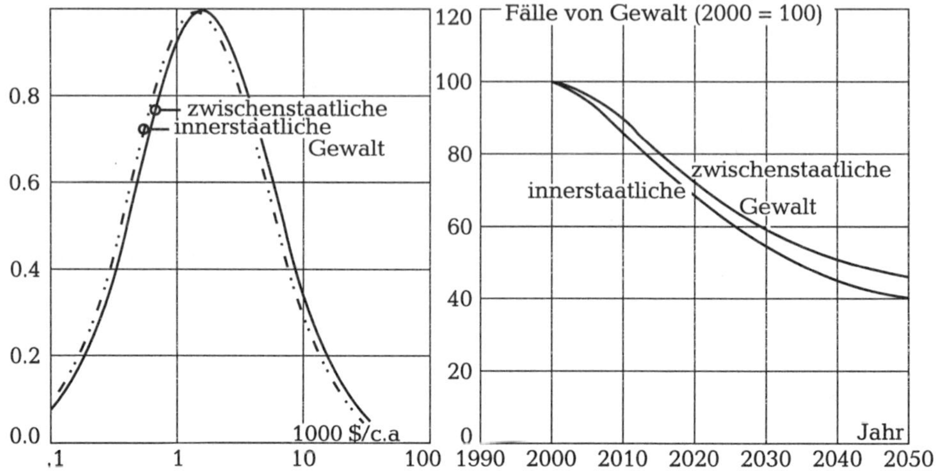

Abb. 5-20. Die Zahl der innerstaatlichen und zwischenstaatlichen Konflikte wird bis zum Jahr 2050 auf 40 bis 50% abnehmen, wenn der heute erkennbare Zusammenhang von Konfliktwahrscheinlichkeit und SBIP bestehen bleibt

Erwerbstätigkeit

Mit steigender Wirtschaftsleistung verändern sich die Lebensumstände dramatisch (Abb. 5-21 bis 5-23). Der Anteil der in der Landwirtschaft Beschäftigten sinkt von 80 auf 1% der insgesamt Erwerbstätigen. Die dort frei werdenden Arbeitskräfte werden zunächst von der Industrie aufgenommen, in der bei 5000 $ (2000) pro Kopf und Jahr fast 50% der Erwerbstätigen Arbeit finden. Mit weiter steigendem SBIP sinkt der Anteil der Erwerbstätigen in der Industrie auf vielleicht 20%. Dafür steigt der Anteil der Erwerbstätigen in den Dienstleistungen kontinuierlich an. Er hat heute in den USA schon 73% (Tabelle 5-4) erreicht. Die Ursache dieser Veränderungen ist die Mechanisierung der Landwirtschaft, welche die Produktivität (z. B. Weizenertrag je Arbeitskraftstunde) mit mehr als 5% pro Jahr steigen lässt. Die Industrie wächst bis zu einem SBIP von etwa 5000 $ pro Kopf und Jahr infolge des steigenden Bedarfs an neuen Industriegütern, von Zahnbürste und Waschmaschine bis PKW und Handy. Aber auch hier übersteigt dann die Mechanisierung und Automatisierung der Produktion den Bedarf an Arbeitskräften infolge neuer Produkte: Der Anteil der in der Industrie Tätigen verringert sich auf einen kaum vorhersehbaren Anteil, der allein davon abhängt, welche neuen Industrieprodukte einen Markt finden. Gäbe es keine neuen Produkte mehr, dann würde sich der Anteil der in der Industrie Beschäftigten infolge der immer weiter fortschreitenden Automatisierung immer weiter verringern. Abb. 5-24 fasst die Ausgleichskurven der Abb. 5-21 bis 5-23 zusammen, Abb. 5-25 bestätigt sie für Deutschland.

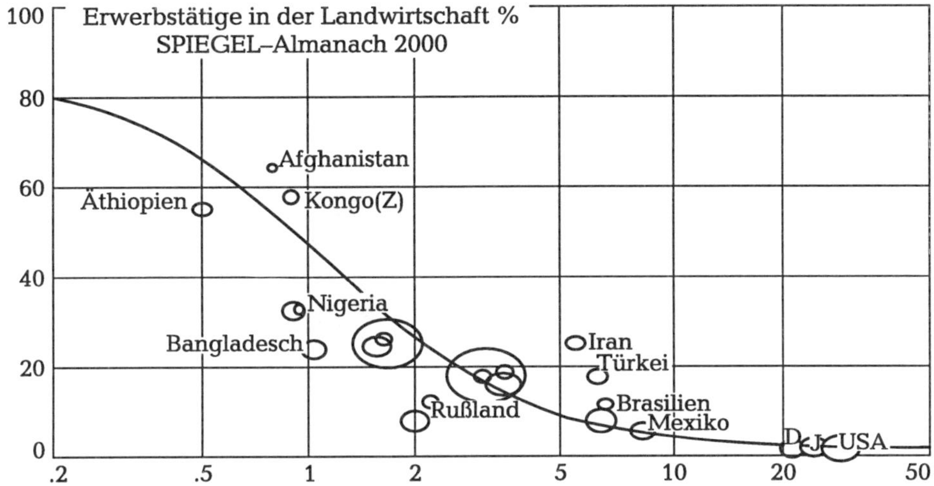

Abb. 5-21. Erwerbstätige in der Landwirtschaft abhängig vom SBIP

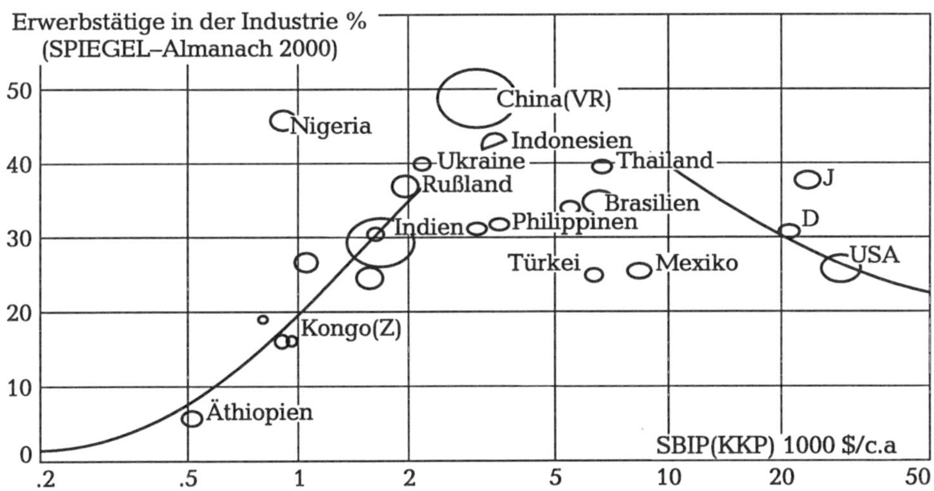

Abb. 5-22. Erwerbstätige in der Industrie

Der Anteil der Erwerbstätigen an der Bevölkerung insgesamt verändert sich aber auch (Abb. 5-26). Bei den größeren SBIP-Werten fällt er ab, weil sich die Lebensarbeitszeit infolge steigender Ausbildungszeit und Lebenserwartung bei sinkendem Pensionsalter laufend verringert. Hier stoßen zwei Argumente gegeneinander, die derzeit heftig diskutiert werden: Die einen argumentieren damit, dass die Lebensarbeitszeit nicht andauernd sinken könne (–1% pro Jahr), wenn die Lebenserwartung steigt (+0.3% pro Jahr in den entwickelten Ländern); die anderen meinen, dass die steigende Produk-

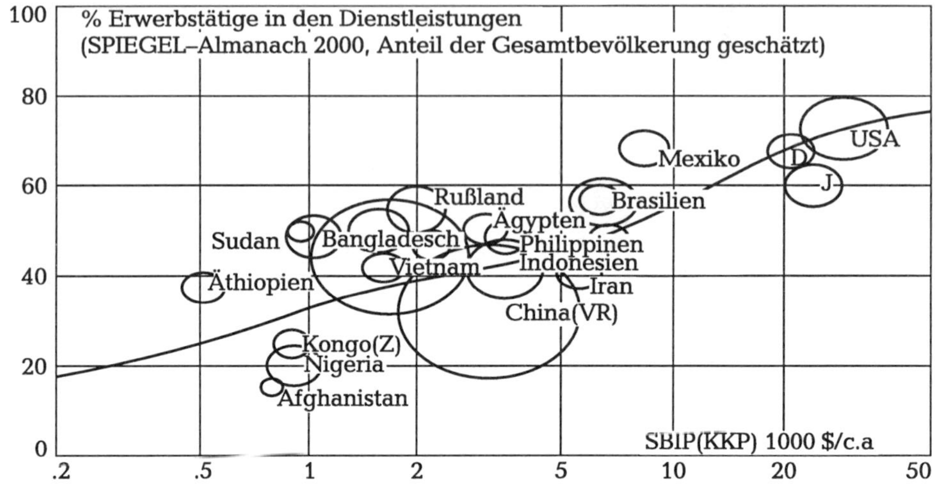

Abb. 5-23. Erwerbstätige in den Dienstleistungen

Tabelle 5-4. Anteil der Erwerbstätigen in den verschiedenen Wirtschaftszweigen nach Spiegel Almanach 2000

Land	SBIP (KKP) $/c.a.	1.	2.	3.
Afghanistan	800	64	20	16
Ägypten	3050	18	32	51
Äthiopien	510	55	7	38
Bangladesch	1050	24	27	49
Brasilien	6480	8	35	57
China (VR)	3130	19	49	32
D	21260	1	31	68
Indien	1670	25	30	45
Indonesien	3490	16	43	41
Iran	5500	25	34	40
J	24070	2	38	60
Kongo (Z)	902	58	17	25
Mexiko	8370	5	26	69
Nigeria	920	33	47	20
Pakistan	1560	25	25	50
Philippinen	3520	19	32	49
Russland	1984	8	37	55
Sudan	953	33	17	50
Thailand	6690	11	40	49
Türkei	6350	18	25	57
Ukraine	2190	12	40	48
USA	29010	2	25	73
Vietnam	1630	26	31	43

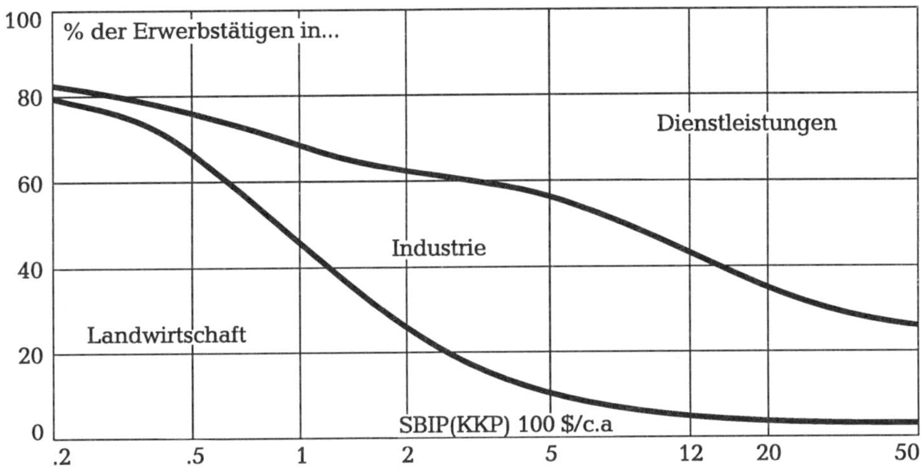

Abb. 5-24. Aufteilung der Erwerbstätigen in Abhängigkeit vom SBIP

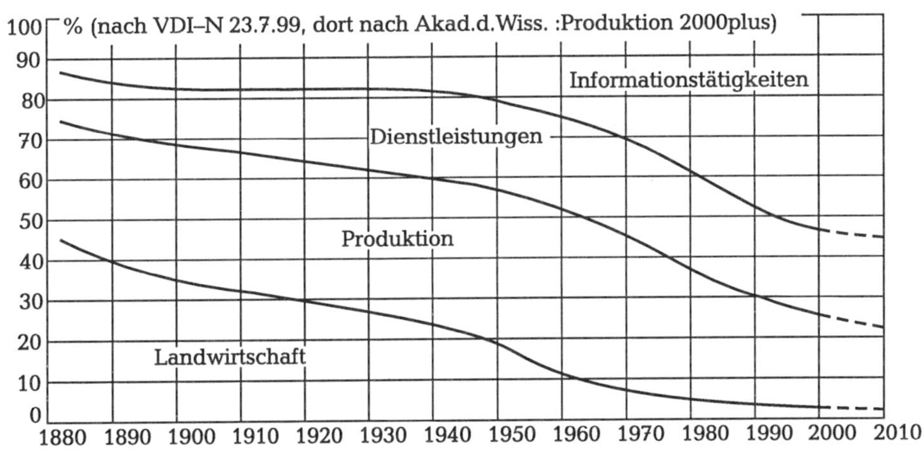

Abb. 5-25. Aufteilung der Erwerbstätigen in Deutschland in Abhängigkeit von der Zeit nach der angegebenen Quelle

tivität, die fortlaufende „Vernichtung von Arbeitsplätzen" den Anteil der Lebensarbeitszeit an der gesamten Lebenszeit verringern müsse. Beide Argumente treffen zu. Die Auswirkungen der beiden Argumente sind einmal die steigende Belastung der Erwerbstätigen (Abb. 5-27). In Österreich haben z. B. 1970 vier Erwerbstätige drei nicht Erwerbstätige unterhalten; 1990 müssen sie bereits für fünf sorgen. Tendenz weiter steigend. Passt man aber die Lebensarbeitszeit der Gesamtlebenszeit an, dann übersteigt die Zahl der infolge Rationalisierung freigesetzten die Zahl der neuen Arbeitsplätze infolge Innovation: Die Zahl der Arbeitslosen nimmt zu, die dann aber auch

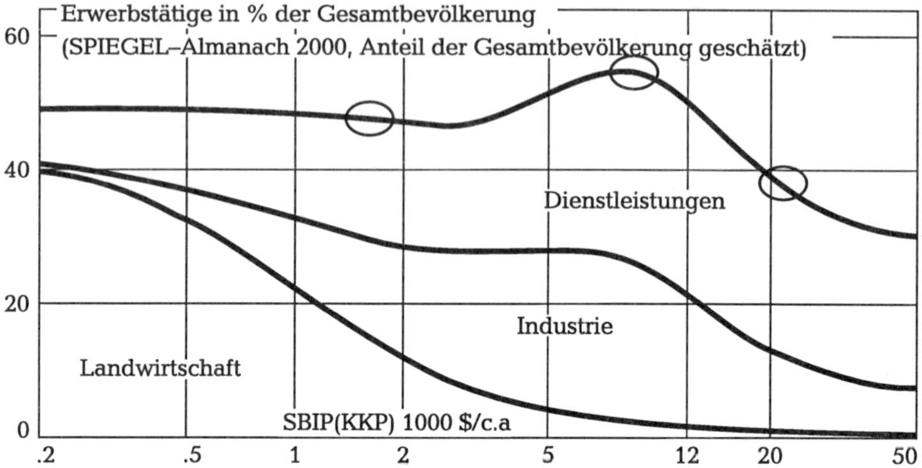

Abb. 5-26. Anteil der Erwerbstätigen von der Gesamtbevölkerung sowie der Anteil der in den Wirtschaftszweigen Beschäftigten (global)

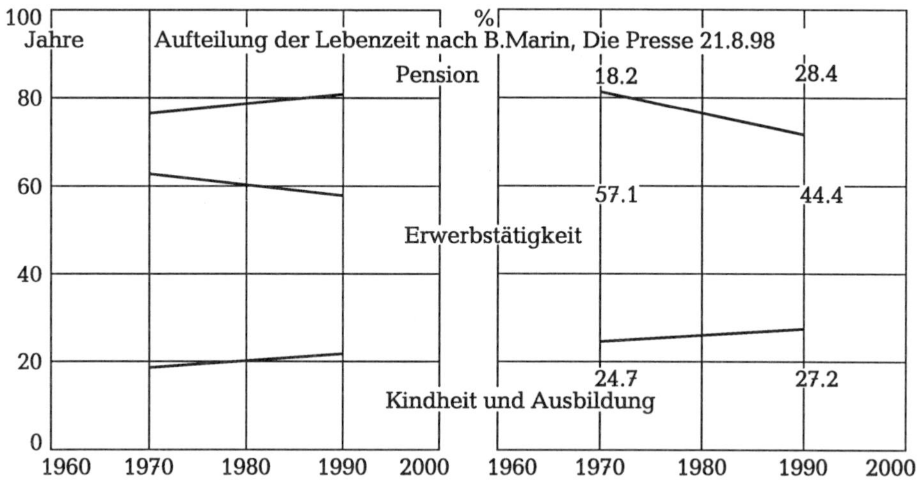

Abb. 5-27. Der Lebensabschnitt, in dem der Betreffende erwerbstätig ist, wird im Vergleich zur Lebenserwartung immer kleiner

von den anderen Erwerbstätigen „erhalten" werden müssen. Der Kompromiss kann nur darin gefunden werden, dass das kleiner werdende Verhältnis von Erwerbstätigen zu nicht Erwerbstätigen akzeptiert wird, wobei das Tempo aber durch das Anreizen möglichst vieler neuer, akzeptierter Produkte und Dienstleistungen gemildert wird. Der Fortschritt der Technik wird letzten Endes dazu führen, dass das Verhältnis von Lebensarbeitszeit zu Lebenserwartung immer kleiner wird. Das ist ja schließlich der Sinn dieses Fortschritts.

Auf dem Weg dahin muss aber die globale Wettbewerbsfähigkeit gewährleistet bleiben, wenn die betreffende Wirtschaftseinheit im durchschnittlichen SBIP nicht zurückfallen will. Global bedeutet das, dass die Zahl der Erwerbstätigen 4 Milliarden nicht überschreitet, die Zahl der in der Industrie Beschäftigten im Jahr 2020 ein Maximum von 1,8 Milliarden erreicht (Abb. 5-28). Die Zahl der in der Landwirtschaft Beschäftigten sinkt von heute 570 Millionen weiter ab. In den verschiedenen Bevölkerungsgruppen verläuft die Entwicklung sehr unterschiedlich (Abb. 5-29): Beim armen Drittel

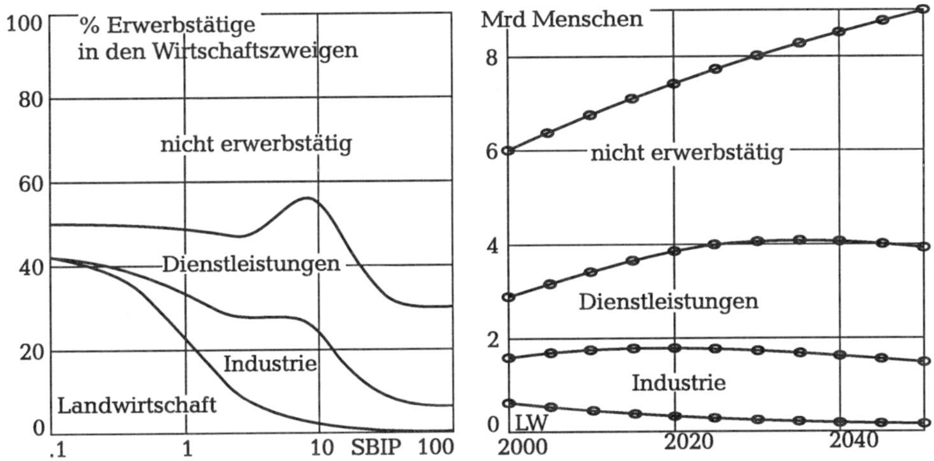

Abb. 5-28. Hochrechnung der Anzahl der Menschen, die nicht erwerbstätig sind, sowie der Wirtschaftszweig der Erwerbstätigen

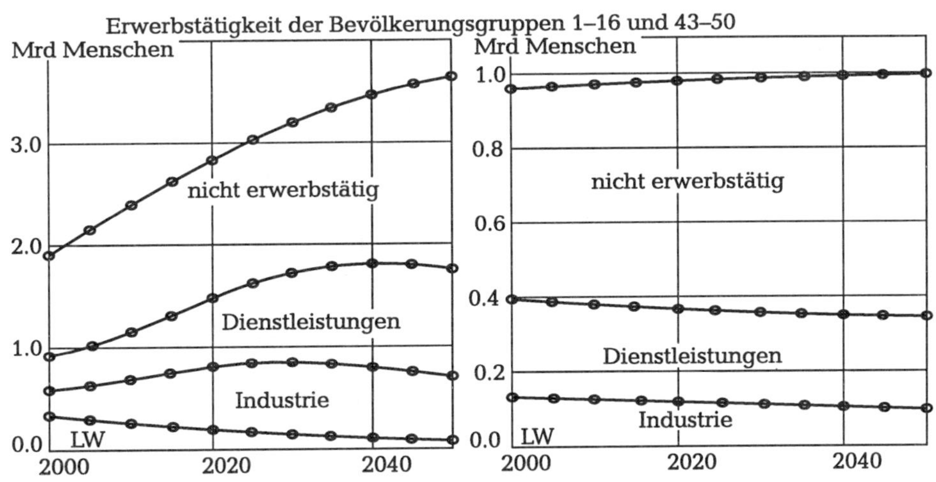

Abb. 5-29. Wie Abb. 5-26, aber für die armen Bevölkerungsgruppen 1–16 (links) und die reichen 43–50 (rechts)

der Bevölkerung, bei den Bevölkerungsgruppen 1 bis 16, nimmt die Zahl der in der Industrie Beschäftigten noch bis 2040 zu. Der Anteil der nicht Erwerbstätigen bleibt zwischen dem Jahr 2000 und 2050 bei etwa 52%. Bei den reichen Bevölkerungsgruppen 43 bis 50 nimmt der Anteil der nicht Erwerbstätigen von unter 60 auf über 65% zu. Aber überall sinkt das Verhältnis der Zahl der in der Industrie und der in den Dienstleistung Tätigen. Es ist daher sinnlos, die entstehenden Dienstleistungs-Arbeitsplätze als „McJobs" zu verteufeln. Auch auf diesem Wirtschaftssektor gibt es Wettbewerb, der den Tüchtigen eine Chance zum Aufstieg gibt.

Konsumausgaben

Mit steigendem SBIP verändern sich die Konsumausgaben (Abb. 5-30). Die Ausgaben für Nahrung und Bekleidung sinken auf 25% des verfügbaren Einkommens, die Ausgaben für Wohnen, Heizen, Beleuchtung, Genussmittel, Gesundheits- und Körperpflege nehmen auf 40% zu, die Ausgaben für Bildung, Erholung, Freizeit, Sport, Verkehr und Nachrichten auf ebenfalls fast 40%. Diese Veränderung ist in Abb. 5-31 links nochmals dargestellt; rechts sind daraus mit dem beschriebenen Verfahren die globalen Ausgaben errechnet. Noch sind die Ausgaben für Nahrung und Bekleidung mit 16 Billionen $ pro Jahr der größte Ausgabenblock. Er wird aber etwa 2040 vom Block für Wohnen usw. überholt. In den reichen Bevölkerungsgruppen sind die Ausgaben für Nahrung und Bekleidung bereits der kleinste Ausgabenblock (Abb. 5-32), in den armen Bevölkerungsgruppen bleiben sie aber bis

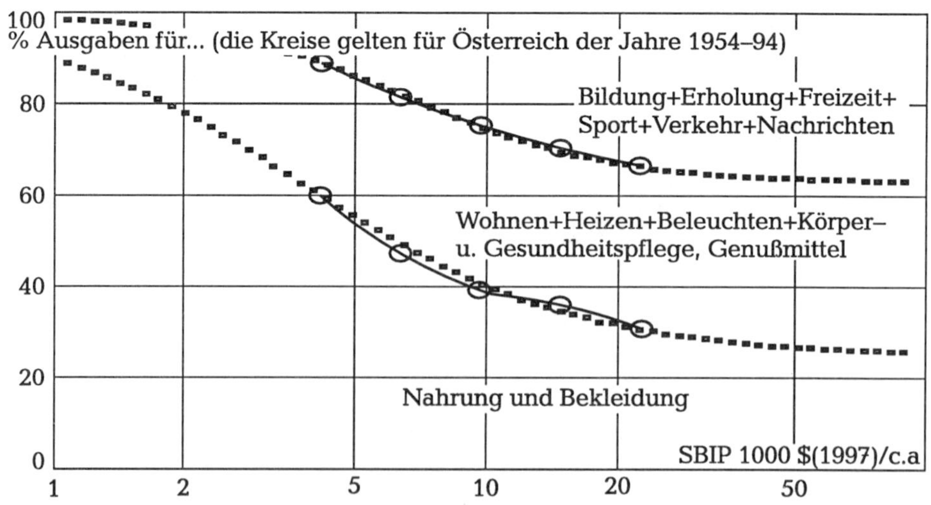

Abb. 5-30. Aufteilung des verfügbaren Einkommens auf die Konsumgruppen

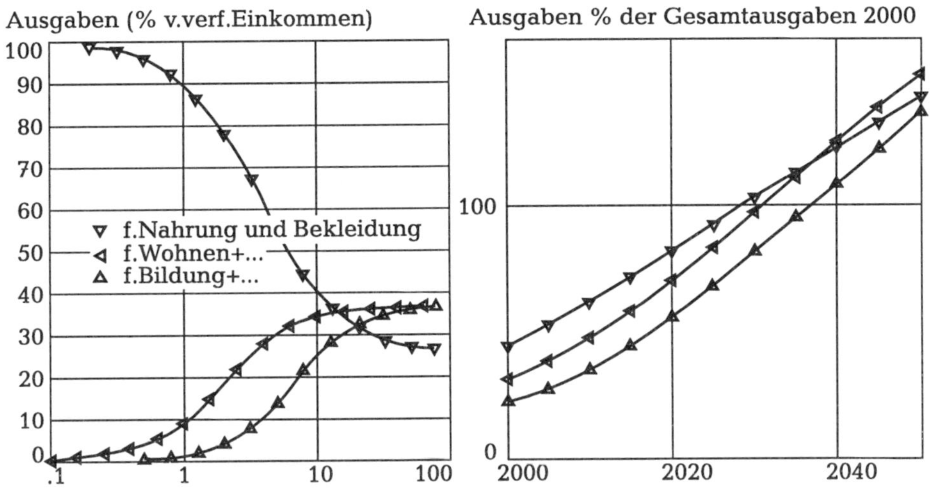

Abb. 5-31. Ausgaben für die genannten Konsumgruppen

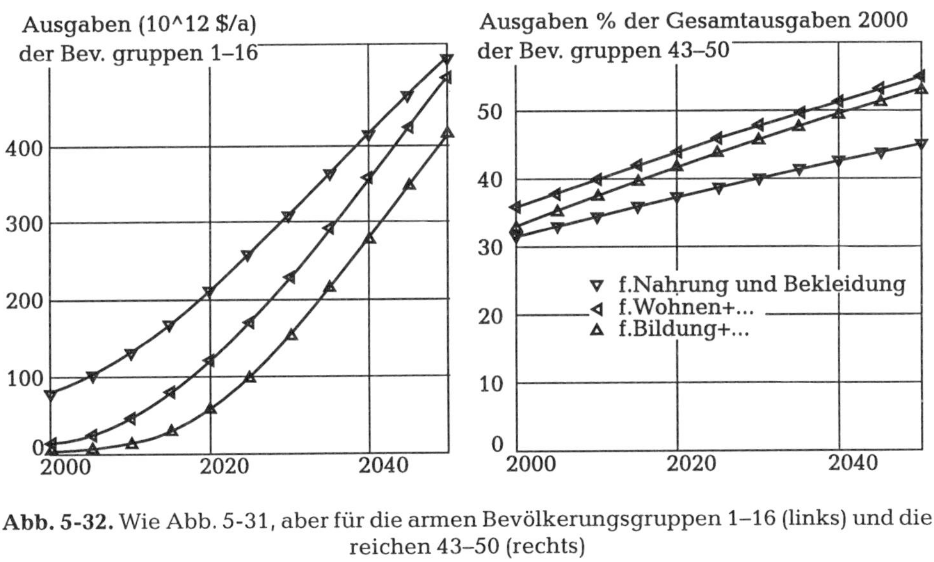

Abb. 5-32. Wie Abb. 5-31, aber für die armen Bevölkerungsgruppen 1–16 (links) und die reichen 43–50 (rechts)

nach 2050 der größte. Die tatsächlichen Werte werden kleiner sein. Ihre Relation zueinander trifft aber zu.)

Die vorstehenden Beispiele sollen zeigen, wie Fragen allgemeinen Interesses mit der These nach dem ähnlichen Verhalten von Bevölkerungsgruppen mit gleichem SBIP beantwortet werden können. Weitere Anwendungen finden sich im Kapitel 9.

6 Nahrung und Wasser

„Unser täglich Brot gib uns heute..."

Die Sorge um das tägliche Brot bedrückt einen großen Teil der Menschheit auch in einer Zeit, in der landwirtschaftliche Überproduktion ein wirtschaftliches Problem geworden ist und wo mancherorts Nahrungsmittel weggeworfen werden oder ihre Produktion durch staatliche Prämien unterbunden wird. Aber das einfachste Gebot der Nächstenliebe, das „Gib dem Hungernden", wird ausgehöhlt durch manche Erfahrungen mit einer global organisierten Hilfestellung im Notfall. Solche Hilfslieferungen können zur Abhängigkeit der Empfänger führen, anstatt sie in die Lage zu versetzen, so rasch wie möglich für sich selbst zu sorgen. Aber wie soll ein Bauer auf dürftigem Boden ohne moderne Maschinen und modernes Saatgut gegen kostenlos angelieferte Produkte konkurrieren? Ein mitteleuropäischer Bürger beispielsweise möchte gerne den Menschen auf dem Balkan helfen, deren Gastfreundschaft er in bester Erinnerung haben mag; aber mit der Spende von Lebensmitteln ist es da und anderswo nicht getan. Das wirkliche Problem ist die Befriedung der Notleidenden, die Beendigung von Kriegen, Terrorismus und Stammesfehden jeder Art und das Verschwenden von finanziellen Mitteln (insbesondere von Devisen) – gleich welcher Herkunft – für Waffen und Soldaten anstatt für Nahrung und Bauern. Solange in Hungerregionen diese politischen Probleme nicht gelöst sein werden, so lange werden die Betroffenen auf den Import dessen angewiesen sein, was sie selbst leicht und gern produzieren könnten. Die Landwirtschaft ist in vielen dieser Länder immer noch für die Mehrheit der Menschen die einzige Arbeits- und Überlebensmöglichkeit.

„Hilfe zur Selbsthilfe"

heißt das Rezept. „Wenn du einen Hungernden satt machen willst – so gib ihm Fische; wenn du ihm aber auf Dauer helfen willst – dann lehre ihn fischen!" Das versuchen, wenn auch häufig unkoordiniert, zahlreiche staatliche, zwischenstaatliche und private Organisationen. Manche von ihnen – wie die Weltbank und andere multi- und bilateralen Entwicklungsbanken –

geben auch die finanziellen Mittel dazu, um sozusagen die Geräte für das Fischen (und das Know-how dafür) erwerben zu können. Die mit der Entwicklungshilfe und insbesondere der Nahrungsmittelhilfe betrauten staatlichen, multilateralen und privaten Organisationen (wie insbesondere das World Food Program der Vereinten Nationen und überhaupt die FAO) haben in den vergangenen vier Jahrzehnten erfahren, worauf es ankommt. Für die künftige Ernährungssicherung arbeiten 16 internationale Agrarforschungsinstitute, die sich vor allem mit landwirtschaftlicher Entwicklung der Tropen und Subtropen befassen, wo sich die große Mehrheit der bevölkerungsreichen Länder allein von Reis ernährt. Deshalb ist z. B. das Internationale Reisforschungsinstitut (IRRI) für den Bewässerungsanbau wichtig und, weil erfolgreich, bekannt.

Wie wäre es ohne diese Forschungen und deren Umsetzung möglich gewesen, eine gegenüber dem Beginn dieser Programme mehr als doppelt so große Weltbevölkerung insbesondere in den „armen" Ländern (wie Indien, Afrika südlich der Sahara, Indonesien und Philippinen) überhaupt ernähren zu können? Hunger ist derzeit nicht die Folge einer „Überbevölkerung", die das tägliche Brot knapp macht. Das war viele Jahrhunderte so. Heute ist Hunger die Folge politischen Unvermögens, also mangelnder Governance. Andernfalls hätten alle Menschen dieser Erde genug zu essen.

Die Gefahr einer globalen Hungersnot wird immer wieder als Bedrohung empfunden. Malthus hat versucht, ihr eine mathematische Begründung zu geben. Hungersnot gab es sogar in Europa noch in diesem Jahrhundert, zum Beispiel in der Zeit nach dem zweiten Weltkrieg. Gegen Ende des Jahrhunderts hatten etwa 800 Mio. Menschen in den „Entwicklungsländern" nicht genug zu essen – also etwa ein Siebentel der Menschheit. Auf der Welthungerkonferenz 1996 wurde festgelegt, dass bis zum Jahre 2015 die Zahl der Hungernden (und der Ärmsten) auf 400 Mio. halbiert werden soll, also auf dann etwa 6% der Weltbevölkerung. Die Zahl der Unterernährten steigt zwar absolut immer noch an, vor allem in Ost- und Südostasien und in Afrika südlich der Sahara, aber ihr Anteil an der Bevölkerung nimmt langsam ab. Nach dem FAO-Bericht 1999 geht der Hunger weltweit zurück (Tabelle 6-1). In 37 Staaten wurde die Zahl der Hungernden verringert (auch in den großen

Tabelle 6-1. Hunger in der Welt 1995/1997 (FAO)

	Unterernährte, Millionen	Prozent der Bevölkerung
Südasien	284	23
Afrika südl. Sahara	210	30
Südostasien	180	33
Lateinamerika, Karibik	53	11
USA, Europa	3	0,5
Welt gesamt	730	13

Ländern China und Indien), in 27 Entwicklungsländern (vor allem in Bangladesh und Nordkorea) nahm sie aber zu.

Während mit der Befriedung in Ländern wie Kambodscha der Hunger zurückgedrängt werden konnte, wurden in Afghanistan durch Landminen 40% der landwirtschaftlichen Flächen ruiniert, sodass 6% der Bevölkerung unterernährt sind. Sogar in „reichen" Ländern haben etwa 4% der dort Lebenden nicht „genug" zu essen – in Osteuropa, den GUS-Staaten, ja sogar in den USA hat 1% der Bevölkerung Nahrungsmittelmangel.

6.1 Was ist falsch an der Ernährungspolitik?

Wenn ein Teil der Menschheit nicht ausreichend zu essen hat oder hungert, während ein anderer etwa ebenso großer Teil über Nahrungsmittel im Überschuss verfügt, dann muss an diesem System, also mit der Ernährungspolitik, etwas falsch sein. Und zwar national, regional oder global oder alles zugleich. Es fehlt offensichtlich eine wirksame globale Governance. Die Nahrungsproduktion in manchen Gebieten (und zwar in den gemäßigten Breiten) verursacht riesige Überschüsse, die exportiert werden können. Doch nicht alle Hungrigen haben genug Devisen, um importierte Nahrungsmittel bezahlen zu können. Auch hierbei ist ein wachsendes Pro-Kopf-BIP ein Ausweg: Mit ausreichendem Einkommen der Bevölkerungsgruppen und mit Deviseneinnahmen aus wirtschaftlicher Tätigkeit kann auch das Problem der Bezahlung von global vorhandenen Nahrungsmitteln gelöst werden.

Die Politik ist in der Landwirtschaft stark involviert

Beispiel USA

Sogar die USA-Landwirtschaft ist (noch) nicht marktwirtschaftlich orientiert. Bei guten Ernten und hohen Exporteinnahmen (die etwa 0,8% des BIP der USA ausmachen) funktionierte das Gesetz zur Abschaffung von Subventionen und Preisstützungen („Freiheit für die Landwirtschaft", 1996). Aber bei sinkenden Preisen für Mais, Weizen und Sojabohnen verlangen die Bauern wieder nach weniger Markt und mehr Subventionen. Im Herbst 1999 wurden sechs Bundesstaaten wegen Dürreschäden zu Katastrophengebieten erklärt; sie erhielten verbilligte Kredite und andere Hilfen. Zugleich wendet sich ein Teil der Bauern von der „wissenschaftlichen" Landwirtschaft – sprich: gentechnisch modifiziertem Saatgut – wieder ab, weil das Preis-Leistungs-Verhältnis dabei nicht zu stimmen scheint. Damit kann die USA-Landwirtschaft einen erhofften großen Vorsprung vor der EU wieder verlieren. Verschärfter Wettbewerb mit EU-Ländern ist programmiert. Beispiel: Bei einer Ölsaatenernte von etwa 300 Mio. t/a in den USA mit einem hohen Anteil an Exporten (auch nach China) wirken sich Erntemengen und Preise direkt auf den europäischen Rapsmarkt aus.

Beispiel Europäische Union

In den meisten EU-Ländern ist das Problem der Überproduktion besonders augenfällig. Die Bauern erfüllen wichtige gesellschaftliche Aufgaben, nämlich die Kulturlandschaft zu erhalten und die Natur zu schützen. Deshalb akzeptiert die Gesellschaft (noch) die riesigen Transferzahlungen an die Landwirtschaft, vor allem in Frankreich und Südeuropa. Gegenüber der hochproduktiven Landwirtschaft in den USA und in Kanada können viele europäische Bauern nicht bestehen. Deshalb wird die Produktion verringert. Für stillgelegte landwirtschaftliche Flächen werden in der EU ebenso wie in den USA Prämien bezahlt – also für die Nicht-Produktion. Die Förderung der Landwirtschaft in der EU – eines Wirtschaftssektors mit relativ abnehmender Bedeutung – erfordert ungefähr die Hälfte des EU-Haushaltes, nämlich etwa 40 Mrd. Euro (1997) oder $ 135/a pro EU-Einwohner. Davon werden 37% für die Landwirtschaft allgemein verwendet, der Rest für Produktgruppen wie Rindfleisch, Zucker, Milchprodukte, Olivenöl und Getreide. Dazu kommen noch nationale Beträge für Preis-Intervention, Direktzahlungen an Bauern und Exportsubventionen. Auch wenn Ausgleichszahlungen entfallen, so bleiben doch direkte Transferzahlungen an die Bauern für viele der genannten Produktgruppen erhalten. Zu Beginn des neuen Jahrhunderts sind auch die Preise für Schweinefleisch verfallen; Russland und asiatische Länder haben zwar großen Bedarf, aber keine Devisen um Importe zu bezahlen.

Wegen der Zuckermarktordnung der EU, unterstützt durch eine Lobby aus Rübenbauern und Zuckerfabrikanten, sind dort die Zuckerpreise etwa dreimal so hoch wie auf dem Weltmarkt. Allerdings hat die WTO nach langwierigen internationalen Verhandlungen Obergrenzen für subventionierte Agrarexporte aus der EU festgelegt (Platow-Vorschau 2000, S. 27), z. B. für Weizen und übriges Getreide 25 Mio. t/a bei einem Getreideüberschuss von 22 Mio. t/a, für Milchprodukte 2, Zucker 1,3 und Rindfleisch 0,8 Mio. t/a. (Die EU hatte gegen britisches Rindfleisch wegen des BSE-Problems ein Importverbot verhängt, ebenso gegen Importe aus den USA von Rindfleisch, das mit Wachstumshormonen behandelt wurde.) Über den Agrarhandel gibt es auch andere Streitpunkte zwischen den EU-Ländern und den USA, Stichworte: Importverbote der EU für gentechnisch veränderten Mais; Mengenbeschränkungen und Zoll auf Bananen aus dem USA-Einflussbereich (sogenannte „Dollar-Bananen", Handelsvolumen 1998 etwa $ 1 Mrd./a.) zum Schutz der „AKP-Bananen" aus früheren europäischen Kolonien. Die USA verhängen im Gegenzug gegen diesen Protektionismus Strafzölle auf Produkte aus EU-Ländern.

Die EU wird nach Osten um voraussichtlich zunächst 7 Staaten erweitert, wo es zusätzliche landwirtschaftliche Überproduktion bzw. brachliegendes Produktionspotenzial gibt. Förderungen der EU werden voraussichtlich ab dem Jahre 2004 nach Polen, Tschechien, Slowenien, Ungarn, Estland und Zypern gehen. Damit werden die Probleme der landwirtschaftlichen Erzeugung in Europa noch größer als sie es schon sind („Milchsee, Butterberg"). Die EU-„Agenda 2000" sieht eine Reform der europäischen Agrarpolitik vor: Außenschutz und Produktionsbeschränkungen werden bestehen bleiben, aber Agrarpreise werden in Richtung Weltmarktniveau gesenkt und Exportsubventionen verboten werden. Die erweiterte EU wird in vielleicht einem Jahrzehnt Agrar-Nettoexporteur werden; bis dahin soll auch die Getreideproduktion vor allem gegenüber den USA und Kanada wettbewerbsfähig werden. Die Agrarmärkte werden jedenfalls im Rahmen der Handelsabkommen nach WTO-Spielregeln weltweit liberalisiert. Deshalb können in einem solchen nicht regulierten Markt Nahrungsmittelpreise zunächst fallen, aber auf lange Sicht wegen steigender Nachfrage infolge Bevölkerungswachstums wieder zunehmen („Schweinezyklus").

Landwirtschaft ist eine Zukunftsbranche der Wirtschaft

Trotz dieser politischen und ökonomischen Probleme ist die Agrarbranche eine Zukunftsbranche der Wirtschaft, auch wenn ihr Anteil an der gesamten Wirtschaftsleistung der meisten Länder und an der gesamten Beschäftigtenzahl immer weiter zurückgeht. Wachstum verlagert sich von der Menge auf die Qualität. Immer mehr hochwertige Nahrungsmittel werden vom Markt verlangt. Bio- und Gentechnologie machen rasante Fortschritte und setzen die Landwirtschaft in die Lage, diese Anforderungen quantitativ und qualitativ zu erfüllen. Erzeugergemeinschaften, Fusionen, Kooperationen werden auch in der Landwirtschaft notwendig sein – ebenso wie sie in der Industrie und bei Dienstleistungen seit langem realisiert werden.

Von weltweitem Nahrungsmangel ist jedenfalls weit und breit nichts zu erkennen. Zu erkennen sind nur organisatorisch-logistische Unfähigkeit und Unwillen, Überschüsse z. B. zu Grenzkosten dorthin zu liefern, wo sie bitter nötig (als Not-Hilfe) gebraucht werden, anstatt die Produktion künstlich zu unterbinden, um die Preise hochzuhalten. Nahrungsmittel-Hilfslieferungen zum Beispiel unter dem „World Food Program" der UN, die im wesentlichen in Hungerregionen gehen, und der vielen privat organisierten Hilfsprogramme (Caritas, Care, Misereor) zeigen, dass bestehende Schwierigkeiten überwunden werden können, wenn der Wille dazu da ist. (Ut desint vires, tamen est laudanda voluntas ...)

Warum gibt es Hunger und Unterernährung?

Es gibt zwar Missernten infolge Dürre- oder Überschwemmungskatastrophen, aber die meisten Probleme der Nahrungsmittelversorgung einer wachsenden Menschheit liegen nach den Erfahrungen der FAO auf nicht-landwirtschaftlichem Gebiet:

- Geldmangel der hungernden Bevölkerungsgruppen,
- Devisenmangel zur Bezahlung von Nahrungsmittelimporten,
- Verluste an Nahrungsmitteln bei Lagerung und Transport, vor allem aber
- die Unfähigkeit vieler Regierungen in den von Unterernährung bedrohten Ländern, die gebotene (humanitäre) Hilfe zu organisieren. In den Großstädten und Ballungsräumen kommen logistisch-organisatorische Probleme zwischen Nahrungsproduzenten, Transporteuren, Händlern und bei der Lagerung dazu.

Beispiel: Reis und Weizen

Als Ergebnis einer Summe von ungünstigen Entwicklungen kam es gegen Ende des Jahrhunderts zu Versorgungsproblemen bei einem der wichtigsten Nahrungsmittel – Reis: Ernteausfälle in Lateinamerika, Überschwemmungen in China, Einfuhrbedarf von Indonesien (einem klassischen Reisexportland!), ungünstige Wuchsbedingungen in Asien (angeblich auch hervorgerufen durch El Nino). Als Folge des Reisimportbedarfes der stark zunehmenden Reis essenden Bevölkerungsgruppen kann es trotz generell optimistischer Prognosen über die globale Nahrungsmittelversorgung zu Problemen kommen: Wenn in Asien Reis knapp wird und die Preise dafür steigen, werden die Preise in USA und Kanada für Weizen und andere Getreidearten wie Mais nachziehen. Wenn aber wenig Mais nachgefragt wird, dann ist der Preis dafür gering und zieht den Weizenpreis mit sich nach unten, sodass der Anreiz zum Weizenanbau nachlässt. Als Folge der danach geringeren Produktion steigen also die Weizenpreise verstärkt durch die Reisnachfrage wieder an – ein anderer „Schweinezyklus". Dies alles sind marktwirtschaftliche Mechanismen, die damit die Nahrungsmittel-Produktion steuern, solange diese nicht an irgendeine der genannten Grenzen stößt oder politisch beeinflusst wird.

Bei einer Weizenproduktion zu Beginn des neuen Jahrhunderts auf der Welt von etwa 600 Mio. t/a betrug der weltweite Vorrat an Weizen (1996; Platow-Vorschau 2000) etwa 20% der Jahresproduktion: Für jeden der angenommen 800 Mio. Hungernden und Unterernährten wären etwa 0,5 kg Weizen oder Getreide pro Tag vorhanden – ein Jahr lang.

6.2 Nahrungsbedarf und -verbrauch

Wie mit Kapitel 3 beschrieben, wird das Wachstum einer Population letztlich vom Nahrungsangebot, von der Tragekapazität eines Gebiets, vorgegeben. Die ultimative Wachstumsgrenze ist die Verfügbarkeit von Ressourcen, wie dies für Bakterienkulturen in der Laborschale oder Hefebakterien im Bierfass erwähnt wurde: Sie vermehren sich, solange Nahrung verfügbar ist. Nur für einen kleinen Teil der Menschheit begrenzt Nahrungsmangel das Bevölkerungswachstum. Die Menschen haben die Nahrungsproduktion weit mehr gesteigert als dem Bevölkerungswachstum entspricht und damit nicht nur Malthus, sondern viele Weltuntergangspropheten widerlegt. Wenn auch einige Bevölkerungsgruppen hungern, so lebt die Menschheit zur Zeit nicht an der Grenze der durch das Nahrungsangebot vorgegebenen Tragekapazität. Die Nahrungsproduktion – also auch die Bevölkerung der Erde – könnte noch größer sein, wenn die globale (kaufkräftige) Nachfrage bestünde.

Die „Bedürfnispyramide"

Unabhängig vom Wachstum der Bevölkerung und der Wirtschaft gehen wir davon aus, dass die Bedürfnisse der Menschen unverändert bleiben und dass sie auch unabhängig von Rasse, Religion, Staatszugehörigkeit usw. sind; ausgenommen sind vielleicht Unterschiede der Bedürfnisse zwischen Jung und Alt und zwischen Mann und Frau. Diese Bedürfnisse können zum Beispiel nach Abraham Maslow in fünf Gruppen eingeteilt und mit Hilfe einer sogenannten „Bedürfnispyramide" grafisch dargestellt werden. Der untere, größere Abschnitt der Pyramide kennzeichnet das Bedürfnis nach Nahrung, also einem so genannten Grundbedürfnis. Essen und Trinken hat aber auch geistig-seelische Bedeutung für die Menschen. Die nächstwichtigen Bedürfnisse sind die nach Wohnung und Kleidung, die nach Gesundheitspflege und schließlich nach Bildung und geistiger Vervollkommnung, was zur Sinngebung des Lebens führen kann. Bei Bevölkerungsgruppen mit niedrigem SBIP wird ein großer Teil ihres Einkommens für den Nahrungserwerb gebraucht (siehe Anhang V und Kapitel 4).

Der Verbrauch an Nahrung

Ernährung ist definiert als der Verzehr von Lebens- oder Nahrungsmitteln, um mit darin enthaltenen Nähr- und Wirkstoffen und Flüssigkeit die körperliche und geistige Leistungsfähigkeit zu erhalten. Erforderlich sind Energieträger wie Kohlehydrate, Fett und Eiweiß – in Form von Getreide, Kartoffeln, Reis, Fleisch, Fisch, Milch und Eiern – sowie Gemüse, Salat und Obst und

Getränke. Erforderlich sind aber auch Mineralstoffe, Vitamine und andere Zusatzstoffe zur Nahrung, die in den genannten Nahrungsmitteln enthalten sein können. Wenn die Zufuhr dieser Stoffe unzureichend oder falsch verteilt ist, beispielsweise dann, wenn das Notwendige wegen Armut nicht verfügbar ist, dann kann es zu Fehlleistungen des menschlichen Körpers und Geistes kommen oder sogar zu seinem Zerfall.

Im Laufe seines Lebens verzehrt ein Mensch eine Nahrungsmenge (ohne Wasser), die etwa das 400fache seines Eigengewichtes ausmacht. Der Bedarf an Nährstoffen für die Aufrechterhaltung aller Körperfunktionen des menschlichen Organismus ist individuell verschieden und hängt ab von Geschlecht, Alter, Grundumsatz, Arbeitsleistung, Wachstum, Gesundheitszustand, Gewicht, Wärmehaushalt, eventuell Schwangerschaft, Klima und anderen Faktoren der Umwelt. Nach FAO bezieht sich der Nährstoffbedarf auf den Durchschnitt über mehrere Wochen oder Monate, der als sogenannte Recommended Dietary Allowances (RDA) im Handbook on Human Nutritional Requirements der FAO und von anderen Organisationen empfohlen wird. (Umrechnungsfaktoren: 1 kcal = 4187 Joule; 1 kWh = 860 kcal; 1 kcal ist als sogenannte „physiologische", also vom Menschen verwertbare, Energie z. B. in 6 Blatt Salat, einer Himbeere oder 15 Reiskörnern enthalten.)

Der Energieumsatz pro Tag liegt bei leichter Betätigung bei 2300–2500 kcal, bei schwerer körperlicher Arbeit zwischen 3500 und 4000 kcal (160–200 W/c; Beispiele: Energieverbrauch beim Gehen 230 W, Schwimmen 350 W). Nach FAO beträgt der Nahrungsbedarf je nach Tätigkeit für Männer 2500 bis 3400 kcal/c.d (120–160 W/c), und für Frauen 2000 bis 2400 kcal (100–120 W/c). Alte Menschen brauchen nur noch etwa zwei Drittel dieser Mengen. Demgegenüber lag das Nahrungsangebot 1996/97 im Weltdurchschnitt bei 2720 kcal/c.d (130 W/c). Die (25) „Industrieländer" hatten ein Angebot von durchschnittlich 3340 kcal/c.d (160 W/c), die (47) am wenigsten entwickelten Länder 2060 kcal/c.d (etwa 100W/c). Der Hunger konzentriert sich auf Schwarzafrika, wo vor allem Bevölkerungsgruppen im untersten Einkommensbereich leben.

Nahrungsangebot und SBIP

Aus einer Übersicht der FAO über das in 177 Ländern und Gebieten der Erde verfügbare Nahrungsmittelangebot in den Jahren 1994–1996 wurde eine Korrelation zum SBIP (1997/98) hergestellt (Abb. 6-1 und Tabellen 6-2a sowie 6-2b). Als Angebot wird die „auf den Tisch kommende" Nahrungsmenge bezeichnet, einschließlich der Verluste und Abfälle. Wie erwartet, steigen zwar Nahrungsangebot bzw. Nahrungsverbrauch mit steigendem SBIP an, vom niedrigsten Wert (Somalia) bis auf die höchsten Werte bis 3800 kcal/c.d in den Industrieländern. Aber auch innerhalb der armen Bevölkerungsgruppen mit SBIP unter $ 1500 gibt es eine weite Spanne des

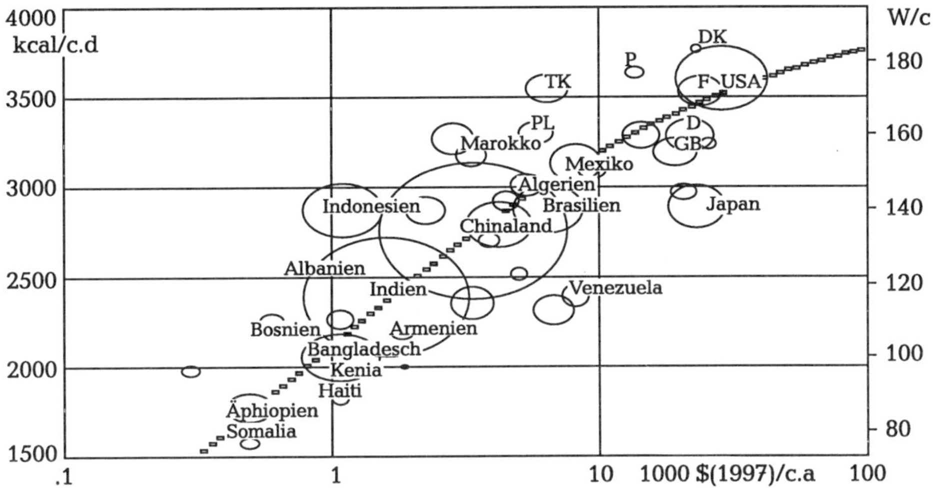

Abb. 6-1. Nahrungsverbrauch als Funktion des SBIP 1994/96, siehe auch Tabelle 6-2. Niedrigster Wert (Somalia) ist etwa 1600 kcal/c.d = 80 W/c bei SBIP $ 500, Maximum (Dänemark) ist 3800 kcal/c.d = 180 W/c, ähnlich auch in anderen Industrieländern mit SBIP über $ 20.000. Quelle: FAO, Nahrungsmittelangebot je Einwohner und Tag in den Jahren 1994–1996; zitiert in: Spiegel Almanach 1999

Tabelle 6-2a. Nahrungsbedarf und -verbrauch (Nahrungsangebot, Durchschnitt 1994 bis 1996) Weltdurchschnitt 2720 kcal/c.d (130 W/c)

Gruppe	Angebot kcal pro Kopf und Tag	Beispiele (aufsteigend geordnet)
„Ausreichendes" Angebot	2620 bis 3780	Jamaika, S.-Arabien, China, Russland, Brasilien, Japan, Tschechien, Kanada, Europ. Staaten, USA
Angebot im unteren Grenzbereich	2300 bis 2600	Thailand, Philippinen, Indien, Venezuela, Albanien, Ecuador, Usbekistan
Unter- und Mangelernährung wahrscheinlich	2000 bis 2300	Mongolei, Bangladesh, Armenien, Kamerun, Bosnien, Irak, Nepal
Schwere Nahrungsmittelknappheit	1600 bis 2000	Somalia, Äthiopien, Haiti, Kambodscha, Kenia, Afghanistan

Nahrungsverbrauches von 1600 bis zu 2500 kcal/c.d. Es scheint eine obere Grenze für den Nahrungsverbrauch bzw. -das angebot zu geben, die bei 4000 kcal/c.d (200 W/c) liegt.

Solche Vergleichszahlen sagen nichts über den Aufwand aus, der zur Erzeugung der betreffenden Menge an Nahrungsenergie nötig ist. Zur Gewinnung tierischer Nahrung (in Fleisch, tierischem Fett und Eiweiß, auch

Tabelle 6-2b. Nahrungsbedarf und Aufteilung auf Kohlehydrate, Fleisch u. a. in den Weltregionen (Collier's Encycl., 1969)

Region	kcal/c.d	% Kohlehydrate	% Fleisch	% anderer
Nordamerika	3110	40	35	25
Europa	3040	63	30	17
Lateinamerika	2510	64	16	20
Naher Osten	2470	72	8	20
Afrika	2360	74	7	19
Fernost	2060	80	6	14

in Fisch) ist viel mehr Energie nötig als für die gleiche kcal-Menge in pflanzlichen Nahrungsmitteln. Beispiel: Um 1 kg Fleisch zu erzeugen, sind etwa 10 kg Getreide (z. B. für Mast) nötig, was einem 6fachen der im Fleisch enthaltenen Energiemenge entspricht. Die Nahrungsenergie stammt aus der Sonnenstrahlung und ist sozusagen „kostenlos".

Zusätzlich ist aber für Ernte, Transport, Lagerung und Aufbereitung der Nahrung technische Energie erforderlich. Beispiel: Um den durchschnittlichen Nahrungsbedarf eines US-Amerikaners von etwa 2400 kcal/c.d (114 W) zu decken, sind 1126 W an fossiler Energie erforderlich (E. von Weizsäcker) – also das 9fache der in der Nahrung enthaltenen Energie:

- 222 W für die Landwirtschaft (Chemieprodukte wie Dünge- und Schädlingsbekämpfungsmittel, Erdölprodukte als Brenn- und Kraftstoffe, Energie für Bewässerung, Feldbestellung, Trocknung, Maschinenherstellung);
- 904 W für die Aufbereitung der Nahrung (davon etwa ein Drittel für Zubereitung, der Rest für Herstellung, Viehhaltung, Transport und Handel).

Rechnet man für die USA mit 0,15 ha Acker- und Weidefläche pro Kopf, so fällt auf diese ein Energiestrom von ungefähr 180 kW. Zu diesem kommt noch der genannte technische Energiestrom für Landwirtschaft, Transport, Nahrungszubereitung usw. mit 1,126 kW. Die beiden Zahlenwerte können aber nicht addiert werden, weil es sich um verschiedene Formen von Energie handelt.

Ernährungsgewohnheiten

Diesem Beispiel des Nahrungsverbrauches eines Amerikaners liegt dessen Ernährungsweise zugrunde – nämlich im Durchschnitt je etwa die Hälfte aus pflanzlicher und tierischer Nahrung. Wegen der großen Unterschiede in diesen Ernährungsgewohnheiten von Land zu Land, von Mensch zu Mensch und der Einkommensdifferenzen ist das Nahrungsmittelangebot nicht mit dem individuellen Nahrungsmittelkonsum deckungsgleich. Auch die Qualität der Nahrung ergibt sich aus solchen Daten nicht, z. B. die Unausgewogenheit des Verbrauches von Kohlehydraten, Fett, Eiweiß usw. Ratschläge für eine gesundheitsfördernde Ernährungsweise finden sich von Großmutters Kochbuch bis zu wissenschaftlichen Empfehlungen von Ernährungsforschungsinstituten und vielen Scharlatanen, die auf jeweils modernen Wellen mitschwimmen oder diese initiieren: „Glück und Freiheit durch richtige Ernährung: Yin und Yang". Die Nahrungsindustrie manipuliert die Ernährungswünsche der Menschen – zumindest in Ländern mit Nahrungsüberfluss. In Europa gibt es z. B. mehr als 200.000 Bar-Codes für Nahrungsmittel: Variatio delectat! Hier ist „Food" ein Riesengeschäft. Den Nahrungsmitteln werden angeblich gesundheitsfördernde Substanzen zugesetzt: „Nutraceuticals". Die Meinungen darüber, welche Nahrung gut oder schlecht für die Gesundheit ist (Fett, Salz, Vitamin C, Ballaststoffe, mehrfach ungesättigte Fettsäuren, makrobiotische Nahrung), verändern sich nicht nur mit der Zeit, sondern auch mit dem Pro-Kopf-BIP. Unterernährte oder gar Hungernde nehmen darauf keine Rücksicht – Hauptsache, die notwendige Energie wird dem Körper zugeführt.

Im Europa der Nachkriegszeit waren die Menschen, die mit etwa 1000 kcal/c.d auskommen mussten, im Durchschnitt gesünder, als sie es heute sind. Das spricht aber nicht für die Wohltaten einer Unterernährung!

Der menschliche Darm verbraucht zur Verdauung einen Großteil der dem Körper zugeführten Energie. Er ist zur Verdauung pflanzlicher Nahrung „konstruiert" und daher viel zu lang, wenn leichter verdauliche tierische Nahrung zugeführt wird. Wenn also die Darmlänge sich als Folge geänderter Ernährung im Lauf vieler Generationen verkürzt, dann könnte bei einem hohen Anteil an tierischer Nahrung der Energieverbrauch des Menschen verringert werden. Diese Einsparung würde aber vermutlich durch den höheren Aufwand an Energie zur Gewinnung eben dieser leichter verdaulichen Nahrung wettgemacht werden.

Vielleicht richten sich künftig mit zunehmendem Wohlstand die Ernährungsgewohnheiten auf mehr pflanzliches Eiweiß und Fett aus. Wenn aber die Menschen weiterhin umso mehr tierische Nahrung essen, je wohlhabender sie sind, dann wird der Wirkungsgrad der Nahrungsproduktion mit steigendem „Wohlstand" (SBIP) schlechter. Für tierisches Eiweiß wird, wie gesagt, ein Vielfaches der landwirtschaftlichen Fläche gebraucht. Eine solche Entwicklung kann sich in bevölkerungsreichen Ländern wie in China auswirken, aber weniger stark in Indien oder auf Bali mit hohem Anteil an Vegetariern: Dort ist ein höherer Fleischverbrauch nicht zu erwarten – und der lange Darm ist lebensnotwendig –, weil die Ernährungsgewohnheiten nicht eine Funktion des Einkommens (oder des SBIP), sondern eine Folge der jahrtausendealten religiösen Überzeugung sind.

Man könnte noch untersuchen, wie sich der steigende Anteil an alten Menschen in den Bevölkerungsgruppen mit höherem SBIP (aber auch in China) und der wachsende Anteil an Beschäftigten mit geringer körperlicher Betätigung auf das Nahrungsangebot auswirken kann. Vielleicht flachen die

Kurven nach Abb. 6-1 nicht nur ab, sondern zeigen einen Rückgang des Nahrungsangebotes in W/c als Funktion des SBIP.

Anteil der Kosten für Ernährung am SBIP

Es ist interessant, den Nahrungsverbrauch je $ 1000 SBIP anzusehen: Natürlich benötigt das Nahrungsangebot einen umso größeren Anteil des SBIP, je „ärmer" das Land – oder die Bevölkerungsgruppe – ist: Bei einem (global) durchschnittlichen SBIP von etwa $ 5000/c.a entspricht das durchschnittliche Nahrungsangebot etwa 600 kcal/c.d je $ 1000 SBIP; dieser Wert nimmt von etwa 3600 kcal/c.d in den ärmsten Ländern bis auf 120 kcal/c.d je $ 1000 SBIP in den wohlhabenden Ländern ab (siehe Anhang V und Kapitel 4). Die gesamten Kosten für Nahrung einschließlich Zusatzkosten pro Kopf und Jahr werden im weltweiten Durchschnitt auf etwa 14% des SBIP geschätzt. Das verfügbare Einkommen, von dem die Nahrung bezahlt werden muss, kann mit 60% des SBIP angenommen werden. Bei den armen Bevölkerungsgruppen mit niedrigem SBIP erfordert die Ernährung einen großen Teil (zum Beispiel die Hälfte) des verfügbaren Einkommens. Bei den reichen Bevölkerungsgruppen mit einem SBIP von mehr als z. B. $ 15.000 werden für Ernährung nur etwa 15% ihres Einkommens ausgegeben. (Allerdings müsste dabei festgelegt werden, ob Restaurantbesuche und teure Getränke unter der Rubrik Ernährung oder Luxus einzustufen sind: Hering, Kartoffeln und Bier – oder Kaviar, Blinis und Champagner?)

6.3 Nahrungsproduktion

Auch bei der Nahrungsproduktion bedeutet nachhaltige Entwicklung die Deckung gegenwärtiger Bedürfnisse, ohne den künftigen Generationen die Grundlage für deren Bedürfnisbefriedigung – also auch nach Nahrung – zu nehmen oder zu schmälern. Wir müssen also „aus weniger immer mehr machen, ohne dabei ökologische Erhaltungsbedingungen zu verletzen" (Jürgen Dormann).

„Inputs"

Zur Produktion von Nahrungsmitteln werden gebraucht:

- landwirtschaftlich geeignete Flächen,
- Sonnenenergie,
- industrielle Inputs,
- Saatgut,

- Futtermittel und
- Wasser.

Flächenbedarf für Nahrungsmittelproduktion

Wir produzieren heute auf 1,5 Mrd. ha landwirtschaftlich genutzter Fläche (zuzüglich Wiesen- und Weideflächen) weltweit die Nahrung für etwa 6 Mrd. Menschen. Die Getreideanbaufläche ist ungefähr die Hälfte davon. Diese Fläche reicht auch für 10 oder 20 Mrd. Menschen aus. Die landwirtschaftlichen Flächen können bei Bedarf ausgeweitet werden und ebenso die Erträge pro Hektar. Mit Kapitel 9 („Landschaft") wird erläutert und grafisch dargestellt, dass materielles Wachstum Platz braucht. Landfläche brauchen wir in erster Linie für die Produktion von Nahrungsmitteln. Die Erde hat viel Platz, nämlich rund 51 Mrd. ha, davon 15 Mrd. ha Festlandfläche; davon wiederum werden also nur etwa 10% als Ackerfläche genutzt, zuzüglich etwa ein Viertel als Weide- und Wiesenfläche. Global kommen auf einen Erdenbürger im Durchschnitt also 0,27 ha an Landwirtschaftsfläche. Die bewaldete Fläche der Erde wird immer kleiner. Die landwirtschaftlich nutzbare Fläche auf der Welt ist zwar begrenzt, doch könnten wahrscheinlich mehr als 10% der Festlandfläche zusätzlich landwirtschaftlich verwendet werden. Beispielsweise könnten Teile Brasiliens, Kolumbiens, Venezuelas sowie einiger Staaten in Afrika südlich der Sahara in Ackerland umgewandelt werden, allerdings mit vielleicht negativen Auswirkungen auf die biologische Vielfalt in diesen Ländern. In Brasilien gibt es auch zum Ende des Jahrhunderts noch Gewaltakte bei Landkonflikten, wobei jährlich fast 100 Menschen getötet wurden. Fast 5 Millionen brasilianische Familien haben kein Land und sind in einer „Landlosen-Bewegung" organisiert; 80 Mio. ha landwirtschaftlich nutzbares Land von Großgrundbesitzern liegen brach. Dort fehlt es aber auch an Infrastruktur, Schulen, Krediten und landwirtschaftlichem Wissen.

Die übrigen Landflächen der Erde sind (bisher) nicht ausreichend fruchtbar. Ein Sechstel der bisher genutzten Landfläche soll nach Ansicht des Worldwatch Institute durch falsche Anbaumethoden und durch Überweidung dauerhaft geschädigt sein; in den USA wurden beispielsweise 14 Mill. ha erosionsgefährdetes Ackerland in Grasland und Wald und Brachflächen umgewandelt. Nach Ansicht mancher Ökologen nehmen deshalb langfristig die Erträge der landwirtschaftlichen Produktion ab, auch wegen „Klimakrisen" und „Waldsterben". Bisher widerspricht allerdings die Erfahrung der steigenden ha-Erträge dieser häufig publizierten, aber nicht bewiesenen Vermutung (Abb. 6-2 bis 6-4; siehe auch Kapitel 9).

Schließlich stehen noch 36 Mrd. ha Meeresfläche zur Verfügung, deren Energieeinstrahlung heute nur zu einem verschwindend kleinen Teil zur Ernährung der Menschen herangezogen wird.

Sonnenenergie: Die Energieausbeute der Landwirtschaft

Die Natur hat die Photosynthese „erfunden" – die Umwandlung des Sonnenlichts in chemisch (in Pflanzen) fixierte Energie, die den Lebensformen als Nahrung angeboten wird. Der Mensch steht am Ende der Nahrungskette. Bei Getreide begrenzt (bei hoher Bodenfeuchtigkeit und ausreichender Düngemittelzufuhr) die photosynthetische Effizienz (des Chlorophylls als Katalysator) den Ertrag. In den gemäßigten Breiten (ein Drittel der Festlandfläche, also etwa 5 Mrd. ha) fallen etwa 900 bis 1200 kW solarer Energiestrom auf jeden (in den gemäßigten Breiten lebenden) Menschen. Davon gelangen nur zwischen 0,10 und 0,18 kW (siehe oben) als Nahrung auf den Tisch (zusätzlich gibt es Nahrung aus dem Meer). Verarbeitung und Zubereitung der Nahrung brauchen zusätzlich technische Energie. Der insgesamt schlechte energetische Wirkungsgrad als eine Folge der Photosynthese kann vielleicht erheblich gesteigert werden – eine der Schlüsselaufgaben der Grundlagenforschung. Dieser energetische Wirkungsgrad hängt auch von der Qualität des Bodens und der Verfügbarkeit von Wasser ab sowie vom optimalen Einsatz der genannten technischen Hilfsmittel.

Industrielle „Inputs"

Produkte der Industrie und dazugehörende Dienstleistungen werden in der mechanisch-chemisch dominierten Landwirtschaft in steigendem Umfang eingesetzt, die die Effizienz der Nahrungsproduktion (Pflanzen und Tiere) wie bisher auch künftig steigern helfen. Diese industriellen Vorleistungen machen in der europäischen Landwirtschaft geschätzt fast die Hälfte des Produktionswertes aus. Mehr Chemie und Gentechnologie – das sind die Stichworte für die Landwirtschaft des neuen Jahrhunderts:

- Gentechnologie und Saatzucht für Verbesserung des Ertrages pro ha und der Qualität von Pflanzen (zum Beispiel Erhöhung des Ölgehaltes von Raps, Erhöhung des Stärkegehaltes in Mais, Kartoffeln usw.);
- Vordringen von genmodifizierten (GM) herbizidresistenten Soja-, Mais- und Rapssorten, von den USA ausgehend in alle Welt;
- schädlingsresistente Pflanzen durch Genveränderung;
- biologische Schädlingsbekämpfungsmittel;
- Behandlung von Schlachttieren mit Wachstumshormonen;
- Zucht von gentechnisch veränderten (GM-)Schweinen, die sauberer als konventionell gezüchtete sind, weil bei ihrer Zucht durch bessere Phosphorverarbeitung geringere Mengen und weniger stinkende Abwässer entstehen und weniger Futtermittelzusätze gebraucht werden, sodass geringere Umweltprobleme auftreten („Umweltschwein");

- effiziente Verarbeitung der gewonnenen Nahrungsmittel (Anreicherung mit Vitaminen etc.);
- „konventionelle" Düngemittel und Schädlingsbekämpfungsmittel.

Ertragreiches Saatgut

ist ein Schlüssel zum landwirtschaftlichen Erfolg. Der Weltmarkt für Saatgut, der zum Jahrhundertende etwa $ 25 Mrd./a ausmacht, wird beschleunigt weiter wachsen. Große Chemiekonzerne steigen in diesen Zukunftsmarkt ein (Cargill mit Maissaatgut, Pioneer Hi-Breed, Aventis Crop Science, BASF Plant Science, Monsanto, Novartis, DuPont, AstraZeneca). Das Ziel ist die Ertrags- und Qualitätssteigerung der landwirtschaftlichen Produkte, also die Sicherung der Grundlage der Ernährung einer wachsenden Bevölkerungszahl. Allerdings steigen die Ernteerträge der teuren Gen-Saaten nicht immer – und die Produktionskosten sinken nicht – im vorhergesagten Umfang. Und manche der GM-Produkte werden von den Verbrauchern abgelehnt, wie z. B. eine süße Gengurke.

Nur Bevölkerungsgruppen mit hohem SBIP können sich diese Forschungen leisten. Die Ergebnisse werden aber vor allem den unterernährten Bevölkerungsgruppen zugute kommen. Auch deshalb muss das SBIP möglichst stark wachsen.

Auch hier greift die Politik in die Landwirtschaft ein …

Gegen die „grüne", also in der Landwirtschaft angewandte Gentechnologie laufen „grüne" Politiker und ökologisch orientierte Bürger Sturm (nicht aber gegen gentechnologisch hergestellte Arzneimittel!). Weil diese naturwissenschaftlich gesteuerte oder beeinflusste Landwirtschaft von Vielen nicht akzeptiert wird, wird ein eigener Zweig der Landwirtschaft ausgebaut werden – die sogenannte ökologische Landwirtschaft. Diese muss wegen des weitgehenden Verzichts auf Chemie und Gentechnologie – und daher schlechterer Ausbeuten – von ihren Kunden höhere Preise verlangen.

In einigen EU-Ländern ist die Aussaat von Genmais verboten und Freilandversuche werden nicht genehmigt. Da auch Importe erschwert oder untersagt werden, verlieren viele Landwirte – selbst in den bisher gentechnisch orientierten USA – das Interesse vor allem an gentechnisch modifizierter (GM-)Soja, an Raps und Mais (Bt 176, resistent gegen Unkrautvernichtungsmittel, Maisschädlinge und Antibiotika).

Das Geschäft mit der gentechnisch orientierten Landwirtschaft wird schwierig, der Markt stagniert, auch wegen niedriger Getreidepreise. Vielleicht findet wegen oder trotz dieser Situation der angesagte „Food Fight" Europa gegen USA nicht statt.

Angeblich sind 99% der Amerikaner gegenüber GM-Nahrung positiv eingestellt. Dagegen glauben die meisten europäischen Bürger (noch) nicht an Netto-Vorteile durch GM-Nahrung, allenfalls an Vorteile für die Produzenten und die Nahrungsmittelindustrie. Auch GM-Bestandteile in Nahrungsmitteln (z. B. GM-Sojaöl) werden abgelehnt. Die EU wird deshalb die Kennzeichnung von GM-Lebensmitteln vorschreiben. So wie früher das „Made in Germany" eine Art Kainsmal sein sollte und sich in das Gegenteil verkehrt hat, so könnte dies auch mit dem „GM"-Hinweis geschehen. Eine rationale Diskussion scheint Anfang des Jahrhunderts (noch) nicht möglich zu sein – ebenso wenig wie über Klima, CO_2, Ressourcen, Kernkraft, Marktwirtschaft usw.

Auch in anderen Teilen der Welt spielt sich diese Auseinandersetzung über „naturwissenschaftliche" Landwirtschaft schon ab. Für die Entwicklungsländer sind einige der Pflanzen besonders wichtig, weil sie schneller und stärker wachsen und die Bodenvergiftung durch Düngemittel und Schädlingsbekämpfungsmittel verhindern könnten. Die Angst vor den unbekannten Folgen der Aussaat modifizierter Pflanzen scheint in manchen Gegenden der Welt größer zu sein als der Hunger. Zum Beispiel gibt es in Indien massive Bauernproteste gegen den Einsatz gentechnisch veränderten Saatgutes, vorläufig noch bei Baumwolle, aber eines Tages voraussichtlich auch bei Reis und anderen Nahrungsmitteln. Diese Proteste sind nicht ökologisch motiviert, sondern durch die Angst der Bauern, künftig gezwungen zu sein, ihr Saatgut bei Chemiekonzernen kaufen zu müssen. In den USA überwachen Detektive die Felder, ob Farmer einen Teil der genmanipulierten Ernte wieder aussäen anstatt neues Saatgut bei den Saatgutfirmen zu kaufen. Die Regierung des brasilianischen Staates Rio Grande do Sul hat Monsanto trotz zentralstaatlich erteilter Genehmigung den Anbau von GM-Sojabohnen untersagt (VWD Chemie, 23. 3. 1999). Andererseits wird in China GM-Reis angebaut, sogar eine Sorte, die die Sehkraft der Kinder verbessert.

Andere industrielle „Inputs"

- Bewässerungsanlagen und Wasser (einschließlich Wasseraufbereitungsanlagen),
- Kraft- und Arbeitsmaschinen für Ernte, Lagerung und Transport,
- Kraft- und Schmierstoffe,
- Maschinen für Trocknung und Lagerung landwirtschaftlicher Produkte,
- artgerechte Tierhaltung,
- Baumaßnahmen, um die Vernichtung der Ernte durch Flutkatastrophen und Überschwemmungen (China, Mittelamerika, USA; Nordwesteuropa) zu verhindern, und
- bessere meteorologische Warndienste für die Landwirtschaft.

Das alles erfordert Geld – also hohes SBIP.

Der Getreideertrag je Fläche kann erhöht werden

Nach Untersuchungen des Worldwatch Institute (1994) stieg die Getreideproduktion von 1780 Mill t/a (1990) – also etwa 300 kg/c.a – um jährlich nur etwa 12 Mill t/a an, also um etwa 150 kg pro Kopf der hinzukommenden Bevölkerung; nach Abb. 6-2 geht der weltweite Getreideertrag pro Kopf um etwa 20 bis 30 kg/a zurück, wenn nicht ertragssteigernde Maßnahmen verwirklicht werden. Der angestrebte „Sollwert" liegt bei (85 Mill/a zuwachsender Bevölkerung mal 300 kg/c.a =) 26 Mio. t/a zusätzlicher Getreideproduktion. Ist das zu schaffen?

Nach der FAO-Statistik stieg die Getreideernte zwischen 1990 und 1998 um durchschnittlich 65 Mio. t/a an. Dagegen berichtet die FAO über eine weltweit viel schlechtere Getreideernte 1999 (1870 Mio. t gegenüber 2300 Mio. t in 1998) wegen Unwetter, Bürgerkriegen, Wirtschaftskrisen und aus anderen unregelmäßig vorkommenden Gründen. Als Folge davon gibt es Lebensmittelknappheit, trotz großer Nahrungsmittelüberschüsse in staatlichen Vorratslagern.

Die Ertragssteigerung der Getreideproduktion in der zweiten Hälfte des Jahrhunderts beruhte im Wesentlichen auf wachsendem Einsatz von Düngemitteln, verbunden mit künstlicher Bewässerung und mit verbesserten Getreidesorten, wie z. B. dem IRRI-Reis. Der Zuwachs des Verhältnisses von Getreideproduktion zu Düngemitteleinsatz kam im letzten Jahrzehnt bei

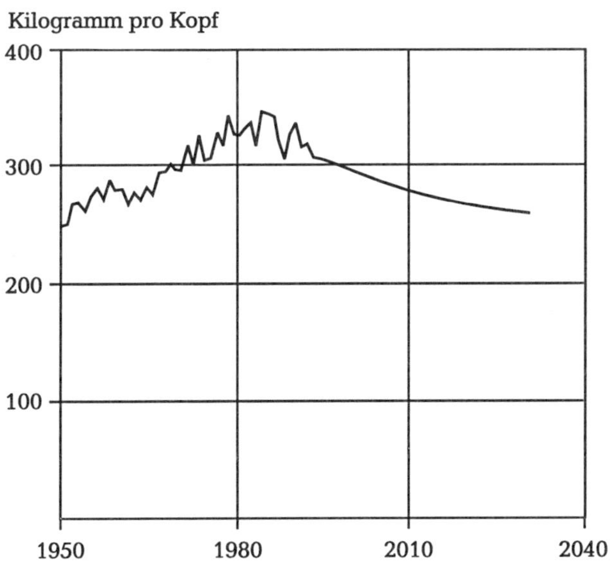

Abb. 6-2. Weltweiter Getreideertrag, kg pro Kopf ab 1950, hochgerechnet bis zum Jahr 2030; Quelle: USDA, Worldwatch Institute. Die Getreideproduktion stieg seit 1990 jährlich um etwa 150 kg pro Kopf der hinzukommenden Bevölkerung an

etwa 2 kg Getreide je kg Düngemittel zum Stillstand, weil sich ein höherer Düngeraufwand für die Bauern wirtschaftlich nicht mehr rechnet. Obwohl der Ertrag bei Weizen, Reis und Mais zeitweise zurückging, können die Erträge je Anbaufläche nach Meinung von Weltbank-Landwirten bis zum Jahre 2010 noch weiter zunehmen. Das erfordert eine Verbesserung der landwirtschaftlichen Flächen, deren ausreichende Bewässerung und wie bisher Düngemittel, Schädlingsbekämpfung und besseres Saatgut.

Abb. 6-3 zeigt den seit Jahrzehnten steigenden Weizenertrag pro Hektar in China, Frankreich und den USA bis 1993. Die höchsten Erträge gibt es in Großbritannien (7,5 t Weizen/ha) und in USA (7,4 t Mais/ha); beide Werte sind in den letzten beiden Jahrzehnten des Jahrhunderts etwa gleich hoch geblieben (siehe auch Kapitel 9). Die wichtigsten Weizenexporteure waren die USA und China. Niemand hat vorausgesagt, dass das Wüstenland Saudi-Arabien zum sechstgrößten Weizenexporteur aufsteigt, mit Hilfe von entsalztem Meerwasser und der hohen Sonnenenergieeinstrahlung, wenn auch mit hohen Kosten. Der Reisertrag pro ha ist in Japan und China mehr als doppelt so hoch wie in Indien, weil in Japan und China die Reisfelder bewässert werden, wo auch hohe Zuwachsraten beobachtet werden (Abb. 6-4). In den Philippinen und Indonesien – klassischen Reisländern – stagniert der Reisertrag pro Hektar.

Der Ertrag an Getreide steigt nicht mehr so schnell wie in den Jahrzehnten vorher, weil die modernen ertragssteigernden Technologien mittlerweile in allen wichtigen Anbaugebieten eingesetzt werden. Der Nachholbedarf ist

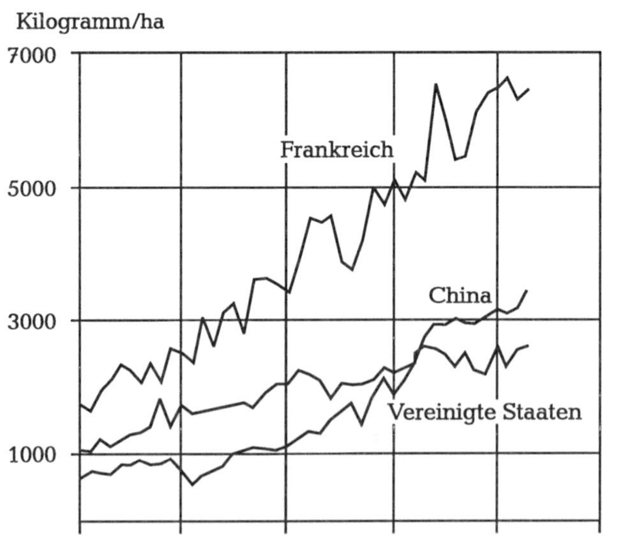

Abb. 6-3. Weizenertrag, kg pro Hektar in China, Frankreich und den USA bis 1993. Quelle: USDA

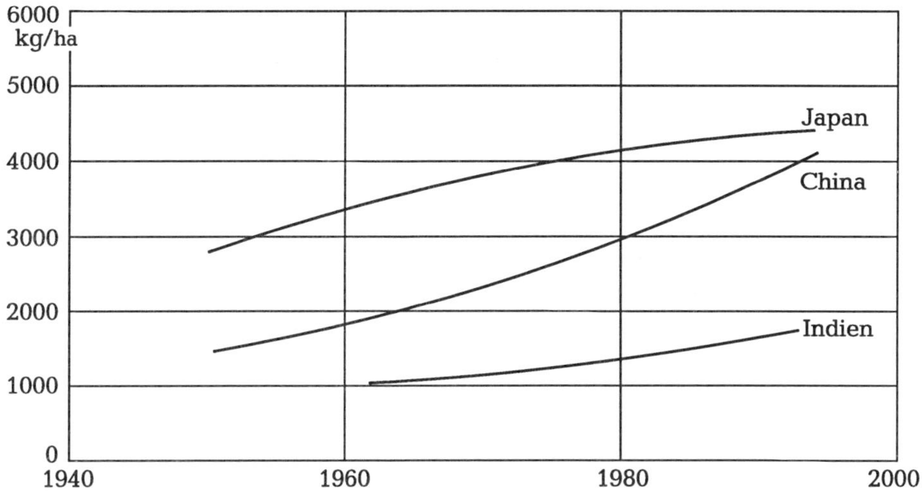

Abb. 6-4. Der Reisertrag pro ha und Jahr ist in Japan und China mehr als doppelt so hoch wie in Indien und steigt in China noch an. Quelle: USDA

geringer geworden. In den noch primitiven Landwirtschaften ist aber eine Vervielfachung des ha-Ertrages möglich. Selbst in der seit langem hoch industrialisierten Landwirtschaft in Deutschland wächst der Hektarertrag immer noch, auch deshalb, weil unrentable Flächen stillgelegt werden. (Die durchschnittliche Größe der etwa 500.000 landwirtschaftlichen Betriebe stieg inzwischen auf 33 ha, so dass eine „economy of size" wirksam wird.) Der Hektarertrag für Brotweizen in Deutschland ist in den letzten 200 Jahren mit über 1% pro Jahr auf das 8fache gestiegen (siehe Kapitel 9 „Landschaft"). Dabei wäre eine Steigerung auf das 14fache möglich, wenn es ausreichende kaufkräftige Nachfrage gäbe. Im Jahre 1998 wurden in Deutschland 45 Mio. t Getreide erzeugt (540 kg/c.a).

Die Zuckerernte aus Rüben wird in der EU subventioniert durch Preisstützung (EU-Preis $ 900/t gegenüber Weltmarktpreis $ 300/t), um gegenüber Rohrzucker wettbewerbsfähig zu bleiben. Die Zuckerernte könnte weltweit stark erhöht werden.

Die Grenzen der Erträge

sind durch die Photosynthese gegeben. Mit besserer Energieausbeute reichen die landwirtschaftlichen Flächen für eine viel größere Bevölkerung der Erde aus. Der landwirtschaftliche Ertrag pro Fläche könnte im Sonnengürtel der Erde höher sein als in gemäßigten Breiten, falls dort zugleich Wasser verfügbar ist. Aber die anderen „Inputs" sind so viel ertragsrelevanter, dass letzten Endes die landwirtschaftliche Produktivität in den gemäßigten Breiten –

USA, Kanada, Europa, Japan, sogar in China – um vieles höher ist als in den energetisch begünstigten warmen Bereichen. Doch auch dort gibt es hohe Ernteerträge: Auf Java, einem der dichtest besiedelten Teile der Erde, und auf Bali werden durch intensive Anbau- und Bewässerungsmethoden und Verwendung ertragreicher Reissorten bis zu drei Ernten jährlich ermöglicht. Der Holzertrag des Waldes könnte durch Pflanzung schnell wachsender Bäume (Eukalyptus wie in Brasilien, Pappeln in Europa) gesteigert werden. Dann könnte durch erprobte, wenn auch wenig effiziente chemische Verfahren Holz verzuckert werden. Künftig sind vielleicht auch andere Nahrungsmittel aus Holz und ähnlichen Gewächsen gewinnbar.

Auch die Fleischproduktion kann erhöht werden

Im Jahre 1990 wurden beispielsweise weltweit 62 Mio. t Rind- und Hammelfleisch produziert, also im Durchschnitt ungefähr 11 kg/c.a. Solche Durchschnittszahlen sind allerdings wenig aussagekräftig, weil große Teile der Weltbevölkerung entweder kein Fleisch essen oder kein Geld haben, dieses pro Nährwert teure Nahrungsmittel zu kaufen. Tabelle V-3 (Anhang V) nennt einen Fleischverbrauch pro Kopf und Jahr von 115 kg in den USA, und nur 1 kg in Indien. Demnach entfallen geschätzt mehr als zwei Drittel des weltweiten Fleischverbrauches auf die USA und Europa, also auf Länder mit hohem SBIP. Der Zuwachs seither lag bei 1 Mio. t/a Fleisch. Weitere Steigerungen hängen auch von der verfügbaren Weidefläche ab. Falls es zutrifft, dass viele Weidegebiete der Erde „abgeweidet" sind (vor allem in Zentralasien und Afrika), dann nähme die Rind- und Hammelfleischerzeugung pro Kopf der zunehmenden Weltbevölkerung ab, während die Nachfrage bei wachsendem SBIP steigt.

Futtermittel

Schweine und Hühner erhalten ein Kraftfutter aus Getreide (Weizen, Gerste, Mais), gemischt mit Sojaschrot oder Fleischmehl aus Schlachtresten als Eiweißlieferant. Zusatzstoffe zum Futter sind (synthetische) Aminosäuren, Calcium- und Phosphat-Präparate, krankheitsverhindernde Zusatzstoffe und Vitamine. In der Futtermittelindustrie gab es Qualitätsprobleme – es wurde tierischer Kot mitverarbeitet (Belgien, Frankreich). In EU-Ländern darf wegen der BSE-Probleme Tiermehl nicht verfüttert werden. In den USA werden wachstumsfördernde Hormone bei der Kalb- und Rindfleischerzeugung verwendet. Weil diese für den Menschen schädlich sein können, verbietet die EU den Import von derart behandeltem Fleisch. Sogenannte „Biobauern" dürfen viele Zusatzstoffe nicht verwenden. Die Futterqualität muss kontrolliert werden, da sonst gefährliche Produkte eingeschleust werden können

(Dioxin). Moderne Fütterungstechnik ist computergesteuert. So gibt es das „100-Tage-Mastschwein" und das „35-Tage-Masthuhn"; mit der verkürzten Mastzeit kann die Fleischproduktion erhöht werden.

Übrigens steigt auch die Milchleistung der Kühe; sie hat in Europa pro Kuh etwa 6 t/a erreicht.

Fische und Meeresfrüchte

Ein Teil des Nahrungsbedarfes wird aus Meeren, Flüssen und Seen gewonnen: etwa 100 Mio. t/a an Fischen, Krustentieren, Walfett u. a. (zum Vergleich: Die Getreideproduktion ist ungefähr 18-mal so groß). Der Anteil an der gesamten Ernährung ist sehr unterschiedlich und in Ländern wie Japan, Großbritannien, Kanada höher als in klassischen „Fleischländern". Fischverbrauch in kg/c.a: Japan 70, Norwegen 50, Deutschland 10, Weltdurchschnitt 16. Fische sind zur gesundheitsbewussten Ernährung geeignet, die im allgemeinen mit zunehmendem SBIP einen höheren Stellenwert erhält, weil die meisten Fischarten (Scholle, Dorsch) fettarm sind. Doch sind heute große Teile der Meere infolge der industriellen Fischerei „leergefischt". Dies ist vermutlich ein anderes der vielen Horrorszenarien. Da deshalb das bisherige Wachstum der Hochseefischerei um etwa 2 Mio. t/a nicht aufrechterhalten werden kann, sinkt der Fischertrag daraus nach Abb. 6-5 weltweit von etwa 16 bis 19 kg/c.a zur Jahrhundertwende auf etwa 13 kg/c.a im Jahre 2030, also auf den Ertrag des Jahres 1960. Wenn aber in einer funktionierenden Marktwirtschaft die Nachfrage nach Fischen und Meeresfrüchten

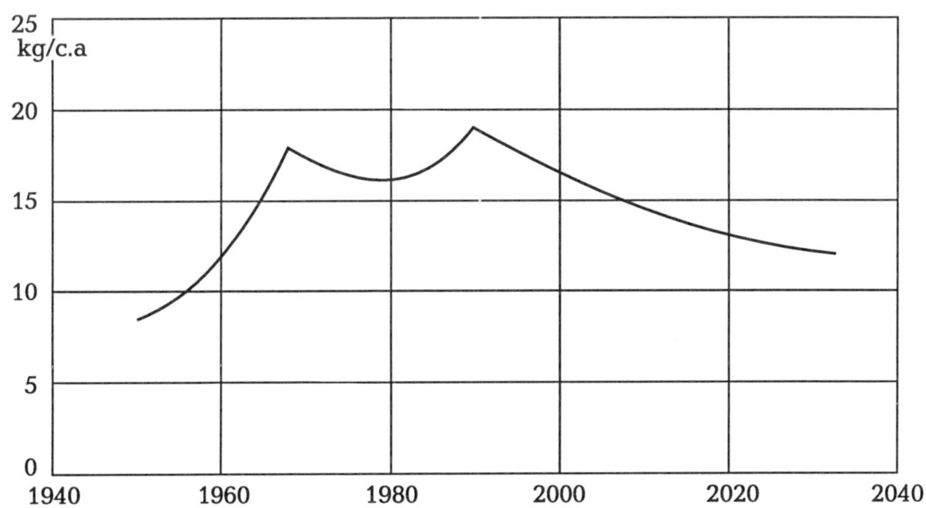

Abb. 6-5. Fischertrag aus Hochseefischerei, kg pro Kopf und Jahr bis 1992, hochgerechnet bis zum Jahre 2030. Quelle: FAO Yearbook

auch bei steigenden Preisen höher ist, dann werden eben mit entsprechendem Aufwand an Futter, Süßwasser und Landflächen die Fischzucht und damit Fischbestände ausgedehnt werden – beispielsweise die Lachszucht in norwegischen Fjorden.

Trotzdem muss die internationale Fischerei Regeln aufstellen und befolgen, wonach u. a. nicht durch mechanisierte „industrielle" Fischerei (3 Millionen Supertrawler und Fischkutter, mit Radar, Echolot, Satellitenortung und elektronisch gesteuerten Fangnetzen) die Fischgründe derjenigen Bevölkerungen leergefischt werden, die auf diese Nahrungs- oder Erwerbsquelle angewiesen sind. Die Fischereiindustrie hat deshalb gemeinsam mit dem WWF und interessierten Staaten einen unabhängigen „Rat zur Bewahrung der Meere" gegründet, der eine ökologische, nämlich bestandserhaltende Meeresfischerei zu entwickeln helfen soll. Auch der Club of Rome (E. Mann-Borgese) befasst sich in einem Bericht 1999 mit dem Thema „Ozeane" als nachhaltige Wirtschaftsgrundlage für die Menschheit.

In der Bewirtschaftung der Landflächen sind wir in den vergangenen zehntausend Jahren von einer aneignenden zu einer Urproduktion als erster Wirtschaftsform übergegangen. Für das Meer ist dieser Schritt noch nicht vollzogen, er liegt aber ohne Zweifel vor uns. Nach diesem Muster der Landwirtschaft will ein privates Unternehmen (Ocean Farming Inc.) in den USA die Fischereiwirtschaft durch Intensivanbau revolutionieren (S. Chisholm, New Scientist Nr. 2206, S. 34): 60% des Lebens in den Ozeanen findet auf nur 2% der Meeresflächen statt, die anderen haben nicht genug Nahrung und müssen daher „gedüngt" werden. Das soll mit Nährstoffpellets geschehen, die – analog den langsam wirkenden Düngemitteln – ihre Nährstoffe langsam und gesteuert freisetzen. Die Fischproduktion könnte angeblich um den Faktor 400 vergrößert werden. Zusätzlich würde das absinkende Plankton CO_2 absorbieren, dieses allerdings zum Teil als Methan freisetzen. Das rechtliche Problem wird eine Realisierung dieser Idee verzögern oder gar verhindern – nämlich die dafür notwendige Privatisierung der Ozeane. Vor allem aber kämpfen Ökologen bisher schon gegen eine Überdüngung der Gewässer – also erst recht gegen eine anthropogene Nährstoffanreicherung im Meer, die zu einer starken Algenbildung führen wird.

Ein Bericht (VDI-Nachr. 26. 11. 1999) verweist aber auf die Möglichkeit, Mikroalgen biotechnisch zu nutzen, die aus Solarstrahlung, Wasser, CO_2 und N entstehen. Die Ausbeute soll bis zu 250 t/ha.a betragen können; das ist das 30fache des Getreide- und das 15fache des Ölsaaten-Ertrages pro Hektar. Biomasse auf Algenbasis liefert 5 kWh/kg, also etwa 130 kW/ha. Der Nahrungsbedarf der Menschen von durchschnittlich 0,17 kW/c könnte also auf einem Bruchteil der Meeresfläche (weniger als 10%) verglichen mit der heute nötigen Ackerfläche produziert werden. Die beiden Beispiele mögen als Hinweis dafür dienen, dass einige der in diesem Bericht genannten Möglichkeiten für eine viel größere Nahrungsmittelproduktion auf der Erde heute schon bekannt, also keine „Science-Fiction" sind.

Die Menschen behindern eine mögliche Ertragssteigerung

– vor allem solche Menschen, die genug zu essen haben und daher wählerisch sein können: In der EU werden, wie gesagt, Prämien dafür bezahlt, dass landwirtschaftliche Flächen nicht genutzt werden. Ökologisch orientierte Menschen versuchen, einige der oben genannten Maßnahmen zu behindern oder gar zu verhindern. Wird die Mehrheit der Bevölkerung vor allem in den „reichen" Ländern die Genmanipulation von Nahrungsmitteln und chemische Eingriffe akzeptieren? Menschen in Deutschland, in Brasilien und Indien, in den USA und anderswo behindern Freilandversuche mit dem Ziel, Pflanzen gegen Schädlinge resistent zu machen und daher die unerwünschten, bisher notwendigen Schädlingsbekämpfungsmittel einsparen zu können und vor allem höhere Erträge zu schaffen. Unter den vom Menschen selbst auferlegten Beschränkungen gegen eine höhere Nahrungsmittelproduktion werden die Hungernden und Unterernährten am meisten leiden.

6.4 „Tragekapazität" der Erde

Zunächst sollte definiert werden, was unter Tragekapazität für jede bestimmte Art, also auch die Art „Mensch", zu verstehen ist: nämlich die für Ernährung notwendige und die für das „Leben" erwünschte Fläche pro Kopf. Zum Begriff „Leben" mag auch der Flächenbedarf für nachwachsende Rohstoffe gezählt werden (siehe Kapitel 7 und Anhang VI) ebenso wie Flächen für (bewässerte) Golfplätze, Fußballfelder usw.; auf Java pflanzten (1998) die hungrigen Armen auf den Golfplätzen der Reichen Gemüse an. Bei dem ersten Weltbankprojekt zur Äthanolgewinnung aus Zuckerrohr in Brasilien (später auch in Kenia), in das einer der Autoren vor etwa 25 Jahren eingebunden war, gab es weltweit empörte Angriffe: Landwirtschaftliche Flächen, die für Nahrungsmittelerzeugung der Armen benötigt werden, würden missbraucht, damit die Reichen Kraftstoff zum Autofahren haben. Je wohlhabender die Menschen werden, umso mehr Fläche brauchen sie auch zur Ernährung, siehe oben: Sie essen mehr tierisches Eiweiß und brauchen somit ein Vielfaches der Anbaufläche verglichen mit eher vegetarisch Lebenden.

Mit Kapitel 9 wird erläutert, wie viel Fläche heute ein „Industriemensch" gebraucht und wie viel Menschen daher maximal im heutigen Stil der „Industriemenschen" auf der Erde leben könnten. Die Größe der für die Nahrungsproduktion gebrauchten Fläche hängt auch davon ab, wie viel Nahrungsmittel durch den Handel aus Ländern mit hohen Hektarerträgen in Länder mit niederen gelangt. Der Anstieg des Bedarfs an Fläche ist in jedem Fall flacher als die Bevölkerungszunahme, weil ein immer größerer Teil der Bevölkerung auch die Erträge vergrößert. Das Meer als ausnützbare Fläche ist bisher so gut wie gar nicht berücksichtigt worden, siehe Kapitel 6.3.

6.5 Bevölkerungswachstum und Ernährung

Solange die Menschen wie alle anderen Arten dem Jagen und Sammeln nachgingen, blieb die Gesamtzahl auf etwa 10 Millionen begrenzt. Erst durch Ackerbau und Viehzucht konnte die Zahl, immer an der Grenze der Tragfähigkeit der zur Verfügung stehenden Lebensräume, auf das 30fache steigen. Ein neuer Schub ergibt sich durch die Mechanisierung der Landwirtschaft und aus dem Verstehen der Bodenchemie. Damit ändert sich auch die Begrenzung: Nicht mehr der Bodenertrag begrenzt die Bevölkerungszahl. Es liegt in der Hand der Menschen, den wachsenden Verbrauch an tierischem Eiweiß durch entsprechende pflanzliche Ernährung zu ersetzen. Das bringt eine erhebliche Einsparung an Weide- und Futtergetreideflächen für die Schlachttierhaltung – ganz abgesehen von den oft propagierten gesundheitlich positiven Wirkungen dieser Ernährungsart.

Die Verfügbarkeit von Nahrungsmitteln ist auf absehbare Zeit kein Wachstumshemmnis, weder für die Bevölkerungszahl noch für das Wirtschaftswachstum. Wenn sich die These über den Zusammenhang zwischen SBIP und Bevölkerungswachstum auch künftig als richtig herausstellt, dann bringt wachsendes SBIP eine geringere Bevölkerungszahl, und von deren wachsendem Einkommen wird ein immer geringer werdender Teil für den Nahrungserwerb gebraucht. Oder, alternativ, kann ein zum Beispiel mit dem SBIP wachsender Teil der Wertschöpfung für zusätzliche Nahrungsmittelgewinnung einschließlich der Forschungen auf diesem Gebiet verwendet werden.

Falls zusätzlich nachwachsende Rohstoffe – Pflanzen, tierische Produkte – für die Wirtschaft gebraucht werden, vor allem zur Begrenzung der CO_2-Emisisionen, aber auch als Ersatz für schwindende fossile Rohstoffe und gewisse anorganische Verbindungen, dann wird ein vielleicht steigender Teil der landwirtschaftlichen Fläche dafür gebraucht und steht für Nahrungsmittelproduktion nicht mehr zur Verfügung. Allerdings wird vorher das riesige Potenzial an nachwachsender Biomasse angezapft werden. Dies ist eine Entscheidung, die einzig und allein beim Menschen liegt. Die Hoffnung, dass sich auch dieses Problem durch weiterhin wachsende Erträge lösen wird, ist auf Grund der Erfahrungen der Vergangenheit begründet.

Wie bei anderen Prognosen können auch für die Nahrungsproduktion durch singuläre Ereignisse wie Katastrophen, durch Klimaveränderung oder landwirtschaftliche Seuchen bei Pflanzen oder Tieren die Voraussagen ungültig werden. Das haben regional der Hurrikan Mitch 1998 und die folgenden Überschwemmungskatastrophen gezeigt ebenso wie die Überschwemmungen in China, von denen einige wegen mangelnder Vorsorge „man-made" waren.

Am Ende des 20. Jahrhunderts und in der vorhersehbaren Zukunft werden weltweit ausreichende Mengen – in einigen Regionen sogar hohe Überschüsse – an Nahrungsmitteln produziert. Solange außerdem ein Teil der

Nahrungsmittel (geschätzt etwa 5%) sogar weggeworfen und ein angeblich noch größerer Teil von Ratten und anderen Tieren gefressen wird, kann es kein ernstzunehmendes Ernährungsproblem für die Menschheit geben. Unterernährung ist eine Folge ungerechter Verteilung, denn auch in Ländern mit hoher Nahrungsmittelproduktion, selbst in den USA und in Europa, gibt es Hunger, weil den armen Bevölkerungsgruppen eben das Geld zum Kauf der vorhandenen Nahrungsmittel fehlt. Zunehmendes SBIP ist einer der Auswege.

6.6 Nahrungsproduktion und Erwerbstätigkeit

In Ländern mit einem SBIP unter etwa $ 500 (1990) sind etwa 80% der Bevölkerung in der Landwirtschaft beschäftigt. Bei ungefähr $ 2000/c.a sinkt dieser Anteil auf 50% und dann weiter auf unter 3%; siehe Kapitel 9 und 10. In Mitteleuropa haben vor 200 Jahren vier in der Landwirtschaft Tätige einen dort nicht Tätigen mit Nahrung versorgt. Heute „ernährt" ein in der Landwirtschaft Beschäftigter mehr als 50 andere. In Deutschland „ernährt" ein Bauer sogar 110 Menschen – 11-mal soviele wie in der Nachkriegszeit. Dort ging die Zahl der Voll- und Teilzeitbeschäftigten in der Landwirtschaft in 50 Jahren von 10 auf 1,5 Millionen zurück, der Anteil an den Erwerbstätigen von etwa 25 auf weniger als 4%, und die Landwirtschaft trägt weniger als 2% zum BIP bei. Die „Agenda 2000" der EU kostet angeblich allein in Deutschland 50.000 Arbeitsplätze in der Landwirtschaft.

Die Landflucht ist der erste dramatische Umbau der Erwerbstätigkeit mit Beginn der Industriellen Revolution. Heute wird sie in oft selbstzerstörerischer Weise in vielen Entwicklungsländern beobachtet, ohne dass dort die Produktivität in der verbleibenden Landwirtschaft ausreicht, um alle in die Ballungszentren geflohenen Menschen ernähren zu können.

6.7 Wasser, Trinkwasser

Eine global „gerechte" Versorgung mit (Trink-)Wasser wird bis heute nicht beherrscht: Dürre hier, Überschwemmungen dort, verschmutzte Gewässer überall; mehrere Millionen Menschen verdursten jährlich weltweit. Es gibt keine weltweite „Wasser-Governance". Die Verfügbarkeit von Wasser werde der Grund für die nächsten Kriege sein. Das wird von allen geglaubt, die im Krieg die Fortsetzung der Diplomatie mit anderen Mitteln sehen und nicht verstehen oder akzeptieren wollen, dass man durch Technik und Organisation (Trink-)Wasser an jede beliebige Stelle der Welt schaffen kann. Schon vor 2000 Jahren wurde Wasser aus den Bergen über Leitungen in die menschlichen Siedlungen geleitet. Mit der heute verfügbaren Pipelinetechnologie verbunden mit Riesentankern sollte es keinerlei Transportbeschränkung für ein so lebenswichtiges Gut wie Wasser geben. Trotzdem ist beispielsweise der Streit um die Trinkwasserreserven auf den Golanhöhen einer der Gründe dafür, dass die wasserarmen Länder Israel und Syrien nicht zu einem Frieden finden. Natürlich ist der Preis je Kubikmeter Wasser je nach seiner Herkunft sehr unterschiedlich. Nur bei wachsendem Wohlstand werden sich bisher arme „trockene" Länder genügend Wasser, vor allem Trinkwasser, leisten können. Die Kuweitis oder die Israelis denken jedenfalls nicht daran, ihr Land zu verlassen, weil sie fossiles Wasser aus dem Erdinnern hochpumpen oder Meerwasser entsalzen müssen, um die Wüste zu begrünen – solange sie das Kapital und die Energie für die Pump- und Entsalzungsanlagen haben und für diese Zwecke anwenden wollen. Eine andere Frage ist es, ob es weltwirtschaftlich sinnvoll ist, in Saudi-Arabien oder anderen Wüstenstaaten landwirtschaftliche Produkte auf dieser Basis zu horrenden Kosten zu erzeugen und gleichzeitig anderswo landwirtschaftliche Überschüsse zu vernichten. Saudi-Arabien hat Grundwasser zur landwirtschaftlichen Bewässerung verbraucht und wurde damit sechstgrößter Weizenexporteur. Die saudischen Grundwasservorräte sind deshalb heute knapper als die an Erdöl: 20 gegenüber 80 Jahre. Dabei ist das Land reich genug, um seinen Trinkwasserbedarf aus (1998) 23 Meerwasserentsalzungsanlagen zu decken – zunehmend auf der Basis Umkehrosmose, die nicht wie die bisher verwendeten thermischen Entsalzungsanlagen an benachbarte thermische Kraftwerke gekoppelt sind, sondern mit Solarenergie betrieben werden.

„Wasser ist Leben"
(Thales von Milet, 600 v. Chr.)

Wasser ist ein Lebensmittel für Mensch und Tier. Es ist als Trinkwasser Teil der Nahrung und wird zur Nahrungszubereitung, zum Kochen, zur Nahrungsvorbereitung usw. verwendet. Wasser wird auch zur Bewässerung landwirtschaftlicher Flächen und daher zur Getreideerzeugung gebraucht. Für manche Bevölkerungsgruppen, beispielsweise in Bayern, soll die Erkenntnis „Man kann Wasser auch trinken" (wenn Bier nicht vorhanden ist) nicht weit verbreitet sein. Der Mensch braucht eine gewisse Mindestmenge an Trinkwasser oder anderen Flüssigkeiten, um leben zu können. Der Bedarf hängt von der Lebensweise des Menschen ab. Die Verdunstungsverluste bei körperlicher Arbeit, Sport und durch Hitze liegen bei 2 bis 2,5 l/c.d. Der Mensch soll täglich mindestens 1,5 Liter Wasser oder andere Flüssigkeit trinken. Wenn die Verluste durch Schweiß u. a. nicht durch Flüssigkeitszufuhr ersetzt werden, kann es zu Muskelkrämpfen und Erbrechen kommen. „Durst ist schlimmer als Heimweh", heißt ein Soldatenspruch. Wenn wir (einschließlich des Wasserbedarfes für die Nahrungszubereitung, auch zum Reinigen von Salat,

Gemüse u. a., zum Zähneputzen und für viele andere Zwecke) 2 bis 3 Liter Trinkwasserverbrauch pro Kopf und Tag annehmen, ergibt das einen globalen Trinkwasserbedarf von etwa 4 bis 6 Mrd. m^3 pro Jahr (der natürliche Wasserumlauf liegt bei etwa 500.000 km^3 pro Jahr). Diese Menge ist insgesamt ungefähr so groß wie die Menge an Rohöl und Ölprodukten, die durch Pipelines und mittels Tankern rund um die Welt transportiert wird. Also könnte auch der Gesamtbedarf aller Menschen an Trinkwasser an alle Stellen der Welt geschafft werden.

Das Wasser wird nicht *ver*braucht, sondern nur *ge*braucht – abgesehen von relativ kleinen Mengen, die in der Industrie chemisch umgesetzt, also echt verbraucht werden (zugleich entsteht aber auch Wasser aus solchen Vorgängen), und abgesehen von den Wassermengen, die durch Gebrauch so stark verschmutzt – sogar vergiftet – werden, dass sie nicht mehr aufbereitet, also als „*ver*braucht" bezeichnet werden können.

„Trinkwasserqualität"

Wasser als chemische Substanz ist geschmack-, geruch- und farblos (die Donau ist angeblich blau). Das in der Natur in Seen, Flüssen und als Grundwasser vorkommende Wasser – ja sogar Regenwasser – enthält gasförmige (wie CO_2), feste und gelöste Bestandteile, meist Calcium- und Magnesiumsalze (die die „Härte" des Wassers bestimmen) und Kochsalz (im Toten Meer ist der Salzgehalt etwa 30%). Schiffbrüchige sind mitten in einem Meer von Wasser verdurstet, weil der menschliche Organismus den Salzgehalt des Meerwassers (einige Prozent Kochsalz, bittere Magnesiumsalze) nicht verträgt. Entsalztes Meerwasser dagegen kann Trinkwasserqualität haben.

Also: Wasser ist nicht gleich Trinkwasser, und Trinkwasser ist auch nicht gleich Trinkwasser. Und außerdem gibt es noch das für seinen Geschmack und seine Reinheit bekannte Wiener Hochquellwasser, das man sogar anstelle von Heurigem trinken kann.

An Trinkwasser für den Menschen werden die höchsten Reinheitsansprüche gestellt – auch indirekt, wenn es beispielsweise zur Bierherstellung verwendet wird. Allerdings sind diese Reinheitsanforderungen von Region zu Region, von Land zu Land sehr verschieden. Trinkwasser, das z. B. in Deutschland und Österreich an die Verbraucher geliefert wird, gilt als das vermutlich bestkontrollierte Lebensmittel der Welt: Die gesetzlichen Trinkwasserverordnungen lassen nur allergeringste Mengen an gesundheitsschädlichen Bestandteilen (Arsen, Blei, Nitrate) zu, die teilweise niedriger als in handelsüblichem „Mineralwasser" sind. Verunreinigungen können allerdings auch aus den Wasserleitungen oder Armaturen stammen, also erst auf dem Weg zum Verbraucher.

In vielen industrialisierten Ländern nimmt die Gefahr der Kontaminierung von Grundwasser mit chemischen Substanzen zu, beispielsweise mit Nitraten (die dafür festgesetzten Grenzwerte von 30 ppm werden in überdüngten oder industrienahen Wassereinzugsgebieten manchmal überschritten) oder gar mit Atrazin, einem verbotenen, aber immer noch angewandten oder nachwirkenden Pestizid.

Für Trinkwasser gelten auch hygienische Mindestanforderungen. In vielen, vor allem tropischen Ländern scheinen allerdings die Bewohner gegen Verunreinigungen in ihrem Trinkwasser immun zu sein. Deshalb kann beispielsweise in Brasilien, Indien und China Trinkwasser immer noch aus ungereinigten, nicht aufbereiteten Flüssen oder aus Grundwasser auf kontaminierten Flächen gewonnen werden; die Bevölkerung (in Indonesien, den Philippinen und anderswo) verwendet Flusswasser, das im Nachbarhaus als WC-Wasser verwendet wurde, als Trinkwasser. In diesen Ländern werden die Bevölkerungsgruppen, egal welcher SBIP-Gruppe sie angehören, immer ausreichend Wasser haben, das sie eben als Trinkwasser verwenden.

Auch für andere Lebensbereiche braucht der Mensch Wasser:

- als Kühlwasser für industrielle Zwecke,
- als Waschwasser, Spülwasser (WC, Haushalt),
- für chemische Zwecke,
- destilliertes Wasser für medizinisch-pharmazeutische Zwecke und
- für Beregnung, Bewässerung, Tiertränke und andere landwirtschaftliche Zwecke; 70% des weltweiten Wasserverbrauches fließen in die Landwirtschaft.

Im Jahre 2025 soll gemäß UNESCO der weltweite Bedarf an Frischwasser aller Qualitäten für Landwirtschaft, Industrie und städtische Regionen ungefähr 2,2 m^3/c.d betragen. Nach anderen Quellen werden heute 1,5 m^3/c.d verbraucht. Je nach der Verwendung des Wassers werden verschiedene Anforderungen an seine Qualität gestellt. Offensichtlich kann für einige der Anwendungen als sogenanntes „Brauchwasser" ungereinigtes Wasser aus Flüssen oder aufbereitetes Abwasser verwendet werden, eventuell auch Meerwasser. Man kann Wasser auch mehrfach nutzen, bevor es wieder in den natürlichen Kreislauf der Natur zurückkehrt. Das Wasser der Ruhr z. B. wird angeblich 13-mal genutzt, bevor es den Rhein erreicht. In vielen Gebieten übersteigt die Abwasserbelastung die natürliche Selbstreinigungskraft der Gewässer.

Für Bewässerung und andere landwirtschaftliche Zwecke ist der Salzgehalt begrenzt, damit die Böden nicht versalzen. Landwirtschaft, Gewerbe und Industrie verbrauchen etwa 200 Liter/c.d. Ein Teil dieser Menge kann nach Gebrauch gereinigt und im Kreislauf wieder verwendet werden. Der gesamte Wasserbedarf des Menschen für Trinken, Nahrungszubereitung, Waschen, und andere Zwecke, wird mit durchschnittlich etwa 150 Litern pro Kopf und Tag angegeben (in den USA die doppelte Menge, während die Deutschen ihren Wasserverbrauch zwischen 1990 und 1999 um 20% auf 127 Liter/c.d reduziert haben). In Europa werden etwa zwei Drittel des im

Haushalt verbrauchten Wassers für Baden, Duschen und WC-Spülung verbraucht und nur 2 bis 3% als Trink- und Kochwasser, das also Trinkwasserqualität haben soll.

Woher kommt das Wasser?

Die Europäische Weltraumorganisation (ESA) stellte große Mengen an Wasserdampf in den Atmosphären von Saturn, Jupiter und anderen Planeten fest; und überall im Weltall sind Wasserspuren zu finden. Daraus schließt die ESA, dass Trinkwasser und Weltmeere von den Sternen stammen. 71% der Erdoberfläche sind mit Wasser bedeckt. Pflanzen, Tiere und der Mensch bestehen zu 60 bis 90% aus Wasser. Wasser wird im globalen natürlichen Wasserkreislauf, durch Wechselwirkung von Meer, Wäldern, Wolken, Sonne, mit etwa 230 m^3/c.d regeneriert. Dieser „große" Wasserkreislauf in der Natur durch Verdunstung und Regen ist seit drei Jahrhunderten bekannt. Von der Regenmenge fallen angenommen durchschnittlich 80 m^3/c.d auf die Festlandfläche, also das etwa 25.000-fache des Trinkwasserbedarfs des Menschen. Allerdings ist diese Wassermenge über die Regionen der Welt sehr ungleich verteilt, weshalb solche globale Durchschnittszahlen in der Praxis geringe Aussagekraft haben. Die Zahlen sagen aber aus, dass auf der Welt insgesamt ein Vielfaches der benötigten (Trink-)Wassermenge vorhanden ist – sie muss „nur" richtig und gerecht verteilt werden.

Es gibt noch mehrere „kleine" Wasserkreisläufe: in den Gemeinden, im Gewerbe, vor allem in der Industrie.

Von der verbrauchten Wassermenge stammen ungefähr ein bis zwei Drittel aus Grundwasser und nur 1% aus Flüssen und Seen. Der Rest des Trinkwassers wird aus aus dem Erdinneren, aus Quellwasser, aus aufgefangenem Regenwasser, und der Schnee-und Eisschmelze gewonnen. Wenn das alles nicht oder nicht ausreichend vorhanden ist, kann auch Meer-und Brackwasser entsalzt und durch Entsalzen als Trinkwasser oder zur Bewässerung verwendet werden: Der Aufwand für die Energiegewinnung zum Entsalzen ist immer noch besser angelegt als für einen Krieg um Wasser. (Südafrika intervenierte 1998 militärisch bei Unruhen in Lesotho, weil die dortigen riesigen Stauseen Südafrika mit Trinkwasser versorgen.) Dieses Wasser ist dann natürlich teurer als solches, das von allein aus der Quelle sprudelt. Nur Staaten, die reich genug sind, oder solche, die billigen Strom z. B. aus Fackelgasen oder Solarenergie haben, können sich dieses Wasser leisten.

Es gibt Länder und Regionen auf der Erde, in denen Wasser von Trinkwasserqualität in ausreichenden oder sogar (verglichen mit dem Bedarf) überschüssigen Mengen dauerhaft verfügbar ist. Zu diesen Regionen gehören beispielsweise skandinavische Länder, die Türkei, weite Teile der USA, Kanada und Österreich. (Tu felix Austria bibe!: Hier werden etwa 300 Liter Trinkwasser/c.d gefördert, aber die zehnfache Menge ist verfügbar; die

Donau führt im Mittel 1800 m^3/sec; Österreich könnte also einen großen Teil seiner Trinkwassererzeugung exportieren und daraus Devisen lukrieren. Aus einer Wasserquelle in Tirol werden 30 Mio. m^3/a abgefülltes Trinkwasser teilweise bis auf die arabische Halbinsel [!] exportiert bei einem Erlös von $ 150 Mio./a (das sind $ 0.80 pro bbl Wasser); denkbar ist die 1000fache Menge – das würde z. B. ausreichen, um die Hälfte des Wasserdefizits in Nordchina zu decken.) In diesen trinkwasserreichen Ländern ist das Sparbewusstsein nicht ausgeprägt: Es ist ja genug Wasser da, man braucht es nicht mühsam aufzubereiten, allenfalls in der Industrie, wo aufbereitetes Wasser billiger sein kann als Frischwasser, egal wie viel davon von der Natur geliefert wird.

Wo fehlt heute oder künftig (Trink-)Wasser?

Die verfügbaren Trinkwasservorräte und der Bevölkerungsanstieg ergeben ein Konfliktpotenzial, wenn nicht global partnerschaftlich vorgegangen wird. Heute leben 60% der Weltbevölkerung in Gebieten mit grenzüberschreitenden Wasservorkommen – wo der eine dem anderen „das Wasser abgraben kann" (zum Beispiel die erwähnten Golanhöhen, Euphrat und Tigris/Türkei – Syrien – Irak). Ein Tausch „Wasser gegen Öl" wird von ölreichen Staaten angeboten: „Das Öl des 21. Jahrhunderts wird das (Trink-)Wasser sein!", ist ein Slogan.

Wasserknappheit kann ein regionales oder lokales Problem sein. Die örtliche und zeitliche Verfügbarkeit von Wasser deckt sich nicht immer mit dem Bedarf, was zum Teil durch den Bau von Kanälen, Zisternen usw. (Aquädukte gab es schon zu Zeiten der Römer, Zisternen vor 4000 Jahren) ausgeglichen wird. In vielen Ländern gibt es einen drastischen Mangel an Trinkwasser. Etwa 1,2 Mrd. Menschen auf der Erde – vor allem in Afrika, Indien, China – haben keinen Zugang zu sauberem Wasser. Aber auch für die Bretagne, den Südwesten der USA, Teile von China und Australien und den Mittleren Osten werden Wasserversorgungsprobleme vorausgesagt.

China kann als typisch für viele Länder mit zeitweiligem oder fortwährendem Wassermangel betrachtet werden. Der gesamte Wasserverbrauch für Bevölkerung, Industrie und Landwirtschaft in China beträgt 560 Mrd. m^3/a, also etwa 450 m^3/c.a, wovon die bewässerungsintensive Landwirtschaft 70% verbraucht (C. Schnitzler, FAZ 19. 4. 00). Für die Trink- und Brauchwasserversorgung der Bevölkerung werden geschätzt höchstens 11% des Gesamtverbrauches benötigt. Dieser Verbrauch wächst aber stärker als die Bevölkerungszahl, denn mit wachsendem Einkommen (also SBIP) steigt der Wasserverbrauch für Dusche, Waschmaschinen, WC usw. und für sich ausweitende gewerbliche Tätigkeiten. Der Bedarf kann heute schon nicht mehr gedeckt werden. Wasser muss deshalb an die Städte zugeteilt werden. Weil der Grundwasserspiegel immer weiter sinkt, werden die Brunnen immer tiefer (in Beijing stammen zwei Drittel des Leitungswassers aus Grundwasser).

Wegen Wassermangels gibt es Ernteausfälle und Produktionsprobleme, die das BIP-Wachstum um geschätzt etwa $ 10/c.a reduzieren. Wassermangel ist ein volkswirtschaftlich und ökologisch größeres Problem als es die Überschwemmungen sind. Trotzdem fehlt – in einer immer noch gelenkten Wirtschaft – eine Wasserplanung.

Der zunehmende Wassermangel wird verursacht durch die Kombination von naturgegebenen und vom Menschen verursachte Faktoren: Die Menge der Niederschläge nimmt ab (in Nordchina regnet es zwar mit 600 mm/a ähnlich viel wie in Mitteleuropa, aber nur während einiger Wochen im Jahr und mit großen Unterschieden von Jahr zu Jahr). Wegen fehlender Staudämme und anderer Wasserspeicher fließt in Überschusszeiten Trinkwasser ungenutzt ab. Für Brauchwasser und Abwasser fehlen Aufbereitungsanlagen. Leitungsverluste entstehen wegen defekter und veralteter Rohrleitungen. Schließlich bieten die zu niedrigen Wasserpreise keinen Anreiz zum Sparen (der Wasserpreis ist in China ein Politikum, wie es der Benzinpreis in den USA und in Europa ist). Der Aufruf auf den Toiletten des Flughafens Beijing, Wasser zu sparen, ist wenig hilfreich.

Im tropischen und subtropischen Süden Chinas gibt es viel Wasser, im Westen sind Steppe und Wüste, und in Nordchina fehlen 70 Mrd. m^3 Wasser/a. Wasser aus dem Süden soll daher über Kanäle und Rohrleitungssysteme in den Norden geleitet werden. Der Gelbe Fluss trocknet aus, bevor er ins Meer mündet. Deshalb soll Wasser aus dem Jangtse, der häufig Überschwemmungen verursacht, in den Gelben Fluss kanalisiert werden – quer durch ein Gebirge oder über einen 1200 km langen „großen Kanal". Doch ist der Jangtse schon so sehr verschmutzt, dass sein Wasser nicht mal für landwirtschaftliche Zwecke brauchbar ist.

Alle Pläne führen zu technischen und sozialen Schwierigkeiten, wie sie bei dem Drei-Schluchten-Staudamm auftraten – vor allem die massiven Umsiedlungen von Menschen. Manche der hier genannten Probleme treffen auf viele Länder und Regionen zu, die heute oder künftig gegen Wassermangel kämpfen.

Was tun, wenn (Trink-)Wasser knapp ist?

Drei Antworten: Wasser sparen, Nutzwasser im Kreislauf führen, Fluss- oder Meerwasser aufbereiten. Die vom Menschen benötigte Trinkwassermenge kann kaum reduziert werden. Dagegen kann die industrielle Verwendung von (Brauch-)Wasser entweder durch Sparen verringert oder Kühlwasser kann durch andere Kühlsysteme (Luftkühlung) ersetzt werden: Schließlich wird man auch keine Industrie, die viel Wasser benötigt und dies nicht im Kreislauf führen kann, ausgerechnet an wasserarmen Stellen der Welt errichten. Die Minister der EU befassen sich mit dem Problem des sorgsamen Umgangs mit Trinkwasser und den Interessenkonflikten, die daraus z. B. zwischen Landwirtschaft und Tourismus entstehen können.

In vielen Ländern und Regionen ist Quell- oder Grundwasser mit Nahrungsmittelqualität zumindest zeitweise knapp. Dort ist der Missbrauch der begrenzten Trinkwassermengen für gewerbliche oder industrielle Zwecke, aber auch im Haushalt zu vermeiden, wenn dafür anderes Nutzwasser aus Flüssen oder aufbereiteten Kreisläufen zur Verfügung steht. Sparen gilt als Tugend, auch im Ökologischen: Die Wassermengen für WC-Spülung können von heute durchschnittlich 20 auf 3 Liter pro Spülung reduziert werden, der Duschverbrauch von 20 auf 2 Liter Wasser pro Minute. Der sehr hohe Wasserverbrauch, nämlich 45% des Haushaltsverbrauches, für die WC-Spülung ist in den USA ein offiziell erkanntes Problem, weshalb nunmehr ein Verbrauch von höchstens 5,7 l/Spülung sogar gesetzlich vorgeschrieben wird. Sparmöglichkeiten, wohin man blickt.

Industrieunternehmen und Kraftwerke beziehen ihren oft sehr hohen Wasserbedarf ohnehin aus ihren eigenen Kreisläufen oder aus Flüssen. Wasser sparen bedeutet Energie sparen und geringere Abwassergebühren, hat also einen ökonomischen Anreiz. E. v. Weizsäcker weist darauf hin, dass in der Papierindustrie beispielsweise bei 20 bis 30 Litern Wasserverbrauch pro erzeugtem kg Papier oder Pappe das Sparen eine ökonomisch wichtige Rolle spielt. Zur Papierproduktion von weltweit 280 Mio. t/a werden mindestens 6 Mrd. m^3/a Wasser gebraucht; das ist ungefähr ebensoviel, wie an Trinkwasser weltweit benötigt wird. Bei solchen Mengen lohnt es sich, fast vollständige Wasserkreisläufe zu installieren, bei denen nur Verdunstungsverluste und die chemisch ins Papier eingebauten Wassermengen ersetzt werden müssen. Der menschliche Erfindungsgeist kann auch auf diesen Gebieten dafür sorgen, dass Wasser künftig nicht „knapp" sein wird, und dass die von ihm (mit-)verursachten Schäden wieder beseitigt werden.

Und schließlich gibt es viele, von der Natur benachteiligte Länder und Regionen, die weder Trink- noch Nutzwasser (weil kein Fluss oder Meer in der Nähe ist) in ausreichenden Mengen zur Verfügung haben oder allenfalls in seltenen regenreichen Perioden, wie die Länder der Sahelzone, semiaride Gebiete in Afrika und Zentralasien und Zentralindien, und natürlich die Wüstengebiete (Sahara, Gobi, Neumexiko/Arizona u. v. a.) und der Nahe und Mittlere Osten. Dafür werden Wassertransporte auch über große Entfernungen installiert werden, mittels Kanälen (wie in China geplant), Tankern und Wasserpipelines. Wie erwähnt, sind auch Tauschgeschäfte „Wasser gegen Öl" zum Beispiel von Nordafrika nach/von Europa denkbar ebenso wie zwischen der Türkei und den Ölländern des Mittleren Ostens. Private „global players" haben diesen Zukunftsmarkt schon entdeckt und bieten grenzüberschreitendes Wassermanagement weltweit an: „Wasser ist Reichtum."

Beispiel Naher Osten

Im Nahen Osten droht permanenter Wassermangel, (J. Krombach). In der Region (Israel, Jordanien, Gazastreifen, Westbank) leben etwa 12 Mio. Menschen. Es stehen etwa 600 Liter/c.d aus Flüssen, Seen und als Grundwasser aus dem Erdinneren zur Verfügung, verbraucht werden (1998) 750 Liter/c.d, und im Jahre 2040 werden mindestens 400 Liter/c.d mehr gebraucht als derzeit, wo besonders in Jordanien große Wasserknappheit herrscht. Deshalb soll Trinkwasser künftig nur noch an Haushalte geliefert werden. Industrie, Gewerbe und vor allem die Landwirtschaft werden aufbereitetes Ab- oder Brackwasser erhalten. In der Region werden große Entsalzungsanlagen gebraucht, denn die Alternative – Import aus der Türkei oder dem Libanon per Tanker oder Pipeline – ist noch teurer als entsalztes Wasser. Der Rechenstift wird auch hier entscheiden, wie die künftige (Trinkwasser-)Versorgung organisiert werden wird.

Getrennte Systeme für die Wasserversorgung

In menschlichen Siedlungen existiert – wenn überhaupt – nur ein Leitungssystem für die Wasserversorgung. Deshalb wird die relativ geringe benötigte Menge an Trinkwasser als Teil des gesamten Wasserbedarfes zu den Wohnungen geleitet. Trinkwasser wird also für Zwecke verwendet, für die weniger „gutes" und daher billigeres Wasser ebenso gut geeignet wäre. Weil es getrennte Wasserversorgungssysteme, wie für den Mittleren Osten geplant, zumindest in Europa nur vereinzelt gibt, wird beispielsweise Trinkwasser zur Autowäsche verwendet. In Gegenden, in denen Trinkwasser hoher Qualität (also z. B. Quellwasser) knapp und daher teuer ist, ist das eine große Verschwendung. Immerhin hat einmal OPEC-Generalsekretär A. Khene vorgerechnet, dass 1 Liter Erdöl (damals etwa $ 0,02/Liter) weniger als die Hälfte von Mineralwasser kostet; er fand das „ungerecht". Ein unpassender und wegen verschiedener Maßstäbe falscher, aber interessanter Hinweis auf die marktwirtschaftlichen Regeln der Knappheit von Gütern. Das Wasser für Trinken, Kochen, Zähneputzen usw. – für eine vierköpfige Familie also etwa 10 bis 15 Liter täglich – könnte theoretisch ohne Rücksicht auf Kosten und Mühen auch in Flaschen herbeigeschafft werden, wobei die Entsorgung der angenommen mehr als 70 Flaschen pro Woche beispielsweise in einem innerstädtischen Hochhaus auf Dauer vermutlich problematischer ist als eine zusätzliche Wasserleitung.

Trinkwasser und Brauchwasser für industrielle und gewerbliche Zwecke, aber auch im Haushalt können voneinander getrennt und zu verschiedenen Preisen angeboten werden. Das aus Trink-und Brauchwasser gemischte Abwasser kann aufbereitet und im Kreislauf geführt und als Brauchwasser wiederverwendet werden. Somit ist die Trinkwasserversorgung auch mit dem

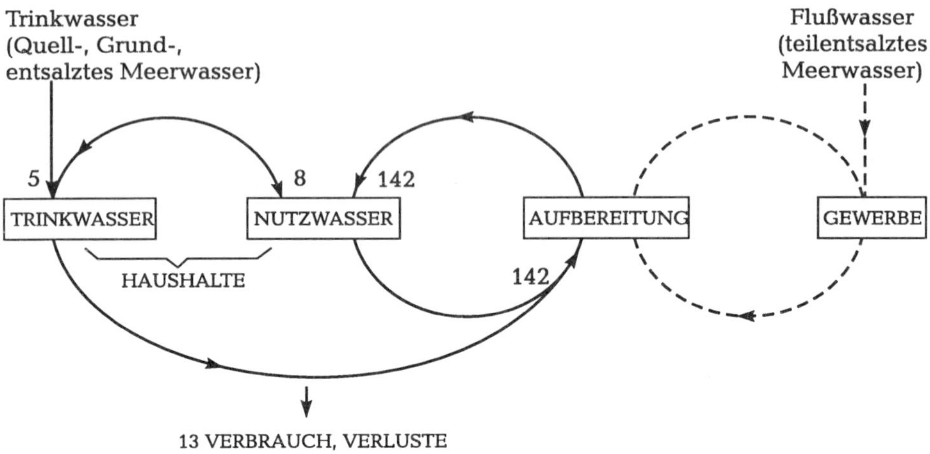

Abb. 6-6. Getrennte Versorgung von Haushalt und Gewerbe mit Trinkwasser und Nutzwasser mit Kreislaufführung; Annahmen in Liter/c.d: Trinkwasser 3 bis 5, Nutzwasser 150

Abwasserproblem verknüpft. Ein großer Teil des Wasserpreises ergibt sich ohnehin aus den Abwassergebühren und nicht aus den Kosten für die Beschaffung des Frischwassers. Die Verlegung eines doppelten Rohrleitungssystems wenigstens in Neubausiedlungen wird zwar hier und da diskutiert und sogar geplant, aber aus Kostengründen bisher verworfen. Immerhin gibt es in vielen Häusern zwei getrennte Leitungssysteme für Kalt- und Warmwasser – warum also keine dritte Leitung für Nutzwasser, wenn dies aus wirtschaftlichen Gründen bei hohem Trinkwasserpreis oder aus Knappheitsgründen (was nicht identisch zu sein braucht) zweckmäßig ist? Abb. 6-6 stellt schematisch eine getrennte Versorgung von Haushalten und Gewerbe mit Trinkwasser und Nutzwasser mit Kreislaufführung dar. In den Aufbereitungskreislauf könnten auch die gewerblich und industriell gebrauchten Wassermengen eingebunden werden. Die Verluste im Nutzwasserkreislauf würden durch Flusswasser oder teilentsalztes Meerwasser abgedeckt. Heute werden nur ungefähr 5% der Abwässer gereinigt. (In Österreich wird auch dieser Bereich durch Kanalisierung privatisiert und zugleich die Austrocknung landwirtschaftlich genutzter Böden vermindert. Regenwasser soll im Boden versickern, Schmutzwasser via Kanäle zur Reinigung geleitet werden, wo nutzbarer Klärschlamm anfällt.)

Privatisierung der Wasserversorgung?

Die Trinkwasserversorgung wird weltweit immer teurer, weil immer tiefere Brunnen gebohrt, mehr Wasserreservoirs gebaut und Wasserleitungssysteme erneuert werden müssen ebenso wie undichte Abwasserkanäle, damit Grundwasser nicht verunreinigt werde. Weltweit werden nach Angaben des II. Welt-Wasserforums (Den Haag, März 2000) insgesamt über die nächsten Jahre $ 600 Mrd. oder 2,2% des jährlichen globalen BSP (Vergleich: Militäretats aller Staaten etwa $ 700 Mrd./a) für den Ausbau der Wasserversorgung (einschließlich Abwasserbehandlung) benötigt. Aber viele Staaten und Gemeinden, die bisher die Wasserversorgung betreiben, leiden unter Geldmangel. Deshalb ist oder wird (beispielsweise in Europa) ein Teil die Wasserversorgung – gekoppelt mit der Abwasserreinigung – privatisiert, oft im Verbund mit Energieversorgung und Abfallwirtschaft („Multi-Utility"-Konzept); dadurch sollen stabile Wasserpreise bei garantierter Qualität eingehalten werden. Beispiele: Frankreich, Großbritannien, Berlin.

7 Materielle Ressourcen

7.1 Materielles Wachstum braucht Rohstoffe

Die Art der vom Menschen benötigten und verwendeten Rohstoffe hat sich in der Geschichte immer wieder geändert und wird sich auch künftig ändern. Zunächst waren es Steine, die für die Herstellung nützlicher Werkzeuge durch Abschlagen oder Abschleifen geeignet waren. Dann waren es Metalle, vor allem Kupfer, das mit Zinn legiert die harte Bronze geliefert hat. Heute werden fast alle chemischen Elemente entweder als solche (wie Gold und Sauerstoff) oder in Form verschiedener chemischer Verbindungen gewonnen und als industrielle Rohstoffe genutzt. Die Gewinnung der Rohstoffe liefert das quälende Bild, dass jede Fundstätte bei fortgehendem Abbau sich erschöpfen müsse. Im Gegensatz zu dieser Vermutung gibt es aber keinen Rohstoff, der nicht in langfristig ausreichender Menge verfügbar wäre. Ja, die Rohstoffpreise fallen (wenngleich es kurzfristig auch Auf- und Abbewegungen gibt), obwohl sie doch in einer Marktwirtschaft eigentlich steigen müssten, wenn es insgesamt nur einen begrenzten, knapper werdenden Vorrat gäbe.

Dieses Paradoxon findet seine Erklärung in drei Umständen: Der Vorrat an allen Elementen ist im Vergleich zum notwendigen Bedarf sehr groß; von diesen Vorräten geht nichts verloren, alles bleibt auf der Erde; und es gibt immer einen brauchbaren Ersatz für jene anorganischen und organischen Verbindungen (wie Erdöl als Petrochemierohstoff), die bei ihrer Verwertung chemisch verändert und daher nicht in den technischen Materialkreislauf direkt eingeschleust werden können.

Sechs Gruppen von Rohstoffen

Die Wirtschaft verwendet verschiedenartige Roh- und Ausgangsstoffe, die vom Gesichtspunkt der Erschöpfbarkeit und ihrer Wiederverwertung – und damit ihrer langfristigen Verfügbarkeit – in sechs Gruppen eingeteilt werden können:

a) mineralische Rohstoffe (Erze), die wegen der Eigenschaften des darin enthaltenen Metalls (Eisen, Buntmetalle, Uran, Edelmetalle) oder anderen

Elementes (Phosphor, Arsen, Schwefel, Jod) gebraucht werden und die in einen globalen Materialkreislauf eingebracht werden, aus dem sie immer wieder gewonnen werden können;

b) andere anorganische Verbindungen (Beispiele: Gips und Kalkstein als Baumaterial, Ton, Basaltwolle, Granit, Kieselgur, Schiefer, Kies [Schotter], Mineralfarben), von denen sich der größte Teil in einem Kreislauf befindet, aus dem nichts verschwindet. Dieser Kreislauf muss nur dann durch „Nachschub" ergänzt werden (wofür nur ein Bruchteil der Rohstoffmenge gebraucht wird), wenn bei zu großer Verdünnung im Materialkreislauf die Wiedergewinnung des Rohstoffes zu teuer wird. Von diesen gebrauchten Rohstoffen der Gruppen a) und b) wird also fast alles den künftigen Generationen immer wieder angeboten;

c) anorganische Rohstoffe, die in elementarer Form vorkommen und in dieser auch verwendet werden (Sauerstoff, Stickstoff, Edelgase) und von denen einige nach Gebrauch in Verbindungen übergehen, die nicht in einem Kreislauf geführt werden können (Graphit als Anodenmaterial, Industriediamanten, deren Struktur beim Gebrauch mechanisch zerstört wird, schließlich auch Sauerstoff, der bei Verbrennungen in CO_2 übergeht);

d) schließlich gibt es anorganische Verbindungen, die wegen ihrer spezifischen chemischen oder mechanischen Eigenschaften gebraucht und durch diesen Gebrauch verändert – also „echt verbraucht" – werden und daher nicht in einen Materialkreislauf direkt eingeschleust werden können; Beispiele: Kaolin in Porzellan, Marmor, Feldspat, Kalk und Silikate in Zement, Schwerspat, Korund als Schmirgel, Talkum (das Bergwerksunglück in Lassing, Österreich, 1998, zeigte den Wert, der diesem ganz speziellen Rohstoff zugeordnet wird!), Phosphat und Kali in Düngemitteln (die letzten Endes in Knochen von Mensch und Tier eingebaut werden – also auch nicht „verschwinden"); dagegen wird ein anderer Teil dieser Rohstoffgruppe in Produkte umgewandelt, die ihrerseits rezyklierbar sind, wie Glas aus Quarzsand, Kalk/Dolomit und Soda/Pottasche, Schwefelverbindungen aus Gips und Sulfiden, PVC aus Kochsalz und Erdöl oder Erdgas. Anstelle eines „Primärkreislaufes" wie bei den Gruppen a) und b) gibt es für die Produkte aus den Rohstoffgruppe d) „Sekundärkreisläufe", die letzten Endes die gleiche Wirkung haben – nämlich die Rohstoffe immer wieder verwendbar zu machen. Wenn solche Sekundärkreisläufe nicht zweckmäßig – weil z. B. zu teuer – sind, dann können die meisten dieser anorganischen Rohstoffe durch andere Rohstoffe oder Werkstoffe ersetzt werden, vor allem in zunehmendem Umfang durch nachwachsende Rohstoffe (Glasflaschen können durch rezyklierbare PET-Flaschen ersetzt werden, technisch z. B. in der Elektrizitätswirtschaft verwendetes Porzellan durch Keramik, auch aus Aluminiumoxid).

Wir sind also nicht auf ganz bestimmte Rohstoffe angewiesen.

Vielleicht werden auf sehr lange Sicht auch einige der erwähnten „verbrauchten" anorganischen Verbindungen beim Umwälzen der Erdkruste neu gebildet; die Leser dieses Berichtes werden allerdings davon nicht mehr profitieren.

Erdöl ist ein Rohstoff und zum Verbrennen zu schade!

e) Erdöl, Erdgas, Stein- und Braunkohle und andere fossile Rohstoffe für die chemische Industrie (Abb. 7-1). Von den im letzten Jahrzehnt des 20. Jahrhunderts geförderten durchschnittlich etwa 3,3 Mrd. t Erdöl jährlich wurden und werden zusätzlich zu steigenden Erdgasmengen (1750 Mrd. m^3/a) ungefähr 8% für die Petrochemie (die eigentlich Petrolchemie heißen müsste) zur Gewinnung von Kunststoffen, Textilfasern, Düngemitteln usw. verwendet. Diese Erdöl- (und Erdgas-)Mengen werden also chemisch verändert und damit „echt" verbraucht. Obwohl diese Mengen als Rohstoff nicht rezyklierbar und nicht mehr verfügbar sind, kann der größere Teil der daraus gewonnenen Produkte im Materialkreislauf geführt werden: Kunststoffe wie Folien und Fasern. Einige der Produkte können nicht wiederverwendet werden: Düngemittel, Petrolkoks, Asphalt als Beispiele.
Die Petrochemie kam nach dem zweiten Weltkrieg aus den USA nach Europa und Japan, wo sie die dort vorherrschende Rohstoffbasis „Kohle" wegen der relativ niedrigen Erdölpreise und der im Vergleich zu Kohle einfacheren Handhabung verdrängt und durch immer neue, bessere und

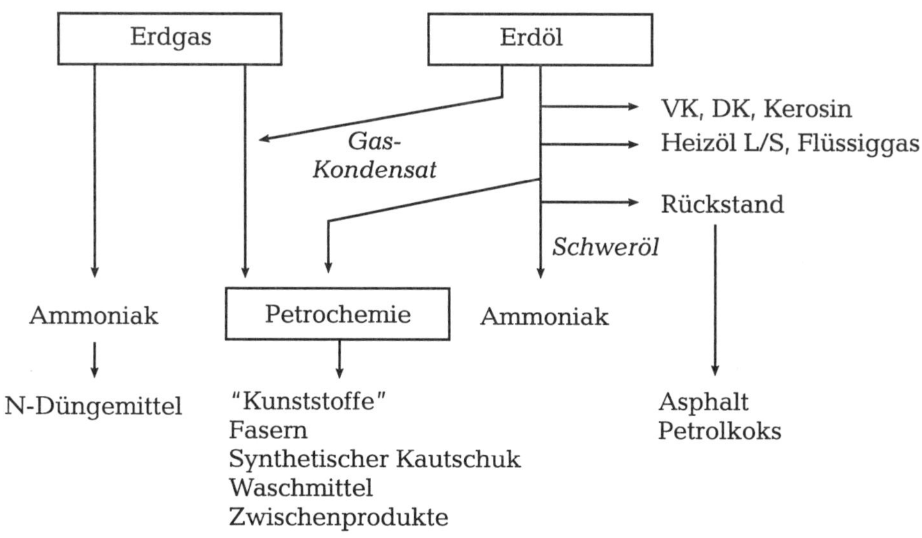

Abb. 7-1. Aus Fraktionen der Erdöldestillation (Naphtha und Schweröl), aus Gaskondensat und Erdgas werden vor allem Kunststoffe, Fasern, synthetischer Kautschuk, unzählige Pharma-Zwischenprodukte, Stickstoffdüngemittel und Asphalt und Petrolkoks gewonnen

zugleich billigere Produkte einen beispiellosen Zuwachs erzielt hat. Eines Tages werden die Erdöl- und Erdgasvorräte einschließlich der Teersande, Ölschiefer und Methanhydrate zu Ende gehen. Wenn mit zunehmender Knappheit der Ölpreis steigen und mit anderen Rohstoffen nicht mehr wettbewerbsfähig sein wird, dann können wie früher und heute noch in manchen Ländern Stein- und Braunkohle, nachwachsende Rohstoffe und andere Ressourcen die Erdöl/Erdgasfraktionen ersetzen. Beispiele: Kalziumkarbid/Azetylenchemie, CO_2 aus Kalkstein und Wasserstoff aus Wasser (Methanolchemie). Die derzeit für die Petrochemie verbrauchten etwa 260 Mio. t/a an Erdölfraktionen würden, sollten sie durch Steinkohle ersetzt werden, etwa geschätzt 12% der geförderten 4,8 Mrd. t/a Steinkohle erfordern.
Aus ökonomischen und ökologischen Gründen ist eine sorgsame Verwendung des Erdöls als Rohstoff wichtiger als sein Verbrauch zur Erzeugung von zum Teil „niedrigwertiger" Energie (nämlich zum Heizen), weil die im Erdöl enthaltenen Substanzen zu schade sind, um verbrannt zu werden – außer als Treibstoff.

Eine „ökologische" nachhaltige Rohstoffversorgung

f) Nachwachsende Rohstoffe (Anhang VI) bilden einen unerschöpflichen Rohstoffvorrat – nämlich solange die Sonne auf die Erde strahlt und solange genug landwirtschaftlich nutzbare Flächen verfügbar sind, die nicht für die Nahrungsmittelproduktion gebraucht werden. Beispiele: Holz (Werkstoffe, Papier, Zellulose/Fasern), Hanf, Wolle (Fasern), Getreide und Kartoffeln (Stärke), Pflanzenöle, Zucker (Ethanol, Folien). Die gesamte Menge an „Biomasse", die von der Natur mit und ohne menschliches Zutun produziert wird, wird auf 170 bis 200 Mrd. t/a geschätzt, also etwa 30 t/a pro Kopf der Weltbevölkerung. Weniger als etwa 4% dieser Menge werden für Nahrung und Bedarfsgüter (Bauholz, Heizung, Möbel, Fasern) der Menschen verbraucht, und der riesige immer wieder nachwachsende „Rest" häuft sich entweder auf Komposthaufen an und verfault dort, oder er wirkt als Düngemittel. Er bietet sich als eine nachhaltige Rohstoffquelle an, die mit etwa 30 t/c.a größer ist als jeder vorstellbare menschliche Bedarf. Dazu kommt noch bisher ungenutzte Biomasse aus den Ozeanen (Chitin, Algen). Zum Mengen-Vergleich: Produktion an Eisen/Stahl und NE-Metallen etwa 0,2 t/c.a, „Verbrauch" an Kunststoffen 0,05 t/c.a.

7.2 Es gibt genug materielle Ressourcen

Der Vorrat an Rohstoffen ist unermesslich groß. Von der Masse der Erde (6×10^{21} t) ist uns nur eine dünne Schicht an der Festlandoberfläche direkt zugänglich. Rechnet man mit 1000 m Tiefe, also 3 bis 10% der Erdkruste,

Tabelle 7-1. Vorkommen wichtiger Elemente in der zugänglichen Erdrinde, Förderung pro Jahr und Erzeugung ausgewählter Metalle. Annahmen: Erdoberfläche 51 Mrd. ha, Festlandfläche 15 Mrd. ha, zugängliche Erdrinde bis 1000 m Tiefe: 150 Mio. $km^3 = 4{,}5\ 10^{17}$ t; etwa 6 Mrd. Erdbewohner

Element	Häufigkeit Gewichts-%	Vorrat Mio. t/c	Förderung Mio. t/a
Sauerstoff	46,6	29,3	–
Silizium	27,7	17,2	–
Aluminium	8,1	5,0	7,8
Eisen	5,0	3,1	672
Calcium	3,6	2,4	–
Kalium	2,6	1,7	–
Phosphor	0,2	0,2	–
	ppm	t/c	Mio. t/a
Kohlenstoff	900	56.000	–
Stickstoff	300	18.000	–
Kupfer	70	4200	5,4
Zink	65	3900	4,7
Blei	15	900	2,9
Zinn	3	180	0,2

als zugänglicher Schicht (obwohl beispielsweise der Kohlebergbau schon in größeren Teufen abbaut), so sind das etwa 4×10^{17} t oder etwa 60 Millionen Tonnen pro derzeit lebendem Erdenbürger. Von diesem „Vorrat" sind ungefähr drei Viertel Sauerstoff und Silizium und ein Sechstel Aluminium und Eisen. Das sind zugleich die vier technisch wichtigsten Elemente (Tabelle 7-1). Für alle übrigen rund 90 Elemente bleiben also etwa 7 Mio. t pro Erdbewohner. Hinzu kommen die Vorräte z. B. an Metallen in den Ozeanen wie Magnesium (das als Kraftfahrzeugwerkstoff zunehmende Verwendung findet) und die als Rohstoffquelle (noch) zu teuren Vorräte des roten Tiefseetons auf 36 Millionen km^2.

Auch wenn von den genannten Mengen nur ein winziger Bruchteil praktisch nutzbar ist, reicht der Vorrat für alle kommenden Generationen.

Wir leben zwar von der Substanz, aber wir verbrauchen sie nicht.
Wir gebrauchen sie nur!

Diese Elemente *ver*brauchen wir nicht, wir *ge*brauchen sie nur. Wir füllen mit ihnen den technischen Kreislauf. Irgendwann in ferner Zukunft wird vielleicht jeder Mensch ein paar Tonnen Quarz (Silizium und Sauerstoff), ein paar Tonnen Aluminium und ein paar Tonnen Stahl in Form von Häusern, Haushaltsgegenständen, Fahrzeugen, Brücken und Müllhalden angehäuft haben. Diese elementaren Rohstoffe verschwinden also nicht, sondern kehren über Müllhalde oder Schrottplatz immer wieder in einen Stoffkreislauf zurück. Aus dem unermesslich viel größeren Vorrat der Natur brauchen wir nur nachzufüllen, was in zu große Verdünnung übergeht und was nicht wiederverwendet werden kann. Langfristig gesehen ist aber die 10 bis 35 km dicke Erdkruste nicht stabil. Sie wird vielmehr im Laufe einiger hundert Millionen Jahre immer wieder umgewälzt (Lammerer). Dann sind 25×10^{18} t (2,5 Milliarden Tonnen Rohstoff für jeden von angenommen 10 Milliarden Menschen) im Spiel. Alles wird zukünftigen Generationen, wenn auch in anderer Form oder Zusammensetzung, immer wieder angeboten. Die Förderung von bestimmten metallischen Rohstoffen nimmt zwar exponentiell zu: Für Hg, Sn, Cu, Zn, Ni, Cr beispielsweise liegt die jährliche Zunahme seit hundert und mehr Jahren zwischen 1,2 und 6,2% (E. v. Weizsäcker u. a., S. 266). Aber im Vergleich zu dem in der Erdrinde vermuteten Vorrat sind die Produktionsmengen klein und ein Ende der exponentiellen Zunahme des Bedarfes ist abzusehen.

„Reichweite"

Jedenfalls ist die simple statische Hochrechnung „Reichweite = aktuell bekannte Vorräte dividiert durch (derzeitige) jährliche Förderung" irreführend. Da viele, wenn nicht die meisten Rohstoffe im Kreislauf geführt werden können, sind auf der „Verbrauchs"-Seite nur die Verluste in diesen Kreisläufen zu berücksichtigen. Außerdem mussten die Schätzungen über die Vorräte an materiellen Rohstoffen in den vergangenen Jahrzehnten fast ausnahmslos nach oben korrigiert werden. Es wurden immer wieder neue Vorkommen entdeckt, auch im Zuge der Ausbeutung vorhandener Rohstoffquellen. Die Technologien zur Ausbeutung auch bisher schwierig zugänglicher oder wenig konzentrierter Vorkommen schreiten fort. Jede materielle wie auch energetische Ressource (was im Falle fossiler Energierohstoffe identisch ist) wird durch die Preismechanismen des Marktes vor einer kompletten Erschöpfung bewahrt werden, auch wenn dies manchmal durch ein Rohstoffkartell beeinflusst wird. Irgendwann in der Zukunft werden andere Materialien oder Energiequellen billiger sein als die konventionell verwendeten. Eine globale Governance – wie es die WTO sein könnte – muss „nur" sicherstellen, dass freie (Rohstoff-)Märkte für alle Teilnehmer garantiert werden.

Es gibt auch genug Energie für die Rohstoffbeschaffung

Für Abbau, Aufbereitung und Transport der Rohstoffe braucht man Energie. Man könnte annehmen, dass der Energiebedarf je Tonne Rohstoff zunehmen müsse. Aber die zur Gewinnung und Verarbeitung der Rohstoffe verfügbaren Methoden werden immer effizienter. So konnte beispielsweise der Energiebedarf für die Herstellung einer Tonne Rohstahl in den vergangenen dreissig Jahren um die Hälfte gesenkt werden (Direktreduktion, Corexverfahren, Strom- und Öleinsatz statt Koks). Auch die Aluminiumelektrolyse wird immer effizienter. Der in den „Neuen Grenzen des Wachstums" gezeigte Zusammenhang zwischen Metallgehalt der Erze und Energiebedarf je Tonne Metall gilt nur für einen gegebenen Zeitpunkt.

Wenn nötig, haben wir noch immer einen „Ersatz" gefunden

Wirklich begrenzte Vorkommen einiger Rohstoffe können dadurch gestreckt oder gar unnötig werden, dass man andere Endprodukte wählt, also statt Porzellan Keramik, Glaskeramik, Kunststoff oder Metall. Wichtiger noch als der immense Vorrat an (elementaren) Rohstoffen ist deshalb die menschliche Erfindungskraft, die Rohstoffe aus immer größerer Verdünnung holen kann und bisher noch immer – nicht nur in Kriegszeiten – Ersatzstoffe für knapp werdende Ausgangsstoffe gefunden hat. Deshalb sind wir nicht auf ganz bestimmte Rohstoffe oder chemische Elemente angewiesen. Es gibt immer eine andere technische Möglichkeit, einen Ersatz, der oft die bessere Lösung ist. Kunststoffe galten noch vor 50 Jahren als „Ersatzstoffe": Heute sind es Werkstoffe mit ganz speziellen Eigenschaften, die an verschiedene Anforderungen angepasst werden können und die von der Natur nicht angeboten werden: Lichtleiter aus Quarz beginnen Kupferleitungen als Informationsleiter zu ersetzen, Magnetspeicher verdrängen das Silber der Photochemie, mit Kohlenstofffasern verstärkte Keramik verdrängt Metalle.

Auch der Rückgriff auf altbekannte nachwachsende Werkstoffe ist möglich, wie der steigende Einsatz von Holz als Baustoff zeigt. Man könnte auch Autos aus nachwachsenden Werkstoffen (Holz, Gummi) und Keramik bauen. Das macht man nicht, weil Autos billiger und besser sind, die vorwiegend aus Metallen bestehen.

Die Entscheidung, ob eines Tages für einen gegebenen Zweck metallisch-mineralische Rohstoffe oder Kunststoffe auf Erdölbasis oder aus nachwachsenden Rohstoffen verwendet werden, wird in offenen Marktwirtschaften nach Eignung, Verfügbarkeit, Zugänglichkeit und vor allem nach den Kosten für die betreffenden Rohstoffe getroffen werden. Allerdings kann ein Staat diese Entscheidung beispielsweise aus ökologischen Gründen durch entsprechende Steuern auf die Rohstoffe oder durch gezielte Fördermaßnahmen zumindest vorübergehend in die eine oder andere Richtung beeinflussen. Und diese ökonomische Entscheidung verhindert, dass irgendein Rohstoff restlos abgebaut wird. Denn mit abnehmenden Vorräten aus zugänglichen Lagerstätten wird der Rohstoff teurer als mögliche Alternativen, die dann bevorzugt verwendet werden.

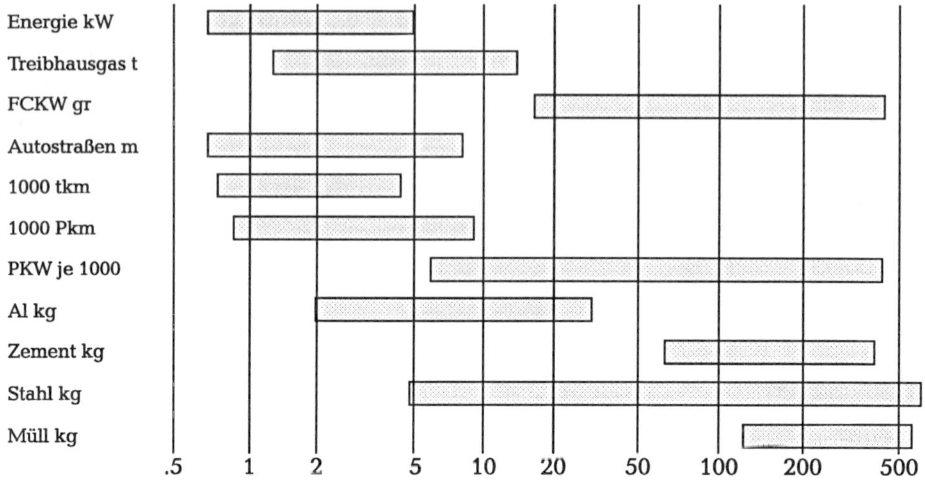

Abb. 7-2. Die vom „Materialverbrauch" ausgelöste Umweltbelastung ist in den verschiedenen Bevölkerungsgruppen sehr unterschiedlich (von Weizsäcker, Lovins). Die Umweltbelastung pro Kopf durch einen Europäer (Balkenende rechts) ist vielfach so hoch wie die durch einen in einem Entwicklungsland lebenden Menschen. Man darf sich aber auch hier nicht durch die großen Zahlen täuschen lassen: Wenn eines Tages 10 Milliarden Menschen durchschnittlich gleich viel Müll produzieren würden wie heute ein Europäer, wären das zusammen 6 Milliarden m^3 pro Jahr. Würde man diesen Müll gleichmäßig über die Festlandfläche verteilen (150 Mio. km^2), so ergäbe das eine Schicht von 4 Hundertstel Millimeter und bei Verteilung über angenommen 1% der Festlandfläche eine 4 mm dicke Müllschicht

Rohstoffbedarf und Umweltbelastung

Der Bedarf an Rohstoffen und damit die Umweltbelastung ist in den verschiedenen Bevölkerungsgruppen sehr unterschiedlich (Abb. 7-2). Selbst wenn alle Menschen andauernd pro Kopf soviel bräuchten wie die Deutschen heute, dann würden die Vorräte sehr lange reichen. Zum Beispiel Aluminium: In der oberen Erdrinde (1 km) gibt es fast 4 Mio. t für jeden von angenommen 10 Milliarden Erdenbürgern. Auch wenn nur 1% des Vorrats nutzbar wäre, dann würde der „Verbrauch" von 30 kg pro Kopf und Jahr für 300.000 Jahre reichen. Aber wohin kommt das genutzte Aluminium? Alle Schrottplätze würden von dem vielen Aluminium überlaufen. Man wird deshalb das „gebrauchte" Aluminium wiederverwenden, das Metall noch stärker als bisher im Kreislauf nutzen. Damit reicht der Vorrat für unübersehbar lange Zeit (Abb. 7-3).

Rohstoffreichtum ist nicht identisch mit Wohlstand

Seit der Verwendung von Metallen hat sich die Vorstellung festgesetzt, dass der Vorrat an metallischem Erz sich irgendwann erschöpfen müsse. Der Wahn, dass alle Vorräte begrenzt und alles daher knapp sei, hat immer

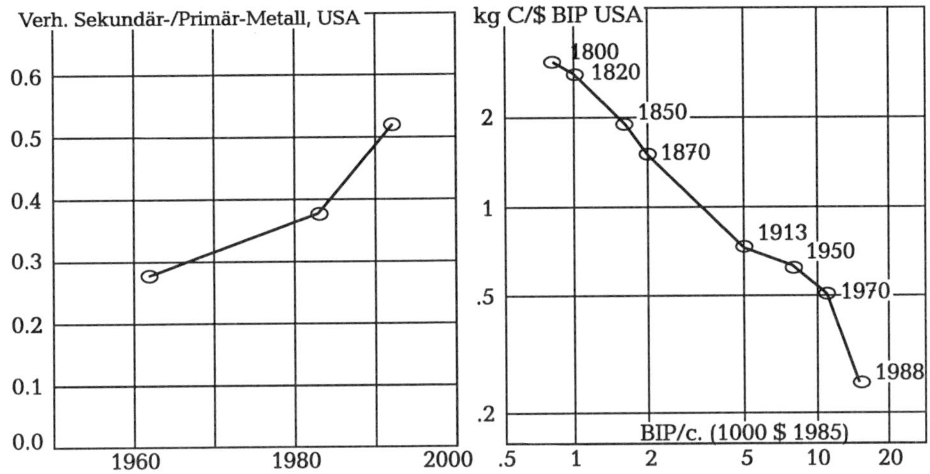

Abb. 7-3. Das Verhältnis von rezykliertem Metall zu neu in den Kreislauf kommenden Mengen steigt rasch an (links), z. B. USA. – Eine bestimmte Wirtschaftsleistung wird mit immer geringerem Materialumsatz erreicht. Hier als Beispiel der Kohlenstoffumsatz je $ BIP, der vor 1850 über 2 kg betrug, inzwischen aber auf unter 0,3 kg je $ BIP gefallen ist (Abszisse: SBIP, das dem betreffenden Jahr zugeordnet ist)

wieder als Kriegsgrund gedient bis in die jüngste Vergangenheit, wo das sogenannte Dritte Reich angeblich einen Krieg führen musste, weil es von den Rohstoffreserven (und von der Nahrungsmittelversorgung) abgeschnitten war. Restbestände dieser Denkweise gibt es heute noch beim „Kampf um Erdöl" und „Kampf um Wasser". Kein Rohstoff hat sich je durch Krieg vermehrt. Der wahre Grund für einen Krieg ist nicht der Mangel an irgendetwas, sondern das räuberische Gelüst, das uns Menschen angeboren ist und das auch nicht mit zunehmendem Wohlstand vollständig verschwindet. Nur wenige Länder (Beispiele: Golfstaaten, Brunei, Chile) sind deshalb wohlhabend oder gar relativ reich, weil sie Zugang zu Rohstoffen haben. Einige rohstoffreiche Länder (Russland, Südafrika, Angola, Kongo, Sierra Leone, Nordkorea) zerstören durch Missmanagement, innere Auseinandersetzungen oder mutwillige Kriege (Irak gegen Kuwait) ihren potenziellen Wohlstand. Der Reichtum an nachwachsenden Rohstoffen (Holz, Pflanzenöle, Kautschuk) in vielen tropischen und subtropischen Ländern wird nur begrenzt ausgenützt, wobei auch eine gewisse Propaganda von Umweltschützern gegen die Verwertung beispielsweise der Edelhölzer eine Rolle spielt.

Die Erfahrung zeigt, dass eher Länder wie Japan, die Schweiz, Holland, Österreich und Deutschland – aber auch „Entwicklungsländer" wie Singapur, Israel und Taiwan – reich sind, die nur spärlich mit Rohstoffen bedacht sind und daher gezwungen waren und noch sind, Produkte und Dienstleistungen zu erzeugen, die sie gegen nicht vorhandene Rohstoffe und Nahrungsmittel eintauschen können.

Wir müssen endlich erkennen, dass wir jeden Rohstoff an jeder Stelle der Erde erhalten können. Natürlich werden Industrie und Wohnorte den Gegebenheiten folgen. Es wäre auch unsinnig, in 2000 Metern Höhe in den Rocky Mountains Palmen zu züchten oder mitten in der Sahara die Fischindustrie anzusiedeln. Wenn es lokal an etwas mangelt, dann muss man sich nach einem Handelspartner oder nach Ersatz für das Mangelnde umsehen oder man muss den fehlenden Stoff technisch aus irgendetwas Vorhandenem herstellen.

7.3 Der Weltmarkt für materielle Ressourcen zu Beginn des 21. Jahrhunderts

Metallische Rohstoffe

Mit den in den „Grenzen des Wachstums" genannten „Reichweiten" müssten einige Metalle wie Blei, Zink, Zinn, Wolfram, Molybdän, Gold und Silber am Ende des 20. Jahrhunderts bereits erschöpft sein. Tatsächlich gibt es ein Überangebot an diesen und vielen anderen Rohstoffen, vor allem an Buntmetallen.

Beispiel Kupfer: Die Preise sinken wegen Überangebotes bei sehr hohen Vorkommen immer weiter und sind (mit etwa $ 1,40/kg) so niedrig wie seit 1987 nicht mehr (erwartet waren $ 1,80/kg.) Weil Neuproduktion und Kupferschrott-Angebote die Nachfrage (14 Mill. t/a.) übersteigen, wurden u. a. in den USA Kupferhütten geschlossen. Bei weiterem Preisverfall werden vermutlich auch Bergwerke stillgelegt werden.

Beispiel Aluminium: Aluminium wird in manchen Ländern mit überschüssigem billigem Strom (Kanada, Island, Russland, Golfstaaten und Bahrein, Mosambik, Venezuela) als Exportträger für diesen Strom betrachtet. Auch deswegen stiegen und steigen die Produktionskapazitäten bei zugleich hohen Bauxitressourcen. Wegen gleichzeitig abnehmender Nachfrage aus Asien, Lateinamerika und den USA zeigt gegen Ende des Jahrhunderts der Aluminiumpreis trotz eines ausgeprägten Marktzyklus langfristig nach unten; er erreichte nach einer Hausse Mitte der 90er Jahre ($ 2,20/kg) mit $ 1,30/kg ein „all time low". Dieser Preis kann auch nicht künstlich durch Produktionskürzungen hochgetrieben werden, weil Aluminium zum Beispiel beim Bau von Transportmitteln mit anderen Werkstoffen – vor allem mit Stahl und Kunststoffen, mit Titan und Magnesium – konkurriert.

Beispiel Zink: Der Zinkpreis ist (auf unter $ 1/kg) gefallen, wobei der weltgrößte Produzent mit den zugleich höchsten Zinkvorräten, China (20% von 8 Millionen t/a) die künftige Preisentwicklung durch Abgabe von Vorräten und aus laufender Produktion manipulieren kann.

Beispiel Gold: Der Goldpreis pendelt seit vielen Jahren trotz aller Währungsturbulenzen um die $ 300 pro Unze; Gold ist kein „Krisenmetall" mehr, sondern ein Rohstoff wie jeder andere auch.

Immer wieder werden neue Rohstoffvorkommen entdeckt

Beispiel Nickel: Es werden Rohstoffvorkommen gefunden, die einfacher und billiger auszubeuten sind als die bisherigen. In Kanada beginnt ein Bergwerk mit den weltweit höchsten Nickelvorräten mit der Produktion zu sehr niedrigen Kosten, sodass die seit Jahren sinkenden Nickelpreise vermutlich weiter nachgeben werden. Auch in Russland und Australien wird Nickel günstig gefördert; ein neues Verfahren erlaubt es, durch Einpressen von Säure in die Nickelerzschichten unter Druck die Vorräte noch besser auszubeuten, allerdings mit höheren Kosten. Der Nickelmarkt hängt mit der Stahlkonjunktur eng zusammen; bei sinkender Edelstahlproduktion wird viel Nickelschrott angeboten. Nickel hatte aus diesen Gründen die niedrigsten je verzeichneten Preise (um $ 4/kg).

Andererseits gibt es auch Gründe für langfristig mögliche Steigerungen von Förderkosten und damit von Rohstoffpreisen. Beispiele: Metallgewinnung aus dem Meeresboden und aus niedrig konzentrierten Erzen. Während bis etwa Anfang 1999 die meisten Rohstoffpreise auf durchschnittlich 75% der 1995-Preise nachgaben, auch im Gefolge der Finanz- und Wirtschaftskrise in Asien, wird seit Mitte 1999 eine Trendumkehr beobachtet: Blei, Zink, Platin und Silber werden teurer.

Andere industrielle Rohstoffe

Übrigens stieg ja auch der Erdölpreis nominal um 2%/a, was weniger als die Inflation war. Mit landwirtschaftlichen – also nachwachsenden – Rohstoffen (Zucker, Getreidesorten, Gummi) ist es nicht anders. Auch wenn die Ursachen für diese Situation vielfältig sind und vielleicht vorübergehende oder zyklische Nachfrageschwäche, unterstützt durch Kartelleinflüsse, und Finanzprobleme mitwirken, so sind die fallenden Preise eben eine Folge des Überangebots verglichen mit der Nachfrage. Jedenfalls ist diese seit langer Zeit beobachtete Situation kein Hinweis auf eine „Erschöpfung der Ressourcen" oder eine „Plünderung unseres Planeten": Viele Rohstoffproduzenten wünschen sich, es gäbe viel mehr solche „Plünderer"!

Vor allem wegen Nachfragerückgangs in Asien einschließlich Japans und durch Währungsabwertungen und Zinssteigerungen in Schwellenländern fielen trotz wachsenden Verbrauches in Europa und den USA die Rohstoffpreisindices für Metalle von 1990 bis zur Jahrhundertwende um fast ein Drittel. Für Prognosen wären allerdings eher Terminkontrakte und Optionen als aktuelle Preise geeignet. Die von diesem Preisverfall betroffenen Länder verzeichnen erhebliche Einbussen an ihrem BIP, vor allem Chile, Südafrika, Russland und Australien. Die Einnahmenausfälle sollen größenordnungsmäßig immerhin $ 100 Mrd./a betragen. Es liegen keine Schätzungen darüber vor, ob diese BIP-Verluste „reibungslos" (oder rebbachlos) auf entsprechende Zuwächse an Wohlfahrt in den Gebraucherländern der Rohstoffe übergehen oder eher Spekulanten und Händler reich machen. Zunächst profitieren die Industrieländer von niedrigen Rohstoff- (und Rohöl-)Preisen, solange der Preisverfall nicht zu einer Deflation (wie in Japan) und damit zu einem Konsumverfall führt. Umweltschützer müssten sich das eigentlich wünschen. Aber der Einnahmeverlust kann soziale und damit politische Turbulenzen auslösen. Außerdem haben die Rohstoffexporteure dann weniger Devisen zum Einkauf von Industrieprodukten und Dienstleistungen. Falls das Angebot an Rohstoffen erhöht würde, um den Preisverfall auszugleichen, dann entstünde eine Abwärtsspirale mit der möglichen Folge von Rezession und Deflation. Vor allem sänke für die ökologisch erwünschte Kreislaufwirtschaft der ökonomische Anreiz.

7.4 Kreislaufwirtschaft

Mit dem Beginn des Ackerbaus hat sich herausgestellt, das sich die Fruchtbarkeit des Bodens erschöpft. Man musste weiterziehen, das urbar gemachte Land aufgeben. Erst seitdem der Kreislauf der notwendigen Mineralstoffe für die Nutzpflanzen und die biologischen Aktivitäten im Boden bekannt sind, kann das Ackerland für unüberschaubar lange Zeit fortwährend genutzt werden. Dieses Prinzip ist auch auf die industrielle Rohstoffwirtschaft anwendbar.

Die Angst vor einem Ende der Ressourcen ist von der falschen Vorstellung geprägt, dass die heute verwendeten Rohstoffe in Zukunft nicht mehr zur Verfügung stünden. Das trifft aber nur – wie oben erläutert – auf einen Teil der insgesamt verwendeten Rohstoffe zu, der durch zu große Verdünnung gewissermaßen verschwindet, „dissipiert", sowie auf den Anteil, der durch „finale Nutzung" verbraucht wird. Tatsächlich wird auf diese finale Nutzung nicht geachtet, solange es ungebrauchten Rohstoff in Hülle und Fülle gibt. Besonders deutlich wird das bei den Baustoffen. Bauschutt wird in großem Umfang auf die Deponie gebracht, weil es ungebrauchten Schotter, Kies und Sand in hoher Qualität und zu kleinen Preisen gibt. Natürlich könnte man mit geringem Kostennachteil alten Bauschutt verwenden. Aber warum sollte man? Wir wählen den günstigsten ökonomischen Weg. Wenn es eine Verteuerung, z. B. wegen steigender Transportkosten oder irgend einer (auch unbegründeten) Steuer gibt, werden sich diese Entscheidungen ändern. Dass in Europa Kartoffeln angeblich nur zum Waschen nach Südtirol gefahren werden, ist nicht auf boshafte oder dumme Transportunternehmer zurückzuführen, sondern auf falsche Subventionspolitik.

„Total Material Requirement" (TMR)

Mit Abb. 7-4 ist das Prinzip der technischen Kreislaufwirtschaft dargestellt. Der Lithosphäre werden Rohstoffe entnommen (z. B. Schotter, Erz) und Müll (z. B. Bauschutt, Rost) zurückgegeben. Im Umlauf der Technosphäre können sich Massen ansammeln, die immer wieder verwendet werden, z. B. Schrott. Für den „Betrieb der Technosphäre" kommt es letztlich darauf an, ob es billiger ist, neues Material zuzuführen oder schon gebrauchtes zu rezyklieren. Das ist eine rein ökonomische Entscheidung. Das TMR beträgt heute für die industrialisierten Bevölkerungsgruppen 60 bis 80 t pro Kopf und Jahr. Beispielsweise bringt jeder Bürger im Durchschnitt 23 t Schotter pro Jahr neu ins Spiel. Dieser Schotter könnte wie auch anderes Baumaterial zum größten Teil mit geringem Mehraufwand aus dem heute abgelagerten Bauschutt gewonnen werden. Frischer Schotter wird deshalb eingesetzt, weil dieser billiger ist. Ähnlich ist es bei der Entscheidung darüber, ob Erz oder Schrott zur Stahlproduktion eingesetzt werden soll.

Die großen Zahlen des TMR scheinen Abhilfemaßnahmen nahe zu legen. Schmidt-Bleek meint, wir hätten uns lange genug mit Nanogrammen ab-

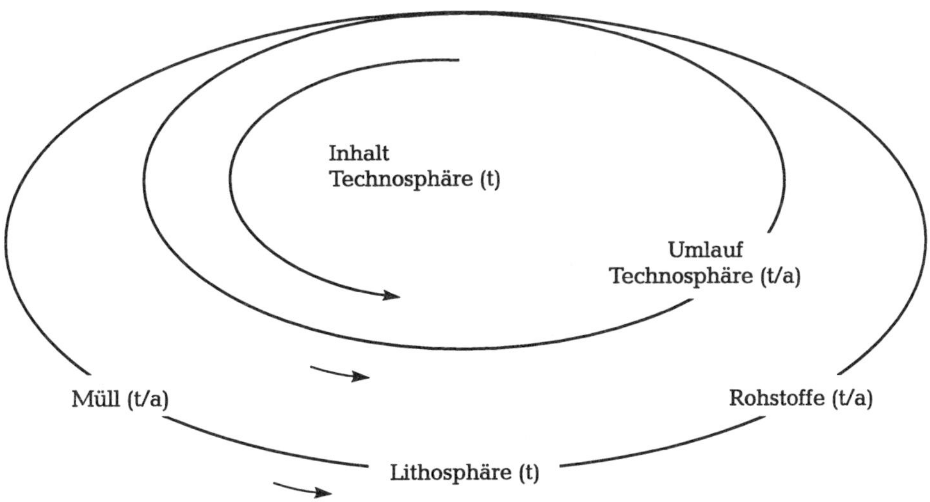

Abb. 7-4. Kreislaufwirtschaft zwischen Technosphäre und Lithosphäre. Die der Lithosphäre entnommenen Rohstoffe füllen zum Teil den Umlauf in der Technosphäre und werden zum Teil wieder abgelagert. Die Aufteilung hängt davon ab, wie billig der Rohstoff im Verhältnis zur Wiederverwendung im Umlauf ist

gegeben, jetzt sei es an der Zeit, sich um Megatonnen zu kümmern (zitiert nach von Weizsäcker u. a., S. 263). Der Anschein allein wird aber nicht genügen, diese Zahlen zu verändern. Die Entscheidung, „frische" Ressourcen zu verwenden oder rezyklierte, wird auch weiter aus ökonomischen Gründen fallen. Diese werden freilich auch durch Kosten für Förderung (Energie) einerseits, Wiederaufbereitung (Abfallsortierung) und Deponiegebühren andererseits beeinflusst.

Die Abfallwirtschaft einschließlich der Wiederverwertung der zurückgewonnenen Wertstoffe soll in ein gesamtes „Recycling"-Konzept eingebunden werden. Ziele sind sowohl die Schonung der Umwelt als auch der Ressourcen in einer Volkswirtschaft (wozu auch Devisen gehören). In der Bundesrepublik gibt es seit 1996 ein „Kreislaufwirtschaftsgesetz", das nach Meinung des Wuppertal-Institutes seine Ziele weitgehend verfehlt hat: Obwohl die Müllgebühren steigen, wird das Abfallaufkommen nicht geringer. Allerdings ist das auch eine Frage der Definition, was Abfall sei: Dazu zählen auch Stoffe, die für die Kreislaufführung materieller Ressourcen verwendet werden können, wie die Entsorgung von Altautos, Batterien und von Bioabfall. Der aus Haushaltgeräten, Computern usw. entstehende „Elektronikschrott" fällt wegen der immer kürzeren Produktzyklen in wachsenden Mengen an, z. B. in der EU mit 3 kg/c.a. Bleiakkumulatoren werden nahezu vollständig rezykliert.

Für eine nachhaltige Wirtschaft muss langfristig der Kreislauf der Technosphäre vollkommen geschlossen sein, weil der Vorrat der Lithosphäre nur von endlicher Größe ist. Andererseits wird langfristig auch die Lithosphäre umgewälzt. Ihre Rohstoffreserven treten erneut in anderer Anordnung wieder hervor, weil auch in ihr nichts – zumindest nicht die Elemente – verschwinden kann. Entsprechende Bilder sind auch für den Kreislauf zwischen Technosphäre einerseits und Atmosphäre, Hydrosphäre, Biosphäre andererseits zu berücksichtigen, wobei sich jeweils ein kurzfristiger Aspekt (10 bis 100 Jahre) und ein langfristiger (Millionen Jahre) ergibt. Kreislaufwirtschaft ist auch auf der Mikroebene in der Produktion angesagt – sogar und vor allem in der Chemie, sodass Abfälle gar nicht erst entstehen.

Aus Abb. 7-5 kann man schließen, dass eine zu schnelle Innovation und damit Verbilligung bei der Gewinnung von Rohstoffen eine ökologisch wünschenswerte materielle Kreislaufführung hinauszögern kann. Für jeden Rohstoff gibt es offensichtlich individuelle oder spezifische Grenzwerte der Herstellungs- oder Rückgewinnungskosten, einschließlich der Kosten für Risikobegrenzung oder Transporte, die sich mit der Zeit ändern. Materielle Ressourcen sind unerschöpflich, wenn man bereit ist, eine andere Quelle zu erschließen oder einen „Ersatzstoff" zu akzeptieren.

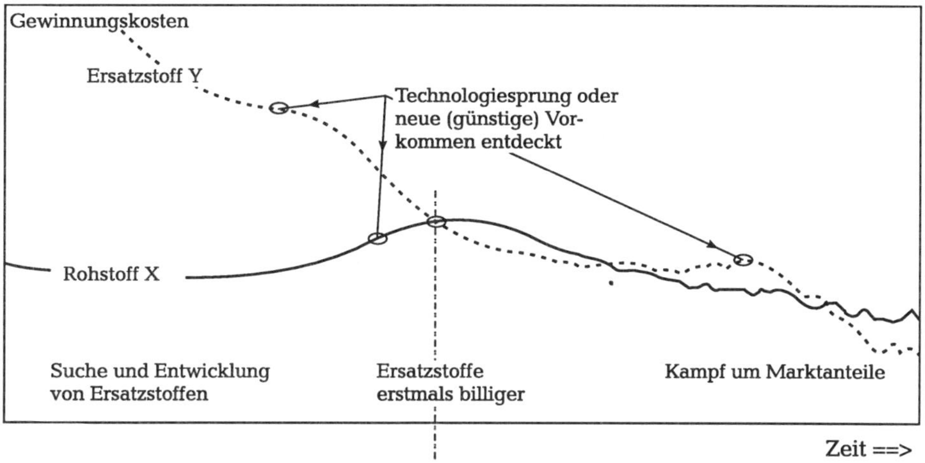

Abb. 7-5. Schematische Darstellung der Herstellungs- oder Wiedergewinnungskosten für einen Rohstoff über die Zeit. Durch Technologiesprünge oder durch Entdeckung günstigerer Vorkommen entstehen Wellen in der Kostenkurve, die auch für die Rückgewinnung der betreffenden Ressource aus einem Materialkreislauf, also nach ihrem Gebrauch, gilt. Der Schnittpunkt, ab dem Rückgewinnung und damit Kreislaufwirtschaft günstiger ist als die Verwendung frischer Ressourcen – ganz unabhängig von ökologischen Überlegungen und von den jeweiligen Vorräten des betreffenden Rohstoffes –, kann damit abgeschätzt werden. Damit kann auch ein Zeitplan für die Entwicklung von Ersatzstoffen ausgearbeitet werden. Allein aus solchen ökonomischen Überlegungen muss mit vielen der Rohstoffe sparsam umgegangen werden. Beispiel: Es könnten Verfahren technisch-ökonomisch wettbewerbsfähig werden, bei denen „extremophile" Mikroorganismen (Bakterien) verwendet werden, um Wertstoffe bioindustriell auch aus Kreisläufen bei hohen Temperaturen herzustellen (Diversa Corp., USA)

Technische Materialkreisläufe

Beispiele für die Kreislaufführung von Metallen sind die Gewinnung von Zink aus der Entsorgung von Stäuben aus Elektrostahl- und Edelstahlwerken und die Sekundäraluminiumgewinnung. Für technische Anwendungen als Katalysator werden Platin und Palladium benötigt, deren Vorräte eher knapp zu werden scheinen. Die Hauptproduzenten Südafrika und Russland verfügen über Vorräte, deren Umfang nicht öffentlich bekannt ist. Der Terminmarkt für beide Metalle ist wegen dieser mittelfristig erwarteten Knappheit durch Spekulanten geprägt. Russland setzt durch Ausfuhrmanipulationen Preissteigerungen durch, die kein Indiz für Knappheit an Produktionsmitteln oder Vorräten sind. Ersatzstoffe sind bisher nicht bekannt, also ist Kreislaufführung angebracht. Platin und Palladium aus Autoabgaskatalysatoren reichern sich lokal am Rand viel befahrener Strassen (wie in London festgestellt wurde) an. Es gibt eine Schmutzschicht, die einen hohen Anteil an Platin enthalten kann, das daraus wegen angeblich tausendfach höherer Konzentration

(3 ppm) als in Platinerzen zurückgewonnen, also im Kreislauf geführt werden kann. Da auch die Palladiumlieferungen aus Russland unberechenbar zu sein scheinen (VDI-Nachr. 20. 3. 99) und wegen der hohen Preise (bis zu $ 11.000/kg), wird auch dieses Metall aus gebrauchten Katalysatoren in noch geringem Umfang zurückgewonnen.

Beispiel: Eisen

Nimmt man an, dass sich im Laufe der Geschichte mindestens 20 Mrd. t Eisen im technischen Kreislauf angesammelt haben (das ist ungefähr die Menge, die in der Nachkriegszeit weltweit insgesamt produziert wurde), dann kommen heute durchschnittlich 3,3 t Eisen im technischen Kreislauf auf jeden Erdenbürger. Es ist im Stahl der Bauwerke aller Art, beweglicher Güter (Werkzeuge, Fahrzeuge) und auf dem Schrottplatz zu finden (Abb. 7-6). In der zugänglichen Erdrinde des Festlands sind bei angenommen 1 km Tiefe etwa 4 Mio. t Eisen pro Kopf enthalten (Tabelle 7-1), also mehr als 1 Million mal soviel. Auch wenn nur ein sehr kleiner Anteil der genannten Eisenmenge zugänglich ist, reicht dieser Teil doch für das Füllen des technischen Kreislaufs auf unabsehbare Zeit. In der Stahlproduktion nimmt der Kreislaufanteil (Schrott) immer weiter zu. In den USA beträgt der Anteil mancher wiederverwerteter Metalle schon mehr als 50 Prozent (Abb. 7-7). Abb. 7-8 zeigt die

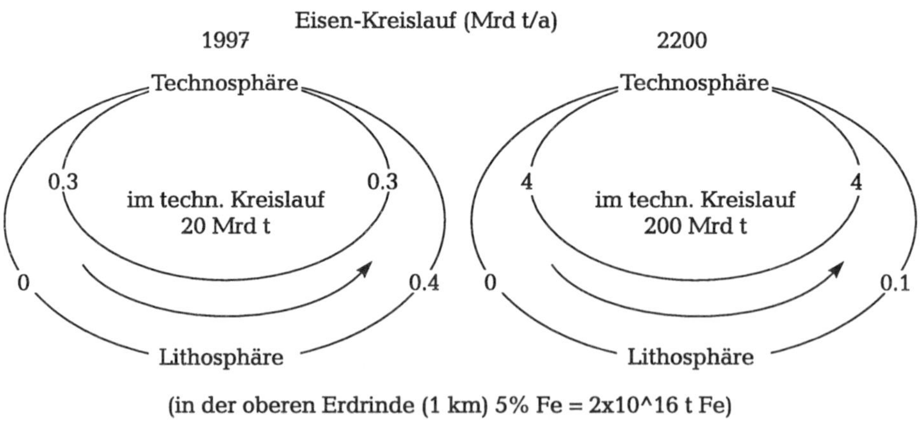

Abb. 7-6. Geschätzter Eisenkreislauf für die Jahre 1997 und 2200. Die Stahlproduktion von 0,7 Mrd. t pro Jahr beruhte 1997 auf 0,4 Mrd. t/a Eisenerz und 0,3 Mrd. t/a Schrott. In Zukunft mag die Erzförderung zunächst noch zunehmen, sodass sich in 200 Jahren bereits 200 Mrd. t Eisen im technische Kreislauf befinden (etwa 15 t pro Kopf). Die Stahlproduktion mag dann bei über 4 Mrd. t pro Jahr liegen. Sie wird sich vorwiegend des Schrotts bedienen, der aufgrund der großen Umlaufmenge reichlich vorhanden sein wird. Einsammeln, Lagern und Trennen dieser Schrottmengen wird ein eigenes Tätigkeitsfeld werden (Annahme: In der oberen Erdrinde sind bis zu 1 km Tiefe etwa 5% Eisen enthalten, entsprechend 2×10^{16} t)

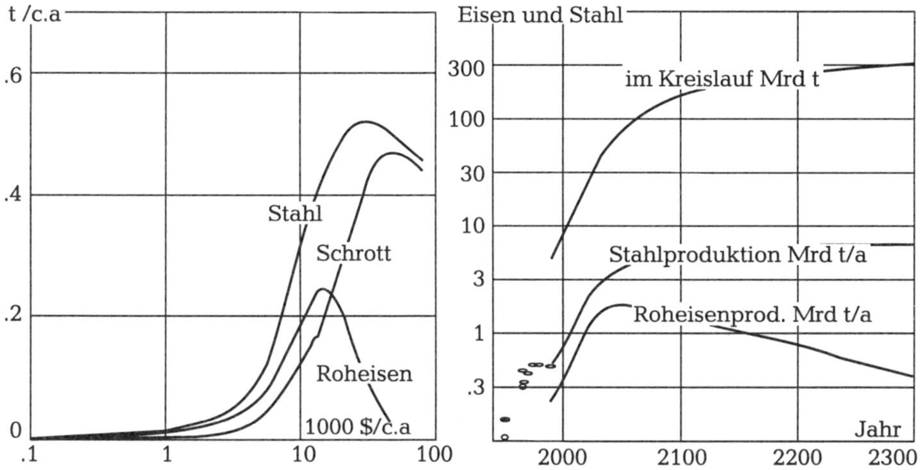

Abb. 7-7. Angenommene Stahl- und Roheisenproduktion in Abhängigkeit vom SBIP (links) und daraus errechnete globale Stahl- und Roheisenproduktion (rechts). Die Kreise im Bild rechts bezeichnen die in den letzten Jahren stagnierende Stahlproduktion, die danach in den kommenden Jahren steil zunehmen müsste. Allerdings wird die weltweite Nachfrage nach Stahl in den Jahren ab 1998 nach Schätzung des Internationalen Eisen- und Stahlinstitutes etwa gleich hoch bleiben oder sogar zurückgehen. Die Stahlproduktion hat inzwischen z. B. in Asien (Taiwan, Indonesien, Südkorea, Indien, Iran) so große Kapazitäten erreicht, dass damit (zusätzlich zum Osteuropastahl) der US- und EU-Markt zu niedrigen Preisen (zwischen $ 250 und $ 350 pro Tonne) beliefert wird. Eine Prognoseunsicherheit ergibt sich aus dem hier nicht berücksichtigten Fortschritt der Technologie: Wenn in Zukunft Häuser, Straßen und Brücken mit relativ weniger Stahl gebaut werden können, dann würden sich die angenommenen Kurven links nach unten verändern. Wahrscheinlich ginge in erster Linie die Roheisenproduktion noch früher als angenommen zurück

rasche Veränderung der Produktivität bei der Herstellung eines so lange bekannten Werkstoffs wie Stahl, was zum Teil auf Kreislaufführung beruht.

Beispiele: Aluminium, Kupfer und andere Metalle

Für einige andere Werkstoffe ist das Verhältnis von erforderlicher Kreislaufmenge zu bekannten Vorräten noch günstiger, z. B. für Aluminium (Vorrat etwa 6 Mio. t pro Kopf), für andere aber ungünstiger, z. B. für Kupfer mit seinem stark steigenden Bedarf und einem Vorrat von „nur" etwa 4200 t pro Kopf oder für Silber, das in großem Umfang durch Verdünnung verschwindet (Photochemie). Aber schon gibt es Ersatzstoffe wie Lichtleiter aus Quarz statt Kupfer oder Magnetspeicher statt der photochemischen Speicherung von Bildern oder neue technische Lösungen (z. B. Supraleitung). Wird ein Rohstoff knapp, so steigt sein Preis, lange bevor er nicht mehr zu beschaffen ist. Wie oben gesagt, fördert dieser steigende Preis die Entwicklung von

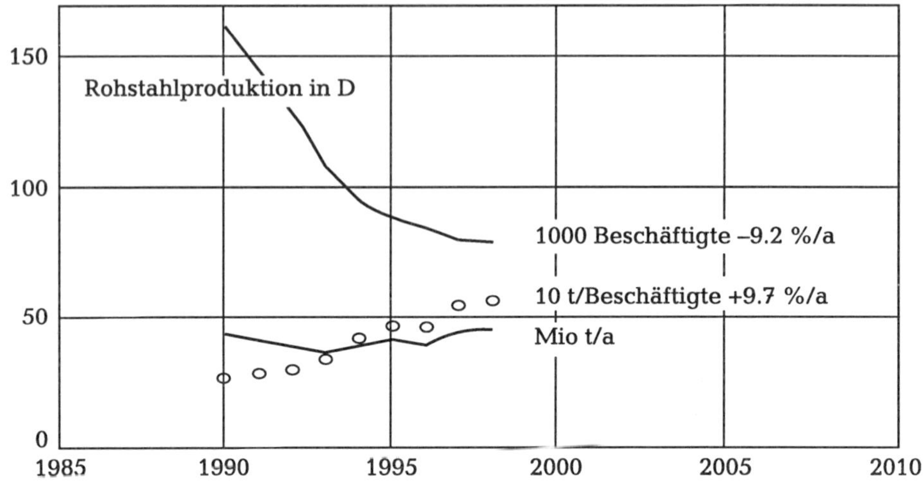

Abb. 7-8. Rohstahlproduktion in Mio. t/a und Beschäftigte in der Stahlindustrie in Deutschland. In den letzten acht Jahren hat die Zahl der Beschäftigten bei etwa gleichbleibendem Produktionsausstoß rasch abgenommen. Dementsprechend ist die Produktivität um fast 10% pro Jahr gestiegen (VDI-N. 13. 11. 1998)

Ersatzstoffen oder Technologien, die ohne den knappen und daher teuren Rohstoff auskommen.

Beispiel: Recycling von Kunststoffen

Von den Kunststoffabfällen werden in EU-Ländern nur etwa 7% rezykliert, der Rest wandert auf Deponien; das entspricht z. B. einer Menge, die 5% des Rohölverbrauches äquivalent sein kann. Aus den Abfällen werden Sekundärrohstoffe gewonnen, nachdem Schadstoffe ausgeschleust wurden. „Werkstoffliches Recycling": Bestimmte sortenreine Kunststoffaltteile werden als „Rezyklate" wiederverwertet, wie Nylon 6, Styropor, Polyurethan, auch Autoreifen u. a. Diese Wiederverwendung ist in den qualitätsbewussten „reichen" Bevölkerungsgruppen nur begrenzt möglich, z. B. für den Fahrzeugbau, für Haushaltsgeräte, Großverpackungen usw. Da dafür Sammelstellen eingerichtet und betrieben werden müssen, ist diese Kreislaufführung teuer. Wenn das Recyclieren aus Qualitätsgründen nicht mehr möglich ist, dann bleibt das „rohstoffliche Recycling": Wiederverwertbare organische Abfälle – nicht nur Kunststoffe – werden für die Herstellung von Polymeren eingesetzt. Anstatt Kunststoffabfälle wie Poliolefine zu deponieren, werden sie anstelle von Rohölfraktionen in Crackern oder Synthesegasanlagen verwendet und dort in ihre Bestandteile zerlegt, aus denen wieder Kunststoffe erzeugt werden. Allerdings ist dieses Rezyklieren (noch) teurer als der Einsatz von „frischen" Erdölprodukten. Die Kostendifferenz geht zu Lasten der

Abfallentsorgung ("Duales System" in Deutschland), um die Müllberge nicht immer höher wachsen zu lassen.

Ein viel diskutiertes Produkt ist das PVC. Einerseits lässt sich PVC nicht rohstofflich rezyklieren und nicht deponieren, andererseits sind Produkte daraus, wie Profile, Rohre, Folien und Kabel, beständig.

7.5 Nachwachsende Rohstoffe*

Solange die Sonne auf die Erde strahlt und solange genug landwirtschaftlich nutzbare Flächen verfügbar sind, die nicht für die Nahrungsmittelproduktion gebraucht werden, stellen die nachwachsenden Rohstoffe (NWR) einen unerschöpflichen Rohstoffvorrat für die Wirtschaft dar. Die Natur produziert global geschätzt 300 Mrd. t Biomasse pro Jahr (rund 50 t/c.a). Nur etwa 6 Mrd. t/a werden für Nahrung und Bedarfsgüter der Menschen verbraucht – je ein Drittel Holz, Getreide und andere Produkte (wie Zuckerrohr, Ölfrüchte, Fasern usw.). Das ist rund 1 t/c.a – allerdings über die Welt sehr ungleich verteilt.

95% der nachwachsenden Biomasse sind Kohlehydrate, davon wiederum die Hälfte in Form von Saccharose. Theoretisch könnten also fast 97% der Biomasse als industrielle und andere Rohstoffe verwertet werden, vorausgesetzt, sie sind zugänglich. Vergleich: Jährlich werden etwa 10 Mrd. t fossile, nicht erneuerbare Rohstoffe (Erdöl, Kohle, Erdgas) gewonnen und verbraucht; davon verwendet die Petrochemie eine Erdölmenge von weniger als 0,3 Mrd. t/a. Die NWR könnten also mengenmäßig (auch unter Beachtung der verschieden hohen Ausbeuten) ein Vielfaches des Rohstoffbedarfes für Kunststoffe, Synthesefasern usw. decken. NWR konkurrieren weniger stark mit Metallen.

Nachwachsende Rohstoffe werden vom Menschen seit Jahrtausenden verwendet, um Wohnungen (aus Holz) und Kleidung und Gebrauchsgegenstände (aus Wolle, Baumwolle, Seide) herzustellen, später auch für industrielle Zwecke (Naturkautschuk, Zellstoff, Zellulosefasern und Papier). In Zeiten des Mangels an anderen Ressourcen wurden diese „Rohstoffe vom Acker" (oder auch „aus dem Stall") auch als Energie- und Chemierohstoff eingesetzt. In und nach dem Zweiten Weltkrieg wurde zum Beispiel in Deutschland durch Verzuckerung von Holz mittels Salzsäure oder Schwefelsäure Zucker gewonnen, mit Kunststoffen auf Ligninbasis als Nebenprodukt. Durch Vergasung von Holz – stationär oder auf Autos montiert – wurde Holzgas als Treibstoff erzeugt, wobei Methanol als Nebenprodukt anfällt.

Für nachwachsende Ausgangsstoffe für industrielle Zwecke gibt es vier Quellen: Biomasse aus Wäldern und Wiesen und aus dem Meer (Algen, Krustentiere); überschüssige Biomasse aus der Landwirtschaft (Kompost, Bioabfall,

* Siehe Anhang VI.

Holzabfälle); speziell als NWR angebaute oder gar gezüchtete Pflanzen wie Ölfrüchte, Kartoffeln, Getreide und Zuckerstoffe; und Abfälle oder im Entsorgungskreislauf geführte Produkte, die ihrerseits aus NWR stammen.

NWR können entweder direkt mit oder ohne mechanische Verbesserung verwendet werden oder nach chemischer Verarbeitung (also stofflicher Veränderung). Beispiele: Holz, Holzabfälle und Stroh als Basis für Werkstoffe, für Zellulose als Papier- und Fasergrundstoff und für Holzgas und Methanol. Aus Stroh (mit Glutinschaum aus Tierknochen gefüllt) werden mit Furnierdeckplatten Sandwichplatten produziert, die bis zu 70% leichter als Holzplatten sind und mit Aluminiumplatten konkurrieren. Tierische Fasern (Wolle und Seide) und pflanzliche Fasern (Hanf, Flachs, Sisal, Baumwolle, Chinaschilf/Elefantengras) sind außer für Bekleidung auch für Verbundwerkstoffe brauchbar, wie z. B. für Fibrit. Hanf braucht übrigens weder Dünge- noch Schädlingsbekämpfungsmittel, dafür gibt es Vorbehalte gegen seinen Anbau wegen möglicherweise verbotener Haschischgewinnung aus Hanf. Flachs wird in Leichtbetonsteine eingefügt (Ytong). Rezyklierbare Türinnenverkleidungen für Autos werden aus Flachs-Sisal-Fasermatten mit Epoxidharz- oder PU-Bindemittel hergestellt, das wiederum teilweise aus Pflanzen gewinnbar ist. Dämmmatten aus Baumwolle, Faservlies, Basaltwolle und Kohlefasern werden im Motorraum eingebaut. Im Amazonasgebiet werden Kokos- und Bananenfasern zu Bauteilen für Personenkraftwagen verarbeitet (Daimler Chrysler): Also eine Rückverdrängung der Chemie durch Naturprodukte, ein industrielles „Rollback"?

Naturkautschuk – der einst durch Synthesekautschuk wie Buna ersetzt wurde, weil Deutschland keinen Zugang zu Naturkautschuk hatte – ist nach wie vor ein wichtiger Rohstoff für Fahrzeugreifen und technische Gummiwaren.

Rapsöl liefert bei der chemischen Umwandlung in RME („Biodiesel") für die Chemieindustrie brauchbare Koprodukte (Glyzerin) und Asphalt als Rückstand, der als „ökologischer" Straßenbelag statt Erdöl-Bitumen verwendet wird (Abb. VI-1). Andere Pflanzenöle (Sonnenblumen-, Kokos- und Palmöl) und tierische Fette werden nach wie vor für die „Fettchemie" verwendet und mit Kohlehydraten als Ausgangsstoffe für Lacke, Druckfarben, Waschmittel und Kosmetika. Heilpflanzen werden für Kosmetika und Arzneimittel gebraucht, die im Zusammenhang mit fernöstlichen Heilmethoden eine neue Renaissance erleben.

Aus Zucker, Stärke, Pflanzenölen kann eine der petrochemischen Industrie ähnliche Produktion aufgebaut werden, wenn die Preise für landwirtschaftlich gewonnene Rohstoffe mit Erdölpreisen konkurrieren können (Bild VI-3). Über das Ethanol auf Basis Zucker/Melasse gibt es eine Verbindung von der Chemie zu Kraftstoffen: „Biosprit" wird als Zusatz (5 bis 20% Ethanol oder Methanol) zu VK verwendet, nicht nur in Brasilien und den USA.

Da die Kosten für Umwandlung, Lagerung und Transport der nachwachsenden Rohstoffe höher als die von Erdöl und Erdgas und die Produktausbeuten im allgemeinen geringer sind, müssen die NWR-Preise entsprechend niedriger sein. Ein ökonomischer Vergleich zwischen konventionellen und nachwachsenden Rohstoffen sollte nach marktwirtschaftlichen Grundsätzen durchgeführt werden, also ohne vorübergehende Verzerrungen einerseits durch übertrieben hohe Steuern auf Mineralölprodukte, andererseits ohne exzessive Förderung der industriellen Landwirtschaft durch Subventionen.

Aussichten für NWR

Seit Jahrzehnten wird die Rohstoff- und Energieversorgung unter Verwendung von NWR mit hohem Forschungsaufwand und mit Hilfen bei der Markteinführung vor allem auch durch die EU gefördert. Die real immer billiger werdenden Erdölprodukte haben aber bisher einen Durchbruch oder wenigstens einen größeren Einsatz von NWR behindert. Bei einigen der NWR-Produkte stehen einer weiteren Verbreitung auch unerwünschte Eigenschaften entgegen: geringe Dauerhaftigkeit und Witterungsbeständigkeit als Werkstoff, Ausdünstungen (wie beim „Trabant", der teilweise aus Baumwolle bestand). Deren Verbesserung ist das Ziel großer Forschungsanstrengungen.

Die politischen Rahmenbedingungen und die Akzeptanz von Produkten auf NWR-Basis durch die Bevölkerung verbessern sich nicht nur in Europa unter dem Einfluss „grüner" Parteien und Organisationen, sondern auch in den USA.

Für die Industrie gibt es gute Gründe, mehr NWR einzusetzen:

a) Umwelt- und Klimaschutz: Weil Deponieraum knapp wird, werden biologisch abbaubare Werkstoffe, insbesondere Verpackungen, verlangt; Emissionen werden vermindert, weil die Verwendung von NWR eine neutrale CO_2-Bilanz ermöglicht. Andere Beiträge zum Umwelt- und Klimaschutz können Biodiesel, Ethanolkraftstoff und Schmierstoffe auf pflanzlicher Basis leisten;
b) Stützung einer für Landschaftsschutz und Nahrungsgewinnung nach wie vor notwendigen heimischen Land- und Forstwirtschaft, durch Vermarktung von landwirtschaftlich gewonnenen Industrierohstoffen. Beispielsweise sucht der weltweite Überschuss an Pflanzenölen nach Verwendungsalternativen; bisher werden von der Weltproduktion an natürlichen Ölen und Fetten von 80 Mill t/a nur etwa 15% industriell genutzt (andererseits wurde in GATT-Verhandlungen zum Schutz der USA-Interessen eine Obergrenze für den Anbau von Ölsaaten in der EU festgelegt); sowohl in den USA als auch in EU-Ländern könnten stillgelegte Landwirtschaftsflächen reaktiviert werden;
c) Diversifizierung und Verbreiterung der Chemie-Rohstoffbasis, verbunden mit Möglichkeiten zur Erzeugung bisher nicht oder schwer zugänglicher Produkte;

d) Versorgungssicherheit im Falle einer Verknappung fossiler importierter Rohstoffe, verbunden mit relativer Preisstabilität und Einsparung von Devisen: eine antiquierte Denkweise aus Kriegszeiten, die noch in den Subventionen für die Landwirtschaft, aber auch für Steinkohle zum Ausdruck kommt.

Ein ökologisches Dilemma

Einerseits ist es das erklärte, allgemein anerkannte Ziel von Umweltschützern in aller Welt, Produkte im Kreislauf zu führen, neutrale CO_2-Bilanzen bei Herstellung und Verwendung industrieller Güter einzuhalten, biologisch abbaubare Verpackungen zu verwenden, durch Wärmeisolierung mittels Dämmstoffen auf NWR-Basis Energie zu sparen und vieles andere. Die meisten der dafür geeigneten nachwachsenden Rohstoffe können aber nur dann annähernd wettbewerbsfähig gemacht werden, wenn die Rohstoffpflanzen gentechnisch verändert, nämlich an die technischen Anforderungen angepasst werden („maßgeschneiderte Rohstoffe"). Beispielsweise kann die Ethanolausbeute aus stärke- bzw. zuckerhaltigen NWR mit gentechnischer Hilfe erhöht werden; der Stärkegehalt in Mais und Kartoffeln und der Ölgehalt in Raps und anderen Ölpflanzen lassen sich verbessern (mittels einer Alge kann die Ausbeute an Ölsäure aus Rapsöl erhöht werden und damit die Wirtschaftlichkeit der Gewinnung von Glyzerin als Koprodukt von „Biodiesel" (siehe Anhang VI).

Andererseits wird die Gentechnologie von vielen Umweltschützern bekämpft, zum Beispiel durch Verhinderung von Freilandversuchen, weil angeblich unbekannte Gefahren aus der Gentechnologie drohen.

„Nachwachsend" ist auch nicht identisch mit „ökologisch unbedenklich", weil der Aufwand an Dünge- und Schädlingsbekämpfungsmitteln und an Energie für Transport usw. höher sein kann als der ökologische Nutzen: Monokulturen wie Zuckerrohr in Brasilien erfordern hohe Düngemittelgaben; Chinaschilf wächst sehr rasch und entzieht dem Boden dabei etwa 2% seines Gewichtes an N, P und K, die durch Düngemittel ersetzt werden müssen, wofür wiederum Erdöl oder Erdgas zur Ammoniakgewinnung gebraucht wird.

Einen „Kampf um Flächen" braucht es nicht zu geben,

denn wir haben festgestellt, dass es eine unvorstellbar große Menge an Biomasse gibt, die als Rohstoff genutzt werden könnte. Nur dann, wenn diese Nutzung aus technischen oder ökonomischen oder auch ökologischen Gründen schwierig, zu teuer oder gar unmöglich sein sollte, muss auf landwirtschaftlich genutzte Flächen, vielleicht zusätzlich auf die Ausnutzung der Ozeane zurückgegriffen werden, um die ökologisch erwünschte und wegen der Abnahme der fossilen Ressourcen notwendige Menge an NWR der Wirtschaft zur Verfügung stellen zu können. Dann – und nur dann – gelten die nachfolgenden Bemerkungen über einen „Kampf um (landwirtschaftlich nutzbare) Flächen".

Die Kapitel 6 („Nahrung") und 9 („Land ...") beziffern die für Ernährung und technische Zwecke erforderlichen Nutzflächen. Weiter oben wurde der böse Spruch zitiert: „Den Armen wird Ackerfläche weggenommen, damit die Reichen Auto fahren können." Um auch nur einen Teil der heute verwendeten industriellen Ausgangsstoffe, vor allem des Erdöls, durch nachwachsende Rohstoffe ersetzen zu können, müssten zusätzlich zu den vorhandenen, aber stillgelegten (also verfügbaren) landwirtschaftlichen Flächen noch andere Flächen erschlossen werden. Dazu zählen auch schnellwachsende Wälder. In Zentral- und Osteuropa bieten sich der dortigen Landwirtschaft zusätzliche Chancen: Polen hat die größte Getreideernte in Osteuropa und könnte daher einen Teil davon oder der dafür genutzten Flächen auch für die Gewinnung industriell verwertbarer Rohstoffe nutzen (Stärke, Zuckerstoffe, Raps) – mit drastisch niedrigeren Kosten als in den EU-Staaten. Sogar eine Verbindung der NWR-Produkte mit einer Chemie aus billiger Kohle ist denkbar. Der menschlichen Erfindungsgabe sind keine Grenzen gesetzt.

Tierische Rohstoffe wie zum Beispiel Krustentiere, deren Panzer Polisaccharide wie Chitin enthalten, können zu einem Massenrohstoff werden: Mehrere Milliarden Tonnen davon wachsen jährlich in den Ozeanen nach.

Für sonnenreiche Entwicklungsländer bietet sich eine Chance, Landflächen und schnell wachsende Wälder als Industrierohstoffbasis zu entwikkeln. Gegen weite Transporte dieser Rohstoffe sprechen die bezogen auf die Produktausbeute hohen Transport- und Lagerkosten. Deshalb müsste die technische oder chemische Verarbeitung der NWR in der Nähe dieser Land- oder Forstwirtschaft angesiedelt werden, auch wenn dort oft die technisch-organisatorischen und infrastrukturellen Voraussetzungen fehlen. Eine NWR-Industrie bietet eine Chance für die von den meisten Ländern sehr erwünschte Industrialisierung, die von vorneherein auf nachhaltiger Basis stünde.

Es sind vor allem ökonomische Gründe – nämlich das als Rohstoff immer noch konkurrenzlos billige Erdöl –, die das Ausweichen auf eine ökologisch sinnvolle und langfristig sichere Basis verhindern. Wie bei der Vorbereitung der Energiewirtschaft auf die „erdöllose" Zeit (Kapitel 8) sollten auch in der Rohstoffwirtschaft schon jetzt die Weichen auf eine nachhaltige Rohstoffversorgung ohne Erdöl, Gas und Kohle gestellt werden. (Die metallischen Rohstoffe sind nicht betroffen, weil sie – wie mit diesem Kapitel festgestellt wurde – in nahezu unerschöpflichen Mengen vorkommen.)

Die Landwirtschaft ist bisher hauptsächlich Kunde der Industrie: Maschinen, Traktoren und andere Transportgeräte, Düngemittel und Schädlingsbekämpfungsmittel, industriell hergestelltes Saatgut werden bezogen. In der Zukunft soll und kann die Landwirtschaft verstärkt als Rohstoff- und Energielieferant der Industrie auftreten. Eine Brücke zwischen den beiden Sektoren sind Biotechnologie und Gentechnik.

8 Energie

Energie ist eine unabdingbare Voraussetzung für das Leben. Energie ist zugleich das Selektionskriterium der Evolution: Es ist diejenige Art erfolgreicher als Konkurrenten, die mit dem Angebot an Energie des betreffenden Lebensraums mehr Nachkommen als die konkurrierenden Arten zur Geschlechtsreife und Fortpflanzung bringen kann. Mit Hilfe der Energie gelingt es dem Leben, die Richtung der Entropie auf der Erde umzukehren, mehr Ordnung zu schaffen, denn alle ohne äußere Energiezufuhr verlaufenden Vorgänge vermehren die Entropie als physikalisches Maß für Unordnung. Die Verfügbarkeit ausreichender Energiemengen ist auch die Voraussetzung für den Umlauf der technischen Materialkreisläufe. Vor allem aber steigern immer mehr Menschen auf der Welt ihren Wohlstand und haben damit auch mehr Energieverbrauch u. a. für ihre Mobilität.

Ausreichende und verlässliche Energieversorgung ist auch und vor allem die Voraussetzung für einen erfolgreichen Einstieg in die „New Economy" – in die Welt des Internet.

Zugleich gibt es Probleme mit Menge und Art der Energieversorgung und mit Umwelt und Klima. Bis zum Jahre 2050 kann sich im Vergleich zu 1990 – als grober Rahmen – die Bevölkerung verdoppelt haben, der Energieverbrauch verdreifacht, das BIP vervierfacht. Jede globale Governance auch im Energiebereich muss auf diesen Basisdaten aufbauen.

8.1 Eine globale Governance für Energie

gibt es nicht, weil die Interessen der Energieerzeuger und der Energieverbraucher auf nationaler und globaler Ebene auseinanderstreben, obwohl in vielen Nationalstaaten diese Interessen parallel vorhanden sind oder sich überschneiden. Marktwirtschaftliche Mittel und Wege bieten zwar den besten Schutz gegen „Energieschocks", also unerwartete Einbrüche in Versorgung und Verbrauch. Um solche „Krisen" zu vermeiden, müssen zwischen einem noch so sehr liberalisierten Energiemarkt und den nationalen Regierungen, der EU und anderen staatlichen Gruppierungen wie der OECD gewisse Aufgaben verteilt werden.

Die Aufgaben einer globalen Energie-Governance

umfassen eine laufende Bestandsaufnahme der Reserven an Energie, eine ständige Untersuchung des CO_2-Problems und die Förderung der Entwicklung der unerschöpflichen nachhaltigen Energiequellen unter dem häufig gebrauchten Schlagwort „Wachstum und Wohlstand ohne Erdöl und Atomkraft". Die Interessen der Nettoenergieexporteure für Öl, Gas, Kernkraft, Kohle, Wasserkraft, geothermische Energie und Solarstrom müssen gegenüber den Interessen der Nettoenergieimporteure abgeglichen werden. Aus Ländern im Sonnengürtel der Erde kann Solarstrom, der dort effizienter gewinnbar ist als in den gemäßigten Breiten, in Industrieländer wie USA und die EU exportiert werden. Also kann sich deren Abhängigkeit künftig vom Erdöl auf Solarstrom verschieben. Eine globale „Energiecharta" 1998 für gemeinsame „Spielregeln" im Energiemarkt wurde u. a. von USA, China, den Golfländern und Indien nicht unterzeichnet. Es gibt aber Kooperationsvereinbarungen von China, Russland und Indien und von OPEC-Ländern mit der

Internationalen Energieagentur (IEA)

der OECD. Diese mag als Vorläuferin für eine globale Energie-Governance angesehen werden. Die IAE wurde im Zuge der sogenannten „Energiekrise" durch die OECD-Länder im Jahre 1974 gegründet; sie hat heute 24 Mitglieder, auch außerhalb der OECD. Ihre Aufgabe war es, die sich abzeichnenden Versorgungsprobleme mit Energie, vor allem mit Erdöl, in den Griff zu bekommen, sprich: Empfehlungen für Lagerhaltung usw. auszuarbeiten. Es zeigte sich, dass einige der Mitgliedsländer wie Großbritannien, USA und Norwegen widersprechende Interessen hatten. Der Auftrag an die IEA wurde daher mehrfach geändert und angepasst. Einige Instrumente der IEA könnte auch eine globale Energie-Governance übernehmen, z. B. den Krisenmechanismus bei kurzfristigen Versorgungsproblemen (Pflichtvorräte der Mitglieder). Trotz zunehmender Liberalisierung und Deregulierung der Energiemärkte muss ein Mindestmaß an Versorgung und geregeltem Absatz sichergestellt sein.

Eine Energie-Governance muss auf nachhaltige Entwicklung achten. Das erfordert Übereinstimmung zwischen der globalen und nationalen Energie- und Umweltpolitik, also auch mit den Vereinbarungen über den Klimaschutz (Kyoto-„Vereinbarung" über die Reduktion des CO_2-Ausstoßes). Dies ist umso wichtiger, als in den kommenden Jahrzehnten immer noch überwiegend fossile Energiequellen genutzt werden müssen, bei deren Verbrennung zwangsläufig CO_2 entsteht. Während dieser Zeit müsste eine Energie-Governance die Substitution der fossilen durch erneuerbare Energien vorbereiten und durch Information, Forschung und finanzielles Engagement unterstützen. Die Suche nach wettbewerbsfähigen Alternativen zu konventionellen Energien gehört dazu, ebenso wie die Verbesserung der Wirkungsgrade und das Energiesparen („Die beste und billigste Energiegewinnung ist das Energiesparen", von Weizsäcker).

Energiepolitik

ist die nationale oder regionale Umsetzung einer globalen Energie-Governance. Energiepolitik ist ein Teil der Wirtschaftspolitik, und sie kann auch die Außenpolitik von Staaten bestimmen (wie die USA immer wieder zeigen). Energieversorgung ist das Fundament jeder Industriegesellschaft. Das wird sich auch in einer sogenannten Dienstleistungs- und Informationsgesellschaft nicht ändern: Der Pro-Kopf-Verbrauch an Technischer Energie wächst mit dem SBIP (Kapitel 4 und 5).

Obwohl die Rahmenbedingungen für den Energiemarkt global vorgegeben sind, können darauf für ein jedes Land unzählige „Energiezukünfte" aufgebaut werden. Zum Jahrhundertbeginn deuten die Preise für Energie und Produktionsmöglichkeiten dafür darauf hin, dass es Energie im Überfluss gibt. Das trifft trotz zeitweise „hoher" Erdölpreise zu; siehe 8.3.1. Reale Energiepreise sind (von regionalen und saisonalen Schwankungen abgesehen) so niedrig wie nie zuvor und geben (leider) keinen ausreichenden Anreiz zum Sparen. Die vorhandene Stromerzeugungskapazität reicht für viele Jahre. Billiges Erdgas aus Russland soll und kann die in einigen Ländern Europas unerwünschte Kernkraft ersetzen – während andere Länder (Frankreich, Osteuropa) diese Kernkraft auch künftig billig liefern werden.

Jede Energiepolitik muss auf der vorgegebenen ökonomischen Situation aufbauen. Ein von SHELL entwickeltes energiepolitisches Szenario sieht bis zum Jahre 2050 vor: Einstieg in die Photovoltaik, Solar- und Geothermie, Ausbau von Wind- und Wasserkraft. Die Kernkraft darf nicht durch Erdgas ersetzt werden, weil sonst die CO_2-Emissionen nicht reduziert werden können.

Zahlreiche Einzelmaßnahmen und Energiepotenziale stehen für eine Energiepolitik zur Verfügung: Mini- statt Megakraftwerke, Aufwindkraftwerke, Energieschlote; langfristig können Solarstrom aus der Sahara, Wasserkraft aus Sibirien und synthetische Energieträger aus dem Solargürtel (Wasserstoff, Methanol) geliefert werden. Dazu kommt echtes Einsparen, falls dieses entsprechend gefördert wird, z. B. durch ökologisch orientierte Steuern.

Geopolitik

Ein Drittel der Ölreserven und 40% der Gasreserven der Welt befinden sich in einem Umkreis von etwa 1500 km rund um den Persischen/Arabischen Golf und um Kasachstan. In der Region um das Kaspische Meer gibt es die größte potenzielle Förderzunahme für Erdöl; deshalb muss dort eine Infrastruktur der sensiblen Transportwege ausgebaut und vor allem der Frieden gesichert werden. Das kann langfristig nur durch steigendes Pro-Kopf-BIP erreicht werden, wie in diesem Bericht beschrieben wird. Ein Paradoxon: Je reicher ein Land an (Energie-)Ressourcen ist, desto ärmer ist oft die Bevölkerung; Beispiele sind Algerien, Angola, Kongo, Nigeria, aber auch Irak, Afghanistan und die GUS-Staaten. Eine von der Wirtschaftspolitik beeinflusste Geopolitik und Entwicklungspolitik muss also auch versuchen, dieses Paradoxon zu entkräften und die Armen wohlhabend und damit friedfertig zu machen. Außerdem muss die Golfregion stabilisiert werden, vor allem Iran, Saudi-Arabien, die Emirate und Oman, die wegen unzeitgemäßer politischer Systeme gefährdet sein können. An einer solchen Stabilisierung sind auch Öl- und Gasverbraucher in Asien – vor allem China – interessiert, weil zwei Drittel des Öls aus der Golfregion dorthin fließen. Dagegen reichen die Reserven an Öl und Gas aus der Nordsee und in Nordamerika noch etwa 15 Jahre oder wenig länger. OECD Länder decken weniger als die Hälfte ihres Erdölverbrauches aus eigenen Quellen. Das war eine der Ursachen für die sogenannte Energiekrise der siebziger Jahre; sie spielte in Politik und Wirtschaft ständig eine große Rolle (P. Krugman, Fortune, Feb. 1, 1999). Diese Energiekrise wurde für die Stagflation verantwortlich gemacht, die Recyclierung arabischer Ölgelder soll die Schuldenkrise in Lateinamerika mit verursacht haben. Gleichzeitig mehrten sich die Stimmen, vor allem des Club of Rome, die ein Ende der Ressourcen voraussagten. Mithin sollten solche Zustände künftig vermieden werden. Das Ziel muss es sein, die Abhängigkeit der Industrieländer – zu denen ja immer mehr bisherige „Entwicklungs- oder Schwellenländer" zählen werden – von Energieimporten zu verringern.

Krieg um Energiereserven?

Manche Politiker gehen davon aus, dass die Beschaffung fossiler Restenergiereserven nicht friedlich sein wird. Schon zur Jahrhundertwende gibt es Krisenherde in energie- und rohstoffreichen Ländern. Im 20. Jahrhundert war oft „Öl das Blut des Krieges". Auch zu Beginn des neuen Jahrhunderts kann es „Endverteilungskämpfe" in Form von Stellvertreterkriegen geben, unter anderem in Afrika. Zentralasien kann zum gefährlichsten Krisenherd der Welt werden, weil die Abtransportwege für Öl und Gas aus Zentralasien durch verfeindete Anrainerstaaten führen. Wir können nur hoffen, dass sich die Erkenntnis durchsetzt, dass sich durch Kriege Ressourcen nicht vermehren, sondern verringern, und davon ausgehen, dass mit steigendem Wohlstand die Kriegslust schwindet, weil zuviel auf dem Spiel steht, nicht nur für die „reichen" Länder: In Krisengebieten baut China riesige Pipelines zu seiner Öl- und Gasversorgung, westliche Ölgesellschaften investieren dort derzeit (2000) $ 150 Mrd. in Abbaurechte und Pipelines.

8.2 Energiebedarf

Als Energiebedarf wird meist nur die technische Energie gezählt. Nahrungsenergie (siehe Kapitel 6) ist umgewandelte Solarenergie, die mit einem sehr niedrigen Wirkungsgrad in Pflanzen gebunden wird. Bei deren Umwandlung in mechanische Energie (tierische oder menschliche Arbeitsleistung) oder in nicht messbare „Denkenergie" ist der Wirkungsgrad wiederum sehr gering: Ein Mensch braucht im Durchschnitt 150 W an Energie, wofür das 300fache an Solarstrahlung „verbraucht" wird.

Die Physik kennt viele Arten der Energie, zum Beispiel Lageenergie (potenzielle Energie), kinetische oder Bewegungsenergie, Wärmeenergie (fühlbare und latente Wärme), elektrische und chemische sowie Strahlungsenergie. Dementsprechend gibt es auch verschiedene Maßeinheiten für Energie.

Statistische Angaben über Energie,

vor allem über den Bedarf und die Erzeugung von Energie, sind oft nicht vergleichbar. Sie leiden durchweg an dem Mangel, dass nicht Vergleichbares addiert wird: Energie aus fossilen Quellen wird als Primärenergie in Form des Wärmeinhaltes (Enthalpie z. B. in kcal/kg) gemessen. Wenn aus fossiler Energie Strom erzeugt wird, so ist das nur mit einem Wirkungsgrad von etwa 38% möglich, bei gleichzeitiger Wärmeerzeugung („Kraft-Wärme-Kupplung") sind bis zu 65% erreichbar. Es werden also nicht etwa 850 kcal für die Erzeugung einer kWh gebraucht, wie sich aus dem Umrechnungsfaktor ergäbe, sondern mehr als 2000 kcal.

Aus der Solarenergie kann mittels Sonnenkollektoren Niedertemperaturenergie (für Heizung als kalorische Energie gemessen) mit viel höherem Wirkungsgrad gewonnen werden als Hochtemperaturenergie mittels Photovoltaik; diese wird für Stromerzeugung gebraucht und daher als elektrischer Strom (z. B. in kWh oder Joule) gemessen. Wenn Solarenergie über den erzeugten Strom zur Wasserstofferzeugung verwendet wird, wandelt sie sich in chemische Energie mit zusätzlichen Wirkungsgradverlusten um. Der Wirkungsgrad der Umwandlung von Strahlungsenergie in elektrische oder kalorische Energie ist von Bedeutung; er wird unter anderem durch den Grad der Ausnutzung des Spektrums der Solarstrahlung bestimmt. Auch die Energie aus Wasser-, Wind- und Kernkraft wird als elektrische Energie erzeugt und gemessen. Aus dem Strom („kWh el.") einer Windkraftanlage oder eines Wasserkraftwerkes kann mittels Wärmepumpe eine Menge an Heizenergie („kWh heiz") erzeugt werden, die etwa dreimal so groß ist, weil zwei Drittel dieser Nutzenergie der Umwelt entzogen werden. Der Anteil von elektrischem Strom (weltweit etwa 1/8 der Gesamtenergie) wird immer größer und damit auch der Fehler dieser falschen Addition. Sinnvoll wäre es daher, elektrische und fossile Energie getrennt zu erfassen oder auch Hoch- und Niedertemperatur-Energie. (Schließlich kann man auch z. B. die Anzahl von Äpfeln und Birnen addieren und als „Anzahl von Obst" angeben.)

Prognosen für Energiebedarf und -erzeugung

Alle Prognosen sind unter dem beschriebenen Vorbehalt der Nichtvergleichbarkeit zu betrachten. Nach einer Prognose (Abb. 8-1a) liegt der Anteil der fossilen Energie heute bei 85%, im Jahre 2040 (wenn der Verbrauch an fossiler Energie mit 15 Mrd. kW ihr Maximum erreicht) bei 55%. Ähnliche Voraussagen gibt Abb. 8-1b, wonach regenerative Energien im Jahre 2050 die Hälfte des Gesamtverbrauches abdecken. Tabelle 8-1 gibt eine Aufteilung der Energieerzeugung auf die verschiedenen Energiequellen für die Jahre 2000 und 2050 (alle Angaben in Mrd. kW umgerechnet).

Derzeit werden weltweit etwa 12 Mrd. kW an technischer Energie verbraucht, also pro Erdbewohner ein Energiestrom von durchschnittlich etwa 2 kW (F. Vahrenholt, Die Woche 4. 6. 1999, nennt 53 kWh/c.d = 2,2 kW/c), wobei die Verteilung zwischen nahe Null und über 10 kW/c liegt (China 0,8, Europa etwa 6, USA 11 kW/c). Im Jahre 2050 würden nach Abb. 8-1 a/b die dann lebenden etwa 10 Mrd. Menschen durchschnittlich 2,5 bis 3,6 kW verbrauchen, von denen aber nur noch 27% (bzw. nach Abb. 8-1b 45%) fossilen Ursprungs sein werden statt heute 85%. In welchem Umfang das Energiesparen den künftigen Verbrauch verringern kann, hängt von den in vielen Ländern staatlich geförderten Anreizen dafür ab, aber auch vom Wil-

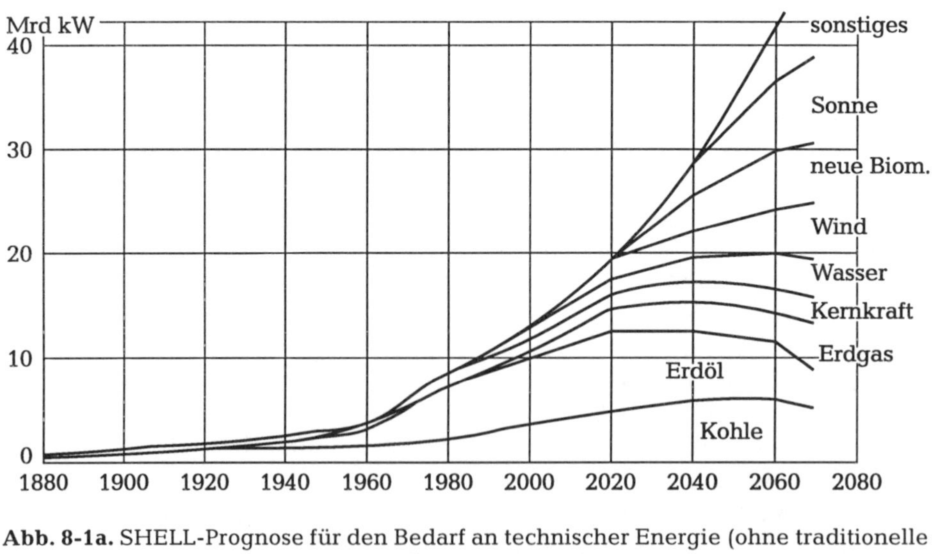

Abb. 8-1a. SHELL-Prognose für den Bedarf an technischer Energie (ohne traditionelle Biomasse)

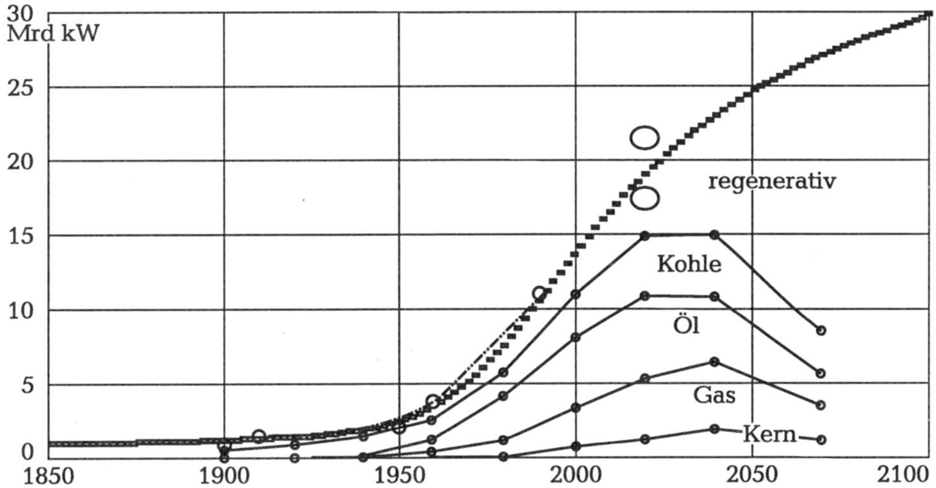

Abb. 8-1b. Aufteilung des globalen technischen Energieverbrauchs nach L. Bölkow und IEA. Die kleinen Kreise zeigen den bisherigen Verlauf, die großen die Erwartung des Weltenergierats für das Jahr 2020. Gesamtenergieverbrauch nach Meadows strichpunktiert

Tabelle 8-1. Aufteilung der Energieerzeugung auf die Energiequellen umgerechnet in Mrd. kW

Energiequelle	Energieerzeugung	
	i. J. 2000	2050
Erdöl	4,4	4,6
Erdgas	2,6	3,8
Stein- und Braunkohle	2,5	5,6
Wasserkraft	1,2	2,5
Kernenergie	1,1	2,4
Biomasse **)	0,7	7,7
Windkraft	*	3,2
Solarenergie	*	4,1
Erdwärme u. a.	*	2,1
Gesamt	12,5	36

* vernachlässigbar kleine Anteile
** neue und konventionelle Biomasse
Quelle: F. Vahrenholt et al.

len der Bevölkerung. Bisher wurden Effizienzverbesserungen durch den Verbrauchsanstieg teilweise zunichte gemacht. Trotzdem wirken die seit dem ersten „Ölschock" eingeleiteten Energiesparmaßnahmen, die eigentlich aus einem falschen Grund – nämlich wegen der Angst vor Erdölmangel – verordnet wurden. Die Energieeffizienz steigt auch weiterhin stark an. Der Energieverbrauch beispielsweise in Deutschland kann bis zum Jahre 2020 um etwa 5% abnehmen, obwohl die Wirtschaft jährlich um 2% wachsen soll. Allerdings setzt das eine funktionierende, wettbewerbsorientierte Marktwirtschaft ohne Verzerrungen durch Subventionen, extreme Steuern und dergleichen voraus. Während seit 1982 weltweit der Energieverbrauch Jahr für Jahr zunahm, sank 1998 der globale Energieverbrauch – wenn auch nur um 0,1% – auf 8,48 Mrd. t Öläquivalent. Gründe dafür sind milde Winter in den wichtigen Verbrauchsregionen und die „Asienkrise", aber auch die Verbesserung der Energieeffizienz in China (mit 940 Mio. t/a größter Steinkohleverbraucher der Welt) um etwa 3%.

Kostenaufwand zur Deckung des Energiebedarfes

Wenn wir aus den gesamten Energiebedarfszahlen die Kosten errechnen wollen, die für die betreffenden Energiemengen aufzuwenden sind, dann können wir entweder den gesamten Energieaufwand als Stromkosten errechnen oder alles in Erdöläquivalenten, also in Ölkosten ausdrücken. In beiden (oft veröffentlichten) Fällen tappen wir in die oben erwähnte Falle der Nichtvergleichbarkeit von verschiedenen Energiemaßen. (Schon die Angabe „12 Mrd. kW" ist demnach irreführend.) Richtig ist also nur eine Berechnung der Einzelkosten aus einer Verbrauchs- bzw. Bedarfsaufteilung gemäß Abb. 8-1 oder Tabelle 8-1. Nach diesen Schätzungen machen im Jahr 2000 die Energiekosten im globalen Durchschnitt $ 540/c.a aus, das entspricht etwa 11% des durchschnittlichen SBIP von global $ 5000/c.a. Die Anteile am SBIP liegen für die USA bei 11%, für EU-Länder bei 5% und für China bei 7% des jeweiligen SBIP. Im Jahre 2050 erhöht sich der Gesamtaufwand auf etwa $ 1500/c.a, das sind 15% des dann erwarteten durchschnittlichen SBIP. Der hohe Anstieg wird vor allem durch die hohen Kosten für erneuerbare Energie verursacht, aber auch durch den Mehrverbrauch infolge des bis dahin gestiegenen durchschnittlichen Pro-Kopf-BIP (SBIP).

„Landwirtschaftliche" und „technische" Energie

Die „technische" Energie ist erst nach dem Zweiten Weltkrieg progressiv mit etwa 3,3% pro Jahr gewachsen. Das heißt aber nicht, dass Energie bis dahin keine Rolle gespielt hat. Die Menschen haben seit vielen Jahrtausenden weit größere Energiebeträge manipuliert – mit dem Ackerbau nämlich (Abb. 8-2). Nach allem, was wir wissen, hat die Landwirtschaftsfläche zwischen 8000 und 3000 v. Chr. stetig zugenommen. Wegen des zunächst noch kleinen ha-Ertrages wurden vielleicht 4 bis 5 ha pro Kopf zur Ernährung benötigt. Mit den Fortschritten der Landwirtschaftstechnik und daher steigenden ha-Erträgen ist die Landwirtschaftsfläche auf derzeit etwa 0,27 ha pro Kopf gefallen. In der gemäßigten Zone strahlt auf einen ha ein Energiestrom

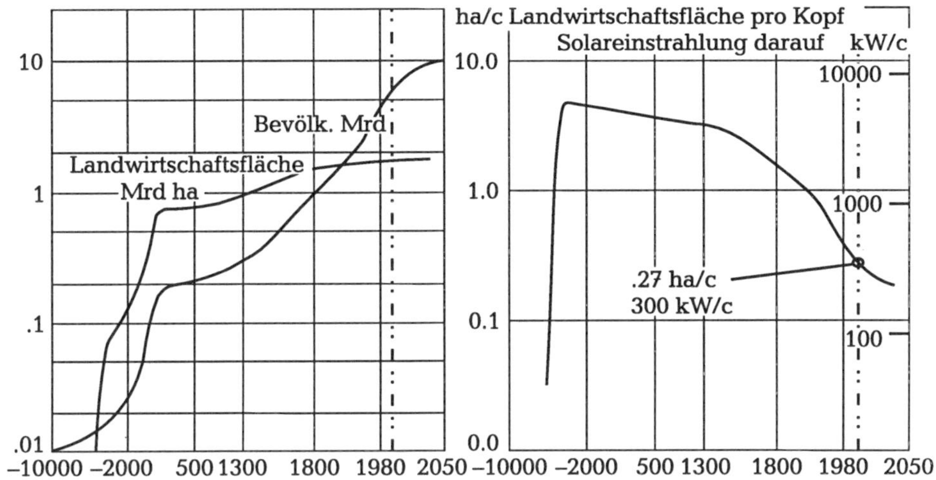

Abb. 8-2. links: Angenommene Entwicklung der Bevölkerungszahl und der Landwirtschaftsfläche über einem nicht-linearen Zeitmaßstab; rechts: Die daraus errechnete Landwirtschaftsfläche pro Kopf (ha/c) sowie die darauf fallende Solarstrahlung (kW/c). Es ist eine Solarstrahlung von 1200 kW/ha angenommen, was etwa mitteleuropäischen Verhältnissen entspricht

von rund 1200 kW (siehe Tabelle 8-3.) In den Anfängen der Landwirtschaft benötigte ein Mensch also einen Energiestrom von rund 5000 kW, der bis heute auf 300 kW abgefallen ist (Abb. 8-2). Im Vergleich dazu nimmt sich der technische Energiestrom von 2 kW, der in 50 Jahren auf vielleicht 3,6 kW/c ansteigen mag, recht bescheiden aus. Die Transformation von Solarstrahlung in nutzbare Energie ist mit einem schlechten Wirkungsgrad behaftet.

Bedarfsprognosen

Wendet man die These vom ähnlichen Verhalten der Bevölkerungsgruppen bei gleichem Bruttoinlandsprodukt pro Kopf (SBIP) an, dann ergibt sich Abb. 8-3. Der Zusammenhang zwischen Energiebedarf je Kopf (kW/c) und dem SBIP muss so abgeschätzt werden, dass die bekannten globalen Ist-Werte getroffen werden und ein plausibler Zusammenhang mit den bekannten Ist-Werten verschiedener Länder besteht. Bei dem Versuch in Abb. 8-3a wird davon ausgegangen, dass China etwas über der Mittelwertkurve liegt (China hat reichliche Kohlevorkommen); die USA haben einen ungewöhnlich hohen Energieverbrauch je Kopf, weil die Bevölkerung der mittleren und höheren Gruppen eher an Energieverschwendung gewöhnt ist (Beleuchtung selbst von Straßen auch am helllichten Tag, Wohnungen und Büros im Winter überheizt, im Sommer unterkühlt) – ebenso übrigens wie sie an Nahrungsmittelvergeudung gewöhnt ist, also letzten Endes auch wieder an

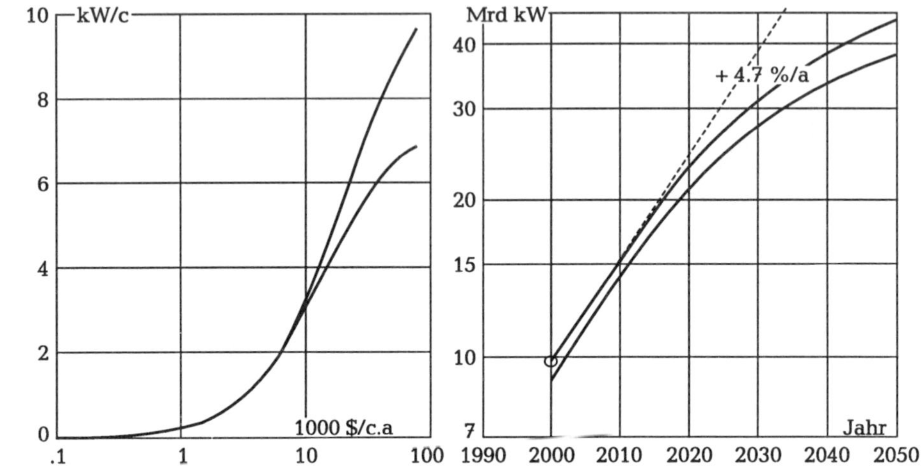

Abb. 8-3a. Bedarf an fossiler Energie in kW pro Kopf abhängig vom SBIP (links) und von der Zeit (rechts)

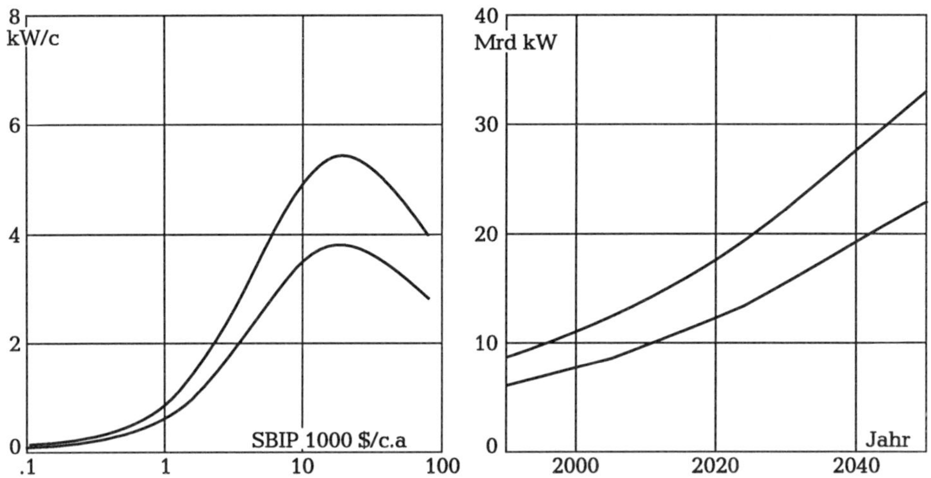

Abb. 8-3b. Links: angenommener Zusammenhang von SBIP (1990) und Energiestrom kW pro Kopf (ohne Elektrizität und Biomasse). Die untere Kurve geht von einem verringertem Bedarf aus, der infolge steigender Energiepreise bis 2050 erreicht werden soll. Rechts: Die Anwendung des angenommenen Zusammenhangs mit dem in Kapitel 3 erläuterten Verfahren führt zum technischen Energiestrom über der Zeit. Die untere Kurve ergibt sich aus dem bis 2050 steigenden Energiepreis

die Verschwendung umgewandelter solarer Energie. Die Mittelwertkurve liegt etwa in Höhe der Werte für Deutschland. Das Ergebnis im Teilbild 8-3b rechts zeigt, dass die Kurve über den Prognosewerten des Weltenergierats (Abb. 8-1b) liegt. Dieser Unterschied verschwindet aber, wenn man davon ausgeht, dass die Energie langfristig teurer wird und die CO_2-Abkommen greifen. In Abb. 8-3a ist eine zweite Mittelwertkurve eingezeichnet, die den Zusammenhang zwischen spezifischem Energieverbrauch und SBIP im Jahre 2050 wiedergeben soll. Geht man davon aus, dass der Energiebedarf mit dem Fortschritt der Zeit dahin übergeht, dann ergibt sich die im Teilbild 8-3b eingezeichnete Kurve, die nun der Prognose des Weltenergierats entspricht.

Der globale Gesamtenergiebedarf wird auch nach dem Jahre 2020 nicht rasch ansteigen, sondern sich zwischen 20 und 30 Mrd. kW einpendeln, also beim etwa 2- bis 3fachen des heutigen Energieverbrauches. Einige der Prognosen gehen von einem globalen Zuwachs von zunächst etwa 2,5% pro Jahr aus; andere sagen voraus, dass sich der Energieverbrauch bis zum Jahre 2050 gegenüber der Jahrhundertwende verdreifacht, wieder andere schätzen, dass er von 10 auf 25 Mrd. kW zunehmen wird. ESSO nimmt an, dass der globale Primärenergieverbrauch pro Kopf im Jahre 2020 trotz einer Zunahme des BIP von angenommen 2% p. a. etwa 5% unter dem heutigen Niveau liegen wird, weil die Energieeffizienz entsprechend steigt. Im Unterschied zu vielen Voraussagen über den Energieverbrauch – sei es global, regional, national, insgesamt oder pro Kopf – sind die im vorliegenden Bericht verwendeten Prognosen methodisch errechnet.

8.3 Energieressourcen und Beschaffung der Energie

Uns stehen grundsätzlich drei Energiequellen zur Verfügung (Abb. 8-4):

1) fossile Energie – eigentlich gespeicherte Solarstrahlung;
2) Kernenergie – als stellare Strahlung, aus irdischen Zerfallsprozessen in der Natur und im Kernreaktor, als Fusionsenergie in der Wasserstoffbombe und eines Tages vielleicht im „sanften" Fusionsreaktor (auch die geothermische Energie oder „Erdwärme" stammt aus radioaktiven Zerfallsvorgängen im Erdinneren, also aus Kernenergie);
3) Bewegungsenergie – aus der Bewegung der Erde und anderer Himmelskörper; schwer zugänglich (z. B. mit Hilfe von Gezeitenkraftwerken).

Wasser- und Windkraft sind keine eigenständigen Energiequellen, sondern entstammen der Solarstrahlung. Das Verdunsten der 500.000 km^3 Wasser pro Jahr (siehe Kapitel 6) erfordert einen Energiestrom von 38.000 Mrd. kW, also mehr als 20% der irdischen Solarstrahlung.

Verschiedene Herkunft der verbrauchten Energie

Zur Jahrhundertwende stammt der globale Energieverbrauch aus folgenden Quellen: Erdöl 36%, Stein- und Braunkohle 21%, Erdgas 22%, Kern-

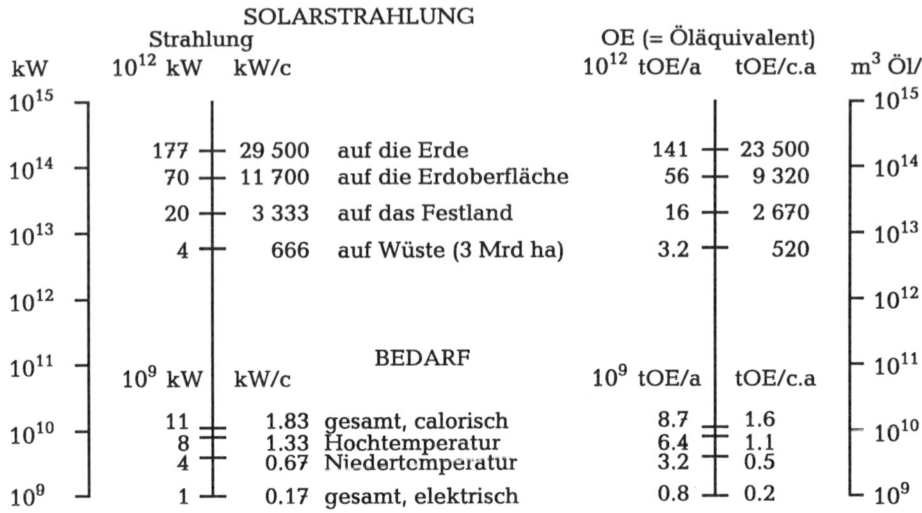

Abb. 8-4. Auf der Erde verfügbare Energiequellen
Von den drei zur Verfügung stehenden Energiequellen ist die Kernenergie (im physikalischen Sinne) mit Abstand die größte. Allein die Sonne strahlt etwa 170.000 Mrd. kW auf die Erde, wovon allerdings etwa 60% von Wolken reflektiert und von der Atmosphäre absorbiert werden. Nur 40% erreichen die Erdoberfläche, das sind 70.000 Milliarden kW oder 12.000 kW für jeden der 6 Milliarden Menschen

kraft 7% und Wasserkraft, Solarenergie und andere 14%, siehe Abb. 8-1 und Tabelle 8-1. Dabei müssten die verschiedenen Wirkungsgrade der Umwandlung berücksichtigt werden, was bei herkömmlichen Prognosen nicht der Fall ist. Auch die Aufteilung der Gesamtenergie in fossile und nachhaltige bringt ein weiteres Unterscheidungsmerkmal. Wie mit Abschnitt 8.2 gesagt, wird man in Zukunft Energiebeträge je nach Herkunft (chemisch gebundene, thermische, Wind-, Wasser- und solare Energie) getrennt zählen und zwischen Hoch- und Niedertemperaturenergie unterscheiden müssen. Schließlich gibt es noch die Energie, die in Nahrungsmitteln gebunden und für Mensch und Tier verwertbar ist (Kapitel 6); sie wird hier nicht berücksichtigt. H. P. Dürr rechnet vor, dass 120 Mrd. Menschen je 12 Stunden täglich (physisch) arbeiten müssten, um den Bedarf an technischer Energie von 12 Mrd. kW durch menschliche Arbeitsleistung zu decken.

Fossile und „erneuerbare" Energiequellen

Zur Definition: Fossile Energiequellen sind Steinkohle, Braunkohle, Erdöl, Erdgas und andere, heute noch weniger wichtige unkonventionelle Ölvorräte in Form von Ölschiefer, Teersanden (Venezuela), Asphaltseen und Gashydraten im Meer. Nachhaltige, erneuerbare oder regenerative Energiequellen sind Wasserkraft, Windenergie, Energie aus Biomasse und anderen nachwachsenden Rohstoffen, geothermische Energie und vor allem Sonnenenergie. Kernenergie wird als „Sonderfall" betrachtet. Die so genannten erneuerbaren Energien, die weit überwiegend aus Wasserkraft und konventioneller Biomasse stammen, machen heute weltweit etwa 14% der Energieerzeugung aus. Bis zum Jahre 2050 aber soll dieser Anteil auf etwa 55% der gesamten Energieerzeugung steigen (Tabelle 8-1). In der EU machen regenerative Energien nur etwa 6% des gesamten Energieverbrauches aus, nämlich zwischen 2% in der BRD und 23% in Österreich (wegen des dort hohen Wasserkraftanteils, ähnlich wie in Schweden, Norwegen und der Schweiz). Zur erneuerbaren Energie werden auch im Jahre 2050 Photovoltaik und Erdwärme nur geringe Beiträge leisten. Die erneuerbaren Energiequellen müssen hoch subventioniert werden, um wettbewerbsfähig zu sein. Auf der Plusseite ihrer Anwendung stehen die Erreichung von Umwelt- und Klimazielen, vielleicht auch ein wenig Autarkiedenken (ähnlich wie bei der Steinkohlesubvention in Westeuropa).

Die UN-Klimakonvention verlangt mittelfristig eine drastische Reduzierung der Treibhausgasemissionen, die vor allem aus fossilen Brennstoffen stammen. Da die erneuerbaren Energien noch auf Jahrzehnte wesentlich teurer als fossile Energie sein werden (Abb. 8-9), können fossile Brennstoffe nicht innerhalb weniger Jahrzehnte durch erneuerbare Energien ersetzt werden. Kernkraft wird in vielen Ländern abgelehnt. Aus allen diesen Gründen werden die CO_2-Emissionen vorerst noch zunehmen.

Die EU und die meisten ihrer Mitgliedsstaaten fördern ebenso wie die USA und Japan die Ausweitung der Herstellung erneuerbarer Energie. Das geschieht in der EU mit dem sogenannten „Thermie-Programm", auch mit Hilfe von Forschungs- und Vermarktungsbeihilfen, mit Investitionszulagen und vor allem mit Steuervergünstigungen. Allerdings gibt es dagegen Widerstände, wie beispielsweise beim „Biodiesel". Bezahlt werden solche Förderungen auf der Einnahmenseite mit sogenannte „Ökosteuern" auf Kraftstoffe und Energie allgemein. In Deutschland wird beispielsweise ein Zuschlag von $ 0,04/kWh auf den gesamten Strompreis erhoben. Damit finanzieren alle Stromverbraucher einen Teil der höheren Kosten für die Einspeisung von „Ökostrom".

8.3.1 Fossile Energiequellen

Erdöl, Erdgas, Stein- und Braunkohle

Letzten Endes stammen die fossilen Energievorräte aus Pflanzen, die einst mit Hilfe der Sonnenenergie entstanden sind. Fossile Energieträger sind sozusagen „uralte Biomasse". Ein Mangel an fossilen Energierohstoffen ist auf

Tabelle 8-2. Reserven an fossiler Energie (VDI/FVT Jahrbuch 1997)

	Prozentanteil an gesamter Reserve	Reichweite in Jahren
Erdgas	25	66
Erdöl	16	42
Braunkohle	59*	240
Steinkohle	*	160

* Prozentanteil Stein- und Braunkohle zusammengerechnet

absehbare Zeit nicht zu erwarten, vor allem nicht an Kohle jeder Art, wobei der Begriff „absehbar" bewusst offen gelassen wird. Die globalen Reserven an fossiler Primärenergie sind mit Tabelle 8-2 genannt.

Während Stein- und Braunkohle auch in Ländern mit hohem Energieverbrauch gefördert werden (Europa, USA, China und Indien), liegen die größten Öl- und Gasreserven in nach wie vor politisch instabilen Gebieten (Abschnitt 8.1). Erdgas wird dagegen auch aus „sicheren" Regionen geliefert (Nordsee, Nordamerika, Mexiko, einige asiatische Länder). Methanhydrate kommen in vielen Ozeanen vor; Japan versucht einen Einstieg in die neue Technologie.

Vorräte an Erdöl und Fördermenge

Seit den so genannten Erdölkrisen in den 70er Jahren ist vermutlich über keinen Rohstoff, über keine Ressource soviel spekuliert und prognostiziert worden wie über Erdöl (und etwas später auch über Erdgas) – über Vorräte, Fördermengen und künftige Preise. Auch der vorliegende Bericht kann da keine Ausnahme machen, zumal er zu unterschiedlichen Ergebnissen und Lösungsvorschlägen kommt. Abb. 8-5a zeigt die Erdölreserven ausgewählter Förderländer und das sogenannte „R/P"-Verhältnis, auch „Reichweite" genannt: Das ist das Verhältnis zwischen der als gleichbleibend angenommenen Förderung an Erdöl pro Jahr P (zum Schätzzeitpunkt) und der jeweils bekannten, sicheren oder nachgewiesenen Reserven R. Allein für diesen Begriff gibt es verschiedene Definitionen: Mit „sicher" ist die geologische Zuverlässigkeit der Vorratsschätzung gemeint, nicht etwa die oft wichtigere Sicherheit der Zugänglichkeit (Mittlerer Osten, Aserbeidschan/Georgien, Nigeria, Angola, Sibirien) und die Embargos jeder Art (Libyen, Irak). Gar nicht berücksichtigt sind die weit auseinander klaffenden Kosten zwischen etwa $ 2 und $ 15 pro bbl für die Förderung dieser „sicheren" Reserven. Die Reichweite wurde zur Zeit der ersten Ölkrise mit 10 oder 11 Jahren angegeben; demnach hätte der Ölvorrat 1984 zu Ende gehen müssen und es hätte sich gar nicht gelohnt, die OPEC zu gründen. Stattdessen gelten zum Jahrhundertbeginn, also etwa 25 Jahre nach dieser „Voraussage", ein Drittel der Welterdölvorräte als erschöpft und zwei Drittel

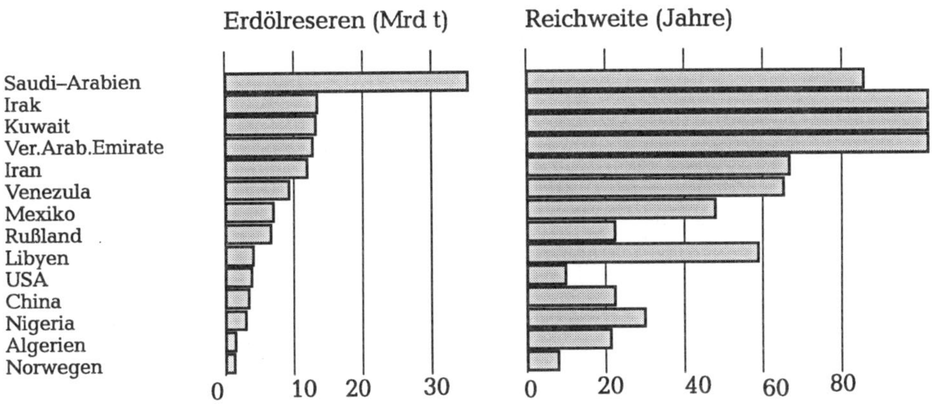

(Summe: 126.2 Mrd t, 43 Jahre Reichweite)

Abb. 8-5a. Erdölreserven und Reichweite für ausgewählte Erdölförderländer (Focus 14/2000, Die Presse 16.9.1996 und andere Quellen). Im Nahen und Mittleren Osten liegen zwei Drittel der Reserven, in den OECD-Ländern ein Achtel. In Mrd. bbl: Mittl. Osten 677, Lateinamerika einschl. Venezuela und Mexiko 86, USA und Kanada 70, GUS-Staaten 65, Asien 42, Afrika 70 (davon drei Viertel in OPEC-Staaten), Europa 20; zusammen etwa 1030 Mrd. bbl. Bei derzeit 25 Mrd. bbl/a Förderung entspricht das also einer „statischen Reichweite" von etwa 40 Jahren. Die Reichweite der Erdölvorräte könnte gestreckt werden – vielleicht auf 200 Jahre –, wenn für Exploration und Förderung ein entsprechend höherer Aufwand (zum Beispiel im Mittleren Osten von derzeit $ 1 bis 3 auf vielleicht $ 10 oder mehr pro Barrel und in der Nordsee von heute $ 12 bis 15 auf vielleicht $ 30 bis 50 pro Barrel) aus höheren Erdölpreisen tragbar wären. Heute gelten für die meisten Ölförderunternehmen Preise von $ 14/bbl als untere „Schmerzgrenze". Wenn die Ölförderung – aus ökonomischen oder ökologischen oder anderen Gründen – in jeweils 20 Jahren halbiert würde, also von angenommen durchschnittlich 3,4 Mrd. t p.a. im 20-Jahres-Zeitraum 2000 bis 2020, auf 1,7 bis 2040 und auf 0,8 Mrd. t/a zwischen 2060 und 2080 abnähme, dann wären die heute als sicher bezeichneten Vorräte im Jahre 2080 fast restlos bis auf einen „Erinnerungsposten" erschöpft. Aber es kann unterstellt werden, dass schon vorher, etwa ab den Jahren 2040 oder 2060, auch ein Teil der vermuteten Vorräte wegen der dann drastisch höheren Ölpreise förderwürdig sein werden. Bei einem solchen Modell könnte eine gegenüber heute auf größenordnungsmäßig ein Viertel reduzierte Ölförderung (weniger als 1 Mrd. t/a) noch mehrere Jahrzehnte lang aufrechterhalten werden, vor allem als nach wie vor günstige Basis für petrochemische Produktionen

sind noch vorhanden, nämlich weltweit 135 Mrd. t (1040 Mrd. bbl). ESSO (Aussage von K. Schult-Bornemann, Nov. 1999) hat Ende 1999 die weltweiten Erdölreserven mit 141 Mrd. t beziffert, das bestätigt bei einem Verbrauch von 3,35 Mrd. t/a die genannte „Reichweite". Pauschale Aussagen lauten: „Erdöl wird in 50 Jahren knapp werden, Erdgas in 80", wobei nicht gesagt wird, was „knapp" heißt. Bei angenommen konstant bleibender Erdölförderung von etwa 3,3 Mrd. t/a reichen die Vorräte für 42 Jahre. Einschließlich aller „vermuteten Ressourcen" – also auch unsicherer oder schwierig zugänglicher – werden 64 Jahre geschätzt (Aussagen von K. Hiller, Bundesanstalt für Geowissenschaften und Rohstoffe, BRD). Andererseits macht die Technik der Ölexploration enorme Fortschritte (bis 3000 m Wassertiefe für Offshoreförderung). Die IEA sagt den Höhepunkt der Erdölförderung zwischen 2010 und 2020 voraus. Beginnend in den Jahren zwischen 2005 und 2014 mag die Förderung immer geringer werden, weil sie im Vergleich zum erzielbaren Erdölpreis immer teurer werden wird. Gründe: Die Erdölvorkommen sind geologisch und geografisch schwieriger zugänglich, und der Transport via Pipelines aus Alaska, vom russischen Eismeer, aus entfernten Nordseefeldern usw. wird immer mehr kosten. Auch die unberechtigte Anzapfung von Pipelines in Osteuropa, die Ausbeutung von Ölfeldern in Sibirien, Usbekistan und Turkmenistan – die eine Pipeline durch das unsichere Afghanistan nach Karatschi erfordert – erhöhen Risiko und damit Preise. Als Beispiel für diese Risiken sei der Erdölboom (1999) in Aserbeidschan erwähnt. Dort, am Kaspischen Meer, liegen mit 60 Mrd. bbl an Erdöl- und Erdgasvorräten die zweitgrößten Ölreserven der Welt. Andere benachbarte Ölvorräte gibt es in Astrachan/Russland, Kasachstan und Iran. Das logistische Problem, wie das geförderte Öl und Erdgas in den „Westen" geschafft werden kann, wird via Pipelines gelöst, die allerdings durch politisch unsicheres Gebiet zum Schwarzen Meer führen (Stichworte: Tschetschenien, Tiblisi/Georgien, Armenien). Schließlich soll um das Jahr 2100 herum die Erdölförderung überhaupt aufhören, wie K. Hiller annimmt. Dem entspricht auch die Aussage von J. Quarg, wonach das Verhältnis zwischen Vorrat und Verbrauch nach dem Jahre 2100 asymptotisch gegen 0 geht (Abb. 8-5b).

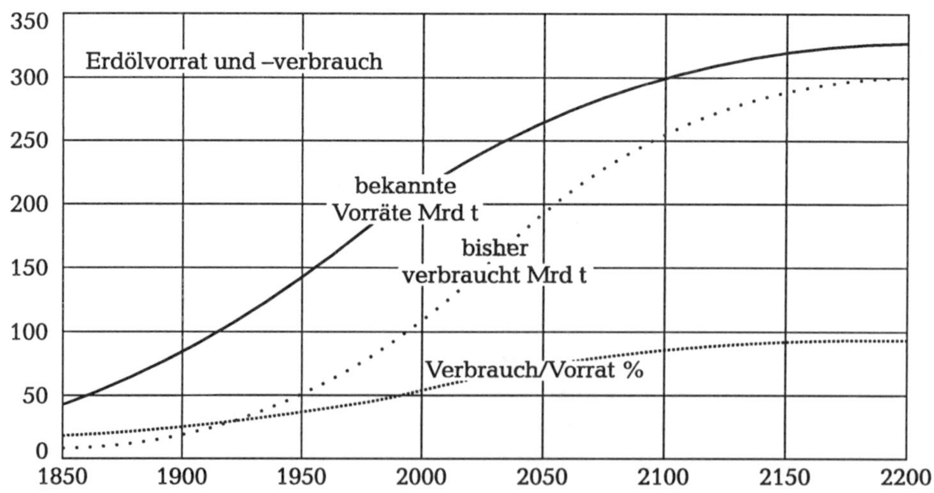

Abb. 8-5b. Prognose von J. Quarg über Ölvorräte und -verbrauch bis zum Jahre 2200 mit angenommener künftiger Verbrauchsreduzierung

Die Angaben über die Erdölreserven

sind zweifellos mit großer Unsicherheit behaftet. Sie beruhen zum großen Teil auf Angaben der Förderstaaten, von denen einige ein Interesse daran haben, überhöhte Vorräte zu nennen, weil danach beispielsweise ihre Quote im OPEC-Kartell berechnet wird oder weil die Kredite für den Ausbau ihrer Ölindustrie von den genannten Vorräten abhängen. Nachprüfbar sind diese Angaben nicht immer. Auch die Ölkonzerne sind nicht daran interessiert, ihre Anteile an den Vorräten zu „untertreiben", denn ihr (Börsen-)Marktwert wird im wesentlichen von ihren Ölreserven bestimmt und nicht durch ihren Ertrag aus der Geschäftstätigkeit. Exxon und Mobil werden somit mit $ 200 Mrd. bewertet, SHELL mit 160, und BP AMOCO mit 120.

Der gesamte weltweite Wert der Erdölvorräte kann im Jahre 2000 bei angenommen $ 20/bbl mit größenordnungsmäßig US$ 20.000 Mrd. geschätzt werden – mehr als das Doppelte des BIP der USA. Entsprechend gäbe es auch einen theoretischen „Marktwert" für solche Staaten, deren praktisch einziger Besitz aus Erdöl besteht.

Von den genannten „sicheren" Vorräten liegen 25% in Saudi-Arabien, 11% im Irak, je 9% in den Emiraten, Kuwait und Iran, 13% in den anderen OPEC-Ländern (Venezuela, Indonesien, Nigeria u. a.), 7% in den OECD-Ländern (vor allem Großbritannien, Norwegen, Kanada und USA), 6% in der ehemaligen Sowjetunion, vor allem in Aserbeidschan und Kasachstan; der Rest von 11% verteilt sich auf viele andere Länder wie Mexiko, China, Malaysia, Brasilien, Oman, Ägypten u. a. Neue Erdölfunde in Ägypten und hohe Investitionen in Exploration, Förderung und Pipelines machen das Land auch bei (mit 5 bis 7%/a) wachsendem Bedarf unabhängig von Erdgas- und Erdölimporten. Im Iran wurde 1999 das bisher größte Erdölvorkommen entdeckt mit einem Vorrat von angeblich 3,5 Mrd. t – also etwa der jährlichen weltweiten Ölförderung. Die Erdölimporte der USA stammen zur Hälfte aus nur fünf Staaten (Saudi-Arabien, Venezuela, Nigeria, Mexiko, Kuwait; später auch aus Angola), womit zugleich strategische oder „nationale" Interessen der USA abgesteckt sind, siehe Abschnitt über Geopolitik.

Eine Grenze der Ölvorräte

gibt es in allen bekannten Feldern, unabhängig vom Explorations- und Förderaufwand. In Dubai beispielsweise werden die Ölquellen schon ab dem Jahre 2005 versiegen, woran auch höhere Ölpreise und noch so hoher technischer Aufwand nichts ändern werden. Andererseits kann es zusätzlich zu den heute schon weltweit „vermuteten" Vorräten auch Lagerstätten von Erdöl oder ähnlichen Produkten geben, von denen die Geologen noch nichts wissen oder deren technische Ausbeutung nach heutigem Wissen und mit heutiger Technologie nicht gelingt. Dazu gehören beispielsweise Horizontalbohren, Sekundärförderung und die Verwendung von pflanzlichem Gummi mit Enzymzusatz zur besseren Ausnützung vorhandener Quellen. Auf solche vagen Hoffnungen kann aber keine auf notwendiges Wachstum beruhende Wirtschaft gegründet werden.

Zusätzlich zu Erdöl üblicher Qualitäten gibt es Vorkommen von erdölähnlichen Produkten wie Ölschiefer, Schwerstöl aus Venezuela und Russland und Teersande aus Alberta, die in den Reservestatistiken nicht oder nur teilweise berücksichtigt sind. Letzten Endes definiert der für Erdöl erzielbare Preis auch den Umfang der Vorräte.

Der Preis für Erdöl

bestimmt weltweit die Energiekosten und somit auch das Wirtschaftswachstum in den Industriestaaten. Außer der Wasserkraft und der Kernkraft können andere Energiequellen – vor allem die „erneuerbaren" Energien – mit den niedrigen Förderkosten pro Energieeinheit im Erdöl nicht konkurrieren, ganz abgesehen von den speziellen Eigenschaften des Erdöls als Treibstoff- und Chemiebasis. Die Auswirkungen auf die Umwelt bei der Verwendung der verschiedenen fossilen Energieträger drücken sich nur begrenzt in ihrem Preis aus: „Der Markt sagt nicht die Wahrheit" meint L. Brown. Die Preise für die anderen fossilen Energieträger, insbesondere auch für Erdgas, richten sich unabhängig von ihren Gewinnungskosten im Wesentlichen nach den jeweiligen Preisen für Erdöl, die international auf das Volumenmaß von 1 Barrel bezogen werden. „1 Barrel Öl" ist aber, abgesehen vom Volumen (159 Liter), eine wenig aussagekräftige und ungenaue Größe. Bei der Angabe und Vorhersage von Erdölpreisen ist jeweils die dazugehörende sehr unterschiedliche Qualität der Erdölsorten zu beachten: Sie haben verschieden hohen Energieinhalt, verschiedenes spezifisches Gewicht (0,6 bis 1,0), daher verschieden hohen Gehalt an für Vergaserkraftstoffe erwünschten leichten Bestandteilen, verschieden hohen Schwefelgehalt, wechselnde Struktur der Öle – ob naphthenisch und damit zur Aromatenproduktion geeignet, oder aliphatisch und damit günstig für Petrochemienaphtha – und sie haben wechselnd hohen Asphaltgehalt. Die Preise bezieht man allerdings auf einige Standardqualitäten wie Brent (Nordsee) oder Arabian Light Crude.

Der Preis für fossile Energieträger

allgemein beinhaltet die nachvollziehbaren Kosten für Prospektion (Exploration), Förderung, Transport zur Verladestelle oder zum Verbraucher, für die Lagerung (z. B. von Kohle), im Falle des Erdöls die Kosten für seine Raffination (also die Umwandlung in handelsübliche Produkte wie Benzin, Heizöl usw.) und im Falle von Erdgas die Kosten für Entschweflung, Trocknung, Kompression u. a. Für die Preisfindung am Markt spielt auch der Umfang der jeweils veröffentlichten oder geschätzten Vorräte an Erdöl und den Produkten daraus eine Rolle. Der Prozess der Entstehung der fossilen Energieträger wird bei der Preisgestaltung nicht bewertet, sie sind eben „da" und müssen „nur" ausgebuddelt werden, wofür eine sehr verschieden hohe Menge an menschlicher körperlicher und geistiger Arbeit erforderlich ist (siehe Abschnitt 8.5). Die volkswirtschaftlichen und ökologischen Schäden, die beim Verbrauch fossiler Energieträger an Umwelt und Klima entstehen können, sind im (Markt-)Preis nicht berücksichtigt, allenfalls durch nachträgliche staatliche Steuern, die als „ökologisch" bezeichnet werden, weil sie den Verbrauch des betreffenden Energieträgers einbremsen sollen. Der am Markt erzielbare Ölpreis ist ein Politikum, eine Mischung von Macht (auch der Einflüsse der OPEC), politischem Risiko im Förderland und beim Transport, von Steuern, die im Verbrauchsland auf Mineralölprodukte erhoben werden, ebenso wie von Subventionen für „heimische" Energieträger und schließlich von der jeweiligen Strategie der Ölkonzerne. Deren Finanzkraft hat schon längst die Größenordnung der Budgets vieler Staaten überschritten. Sie stellen somit bedeutende Machtfaktoren dar. Dass sie sogar „mächtiger" als Regierungen seien – das wird hin und wieder vor allem von Gegnern einer freien Marktwirtschaft unterstellt.

Die Entwicklung der Erdölpreise

von 1860 bis zum Jahre 2000 ist mit Abb. 8-6 dargestellt. Preissprünge zeigen sich in den Jahren 1972 und 1984 bis auf über $ 50/bbl. Gegen Ende des

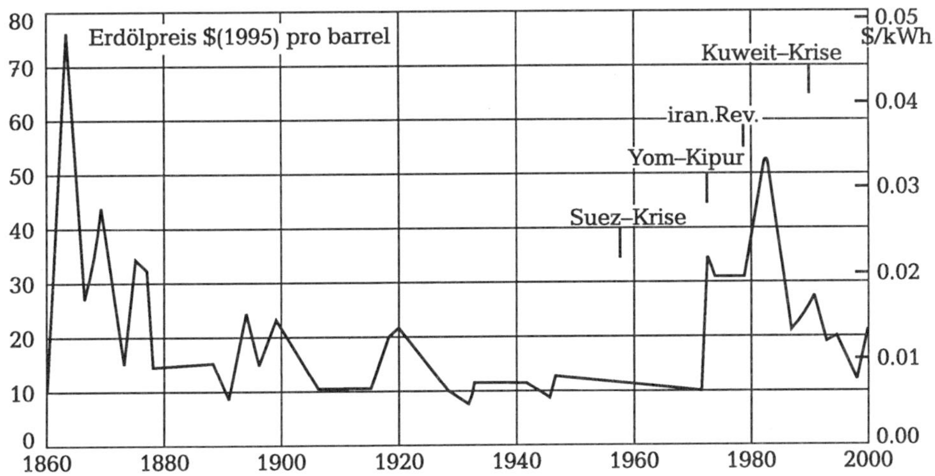

Abb. 8-6. Erdölpreis in US$ (1995) von 1860 bis zur Gegenwart (3/1999: $ 12–13/bbl; 9/2000: $ 30/bbl; Rohöl Arabian Light loco $ 9/bbl; Nordsee Brent loco $ 11/bbl), nach BP Statistical Review

Jahrhunderts (1998) sind die Ölpreise auf den tiefsten Stand seit der ersten „Ölkrise" – nämlich auf unter $ 10/bbl – gefallen. ($ 12/bbl sind etwa gleich viel wie $ 2/bbl 1973.) Das neue Jahrtausend begann wieder mit hohen Ölpreisen, die Ende 2000 auf über $ 32/bbl anstiegen.

Die ölexportierenden Länder hatten Probleme mit sinnvollen, ertragreichen Investitionen ihres neuen Reichtums und ließen deshalb dieses potenzielle Vermögen lieber in der Erde zur künftigen Nutzung. Die Ölpreise hielten sich während einiger Jahre auf einem hohen Niveau: Das Kartell der OPEC funktioniert zeitweise, auch wenn zwei seiner Mitglieder, Iran und Irak, Krieg gegeneinander führten, der auch die vitalen „nationalen" Interessen der USA stark berührte. De facto bestimmte Saudi-Arabien die Ölpreise und die Ölpolitik. Die höheren Ölpreise drückten auf die Nachfrage und damit wieder auf die Preise. Dazu kamen neue Lieferanten wie Kasachstan. Der Ölpreisanstieg in den 90er Jahren wurde beendet durch Wirtschafts- (also Absatz-)Krisen in Lateinamerika, Asien und Osteuropa. An sich ist die Nachfrage nach Öl unelastisch, weil zum Ausgleich von Angebot und Nachfrage über den Preis lange Vorlaufzeiten erforderlich sind.

Ölpreiserhöhungen bedeuten einen Wohlstandstransfer in die Förderländer. Ein Teil dieses Zuwachses fließt wieder in die Verbraucherländer (in Form von Exporten in die Ölländer) zurück. Probleme haben diejenigen Entwicklungsländer, die Öl importieren müssen und keine Gegengeschäfte machen können. Der OPEC-Fund soll solche Entwicklungsländer unterstützen, die besonders hart von Ölpreiserhöhungen getroffen wurden. Wenn andererseits der Ölpreis fällt, dann hat das eine stimulierende Wirkung auf das BIP-Wachstum der Verbraucherländer.

Die Weltmarktpreise für Erdölprodukte betragen zur Jahrhundertwende für Gasöl $ 94/t (Basis für Dieselkraftstoff, Kerosin und Heizöl), für Rohbenzin $ 110/t. Diese Preise werden in den meisten Staaten durch Besteuerung erhöht, in Deutschland durch eine sogenannte „Ökosteuer" auf alle Mineralölprodukte, um (siehe oben) zum Energiesparen anzuregen. Dazu kommen die steigenden Kosten, die sich aus den Umweltschutzvorschriften ergeben: Der Schwefelgehalt im Vergaserkraftstoff muss nach EU-Vorschrift ab dem Jahre 2005 von bisher 300 auf dann 50 ppm, im Dieselkraftstoff auf 500 ppm reduziert werden. Damit sollen die Preise für einige Erdölprodukte auf ein Niveau gebracht werden, das mit den Eigenschaften anderer Energieträger in Bezug auf Umweltverträglichkeit vergleichbar sein wird. Als Folge dieses „marktgerechten" Preises zahlen die Verbraucher in den EU-Ländern etwa $ 1250 (in den USA etwa $ 200) je Tonne Vergaserkraftstoff. Solche Preise drücken also nicht die „Knappheit" der Ressource Erdöl aus, sondern sie sind allenfalls ein Maß für die Steuer- und Umweltpolitik der Staaten.

Ölpreisprognose

Die Marktpreise für Erdöl, die sich um die Jahrhundertwende eingespielt haben, scheinen einen „sinnvollen" Wettbewerbspreis darzustellen. In der ersten Hälfte des Jahres 2000 lagen die Preise für Brent-Öl zwischen etwa \$ 25 und \$ 30/bbl; ähnlich entwickeln sich die Preise für OPEC-Ölsorten. Diese Preisspanne wird zwar von Nettoverbraucher- und Ölexportländern angestrebt, konnte aber z. B. im Jahre 2000 aus verschiedenen Gründen nicht gehalten werden (Ölpreise überstiegen zeitweise \$ 35/bbl). Durch Auflösen von strategischen Reserven und andere marktwirtschaftliche Maßnahmen versuchen die „Global Players" die „Zielpreise" zu halten. Wegen der relativ zu konkurrierenden Energiequellen niedrigen Förder- und Transportkosten für Erdöl gibt es für den Ölpreis rein ökonomisch noch Spielraum nach unten. Manche Produzenten befürchten mittelfristig einen Abfall der Rohölpreise auf \$ 5–9/bbl. Jedenfalls erlahmt bei sinkenden Ölpreisen die Suche nach neuen Feldern und Vorkommen, womit ein „Schweinezyklus" eingeleitet werden kann. Falls schon ab etwa dem Jahre 2020 Öl knapp werden sollte, steigen die Preise wieder und damit der Anreiz für neue Ölprospektion, für den Betrieb teurer Quellen und die Förderung größerer Erdgasmengen. Auch dann, wenn ernsthafte Aktivitäten zur Umstellung auf andere Energiequellen nicht erkennbar wären, sind höhere Ölpreise durchsetzbar. Politisch-militärische Krisen dagegen wie der Irak- und Kosovokrieg hatten offenbar keinen erkennbaren Einfluss auf Energiepreise. Nach wie vor sorgt die OPEC für eine gewisse Ordnung auf dem Ölmarkt, auch wenn sie keine Macht im üblichen Sinne hat. Allerdings wird sich der Anteil der Kern-OPEC-Länder im Mittleren Osten auf fast die Hälfte aller Erdölexporte im Jahre 2010 erhöhen. Das marktwirtschaftliche Rezept, Ölpreise durch Drosselung der Förderung zu erhöhen, wird wie bisher nur dann funktionieren, wenn sich alle Mitgliedsländer an solche Produktionsdrosselungen halten, erst recht dann, wenn sich auch Nicht-OPEC-Ölexportländer wie Russland, Mexiko und Norwegen den Preiserhöhungen anschließen. Drastische Preiserhöhungen sind aus den anderen genannten Gründen denkbar, aber wie drastisch und ab wann? Steigen sie auf \$ 40/bbl, wie es schon der Fall war, oder auf \$ 60/bbl nach Meinung des Prognos-Institutes für das Jahr 2010 oder gar auf \$ 100/bbl, wie „Professor Kassandra" ruft? (Entsprechendes gilt jeweils auch für Erdgaspreise.)

... und wenn die Erdölvorräte zu Ende gehen?

Dieser Bericht unterstellt, dass die Verantwortlichen – Regierungen der Förder- und Verbraucherländer und Ölkonzerne – eine allmähliche Reduktion der Erdölförderung akzeptieren werden, anstatt „plötzlich" mit dem ultimativen Ende der Vorräte konfrontiert zu werden. In der Nordsee und in

Alaska wird die Ölproduktion zurückgefahren und in Afrika, Asien und Lateinamerika stagniert sie. Die Bemühungen von SHELL, ESSO und anderen auf dem Gebiet der Solarenergie und der Automobilkonzerne durch den Einstieg in alternative Treibstoffe, aber auch die Ansätze zur verstärkten Verwendung nachwachsender Rohstoffe anstelle von Erdölprodukten in der Chemie deuten darauf hin, dass Optimismus gerechtfertigt ist. Abb. 8-7 illustriert die Möglichkeiten, wie heute aus Öl – mehr oder weniger zwangsläufig als Koppelprodukte – gewonnene Energieträger nach und nach durch Energieträger auf anderer Basis ersetzt oder verdrängt werden können (Methanol, Wasserstoff, Ethanol, RME). Das betrifft in verschieden hohem Maß die heutigen Ölverbraucher: Global ist das der Straßenverkehr (42% des Erdölverbrauches), die Industrie (14%), sonstige Produktion und Gewerbe (13%), Luftverkehr (8%), anderer Verkehr (6%, z. B. Schiffe), andere Ölverbraucher (17%). In Deutschland beispielsweise wird für das Jahr 2010 ein gegenüber 1998 um 9% geringerer Verbrauch an Erdölprodukten vorausgesagt. Zu irgendeinem Zeitpunkt wird die altbekannte Hydrierung von Kohle und Biomasse ökonomisch interessant – allerdings dann auf Basis von Wasserstoff aus Solarenergie.

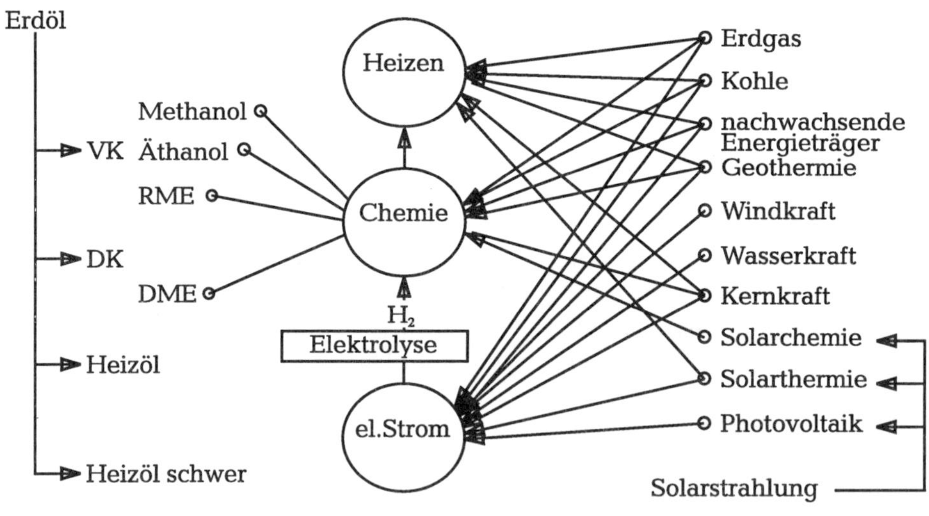

Abb. 8-7. Ersatz von Energieträgern aus Erdöl (Treibstoffe, Heizenergie und elektrischer Strom) durch andere Energiequellen. Vergaserkraftstoff (VK) kann durch Wasserstoff aus Solarenergie via Elektrolyse direkt als Treibstoff, durch Methanol aus CO_2 und Wasserstoff ersetzt werden, Dieselöl (DK) durch Dimethylether (DME) aus Methanol oder Rapsdimethylester (RME) oder VK und DK durch hydrierte Biomasse oder andere NWR und durch hydrierte Stein- oder Braunkohle ersetzt werden. Das für Heizung verwendete leichte Heizöl ist durch solarthermische und geothermische Wärme und das für Stromerzeugung verwendete schwere Heizöl durch Wasserkraft, Kernenergie oder photovoltaisch oder via Windenergie gewonnenen Strom ersetzbar

Erdgas

Die Vorräte an Erdgas sind bezogen auf den Energieinhalt etwa 1,5 bis 2-mal höher als die für Erdöl. Die weltweiten Erdgasvorräte sollen zu 13% erschöpft sein, die „Reichweite" R/P je nach Informationsquelle bei gleichbleibender Förderung 66 Jahre und einschließlich zusätzlich vermuteter Ressourcen sogar 165 Jahre betragen. Bei der Ölförderung fallen 440 Mrd. m^3/a Gas an, wovon ein Viertel abgefackelt wird, also gewinnbar ist. Die Erdgasvorräte liegen überwiegend in den gleichen Regionen wie die Erdölvorräte (39% in der früheren UdSSR, 33% im Mittleren Osten, je 7% in Afrika und Asien, 6% in Nordamerika, je 4% in Europa und Lateinamerika.). Die Gasvorräte in Russland werden vom größten Erdgasunternehmen der Welt, Gazprom, gefördert (550 Mrd. m^3/a) und nach Westeuropa und später auch nach Asien geliefert (Umsatz 1998 etwa $ 20 Mrd./a bei einem Erdgaspreis von $ 3/1000 kWh). Das weltweit größte Erdgasfeld mit 6% der Gasreserven der Welt liegt im Iran (South Pars Field) und in Qatar mit einem Kapazitätsziel von etwa 50 Mrd m^3/a und wird gemeinsam von mehreren ausländischen Unternehmen und PetroPars erschlossen. Ein Teil dieser Erdgasmenge soll durch eine geplante 1500 km lange $ 3 Mrd-Pipeline über Belutschistan und Pakistan nach Indien geliefert werden – mit erheblichen Transitgebühren zugunsten der beiden Durchleitungsländer – und damit verbunden mit der Chance einer Befriedung zwischen Indien und Pakistan. Andere große Erdgasproduzenten sind Turkmenistan und die Nordseeanrainer. SHELL bohrt in China nach Erdgas; Förderung 3 Mrd. m^3/a.

Zu den konventionellen Gasvorräten kommen noch viel größere Mengen an Methanhydraten von geschätzt 10 Trillionen m^3; das entspricht dem Doppelten der Energiemenge in allen Erdöl-, Gas- und Kohlevorkommen der Erde zusammengerechnet. Von diesen Vorräten lagern in Offshoregebieten aller Ozeane etwa 58%, in Permafrostgebieten (Sibirien, Alaska, Kanada) 36%. Diese Methanhydrate sind Verbindungen von Methan mit Wasser, die aus verrotteten Mikroorganismen entstanden sind. Sie sind nur unter dem Druck von 800 oder mehr Metern Meerestiefe stabil, sind extrem stark verdichtet und dehnen sich daher beim Freisetzen explosionsartig aus, was z. B. in der Nordsee Schiffe zum Sinken gebracht haben soll. Noch ist die Förderung viel zu aufwendig und viel teurer als die Gas- und Ölförderung, außer in Permafrostböden Sibiriens. Trotzdem bohren Japaner im Pazifik nach Methanhydraten. Allerdings hat Methan eine 30-mal höhere Treibhauswirkung, wie sie CO_2 hat. Die Freisetzung großer Methanhydratmengen kann daher einen völlig unkontrollierten Einfluss auf das Weltklima haben.

Erdgas wird als Energielieferant verwendet in Wärmekraftwerken, zur Gebäudeheizung, als Chemierohstoff und in Brennstoffzellen zur direkten Stromerzeugung. Außerdem gibt es erfolgreiche Versuche, Erdgas durch Direkteinspritzung in Dieselmotoren als Treibstoff zu verwenden. Weltweit fahren eine Million Kraftfahrzeuge mit Erdgasantrieb. Weil Erdgas den höchsten Wasserstoffanteil der fossilen Energieträger hat, ist es eine Brükke zur Wasserstoffwirtschaft der Zukunft. Erdgas wird noch länger als Öl zur Verfügung stehen, erst recht dann, wenn rechtzeitig (also sofort) damit begonnen wird, einen Teil des Erdgasverbrauches umzustellen auf „Ersatz"-Stoffe, wie mit Abb. 8-7 gezeigt. Allerdings wird der Gasverbrauch kurzfristig noch steigen, weil der Verbrauch in Gas- und Dampfkraftwerken auch im Zusammenhang mit der Schließung von Kernkraftwerken eher zunimmt.

Steinkohle

ist in den klassischen Kohleländern Westeuropas mit Erdöl bzw. Heizöl nur noch mit hohen Subventionen wettbewerbsfähig. Kohle wurde in fast allen Absatzbereichen (abgesehen vom Koksverbrauch in konventionellen Hochofenanlagen) durch Mineralölprodukte verdrängt, die billiger und einfacher zu handhaben sind. Viele energiepolitische Eingriffe der Regierungen in den Markt waren und sind immer noch nötig, um soziale Störungen zu vermeiden. Schließlich laufen in Deutschland im Jahre 2005 die Subventionen aus, ein Ende des Steinkohlenbergbaues wird dort zwischen 2005 und 2010 erwartet.

Ohne die unterschiedlichen Wirkungsgrade der Verbrennung, Transport- und Lagerkosten usw. zu berücksichtigen, entspricht ein Erdölpreis von angenommen $ 35/bbl einem Steinkohlepreis (auf den Energieinhalt umgerechnet) von etwa $ 170/t Kohle. Die Förderkosten (1998) liegen in Westeuropa ungefähr in dieser Größenordnung. Also wäre Steinkohle bei dem genannten Ölpreis wettbewerbsfähig. Weltmarktpreise für Kohle aus anderen Exportländern (China, Südafrika, USA, Polen) sind etwa ein Drittel so hoch wie die Förderkosten in Westeuropa: Importkohle kostet $ 50 bis $ 70 pro Tonne frei Grenze Europa, trotz der relativ hohen Frachtkosten bezogen auf den transportierten Energieinhalt. Bei diesen Preisen kann Steinkohle schon ab $ 12/bbl Erdöl konkurrenzfähig sein. Sie ist dann sogar billig genug, um auch Synthesetreibstoff daraus wettbewerbsfähig herstellen zu können. Allerdings werden auch dort die Förderkosten steigen, weil die Abbauteufen ebenso zunehmen wie die Lohnkosten und die Sicherheitsauflagen. Ein neues, in der BRD entwickeltes Verfahren soll den Wirkungsgrad der Steinkohleverstromung durch Kohlenstaubfeuerung unter Druck auf über 50% erhöhen. Aber auch das rettet die westeuropäische Kohle nicht mehr.

Braunkohle

ist nicht nur in der BRD mit 11% Anteil an der Energieversorgung ein wichtiger Energierohstoff: Ende 1998 wurde ein neuer Braunkohletagebau genehmigt, der zunächst bis zum Jahre 2045 fördern soll: Das ist nicht gerade ein Hinweis auf eine Knappheit dieses fossilen, auch in Deutschland nicht subventionierten Rohstoffes. Im Jahre 1998 wurden weltweit rund 950 Mio. t Braunkohle gewonnen. Bei dieser Förderung reichen die wirtschaftlich nutzbaren Lagerstätten für 240 Jahre. Braunkohle wird außer in Afrika auf allen Kontinenten abgebaut, vor allem in Europa (Deutschland, Ungarn, Rumänien), aber auch in den USA, in Australien, Indien, Thailand. Wegen ihres niedrigen Heizwertes (ein Drittel des Wärmeinhaltes von Steinkohle) wird Braunkohle nahe der Förderstätten verbraucht, vor allem zur Stromerzeugung. Etwa 5% der weltweiten Stromerzeugung beruhen auf Braunkohle. Ihre Wettbewerbsfähigkeit ist durch den Preisverfall bei Steinkohle verschlechtert. Braunkohle kann als „umweltverträglich" eingestuft werden – Abbaustätten werden rekultiviert, und die Abgase der mit 45% Wirkungsgrad arbeitenden Kraftwerke werden intensiv gereinigt. Braunkohle ist also für pessimistische Vorhersagen der Energieversorgung nicht geeignet.

Kohlehydrierung mit solarem Wasserstoff?

Die Hydrierung von Stein- und Braunkohle wurde vor allem vor und in dem Zweiten Weltkrieg – bei anderen Preisverhältnissen zwischen Erdöl und Stein- und Braunkohle, vor allem aber wegen der Knappheit an Erdöl in Europa – in großem Umfang und in vielen Werken in Deutschland durchgeführt. Sowohl bei der Hochdruckhydrierung als auch bei der Fischer-Tropsch-Synthese wurde Wasserstoff verwendet, der aus eben diesen Rohstoffen gewonnen wurde. Dafür wurden Verfahren der Kohlevergasung unter Druck mit hoher Effizienz entwickelt, die dann in der Nachkriegszeit (zum Beispiel für Kohlevergasung in den USA, in Indien und Südafrika) eingesetzt wurden und noch werden. Solange die Kohle pro Energieeinheit teurer als Erdöl oder erst recht Schweröl ist, kommt ein solches Verfahren aus ökonomischen Gründen offenbar nicht einmal bei einem thermischen Wirkungsgrad von 100 Prozent in Frage (in der Praxis werden weniger als 50 Prozent erreicht). Bei einer drastischen Verschiebung der Preisrelationen zugunsten der Kohle – also bei stark steigenden Erdölpreisen zum Beispiel über $ 50/bbl – kann diese oft unrichtig als „Kohle-Verflüssigung" bezeichnete Methode wettbewerbsfähig sein. Das trifft sowohl auf den „Transport von solarem Wasserstoff" als auch auf die Umwandlung der reichlich vorhandenen Kohle in flüssige und daher leicht transportierbare Form zu. Kohlehydrierung kann zum Strecken der viel kleineren Ölvorräte mit Hilfe von Erdgas oder solar erzeugtem Wasserstoff wichtig werden. Auch hier handelt es sich also um eine rein ökonomische Entscheidung. Immerhin hat Steinkohle im Vergleich zu Biomasse einen dreimal so hohen Energieinhalt. Auch könnte die Kohlehydrierung viele Arbeitsplätze erhalten helfen, die den zeitweise ruinös niedrigen Ölpreisen zum Opfer gefallen sind oder noch fallen werden. Von den kohlereichen Ländern haben allerdings nur wenige (Indien, Südafrika, USA) die Chance, solaren Wasserstoff billig genug herstellen zu können.

8.3.2 Erneuerbare Energien

Die Solarstrahlung ist eine unerschöpfliche Energiequelle

Erneuerbare Energie aus Solarstrahlung gibt es im Übermaß, aber diese Energie muss mit hohem Arbeitsaufwand eingefangen, „konzentriert" und gegebenenfalls gespeichert werden. Mit der Solarstrahlung trifft ein Energiestrom von etwa 70.000 Mrd. kW auf die Erdoberfläche – fast 12.000 kW für jeden Erdenbürger. Auf jeden Hektar Festland treffen im Durchschnitt etwa 1350 kW (Abb. 8-4, Tabelle 8-3). Dem Energiestrom steht wie erwähnt heute ein technischer Energiebedarf von etwa 2 kW pro Kopf gegenüber. Vergleicht man den künftigen Bedarf an Energie mit der Solarenergie, die auf das heiße Drittel der Festlandfläche strahlt, dann wird klar, welche Energiebeträge zur Verfügung stehen: Auf die 5 Mrd. ha Festlandfläche im Sonnengürtel der Erde fallen etwa 5000 und im Jahr 2050, wegen der dann größeren Bevölkerungszahl, vielleicht nur mehr 3000 kW pro Kopf. Das ist fast 1000-mal so viel wie der dann zu erwartende Bedarf an „technischer" Energie. Optimistische Berechnungen zeigen, dass nur 5% der dafür geeigneten Wüstenflächen ausreichen, um den Gesamtbedarf an Energie allein aus Solarstrahlung zu decken. Die Sonne strahlt viel mehr Energie auf die Erde, als „wir" – Mensch, Tier und Pflanze – je brauchen werden. Deshalb ist Energie „unerschöpflich".

Tabelle 8-3. Solarstrahlung, a) Basiszahlen für die Flächenaufteilung der Erde (Weltbankbericht 1997, Tab. 1, Gesamtfläche und „andere Länder", zusammen 14,6 Mrd. ha; davon Ackerland 1,6, Dauerweideland 3,6 Mrd. ha.), b) Solarstrahlung

	Flächen (Mrd. ha)	Solarstrahlung (kW/ha*)
Erdoberfläche	51	1400
Meer	36	1430
Festland	15	1350
Wald	4	1000
Wiesen, Weiden	3,6	1100
Ackerland	1,6	1100
Wüsten	3	2500
Gebirge, Sonstige Flächen	2,8	1100

* geschätzt

Warum also Energie sparen?

Die These von der Unerschöpflichkeit der Energieressourcen heißt aber nicht, dass alle bisher gewohnten Formen der Energie in Hülle und Fülle und zu niedrigen Gewinnungskosten verfügbar sind. Einige Energiequellen – nämlich die fossilen – gehen tatsächlich zu Ende. Sie werden verbraucht. Wenn die fossilen Energiequellen einmal erschöpft sind (in 100 oder erst in 1000 Jahren?) oder wenn diese Energie wegen des bei ihrer Verwendung ansteigenden CO_2-Pegels nicht mehr verwendet werden darf, dann wird sich die Energieversorgung grundlegend ändern (müssen). Energie wird wahrscheinlich teurer werden, ob wegen höherer Erzeugungskosten oder wegen höherer Energiesteuern oder Abgaben auf CO_2-Emissionen ist dabei unerheblich. Deswegen wird man verstärkt Energie sparen. Diese Einsparung ist allerdings schon in der Mittelwertskurve Abb. 8-3 vorweggenommen: Der Energiebedarf soll global bei etwa 2 kW pro Kopf bleiben, obwohl ein größerer Teil der Menschen mit steigender Wirtschaftsleistung mehr technische Energie verbraucht. Große Energiebeträge können durch Einsparen von Heizenergie relativ einfach und mit geringem Kostenaufwand gespart werden: durch bessere Isolierung von Gebäuden und durch lokale Niedertemperatur-Kollektoren für Warmwassererzeugung und Heizung, die leicht in die Bausubstanz eingebracht werden können.

Aus diesen Gründen – und nicht deshalb, weil nicht genug Energie vorhanden wäre – soll Energie gespart werden. Der immense Vorrat an Energie liegt im Weltall, in der Sonne. Und wenn die Sonne nicht mehr strahlen sollte, dann brauchen sich die Menschen um Energiewirtschaft ohnehin keine Gedanken zu machen. Dann ist alles Leben auf der Erde zu Ende. Weil sich also die fossilen, (bisher) leicht zugänglichen Energiequellen erschöpfen, müssen wir künftigen Generationen das Know-how übermitteln, wie die Wirtschaft in die Kreisläufe der Natur zurückkehren kann. Das ist wichtiger, als etwas mehr von der ohnehin endlichen fossilen Energie zu hinterlassen.

Gewinnung von technischer Solarenergie

Überschlagsrechnungen über die solare Energie weisen zwar darauf hin, dass die global benötigte Energie beschafft werden kann. Über die reale Umsetzung – vor allem über die Kosten dafür – ist damit aber noch nichts gesagt. Gegen Ende des Jahrhunderts liefert Solarstrom beispielsweise in Deutschland nur einige Promille des Stromverbrauchs. Weltweit werden weniger als 0,01% des Energieaufkommens aus Solarstrom gedeckt. Dieser Anteil kann durch die Liberalisierung des Strommarktes stark zunehmen, weil umweltbewusste Stromkunden sich die Herkunft des Stromes künftig aussuchen können.

Niedertemperaturenergie

Solarthermische Anlagen vor allem für Heizzwecke arbeiten das Temperaturgefälle zwischen Rinnen- oder Turmkonzentratoren und einem Kühlmedium ab, das in der Nähe zur Verfügung stehen muss. (Wahrscheinlich müssen auch Solarzellen gekühlt werden.) Im Solargürtel kann die Niedertemperatur-Wärmesenke zum Problem werden. Oft ist allerdings der Temperaturunterschied zwischen Tag und Nacht beträchtlich. Dann kann eine thermische Anlage nach Abb. 8-8 genutzt werden, die zugleich den Unterschied von Leistungsangebot und -abnahme ausgleichen kann. (Siehe auch den Abschnitt über Geothermie.)

Am günstigsten sind die Sonnenkollektoren für die Warmwassererzeugung für Heizung. Deshalb sollen bis zum Jahre 2003 z. B. in der Bundesrepublik 2 Mio. m^2 Sonnenkollektoren zusätzlich aufgestellt werden; in Österreich sind 1,6 Mio. m^2 installiert. Die Gewinnungskosten für Solarwärme werden in Mitteleuropa (1999) mit $ 0,07/kWh angegeben; allgemein werden Kosten im Bereich von $ 0,06 bis 0,12/kWh genannt; sie wären daher wettbewerbsfähig bei Erdölpreisen oberhalb von $ 35/bbl. Dafür ist eine Einstrahlung von 2000 kW/ha erforderlich. In den gemäßigten Zonen werden aber nur etwa 900 bis 1100 kW/ha eingestrahlt; deshalb sind Länder wie Brasilien, Marokko, Spanien, Kreta, die Negev-Wüste und Wüstenzonen in den USA, in Nordafrika und im Mittleren Osten geeignet (siehe Tabelle 8-3).

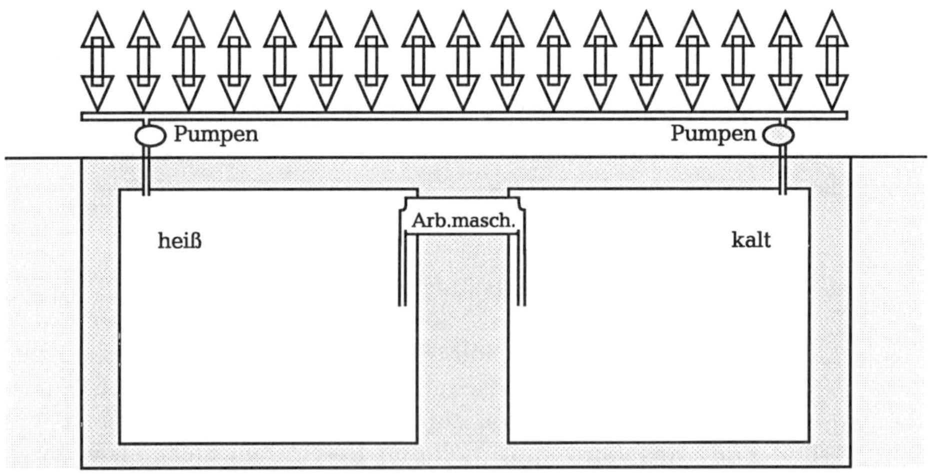

Abb. 8-8. Solarthermische Anlage mit heißem und kaltem Wärmespeicher, die beide isoliert im Untergrund liegen. Pumpen führen das Speichermedium durch die darüber liegende Strahlungsfläche, die tagsüber heizt (= kurzwellige Strahlung absorbiert), nachts aber durch Abstrahlung kühlt (= langwellige Strahlung abgibt). Je nach Energieabnahme wird das Temperaturgefälle zwischen heißem und kaltem Speichermedium abgearbeitet

Hochtemperaturenergie

aus Sonnenstrahlung zur Erzeugung von Strom und Dampf z. B. für chemische Prozesse ist (noch) teurer als aus Wasserkraft, Kernkraft oder fossilen Quellen. Im Vergleich mit konventionellen Kraftwerken schneiden Solarthermie und insbesondere Photovoltaik noch schlecht ab (Abb. 8-9). Nach Tabelle 8-4 liegen die heutigen (2000) Erzeugungskosten für Spitzenstrom plus Grundlast zwischen 2 und 77 USc/kWh, wobei Photovoltaik in Europa die höchsten Kosten hat.

Erdgas aus Russland kostet weniger als 1 USc/kWh frei Westeuropa. Damit ist nur Atomstrom aus abgeschriebenen Meilern wettbewerbsfähig. Der Strompreiswettbewerb nimmt durch Liberalisierung weiter zu. In der EU wer-

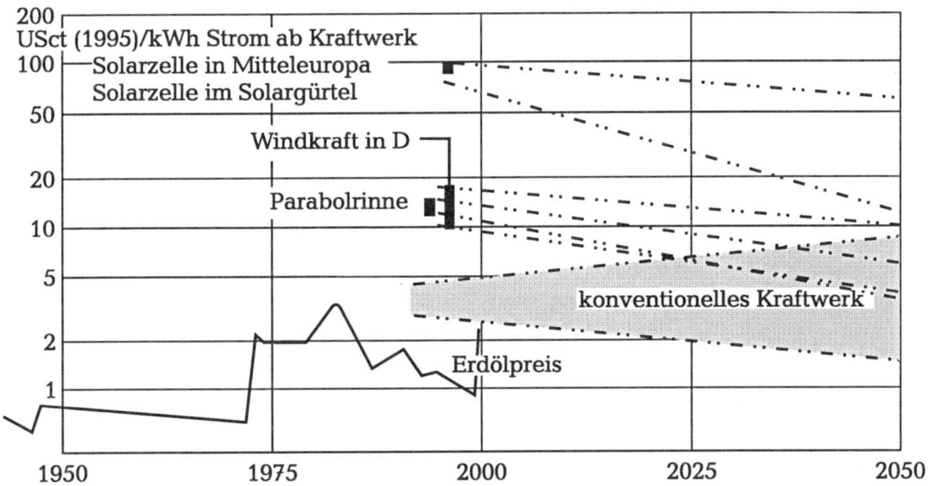

Abb. 8-9. Stromkosten (Kraftwerksabgabepreise) für konventionelle Kraftwerke, Solarstrom und Windkraft. Stromabgabepreise einheitlich in US ct/kWh ausgedrückt. Die Balken bezeichnen den Abgabepreis von Windrädern (10 ct an der Küste und 15 ct pro kWh im Mittelgebirge) und Parabolrinnen 12–15 ct, prognostizierte Preise für Strom aus Photovoltaikanlagen sind für Mitteleuropa und den Sonnengürtel. Wind- und Solaranlagen erzeugen den Strom nicht unbedingt dann, wenn er gebraucht wird und in der Nähe des Orts des Verbrauchs. Muss der Strom gespeichert und/oder transportiert werden, so können erhebliche Kosten hinzukommen Je nach angenommenem Erdölpreis werden alternative Energieträger wettbewerbsfähig; Danach kostet die im Erdöl enthaltene Energie z. B. bei $ 20/bbl Erdöl = 1,2 ct/kWh. Bei Stromerzeugung in Kohlekraftwerken (0,3 kg Kohle/kWh) ist der Kohlekostenanteil in Strom bei 50% Wirkungsgrad im Kombikraftwerk in Europa ebenfalls bei etwa 4 ct/kWh. Konventionell (einschließlich Kernkraft) erzeugter Strom wird in den EU-Ländern mit etwa 5 ct/kWh ans Netz geliefert. Nach diesen Überlegungen sind die Stromkosten aus Photovoltaik- und Windkraftanlagen erst ab Ölpreisen um die $ 100/bbl wettbewerbsfähig. Falls der Zellenwirkungsgrad auf 40% – wie angekündigt – gesteigert wird, verschieben sich die Wettbewerbsverhältnisse entsprechend. Bei den Heizkosten ist die Relation wesentlich günstiger; dort können solarthermische Anlagen und Biomasse schon bei doppelt so hohen Heizölpreisen – verglichen mit heutigen (Anfang des 21. Jahrhunderts) – konkurrenzfähig werden

Tabelle 8-4. Kosten für die Stromerzeugung (nach F. Vahrenholt)

Energiequelle	Stromerzeugungskosten (US c/kWh)
Kohle, Erdgas, Kernkraft	2–5
Biomasse, Wind	5–8
Solarthermie	6–12
Photovoltaik, in südlichen Ländern	38
in Europa	77

den die Strompreise fallen, obwohl die Öl- und Gaspreise steigen werden. In naher Zukunft wird man auch elektrische Energie auf Energiemärkten einkaufen können, so wie andere Güter und Dienstleistungen ("Energiebörsen" gibt es beispielsweise in Frankfurt und Leipzig). Auch der Erdgasmarkt wird liberalisiert.

Parabolspiegel

sind zur Erzeugung von elektrischem Strom aus Sonnenwärme erprobt. Große Spiegel konzentrieren die Sonneneinstrahlung in einen Brennpunkt, wo eine Flüssigkeit (oder flüssiges Salz) damit erhitzt wird, die ein Dampferzeugungssystem antreibt. Am billigsten dürften die Parabolrinnen-Kollektoren arbeiten (Strompreise von etwa $ 0,10/kWh). Seit 1999 ist in Südspanien ein 500 m langer Parabolspiegel in Betrieb mit 6 m Öffnungsweite und direkter Dampferzeugung, der über einen Turbogenerator Strom erzeugt. Weltweit sollen 50 Kraftwerke auf der Basis von Parabolspiegeln mit insgesamt 25 Mrd. kWh jährlicher Stromerzeugung gebaut werden. Bekannt sind die bisher neun „Parabolrinnen"-Kraftwerke mit 350 MW Leistung in der Morawe-Wüste in Kalifornien.

Photovoltaik

ist die direkte Umwandlung von Sonnenlicht in elektrischen Strom, die seit 1839 bekannt ist (A. Becquerel). Dafür werden Halbleiterzellen benötigt, die aus mehreren dünnen Schichten (Triple Junction) bestehen, neuerdings auch mit Farbe als einer der Schichten (Grätzelzellen). Man versucht auch, die Natur zu kopieren und mittels Liposomen Licht in Strom umzuwandeln. Grosse Forschungsanstrengungen sind notwendig: Die Kosten für photovoltaische Stromgewinnung liegen zwischen $ 0,38 bis $ 0,95/kWh (nach Tabelle 8-4 bis $ 0,77); in Australien soll Photovoltaikstrom $ 0,25/kWh kosten.

Die Kosten für Solarstromgewinnung werden zwar immer niedriger, aber die Photovoltaik ist noch auf lange Sicht eine teure Stromquelle. Hauptgrund: Die dafür benötigten Solarzellen sind viel zu teuer; ein Modul braucht in der EU zwischen 5 und 12 Jahren, bis allein die Stromkosten für seine Herstellung erwirtschaftet sind.

In den USA sind Photozellen mit 32% Wirkungsgrad mit einem Potenzial von angeblich sogar 40% entwickelt worden – dem doppelten Wirkungsgrad der bisher verwendeten Dünnfilmzellen; es wird ein dreimal größerer Teil des Spektrums der Sonnenstrahlung ausgenützt. Auch die Lebensdauer der effizienten Dünnschichtzellen (Cd/Te, Cu/In) ist noch zu niedrig, weil die Bestandteile unter der Einwirkung des Sonnenlichtes zerfallen. Ein neuer, in Israel entwickelter Halbleiter aus Kupfer-Indium-Gallium-Diselenid soll preiswert und stabil sein.

Beispiel für private Nutzung von Solarstrom: Die Hälfte des Bedarfes eines Vier-Personen-Haushaltes wird mit 2 kW (1kW/c) angenommen; die Differenz wird aus dem Netz bezogen. Bei niedrigem (heutigem) Wirkungsgrad der Photozellen von geschätzt 15% und geringer Einstrahlung von 1000 kW/ha (z. B. in Europa) ist die Stromausbeute 15 W/m² „Einfang"-Fläche, also sind etwa 130 m² Einfangfläche nötig. Eine 2-kW-Photovoltaikanlage kostet etwa $ 12.000, sodass etwa $ 0,30/kWh an Abschreibung und Zinsen anfallen. Daraus leitet sich die überragende Bedeutung der Verringerung der Kosten für Photovoltaikzellen bei zugleich steigendem Wirkungsgrad ab.

Nicht nur Elektrokonzerne sind in der Solartechnik involviert (Siemens ist der weltgrößte Erzeuger von Photovoltaik-Systemen), sondern auch Ölkonzerne steigen in das Zukunftsgeschäft ein: SHELL errichtet beispielsweise in Deutschland eine Fabrik für Solarzellen, wonach deren Preis auf $ 600 pro installiertes kW sinken soll. Weltweit wurden im Jahre 1997 Solarzellen mit 125 MW Stromleistung installiert, also einem Bruchteil der Kapazität eines einzigen Großkraftwerkes. BP AMOCO will in Nevada ein 100-MW-Sonnenkraftwerk bauen. Lokal könnten photovoltaische Insellösungen zur Energieversorgung beitragen, weil viele Gebiete der Welt – in denen insgesamt ein Drittel der Menschheit lebt – noch lange nicht an Stromnetze angeschlossen sein werden. In Indien werden beispielsweise Wasserpumpen mit Photozellen betrieben. Die höheren Stromkosten könnten durch die Einsparung teurer Überlandleitungen oder von Öl- oder Gasleitungen für thermische Stromerzeugung ausgeglichen werden.

Bisher wird in EU-Ländern Strom aus privaten Photovoltaikanlagen zu 6- bis 8-mal höheren Preisen abgenommen, verglichen mit konventionell erzeugtem Strom und erst recht mit (Kernkraft-)Strom aus der Ukraine, der zu einem Preis von $ 7/1000 kWh nach Westeuropa geliefert werden soll.

Wasserstofftechnologie

Aus Solarenergie können Kraft- oder Brennstoffe entweder direkt über Wasserstoff oder Methanol oder indirekt aus Pflanzen (Zuckerrohr, via Ethanol) synthetisiert werden, vorzugsweise im Sonnengürtel der Erde, weil die Einstrahlung dort 3- bis 4-mal so groß wie in den gemäßigten Breiten ist. Für diese Prozesse darf man nach dem heutigen Stand der Technik kaum mit mehr als 4,5% Gesamtwirkungsgrad rechnen: zum Beispiel mit 15% für Solarzellen, 50% für die elektrolytische Herstellung von Wasserstoff und für dessen Transport, 60% für die Verstromung oder/und Heizwärmeerzeugung.

Ein schwieriges Problem der Wasserstofftechnologie ist Transport und Speicherung des Wasserstoffes. Seit 1987 wurde das weltweit größte Demonstrationsprojekt eines kompletten Solarwasserstoffsystems in Bayern (Neuburg) betrieben und im Jahre 1999 abgeschlossen: Es besteht aus Solarzellen – Stromerzeugung – Wasserelektrolyse – Speicherung von Wasserstoff (und Sauerstoff) – Wasserstoffverbrennung für Wärmeerzeugung oder Gewinnung von Strom und Wärme in Brennstoffzellen – Tankstellen für Flüssigwasserstoff – Wasserstofffahrzeugen. Mit den dabei gewonnenen Erkenntnissen soll ein 1-MW-Solarwasserstoffsystem errichtet werden.

Solarchemie und Thermochemie

stehen am Anfang einer Entwicklung, die erst dann zur vollen Entfaltung kommen kann, wenn die damit erzeugte Energie wettbewerbsfähig sein wird. Solarchemie ist nicht auf Wasserstoff und Kohlenstoff als Träger beschränkt. Bor-, Beryllium-, Aluminium-, Magnesium-, Silizium- und Phosphorverbindungen bieten Möglichkeiten dafür, auch Stickstoffverbindungen wie Hydrazin N_2H_4 und DMH = Dimethyl-Hydrazin $N_2H_2(CH_3)_2$. Wichtig ist in jedem Fall der Energieinhalt je Masseneinheit, der in der Größenordnung von 4 kWh/kg liegt.

Die Thermochemie kann langfristig viel versprechende Möglichkeiten zur Wasserstofferzeugung bieten. Bockris und Justi schlagen z. B. einen Eisen-Chlor-Prozess vor, nach dem in vier thermochemischen Stufen Wasser in Wasserstoff und Sauerstoff zerlegt wird (Tabelle 8-5a).

Wahrscheinlich werden aber günstigere Verfahren gefunden, die Solarstrahlung im Sonnengürtel der Erde einzufangen und in transportierbare und lagerbare Form überzuführen.

Auf der Suche nach nachhaltig nutzbaren Energieträgern darf man nicht bei der naheliegenden Lösung „Wasserstoff" halten. In Frage kommen vielmehr alle Stoffe, in die durch Wärme oder Solarstrahlung Energie eingebracht und wieder herausgenommen werden kann. Diese Energieträger müssen einen möglichst hohen Energiegehalt pro Volumen- oder Gewichtseinheit haben, leicht zu lagern und zu transportieren sein. Es kommt eine Änderung des Aggregatzustands in Frage. Für größere Entfernungen eignet sich aber wohl nur chemisch gebundene Energie. Der von der Natur gewählte Prozess ist die Kohlenhydrat- oder -hydrid-Methode. Die Energieträger können in fester oder flüssiger Form, als Zucker oder Fett, gut gespeichert und durch Atmung wieder in Wasser und CO_2 zerlegt werden. Die Rückführung dieser Endprodukte erfolgt über die Atmosphäre (Tabelle 8-5b).

Eine technische Anwendung der Thermochemie zeigt Abb. 8-10 (siehe Tabelle 8-5c). Kalkstein ist auf der Erde weit verbreitet, auch im Sonnengürtel. Er ist das Ausgangsmaterial, aus dem durch solare Erhitzung (wegen der zum Kalkbrennen erforderlichen hohen Temperatur mit Hilfe von Brennspiegeln) das CO_2 ausgetrieben wird, das schließlich mit Methan oder Wasserstoff zu Methanol synthetisiert wird. Methanol ist leicht zu transportieren und zu lagern, ein gut geeigneter Brenn- und Motorkraftstoff – wenn auch mit niedrigerem Brennwert als herkömmliche Vergaserkraftstoffe – und ein Ausgangsstoff für die organische Chemie. Bei seiner Verwertung werden letzten Endes wieder Wasser und CO_2 frei, das nach natürlichem Vorbild über die Atmosphäre den Stoffkreislauf schließt. Das CO_2 könnte auch vom gebrannten Kalk (CaO) wieder aufgenommen werden und stünde als $CaCO_3$ für einen neuen Kreislauf zur Verfügung – wenn es nicht riesige Mengen von Kalkstein in der Natur gäbe. Die einzelnen Schritte dieses Prozesses sind hier nicht erwähnt. Man wird z. B. den gebrannten Kalk löschen, bevor er dem atmosphärischen CO_2 auf Sprühhalden ausgesetzt wird, um die dabei frei werdende Energie nicht zu verlieren. Natürlich könnte man versuchen, das CO_2 der Atmosphäre direkt zu verwenden. Bei diesem Prozess ersetzt das die Bindung des atmosphärischen CO_2 an den gelöschten Kalk.

Tabelle 8-5. Formeln für Prozesse der Solarchemie

a) Eisen-Chlor-Prozess zur Wasserstoffgewinnung

$3\ FeCl_2 + 4\ H_20$	=>	$Fe_3O_4 + 6\ HCl + H_2$
$Fe_3O_4 + 8\ HCl$	=>	$FeCl_2 + 2\ FeCl_3 + 4\ H_2O$
$2\ FeCl_3$	=>	$2\ FeCl_2 + Cl_2$
$Cl_2 + H_2O$	=>	$2\ HCl + O_2/2$

b)Kohlehydratmethode

		Licht (Energie)		Nutzung
$nCO_2 + nH_2O$	->	$(CH_2O)_n + n\ O_2$	->	$nCO_2 + nH_2O$

c) Methanol aus Kalkstein und Wasser (Summenformel)

Herstellung

$CaCO_3 + CH_4 + 2\ H_2$	=>	$2\ CH_3OH + CaO$
$CaCO_3 + 2\ H_2$	=>	$CH_3OH + CaO + O_2/2$

Verwendung

$CH_3OH + 3\ O_2/2$	=>	$CO_2 + 2\ H_2O$
$CaO + H_2O$	=>	$Ca(OH)_2$

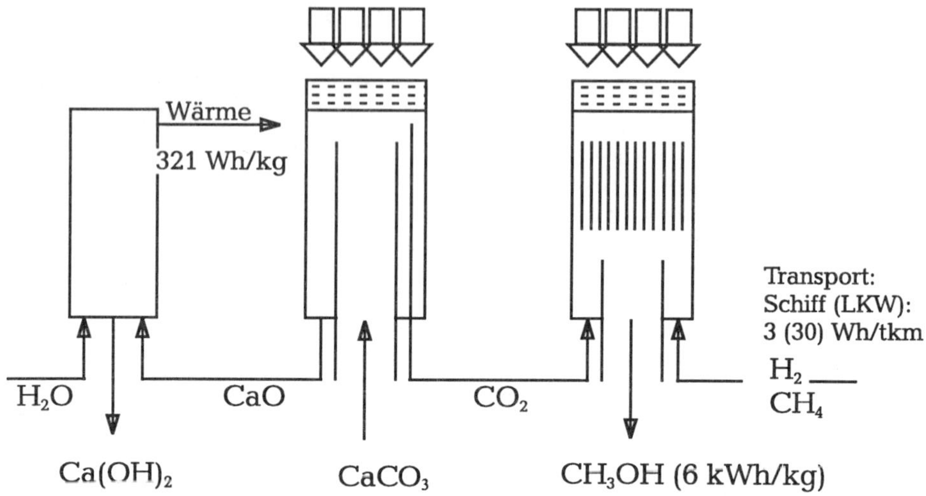

Abb. 8-10. Solarchemischer Prozess zur Herstellung von Methanol (CH_3OH). Aus lokal verfügbarem Kalkstein ($CaCO_3$) wird CO_2 ausgetrieben, das mit lokal verfügbarem Methan (CH_4) oder solarem Wasserstoff zu Methanol synthetisiert wird. Siehe Tabelle 8-5c

Erneuerbare Energie aus Biomasse

(Siehe Kapitel 6.) Die Natur hat vor 2,5 Milliarden Jahren die Photosynthese „erfunden". Diese wandelt Sonnenlicht in chemisch fixierte Energie. In den gemäßigten Breiten fallen durchschnittlich 980 bis 1200 kW solarer Energiestrom auf einen Hektar der Erdoberfläche, siehe Tabelle 8-3. Während vor 10.000 Jahren auf einen Menschen ein Energiestrom von fast 100.000 kW kam, sind es heute „nur" mehr 300 kW/c. Von diesem immer noch riesigen Energiestrom kommt im globalen Durchschnitt (siehe Kapitel 6) nur etwa 0,15 kW/c in Form von Nahrung auf den Tisch. Wie mit Kapitel 6 untersucht, liegt der Grund für den insgesamt schlechten Wirkungsgrad der Umwandlung der eingestrahlten Solarenergie in nutzbare Energie im geringen Wirkungsgrad der photosynthetischen Energienutzung. Aber auch wenn vielleicht die Gentechnik eine wesentliche Verbesserung des Wirkungsgrads bringen sollte, so kann der wesentliche Zugewinn dezentraler Energie nur aus dem Solargürtel und dem Einsatz moderner Technologie kommen.

Im Jahre 2050 wird ein Energiestrom von insgesamt etwa 33 Mrd. kW an technischer Energie verbraucht (Abb. 8-1 und 8-3b), also um etwa 21 Mrd. kW mehr als im Jahr 2000. Nach den oben genannten Prognosen sollen dann etwa 7,7 Mrd. kW (gegenüber 0,7 im Jahre 2000) aus Biomasse stammen. Demnach soll von dem Mehrverbrauch an Energie mehr als ein Drittel aus zusätzlicher Biomasse stammen. Dafür sind bei einem Energieinhalt von angenommen 1,2 kWh/kg Biomasse etwa 32 bis 43 Mrd. t/a an Biomasse erforderlich. (In Deutschland kann Biomasse etwa 8,6% der Energieverbrauches bestreiten.) Weltweit wachsen etwa 300 Mrd. t/a an Biomasse nach, wovon nur wenige Prozent der menschlichen Ernährung dienen. Ungefähr die Hälfte verrottet ungenutzt. Nur ein geringer Teil der eingesetzten Biomassemenge wird als „Power-Pflanzen" land- oder forstwirtschaftlich gewonnen. Der weit überwiegende Teil stammt aus brennbaren Abfällen einschließlich Holzabfällen und Müll. (Auch die Müllverbrennung wird statistisch zur Biomasseenergie gerechnet.)

Von den sogenannten Biobrennstoffen wie Holz, Rinde, Stroh, Gräser, Körner, Biogas haben bisher nur die Nebenprodukte und die Rest- und Abfallstoffe eine energiewirtschaftliche (geringe) Bedeutung. Für die Wärmeerzeugung sind nach wie vor Schnittholz und Holzhackschnitzel wichtig. Sie haben sehr unterschiedliche Brennstoffeigenschaften verglichen mit fossilen Brennstoffen, z. B. niedrigen C- und hohen O-Gehalt, daher niedrigen Heizwert bei hohem Gehalt an zellengebundenem Wasser. Diese Biobrennstoffe werden in technisch verwertbare Energie durch Verbrennen oder Vergasen umgewandelt. Holz, Chinaschilf und andere Biomasse werden nach wie vor in großen Teilen der Welt als einzige Energiequellen verwendet. Die Abholzung von Wäldern und Savannen, wie in Afrika südlich der Sahara, beeinflusst (angeblich) das Klima und trägt zur Versteppung bei. Bisher konnte den betroffenen Bevölkerungen nicht gesagt werden, mit welch anderem Brennstoff sie ihre Nahrung zubereiten sollen; die Verbesserung der Effizienz der mit diesen Materialien betriebenen offenen Herde und Öfen kann das Problem nicht lösen.

Andererseits wird die Energiegewinnung aus Holz aus bewirtschafteten, schnell nachwachsenden Wäldern eine zunehmende Rolle spielen. Seit Jahrzehnten gibt es solche Biomassekraftwerke. Chinaschilf und Pappeln werden im Kraftwerk verbrannt, zusammen mit Abfallholz, denn Altholz muss künftig kompostiert oder in Energie verwandelt und darf nicht mehr deponiert werden. Da aber schnell wachsende Bäume große Dosen an Pestiziden und Düngemitteln brauchen und dazu noch Subventionen, sind die Ökobilanzen solcher Kraftwerke strittig. – Die so genannten Energiepflanzen wie Pflanzenöle (Raps, Soja, Sonnenblumen) haben ein großes Potenzial, sind aber energetisch nicht wettbewerbsfähig, obwohl sie bis zu dreimal soviel Energie liefern wie zu ihrer Gewinnung aufzuwenden ist. In Deutschland werden nur 8% der Ackerfläche für Energiepflanzen verwendet. Dies ist ein ökologisch sinnvoller, wenn auch teurer Ausweg für die EU-Landwirte, die künftig 10% statt bisher 5% ihrer landwirtschaftlichen Flächen stilllegen müssen.

Als besonderer Vorteil des Einsatzes von Biomasse als Energiebasis wird gewertet, dass wegen des CO_2-Kreislaufes das CO_2-Problem nicht verstärkt wird. Beispielsweise wird bei der Verwendung von

„Biodiesel"

aus Raps (Rapsdimethylether, RME) – siehe Kapitel 7 und Anhang VI – das bei der Verbrennung im Motor entstehende CO_2 in der Atmosphäre durch Sonneneinstrahlung über Photosynthese unter anderem in wachsenden Raps eingebaut, aus dem wiederum Biodiesel gewonnen werden kann. Ein Hektar Rapsanbaufläche liefert bis zu 1300 Liter Biodiesel (ein Achtelliter Diesel pro m^2). Allerdings darf bei der Rechnung das CO_2 nicht vergessen werden, das bei der Herstellung des Kunstdüngers, in den Traktoren der Landwirtschaft und beim Transport anfällt. Auch könnte die CO_2-Reduktion geringer als angenommen sein. In der Realität verdrängt Biodiesel nur einen kleinen Teil der Treibstoffe aus Erdöl. Auch ein besonders für Pflanzenöle geeigneter Motor (Elsbett-Motor) wurde entwickelt.

Die Beimischung von „Rapsdiesel" zu herkömmlichem DK (in Österreich etwa 2% der DK-Menge) ist eine freiwillige Maßnahme, die weder durch Steuerbegünstigung noch durch Subventionen angeregt wird. Weder Umweltschutzgruppen noch das deutsche Umwelt-Bundesamt befürworten den Einsatz derartiger Pflanzenöle. Auch die EU-Kommission spricht sich gegen eine steuerliche Begünstigung von Biosprit aus, weil dies wettbewerbsverzerrend sei. Diese Auffassung wird dann auch für Ethanol und Methanol gelten – unabhängig davon, aus welchen Rohstoffen diese Energieträger hergestellt werden. Vielleicht wird das RME eines Tages eher als Nebenprodukt der Chemierohstoffgewinnung aus Rapsöl betrachtet.

Auch in andere Energieträger wie Gas, Methanol und Ethanol kann Biomasse – anstatt diese unmittelbar zu verbrennen – umgewandelt werden. Methanol und Ethanol sind sowohl als nachwachsende Rohstoffe als auch als Energieträger verwendbar. Die Technologie für ihre Herstellung wird seit langem angewandt, ist aber nach wie vor zu teuer. (Die Umwandlung von Zucker, Mais oder anderer Biomasse in Methanol und Ethanol wird mit Kapitel 7 und Anhang VI beschrieben.)

Die Hydrierung von Biomasse könnte ein Weg für den Transport solar gewonnenen Wasserstoffes sein (siehe Tabelle 8-5b):

$$n(CH_2O) + (n + 1)\ H_2 > C_nH_{2n} + nH_2O$$

Aus den Kohlehydraten mit (wegen ihres Sauerstoffgehaltes) geringem Energieinhalt entstehen energiereichere Kohlenwasserstoffe, also eine Art „Ersatz-Erdöl", das auch ähnlich wie dieses transportiert und verwertet werden kann. Letzten Endes stammt dieser höhere Energieinhalt aus dem solaren Wasserstoff, der somit transportierbar gemacht wird.

Deponiegase werden in einigen Industrieländern, insbesondere in Europa, als Energiequelle verwendet. Beispielsweise gibt es ein Deponiegaskraftwerk an der Weser (BRD). Die Stromkosten scheinen sehr hoch zu sein; solche Kraftwerke sind offenbar eher für dilettierende Idealisten und Geschäftemacher interessant, die unter dem politischen Deckmantel des Umweltschutzes Strom außer aus Wind und Wasser auch aus Biomasse jeder Provenienz machen. Die Mengen sind ohnehin gering: Beispielsweise bezieht das RWE (BRD) 0,002% seines gesamten Energieabsatzes als „Ökostrom".

Windkraft

spielt eine noch geringe Rolle in der Energieversorgung. In Deutschland werden mit 7000 Anlagen mit etwa 4000 MW Kapazität am Jahrhundertbeginn etwa 5 Mrd. kWh Windstrom jährlich erzeugt – das sind etwa 1% Anteil an der öffentlichen Stromerzeugung. Im Jahre 2020 sollen 11.500 MW installiert sein. Die Branche boomt in einigen Ländern, obwohl sich die meisten Projekte nicht rechnen. Die Erzeugerkosten sollen zum Beispiel in Deutschland und Österreich bei über 2000 Stunden jährlicher Auslastung zwischen $ 0,04 und $ 0,08 pro kWh liegen. In den USA soll das Windkraftpotenzial ausreichen, um den gesamten Energiebedarf des Landes zu decken (L. Brown).

Das Investitionskapital für Windkraftanlagen kommt teilweise von Kleinanlegern, die wohl eher aus Idealismus (und zum Steuersparen) denn aus Profitsucht ihr Geld hergeben; Stromverbraucher und Steuerzahler werden noch lange Zeit die Windkraft subventionieren. Dem weiteren Ausbau der Binnenlandanlagen steht in streng reglementierten Ländern wie in Deutschland das Baurecht entgegen: Windparks beeinträchtigen das Landschaftsbild, und die Rotorblätter verursachen zuviel Lärm vor allem mit niedrigen Frequenzen. Deshalb müssen – auch nach EU-Richtlinien – Windenergieanlagen einer Umweltverträglichkeitsprüfung unterzogen werden. SHELL und andere Ölkonzerne denken darüber nach, wie mit ihrer Erfahrung mit Offshorebohrinseln an der Küste oder auf offener See Windkraftwerke errichtet werden könnten mit höherer Auslastung, als es im Binnenland möglich ist. Das weltweite Potenzial der Windkraft wird im Jahre 2050 mit 3 bis 4% der gesamten Energieerzeugung, also etwa 1,5 Mrd. kW, geschätzt.

Wasserkraft

zählt weltweit (Brasilien, Indien, Pakistan, China, Kanada, USA, Norwegen, Schweden, Österreich, Schweiz) zu den etablierten Stromlieferanten. Sie ist erprobt und akzeptiert. Es gibt etwa 100 „Superdämme" mit mehr als 150 m Staudammhöhe, darunter so bekannte wie Itaipu und Cabora Bassa. Allerdings gibt es gegen immer neue Staudämme Einwände aus Naturschutzgründen und wegen der mit dem Staudammbau verbundenen Überschwemmung von Siedlungsflächen, wie in Indien, Ägypten und China: Der Yangtsedamm mit 0,18 Mrd. kW Kapazität gilt als Fehlplanung. Im Sinne einer globalen Governance prüfen seit Jahren Befürworter und Gegner von Staudammprojekten gemeinsam anstehende Projekte. Diese World Commission on Dams könnte auch die Weltbank von ihrer inzwischen ablehnenden Haltung bei neuen Wasserkraftprojekten abbringen.

Die Wasserkraft ist wettbewerbsfähig sogar mit thermischen Kraftwerken auf der Basis billigen Erdgases. Ab dem Jahre 2003 wird über zwei Seekabel 1200 MW Strom aus norwegischen Wasserkraftwerken nach Deutschland geleitet, später auch aus Island (siehe unter „Geothermische Energie"). Die Wasserkraftressourcen sind zwar begrenzt, aber unerschöpflich, solange die Sonne den Wasserkreislauf der Erde betreibt. Immer häufiger werden auch mit erheblichem Subventionsbedarf kleine Laufwasserkraftwerke errichtet.

Das weltweit nutzbare Wasserkraftpotenzial, das mit 2,4 Mrd. kW geschätzt wird, ist bisher nur zu einem Viertel angezapft.

„Der wahre Preis alternativer Energien"

K. Knizia rechnet unter diesem Titel vor, welche Schwierigkeiten sich beim Umstieg auf nachhaltige Energien beispielsweise in Deutschland ergeben: Jedes Jahr gehen kalorische Kraftwerke mit 3000 MW Kapazität (Stromerzeugung bei 6000 h/a 18 Mrd. kWh/a, technische Lebensdauer 30 Jahre) neu in Betrieb, wofür etwa 5,5 Mrd. DM investiert werden. Der Wirkungsgrad dieser neuen Kraftwerke ist 9% besser als in bisherigen Kraftwerken. Es wird daher etwa 20% weniger Brennstoff eingesetzt – und daher 20% weniger CO_2 emittiert.

Welche alternative Energieerzeugung kann mit der gleichen Investitionssumme geschaffen werden?

Windkraft: Es werden 1800 MW installiert entsprechend 3,6 Mrd. kWh/a, gleich hohe Einsparung von 1,2 Mio. t Steinkohle wie bei den kalorischen Kraftwerken, aber teurer in der Investition, weil alte Kraftwerke in Betrieb bleiben müssen. Solarzellen: 275 MW werden installiert, entsprechend 0,2 Mrd. kWh/a; nur 5% Einsparung an CO_2, aber ebenfalls teurer, weil alte Kraftwerke in Betrieb bleiben müssen.

Die Ausnützung der Geothermie

Erdwärme könnte nahezu unerschöpfliche Energiemengen liefern, wenn sie wettbewerbsfähig wäre. Das ist sie wegen des gewaltigen Investitionsaufwandes vorläufig noch nicht. Allerdings sind verlässliche Schätzungen über die Wärmemengen (als Funktion der Temperatur) und der zu ihrer Gewinnung notwendigen Kosten nicht bekannt. Es sind jedenfalls umweltfreundliche Energien.

Die gesamte in der Erde gespeicherte Energie ist das Milliardenfache des jährlichen Verbrauches der Menschen an technischer Energie. Aber nur kleinste Bruchteile davon können angezapft werden (R. Schulz). Die Temperatur nimmt um 30 °C pro km Tiefe zu. In der Nähe von Vulkangebieten gibt es daher energetisch ausnutzbare Heissdampf-Lagerstätten. Der Erdkern ist geschätzt 6000 °C heiss. Im Erdinneren entsteht durch Zerfall von Uran und anderen radioaktiven Stoffen Wärme. Der an die Erdoberfläche nachfließende Energiestrom beträgt etwa 0,08 W/m^2 oder 12 Mrd. kW auf das Festland – nur ein Zweitausendstel der Sonnenstrahlung, aber ungefähr so viel wie derzeit an technischer Energie weltweit verbraucht wird! Die atomaren Prozesse im Erdinnern produzieren etwa 25 Mrd. kW. Würde man über diese „Kernenergieproduktion" hinaus – und um eine solche handelt es sich – angenommen 10 Mrd. kW entnehmen, dann wäre die Erde nach einer Million Jahren um 0,1 °C kälter als heute. Wenn man also ohne Rücksicht auf Kosten und sonstigen Aufwand alle technisch benötigte Energie aus dem Erdinnern holen wollte, so wäre dies auf unabsehbare Zeit möglich. Geothermie ist, anders als Solarenergie, nicht den Tag-Nacht-Schwankungen unterworfen.

Island hat große Ressourcen an Erdwärme und will den daraus gewinnbaren Strom exportieren. Mit einem Unterseekabel mit 2 mal 550 MW soll ab dem Jahre 2010 Strom (auch aus Wasserkraft) nach Europa geliefert werden. Mit dem Strom aus Erdwärme und Wasserkraft sollen auch vor Ort materielle, also exportierbare, energieintensive Produkte erzeugt werden wie Wasserstoff, Methanol oder Ethanol. Die seit dreißig Jahren betriebene Herstellung von Aluminium – die Tonerde stammt aus Australien! – wird ständig erweitert. Auch geothermisch erzeugter Wasserdampf soll für energieintensive Produktionen wie Poliole eingesetzt werden.

Versuchsweise wird geothermische Energie auch in (Kontinental-)Europa angewandt. Aus Tiefen von etwa 100 Metern gelangt Wärme auf einem niedrigen, für Heizzwecke geeigneten Niveau an die Erdoberfläche. Im Kunsthaus in Bregenz, Österreich, wird geothermische Wärme mittels Wasser mit Frostschutzmittelzusatz und via Kunststoffrohre dem Erdreich entzogen und mit Wärmepumpen das im Winter erwünschte Temperaturniveau erzeugt. Im neuen Bundestagsgebäude in Berlin werden überschüssige Energie und Abwärme aus Blockheizkraftwerken in einen 320 m tiefen Erdspeicher geleitet, wo sich Grundwasser auf 70 °C aufheizt, das bei Bedarf zur Gebäudeheizung zurückgepumpt wird; die Kühlung der Gebäude geschieht analog mit „Erdkälte" – als einer anderen (teureren) Art der Erdwärme. Im Kanton Bern wird im Sommer aus dem Asphaltbelag einer eisgefährdeten Straße Wärme im Felsgestein gespeichert, die im Winter zur Glatteisbeseitigung verwendet wird. Schließlich wird im Fußballstadion in Arnheim, Niederlande, im Sommer durch Sonnenkollektoren Wärme gesammelt, in der Erde gespeichert und im Winter als „Quasi-Erdwärme" wiedergewonnen. Unter dem Titel „Erdwärme" wird also auch die Wärmespeicherfähigkeit der Erde einbezogen.

Wenn aus Erdwärme Strom erzeugt werden soll, muss mindestens 3000 m tief gebohrt werden, um das für Kraftwerke erforderliche 175 °C heiße Wasser unter entsprechendem Druck gewinnen und im Kreislauf führen zu können (Hot-Dry-Rock-Verfahren, Beispiel: Elsass/Frankreich). Kraftwerke auf Geothermiebasis gibt es nur vereinzelt, z. B. in den Philippinen und den USA sowie in Lateinamerika und Südostasien. In Europa (Azoren, Island) gibt es seit 1904 geothermische Kraftwerke, sie haben heute etwa 1,6% Anteil an der Stromerzeugung. Bei München ist seit 1998 ein Geothermiewerk in Betrieb; Thermalwasser mit 65 °C wird zur Erzeugung von etwa 30 MW verwendet.

Die weltweit installierte Kapazität geothermischer Kraftwerke beträgt 1999 7100 MW.

8.3.3 Kernenergie

ist für viele Umweltschützer das Reizthema Nummer eins. Einerseits ist diese Ressource fast unerschöpflich, weil die gebrauchten Brennstäbe wieder aufbereitet werden können. Andererseits ist es gerade diese Wiederaufbereitung, die neben dem Problem der Endlagerung heftigen Widerstand hervorruft, der zeitweise z. B. in Deutschland zu bürgerkriegsähnlichen Zuständen (Blockieren von Eisenbahn und Straßen und Kämpfe mit der Polizei) führte. Wegen dieses politischen Druckes einer Minderheit werden außer der Bundesrepublik vermutlich auch andere Länder – Schweiz, Niederlande – die vorhandenen Kernenergieanlagen stilllegen müssen, mit erheblichen Kosten für die Volkswirtschaften. Der Gewinnentgang der Betreiber ist durch den Staat zu bezahlen – weil dieser die Kraftwerke genehmigt hat –, also durch Steuerzahler, von denen ja nicht alle Kernkraftgegner sind. Als Folge davon werden die Stromkosten erhöht werden, die wiederum das Wirtschaftswachstum einbremsen können. Diese Zusammenhänge können auch von Politikern nicht aus der Welt geschafft werden. Die 19 Kernkraftwerke (Bruttoleistung insgesamt etwa 22.000 MW) in Deutschland sollen nach und nach, innerhalb von 30 oder mehr Jahren, abgeschaltet werden. Bis dahin ist auch das Problem der Zwischen- und Endlagerung der Brennstäbe zu lösen und das der Wiederaufbereitungsverträge mit Plutoniumfabriken in Frankreich und England. Dort stammt ein wachsender Anteil der elektrischen Energie – zur Jahrhundertwende etwa 60% – aus Kernenergie, die dann eben in die „kernkraftlosen" Länder exportiert werden wird: An der Steckdose ist die Herkunft des Stromes nicht mehr zu erkennen.

Der Durchschnittsbürger rechnet damit, dass sich „die Industrie" gegen unvernünftige Entscheidungen schon wehren werde. Er darf aber nicht vergessen, dass das eigentliche Interesse „der Industrie" das Erzielen eines Ertrags ist. Meist kommt dieser mit dem Umsatz. Wenn „der Staat" alle paar Jahre andere Stromerzeuger wünscht, dann kann „die Industrie" sich auf neue Umsätze freuen, die es sonst nicht gegeben hätte. Der einzige Nachteil liegt in der zusätzlichen Belastung der Volkswirtschaft, die durch solche Eskapaden ihre Wettbewerbsfähigkeit einbüßen kann.

„Ein Ausstieg aus der Atomenergie ist ähnlich schwierig wie ein Ausstieg aus dem real existierenden Sozialismus" (Daniel Cohn-Bendit). Ein internationaler Rückzug aus der Kernenergie ist noch nicht zu erkennen. Weltweit waren im Jahre 1998 434 Atomreaktoren in Betrieb, und der Verbrauch an Kernenergie wuchs um 1,6% auf 630 Mio. t/a Öläquivalent, also auf fast ein Fünftel der Erdölförderung. Bei einem Ausstieg aus der Kernenergie in der BRD müsste entweder Strom importiert oder die Kernenergie durch teilweise alte Kohle-, Öl- und Gas-Kraftwerke (45% durch Erdgas, 50% durch Stein- und Braunkohle) ersetzt werden. Damit würden die CO_2-Emissionen in die Höhe schnellen. Auch dürfen wir der Atmosphäre nicht immer mehr Wärme zuführen. Wärmekraftwerke verwenden die Atmosphäre sozusagen als Endlagerstätte ihres thermischen „Abfalls" (S. Hartwig, Focus 36/1998). Um das zu vermeiden, ist vor allem Energiesparen angesagt in Form einer „Effizienzrevolution" und der Einsatz von Biomasse, Wind- und Solarenergie. Das alles kann aber auch unabhängig vom Ausstieg aus der Kernenergie durch marktwirtschaftliche Anreize gefördert oder gar gesetzlich erzwungen werden.

R. Schulten zieht zur Kernenergie sinngemäß vier Schlussfolgerungen: (1) Bei künftigen nuklearen Anlagen lassen sich ernste Schadenswirkungen nach außen ausschließen; (2) nukleare Energie kann für lange Zeit einen großen Teil des globalen Energiebedarfes abdecken, auch für Treibstoff- und Wärmeversorgung; (3) Kernenergie hilft das CO_2-Problem wesentlich zu reduzieren; und (4) die Ablagerung der radioaktiver Nebenprodukte ist durch Tieflagerung grundsätzlich beherrschbar.

Aber die Gegner der Kernkraft bezeichnen das Problem der Lagerung des Atommülls als ungelöst; es erfordert jedenfalls sehr hohen Aufwand. Katastrophengefahr droht aus vielen bestehenden Kernkraftwerken, unabhängig von der Schließung gerade der modernen Anlagen in Westeuropa.

Kernkraft bleibt ein politischer Streitpunkt in vielen Ländern; sogar in Frankreich, das als einziges EU-Land seine thermonukleare Kapazität weiter ausbaut (58 Reaktoren sind in Betrieb, gegenüber 19 in Deutschland). In den USA wird derzeit Kernkraft nicht ausgebaut, weil die fossile Energie nach wie vor viel billiger ist.

Auf die Frage „Kommt nach der Kernenergie wieder Kernenergie?" (Wirtschaftswoche 7/1999) meint E. U. von Weizsäcker, dass die Mehrheit der Wirtschaft gegen den Ausstieg sei; wenn aber die Kernenergie ihr Risiko privat versichern müsste (wie die Chemieindustrie), dann ergäbe sich ein Preis von etwa $ 1/kWh und nicht von $ 0,05/kWh, wie derzeit berechnet wird, Abb. 8-9. Demgegenüber sagt (an gleicher Stelle) C. Chr. von Weizsäcker, dass die Stilllegung von Kernkraft zum Beispiel in Deutschland zu vermehrten Stromimporten führe, von denen ein Teil aus Kernkraft stamme; bei $ 10/bbl

Erdöl mag der Ausstieg ökonomisch gerechtfertigt sein, bei $ 35/bbl wiederum der Wiedereinstieg; die (Energie-)Rohstoffpreise werden wegen des Wirtschaftswachstums in China, Indien usw. steigen, und diese Länder werden daher Kernenergieanlagen bauen; dann aber werden nur solche Länder Lieferchancen für Kernkraftanlagen haben, in denen die Technologie ständig weiterentwickelt wird; schließlich dürfe man nicht den Status quo fortschreiben, wie das viele Prognostiker tun. In 20 Jahren kann die Energiewelt ganz anders aussehen als heute.

Vor einem Ausstieg aus der „konventionellen" Kernenergie müsste also ein langfristig wirkendes Programm zum Einstieg in andere Energieträger und Energieformen vorhanden sein. Beispielsweise kann der Hochtemperaturreaktor eine Renaissance erleben; er wird in Japan, China und Südafrika weiterentwickelt.

Zur Kernfusion

Eine Katze, die sich einmal auf einem heißen Ofen das Fell verbrannt hat, wird sich auch nicht mehr auf einen kalten Ofen setzen. Unter den genannten Umständen ist die Aussicht, die „sanfte" Kernfusion – die Verschmelzung von Deuterium und Tritium zu Helium bei 100 Millionen °C – als Option für eine künftige Energiequelle aufzubauen, gering oder gleich null, zumal die USA aus einem internationalen Großforschungsprojekt „Iter" ausgestiegen sind. Stattdessen soll das „Trägheitseinschlussmodell" verfolgt werden, wobei im Sekundenrhythmus miniaturisierte „Wasserstoffbomben" in Pelletform gezündet und mit Energie aus Laserkanonen aufgeladen werden. Die Plasmaforschung geht weiter – aber elektrischer Strom auf dieser Basis wird angeblich nicht vor 50 oder mehr Jahren zu erwarten sein.

Über künftige Stromkosten aus Kernenergie kann heute nichts gesagt werden. Solange Strahlenschäden aus Kernenergie und „Ozonschäden" aus fossilen Brennstoffen nicht eindeutig quantifizierbar sind, können die relativen Kosten der beiden Energieressourcen nicht verlässlich beziffert werden, also auch nicht die Strompreise.

Der „Erntefaktor"

ist das Verhältnis von produzierter zu investierter Energie nach F. Cap. Er liegt zwischen 2 (Photovoltaik) und 100 (Kernkraftwerke) (Tabelle 8-6). Dieser Erntefaktor liegt für Ethanol („Biosprit") auf Zuckerrohrbasis bei 1, auf Rübenbasis und Holz zwischen 0,5 und 0,6. Muss der Strom auch noch gespeichert werden, dann gerät der Erntefaktor leicht in die Nähe eines Verhältnisses, ab dem mehr investiert als produziert wird. Wird beispielsweise aus photovoltaischem Strom Wasserstoff erzeugt, der an den Verwendungs-

Tabelle 8-6. „Graue Energie" und „Erntefaktor" nach F. Cap: CO_2-Emission pro kWh erzeugter Energie. Mit Errichten, Betrieb und Außerbetriebnahme sind stets Aufwendungen verbunden, für die eine CO_2-Emission anfallen kann. Dadurch fällt auch z. B. für jede kWh in einem Wasserkraftwerk eine CO_2-Emission an, die F. Cap „graue Energie" nennt. Der „Erntefaktor" ist das Verhältnis von abgegebener zu insgesamt für Errichtung, Betrieb und Außerbetriebnahme zugeführter Energie.
Todesrisiko verschiedener Energiequellen: Am günstigsten ist das Verhältnis bei der Kernkraft (0,1 bis 1 Todesfall pro Mrd. erzeugter kWh), am schlechtesten bei der Kohle

Energiequelle	Erntefaktor	CO_2-Emisskon gCO_2/kWh	öffentliches Krankheit	Todesrisiko Unfall
Wasserkraft	80	3	–	–
Solarthermie	3	4	10	10
Windenergie	20	5	1	5
Photovoltaik	2	7	20	20
Kernkraftwerk	100	8	2	0,1
Geothermie	–	40	–	–
Biomasse	10	300	–	–
Erdgaskraftw	–	480	2	2
Ölkraftwerk	25	720	100	3
Kohlekraftw.	60	960	100	15

ort für die Energie transportiert und dort wieder verstromt wird, dann kann der Wirkungsgrad sogar unter 50% fallen, womit dieser Weg versperrt ist. Bei den Kosten für den Strom aus Windkraftanlagen muss entweder das Speichern (z. B. Pumpkraftwerk) oder das vorzuhaltende Wärmekraftwerk berücksichtigt werden. Bei der Förderung des technologischen Fortschritts wird man auf diese Sekundäreffekte verzichten. Man darf aber nicht vergessen, dass das an dem Tag nicht mehr möglich sein wird, an dem Wind- und Solarenergie eine echte Alternative zur konventionell gewonnenen Energie darstellen sollen.

Tabelle 8-6 zeigt auch die CO_2-Emission in Gramm/kWh, die bei den regenerativen Energien unter 10 liegt und bei Biomasse und fossiler Energie bis auf etwa 1000 Gramm/kWh ansteigt. Auch das Todesrisiko kann quantifiziert werden.

8.4 Speicherung und Transport von Energie

Das Problem der Energiespeicherung ist so alt wie die Gewinnung von Energie. Bei Wasserkraft werden Pumpspeicherwerke verwendet, die den nachts anfallenden (billigen, weil nicht nachgefragten) Strom in Pumpenergie umwandeln, womit Wasser in den Speicher zurückgepumpt wird, das am Tage wieder zur Stromerzeugung dient. Für die anderen erneuerbaren Energiequellen wie Windkraft und Solarenergie oder bei Gezeitenkraftwerken, die nur an bestimmten (Tages-)Zeiten Strom liefern können, muss Energie zeitweise gespeichert werden, auch für deren Transport zum Verbraucher. Für den Autoantrieb wird noch eine andere Art der Energiespeicherung vorgeschlagen – nämlich mittels Pressluft, die einen Pressluftmotor antreibt.

Wenn die Sonnenenergie in Wasserstoff umgewandelt wird, dann bringt das Speicher- und Transportprobleme. Bei der Wasserstoffspeicherung deutet die Speicherung in Graphit-Nanofasern unter hohem Druck (bis zu 30 Liter Wasserstoff pro Gramm Faser, bisher nur 0,2 Liter) eine vielversprechende Entwicklung an. Für den interkontinentalen Transport von Wasserstoff scheint zur Zeit die Anlagerung an Kohlenwasserstoffe als Träger (z. B. Cyclohexan) der billigste Weg zu sein, obwohl dabei große Mengen des Trägerstoffes hin- und hertransportiert werden müssen. Eine andere Möglichkeit ist der Transport in Hochdruck-Pipelines (z. B. 100 bar; Bockris und Justi). Die langen Druckleitungen erfüllen dabei zugleich die Aufgabe eines ausgleichenden Speichers.

Für den Antrieb von Fahrzeugen kommt zwar Flüssigwasserstoff in Frage, aber die Probleme des niedrigen Wirkungsgrades, des geringen Energieinhaltes und des Abdampfens bei der Lagerung sind noch nicht gelöst. Allgemein gelten als Richtwerte für Transportkosten per Schiff 3, per LKW 30 kWh pro Tonnenkilometer.

Brennstoffzellen

Die bei weitem wichtigste Entwicklung spielt sich auf dem Gebiet der Brennstoffzellen ab. Das sind Batterien, bei denen die Reaktionsstoffe (Wasserstoff und Sauerstoff oder Luft) ständig zugeführt werden. Die Zellen können elektrischen Strom „speichern", nämlich in Form der Brennstoffe für die Zellen (Methanol, Erdgas), und bei Bedarf abrufen. Sie haben einen hohen Nutzungsgrad von 60% auch bei Teillast, geringe Emissionen und sauberes Abwasser. Als Nachteil wird der Betrieb mit Wasserstoff angesehen, und die wegen der Katalysatorverschmutzung kurze Lebensdauer von wenigen 1000 (Ziel: 40.000) Betriebsstunden, vor allem aber der hohe Preis. Brennstoffzellen verbessern den Wirkungsgrad vor allem dort, wo elektrischer Strom oder Strom in Kombination mit Wärme gebraucht werden, also in (Klein-)Kraftwerken („Kraftwerk im Keller") und in Autos.

Von den fünf Haupttypen der Nieder-, Mittel- und Hochtemperaturbrennstoffzellen mit jeweils verschiedenen Elektrolyten ist die AFC (Alcaline Fuel Cell) technisch reif, braucht aber hochreinen Wasserstoff. Dagegen wird die PMMFC, eine Membranzelle, mit Wasserstoff betrieben, der aus Methanol oder Erdgas „vor Ort" gewonnen werden kann. Es kann auch Methanol – z. B. aus nachwachsenden Rohstoffen – direkt oxidiert werden (DMFC-Zelle) ohne Reformierung des Methanols zu Wasserstoff; diese Zelle ist deshalb als künftiges Antriebsaggregat für Fahrzeuge auf Basis Methanol geeignet, wenn die Anlagekosten erheblich niedriger sein werden (Ziel: $ 60/kW). Am weitesten entwickelt ist die PAFC, die mit Phosphorsäure als Elektrolyten und Erdgas als Brennstoff arbeitet; 40 MW sind in 100 Anlagen weltweit (in Deutschland 10) installiert mit je 200 kW (Stand 1998), arbeiten aber wegen hoher Investitionskosten zu teuer. Auch bei der auf geschmolzenem Karbonat beruhenden MCFC-Zelle (300 kW pro Zelle, 54% Verstromungswirkungsgrad auf Erdgasbasis) ist die Lebensdauer der Zellen (20.000 h) zu gering; eine 2-MW-Anlage ist in den USA in Betrieb; Zielkosten sind $ 800/kW. Schließlich hat die SOFC-Zelle aus festen Oxiden das größte Potential betreffend elektrischer Wirkungsgrade und Brennstoffauswahl und ist auch für Großkraftwerke geeignet. Wegen der hohen Betriebstemperatur ist einerseits der Wirkungsgrad hoch (65%), andererseits stellt die hohe Temperatur hohe Anforderungen an die Materialien; eine Testanlage ist in Betrieb (1998).

8.5 Arbeitsplätze im Energiebereich

Mit der Gewinnung anwendbarer Energie (Strom, Brennstoffe, Kraftstoffe) sind global heute geschätzt etwa 100 Millionen Arbeitskräfte (etwa 3,5% der Erwerbstätigen) beschäftigt, nämlich mit Bau und Erhaltung der Anlagen, Förderung, Verteilung, Lagerung und Ausgabe. Steinkohle und auch Braunkohle haben einen hohen Einsatz an menschlicher Arbeitskraft. Selbst bei hoher Mechanisierung leistet ein „Kumpel" unter Tage kaum mehr als 10 Tonnen Steinkohle pro Schicht, also 1700 t/a oder etwa 2000 kW pro Bergmann, zuzüglich Übertage- und anderes Personal. Da in den klassischen Kohleländern Westeuropas, wie oben gesagt, die Lohnkosten dafür prohibitiv hoch sind – im Wettbewerb mit billiger Importkohle, aber vor allem in Konkurrenz mit Heizöl aus Erdöl –, geht in Westeuropa der arbeitsintensive Bergbau immer mehr zurück (in Deutschland gibt es nur noch etwa 40.000 Bergleute). Dagegen bestehen in Osteuropa (Polen, Rumänien), China, Australien und selbst in den USA noch Millionen von Arbeitsplätzen im Bergbau. Die Erzeugung, Förderung und Aufbereitung der anderen fossilen Energieträger schafft wenig Arbeitsplätze: Erdöl und Erdgas sind leicht zu fördern und zu verteilen. Dagegen erfordert die Erzeugung von elektrischem Strom einen wesentlich höheren Arbeitseinsatz, Biomasse (Land- und Forstwirtschaft, Verstromung) einen noch höheren. In der Photovoltaik sollen in der EU für Herstellung der Zellen und Bau und Betrieb der Sonnenkraftwerke 100.000 Arbeitskräfte gebraucht werden, ebenso für Windkraftanlagen. (Das wären zusammen etwa 0.2% des Arbeitskräftepotenzials der EU.)

Es stellt sich die Frage, ob der auf die Menschheit zukommende Arbeitsaufwand für die Energiebeschaffung überhaupt leistbar ist. Die Abschätzung Abb. 8-11 zeigt, dass z. B. im Jahre 2050 etwa 300 Millionen Arbeitsplätze für Energiebeschaffung notwendig wären, also statt heute 1,7% dann 3% der Gesamtbevölkerung bzw. 6% der Erwerbstätigen. Das könnte eine durchaus passende, erwünschte Erweiterung des Arbeitsmarktes sein.

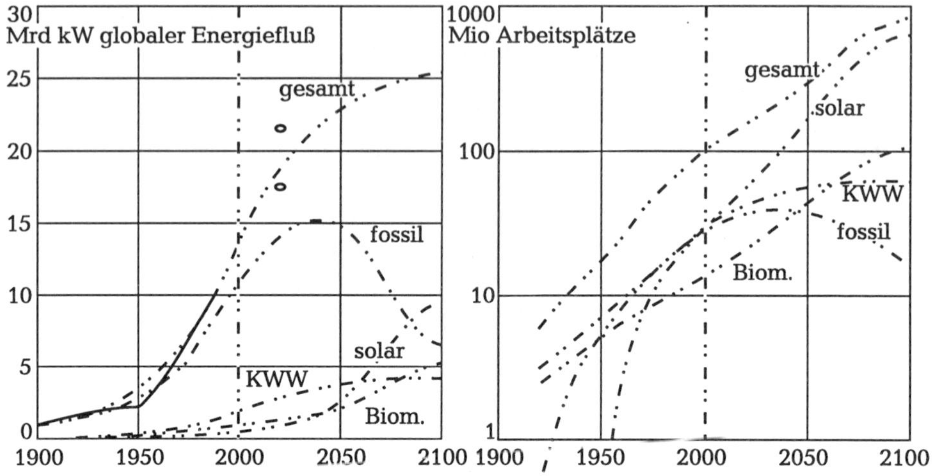

Abb. 8-11. Angenommene Aufteilung des globalen Energieflusses (links) und geschätzte Anzahl der Arbeitsplätze für die Energiebeschaffung. Dabei wurde angenommen, dass 400 kW fossile Energie je Arbeitsplatz umgesetzt werden, 70 kW je Arbeitsplatz in der Kern-, Wasser- oder Windenergie, 50 kW bei Biomasse und 15 kW für Solarenergie. In diesen Annahmen ist die Arbeitsleistung für die Erstellung der Anlagen enthalten (Prospektion, Pipelines, Kraftwerke, Staudämme, Windgeneratoren, Solaranlagen). Diese Abschätzung ist mit großen Unsicherheiten belastet (Gesamtenergiebedarf, Aufteilung, Erstellung mit teils noch nicht entwickelter Technologie). Der Energieumsatz je Arbeitsplatz wird sich im Lauf der Zeit vergrößern, weil die Effizienz auch dieser Arbeiten fortlaufend zunimmt

In diesem Zusammenhang ist auch das Todesrisiko, das alle Stufen des Betriebes umfasst (ohne schwere Unfälle), bei den verschiedenen Energiearten zu berücksichtigen (Tabelle 8-6).

9 Land, Verkehr, Umwelt, Klima

9.1 Landbedarf

Materielles Wachstum braucht Platz. Landfläche brauchen wir in erster Linie für die Produktion von Nahrungsmittel. Aber auch emotional ängstigt uns eine zu große Menschenansammlung. Erst in der Einsamkeit freuen wir uns auf die Begegnung mit dem Anderen.

Die Erde hat viel Platz. Rund 510 Mio. km^2 (51 Mrd. ha), davon etwa ein Drittel Festlandfläche (150 Mio. km^2 = 15 Mrd. ha). Von dieser sind zwei Drittel zu nass, trocken, kalt oder warm, um besiedelt zu werden. Nur ein Drittel (5 Mrd. ha) ist ohne weiteres besiedelbar, wieder etwa ein Drittel (1,5 Mrd. ha) davon landwirtschaftlich genutzt. Die Besiedlungsdichte ist sehr unterschiedlich (Abb. 9-1). Auf einen Australier entfallen 41,6 ha Festlandfläche, auf einen Niederländer 0,24 ha, also 0,6% davon.

Global kommen 2,5 ha Festlandfläche auf einen Erdenbürger, etwa 10% davon, 0,27 ha, sind Landwirtschaftsfläche. Der Flächenbedarf für die Produktion für Nahrungsmittel steht immer im Vordergrund des Interesses. Tatsächlich brauchen wir immer weniger Landwirtschaftsfläche pro Kopf. Das hängt mit dem auch in alten Kulturländern immer noch steigenden ha-Ertrag zusammen (Abb. 9-2 und Kapitel 6). Eine Vergrößerung der landwirtschaftlich genutzten Fläche wäre vielleicht auf das Dreifache möglich, doch scheint der globale Anstieg der ha-Erträge zunächst noch ausreichend.

Der nächst größte Flächenanteil wird für die menschlichen Aktivitäten gebraucht: für Wohnen, Arbeiten, Mobilität. Städte sind mit etwa 250 m^2 pro Einwohner besiedelt (Berlin 261 m^2 pro Einwohner, in Paris-Mitte kommen allerdings nur 45 m^2 auf einen Bewohner, obwohl es da auch noch ausgedehnte Grünflächen gibt). Das Beispiel Wien (Abb. 9-3) zeigt, dass der größere Teil des Stadtgebiets unverbaut ist: Bauten und Straßen machen 118 m^2 (46%) pro Einwohner aus.

Die Gesamtlänge der Straßen wird global bis zum Jahr 2050 von 25 auf über 100 Millionen km anwachsen (Abb. 9-4) Autobahnen von 1,8 auf 10 Millionen km, die Eisenbahnstrecke von 10 auf 35 Millionen km. Rechnet man mit einer durchschnittliche Breite von 15 m für Straße und Bahn sowie 25 m für Autobahnen, dann wird sich die gesamte Verkehrsfläche von 0,56

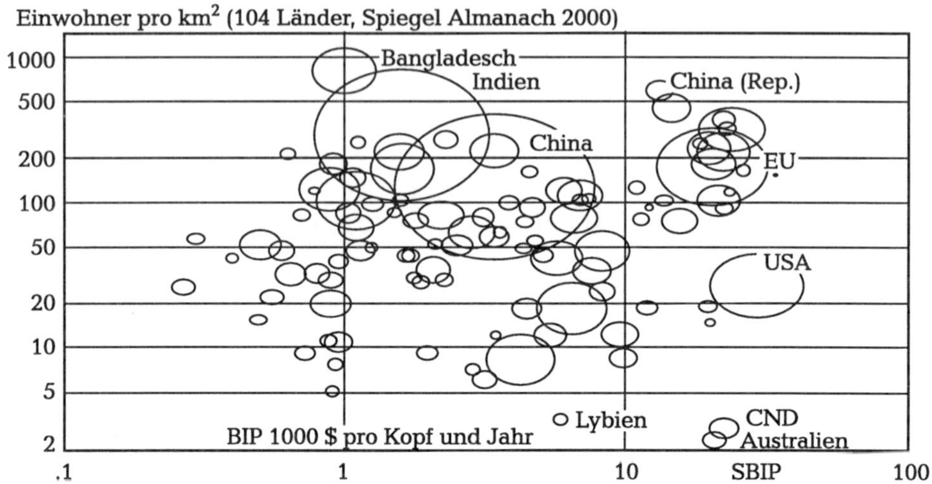

Abb. 9-1. Besiedlungsdichte im Überblick

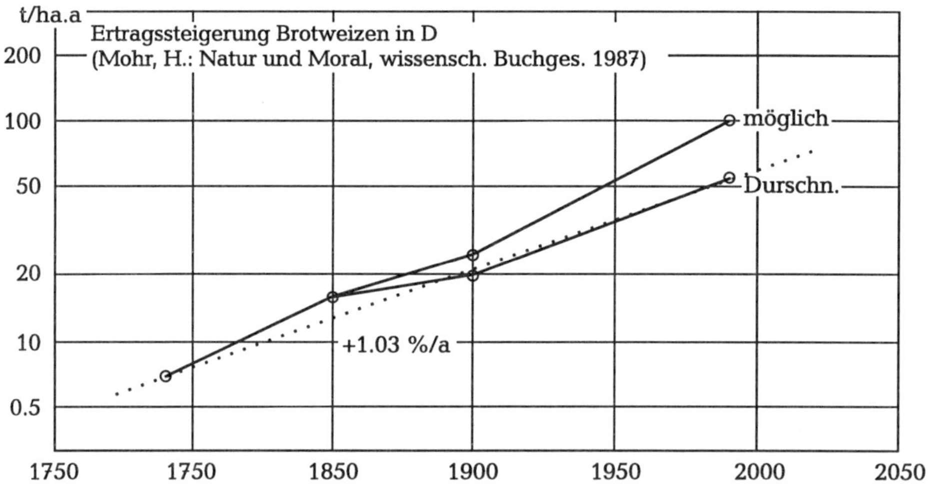

Abb. 9-2. Der ha-Ertrag steigt auch in den entwickelten Ländern weiter an. Der Anstieg könnte noch erheblich größer sein, wenn die Überproduktion nicht steuertechnisch unterbunden würde, nach Mohr

auf 2,37 Millionen km² vergrößern, von 0,038 auf 0,16% der Festlandfläche (Abb. 9-5). (Bahnhöfe und Stadtstraßen werden zur Stadtfläche gezählt, Land- und Forststraßen zur Landwirtschaft.)

In Abb. 9-5 ist links eine Näherung für den von der Wirtschaftsleistung abhängigen Flächenbedarf dargestellt, der rechts mit der im 5. Kapitel angegebenen Methode hochgerechnet ist. Zwischen den Jahren 2000 und 2050

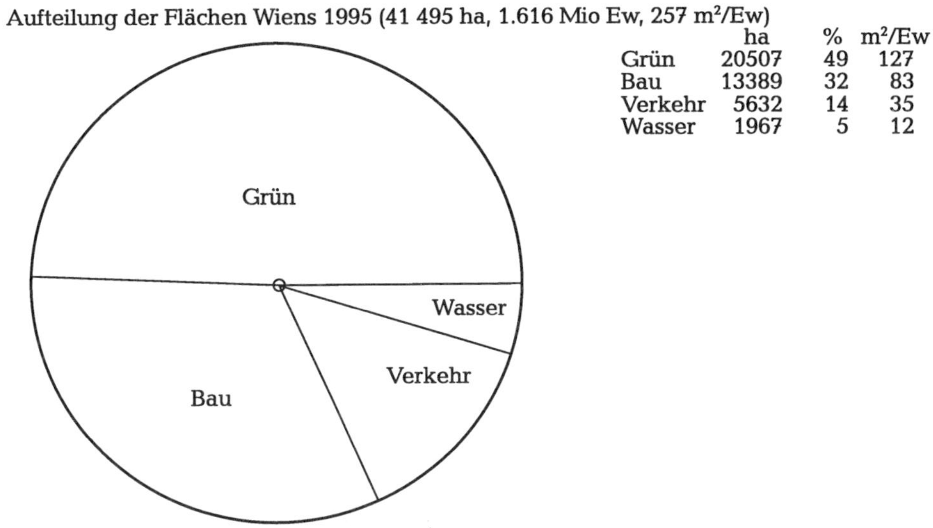

Abb. 9-3. Alle Stadtflächen enthalten einen relativ großen Anteil an unverbauten Flächen (Grünflächen, Wasser). Hier als Beispiel Wien

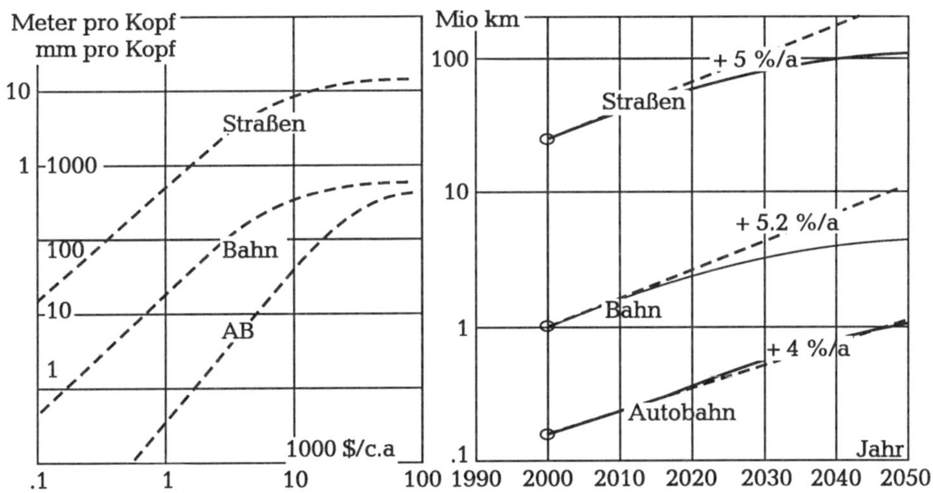

Abb. 9-4. Streckenlänge von Straßen, Autobahnen AB und Bahnstrecken pro Kopf (links) und Hochrechnung auf die globale Gesamtlänge (rechts)

steigt der Bedarf für Verkehrsflächen und Flächen für Wohnen, Arbeiten usw. an. Der Flächenbedarf für Landwirtschaft wird sich nicht wesentlich verändern. Er könnte bis unter 9% der Festlandfläche absinken. Für weitere Urbarmachung (Rodung von Wald, Trockenlegung von Sümpfen usw.) besteht daher kein Anlass. Wenn das lokal trotzdem geschieht, dann sollten die ent-

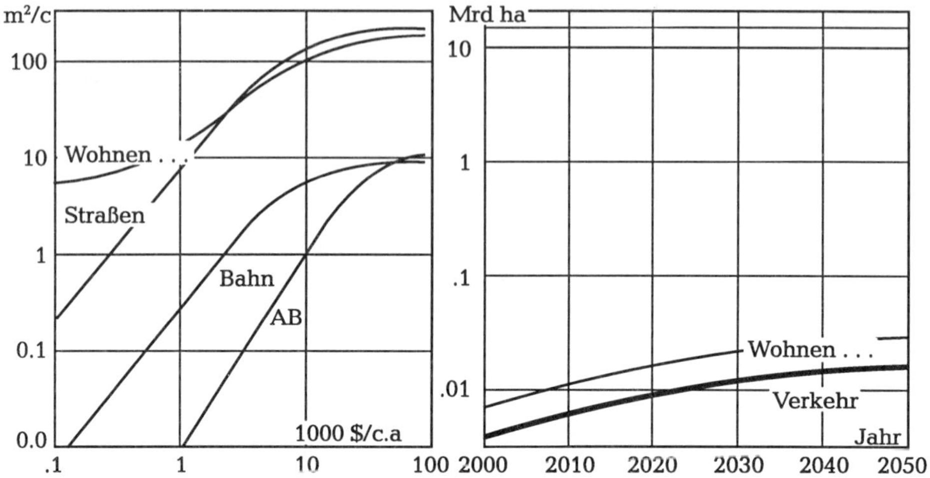

Abb. 9-5. Flächenaufteilung pro Kopf (links) und global (rechts). Die Festlandfläche beträgt zwar 15 Milliarden ha, doch sind nur etwa 5 Milliarden für Ackerbau und Besiedlung geeignet. – Der Flächenbedarf für den Verkehr nimmt stark zu, beschränkt sich aber auf etwa 250 Millionen ha, also 1,6% der Festlandfläche

wickelten Bevölkerungsgruppen im Hinblick auf die eigene Geschichte nicht zu laut heucheln. Erst seit 50 Jahren nimmt der Waldbestand in Mitteleuropa wieder zu.

Auch der Flächenbedarf für das Sammeln von Solarenergie ist überschaubar. Zum Beispiel sind für einen Energiestrom von 10 Milliarden kW 0,2 Milliarden ha erforderlich, wenn man eine Einstrahlung von 2500 kW pro ha zugrunde legt (Solargürtel) und die Umwandlung in einen materiellen Energieträger mit 2% Wirkungsgrad bewerkstelligt werden kann. 0,2 Milliarden ha sind nur 1,3% der gesamten Festlandfläche. Hinzu kommt, dass diese Fläche im Solargürtel der Erde liegt, vorzugsweise in Wüstengebieten, die landwirtschaftlich nicht genutzt werden (siehe Kapitel 8). Trotzdem macht die Fläche für das Gewinnen von diesem Teil der Solarenergie nur 13% der Landwirtschaftsfläche aus. 10 Mrd. kW wären dann vielleicht nur 1 kW pro Kopf. Aber man wird dann die Niedertemperaturwärme lokal sammeln und speichern, Strom für den akuten Verbrauch der Fassadenvoltaik nehmen, aus Wasser-, Kern- und Windkraft.

„Fußstapfen"

In der Literatur finden sich sehr unterschiedliche und meist beängstigende Aussagen dazu, wie viel Fläche heute ein „Industriemensch verbraucht" und wie viel Menschen daher maximal im heutigen Stil der „Industriemenschen" leben könnten. Beeindruckend sind die „Fußstapfen" von 4,6 ha „Landbesitz pro Kopf (reiche Länder)" (Weizsäcker u. a. S. 244). Wenn eines Tages alle Menschen „reich" sein sollen, dann hätten auf 5 Milliarden ha besiedelbarem Land gerade noch 1,1 Milliarden Menschen Platz.

In einem Gastkommentar (Die Presse, 16. 12. 1998) heißt es: „Nur kleine Bevölkerungsdichten ermöglichen nachhaltigen Wohlstand, nur sie sind ethisch vertretbar!" Heißt das, es wäre ethisch vertretbar, der Mehrzahl der schon heute lebenden Bevölkerung die Daseinsberechtigung abzusprechen?

In der Studie (Buitenkamp, zitiert nach van Dieren) heißt es, dass die Menschen im Vergleich zum heutigen holländischen Lebensstil 40 bis 85% Abstriche machen müssten, wenn 7 Milliarden Menschen leben wollen. Nur alle 10 Jahre wäre ein Flug von 12.000 km möglich (über den Atlantik hin und zurück).

Alle diese Studien lassen außer acht, dass die Technik rasch fortschreitet. Der durchschnittliche ha-Ertrag wird sich erhöhen, Flugzeuge müssen nicht mit Kerosin fliegen, die Menschen müssen nicht 2,3 t CO_2 pro Kopf und Jahr emittieren. „Raum für Energie" gibt es genug, weil ein Bruchteil Wüstenflächen für das Sammeln der Solarenergie reicht. Die Wassermenge ist keine vorgegebene Größe, weil man es technisch aufarbeiten oder notfalls aus Salzwasser erzeugen kann, „Mineralien" gibt es genug, weil man in allen Fällen auf einen anderen Rohstoff ausweichen kann. Unethisch ist einzig der Standpunkt, Anderen das Recht auf würdiges Leben mit allen bisherigen und zukünftigen technischen Errungenschaften absprechen zu wollen.

9.2 Landverkehr

Ein rasch steigender Flächenbedarf ist für den Verkehr erforderlich (Abb. 9-4 bis 9-6 Straßen und Schienen, Bahnhöfe und Flugplätze). Das hängt mit Mobilität (gemessen in Personen- und Tonnenkilometer) zusammen, die mit der Wirtschaftsleistung zunimmt (Abb. 9-7). Sie nimmt zunächst mit über 5% pro Jahr, bis zum Jahr 2050 auf das 4,5fache zu. Die Aufteilung auf die verschiedenen Verkehrsträger zeigt eine immer stärkere Verlagerung auf den Straßenverkehr (Abb. 9-8 und 9-9). In Westeuropa werden 93% des Personenverkehrs auf der Straße zurückgelegt (84% im PKW, 9% im Bus) und 71% (nach anderen Quellen 76,7%) des Güterverkehrs. Der Anteil der Bahn ist in den einzelnen Ländern sehr unterschiedlich (Abb. 9-10 und 9-11): Auf einen Österreicher kommen 1204, auf einen US-Amerikaner nur 80 Personenkilometer pro Jahr. Auf einen Belgier entfallen nur 793, auf einen US-Amerikaner aber 6180 Tonnenkilometer pro Jahr.

Weil der Straßenverkehr einen immer größer werdenden Anteil am Gesamtverkehr auf sich zieht, werden die folgenden Untersuchungen auf ihn bezogen.

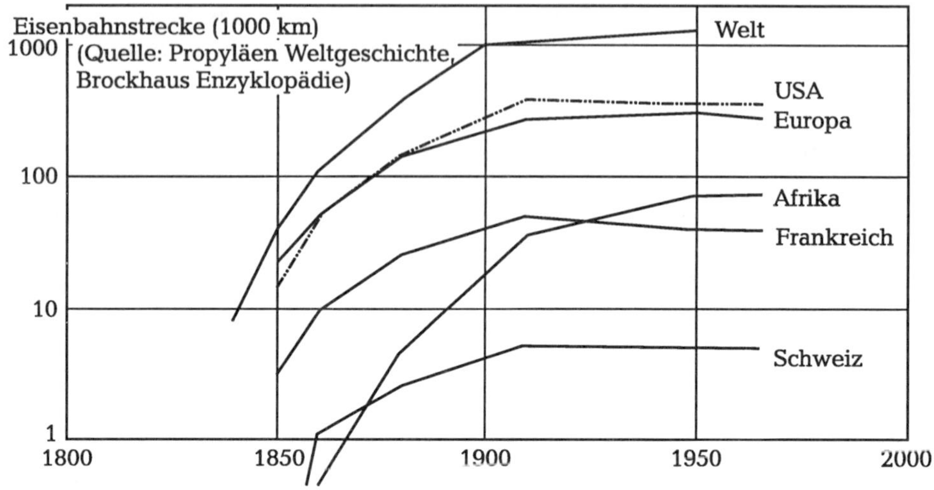

Abb. 9-6. Eisenbahnstrecken der Welt. In Europa und den USA wurde schon kurz nach 1900 der Endausbau erreicht, in Afrika erst 1950. Seither: Rückzug aus der Fläche und Ausbau der Hauptverkehrsstrecken

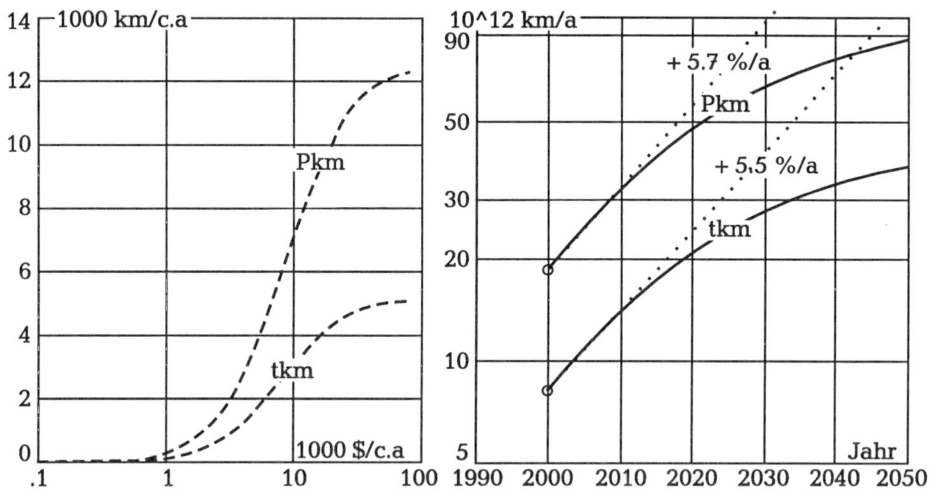

Abb. 9-7. Die Mobilität, hier als Personenkilometer und Tonnenkilometer pro Kopf und Jahr gemessen, nimmt entsprechend Abb. 4-27 und 4-28 mit dem SBIP rasch zu (links). Die Hochrechnung (rechts) ergibt bis zum Jahr 2050 eine Zunahme auf das mehr als 4fache

Der Bestand an Kraftfahrzeugen nimmt heute global mit 3,8% pro Jahr zu, wird zwischen 2040 und 2050 3 Milliarden Einheiten erreichen (Abb. 9-12). Die Kraftfahrzeugdichte wird sich dann von heute 11 auf über 40 Kraftfahrzeuge pro 100 Einwohner vervierfachen. Die Kraftfahrzeugproduktion wird

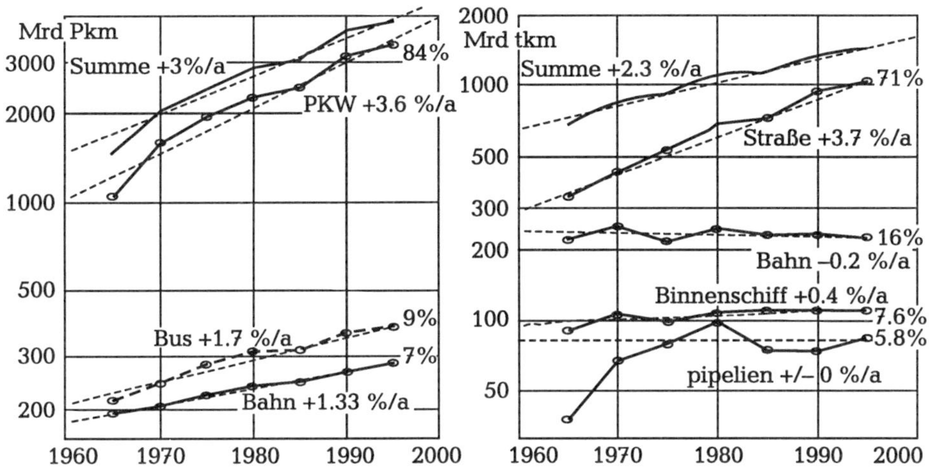

Abb. 9-8. Personen und Güterverkehr in Westeuropa (= EU + Norwegen + Schweiz) nach A. Dieckmann: Towards More Rational Transport Policies, div 1995. In diesem Wirtschaftsraum (368 Millionen Einwohner, 33.700 ECU) werden 84% der Personenkilometer vom PKW erbracht, 9% vom Bus, zusammen also 93% von der Straße. Die Bahn hat in den letzten 30 Jahren bei absoluter Zunahme kontinuierlich Anteile verloren. Im Gütertransport bringt die Straße 71%. Die Zunahme ist fast ausschließlich auf die Straße zurückzuführen (+ 3,7%/a), während Bahn, Binnenschiff und Pipeline stagnieren

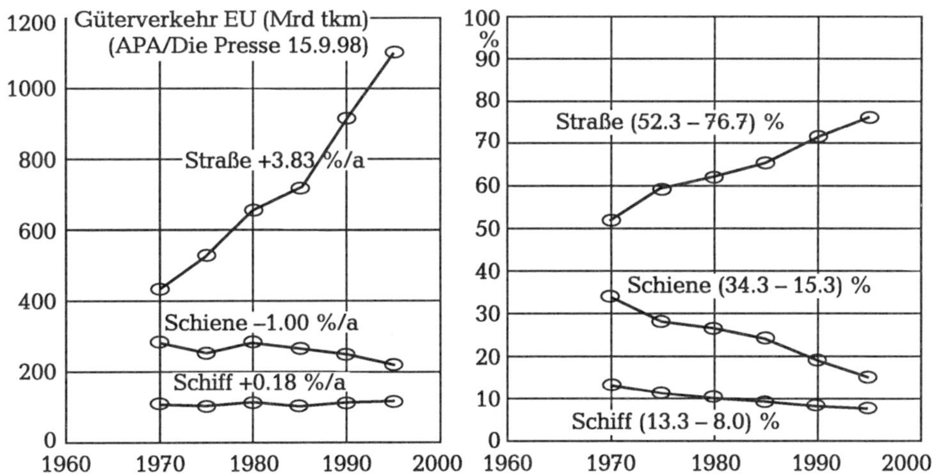

Abb. 9-9. Entwicklung des Güterverkehrs in der EU

sich von heute 60 auf fast 300 Millionen Kraftfahrzeuge pro Jahr verfünffachen (Abb. 9-13). Der Produktionsstandort wird sich von den traditionellen Produktionsländern in die heutigen Entwicklungsländer verlagern (Abb. 9-14).

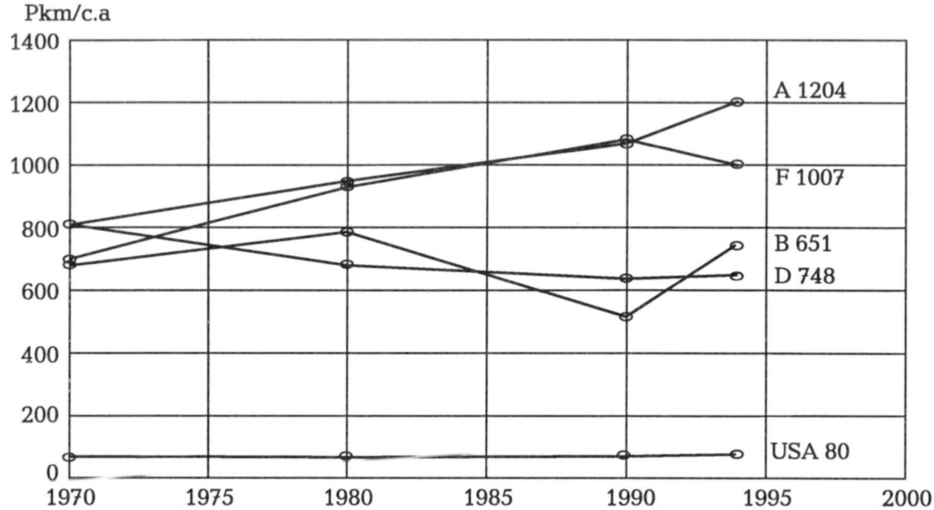

Abb. 9-10. Die mit der Bahn zurückgelegten Personenkilometer pro Kopf und Jahr. Während Europäer zwischen 750 und 1200 Personenkilometer pro Kopf und Jahr zurücklegen, sind es bei den US-Amerikanern nur 80 (Quelle: ÖSTAT 1997)

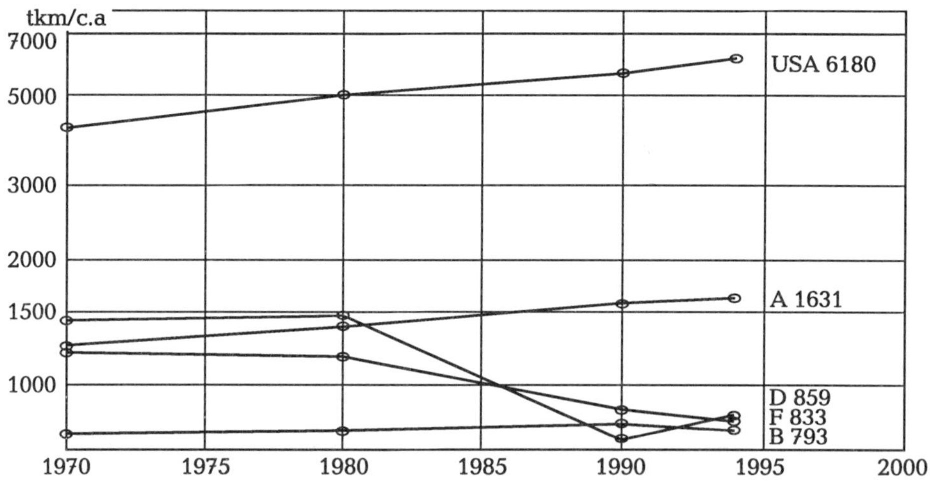

Abb. 9-11. Die von der Bahn erbrachten Tonnenkilometer pro Kopf und Jahr. In den USA ist das wesentlich mehr als in Europa (Quelle: ÖSTAT 1997)

Die zu erwartende drastische Zunahme des Kraftverkehrs führt häufig zu finsteren Prognosen. Die Zahl der Verkehrsopfer durchläuft während der Motorisierung ein Maximum (Abb. 9-15). Die Zahl der Verkehrstoten wird von heute 0,7 Millionen auf 1,4 Millionen im Jahr ansteigen, je Einwohner global Werte erreichen, wie sie z. B. in Österreich in den 90er-Jahren zu-

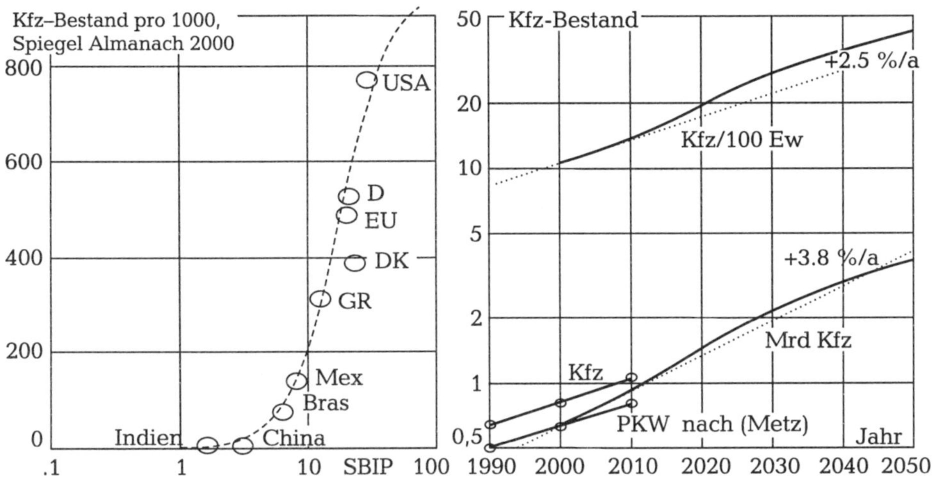

Abb. 9-12. Kraftfahrzeugbestand pro Kopf (links) und Hochrechnung auf den globalen Bestand. Er wird danach zwischen 2040 und 2050 3 Milliarden erreichen

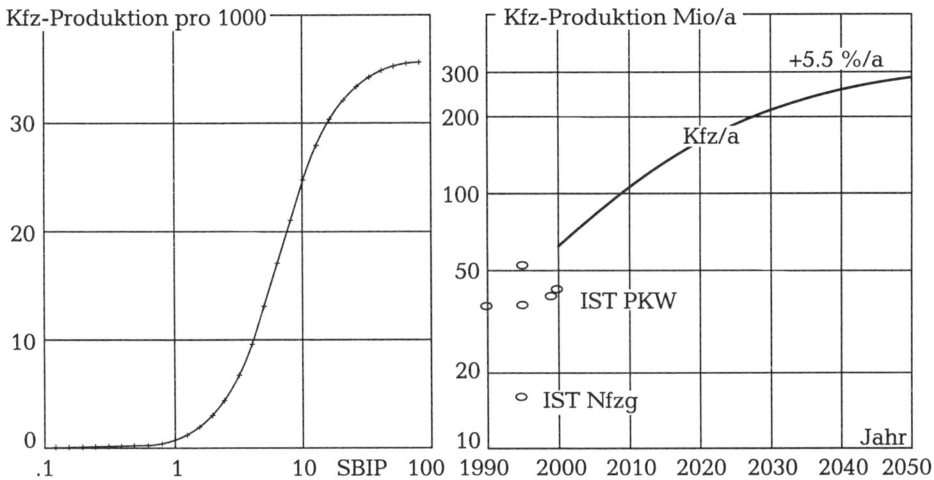

Abb. 9-13. Kraftfahrzeugproduktion (links) und Hochrechnung

treffend waren. Bezogen auf die Transportleistung wird sich die Sicherheit global verbessern.

Kritischer ist die Frage nach dem Kraftstoffverbrauch (Abb. 9-16). Für alle Verkehrsträger liegt er heute bei knapp 2 Milliarden Tonnen pro Jahr (elektrische Energie auf Öl-Äquivalent im Wärmekraftwerk umgerechnet). Er könnte sich bis 2050 verdreifachen, auf über 6 Milliarden Tonnen pro Jahr. Das wäre doppelt so viel wie heute Erdöl gefördert wird. Eine Antwort könnten Fahrzeuge extrem niederen Verbrauchs („3-Liter-Autos") bringen. Diese

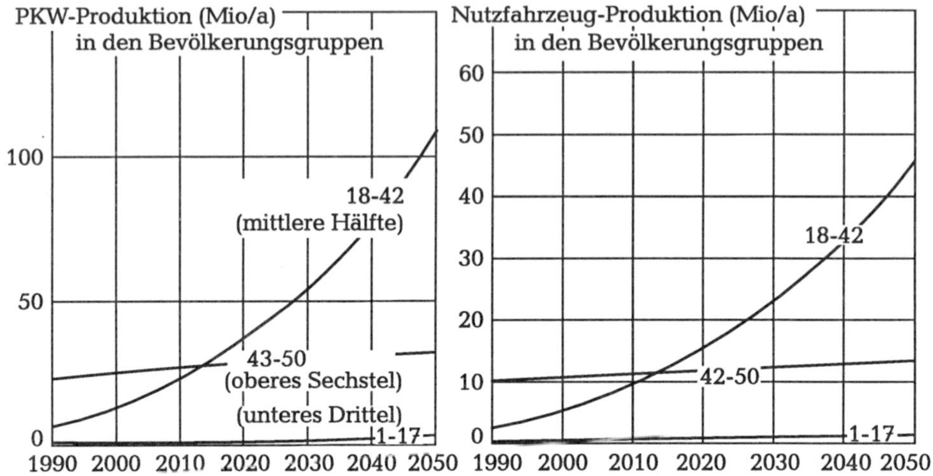

Abb. 9-14. Die Fahrzeugproduktion verlagert ihren Schwerpunkt von den heutigen Industrieländern (Bevölkerungsgruppen 43 bis 50) auf die Bevölkerungsgruppen 18 bis 42

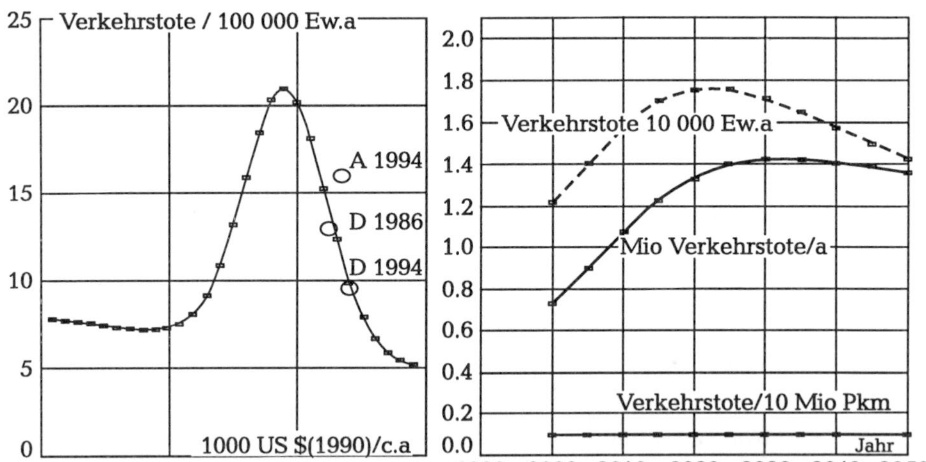

Abb. 9-15. Verkehrsunfallopfer. Links ist der angenommene Zusammenhang zwischen spezifischer Wirtschaftsleistung und der Zahl der Verkehrstoten pro 100.000 Einwohner und Jahr dargestellt. Nach den bisherigen Erfahrungen steigt die Zahl der Todesopfer mit Beginn der Motorisierung an, um dann aber wieder abzufallen. (Die Statistik für die Unfallopfer vor der Motorisierung ist dürftig.) Die Kreise bezeichnen Ist-Werte für Deutschland 1986 und 1994 sowie Österreich 1994. Rechts ist die hochgerechnete globale Zahl der Verkehrstoten angegeben. 1995 waren 0,6 Mio. Todesopfer zu beklagen, 0,011% der Gesamtbevölkerung. 2050 werden sich danach 1,4 Mio. tödliche Verkehrsunfälle ereignen, 0,014% der Gesamtbevölkerung werden pro Jahr bei Verkehrsunfällen ums Leben kommen

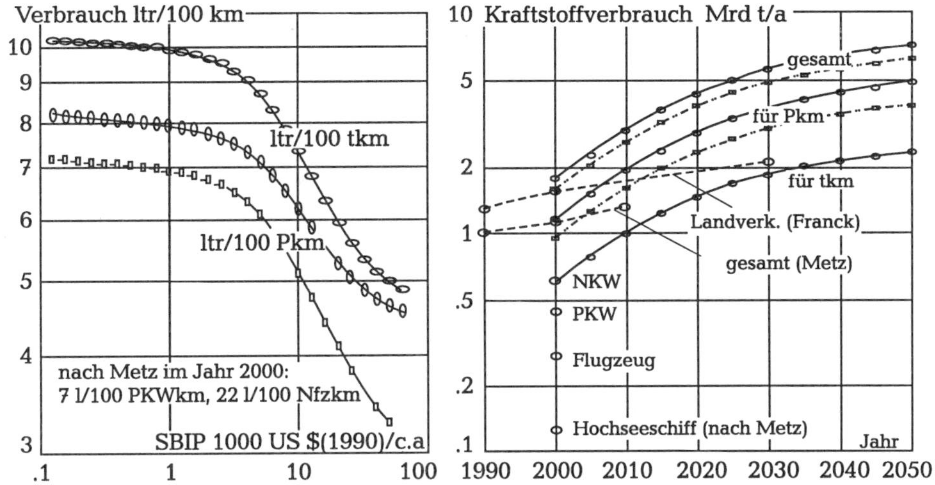

Abb. 9-16. Kraftstoffverbrauch pro Personen- und Tonnen-Kilometer (links) sowie der daraus errechnete Gesamtverbrauch. Für den Personentransport sind links 2 Kurven angenommen, von denen die untere (kleine Rechtecke) extrem sparsame Fahrzeuge annimmt. (Ein Verbrauch von 3 l/100 Personenkilometer bedeutet für einen PKW mit 1,3 Personen durchschnittlicher Besetzung einen Verbrauch von 4 l/100 km.)

Annahme ist in Abb. 9-16 in Rechnung gezogen. Die globale Einsparung ist aber eher enttäuschend. Ein größeres Potential liegt in einer sparsamen Fahrzeugführung: Im typischen Stadtverkehr gehen etwa 50% des eingesetzten Kraftstoffs durch Bremsen und im Stau verloren. Im Überlandverkehr kann die automatische Fahrzeugführung durch Zugbildung (Windschatten) und gleichmäßige Fahrgeschwindigkeit sparen. Elektrotraktion wird bei den dann quasi spurgeführten Fahrzeugen möglich (Abb. 9-17).

Der Straßenbau ist infolge andauernder Fehlprognosen hinter dem Bedarf zurückgeblieben, was sich nun in hohen wirtschaftlichen Verlusten („Staukosten"), einer sinnlosen Vergeudung von Energie und sinnloser Emission äußert (Abb. 9-18).

Die Fahrzeugemissionen sind eine andere wichtige Frage. Die Abb. 9-19 und 9-20 liefern die Antwort, nach der bis 2050 global fast alle Emissionen ihr Maximum überschreiten. Diese Maximalwerte von z. B. 900 Millionen Tonnen CO oder 100 Millionen Tonnen NOx pro Jahr PKW-Emission sind gewiss bedeutende Mengen. Im Hinblick darauf, dass ihre Lebensdauer in der Atmosphäre nur einige Tage beträgt und 1 ppm der Erdatmosphäre bereits 5 Milliarden Tonnen ausmacht, zeigen sie aber, dass die Fahrzeugemissionen kein globales Problem sein werden. Das lokale Problem ist durch die greifenden Abgasvorschriften entschärft und würde durch die aus Verbrauchsgründen anzustrebende Fließregelung völlig verschwinden.

Ein immer wieder befürchteter Zusammenhang von Fahrzeugdichte und Lebenserwartung bestätigt sich nicht (Abb. 9-21): Die Lebenserwartung steigt

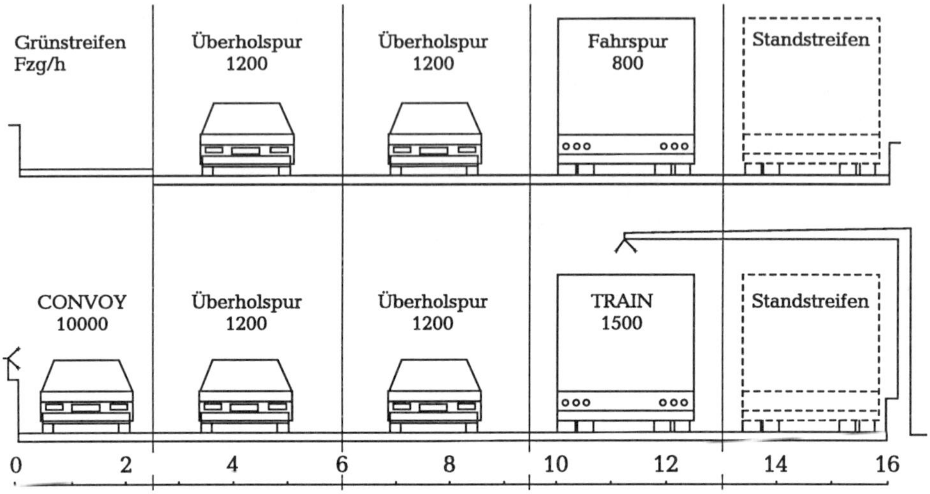

Abb. 9-17. Querschnitt durch eine 3-spurige Autobahn, oben konventionell (mit der Angabe der Kapazität), unten nach dem Ausbau für eine automatische Fahrzeugführung, bei der die Querregelung für PKW (CONVOY) als Abstand von der Leitplanke erfolgt, für LKW (TRAIN) an der Oberleitung, die auch der Energiezufuhr dient. Auch dem PKW-Verkehr könnte durch einen Stromabnehmer elektrische Energie zugeführt werden. Die Längsregelung erfolgt durch Kommunikation zwischen den Fahrzeugen ("elektronische Deichsel"), was sehr enge Abstände und damit die angegebene hohe Kapazität ermöglicht

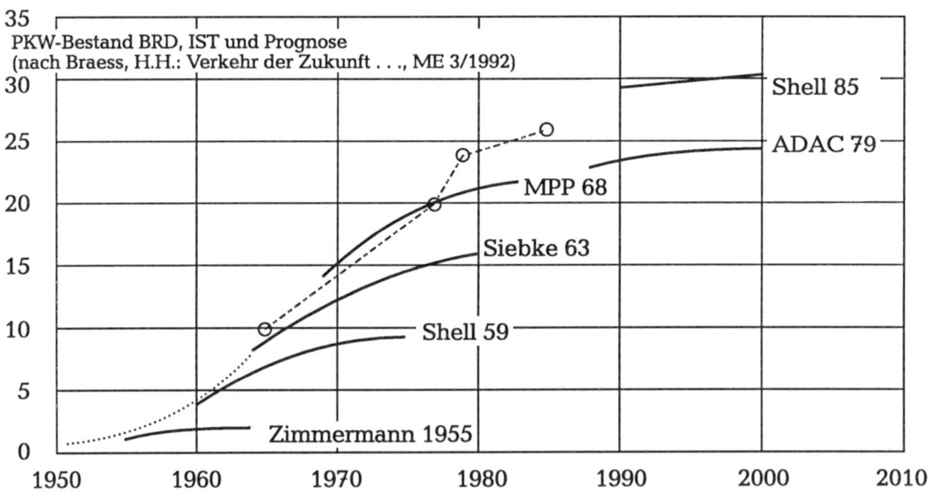

Abb. 9-18. PKW-Bestand und -Prognose für Deutschland

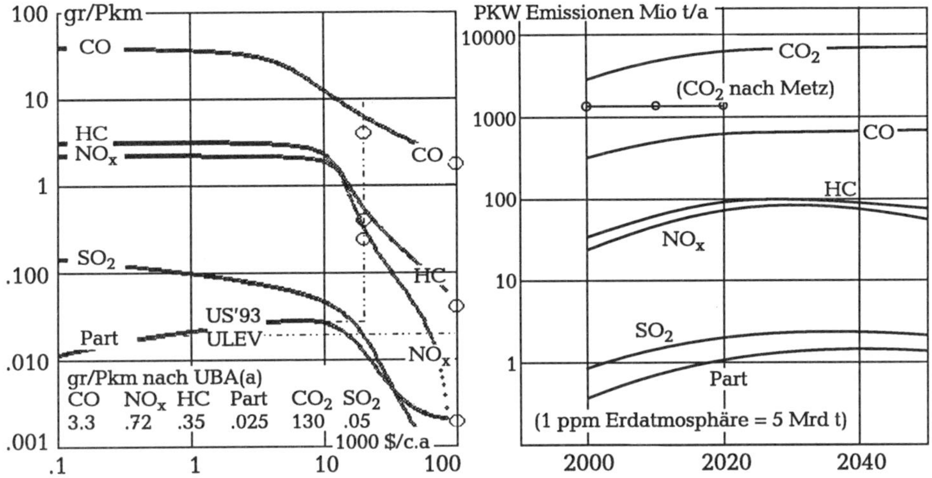

Abb. 9-19. PKW-Emissionen. Links sind die angenommenen CO-, HC-, NO_x, SO_2 und Partikel-Emissionen in Gramm pro Meile angegeben. Zur Orientierung sind als größere Kreise die US-Standards für 1993 und die in Aussicht gestellten ULEV-Standards (ultra low emission) angegeben (jeweils von oben nach unten CO, HC und NO_x). Die erwarteten Werte liegen etwas über den Standards, weil diese erst mit Verzögerung greifen.
Rechts sind die hochgerechneten globalen PKW-Emissionsmengen dargestellt. Die Kohlenwasserstoff- (HC) und Stickoxidemission (NO_x) überschreiten etwa im Jahre 2020 ein Maximum, die CO-Emission schon 2010. 2050 macht danach die globalen PKW CO-Emission 850 Mio. t aus, die HC-Emission 80 Mio. t, die NO_x-Emission 62 Mio. t

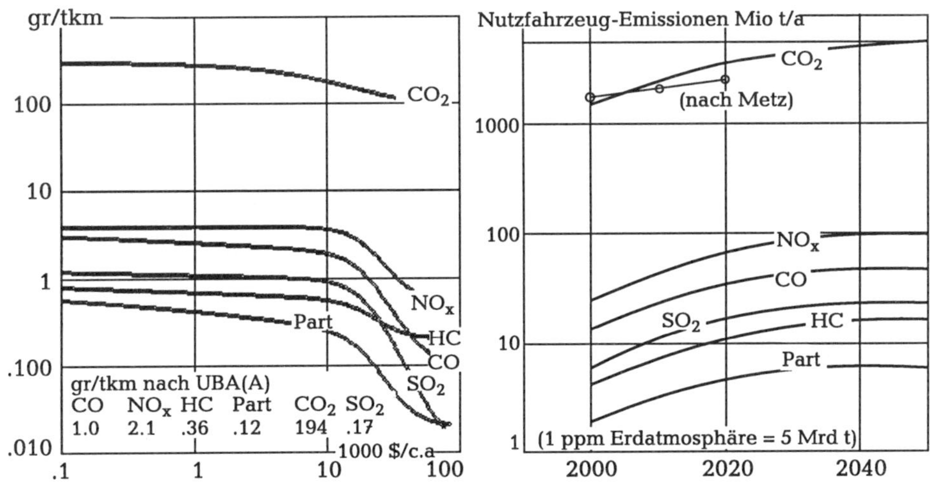

Abb. 9-20. Wie Abb. 9-19, aber für den Güterverkehr (tkm)

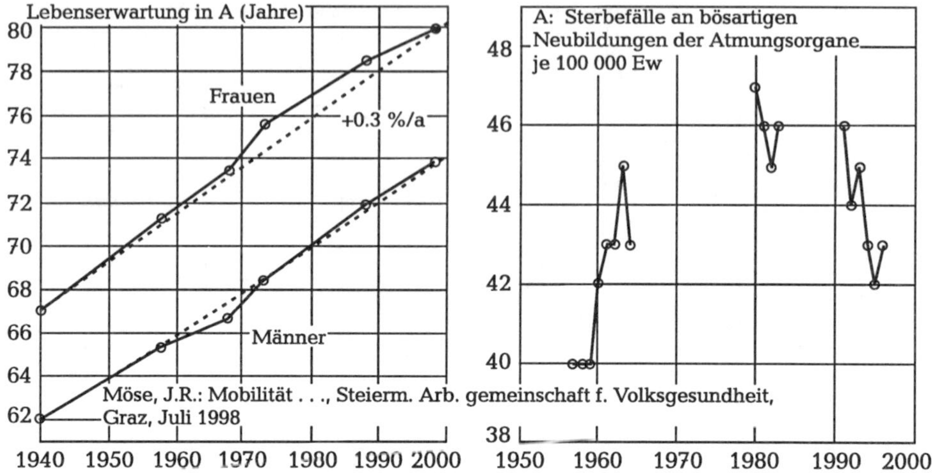

Abb. 9-21. Lebenserwartung in Österreich und Sterbefälle an bösartigen Neubildungen der Atmungsorgane. Beide Zahlenreihen lassen einen wesentlichen Einfluss einer zunehmenden Umweltbelastung nicht erkennen

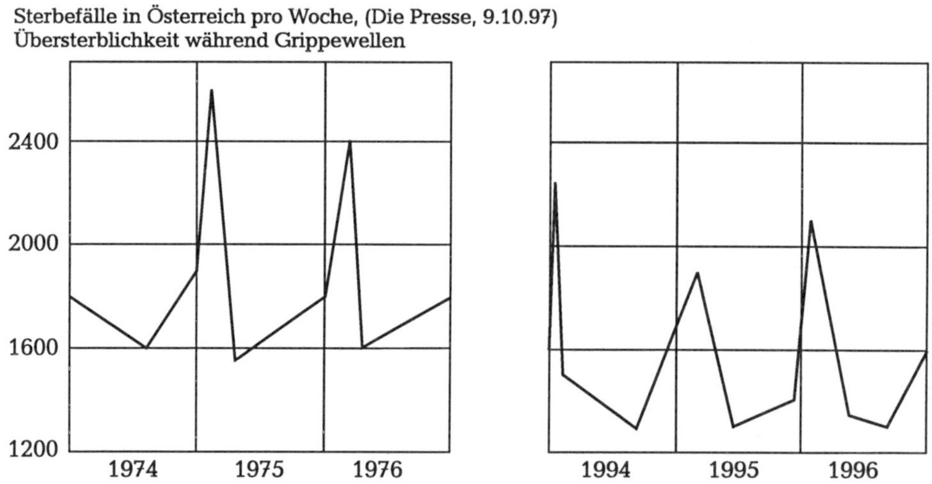

Abb. 9-22. Während der Grippewellen steigen die Sterbefälle pro Woche deutlich an

und die Sterbefälle infolge bösartiger Neubildungen der Atmungsorgane fällt, obwohl die Fahrleistung mit etwa 3% pro Jahr steigt. Die Ursache an der Welle von Übersterblichkeit sind offenbar Grippewellen (9-22).

Die Belastung durch Schadstoffe geht in den höher entwickelten Ländern zurück (Abb. 9-23).

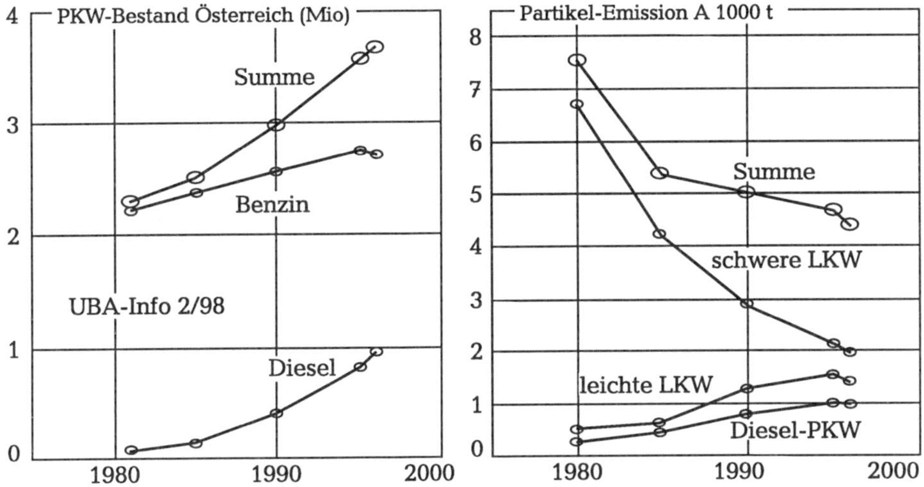

Abb. 9-23. Die Abgasgrenzwerte für Kraftfahrzeuge fallen so kräftig, dass trotz steigender Fahrleistung die Schadstoffemission sinkt

9.3 Umweltschutz, Kohlendioxid und Klima

1996 ging eine schockierende Nachricht durch die Medien der Welt: Wenn die Motorisierung Chinas die gleiche Dichte wie die Europas erreichte, würde dort die Luft nicht mehr zu atmen sein und die Vögel fielen vom Himmel. Erstaunlicherweise hat niemand gefragt, wieso in den Niederlanden, die doppelt so dicht besiedelt sind wie China, Menschen und Vögel sich einer intakten Umwelt erfreuen. Hier hat wieder der alte Trick der Apokalyptiker gewirkt: Wenn die prognostizierte Katastrophe nicht jetzt und vor Ort eintritt, dann behauptet man sie für das ferne Land und für die ferne Zukunft. Die auf schlechte Nachrichten geilen Medien stürzen sich auf alle Fälle darauf. An sich ist das unbedenklich, weil längst kein vernünftiger Mensch die Sensationsmeldungen für mehr als Nervenkitzel hält. Bedenklich kann es erst werden, wenn einmal wirklich bedeutsame Nachrichten von den Medien gebracht, aber dann auch nicht geglaubt werden.

China ist weniger dicht besiedelt als Europa (siehe Abb. 9-1), China hat bereits europäische Emissionsstandards eingeführt und wird die Stufen EURO 3 und EURO 4 bis 2005 einführen und scharf kontrollieren. China hätte dann mit Hinblick auf die jüngere Fahrzeugflotte günstigere Emissionswerte, soweit sie vom Fahrzeugverkehr stammen.

Jede wirtschaftliche Aktivität greift in die Umwelt ein. Die Erfahrung zeigt allerdings, dass es einer intakten Wirtschaft möglich ist, diesen Eingriff auf einem erträglichen Maß zu halten (siehe z. B. Bericht der Europäischen Umweltagentur 1999, Anhang VI).

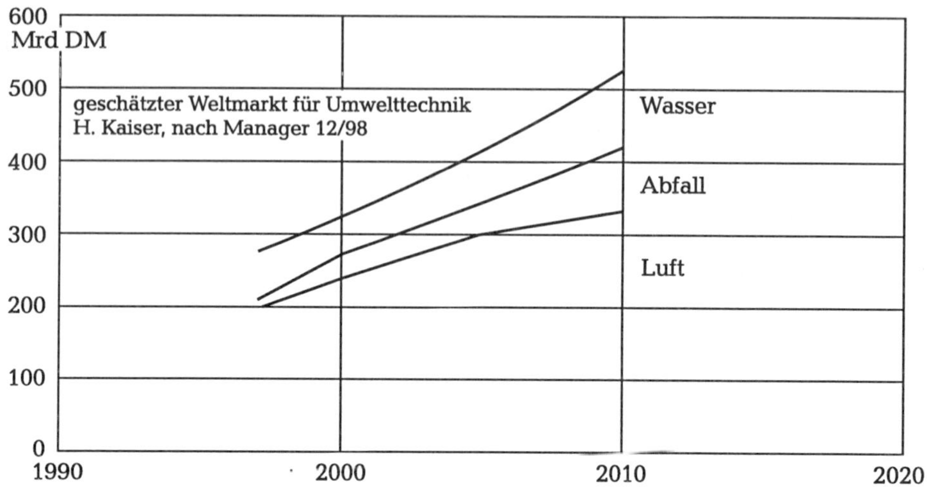

Abb. 9-24. Von der Umwelttechnik wird die Bildung einer großen Zahl von Arbeitsplätzen erwartet

Trotzdem werden immer mehr Mittel für die Verringerung der Umweltbelastung insgesamt ausgegeben. Der geschätzte Weltmarkt für Umwelttechnik steigt zwischen 1997 und 2010 um 5% pro Jahr, was andererseits erst 0,7% des globalen Bruttoinlandsprodukts ausmacht (Abb. 9-24).

9.3.1 Lokale Umweltbelastung

Die lokale Belastung der Umwelt ist ein Problem, seit die Menschen sesshaft geworden sind. Die Organisation der Abfallbeseitigung war zunächst vordringlich. Sauberes Wasser und saubere Luft waren die nächsten zu lösenden Aufgaben. Wir sehen die gleichen Probleme unserer Geschichte in den Entwicklungsländern auf der entsprechenden Stufe der spezifischen Wirtschaftsleistung. In dem Bericht an den Club of Rome „Mit der Natur rechnen" finden sich die diesbezüglichen Angaben (dort Abb. 6-6, S. 139; Abb. 9-25). Sauberes Wasser und sanitäre Versorgung setzen eine bestimmte Leistungsfähigkeit der Wirtschaft voraus. Die Emissionen aus Verbrennungsprozessen steigen mit zunehmender Wirtschaftsleistung zunächst an. Mit weiter steigender Wirtschaftsleistung werden die Abgase erst entstaubt, dann entschwefelt, dann entstickt (ohne Abbildung) usw. Jedenfalls kann man davon ausgehen, dass mit steigender Wirtschaftsleistung die sanitäre Versorgung und die Versorgung mit sauberem Wasser besser werden und die Belastung durch Emissionen in Städten zurückgeht.

Die städtischen Abfälle steigen solange, bis man sich zu einer konsequenten Kreislaufwirtschaft (Abwasseraufbereitung, Kompostierung, Müllverbrennung) entschließt.

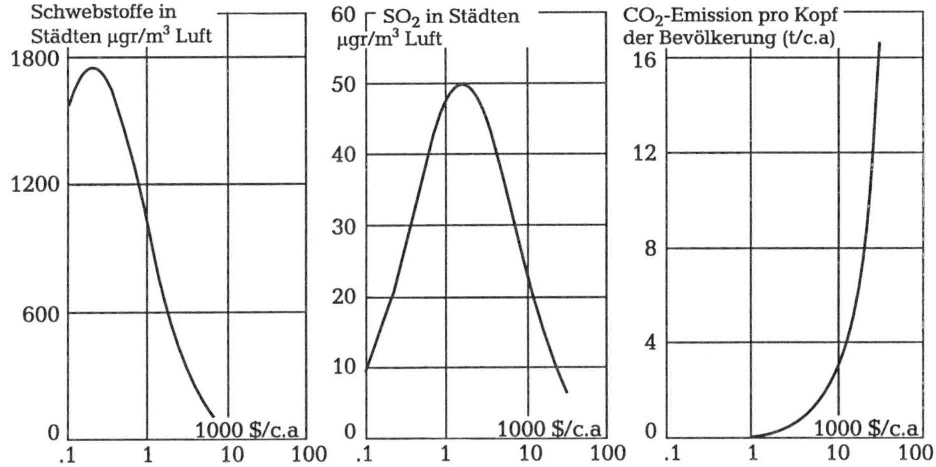

Abb. 9-25. Mit steigendem SBIP durchlaufen die Imissionswerte in Städten ein Maximum (van Dieren). Die Aussage bezüglich CO_2 stimmt nicht mit der tatsächlichen Entwicklung überein

Die Kohlendioxidemission ist aber kein lokales, sondern ein globales Problem.

9.3.2 Globale Umweltbelastung, Kohlendioxid und Klima

Wie schon im Kapitel 9.2 Landverkehr ausgeführt, können lokale, gasförmige Emissionen zwar ein lokales Problem darstellen (z. B. in Straßenschluchten); sie haben aber global kaum eine Bedeutung, weil Menge und Lebensdauer in der Atmosphäre zu sehr kleinen Konzentrationen führen. Ausnahmen von dieser Regel stellen nur solche Stoffe dar, die in der Atmosphäre nur langsam abgebaut werden (z. B. Fluor-Kohlenwasserstoffe, Methan, N_2O_2) und insbesondere das Kohlendioxid, das aus einem offenen Kreislauf stammt, sofern es durch Verbrennen fossiler Kohlenstoffverbindungen in die Atmosphäre gelangt (Abb. 9-26).

Mit steigendem globalem BIP verändert sich die Zusammensetzung der Atmosphäre. Fluor-Chlor-Kohlenwasserstoffe (FCKW) kommen in der Natur nicht vor, sie sind ausschließlich anthropogenen Ursprungs. Jahrzehntelang waren sie als harmlos und stabil gelobt, bis sie der Verdacht, Hauptschuldiger bei der Zerstörung der schützenden Ozonschicht zu sein, zum Störenfried gemacht hat. Ihre Konzentration wird noch weiter zunehmen. Schließlich wird sie aber abnehmen, wenn die Vermeidungsgebote global gelten werden und aufrecht bleiben. Beim Methan ist nicht klar, was die Hauptquellen sind: undichte Erdgasleitungen, Unverbranntes, Reisfelder und Rinder. Eine weitere Zunahme seiner Konzentration in der Atmosphäre

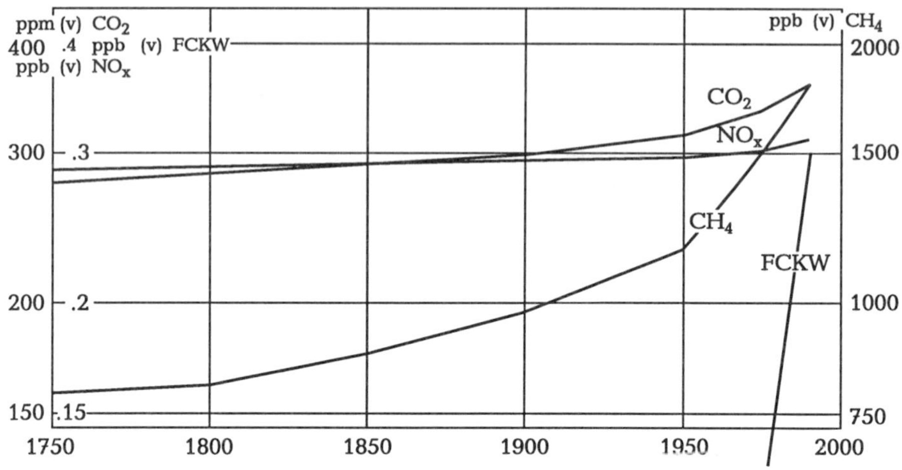

Abb. 9-26. Konzentration von Spurengasen in der ungestörten Atmosphäre

ist wahrscheinlich. In erster Linie wirkt es als Treibhausgas. Stickoxide steigen relativ schwach an. Für alle drei Gase bieten sich Ansatzpunkte zur Reduzierung.

Im Lauf der Erdgeschichte haben Kohlendioxid CO_2 und Sauerstoff O_2 als Hauptbestandteil der Atmosphäre ihre Plätze gewechselt: über die längste Zeit war die CO_2-Konzentration höher als die O_2-Konzentration. Erst vor etwa 500 Millionen Jahren hat der durch Photosynthese fortlaufend entstehende Sauerstoff die Überhand bekommen (Abb. 9-27). Die Durchschnittstemperatur betrug damals 24 °C. Mit immer weiter sinkender CO_2-Konzentration kam es dann zur Instabilität der Eiszeiten, bei denen die Durchschnittstemperatur immer wieder bis nahe 10 °C abgesunken ist, um in den Zwischeneiszeiten das heutige Niveau von etwa 15 °C zu erreichen. Nach der bisher letzten Eiszeit stieg die Temperatur auf etwa 16 °C an. Ein stetiger Abfall bis zur „kleinen Eiszeit" des Mittelalters führte auf 14 °C. Seither gibt es wieder einen stetigen Anstieg, der zu einer Durchschnittstemperatur von über 15 °C geführt hat.

Tatsächlich werden etwa 30 Mrd. t CO_2 pro Jahr emittiert. 1 t C entspricht 3.667 t CO_2. Aber wie soll die Erde 30 Mrd. t CO_2 pro Jahr „absorbieren"? Sie wird es nicht können. Daher wird es einen höheren CO_2-Pegel geben.

Das Ausmaß, mit dem die CO_2-Konzentration an diesen Temperaturschwankungen beteiligt ist, ist umstritten. Während der Eiszeiten pendelte die CO_2-Konzentration zwischen 180 und 280 ppm. Unter dem Einfluss der anthropogenen Freisetzung von Kohlenstoff aus fossilen Energieträgern ist sie auf 360 ppm gestiegen und wird wahrscheinlich weiter steigen. Denn die laufenden Bemühungen richten sich keineswegs auf ein Ende der Freisetzung von Kohlenstoff, sondern lediglich auf eine Reduzierung der Frei-

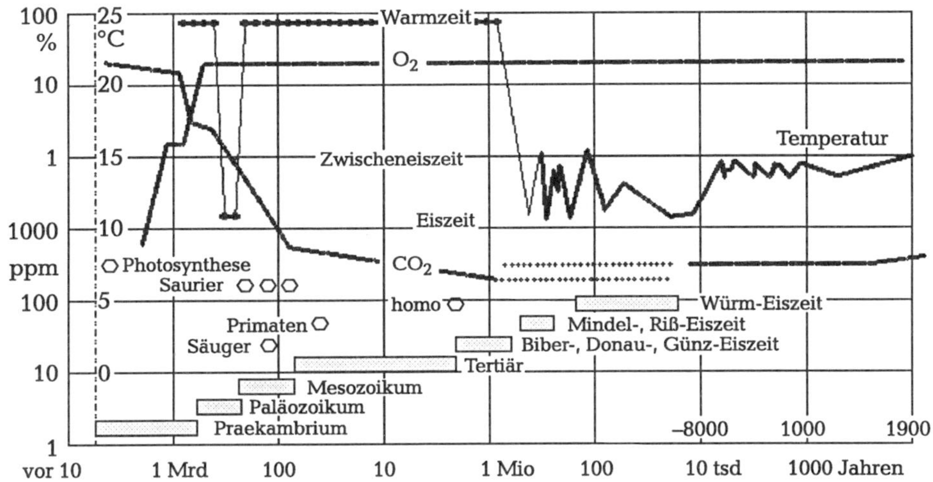

Abb. 9-27. Kohlendioxid- und Sauerstoffanteil in der Atmosphäre und mittlere Temperatur über einen logarithmischen Zeitmaßstab. Über 4 Milliarden Jahre (87% der bisherigen Lebenszeit der Erde) war die Kohlendioxidkonzentration größer als die Sauerstoffkonzentration

setzgeschwindigkeit. Es geht eigentlich nur um eine Verlängerung der Frist, in der fossile Energieträger genutzt werden können. Früher oder später, das kann allerdings auch erst in Hunderten von Jahren sein, muss ohnehin völlig auf nachhaltige Energie umgestiegen werden. Um den CO_2-Pegel wieder abzusenken, müsste die Fossilierung von organischem Kohlenstoff größer als die Freisetzung sein, wie das in der Erdgeschichte bis vor 200 Jahren immer der Fall war.

Die Frage, ob der zu erwartende Anstieg der CO_2-Konzentration in der Atmosphäre zur Katastrophe führen wird oder nur eine neue Eiszeit verhindert, wird von Fachleuten sehr verschieden beurteilt – vor allem aber von Journalisten und Nichtfachleuten, die mit ihrer persönlichen Meinung die Massen beeinflussen oder wenigstens beeindrucken wollen. Jedenfalls sind sich Meteorologen und andere Wissenschaftler uneins. Natürlich kann jede Veränderung gefährlich sein. Aber wenn wir über den CO_2-Pegel frei verfügen könnten, würden wir vermutlich einen nicht zu niedrigen anstreben, denn niedrige CO_2-Pegel waren wahrscheinlich „schuld" an den Eiszeiten, die jedes Mal eine außerordentliche globale Katastrophe für die Natur bedeutet haben. Klimakatastrophen wurden eher durch Rückgang der Temperatur und nicht durch deren Anstieg ausgelöst. Die Pflanzen wachsen bedeutend rascher, wenn sie nicht unter einem niedrigen CO_2-Pegel leiden.

Aber wir haben diese Wahlmöglichkeit nicht. Es wäre vernünftig, sich auf höhere CO_2-Pegel vorzubereiten, statt sich auf den Streit zu beschränken, wer wie viel CO_2-Emissionen verringern soll. Es scheint sicher zu sein, dass die Menschen bei einem bestimmten, noch unbekannten Pegel das Freisetzen von CO_2 und damit die Nutzung fossiler Energie einstellen. Ob das ein paar Jahrzehnte oder Jahrhunderte früher oder später geschehen muss, ist weniger wichtig als das Sicherstellen einer Technologie zur Energieversorgung, die sich auf nachhaltige Quellen beschränkt. Dass das notwendig ist, steht außer Zweifel. Aber ebenso steht außer Zweifel, dass wir diese Technologie erst dann einsetzen werden, wenn es nicht mehr anders geht, weil sie nämlich teurer sein wird als fossile Energie heute.

9.4 Kohlenstoffkreislauf

Infolge des Verbrauchs an fossilen Energieträgern (Kohle, Öl, Gas) steigt die Kohlendioxidkonzentration der Atmosphäre an. Etwa 50% des emittierten Kohlendioxids werden von Land und Meer aufgenommen. Die andere Hälfte der Kohlendioxidmenge verursacht eine Steigerung der Konzentration des Kohlendioxids in der Atmosphäre um fast 1% pro Jahr. CO_2 ist in geringer Konzentration ungiftig. Wir atmen etwa 4% = 40.000 ppm CO_2 mit unserer Atemluft aus. Ab 5% = 50.000 ppm ist CO_2 aber giftig. Von dieser Grenze sind wir in der Atmosphäre zwar noch weit entfernt, doch ist ungewiss, welche Konsequenzen ein wesentlich höherer CO_2-Pegel auf die Natur insgesamt hätte. In der Erdgeschichte hat der CO_2-Pegel z. B. vor 100 Millionen Jahren 1000 ppm betragen (Abb. 9-27), vor 300 Millionen Jahren 10.000 ppm = 1%. Die mittlere Temperatur war damals um 9 °C höher.

In den Abb. 9-28 und 9-29 ist der Kohlenstoffkreislauf für das Jahr 2000 und der für das Jahr 2200 zu erwartende dargestellt. Letzten Endes muss auch die Technosphäre einen nachhaltig stabilen Kreislauf aufweisen, wenn es nicht zu einer fortwährenden Veränderung des Bestands in den anderen Sphären kommen soll. (Die Zunahme des Kohlenstoffumsatzes in der Biosphäre von 120 auf 122 Mrd. t pro Jahr ist wahrscheinlich zu klein angenommen. Infolge des höheren CO_2-Pegels und vielleicht auch NO_x-Pegels steigt die Photosyntheseaktivität der meisten Pflanzen kräftig an.)

Viel schwieriger als bezüglich FCKW ist es, die Kohlendioxidkonzentration zu senken. Man müsste auf die Nutzung fossiler Energieträger verzichten, was aus Wettbewerbsgründen immer zuerst von den Andern erwartet wird. Bei realistischer Einschätzung wird man daher von einer weiteren Zunahme der globalen CO_2-Emission ausgehen müssen und zwar in erster Linie bei den Bevölkerungsgruppen mit rasch steigendem spezifischem Bruttoinlandsprodukt (SBIP) (Abb. 9-30, 9-31). Die Emission von fossilem Kohlenstoff pro Kopf und Jahr ist außerordentlich unterschiedlich. Sie hängt davon ab, ob fossile Energieträger reichlich vorhanden (China) und billig sind oder ob Energie in größerem Umfang aus nichtfossilen Quellen gewonnen wird, z. B. Kernkraft in Frankreich.

Kohlenstoff-Kreislauf 2000 (Mrd t/a)

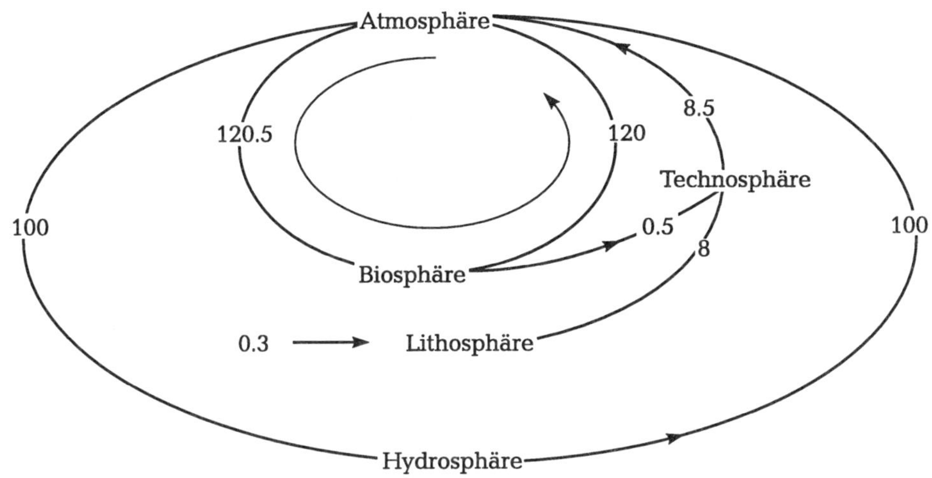

Abb. 9-28. Kohlenstoffkreislauf im Jahr 2000 in Milliarden Tonnen pro Jahr (im Kreislauf). In der Atmosphäre nimmt der Kohlenstoff um 8 Mrd t/a zu

Kohlenstoff-Kreislauf 2200 (Mrd t/a)

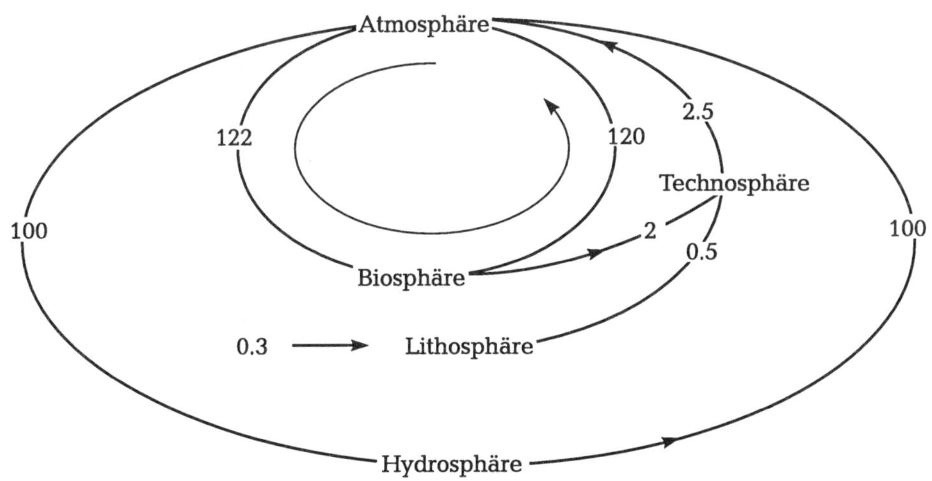

Abb. 9-29. Kohlenstoffkreislauf im Jahr 2200 in Milliarden Tonnen pro Jahr (im Kreislauf)

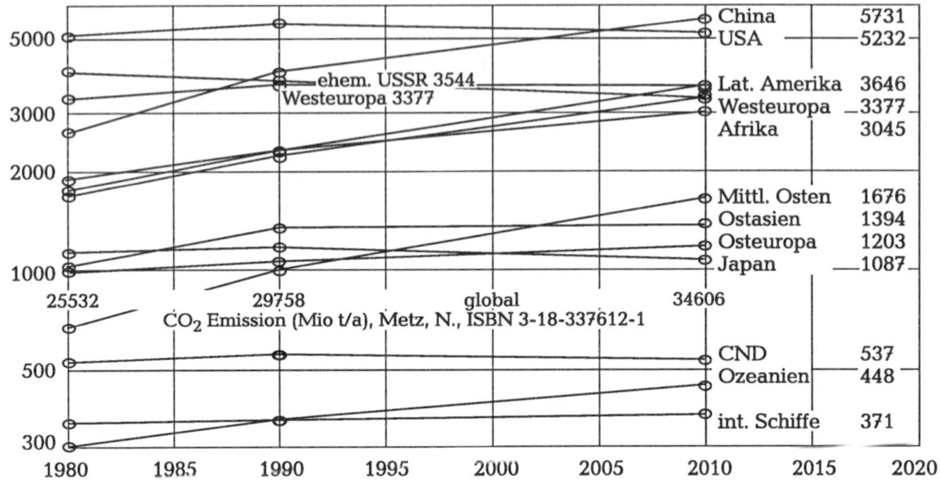

Abb. 9-30. Emission von CO_2 aus fossilem Kohlenstoff (Millionen Tonnen pro Jahr)

Emission von fossilem Kohlenstoff (t/c.a) 1994 und SBIP ($/c.a) 1998

	t/c.a	$/c.a
USA	5.49	29010
China	0.80	3130
GUS	2.34	1984
J	2.39	24070
D	2.60	21260
Indien	0.30	1670
GB	2.61	20730
Ukr	1.37	2190
Cnd	4.18	22480
I	1.57	20290
F	1.51	22030
Pol	2.20	6520
S-Kor	2.85	13590
Mex	1.02	8370
S-Afr	2.25	7380
Kasach	4.71	3560
Austr	4.37	20210
N-Kor	2.90	900
Iran	1.09	5500
Bras	0.45	6480

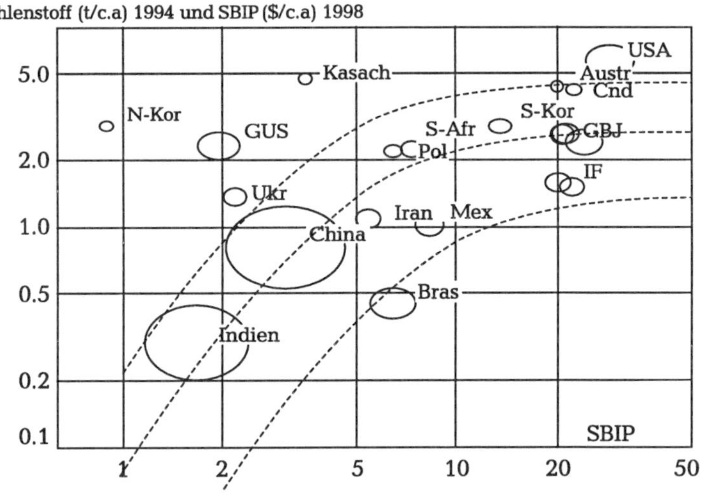

Abb. 9-31. Emission von fossilem Kohlenstoff abhängig von der Wirtschaftsleistung pro Kopf

9.5 Arbeitsplätze im Umweltschutz

Nur eine intakte Wirtschaft kann die Umwelt in Ordnung halten. Die Vorstellung einer unberührten Natur kann nur für einen bestimmten Teil der Erdoberfläche verwirklicht werden. Auf dem anderen Teil leben Menschen, die in die Natur eingreifen müssen, wenn sie überleben wollen. Aber sie

Tabelle 9-1. Kohlenstoff-Emission (Mio t/a), Metz N.

	Mio tCO_2			Mio tC/a		
	1980	1990	2010	1980	1990	2010
int. Schiffe	351	359	371	96	98	101
Japan	1143	1188	1087	312	324	297
Ozeanien	299	359	448	81	98	122
Ostasien	1039	1351	1394	283	369	380
China	2636	3983	5731	719	1086	1563
Indien	1701	2233	3313	464	609	904
Mittl. Osten	675	1012	1676	184	276	457
ehem. USSR	3338	3624	3544	910	988	966
Osteuropa	1000	1077	1203	273	294	328
Westeuropa	4013	3780	3377	1094	1031	921
Afrika	1779	2318	3045	485	632	830
Lat. Amerika	1896	2311	3646	517	630	994
USA	5130	5602	5232	1399	1528	1427
CND	532	561	537	145	153	147
global	25532	29758	34606	6963	8116	9438

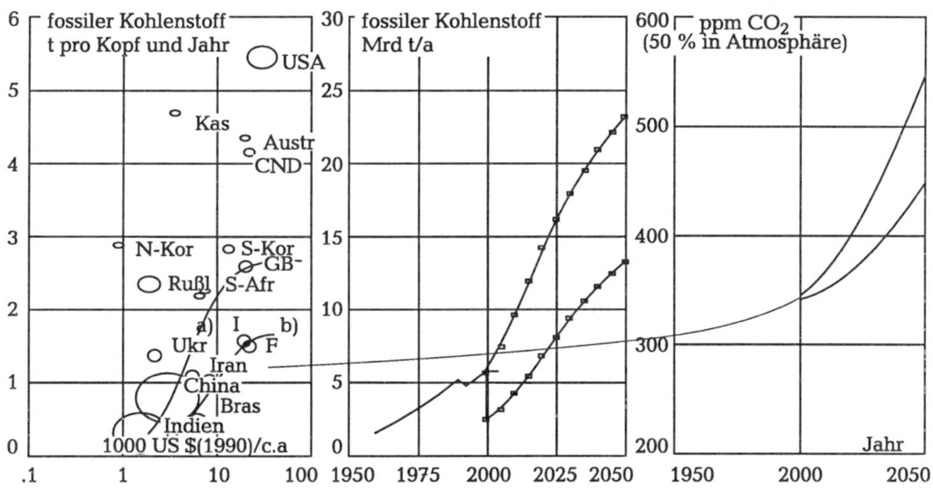

Abb. 9-32. Emission von fossilem Kohlenstoff pro Kopf und Jahr (links). Es sind zwei Näherungskurven für die zukünftige Erwartung eingetragen (a) und b)). Im mittleren Bild ist aus diesen beiden Kurven die globale Emission errechnet, im rechten Bild die daraus folgende Veränderung der CO_2-Konzentration, unter der Annahme, dass 50% der Emission nicht in der Atmosphäre bleiben

sind zugleich in der Lage, ihre Einwirkung auf die Natur in den Grenzen zu halten, in der die Abfälle jeder Art nachhaltig verarbeitet werden können. Umweltschutz ist eine Aufgabe, die Geld kostet, aber auch neue Arbeitsplätze bietet (Abb. 9-24).

Das österreichische Umweltbundesamt schreibt dazu (Umwelt in der Europäischen Union – an der Wende des Jahrtausends, ISBN 92-828-6773-0):

„In ‚klassischen' Umweltsektoren gibt es messbare Erfolge:

Nach mehr als 25 Jahren Umweltpolitik der Europäischen Gemeinschaft und der Mitgliedstaaten sind messbare Erfolge vor allem in den Bereichen festzustellen, in denen die Umweltpolitik mit ihrem klassischen Instrumentarium des Einsatzes von Rückhaltetechniken und Ordnungsrecht operierte:

- Durch die Reduzierung des Eintrags von Phosphor und organischen Stoffen hat sich die Wasserqualität der Flüsse erheblich verbessert.
- Spürbar zurückgegangen ist der Eintrag säurebildender Substanzen sowie grenzüberschreitender Luftverschmutzungen. Hierdurch hat sich die Luftqualität in den Städten erholt. Voraussichtlich wird der Anteil der Ökosysteme, die ein Niveau der Säureablagerung über dem kritischen Wert aufweisen, von 25% im Jahr 1990 auf 7% im Jahr 2010 zurückgehen.
- Die Freisetzung ozonzerstörender Substanzen wurde deutlich reduziert. Wegen der Langzeitwirkung dieser Stoffe in der Stratosphäre wird sich der Schutzschild der Ozonschicht jedoch erst in der Mitte des nächsten Jahrhundert erholen. Bis dahin ist mit der Zunahme von Hautkrebserkrankungen zu rechnen.
- Seit 1990 zeigt sich eine deutliche Abkopplung der Freisetzung luftverschmutzender Emissionen von der Entwicklung des Bruttoinlandsprodukts. Fortschritte sind bei der Steigerung der Ökoeffizienz des Energiewesens, der Industrie und teilweise des Verkehrssektors zu verzeichnen, d. h. die Freisetzung von Emissionen pro erzeugter Produkteinheit ist rückläufig.
- Instrumente wie Umweltaudit, Umweltmanagement und Umweltbetriebsprüfungen finden zunehmend Eingang in die Entscheidungsfindung der Unternehmen, wobei die Beteiligung der Unternehmen in den EU-Mitgliedsländern unterschiedlich ist. 75% der z. Z. in der EU zertifizierten Unternehmen befinden sich in Deutschland.
- In einigen EU-Ländern gibt es an Bedeutung zunehmende positive Entwicklungen, wie zum Beispiel die Zunahme der Windenergie, die vermehrte Verwendung des Fahrrads im innerstädtischen Verkehr, der Rückgang der Verwendung von Pestiziden und Herbiziden auf städtischen Grünflächen sowie die Zunahme von Betrieben des ökologischen Landbaus. Viele EU-Gemeinden engagieren sich bei der Entwicklung von lokalen Agenda-21-Programmen.

Die Integration von Umweltbelangen in einigen Wirtschaftsbereichen ist unzulänglich …

Nachhaltige Entwicklung notwendig für dauerhafte Verbesserung der Umweltsituation in den Beitrittsländern …"

Tabelle 9-2. Globaler Fahrzeugbestand Mio Fahrzeuge und Fahrleistung 10^{12} km/a nach Metz, N. (Bestand und Fahrleistung)

	Bestand		Fahrleistung		Produktion	
	PKW	Nfzg	PKW	Nfzg	PKW	Nfzg
1980	364	87	4,95	2,20	–	–
1985	427	109				
1990	505	135	6,80	3,30	36,00	16,00
1995	567	155				
2000	635	178	7,80	4,10	42,00	–
2005	724	211				
2010	809	247	9,20	5,60	–	–

10 Moral und Erwerb

Ihr sollt euch nicht Schätze sammeln auf Erden.
Matt. 6-19
Ihr könnt nicht Gott dienen und dem Mammon.
Matt. 6-24

Wir leben um etwas zu erleben. Neben dieser hedonistischen Verhaltensweise gibt es aber noch andere Erfordernisse des Lebens: das Verhalten innerhalb der eigenen biologischen Art, deren Fortbestand zu sichern ist, und das Verhalten gegenüber der Natur insgesamt. Diese Erfordernisse sind tief in uns genetisch fixiert. Wir bezeichnen sie und was Überlieferung und persönliche Erfahrung hinzugefügt haben als Moral.

„Der menschlichen Moral analoges Verhalten" (Lorenz, Kapitel 7) finden wir bei allen höher entwickelten Tieren. Ohne Zweifel haben wir dieses Verhalten von unseren tierischen Vorfahren ererbt. Anders als sie können wir es uns aber bewusst machen. Dadurch, dass wir versuchen uns selbst zu erkennen (Sokrates) oder bewundernd „das moralische Gesetz" in uns (Kant). Ohne den Boden der Naturwissenschaft zu verlassen, kann man auch die Akzeptanz religiöser Offenbarung auf diese innere Stimme zurückführen. Niemand kann ernsthaft die Gültigkeit der biblischen Zehn Gebote bestreiten. Gelegentlich sagen wir auch, dass sich alle Gesetze aus ihnen herleiten, dass sie die global gültige Moral beschreiben, das Naturrecht interpretieren unabhängig von Religions- und Glaubensgemeinschaften. (Die 10 Gebote haben zunächst offenbar die von Platon zusammengestellten Kardinaltugenden verdrängt. Erst Thomas von Aquin hat sie (Weisheit, Tapferkeit, Mäßigung und Gerechtigkeit) um die drei göttlichen Tugenden Glaube, Hoffnung und Liebe ergänzt und zu seiner Ethik formiert.)

Während sich alle Menschen über die Moral im Prinzip einig zu sein scheinen, gehen die Meinungen über den Erwerb auseinander. „Wer nicht arbeitet, soll auch nicht essen" ist der eine, extreme Standpunkt. Enthaltsamkeit (auch von Erwerbstätigkeit) sei eine Tugend, ist der andere. Moralisch unverdächtig scheint uns eher der weltabgewandte Asket, der von der Mildtätigkeit seiner Umgebung lebt, als der erfolgreiche Erwerbstätige, ohne den der Asket nicht leben könnte.

Die Verwirrung scheint erst mit der Neolithischen Revolution, der Erfindung von Ackerbau und Viehzucht, in die Welt gekommen zu sein. Davor haben alle Menschen von den Gaben der nicht beeinflussten Natur gelebt. Seither muss gearbeitet werden, müssen manche „das Brot im Schweiße ihres Angesichts verdienen", sonst würden die Angebote der Natur nicht ausreichen alle zu ernähren. Seither stellt sich immer wieder die Frage, ob es moralischer ist der Kontemplation zu leben und sich um den Lebensunterhalt nicht zu kümmern oder für den Bedarf selbst zu sorgen.

Das Neue Testament bietet eine klare Aussage: „Willst Du vollkommen sein, so gehe hin und verkaufe, was du hast, und gib es den Armen. Komm und folge mir nach" (Matthäus 19-21). Bei aller Entfremdung vom Inhalt der christlichen Offenbarung ist unbestritten: Moralisch einwandfrei ist Armut und Enthaltsamkeit. Reichtum und Konsum sind es nicht.

Es ist der Zwiespalt zwischen dem Realismus, der in Amoralität abgleiten kann, und dem Idealismus, dessen Anhänger Gefahr laufen, auf Kosten anderer zu leben und intolerant und gewalttätig zu handeln. Eigentlich müssten alle Christen darunter leiden, dass sie nicht dem Wortlaut der Bergpredigt folgen können. Schon bei Matthäus 7-28 heißt es: „Da Jesus diese Rede vollendet hatte, entsetzte sich das Volk über seine Lehre."

Die Bergpredigt ist eine ergreifende Anweisung zur Vollkommenheit. Jeder soll ihr folgen, doch darf das von niemandem gefordert werden. Dem Naturrecht entspricht wohl eher die Ansicht, dass sich die Lasten für die Beschaffung des „täglichen Brotes" auf alle verteilen soll. Jeder kann den Beitrag leisten, den er will, vorausgesetzt, dass er von anderen als solcher akzeptiert wird. Dem Franz von Assisi wurde willig gegeben, weil er durch seine wunderbare Harmonie mit der Umwelt ein ergreifendes Beispiel für das Vertrauen in Gott geliefert hat.

In der Geschichte hat sich die soziale Organisation vom Feudalismus zur Marktwirtschaft verändert, vom Faustrecht zum globalen Rechtssystem. Der König vergab einst Land und damit Wirtschaftskraft als Lehen an seine Fürsten und diese wieder an ihre Vasallen. Die „Erfolgskontrolle" erfolgte immer wieder durch blutige Waffengänge. An die Stelle der Fürsten sind Manager getreten, die von den Kapitaleignern abrufbar mit der Führung der Unternehmen beauftragt sind. Die Erfolgskontrolle ist permanent: Erfolglose Manager werden abberufen, erfolglose Unternehmen liquidiert. Die moralischen Anforderungen sind kleiner geworden, was als ethischer Vorteil zu sehen ist.

Aufklärung und Industrialisierung

Industrialisierung nennen wir die tiefgreifende Umgestaltung des menschlichen Lebens, die vor 300 Jahren mit Aufklärung, Nutzung fossiler Energie und der Dampfmaschine begonnen hat. Mehr noch als die technischen Merkmale kennzeichnet die Industrialisierung die Zunahme des Bruttoinlandprodukts pro Kopf und Jahr (SBIP). Im folgenden wird der Begriff „Industrialisierung" gleichbedeutend mit „Zunahme des SBIP auf ein Mehrfaches" verwendet.

Erreicht wird dieser Sprung der individuellen Wirtschaftsleistung im Laufe der Industrialisierung durch bessere Organisation, den Einsatz von Maschinen, die den Arbeitenden Wiederholtätigkeiten abnehmen und ihren Wirkungsgrad verbessern, sowie der Tatsache, dass das Ergebnis der Arbeit den Arbeitenden hauptsächlich selbst zugute kommt.

Für viele hat das Wort Industrialisierung einen schlechten Beigeschmack. Sie denken an Verelendung der Massen, Verwüstung der Umwelt, Plünderung des Planeten, Nord/Süd-Ungleichgewicht, Artenschwund. Die Verurteilung der Industrialisierung ist eine Ideologie, die zu ihr zu gehören scheint. Allerdings ist es merkwürdig, dass kaum jemand bereit ist, auf ihren Fortschritt, besonders die Erhöhung des SBIP, zu verzichten. Zwar haben sich schon einige Aussteiger auf die Almhütte zurückgezogen um so zu leben wie ihre Vorfahren. Man kann den Verdacht hegen, dass sie das im Bewusstsein tun, dass sie schon der Hubschrauber rechtzeitig holen wird, wenn ihr Blinddarm durchbrechen sollte oder sie sich ins Bein hacken. Auch ist merkwürdig, dass wir die Bevölkerungsgruppen, die sich noch nicht industrialisiert haben, keineswegs beneiden. Wir, die Wohlhabenden, erzählen ihnen zwar, dass es besser sei sich nicht zu industrialisieren. Aber das ist so lange unglaubwürdig, wie wir nicht bereit sind selbst die Industrialisierung aufzugeben. Niemand kann behaupten, dass das für den Einzelnen nicht möglich sei. Es gibt auch in Mitteleuropa Stellen, wo das ganze Jahr kein Mensch hinkommt. Man muss auch nicht allein bleiben: die Amish-People z. B. halten an einem Leben fest, das dem vor der Industrialisierung entspricht. Sie haben kein Problem so zu leben. Sie haben nur das Problem, immer weniger zu werden, weil sie zu wenig neue Mitglieder finden und ihre Nachkommen sie verlassen.

Machen wir uns einmal unabhängig von dem schlechten Gewissen, das uns Nutznießer der Industrialisierung drückt, weil es uns besser geht als den noch nicht Industrialisierten. War denn das Leben unserer Vorväter vor der Industrialisierung wirklich so viel besser? Unsere Vorfahren haben überwiegend als Bauern gelebt. Sie haben mehr als zwei Kinder gezeugt. Eines sollte den Hof fortführen, ein Mädchen konnte in einen anderen Hof einheiraten. Zwei andere mussten sich als Knecht und Magd verdingen. Mit viel Arbeit, keiner Freizeit, keiner Sicherheit der Versorgung bei Krankheit oder Unfall, ohne gesicherte Altersversorgung. Die anderen? Der König brauchte Soldaten und Marketenderinnen. Das war ein Ausweg, der angesichts der oft zu Räuberbanden mutierten Söldnerhaufen auch nicht positiv zu sehen ist. Einen anderen boten die neuen Arbeitsplätze der Industrialisierung in der Stadt. Das, was wir als Verelendung des Proletariats bezeichnen. Aber war das nicht für viele die bessere Alternative? Das soll nicht heißen, dass die sozialen Verhältnisse des Manchester-Kapitalismus akzeptabel sind. Sie wurden ja auch überwunden. Aber das Leben des Proletariats war in mancher Hinsicht anscheinend besser als das auf dem Lande, sonst wären nicht immer mehr Menschen in die Stadt gezogen. Warum gehen auch heute noch so viele vom Land in die Slums am Rande der Großstadt? Ist vielleicht das Leben dort noch immer besser als in der Einsamkeit des flachen Landes oder des Urwalds?

Jedenfalls sind die Lebensumstände eines Durchschnittsbürgers in einer industrialisierten Bevölkerungsgruppe heute in jeder Hinsicht unvergleichlich besser als zwei Generationen davor oder die in einer nicht oder wenig industrialisierten. Die Lebenserwartung hat sich verdoppelt und nimmt weiter zu, dank der besseren medizinischen Betreuung und hygienischen Gegebenheiten. Zugang zu Information, Kommunikationsmöglichkeiten, Bildung, Mobilität, Arbeitsbelastung, Sicherheit vor Not und Elend sind unvergleichlich besser. In Zahlen (siehe Kapitel 4 und 5): Die Lebenserwartung hat sich verdoppelt und nimmt weiter zu, die Wochenarbeitszeit (und mit ihr das „Arbeitsleid") sinkt seit 100 Jahren mit 0,7% pro Jahr, die Lebensarbeitszeit mit über 1% pro Jahr, sie beträgt heute weniger als 8% der Lebenszeit. Die Kaufkraft je Arbeitszeit steigt mit über 2% pro Jahr (Abb. 10-1). Der durchschnittliche Intelligenzquotient nimmt im Laufe der Industrialisierung um 20 Punkte zu, die Friedfertigkeit, die bei 1500 $ pro Kopf und Jahr ein Minimum hat, steigt wieder.

Als politische Struktur zeichnet sich die Republik ab, in der die Regierung demokratisch gewählt und auch abgewählt werden kann. Sie gewährleistet jede Form der Beteiligung, das Durchsetzen jeder mehrheitsfähigen Maßnahme. Jeder kann innerhalb der politisch erstellten Regeln wirtschaft-

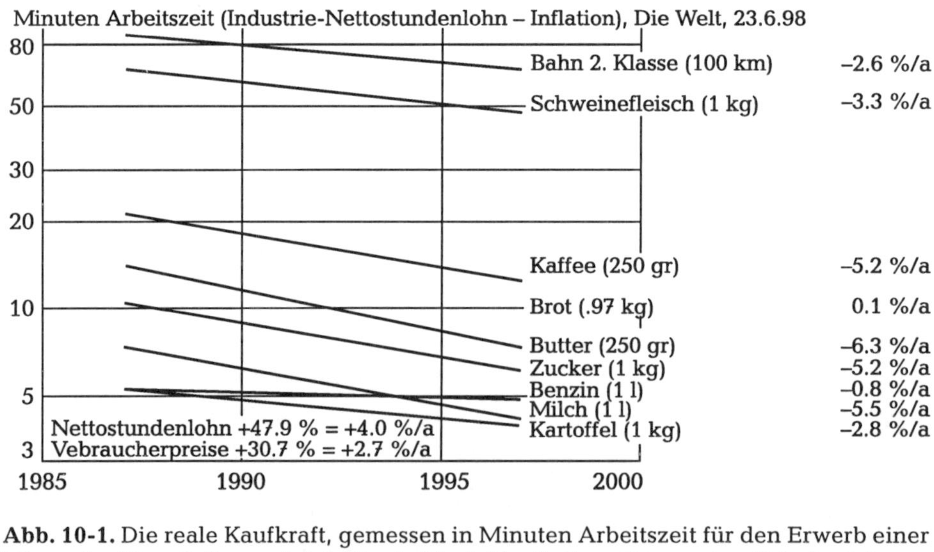

Abb. 10-1. Die reale Kaufkraft, gemessen in Minuten Arbeitszeit für den Erwerb einer Ware oder Dienstleitung, steigt. Für ein Viertel kg Butter müssen wir z. B. jedes Jahr um 6,3% weniger lang arbeiten. Die Kaufkraft des Einzelnen sinkt andererseits dadurch, dass wir jedes Jahr um etwa 0,7% kürzer arbeiten.

lich tätig sein, herstellen was er will, handeln womit er will, den Markt seiner Wahl besuchen. Die industrialisierten Staaten leben im Frieden miteinander, Handelsschranken haben weitgehend dem freien Welthandel Platz gemacht. Gewiss, es gibt keinen Grund zur Zufriedenheit. Fehler sind überall zu finden, alles kann man noch besser machen. Alle sind eingeladen an den möglichen Verbesserungen mitzuarbeiten.

Der kulturelle Fortschritt ist neben der politischen und sozialen Entwicklung auf die Anwendung moderner Technik zurückzuführen. Der Ingenieur würde sagen: auf den besseren Wirkungsgrad. Es gelingt immer besser, die Befriedigung der Bedürfnisse und Wünsche mit kleinerem Einsatz menschlicher Arbeitskraft zu erreichen. Fragt man danach, ob denn fundamentale Ziele, etwa die der Französischen Revolution, erreicht wurden, dann wird man erhebliche Fortschritte bei Freiheit und Gleichheit feststellen können. Mit der Brüderlichkeit hat es eine besondere Bewandtnis, auf die noch einzugehen sein wird.

„Wo viel Licht ist, ist viel Schatten" ist das Lieblingswort derer, die nicht bedenken, dass es ohne Licht ganz finster ist. Trotzdem muss der positiven Sicht der vorangegangenen Absätze eine kritische Untersuchung folgen, die nicht nur den unbezweifelbaren Fortschritt für die Industrialisierten aufzählt, sondern auch nach den Auswirkungen der Industrialisierung für die Anderen, für alle Menschen, auch zukünftiger Generationen, fragt. Auch nach der Gerechtigkeit wird zu fragen sein, die ein ethisches Grundbedürfnis ist, ohne das wir nicht zufrieden sein können.

Das Leben in einer industrialisierten Bevölkerungsgruppe kommt dieser Voraussetzung doch recht nahe. Sicher gibt es Ungereimtheiten und Verbesserungsmöglichkeiten. An diesen kann man, muss man arbeiten. Auch wird man der geduldigen Annäherung an ein erkanntes Ziel den Vorzug vor hektischem Aktionismus geben, der die Gefahr einer gegenteiligen Entwicklung in sich birgt. Die industrialisierten Bevölkerungsgruppen haben einen Bevölkerungsschwund. Deshalb und wegen ihres Wohlstands gibt es einen Zuwanderungsdruck, den man zwar bejahen, aber zugleich so regulieren muss, dass fremdenfeindliche Emotionen vermieden werden und die wirtschaftliche Stabilität, die Voraussetzung für die Integration der Zuwanderer ist, erhalten bleibt.

10.1 Kapitalismus und Marktwirtschaft

Im englischen und amerikanischen Sprachgebrauch ist capitalism zugleich das, was im deutschen als Kapitalismus und Marktwirtschaft bezeichnet wird. Denkbar wäre aber sowohl Kapitalismus (= Kapitalertrag) + Planwirtschaft oder Marktwirtschaft + Zinsverbot. Kapitalismus und Marktwirtschaft ziehen zunehmend den Zorn der Kirchen und Medien auf sich. „Turbokapitalismus" und „grenzenlose Marktwirtschaft" sind die neuen Slogans der Schichten, die mit der Wirtschaftsordnung unzufrieden sind, ohne genau zu definieren was sie stört oder wie sie es besser machen wollen. Emotionale Neidgefühle und naive Vorstellungen mischen sich zu einer beschämenden Denkungsart.

Zinsen und Schulden

Das Zinsverbot hat viele Jahrhunderte die wirtschaftliche Entwicklung des Abendlands behindert. Im Islam gilt es heute noch. (Der Koran untersagt das Verleihen von Geld gegen Wucherzins, „riba".) Alle Anhänger des Zinsverbotes haben es in der Hand, keine Zinsen zu zahlen. Sie brauchen nur keine Schulden zu machen. (Allerdings müssen sie auch dafür eintreten, dass ihr Staat keine Schulden in ihrem Namen macht.) Sie werden feststellen, dass man kein zinsfreies Geld borgen kann. Und sie werden feststellen, dass wir alle Schulden haben: denen gegenüber, die uns erhalten haben, solange wir kein eigenes Einkommen hatten, die uns in der Not beigestanden sind, ja unseren Vorfahren, die durch ihre Arbeit und Ideen die Grundlage für unseren Wohlstand gelegt haben. Diese Schulden müssen wir doch abtragen und zwar mehr, als wir empfangen haben, denn ein Teil der Schuldner wird dazu nicht in der Lage sein. Also auch hier ein „Mehr-Zurückgeben" als „Empfangen-Haben". Sie müssen auch zur Kenntnis nehmen, dass sich der Kapitalismus als bisher erfolgreichstes Wirtschaftssystem erwiesen hat. Es hat in der Geschichte wahrlich nicht an Versuchen gefehlt, ohne Kapitalertrag auszukommen. Alle diese Versuche sind gescheitert. Es gibt keine ernsthaft zu prüfende Lehre einer Volkswirtschaft, in der das Kapital keinen Ertrag abwirft. Man kann nur der Meinung sein, dass der Kapitalertrag so klein wie möglich sein solle. Das scheint die beste aller denkbaren Kompromissformeln zu sein.

Marktwirtschaft

Die Marktwirtschaft ist ein wichtiger Teil unseres sozialen Zusammenlebens. Marktwirtschaft ist ohne Regeln nicht denkbar. Der Staat, die Gesellschaft, muss diese Regeln formulieren und überwachen. Dazu gehört der gleichzeitige Tausch von Geld und Ware, die Akzeptanz des zuletzt ausgehandelten Preises, richtige Maße und echtes Geld (kein Falschgeld), kurz das strenge Einhalten aller Regeln, die man auf allen Märkten der Welt respektiert. Moderne Marktwirtschaft weist besondere Merkmale hinsichtlich ökologischer und sozialer Standards auf, die ebenso penibel einzuhalten sind. Trotzdem ist der Markt der Ort, an dem alle ihren eigenen Interessen nachgehen. Keine Hausfrau (und sei sie noch so antikapitalistisch eingestellt) wird auf dem Markt die Angebote suchen, bei denen schlechte Qualität mit hohem Preis zusammentrifft. Jeder Anbieter stellt sich dem Wettbewerb, versucht mit einem besseren Preis-Leistungs-Verhältnis Kunden zu gewinnen. Man muss sich klar machen, dass nicht der Wettbewerb ökologisch oder sozial ist, sondern dass es die Regeln sind, nach denen der Mark funktioniert. Die strengste Ethik und Moral verpflichtet weder den Anbieter noch den Kunden auf seinen Vorteil am Markt zu verzichten.

Wir befinden uns nur einen Teil unserer Lebenszeit „auf dem Markt" mit seinen besonderen Regeln. Wie Anfang und Ende eines Spiels bedeutet Zutritt und Verlassen des Marktes eine Veränderung unseres Verhaltens. Niemand kann gezwungen werden, den Markt zu betreten und sich seinen Regeln zu unterwerfen, jeder kann den Markt zu jedem Zeitpunkt verlassen. Uns sollte diese Verhaltensänderung viel mehr bewusst sein. Wie zu Beginn eines Spiels sollten wir sagen: „Ich beginne." Und so, wie wir am Ende eines Tennismatchs dem Partner die Hand gaben, zum Zeichen dafür, dass nun der Wettkampf zu Ende ist und wieder die normalen gesellschaftlichen Regeln gelten, sollten wir beim Verlassen des Marktes ein Zeichen setzen. Aber vielleicht bedarf es dieser Äußerlichkeiten gar nicht. Wir sind uns kaum je im Zweifel, ob wir oder unsere Partner sich im Zustand des Wettbewerbs befinden oder nicht. Wir haben als Kinder genau unterscheiden gelernt, zwischen normalem Zusammenleben und den Episoden des Spiels und Wettkampfes. Wir können beim Wettkampf den Partner mit aller Kraft bekämpfen; kommt er durch eine Verletzung oder einen nicht in den Regeln vorgesehenen Umstand in Not, wechseln wir blitzschnell von der Position des Gegners in die des besorgten Freundes, der auch unter Einsatz des eigenen Lebens alles tut um zu helfen. Im Wettkampf gelten trotzdem die Regeln, die jeder Beteiligte bis an die Grenzen des Zulässigen nutzen darf. Beim Tennis wird man den Ball so platzieren, dass er schwer zu retournieren ist. Wenn man das nicht tut, befindet man sich nicht im Wettkampf, sondern übt das Zuspielen. Wer beim Schach auf die Nachsicht des Gegners hofft, darf nicht erwarten, ernst genommen zu werden. Die Regeln des sozialen Zusammenlebens, nach denen wir voller Nachsicht für die kleinen Fehler der anderen sind, gelten da nicht. Nach den Regeln der Nächstenliebe kann man nicht Schach spielen.

Ein gewisser Teil der Menschen lehnt jedes Wettspiel ab oder meint sogar, dass jeder Wettbewerb unmoralisch sei. Natürlich ist diese Haltung zu respektieren. Niemand darf gezwungen werden an irgendeinem Wettbewerb teilzunehmen. Es ist aber kaum vorstellbar, wie diese Menschen den Vorteilen, die uns der Wettbewerb bringt, aus dem Wege gehen wollen. Unmoralisch wäre es nämlich, wenn sie den Wettbewerb immer nur dann ablehnten, wenn sie im Nachteil wären, die Vorteile aber voll für sich nutzten. Man kann z. B. gleiches Recht für alle fordern, beim beruflichen Fortkommen aber auf die „Freunderlwirtschaft" setzen. Man kann kleinlich das beste Preis-Leistungs-Verhältnis suchen und erwarten, dass die eigenen Produkte oder Dienstleistungen zu überhöhten Preisen abgenommen werden, weil man „den Wettbewerb ablehnt". Wenn man die „Kommerzialisierung" aller Güter beklagt, dann sollte man sich vor Augen halten, welche Alternativen es dazu gibt. Das Verhalten von Parteimitgliedern, die sich auf Vorrechte ihrer Mitgliedschaft berufen, scheint weit unmoralischer als die am Markt gehärteten Preise zu sein. Hier schlagen unsere alten Gene durch, die erwarten, dass uns der liebe Gott ohne Gegenleistung mit allem Notwendigen versorgt. Demagogen übernehmen nur zu bereitwillig dessen Rolle. Allerdings müssen sie immer mehr nehmen als sie geben können. Im politischen Raum sollten alle aufs schärfste verurteilt werden, die vorgeben mehr geben zu können als sie vorher genommen haben.

Arbeitskollegen stehen in Wettbewerb zueinander, sie befinden sich sozusagen auf einem Markt. Jeder von ihnen will vorwärts kommen, unabhängig davon, ob sie mit einander befreundet sind oder nicht. Diese Situation wird nicht zum Konflikt führen, wenn sich die Beteiligten darüber klar sind, dass sich beruflicher Wettbewerb und Freundeskreis auf zwei völlig unterschiedlichen Ebenen abspielen. So unterschiedlich wie der sportliche Wettkampf zweier Brüder, die im Kreis der Familie gerne nach Bedarf teilen.

Wettbewerb

ist der eigentlich strittige Punkt. Viele lehnen den Wettbewerb ab, weil sie das unterschiedliche ethische Verhalten im sozialen Zusammenleben und in der Wettbewerbssituation nicht sehen wollen. In der Geschichte hat sich immer wieder gezeigt, dass Bevölkerungsgruppen, die den Wettbewerb ablehnen, in ihrer wirtschaftlichen Leistungsfähigkeit hinter denen zurückbleiben, die den Wettbewerb bejahen. Wettbewerb muss es für den sozialen Aufstieg ebenso geben wie für Güter, Dienstleistungen und Kapital. Nur dadurch können die Stellen richtig besetzt, kann fortlaufend das Preis-Leistungs-Verhältnis verbessert und können die Zinsen klein gehalten werden.

Märkte

Unter Markt verstehen wir in erster Linie den realen oder virtuellen Ort, an dem Produkte und Dienstleistungen angeboten werden. Die Anbieter stellen ihr Produkt oder ihre Dienstleistung vor und nennen den Preis. Der Nachfrager, der Kunde, allein entscheidet, ob zu diesen Bedingungen der Handel zustande kommt. Der Kunde selektiert aus den im Überfluß gemachten Angeboten nach dem subjektiv empfundenen Preis/Leistungsverhältnis, dem perceived value. Der Kunde entscheidet, welche Anbieter erfolgreich sind. „Der Kunde ist König." Es muß immer mehr Angebot als Nachfrage geben, wenn das Geld seinen Wert behalten soll.

Es gibt noch andere Märkte:

- Auf dem *politischen Markt* bieten die Parteien ihre Programme an. Der Bürger selektiert nach seinem subjektiven Urteil die Partei, der er seine Stimme geben wird. Er bezahlt (abgesehen eventuell von einem Mitgliedsbeitrag) nicht mit Geld sondern mit seiner Stimme, die entscheidet, welche Partei bei der folgenden Wahl erfolgreich sein wird.
- Auf dem *Arbeitsmarkt* bieten die Unternehmen (auch der Staat als Unternehmer) Arbeitsplätze an. Die Arbeitssuchenden sind die Nachfrager, Kunden. In diesem Fall fließt das Geld von den Anbietern zu den Nachfragern, aber es muß trotzdem mehr Angebote als Nachfrage geben (Vollbeschäftigung). Im Idealfall beschreiben die Anbieter den Arbeitsplatz, Anforderungen und Entgelt dafür aus ihrer Sicht und überlassen es dem Nachfrager, dem Arbeitssuchenden, die für ihn bestgeeignete Stelle zu selektieren.

Finden sich aber für einen ausgeschriebenen Arbeitsplatz gleich mehrere Bewerber, dann können die Unternehmen den aus ihrer Sicht am besten Geeigneten aussuchen. Sie selektieren, sie sind im Fall der vorherrschenden, länger dauernden, strukturellen Arbeitslosigkeit die mächtigste Kraft am Arbeitsmarkt.

In jedem Wirtschaftsraum gibt es gleichzeitig sehr viele unterschiedliche Arbeitsmärkte. Arbeitsmärkte für die verschiedenen Berufsgruppen und verschiedenen hierarchischen Ebenen. Für einen Programmierer passt die Ausschreibung für einen Goldschmied ebenso wenig wie die Stelle eines Chefingenieurs. Man kann nicht die vorhandenen Arbeitsplätze ohne weiteres auf mehr Arbeitssuchende aufteilen. Die Arbeitslosenstatistik darf sich nicht in der Angabe der Summe der Arbeitslosen erschöpfen.

Vollbeschäftigung in bestimmten Berufen und generelle Arbeitslosigkeit können gleichzeitig auftreten. Vollbeschäftigung heißt, das alle Arbeitssuchenden in angemessener Frist einen Arbeitsplatz finden können. Dieser Arbeitsplatz wird nicht in allen Fällen dem Wunsch nach Art und Einkommen des Arbeitsplatzsuchenden entsprechen. Daher werden Angebote zu Umschulung und Höherqualifizierung gemacht. Berufswahl und Umschulung können nur anhand einer Orientierungshilfe erfolgen, die den zukünftigen Bedarf prognostiziert. Daher ist es falsch, das Angebot „billiger" Arbeitsplätze zu verdammen, denn dort ist die Arbeitslosigkeit meist am größten. Es nützt den Ungelernten gar nichts, wenn noch so viele Arbeitsplätze für Spezialisten angeboten werden. Sie brauchen Arbeitsplätze, die sie besetzen können. Es nützt auch nichts, die Vorstellungen der Arbeitssuchenden nach Einkommen, Sicherheit, Urlaub usw. genau zu definieren. Damit fixiert man sie nur an der falschen Stelle, nämlich beim Nachfrager am Arbeitsmarkt.

Natürlich ist es Aufgabe des Staates, durch die von ihm vorgegebenen Rahmenbedingungen für Vollbeschäftigung zu sorgen. Allein die Gegebenheiten am Markt entscheiden, mit welchem Eifer Unternehmer neue

Produkte und Dienstleistungen auf den Markt bringen und mit welchem Eifer Arbeitnehmer hinter einem Arbeitsplatz her sind. Beider Eifer ist umso größer, je höher die Chancen auf Gewinn sind bzw. je größer der Unterschied zwischen Arbeitslosenunterstützung und Gehalt oder Lohn sind. Diese Gegebenheiten legt der Staat, die Regierung, fest, die auf Grund ihrer demokratischen Legitimation dazu auch berechtigt ist. Neue Arbeitsplätze entstehen letztlich nur durch den Konsum neuer begehrter Produkte oder Dienstleistungen. Diese entstehen aber nicht aus einer ethischen Verpflichtung der Unternehmer (die auf Ertrag verzichten) oder der Arbeitnehmer (die auf Einkommen verzichten). Der Staat macht die Spielregeln, die auch den Anreiz darstellen müssen, an dem Spiel „Markt" teilzunehmen.

Die Zahl der Erwerbstätigen verändert sich in den einzelnen Staaten sehr unterschiedlich (Abb. 10-2); ebenso der Anteil der Arbeitslosen (Abb. 10-3). Der Verlauf der Arbeitslosenquote in Deutschland (Abb. 10-4) zeigt die Unfähigkeit der politischen Führung in den letzten 30 Jahren nach einer Phase des Aufschwungs, des „Wirtschaftswunders" der 50er Jahre. Die Zahl der Arbeitsplätze steigt z. B. in der EU mit 0,3% pro Jahr (Abb. 10-5). Nur neue, begehrte Produkte und Dienstleistungen können zusätzliche Arbeitsplätze bringen. (In diesem Zusammenhang sind Produkte und Dienstleistung auch dann „neu", wenn sie in einem besseren Preis-Leistungs-Verhältnis angeboten werden können.) Es braucht innovative Unternehmer, die solche neuen und begehrten Produkte und Dienstleistungen anbieten können, mit denen zugleich neue Arbeitsplätze entstehen. Diese Unternehmer muss der Staat fördern, gleichgültig ob es Inländer, Ausländer, neue oder alteingesessene

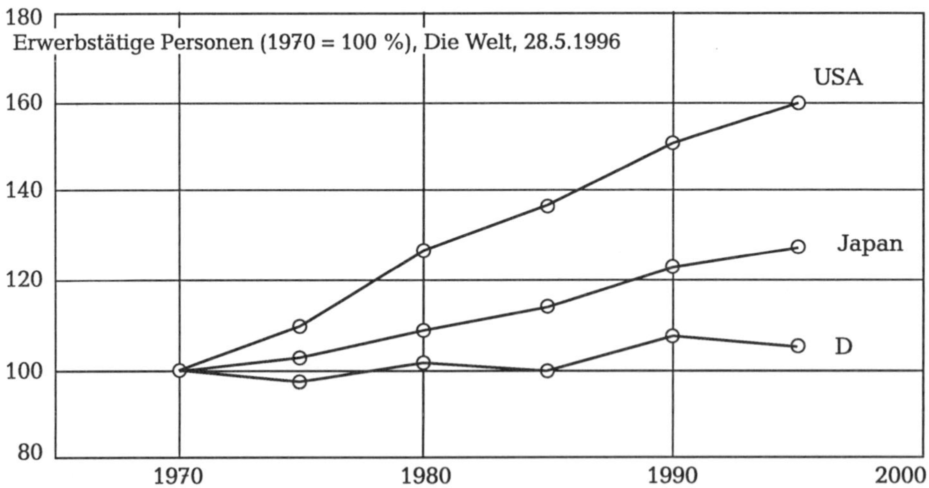

Abb. 10-2. Die Zahl der Erwerbstätigen verändert sich in den verschiedenen Staaten: Seit 1970 hat sie in Deutschland um 5 Prozent, in Japan um 25% und in den USA um 60% zugenommen

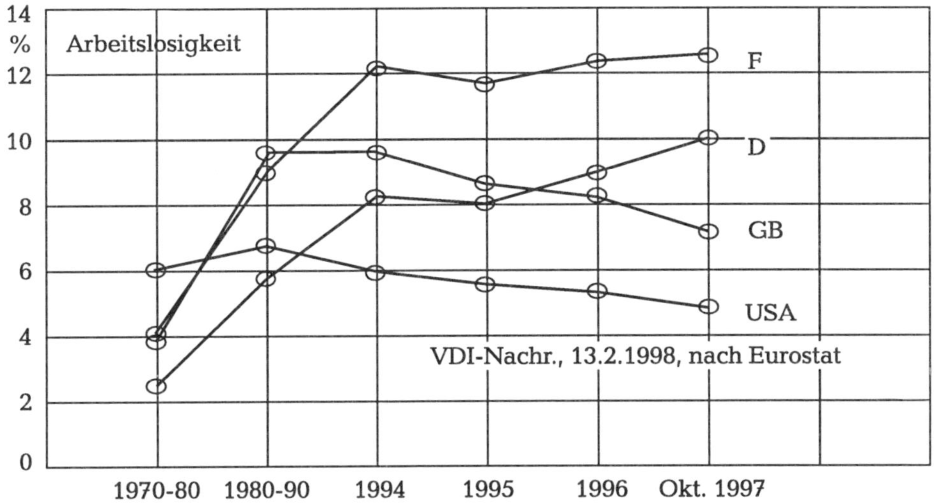

Abb. 10-3. Die Arbeitslosigkeit verändert sich in den einzelnen Staaten recht unterschiedlich: Während sie seit 1990 in Deutschland und Frankreich um 4 Prozentpunkte zugenommen hat, ist sie im selben Zeitraum in Großbritannien und den USA um über 2 Prozentpunkte gefallen

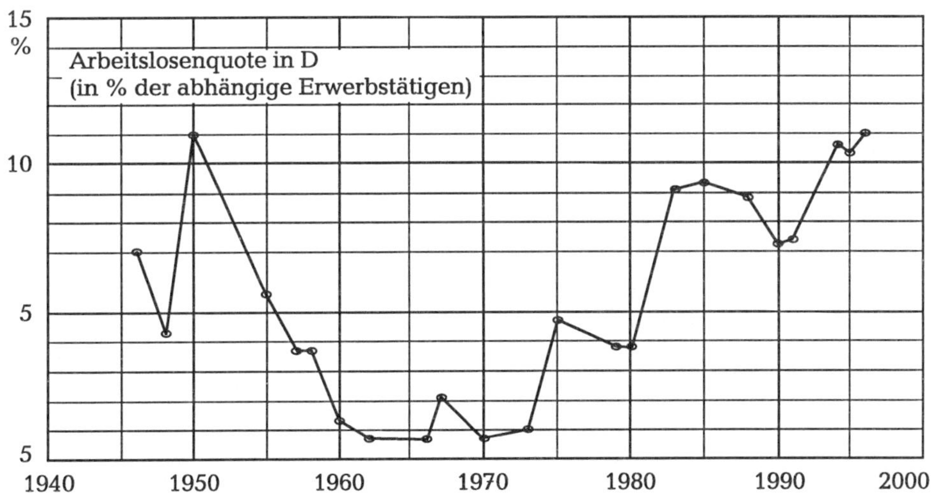

Abb. 10-4. Die Arbeitslosenquote Deutschlands macht die Notwendigkeit einer Veränderung der seit 1970 laufenden Entwicklung deutlich

Unternehmer sind. Die beste Förderung von Unternehmen ist das Ermöglichen eines größeren Gewinns, denn dieser ist das wesentliche Ziel jedes Unternehmens. Wie ein Staat freilich höhere Unternehmensgewinne in Zeiten steigender Arbeitslosenzahlen plausibel machen kann, ist eine schwie-

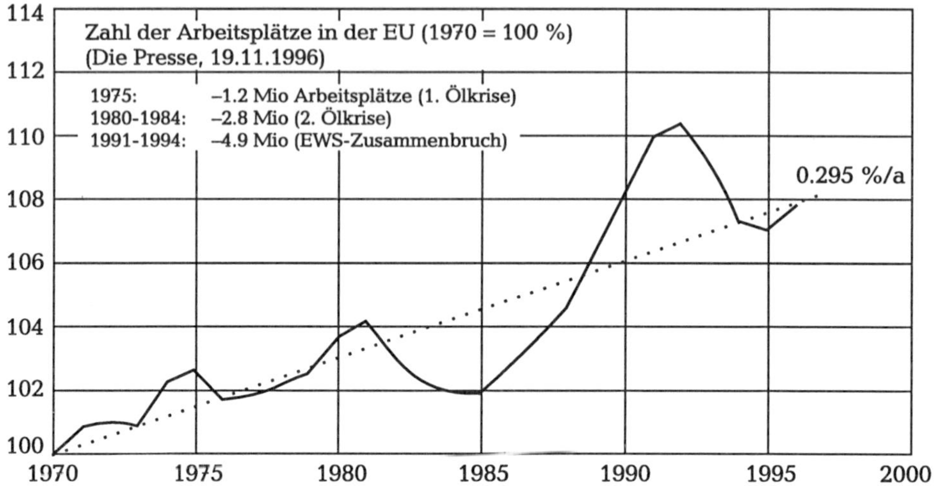

Abb. 10-5. Die Zunahme der Zahl der Arbeitsplätze beträgt im Gebiet der heutigen EU durchschnittlich 0,3% pro Jahr, unterliegt aber konjunkturellen Schwankungen

rige Aufgabe für Politiker. In solchen Fällen zeigt sich, welche Politiker notwendige Maßnahmen durchsetzen, auch wenn sie unpopulär sind.

10.2 Optimismus oder Pessimismus?

Weltmodelle dienen der Prognose. Man versucht eine Gesetzmäßigkeit zu erkennen, nach der auch die zukünftige Entwicklung verlaufen könnte. Wie jede Prognose sind auch Weltmodelle unsicher. Wir wissen über die Zukunft nichts Sicheres zu sagen, können nichts Sicheres wissen. Wir können eine Prognose nur unter ganz bestimmten Voraussetzungen wagen. Die wichtigste davon ist, dass die weitere Entwicklung ohne besondere Störungen verläuft. Allerdings wissen wir, dass es in der Vergangenheit solche Störungen immer wieder gegeben hat: Kriege, Revolutionen, Finanz- und Wirtschaftskrisen, der Durchbruch einer neuen Idee. Diese Unstetigkeiten in der Entwicklung sind prinzipiell nicht voraussagbar (Fucks). Sie können kommen oder auch nicht. Wenn man diese Unsicherheit nicht akzeptieren kann, ist keine Vorschau möglich. Man muss daher einen Standpunkt respektieren, der von jeder Prognose meint, sie ersetze nur den Zufall durch Irrtum.

Trotzdem ist es von Vorteil, sich über die wahrscheinliche Entwicklung den Kopf zu zerbrechen. Nur so kann man unerwünschten Erscheinungen entgegentreten, sich auf gefährliche oder nachteilige Zeiten vorbereiten.

Aber auch wenn besondere Störungen ausbleiben, ist man vor Fehleinschätzungen nicht sicher. Wie lange reichen die materiellen Ressourcen?

Können die fossilen Ressourcen überhaupt oder auch nur rechtzeitig durch nachhaltige Energiequellen ersetzt werden? Kann die Belastung der Sphären soweit verringert werden, dass die natürliche Regeneration eine stabile Entwicklung ermöglicht? Wird das Bevölkerungswachstum global zum Stillstand kommen? Diese Fragen sind der eigentliche Schauplatz der Diskussionen um das zukünftige Bild der Erde, um notwendige Maßnahmen gegen oder für etwas.

Unsere Handlungsbereitschaft wird von Hoffnung und Sorge bestimmt. Aus der Vergangenheit wissen wir um die Endlichkeit aller Dinge. Jeder Einzelne weiß, dass seine Tage gezählt sind. Wir wissen, dass bisher alle Kulturen, alle Arten, alle Sonnensysteme eine begrenzte Lebenszeit hatten. Für unsere Lebenserwartung haben wir einen statistischen Anhalt und auch für die kosmischen Termine gibt es konkrete Aussagen: In 7 Milliarden Jahren wird sich die Sonne gewaltig aufblähen und dabei ihre inneren Planeten verschlucken. Aber die Erde wird schon lange davor unbewohnbar sein, spätestens nach dem Ende der Erdrotation in 4,6 Milliarden Jahren. Bis dahin ist das Leben auf der Erde jederzeit durch den Einschlag größerer Himmelskörper und tektonische Erschütterungen gefährdet. Diese Katastrophen kennen wir aus der Erdgeschichte, sehen sie an anderen Planeten. Es ist erstaunlich, wie wenig populär Überlegungen sind, einer solchen Katastrophe vorzubeugen. Im Zentrum unserer Befürchtungen steht vielmehr das Ende unserer Kultur, der Untergang des Abendlandes (Oswald Spengler). Aber unsere Kultur ist nicht mehr eine geographisch abgegrenzte Hochkultur im früheren Sinn, sondern eine globale Erscheinung, eine von der Weiterentwicklung der Naturwissenschaft getragene, einem fortwährenden Kulturwandel ausgesetzte Kulturform. Der Einfluss von Kulturrevolutionen ist nur sehr bescheiden. Das gilt sowohl für die chinesische als auch die 68er-Bewegung. Bedeutender ist da schon der Kulturpessimismus, wie er z. B. aus dem Standardlauf des „world3" in Meadows, Neue Grenzen, hervorgeht.

Falsche Propheten

Obwohl es schwer fällt, die Nützlichkeit einer pessimistischen Zukunftserwartung zu beweisen, ist der apokalyptische Wahn weit verbreitet, ein fester Bestandteil menschlichen Denkens. Die Liste seiner schädlichen Einflüsse ist lang. Immer wieder kommt es aus diesem Grund zu Menschenopfern, zu Selbstmorden, zu Massenselbstmorden, immer wieder treten Scharlatane auf, die eine Massenhysterie hervorrufen. William Miller prophezeite seit 1831 das Ende der Welt für den 3. 4. 1843. Als dieser Tag wie jeder andere vorübergeht, nennt er den 7. 7. 1843 als „richtiges Datum". Dann den 22. 10. 1844. Seine noch immer 100.000 Anhänger verschenken oder verkaufen ihr Vermögen. Er selbst natürlich nicht.

1856 hat in Südafrika ein 14-jähriges Xhosa-Mädchen eine Vision, nach der „die Ahnen" die alte Kultur wieder herstellen würden. Als Zeichen des Gehorsams müssten die Xhosa ihr Vieh schlachten und ihr Getreide vernichten. Es bricht eine Massenhysterie aus, die am 28. 2. 1857 das große Ereignis erwartet, zu dem die Sonne im Osten untergehen soll. Die Xhosa vernichten ihre Lebensgrundlage, 37.000 Menschen verhungern.

Thomas Malthus verzweifelt an der Einsicht, dass eine geometrische Reihe schließlich rascher als jede arithmetische wachsen müsse. Er übersieht, dass sich das menschliche Verhalten an die aktuellen Gegebenheiten anpassen kann, dass seine Rechengrößen in Wahrheit keine Konstanten sind, dass progressives Wachstum keine unendliche geometrische Reihe ist, sondern ein eher zeitlich vorübergehender Abschnitt einer Glocken- oder S-Kurve.

1982 erscheinen in der Illustrierten „Der Stern" doppelseitige Bilder, die den Schwarzwald in gegenwärtigem und im erwartet zukünftigem Zustand zeigen. Zukünftig sei er unbewaldet, weil der Wald ja stirbt. Tatsächlich hat der Waldbestand in Mitteleuropa aber schon damals und auch seither zugenommen. (Österreich war z. B. vor 40 Jahren zu 39% bewaldet, heute zu 47%. China will seine Waldflächen von 9 auf 14% vergrößern.)

1969 erklärt der damalige Generalsekretär der UNO U. Thant: „... nach den Informationen, die mir als Generalsekretär der Vereinten Nationen zugehen, haben nach meiner Schätzung die Mitglieder dieses Gremiums noch etwa ein Jahrzehnt zur Verfügung, ihre alten Streitigkeiten zu vergessen und eine weltweite Zusammenarbeit zu beginnen, das Wettrüsten zu stoppen, den menschlichen Lebensraum zu verbessern, die Bevölkerungsexplosion niedrig zu halten und den notwendigen Impuls zur Entwicklung zu geben. Wenn eine solche Partnerschaft innerhalb der nächsten zehn Jahre nicht zustande kommt, so werden, fürchte ich, die erwähnten Probleme derartige Ausmaße erreichen, dass ihre Bewältigung menschliche Fähigkeiten übersteigt." (Zitiert nach Die neuen Grenzen ..., S. 33). Seither sind drei Jahrzehnte vergangen, die Ankündigung ist genauso finster und nichtssagend geblieben, wie sie damals war.

Hans Mohr meint (S. 92): „Wir leben total von der Substanz ... Die hohe Tragekapazität verlangt den vollen Einsatz der einmaligen, eng begrenzten fossilen Energie- und Rohstoffreserven und die totale Verwandlung der Welt in eine Produktions- und Abfallbeseitigungsmaschine mit gigantischem Energiebedarf. Diese Maschine kann nur noch eine beschränkte Zeit lang laufen. Wenn sie aussetzt, wird die Welt zerstört sein." Hier fällt ein angesehener Wissenschaftler auf das falsche Bild herein, dass Rohstoffe wirklich verbraucht werden, verschwinden. Dass der Energiestrom erschöpfbar sei, weil die fossilen Energievorräte begrenzt sind.

Dennis Meadows hält an seinem vom Simulationsmodell World3 geprägten Schreckensszenario fest: im zweiten Drittel des 21. Jahrhunderts projiziert es „einen weltweiten Niedergang von Bevölkerung und Wirtschaft" (VDI-N 6. 10. 2000, S. 2). Ausgelöst wird dieser Niedergang durch die unbegründete und unbeweisbare Annahme im Simulationsmodell World3, daß bis zu Jahre 2050 fast 90% der im Jahre 1900 verfügbaren Ressourcen erschöpft seinen. „Mit World3 können wir Veränderungen einleiten, die den Übergang vom Wachstum zu einer nachhaltigen Entwicklung ermöglichen. Mehrere größere Veränderungen sind dabei unvermeidlich. Technologien sind wichtig, aber allein reichen sie keineswegs. Von zentraler Bedeutung ist ein Wandel in der Ethik, im zeitlichen Horizont und in der Art und Weise, mit der sich soziale Veränderungen vollziehen." Aus World3 folgen keine Anweisungen worin diese „größeren Veränderungen" bestehen könnten. Vielleicht meint Meadows die Ankunft eines neuen Menschen (Ethik), eine Verzögerung der Entwicklung (zeitlicher Horizont) und die Ablösung der Demokratie durch die Diktatur einiger Apokalyptiker (soziale Veränderung). Seine Prophezeihung schöpft aus unklaren Quellen und bleibt deshalb so nichtssagend wie die der anderen falschen Propheten. (Meadows bezieht sich offenbar auf den Standardlauf, das Szenario 1. Danach fällt die Bevölkerungszahl ab 2030 und erreicht 4 Milliarden im Jahr 2100. Bis dahin fällt die Lebenserwartung auf 20 Jahre, die Umweltverschmutzung steigt auf das 8-fache, Tabelle 10-1).

Unser eigenes Leben, der Fortbestand unserer biologischen Art, alles Leben auf der Erde, ja der Planet insgesamt sind andauernd gefährdet. Es ist ein unglaubliches Wunder, das Wirken eines noch nicht erkannten Regelprozesses, dass sich über eine so lange Zeit die Oberflächentemperatur in so engen Grenzen gehalten hat, wie sie zum Überleben aller Arten notwendig ist. Es besteht kein Anlass zur Annahme, dass die Evolution in absehbarer Zeit zum Stillstand kommen werde, ihre Stabilität gestört sein müsste. Das

Tabelle 10-1. Szenarien nach Meadows, D. u.a.: Die neuen Grenzen des Wachstums

Szenario		Bevölkerung Mrd		Lebenserw. Jahre		Umweltverschm. 2000 = 100%	
		2050	2100	2050	2100	2050	2100
1	Standard	7,2	4,0	30	20	300	180
2	doppelte Ressourcen	8,2	4,0	22	38	110	800
3	dto + Emissionsbek.	9,0	7,5	45	30	300	50
4	dt + Ertragsförderung	9,2	7,0	48	18	300	30
5	dto + Erosionsschutz	9,5	8,0	52	30	300	30
6	dto + gest. Ressourceneff.	9,5	10,5	51	42	250	30
7	raschere Einf. aller Techn.	9,5	12,0	56	50	150	30
8	Geb. beschr. ab 1995	7,0	3,0	40	43	700	200
9	dto + Produktionsbeschr.	7,0	4,0	47	44	450	320
10	dto + Technologien ab 1995	7,0	4,0	47	44	450	320
11	dto ab 1975	5,5	5,5	66	66	150	20
12	dto ab 2015	8,2	7,5	44	60	550	100
13	alles ab 1975	7,2	7,3	67	68	400	100

ist sicher kein Freibrief für alle nur möglichen Untaten, aber auch kein Zwang zur Untätigkeit. Das menschliche Bewusstsein setzt uns in die Lage an die Zukunft zu denken und auch Verantwortung für sie zu übernehmen.

10.3 Brüderlichkeit

Haut's ihm außi, er bricht mir's Herz.
Johann Nestroy (Judith und Holofernes)

Wolfram Engels meint, von den Zielen der französischen Revolution hätten sich die Liberalen die Freiheit genommen, die Sozialisten die Gleichheit. Die Brüderlichkeit sei aber auf der Strecke geblieben. Das zentrale Missverständnis des sozialen Zusammenlebens scheint in dem schönen und unerfüllbaren Wunsch zu liegen, dass alle Menschen brüderlich miteinander teilen mögen. Es ist das Missverständnis der Bergpredigt, die man sich als persönliche Richtschnur setzen darf und soll, die aber nicht umkehrbar ist. Umkehrung würde heißen: Wenn du jemandem ins Gesicht schlägst, dann muss er dir auch noch die andere Wange hinhalten. Wenn du jemandem den Mantel nimmst, muss er dir auch noch den Rock dazu geben. Aus gutem Grund ist nicht die Bergpredigt die Basis unseres globalen sozialen Zusammenlebens, sondern es sind die Zehn Gebote, die Kardinaltugenden.

Die Nächstenliebe allein ist nicht geeignet, unser Zusammenleben optimal zu gestalten. Das Neue Testament selbst gibt das Bild der zwei Seiten der Münze: Es gibt nicht nur die umfassende Solidarität, es gibt auch den Wettbewerb zwischen den Einzelnen. Es ist unklug so zu tun, als würden wir nur altruistisch denken und handeln. Es ist vielmehr richtig, beide Seiten der Münze zu sehen: den Wettbewerb mit der monetären Bewertung der Güter und Dienstleistungen einerseits und andererseits die sittliche Kraft, die allein unser Leben lebenswert macht.

Eineinhalb Jahrtausende hat das Abendland die christliche Nächstenliebe gepredigt. Was wurde erreicht? Am Ende dieser Zeit brannten die Hexenfeuer in Europa, ganze Landschaften waren entvölkert, Leibeigenschaft und Folter akzeptiert. Auch die christliche Mission in allen Erdteilen hat nicht den angestrebten Erfolg gebracht. Diese Aussage richtet sich nicht gegen Christentum oder Religion. Es soll lediglich festgehalten werden, dass die inner- und zwischenstaatlichen Gewalttätigkeiten nicht durch Christianisierung oder Glaubensstärke beseitigt werden, sondern durch die Zunahme des Bruttoinlandsprodukts pro Kopf.

Nun hat ein neues Predigen eingesetzt: Die Schonung der Natur, das Erhalten der Zustände von 1750 seien das Ziel der Welt. Wird diese Predigt ebenso wenig wirksam sein?

Die menschlichen ethischen und moralischen Anlagen sind evolutionär entstanden wie die körperlichen Merkmale. Wir finden auch die gleichen Anlagen, wie wir sie von Tieren kennen. Die Ethologen haben gezeigt, wie das Band der Liebe aus der Aggression entstanden ist, wozu das Böse gut ist. Im ersten Schritt der Näherung stellen wir auch beim Menschen das gleiche Verhalten fest: Nächstenliebe in der kleinen Gruppe, der Familie, der Sippe; Aggression gegen fremde Artgenossen, Xenophobie gegen alle Fremden. Andere Arten (Tiere und Pflanzen) werden ohne emotionale Regung verdrängt. Im zweiten Schritt finden wir aber beim Menschen und nur bei ihm noch eine andere Verhaltensweise gegenüber Fremden: die freundlich-rationale Begegnung zum Tauschhandel. Voraussetzung dafür ist, dass beide Teile etwas tauschen wollen. Im Laufe der Zeit ist ein besonderer Ort für diese Begegnung entstanden: der Markt. Auf ihm gibt es kein Vorrecht der Geburt oder Stärke. Friede, die pax forensis, ist das oberste Gebot. Jeder sucht den eigenen Vorteil. Der Geschäftspartner ist nicht Freund noch Feind. Jeder ist eingeladen auf dem Markt seine Ware oder Dienstleistung anzubieten oder zu kaufen, niemand ist gezwungen auf den Markt zu gehen oder zu bleiben. Es ist eine neue Art der sozialen Begegnung, ohne Vorbild im Tierreich, eine einzigartige menschliche Errungenschaft. Viele Jahrhunderte hat das Abendland den Markt nur geduldet. Erst Adam Smith kam darauf, dass der Markt nicht nur für die Teilnehmer, sondern für alle von Vorteil ist: Waren und Dienstleistungen bekommen durch Angebot und Nachfrage ihren „gerechten" Preis. Noch wichtiger: Es werden die Verfahren selektiert, die die erwünschten Angebote zum kleinstmöglichen Preis, also die mit dem kleinstmöglichen Aufwand, zustande bringen. Damit entsteht eine Überlegenheit gegenüber anderen Märkten, anderen Bevölkerungsgruppen, die sich vom Marktgeschehen absondern. Noch wichtiger: Der Friede, der Voraussetzung für das Marktgeschehen ist, strahlt über den Markt hinaus. Mit dem Handelspartner kann man nicht Krieg führen ohne sich selbst zu schaden.

Warum wird der Handel, der Markt, die Kommerzialisierung immer wieder angegriffen als unethisch, unmoralisch? Ist es der Konkurrenzneid der Menschheitsbeglücker, die einsehen müssen, dass die Macht des Faktischen für den Markt und gegen das bloße Verkünden von Ideologie spricht? Die Religionen können sich darauf zurückziehen, dass sie Seelen retten, den Einzelnen zum Guten führen.

Heiner Geißler meint, dass in der Wirtschaft die christliche Nächstenliebe fehle. Wie wählt man auf dem Markt unter dem Gesichtspunkt christlicher Nächstenliebe? Soll man sich da nach den sozialen Verhältnissen der Anbieter erkundigen oder einfach das Angebot mit dem schlechtesten Preis-Leistungs-Verhältnis wählen? ("Der Arme muss ein so schlechtes Produkt zu einem so hohem Preis anbieten!") War Herr Geißler noch nie einkaufen?

F. Hengsbach meint, dass der Wettbewerb die Marktwirtschaft demontiere. Wie soll denn ein Markt ohne Wettbewerb überhaupt funktionieren?

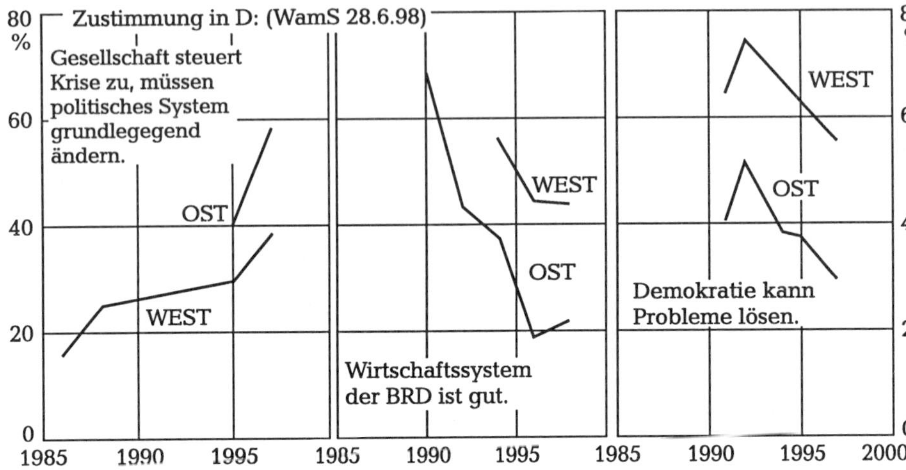

Abb. 10-6. Ergebnis einer Umfrage von Mitte 1998 in Deutschland. Fast 40% der Westdeutschen und fast 60% der Ostdeutschen meinen, dass die Gesellschaft einer Krise zusteuert und sich das politische System grundlegend ändern müsse. Wie?
Über 50% der Westdeutschen und über 75% der Ostdeutschen meinen, dass das Wirtschaftssystem der BRD nicht gut sei. Welches ist besser?
Nur 55% der Westdeutschen und 30% der Ostdeutschen meinen, dass die Demokratie die Probleme lösen könne. Welche Staatsform wollen sie?

Ansichten des Österreicher, IMAS, Die Presse 8.1.2000

Es meinen
- 83 % Wer mehr kann und leistet, soll auch mehr verdienen.
- 47 % Der Kampf um Arbeitsplätze macht Kollegen zu Rivalen.
- 46 % Mangel an Arbeitsplätzen wird bald Dauerzustand.
- 42 % Leistungs- und Gewinnstreben bekommt unmenschliche Züge.
- 42 % Nationale Eigenheiten und Tradition erhalten.
- 41 % Sich international durch Leistung und Können behaupten.
- 40 % Man muß Menschen zu mehr Eigenverantwortung bringen.
- 39 % Härter durchgreifen gegen Leute, die gegen Recht und Ordnung verstoßem.
- 30 % Multikulturelle Gesellschaft polarisiert und verstärkt Konflikte.
- 29 % Wirtschaft kann nur in Schwung bleiben, wenn Menschen viel kaufen.
- 29 % Kirche ist unglaubwürdig und überflüssig geworden.
- 24 % Wir benötigen wieder mehr christliche Moral.
- 24 % Wir müssen bescheidener werden, weniger konsumieren.
- 23 % Neue Technologie schafft Arbeitsplätze, die wegrationalisierte aufwiegen.

Ein Fünftel der 1000 befragten Personen äußert den Wunsch nach einer nivellierten Gesellschaft, in der alle ziemlich gleich viel verdienen.

Abb. 10-7. Ergebnis einer Umfrage in Österreich. Die einander z. T. widersprechenden Aussagen machen das Unbehagen mit dem Wettbewerb deutlich, zeigen eine soziale Exposition, die behutsam beseitigt werden muss. Sonst wird die bei der Umfrage 20% ausmachende Gruppe, die in einer Planwirtschaft eine mögliche Alternative sieht, größer. Wahrscheinlich wird es auch zukünftig planwirtschaftliche Experimente geben, wie bisher immer wieder. Vielleicht muss es sogar in irgendeinem Teil der Welt Planwirtschaft als abschreckendes Beispiel geben, um den Zulauf zu dieser Wirtschaftsform, die in der Geschichte in jedem Fall zum bösen Ende geführt hat, zu begrenzen

Vielleicht reden ja alle nur aneinander vorbei, weil sie unter den gleichen Begriffen Unterschiedliches verstehen. Es fällt schwer, den Pessimismus zu verstehen, der von den Meinungsmachern ausgeht und weit in die Bevölkerung übergegriffen hat (Abb. 10-6 und 10-7). Geht es nicht allen im Osten und Westen Deutschlands gut? Sollten nicht die ungeheuren Geldbeträge, die seit 1989 von West nach Ost strömen (700 Mrd. DM), die einen mit Stolz auf ihre Leistungsfähigkeit und die anderen mit Dankbarkeit erfüllen? Hat es je in der Geschichte eine so unblutige Lösung eines hoffnungslos scheinenden Problems wie das der beiden deutschen Staaten gegeben?

Der politische Pessimismus ist ebenso wenig gerechtfertigt wie jeder andere. „Wir können uns den Pessimismus nicht leisten" meint J. Silver zu Recht.

10.4 Ethik und Marktwirtschaft

Nach gängiger Diktion sind Marktwirtschaft und Ethik Gegensätze: Marktwirtschaft strebt nach größtmöglicher Effizienz, Ethik stellt den Wert des Menschen über jede Effizienzverbesserung. Karl Homann sieht in der Konkurrenz zwischen Effizienz und Solidarität den Kern der gesellschaftlichen Frage: Soll sich die Marktwirtschaft in Richtung Effizienzverbesserung oder Solidarität bewegen?

Von den drei „letzten Werten" behandelt die Philosophie die Wahrheit, die Kunst die Schönheit, die Ethik das Gute. Für das Gute gibt es viele Beschreibungen. Allen gemeinsam ist das Hintanstellen der eigenen Interessen. Gut ist es, „höheren Werten" ein Vorrecht vor den eigenen Interessen anzuerkennen und danach zu handeln. Diese Maxime widerspricht der Maxime der Marktwirtschaft: „Suche den eigenen Vorteil und handle danach."

Der Widerspruch löst sich dadurch, dass die Teilnahme an der Marktwirtschaft einer völlig anderen Situation entspricht als alle anderen Sozialbezüge sonst. Adam Smith hat wahrscheinlich als Erster darauf aufmerksam gemacht, dass für alle ein Mehrwert entsteht, wenn jeder Einzelne am Markt seinen Interessen folgt. Der funktionierende Markt macht den „gerechten Preis" und selektiert das „beste Angebot" Nämlich jenes, das dem Anbieter einen kostendeckenden Preis und dem Kunden das beste Preis-Leistungs-Verhältnis bietet. Die Ethik, das Anliegen der Solidarität, bleibt aber nicht außen vor, sondern kommt in den Spielregeln der Marktwirtschaft zur Geltung. Nur die erlaubten Spielzüge dürfen zum eigenen Vorteil gewählt werden. Die Spielregeln verschaffen den übergeordneten Werten Geltung.

Wenn Marktwirtschaft als ethisch unbefriedigend oder gar unmoralisch apostrophiert wird, dann kann sich die Kritik nur auf die Spielregeln beziehen, niemals auf die Spielzüge, wenn sie sich im Rahmen der Spielregeln bewegen. Eine Marktwirtschaft ist nicht dadurch sozial, dass die an ihr Teilnehmenden suboptimale Spielzüge wählen, sondern dadurch, dass ihre

Spielregeln sozial sind. Soll die Entwicklung des Marktes in Richtung Effizienz oder Solidarität beeinflusst werden, so kann das nur durch eine Veränderung der Spielregeln bewirkt werden. Dass diese einzuhalten sind, versteht sich von selbst. Ein Markt ohne Regeln ist ebenso wenig ein Markt wie ein Spiel ohne Spielregeln.

Der Teilnehmer am Marktgeschehen ist ethisch doppelt gefordert: Er muss nicht nur die Spielregeln kennen, sondern sich auch dann an sie halten, wenn sie seinen Interessen widersprechen. Ethik ist also auch im Marktgeschehen unentbehrlich. Der Staat, der für die Gesellschaft die Spielregeln festlegt, steht in der Verantwortung sie so zu gestalten, dass die gesellschaftlichen Ziele erreicht werden. Diese implizieren das Interesse der Einzelnen wie das Interesse aller. Er kann sich darauf verlassen, dass alle Beteiligten die für ihre Interessen optimalen Spielzüge wählen. Das als unethisch zu denunzieren, wie das dauernd geschieht, ist kontraproduktiv.

Man kann auch nicht davon ausgehen, dass die Menschen von Haus aus dem Bösen zuneigen. Wie kommt das Gute unter die Menschen?, fragt Manlio Sgalambro in „Woran glaubt, wer nicht glaubt?" (Eco, S. 108). Die Antwort ist ganz einfach: aus der Evolution. Unterhalb der menschlichen Willensfreiheit ist das Gute leicht zu definieren: Gut ist, was der Art nützt (Lorenz). Alle Tiere verhalten sich so. Täten sie es nicht, wäre ihre Art längst ausgestorben. Wenn die Füchsin ihre Jungen nicht säugt, sondern sie frisst, folgt sie ihrem individuellen Interesse: Sie hat Nahrung und braucht sich nicht länger mit der Aufzucht zu belasten. Um die Zukunft der biologischen Art Fuchs wäre es dann freilich schlecht bestellt. Wir beurteilen die rührende Fürsorge aller Tiermütter, die bis zur Hingabe des eigenen Lebens geht, als „gut", obwohl es sich nur um das Befolgen eines für das Überleben der Art unabdingbaren Instinkts handelt.

Auch unsere Vorfahren haben sich ohne Zweifel in diesem Sinn „ethisch" verhalten. Die Mütter der Australopithecinen haben vor 7 Millionen Jahren ihre Kinder sicher so liebevoll umhegt und unter Einsatz ihres Lebens für sie gesorgt, wie das heute noch Affenmütter tun. Dafür hat es keiner besonderen sittlichen Regeln bedurft, keiner religiösen Anweisung. Erst mit der Menschwerdung, dem Bewusstwerden von Gut und Böse und dem freien Willen, das Gute zu tun oder zu lassen, wurde das natürliche Verhalten durch die von allen Mitgliedern des Clans überwachten Sitten gestärkt, durch Religion bestätigt. Erst da kam die Vorstellung in die Welt, dass es verdienstvoll wäre Gutes zu tun, dass es dafür einen überirdischen Lohn gäbe. Es kam die Schwierigkeit in die Welt, das Gute zu benennen. Zum Beispiel: „Dulcis et decorum est pro patria morire [Es ist angenehm und verdienstvoll für das Vaterland zu sterben]? Für deines oder für meines? Jeder für seines? Ist es dann gut, sich gegenseitig auszurotten?

Im Lauf der Geschichte des Menschen kam es neben dem Sozialbezug zu den persönlich Bekannten im Clan dann immer häufiger zu einer Begegnung mit dem Fremden. Dafür gibt es im genetischen Vorrat der Verhaltensweisen zunächst nur Abwehr oder Aggression. Dem Fremden der eigenen biologischen Art können wir emotional nur mit Aggression begegnen: Er hat die gleichen Bedürfnisse und Fähigkeiten wie wir, er ist auf der Suche nach Lebensraum für sich und seine Nachkommen wie wir. Das arterhaltende Gute ist es ihn abzuwehren, um eine Übervölkerung des Lebensraumes zu vermeiden. Diese genetisch fixierte Xenophobie kann nur dadurch aufgehoben werden, dass entweder die Grenzen des Clans aufgehoben werden, dass man sich mit allen Menschen verbrüdert, mit allen alles teilt oder eine neue Art der Begegnung einführt: die Marktwirtschaft. Das eine würde die Zurücknahme eines genetisch errungenen Vorteils bedeuten, nämlich der Aggression, die das Bevölkerungswachstum regelt, die Bevölkerungszahl begrenzt, bevor die Tragfähigkeit des Lebensraums erreicht ist. Eine solche Zurücknahme kommt in der natürlichen Evolution kaum vor. Vielmehr werden eventuelle ungünstige Auswirkungen sublimiert. Die Aggression durch die Liebe, zum Beispiel, die das Individuum einerseits stärker an den Clan bindet und andererseits gleichzeitig seine Aggressionskraft stärkt. Das andere ist die Sublimation der Aggression in die Marktwirtschaft. In ihr begegnen wir dem Fremden nicht länger emotional-feindlich, sondern rational-freundlich. Wir können uns mit ihm auseinandersetzen wie im Kampf um den Lebensraum. Nach strengen, ritualisierten Regeln.

Ethik und Marktwirtschaft sind daher keine Gegensätze. Auch in der Marktwirtschaft geht es nicht ohne Ethik. Sie besteht in diesem Fall darin, die Spielregeln scharf einzuhalten. Diese Spielregeln werden fortlaufend ergänzt, zum Beispiel im Zusammenhang mit neuen Zahlungsmitteln oder neuen ökologischen Erkenntnissen. Die Spielregeln beinhalten aber auch uralte, nicht geschriebene Regeln, die genetisch tief in uns verankert sind. Dazu gehört das Erkennen der besonderen Situation, die der Markt darstellt. Sie muss jederzeit beendet werden, wenn der Andere in Not gerät oder aus irgend einem Grund die besondere Situation, „den Markt", verlassen will. Dann gilt die Regel der Nächstenliebe, die uns dazu bringt, auch den Fremden zu helfen, wenn sie in Not sind, „unsere Feinde zu lieben".

Marktwirtschaft ist kein notwendiges Übel oder eine Situation, in der wir schlechte Triebe abreagieren können. Sie fordert Ethik wie jeder andere Sozialbezug. Marktwirtschaft wandelt Aggression und Xenophobie in einen positiven Sozialbezug. Sie als unmoralisch zu bezeichnen oder zu verunglimpfen zeugt von geringem sozialen Verständnis.

11 Arm und Reich

Da ist der allerärmste Mann
Dem andern viel zu reich,
Das Schicksal setzt den Hobel an
Und hobelt alle gleich.
Ferdinand Raimund (Der Verschwender)

Dem Armen fehlt der Zugang zum bequemen Leben, den der Reiche hat. Die Quelle des Reichtums kann dabei sowohl Besitz sein, den man ausgeben oder von dessen Zinsertrag man leben kann, oder reichliches Einkommen. Reich wird man durch Erben, Sparen oder außergewöhnliche Leistung. Arm wird man durch Konsum des Besitzes oder zu kleinem Einkommen.

Ein ungeschriebenes Gesetz jedes sozialen Zusammenlebens ist das Ziel, Armut auszuschließen. Andererseits werden Unterschiede in Besitz und Einkommen zugelassen, um Fleiß und Sparsamkeit zu fördern. Zwischen diesen beiden Polen bewegen sich die Maßnahmen des Staates und die Versprechungen der politischen Parteien. Dabei hängt die Betonung des einen oder anderen Pols von der aktuellen Situation ab: Im wirtschaftlichen Hoch versucht man den Unterschied zwischen Arm und Reich zu verringern, im wirtschaftlichen Tief wird die Unternehmungslust durch die Möglichkeit höherer Erträge angereizt.

Was heißt arm?

Eine Definition der EU bezeichnet alle Menschen als arm, deren Einkommen weniger als 60% des durchschnittlichen Einkommens des betreffenden Landes beträgt. Folgt man dieser Definition, dann bräuchte man nur ein Mindesteinkommen von 50% des Durchschnitts zu garantieren, um die Armut endgültig zu beseitigen. Wäre das Einkommen noch dazu linear verteilt, dann würde der Ärmste gerade 50%, der Reichste 150% des durchschnittlichen Einkommens haben, also dreimal so viel wie der Ärmste.

Stiegen alle Einkommen auf das Zehnfache, gäbe es nach dieser Definition noch immer gleich viele Arme. Der Anteil der Deutschen, die nach dieser Definition arm sind, ist von 1995 bis 1998 von 8 auf 12% gestiegen.

Nach Definition der Weltbank und des UNDP gelten Menschen mit einem Einkommen von weniger als 300 bis 500 $ pro Jahr als arm.

Alle gängigen Definitionen von arm oder reich verschieben die Betonung von Besitz auf Einkommen. Ein Land kann reich an Bodenschätzen sein. Es bleibt arm, wenn es den Einwohnern nicht gelingt, die Bodenschätze zu verwerten. Das heißt: sie zu fördern und gegen das einzutauschen, was die Einwohner zum Leben brauchen, Handel zu treiben, das Bruttoinlandsprodukt zu vergrößern.

Entsprechendes gilt für den Einzelnen: Eine noch so gute Veranlagung, die beste Fähigkeit Arbeit zu leisten, nützen nichts. Er muss sich vielmehr entschließen, diese Gaben einzusetzen, sie wirksam werden zu lassen, zu arbeiten und seine Arbeit gegen das zu tauschen, was er zum Leben braucht, was er haben möchte.

Wollen wir ein Land, eine Bevölkerungsgruppe oder einen Einzelnen aus der Armut führen, so können Almosen nur eine akute Notsituation überwinden. Nachhaltig kann das Land, die Bevölkerungsgruppe, der Einzelne nur weniger arm oder reich werden, wenn der Tausch eigener Leistung gegen die Leistung anderer gelingt, wenn das beginnt, was wir Wirtschaft nennen. Es gibt nur eine Möglichkeit der Armut zu entkommen: Man muss wirtschaften. Anderen ein Produkt oder eine Dienstleistung anbieten, für die er bereit ist uns das zugeben, was wir brauchen, oder das universale Tauschmittel: Geld.

Meist zieht eine solche Überlegung den Vorwurf nach sich, nur materialistisch zu denken. Das trifft nicht zu. Denn natürlich muss sich Wirtschaften ethisch-moralisch im einwandfreien Raum abspielen und natürlich gibt es außer dem Wohlstand noch andere Güter, die wir höher schätzen. Aber es geht hier um die vielleicht schnöden Begriffe arm und reich, die nun einmal materiell definiert sind.

Handel statt Almosen

Wenn wir Armen helfen wollen, müssen wir sie dazu bringen, Produkte oder Dienstleistungen hervorzubringen, die verkäuflich sind. Almosen dürfen richtig verstanden nur zur Überwindung einer akuten Notsituation, nur für notwendigen Konsum gegeben werden. Als Dauereinrichtung zerstören sie die Würde des Empfangenden und die Gerechtigkeit des sozialen Lebens. Zweifelhaft ist sogenanntes Startkapital, das man schenken sollte, das aber meistens als Darlehen gegeben wird. Oft wird es verkonsumiert, weil es die Not erforderlich macht. Dann hat der Arme nicht nur nichts, sondern auch noch Schulden. Investiert er es, dann kann es verloren gehen. Der Arme hat wieder weniger als nichts, wenn es nur ein Darlehen war. Die Entwicklungshilfe ist ein solches Startkapital, und die beschriebene Alternative ist leider die häufige Entwicklung. Die Empfangenden haben am Ende oft weniger als nichts, nämlich Schulden. Richtiger ist es den armen Bevölkerungsgruppen den Markt zu öffnen oder ihnen sogar einen zu schaffen. Freilich heißt das, dass eigene Arbeitsplätzen hergegeben werden müssen, von denen es in der Regel zu wenig gibt. Trotzdem: Will man Armen nachhaltig helfen, darf man ihnen nicht Geld geben, sondern Arbeit. Bedauerlicherweise kennt unser Kulturkreis kaum klassische Beispiele für solche nachhaltige Hilfe. Das ergreifende Gleichnis vom Mann, der auf dem Weg nach Jericho unter die Räuber fiel und dem ein wenig geachteter Fremder zu Hilfe kam, ist eine Anweisung, wie in akuter Not zu helfen ist. Nachhaltige Hilfe durch Einbeziehen in den Warentausch, den Handel, kommt da nicht vor. Eher Missfallen am Unwesen, das die Händler im Tempel trieben ("... er ging in den Tempel und begann die Verkäufer und Käufer hinauszutreiben ... Mein Haus soll ein Bethaus heißen für alle Zeit. Ihr aber habt es zu einer Räuberhöhle gemacht." Marcus 11,15). Dort, wo wir mit Gott sprechen, gehört Handel auch nicht hin. Er gehört dahin, wo Menschen miteinander reden, wo sie Waren und Dienstleistungen tauschen: auf den Markt (der deswegen aber noch lange keine „Räuberhöhle" ist).

Einkommensverteilung

Jedenfalls haftet in unserer Kultur für manche dem Kaufen und Verkaufen, dem „Kommerz" und der „Kommerzialisierung", ein Makel an. Eigentlich wünschen wir uns, dass wir ohne Geld alles bekommen können, was wir brauchen. So wie es war, als wir noch Kinder waren und unsere Familie uns nach Bedarf mit allem versorgt hat. Diese unerfüllbare Wunschvorstellung hat immer wieder die Menschheit befallen und wird das weiter tun. Aber wie die Erfahrung lehrt, ist sie bestenfalls ein außerhalb der Familie nie erreichbares Ideal. Ein realistisches Ziel ist die gerechte Zuteilung der Ergebnisse unserer Arbeit. Wir können an diesem Ziel nur weise arbeiten. Neid ist dabei ein schlechter Ratgeber.

Weil unsere Beiträge zur Wirtschaftsleistung unterschiedlich sind, wird es auch unser Einkommen sein. Weil sich unsere Beiträge in abschätzbarem Verhältnis zueinander bewegen, erwarten wir ein ähnliches Verhältnis in der Einkommensverteilung. Idealerweise wäre sie frei von Exzessen nach unten und nach oben, linear. In der Realität wird man allerdings eine lineare Verteilung des Nettoeinkommens kaum finden. Vielmehr gleicht sie einer liegenden S-Kurve, wie in Abb. 11-1 schematisch dargestellt. Der steile Anstieg bei den kleinen Einkommen sorgt dafür, dass nach einer Beschäftigung gesucht wird, der steile Anstieg im Bereich der großen Einkommen soll die Anstrengungen vergrößern, mit der Bewerber in die gut bezahlten Positionen drängen. Der Anstieg im Mittelfeld soll für Zufriedenheit bei der großen Zahl der dort Befindlichen sorgen. Die gestrichelt eingezeichnete lineare Verteilung würde je nach Steilheit für Anstrengung nach Aufstieg

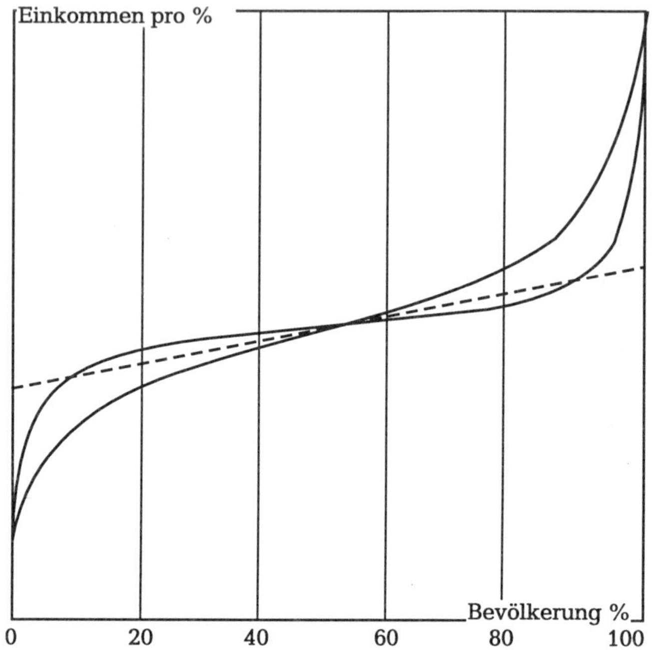

Abb. 11-1. Schematische Einkommensverteilung über der Bevölkerung. Meist gibt es relativ wenig sehr Arme und sehr Reiche: Die Verteilungskurve ist daher in der Nähe von 0 und 100% viel steiler als dazwischen

in die höheren Einkommensgruppen sorgen, doch wäre die Versuchung groß untätig zu sein, wenn man ohnehin am unteren Ende ist, oder die höchste Position abzulehnen, weil man mit einer darunter bei einem Bruchteil der Verantwortung fast genauso viel verdient. – In jedem Fall gibt es einen Verteilungskampf. Dieser wäre nur zu vermeiden, wenn langfristig alle das gleiche Einkommen hätten. Aber auch in diesem Fall gäbe es Unzufriedene, die sich auf die Unterschiedlichkeit der Bedürfnisse beriefen. (Außerdem gibt es natürlich den Verteilungskampf zwischen dem Einkommen aus Arbeit und aus Kapital, der noch zu besprechen sein wird.)

Eine alle befriedigende Einkommensverteilung ist kaum zu erreichen. Ziel kann nur ein von möglichst vielen getragener Kompromiss sein, eine Verteilung, die eine politisch und wirtschaftlich funktionierende Gesellschaft sicherstellt und zugleich allen ein bestimmtes Minimaleinkommen sichert. Womit man wieder bei der Frage ankommt, wie dieses Minimaleinkommen zu definieren ist, wo die Armutsgrenze liegt. Dafür Lösungen vorzuschlagen liegt außerhalb des beschreibenden Anliegens dieses Berichts. Wirkliche Armut verbirgt sich hinter persönlich empfundener Scham oder dem Elend der Flugdächer am Rande der Metropolen. Sicher ist der Abstand zwischen dem Einkommen der ärmsten 10% der Bevölkerung und den reichsten 10% in den

Schwellen- und Entwicklungsländern Lateinamerikas, Afrikas und Ostasiens größer als in den industrialisierten Ländern Europas und Nordamerikas. Statistische Daten (Abb. 11-2a und b) weisen auf ein kleiner werdendes Verhältnis des Einkommensunterschieds mit zunehmender Wirtschaftsleistung hin.

Einkommen aus Kapitalerträgen erwecken immer wieder den Neid derer, die arbeiten müssen um ihren Lebensunterhalt zu bestreiten. Zinsen auf das Kapital sind meist ein Ärgernis wie der Kapitalismus insgesamt. Kaum jemand in Europa bekennt sich zum Kapitalismus, obwohl alle wissen, dass ohne den Begriff Kapital eine Wirtschaftsrechnung (und damit -optimierung) nicht möglich ist und alle Versuche fehlgeschlagen sind, die den Kapitalertrag beseitigen wollten. Immer wieder geistert der Wunsch nach einer staatlichen Begrenzung des normalen Kapitalertrags durch die Gesellschaft. Aber solange es keine einheitliche Weltregierung gibt, geht das Kapital dahin, wo der Ertrag am größten ist. Die andere Möglichkeit ist, die Kapitalrendite sehr klein zu machen. So klein, dass es sich gar nicht recht auszahlt Kapital zu halten. Das Rezept dafür ist einfach: Man muss nur dafür sorgen, dass es Kapital im Überfluss gibt. Also viel mehr Angebot von Kapital als Nachfrage danach. Das kann man erreichen, wenn möglichst niemand Schulden macht. Besonders nicht der Staat, der durch seine Schulden den Kapitalisten das meiste Einkommen beschert. Die Staaten sollten eher über Kapital verfügen. Merkwürdigerweise sind die politischen Kräfte, die sich anti-kapitalistisch geben, zugleich die Kräfte, die einer noch höheren Verschuldung des Staates das Wort reden.

Umgekehrt kann man der Meinung sein, der Staat soll sich selbst in die Rolle des Kapitalisten setzen. Es gibt zwar diesen Vorschlag, aber nur als Monopol (Stamokap = Staats-Monopol-Kapitalismus), also unter Ausschaltung des Wettbewerbs. Vermutlich würde der Stamokap dahin führen, wohin alle planwirtschaftlichen Modelle führen: zur Ausbeutung aller durch die Apparatschiks.

Die Staaten treten als Gleichberechtigte am Kapitalmarkt auf, sollten sich aber an gewisse Voraussetzungen halten. Der Staat müsste sich auf Kapitalanlagen mit geringstem Risiko beschränken, sonst wäre die Versuchung für die Verwalter zu groß, Erfolge ohne persönliches Risiko zu versuchen. Wahrscheinlich könnte sich ein Staat als Kapitalist der Begehrlichkeit seiner Bürger ebenso wenig erwehren wie als Unternehmer. Es müsste daher ein Mindestkapital gesetzlich festgelegt werden, dessen Höhe sich z. B. am SBIP orientiert. Die Staaten müssten erst einmal ihre Schulden abbauen und dann ein Kapital aufbauen. Idealerweise könnte die Rendite davon als Grundrente dienen, die jedem Bürger zusteht. Alle hätten dann etwas davon in einem „reichen Staat" zu leben. Die Stimmenfänger hätten dann nicht mehr die Möglichkeit, Versprechungen auf Kosten anderer zu machen. Sie könnten die Zuwendungen an alle nur dadurch erhöhen, dass der Staat sein Kapital vergrößert.

Vielleicht ist der Staat als Kapitalist so schlecht geeignet wie als Unternehmer. Jedenfalls scheint ein Experiment aussichtsreicher, als es das des Svetozar Markevic war, der die Selbstverwaltung der Unternehmen erfunden hat.

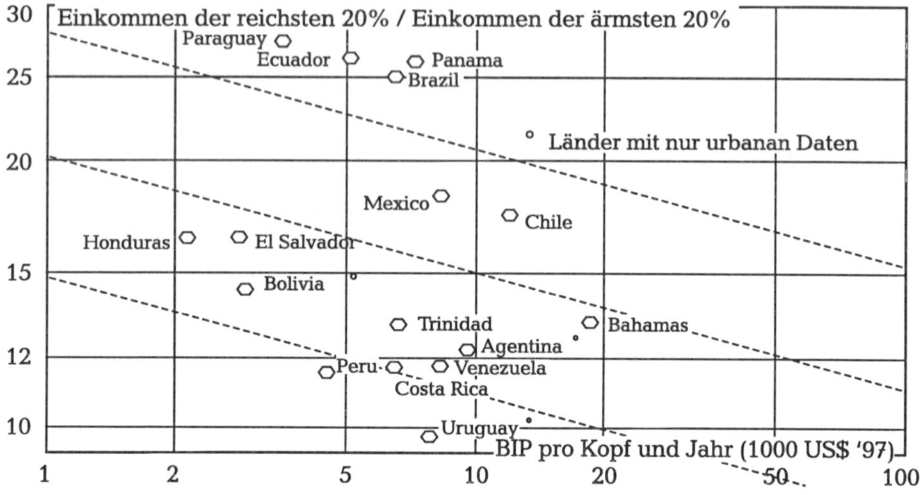

a)

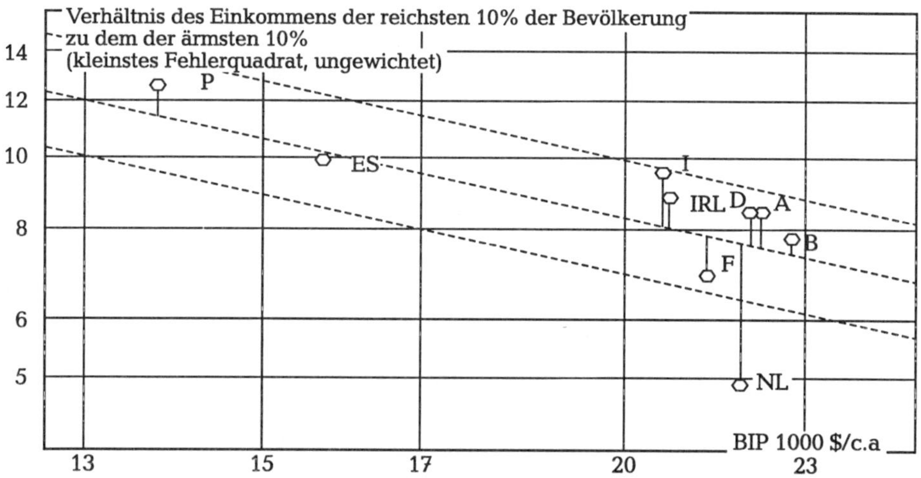

b)

Abb. 11-2. Der Unterschied des durchschnittlichen Einkommens der ärmsten und reichsten 20% (a) bzw 10% (b) einer Bevölkerungsgruppe kann als Maß für die Reife des Wirtschaftssystems gelten. Die hier angeführten Werte für EU-Länder zeigen eine eindeutig fallende Tendenz mit zunehmender Wirtschaftsleistung pro Kopf und Jahr (Regressionsgerade mit minimaler Abweichung des quadratischen Mittelwerts)

Tabelle 11-1. Vergleichswerte für Nord- und Südkorea nach Spiegel Almanach '99. Korea war von 1910 bis 1945 von Japan annektiert. 1948 entstanden unabhängige Republiken im Norden und Süden. 1950 kam es zum Einfall des damals militärisch und wirtschaftlich überlegenen Nordens in den Süden und der Eroberung von 80% des südkoreanischen Territoriums. Nur die massive Militärhilfe der USA und Großbritanniens konnte die Grenze am 38. Breitengrad ab 1953 wiederherstellen. Nach Kriegsende sollte Nordkorea einen raschen Aufstieg nehmen (die Industrieproduktion sollte um 220%, die Getreideernte um 150% gesteigert werden), während Südkorea bis 1963 in innenpolitischen Wirren versank. Die tatsächliche weitere Entwicklung zeigen die Zahlen. Im Jahre 2000 gehen Nord- und Südkorea politisch aufeinander zu

Korea		Nordkorea	Südkorea
Fläche	km²	120.538	99.392
Bevölkerung	Mio.	24,3	46
Lebenserwartung	Jahre	61	69
Säuglingssterblichkeit	‰	56	9
BIP pro Kopf	$/c.a	916	14.564
Geleistete Entwicklungshilfe	Mio. $/a	–43	158
Exporterlöse	Mrd. $/a	1,25	143,6

Auch Länder werden gelegentlich als arm oder reich bezeichnet. Früher meinte man damit den Reichtum an Bodenschätzen, an günstigem Klima und ertragreichem Boden für große Ernten. Heute meint man aber das BIP, das mit den natürlichen Gegebenheiten nur wenig zu tun hat. Die Bürger Japans und der Länder der EU sind reich, obwohl sie auf kargem Boden leben, Russland und die Länder Schwarzafrikas sind arm, obwohl sie Bodenschätze und fruchtbare Erde im Überfluss haben. Die Golfstaaten verstehen aus ihrem Bodenschatz Öl Reichtum zu machen. Andere Ölländer wie Nigeria oder Venezuela sind trotz ihres Reichtums an Öl arm. – Ein Vergleich der Daten Nord- und Süd-Koreas, die vor 50 Jahren in einer ähnlichen wirtschaftlichen Situation waren, zeigt den starken Einfluß der Wirtschaftsform auf den „Reichtum" eines Landes, Tabelle 11-1.

Armut heißt ursprünglich der Mangel an Lebensnotwendigem. Im modernen Sprachgebrauch aber eher unzureichendes verfügbares Einkommen. Oder zu geringe Wirtschaftsleistung, denn langfristig kann jeder Einzelne oder jeder Staat nur soviel ausgeben, wie er auch erwirtschaftet, es sei denn, er wird durch besondere Umstände von anderen erhalten, die dann für ihn die Wirtschaftsleistung erbringen. Internationale Hilfsprogramme unterscheiden sich voneinander dadurch, dass sie entweder als Katastrophenhilfe nach einem besonderen Naturereignis (z. B. Erdbeben) gegeben werden oder als „Hilfe zur Selbsthilfe", als „Entwicklungshilfe". Diese Entwicklungshilfe ist aber eigentlich oft ein Freikaufen von der Verpflichtung zu wirklicher Hilfe. Denn wie die Empfänger aus dem Geld funktionierende Wirtschaft machen können, ist eine offene Frage. Auch der immer wieder geäußerte Vorschlag, die Wirtschaftshilfe von z. B 0,25% des BIP auf 0,7% zu erhöhen, ist nur vordergründiges Kurieren am Symptom. Wirksame Entwicklungshilfe drückt sich eher in einer Vergrößerung des Handelsvolumens aus. Man kann anderen nachhaltig nur dadurch helfen, dass man sie in die eigenen, funktionierenden Wirtschaftsaktivitäten einbezieht. Das ist etwas ganz anderes als das Geben von Almosen. Das Wirken der Entwicklungshilfe zeigt sich als steigender Export. Die direkte Hilfe dazu ist das Abkaufen von Dingen, die das betreffende Land anbieten kann. Freilich kann das heißen, im eigenen Land auf die traditionelle Produktion althergebrachter, meist einfacher Güter zu verzichten, sich neuen Aufgaben zuzuwenden, die man den Handelspartnern anbieten kann, die sie selbst noch nicht herstellen können. Die UNO und ihre Organisationen täten gut daran, Wirtschaftshilfe nicht als gegebene und empfange Almosen zu rechnen, sondern als Zunahme der Wirtschaftskraft oder als Handelsstrom zwischen den einzelnen Ländern.

Gleiches gilt auch für die Hilfsbedürftigkeit des Einzelnen. Natürlich muss zunächst die akute Notsituation überwunden werden. Aber wirksame Sozialhilfe darf nicht als dauernde Unterstützung verstanden werden, sondern muss in die wirtschaftliche Integration münden. Es ist eine bleibende Frage, ob irgend jemand aus der Verpflichtung entlassen werden kann, seinen Beitrag zur Wirtschaftsleistung der Gemeinschaft zu leisten, in der er lebt.

11.1 Steuern als Ärgernis

„Der Staat der sozialen Marktwirtschaft ist ein starker Staat, der sich partikularen Interessen verweigert und stattdessen ein Anwalt der Interessen der Gesamtheit ist. Ein Staat, der Regeln setzt, die für alle gleichermaßen gelten."
Hans Tietmeyer, Bundesbankpräsident a. D.

Jeder Staat braucht ein Einkommen um seinen Aufgaben gerecht zu werden. Er muss für die innere und äußere Sicherheit seiner Bürger sorgen, für Legislative und Exekutive, für Jurisdiktion, für ihre Gesundheit, Bildung und Ausbildung; nicht zuletzt für die „richtigen Spielregeln" des Marktgeschehens, für Vollbeschäftigung, Konkurrenzfähigkeit seiner Unternehmen, soziale Gerechtigkeit und ökologische Stabilität.

Der Staat hat unternehmerische Aktivitäten an sich gezogen (öffentlichen Verkehr, Verkehrswege, Post, Banken, Stromversorgung, Schwerindustrie), was sich nicht bewährt: Der Staat kann nicht zugleich Gesetzgeber und Richter in der Marktwirtschaft sein und an ihr teilnehmen.

Der Staat beschafft sich das benötigte Geld von Bürgern und Unternehmen in Form von Steuern, Abgaben und Gebühren. Im Doppelsinn des Wortes „Steuern" steuert er dabei zugleich das soziale Zusammenleben seiner Bürger und insbesondere die wirtschaftlichen Aktivitäten, für die er die Spielregeln in ökonomischer, ökologischer und sozialer Hinsicht schafft.

Ziele der Besteuerung

1. Besteuert muss das werden, was der Staat nicht fördern will, z. B. der Verbrauch an fossiler Energie, die Menge der neu in den Kreislauf kommenden Rohstoffe.
2. Besteuert darf nicht werden, was der Staat fördern will, z. B. die wirtschaftliche Aktivität seiner Bürger und Unternehmen.
3. Die Besteuerung muss gerecht und einfach sein: Es dürfen nicht diejenigen bevorzugt werden, die Steuerschlupflöcher suchen oder das soziale Netz überstrapazieren („Sozialschmarotzer").
4. Die Armut soll beseitigt werden.

Vergleicht man das übliche Steuersystem mit den vorgenannten Zielen, so stellt man erhebliche Abweichungen von den genannten Zielen fest, die kaum kurzfristig beseitigt werden können. Es wird ein Gemisch von Steuern auf Einkommen und Vermögen, von Abgaben aller Art und Gebühren auf alles und jedes erhoben, was weder übersichtlich noch gerecht ist. Andererseits steht zumindest in Europa eine Steuerharmonisierung in der EU ins Haus, die zu einem sinnvollen Neubeginn der Besteuerung gemacht werden kann.

Das Besteuern an sich nicht notwendigen und oder unerwünschten Konsums wie Alkohol, Tabak, Vergnügen usw. mag durch die erwünschte Drosselung ja richtig sein. Warum aber Arbeit besteuert wird, ist schwer einzusehen. Zunehmende Schattenwirtschaft und damit eine ungerechte Verteilung der Lasten ist die unvermeidliche Folge (Abb. 11-3). In der letzten Jahren

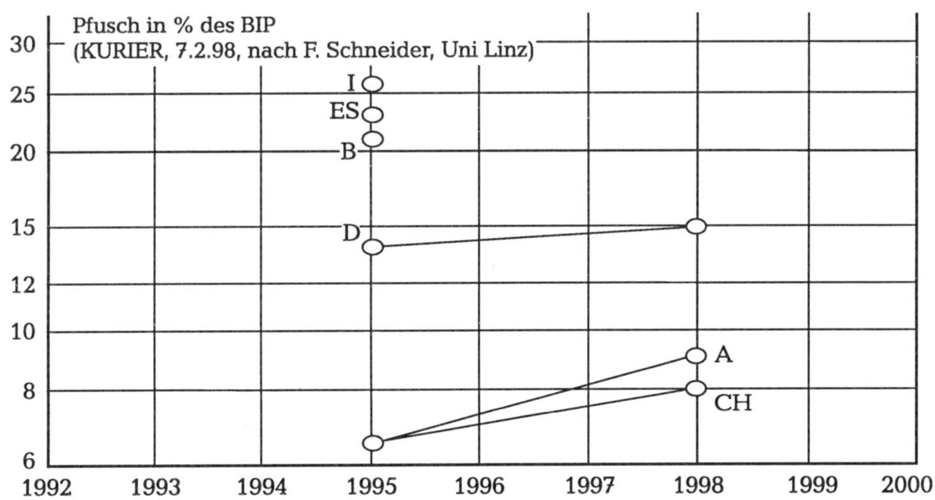

Abb. 11-3. Ein immer größerer Teil des Bruttoinlandsprodukts wird illegal, außerhalb der sozialpolitischen Regelung, erstellt. Dieser Prozess ist ungerecht, schädigt den sozialen Zusammenhalt, ist aber kaum zu kontrollieren. Er ist die Folge eines falschen Steuermodells

steigen daher die Verbrauchssteuern, die allerdings die sozial Schwachen genauso treffen wie die Reichen. Deshalb kommt als neue Bezeichnung für Verbrauchssteuern „Ökosteuer" in Mode. Aber auch sie kann die bei den Einkommenssteuern übliche Progression nicht ersetzen.

Grundrente

Vielmehr wird dadurch immer mehr eine Grundrente sinnvoll, die allen Bürgern die Befriedigung ihrer Grundbedürfnisse (Nahrung, Kleidung, Wohnung und Gesundheit) ermöglicht. Das erschwert die Aufgabe, ausreichende Steuereinnahmen zu erheben. Daher werden eine Reihe von Maßnahmen notwendig:

- Ausgliedern der Gebührenbereiche, z. B. der Verkehrswege und Stellplätze, des öffentlichen Verkehrs. Dort müssen dann kostendeckende Preise einschließlich der dazugehörigen Steuern erhoben werden. (Parken auf öffentlichem Grund ist kein soziales Recht.)
- Radikale Einstellung von Subventionen. Alle Bürger haben ja vermögens ihrer Grundrente die Möglichkeit, für die Grundversorgung zu zahlen.

Es ergäbe sich eine Einkommensverteilung nach Abb. 11-4. Alle Bürger haben die Grundrente als Einkommen. Ideal wäre, wenn sie ausreichend für

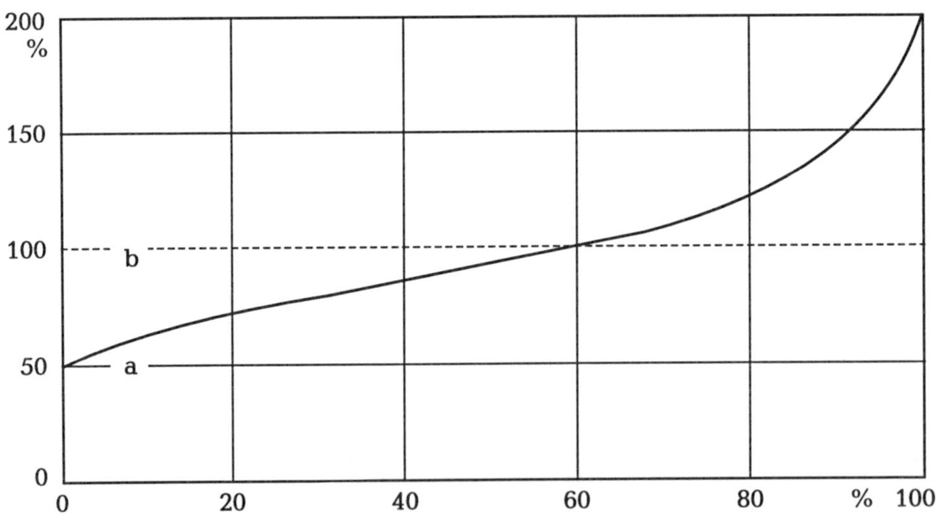

Abb. 11-4. Einkommensverteilung abhängig vom Anteil der Bürger (100%) mit einer für alle gleichen Bürgerrente (a = 50%). Sie stellt das kleinste Einkommen dar, zu dem jeder einen beliebigen Teil hinzuverdienen kann. Das durchschnittliche Einkommen ist b = 100%. Das Einkommen des durchschnittlichen Bürgers setzt sich aus 50% Bürgerrente und 50% Arbeitseinkommen zusammen

das Leben ohne besondere Ansprüche wäre. Es mag strittig sein, ob Bildung und Ausbildung, Erholung und Urlaub zu den „besonderen Ansprüchen" zählen. Jedenfalls muss jeder Bürger für alles, was über die Grundversorgung hinausgeht, eine Arbeitsleistung erbringen. Warum sollte ein moderner Diogenes nicht drei Monate „jobben" um sich 14 Tage lang eine Studienreise zu ermöglichen? Aber jeder kann sich ein viel höheres Einkommen verschaffen, wenn er bereit ist mehr zu leisten, wenn er eine entsprechende Bildung hat und wenn er von der Natur mit den dazu erforderlichen Gaben ausgestattet ist. Strittig ist, ob der Staat infolge einer allgemeinen Grundversorgung sich insgesamt einem Versorgungsstaat nähern würde. Es hängt davon ab, in welchem Maß er sich von den „sozialen Verpflichtungen" befreien kann, die er heute in oft ungerechter (wahlpolitischer) Weise großzügig verteilt.

Die Grundversorgung macht eine Steuerprogression hinfällig. Man muss sich vor Augen halten, dass jede Steuerprogression eine Einkommensprogression nach sich zieht, weil die Arbeitnehmer zu Recht nur das Nettoeinkommen interessiert. Natürlich kann die Steuerprogression nicht ohne gleichzeitige Korrektur der Einkommensprogression abgeschafft werden.

Eine grundsätzliche Bereinigung der Steuern kann nur langfristig und großräumig erfolgen. 20 Jahre und die gesamte EU sollte man sich z. B. als Ziel setzen. Weil dieser Zeitraum weit länger als alle Legislaturperioden ist, muss erst einmal das Endziel festgelegt werden, dem man sich dann mit kleinen Schritten und den notwendigen Korrekturen nähert. Das wäre eine Aufgabe für das EU-Parlament, das damit und mit ähnlichen Aufgaben in seine Rolle als Souverän eines großen Wirtschaftsgebildes hineinwachsen könnte.

11.2 Besteuerungsalternativen

In Abb. 11-5 sind stark vereinfacht die Geldströme dargestellt, die zwischen den Haushalten, dem Staat und der Wirtschaft fließen. Im „Einkommen" sind dabei alle Zahlungen zusammengefasst, die aus selbständiger und unselbständiger Arbeit und aus Kapitalerträgen den Haushalten zufließen. Im „privaten Konsum" sind alle Zahlungen der Haushalte enthalten: für Waren und Dienstleistungen, für Investitionen, den Kauf von Beteiligungen usw. Die „direkten Steuern" umfassen alle Zahlungen der Haushalte an den Staat. Die „Steuern der Wirtschaft" enthalten die direkten und indirekten Steuern, der „öffentliche Konsum" enthält alle Zahlungen des Staats an die Wirtschaft für Güter, Dienstleistungen und Kapital sowie Subventionen.

Das mit „IST" bezeichnete Teilbild 11-5 gibt die Prozentsätze des BIP in einem modernen Sozialstaat als Beispiel wieder: Die Staatsquote von 50% des BIP deckt Sozialtransfer und öffentlichen Konsum von je 25% des BIP, die Haushalte geben 67% des BIP für den privaten Konsum aus und zahlen 33% des BIP direkte Steuern. Die Wirtschaft zahlt die 75% für das Einkommen der Haushalte und 17% des BIP Steuern. 8% des BIP laufen gegen die gezeichnete Pfeilrichtung um.

Im Teilbild „dir. Steuern 20" ist angenommen, dass eine steuerliche Entlastung der Haushalte erreicht werden soll („Entlastung der Arbeit", flat-tax). Die Wirtschaft muss diesen Steuerausfall ausgleichen, die Preise für den privaten Konsum erhöhen sich von 67 auf 80% des BIP. Der umlaufende Geldbetrag ändert seine Richtung und beträgt nun +5% des BIP. (Zwischen den Zuständen „IST" und „dir. Steuern 20" gibt es den Spezialfall, in dem keine Steuermittel im Kreis laufen.)

Soll die Entlastung der Arbeit noch weiter vorangetrieben werden, dann werden die direkten Steuern im Extremfall 0, was im Teilbild „keine dir. Steuern" dargestellt ist. Die Preise für den privaten Konsum erhöhen sich auf 100% des BIP; die Wirtschaft muss 50% des BIP Steuern abführen.

Im Teilbild „dir. Steuern = 0, Soz.tr. = 32" ist darüber hinaus angenommen, dass sich der Sozialtransfer z. B. infolge einer Bürgerrente erhöht. Die Wirtschaft muss nun 57% des BIP an Steuern abführen, dafür sinkt das von der Wirtschaft an die Haushalte zu zahlende Einkommen von 75 auf 68% des BIP.

Mit diesen Veränderungen soll ein Weg beschrieben werden, den die Besteuerung gehen kann, wenn die immer wieder gemachten Änderungsvorschläge, nämlich die Besteuerung von Energie und Material, greifen. Solange der öffentliche Konsum gleich bleibt, kann sich auch der private Konsum nicht ändern, nur die Preise verändern sich, weil die Wirtschaft ihren größeren Steueranteil irgendwoher decken muss. Es ist ein „Nullsummenspiel". Trotzdem können sich logischer Sinn und Gerechtigkeit des Steuersystems verbessern. Das hängt unter anderem davon ab, wie die von 17 auf 57% des BIP steigenden Steuermittel der Wirtschaft beschafft werden. In Tabelle 11-2 sind einige mögliche Steuerquellen untersucht und angegeben, wie viel % des BIP je steuerliche Einheit vorzusehen sind, wenn 10% des BIP Steueraufkommen erreicht werden sollen:

a) Würde man jede Arbeitsstunde pro Bürger des betreffenden Wirtschaftsraums mit 0,01% des BIP besteuern, dann ergäbe die vom durchschnittlichen Bürger erbrachte Arbeitsleistung von 1500 h pro Jahr 10% des BIP (heute wird die Stunde mit 0,033% des BIP besteuert; 1500 h/a durchschnittlicher Arbeitszeit aller Bürger ergeben 33% des BIP direkte Steuern).
b) Besteuert man den privaten Konsum von 100% des BIP mit 0,1, dann ergeben sich 10% des BIP (heute werden 67% des BIP mit etwa 0,21 besteuert; ergibt 14% des BIP indirekte Steuern).
c) Würde man 30.000 kWh fossiler Energie mit 0,00033 besteuern, dann ergäben sich 10% des BIP als Steuer. 5000 kg neu in den Kreislauf kommendes Material bringen bei einer Besteuerung mit 0,002 10% des BIP.

Einfacher ausgedrückt: Es sind 57% des BIP Steueraufkommen erforderlich. Sollen z. B je 15% des BIP von der Steuer auf fossile Energie und auf neu in

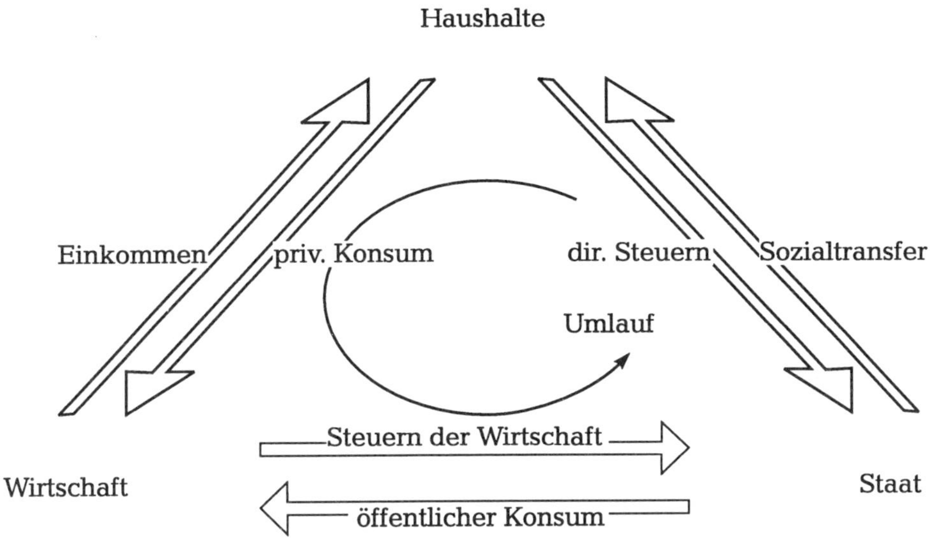

Abb. 11-5a.

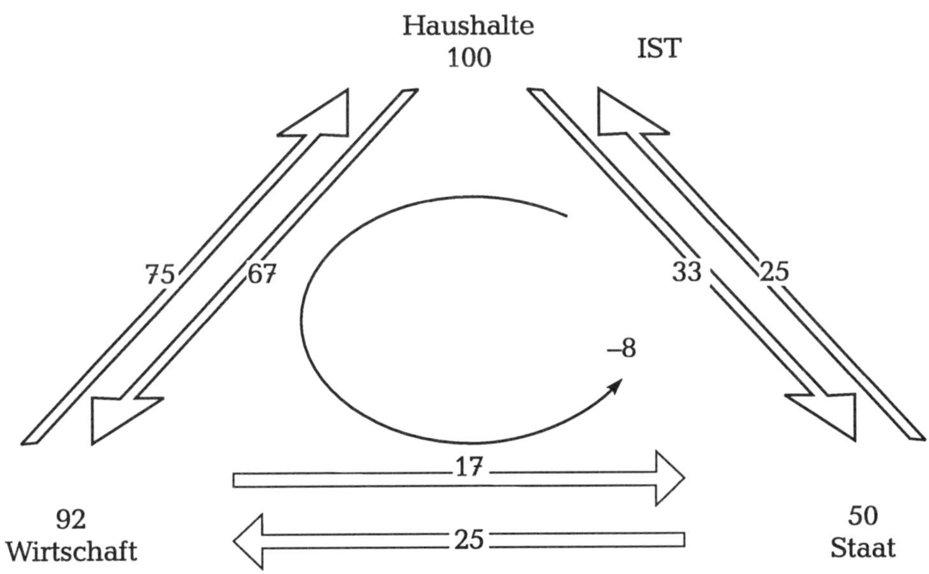

Abb. 11-5b.

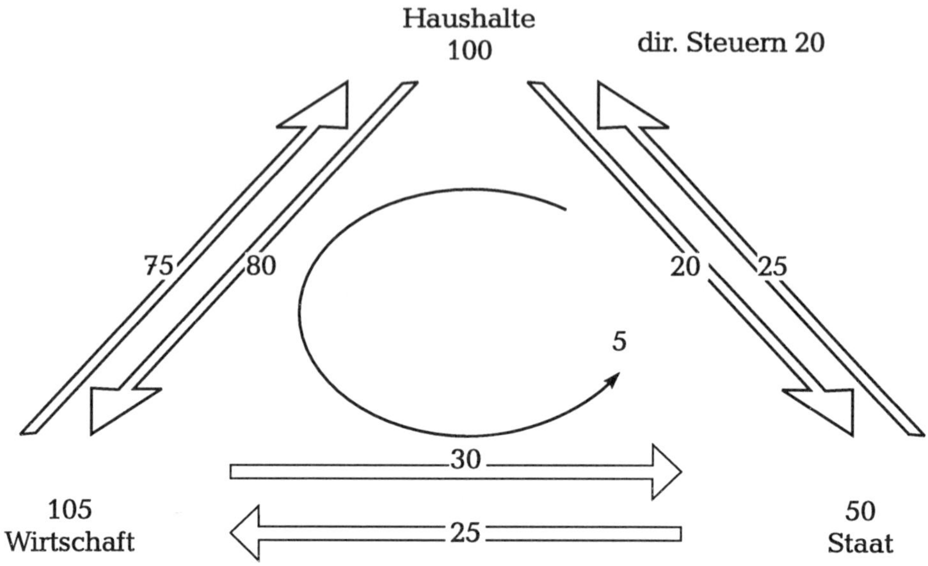

Abb. 11-5c.

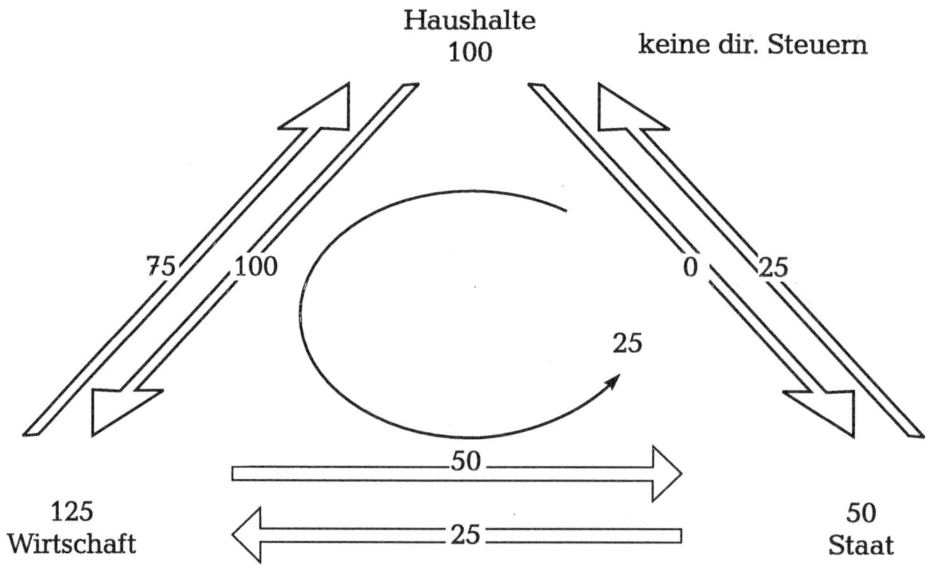

Abb. 11-5d.

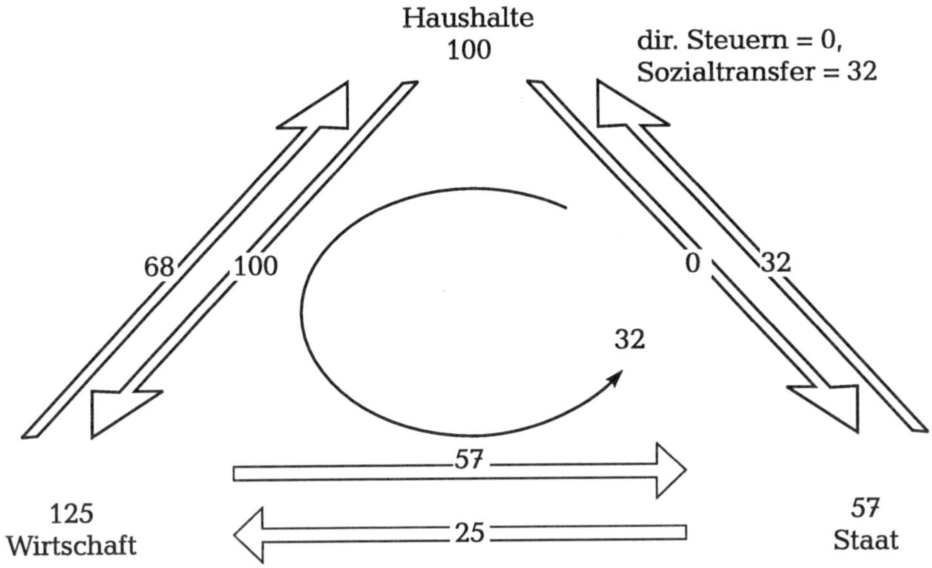

Abb. 11-5 a–e. Geldströme zwischen den Wirtschaftfaktoren Bürger, Staat und Unternehmen (% BIP). b) Beispiel eines moderner Sozialstaats, c) verringerte direkte Steuern der Haushalte, d) keine direkten Steuern der Haushalte, e) mit Bürgerrente und ohne direkte Steuern der Haushalte

Tabelle 11-2. Mögliche Steuerquellen und% BIP je Steuereinheit, um 10% BIP Steueraufkommen zu erreichen

Steuerquelle	Einheiten/c.a	Prozent pro Einheit
Arbeit	1000 h/c.a	0,01
Privater Konsum	100% BIP	0,1
Fossile Energie	30.000 kWh/c.a	0,00033
Neues Kreislaufmaterial	5000 kg/c.a	0,002

den Kreislauf kommendes Material kommen und 27% vom privaten Konsum, dann müsste z. B. 1 Liter Heizöl mit 0,87 $ besteuert werden, 1 kg Eisen mit 0,57 $, die Umsatzsteuer 27% betragen. Das sind zunächst prohibitiv erscheinende Zahlen, aber gerade dadurch ergibt sich die Wirkung: Energiesparmaßnahmen und nachhaltige Energie rechnen sich, Verschrottungsprämien können entfallen, das TMR (= total material requirement), das noch etwa 60 t/c.a beträgt, wird rasch abnehmen, weil sich jeder wieder aufgearbeitete Bauschutt gegen den Einsatz neuen Materials rechnet. Die ökologische Wirksamkeit der geänderten Steuermaßnahmen ergibt sich also aus der Gestaltung des Steueraufkommens.

Bürgerrente

Die soziale Wirksamkeit folgt aus der Bürgerrente. Diese ermöglicht zunächst jedem Bürger ein sehr bescheidenes Einkommen. Es darf wahrscheinlich gar nicht zu üppig sein, weil ja jeder Bürger leicht durch Hilfestellungen ohne jede Bürokratie zu einem erwünschten Mehreinkommen kommen kann und zu diesem auch angehalten werden soll.

Sicher kann ein solches Steuerprojekt nur in einem großen Wirtschaftsraum allmählich umgesetzt werden (Abb. 11-6). Es wurde hier auch nur das letzte Extrem näher betrachtet, vielleicht kann man nur ein Stück des Weges vom heutigen Zustand aus gehen. Das Extrem macht aber die Konsequenzen klar, von denen auf eine noch besonders hingewiesen sein soll: Die ökologischen Steuern führen dazu, dass weniger fossile Energie und weniger neues Material eingesetzt wird. Wird schließlich gar keine fossile Energie und gar kein neues Material mehr eingesetzt, dann versiegt auch die Steuerquelle. Die Umsatzsteuer als einzige Steuerquelle scheint auch nicht machbar zu sein, weil sonst alle organisierten Betriebe gegenüber Gelegenheitsarbeitern in zu große Nachteile kämen. Wenn wir uns mit der Bürgerrente für alle ein Einkommen ohne Gegenleistung beschaffen wollen, dann müssen wir eine Quelle dafür finden. Sie kann wahrscheinlich nur in der Arbeitsleistung liegen, die Maschinen für uns erbringen. Das ist nicht gleichbedeutend mit einer Maschinensteuer. Die Arbeitsleistung der Maschine, die sie als Konkurrenz zu einer menschlichen Arbeitskraft erbringt, muss

Einkommensbeispiele (1000 EURO/c.a)

	HEUTE	ZUKUNFT	HEUTE	ZUKUNFT
unterste Einkommensschicht:			obere Einkommensschicht:	
Gehalt/selbstst. Tät.	–	–	100	45
Sozialfürsorge	5	–	–	–
Bürgerrente	–	7	–	7
Gelegenheitsarbeit	–	–	–	–
Steuern	–	–	–50	–2
verfügbares Einkommen	5	7	50	50

	HEUTE	ZUKUNFT
durchschnittliche Einkommensschicht:		
Lohn/Gehalt	13.7	7
Sozialtransfer	4.5	–
Bürgerrente	–	7
Steuern	–6	–1
verfügbares Einkommen	12.2	13

Abb. 11-6. Hypothetische Beispiele für das Einkommen statistischer Durchschnittsbürger der unteren, mittleren und oberen Schicht. Durch hier beschriebene Steuermodell wird das Einkommen der oberen zur unteren Einkommensschicht von 100 : 8 = 12,5 auf 43 : 12 = 3,6 reduziert. (Das als „Gelegenheitsarbeit" bezeichnete Einkommen ist heute Schwarzarbeit, in Zukunft aber legales Einkommen außerhalb einer festen Arbeitsbeziehung.)

erfasst werden. Ihre Arbeitsleistung gehört natürlich zunächst ihrem Betreiber, aber auch die Allgemeinheit, die Gesellschaft, soll an ihrem Nutzen beteiligt sein. Sie hat durch Investitionen in Forschung und Entwicklung für den allgemeinen technischen Fortschritt gesorgt, der ihr nun wieder zugute kommen kann.

11.3 Arbeit schaffen

Der Mangel an Arbeitsplätzen ist ein akutes Problem: Am Arbeitsmarkt vieler Länder gibt es mehr Nachfrage nach Arbeitsplätzen als Angebot. In der EU ist die Arbeitslosigkeit zum erstrangigen Problem erklärt. Es gibt dort 18 Millionen Arbeitslose (5% der Bevölkerung).

Der Mangel an Arbeitsplätzen hat vornehmlich zwei Gründe:

a) Die fortlaufende Rationalisierung spart ständig Arbeitskräfte ein, „vernichtet Arbeitsplätze".
b) Neue Produktionsstandorte, die bestimmte Produkte oder Dienstleistungen preiswerter anbieten können, nehmen den bisherigen Standorten Arbeit weg.

Beide Umstände hängen eng zusammen: Verringert man die Rationalisierung um Arbeitsplätze zu erhalten, verschlechtert man damit das Preis-Leistungs-Verhältnis und öffnet damit den neuen Produktionsstätten den

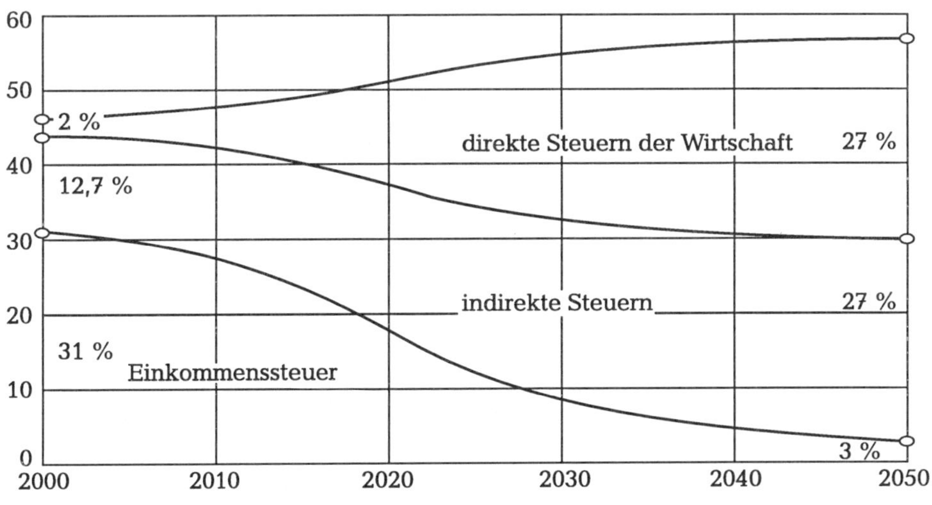

Abb. 11-7. Mögliche Entwicklung der Steuern: Die Einkommenssteuer nimmt ab, die indirekten Steuern (Mehrwertsteuer ...) und die direkten Steuern der Wirtschaft nehmen zu. Der Anstieg insgesamt ist auf die Bürgerrente zurückzuführen

Markt. Die klassische Problemlösung, nämlich Schutzzölle, kann nur vorübergehend helfen. Der Vorteil für alle, die ein globaler Markt bietet, zerstört über kurz oder lang alle Zollschranken. Außerdem sind sie durch internationale Vereinbarungen im Rahmen der WTO verboten. Selbst Länder wie China drängen in die WTO, obwohl sie damit ihren bisherigen Zollschutz aufgeben müssen. Der „virtuelle Markt" im Internet ermöglicht einen globalen Preisvergleich. Auch befriedigt der laufende Prozess im Grunde unsere Wünsche: Wir wollen weniger arbeiten (Maschinen sollen das für uns tun) und wir wollen billig einkaufen.

Obwohl der Prozess klar und einfach zu durchschauen ist, hört man im politischen Umfeld eher Streit um sekundäre Erscheinungen oder Vorschläge zum Kurieren am Symptom als eine klare Ansprache des Problems und konkrete Lösungsvorschläge dazu. Man kann noch so viele neue Arbeitsplätze schaffen: Wenn sie alte ersetzen, dann ist sehr zweifelhaft, ob es danach mehr Arbeitsplätze geben wird als zuvor. (In der deutschen Koalitionsvereinbarung von 1998 heißt es unter Punkt 4 „Neue Wirtschaftspolitik für mehr Arbeitsplätze: ... a) eine Reform der Einkommens- und Unternehmerbesteuerung, die die Binnenkonjunktur nachhaltig stärkt und die Investitionskraft der Unternehmer verbessert, b) die ökologische Modernisierung der Wirtschaft, c) eine ökologische Steuerreform usw.". Bei gutem Willen kann man herauslesen, dass unter „Steuer" die Einflussmöglichkeit des Staates erkannt wird, unter „Investitionskraft" und „Modernisierung" wohl Innovation gemeint sei. Leider fehlt der Hinweis, dass es Kunden für die innovativen Produkte und Dienstleistungen geben muss, jemanden, der die lobenswerten Absichten auch bezahlt.)

Die einzig entscheidende Frage ist es, ob in der betreffenden Bevölkerungsgruppe neue oder traditionelle Produkte oder Dienstleistungen zu einem besseren Preis-Leistungs-Verhältnis angeboten werden können. Es ist die gleiche Frage wie auf jedem Markt. Es kommt darauf an, im Wettbewerb zu bestehen, am Markt die Produkte und Dienstleistungen mit dem besten Preis-Leistungs-Verhältnis anzubieten. Eine Bevölkerungsgruppe, die dazu nicht in der Lage ist, wird Arbeitslose mitschleppen müssen und damit ihre Wettbewerbssituation weiter verschlechtern. Verneint man den Wettbewerb, dann treibt man unvermeidbar in die Planwirtschaft ab. (Befristete Maßnahmen, die dem Wettbewerbsprinzip zwar widersprechen, können als Übergangshilfe, „zur Abfederung", hilfreich sein. Wichtig ist aber die Befristung und unbedingtes Einhalten der Frist des „deficit spending".) Verschiedene Länder haben mit ihren Maßnahmen unterschiedlichen Erfolg. Natürlich kann man Anstoß an bestimmten Erscheinungen der erfolgreichen Länder nehmen.

Eine üble Folge der Besteuerung von Einkommen ist das Abdrängen von Arbeitsuchenden in die Schattenwirtschaft (Abb. 11-3). Auch hier wird versucht ein falsches Prinzip durch Überwachung zu retten statt eine Änderung zu planen, die allerdings nur langfristig möglich ist.

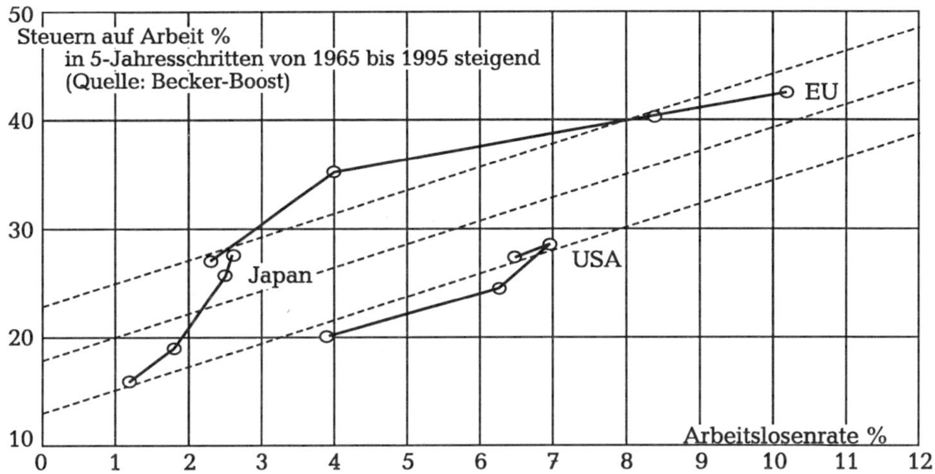

Abb. 11-8. Arbeitslosenrate und Steuern auf Arbeit sind positiv korreliert

Neue, zusätzliche Arbeitsplätze können jedenfalls nur durch eine einzige Maßnahme entstehen: durch neue Produkte und Dienstleistungen, die am Markt begehrt sind und daher verkauft werden können. Diese wieder können nur durch das Engagement von Unternehmern entstehen. Der Staat, die Gesellschaft, setzt die Spielregeln für das Marktgeschehen fest. Er hat daher die Verantwortung die Spielregeln so zu gestalten, dass den Risiken, die jede Innovation begleiten, ein ausreichender Anreiz gegenübersteht. „Entlastung der Unternehmen" heißt der aktuelle Slogan. In einer Zeit, in der die Unternehmergewinne stärker als die Löhne und Gehälter gestiegen sind, ist das keine einfache Aufgabe. Umso weniger darf diese Schwierigkeit verschwiegen werden. Die großen Erfolge der Partnerschaft von Lohn und Kapital für beide Seiten in den letzten 50 Jahren (besonders im deutschen Sprachraum) sind auf das Verstehen eben dieser Frage zurückzuführen. Der Staat ist verantwortlich für die Prosperität der Wirtschaft. Er muss die Spielregeln so festlegen, dass Vollbeschäftigung erreicht wird. Die Unternehmer werden nicht zögern, den immer im Überfluss vorhandenen Ideen zum Durchbruch zu verhelfen, wenn nur das Risiko in einem angemessenen Verhältnis zum möglichen Ertrag steht. Sie werden sich mit den Vertretern der Arbeitnehmer auf eben die Bedingungen einigen, die einen wirtschaftlichen Erfolg ermöglichen.

„Sozialpartnerschaft"

Der Staat ist verantwortlich, weil er die Regeln macht. Er darf daher selbst nicht als Wettbewerber wirtschaftlich tätig sein. Er sollte vielmehr alle wirtschaftlichen Aufgaben an Unternehmer abgeben, die nicht den Versuchungen und Pressionen ausgeliefert sind, unter denen er leidet. Im „deutschen Bündnis für Arbeit" haben Arbeitgeber und Arbeitnehmer die Möglichkeit, dem Staat ihre Vorstellungen darzulegen.

Jede Subvention schädigt die Wirtschaft, vernichtet Arbeitsplätze, wenn schon nicht direkt, so indirekt, weil sie die steuerliche Belastung erhöht und damit die Wettbewerbsfähigkeit schädigt. Dieser Anspruch kann nicht weit genug gehen. Soziale Gesichtspunkte müssen darunter nicht leiden. Sie können durch die Gestaltung der Steuer berücksichtigt werden, bis hin zur Negativsteuer. Ausnahmen kann es nur vorübergehend geben, wenn z. B. der Rückzug des Staats zur Monopolbildung führt (eigentlich: das staatliche Monopol weiterführt). Es ist nicht einzusehen, warum Landbewohner, die kaum den öffentlichen Verkehr benutzen, die Defizite von Bahn und städtischen Verkehrsbetrieben ausgleichen sollen. Kostenwahrheit und Zuordnungswahrheit sind der Beginn jeder wirtschaftlichen Ordnung in ethischer und rationaler Hinsicht.

Als Beispiel sei hier der Straßenverkehr angeführt (siehe Kapitel 9). Die Nachfrage übertrifft das Angebot. (Es ist eine ähnliche Situation, wie sie bis in die 70er Jahre beim Telefon war: Das Telefonmonopol war z. B. in Österreich ohne logischen Grund nicht bereit, der Nachfrage zu entsprechen.) Das mangelnde Angebot an Verkehrsraum führt häufig zu Stop-and-go-Betrieb und Stau mit den negativen Auswirkungen Mehrverbrauch, Mehremission und Zeitverlust. Die wirtschaftlichen Schäden sind weit größer als die Aufwendungen für den notwendigen Ausbau der Verkehrswege. (In Österreich lief Anfang 1999 eine Werbung unter dem Motto „Schiene statt Verkehrslawine": Gezeigt wird eine überfüllte Autobahn. Daraus wird der Schluss gezogen, es müssen mehr Bahnstrecken gebaut werden. Die gleiche Situation wie vor 30 Jahren: Der Staat weigerte sich eine ausreichende Zahl von Telefonen zu installieren, mit dem Erfolg, dass die defizitäre Briefpost noch defizitärer wurde und der profitable Telefonbereich klein blieb. Der wirtschaftliche Vorteil infolge der Entwicklung des Handys wurde anderen überlassen.)

Die marktwirtschaftliche Lösung des Problems mangelnden Verkehrsraumes würde Nachfrage und Angebot zur Deckung bringen, eine große Zahl von Arbeitsplätzen schaffen. Es ist ja nicht einzusehen, warum die Wirtschaft alles im Überfluss anbietet und nur der Verkehrsraum Mangelware bleiben soll. Marktwirtschaft heißt in diesem Zusammenhang, dass die Kosten der Verkehrseinrichtungen von den Benutzern getragen werden, also ein flächendeckendes Road-pricing. Dieses ist leicht zu erreichen, wenn für jede Minute Fahren oder Parken auf öffentlichem Grund ein Entgelt zu leisten ist, das per Chip-Karte abgebucht wird. Die Einnahmen daraus werden dem Ausbau der Verkehrseinrichtungen zugeführt: Parkgaragen, Stellplätze, Fahrwege (U-Straßen) usw. Nach einiger Zeit gibt es genug Fahrwege und Parkmöglichkeiten: Umwegfahren, Parkplatzsuche, Stop-and-go, Stau sind Ausnahmefälle. Die Benutzer müssen zwar das Entgelt bezahlen, sparen aber die Kosten für Stau, Umwegfahren, Parkplatzsuche. Die Allgemeinheit erfreut sich verringerter Emission und gängiger Fußwege, kurz der gleichen Zufriedenheit, die jedes reichliche Angebot mit sich bringt. In der Zwischenzeit ist aber eine riesige Zahl von Arbeitsplätzen entstanden. Warum diese Arbeitsplätze vorsätzlich verhindert werden, wird man rückblickend ebenso wenig verstehen wie das Telefonproblem der 60er Jahre.

11.4 Geld oder ...

Seit die Idee der Evolution für wahr gehalten wird, suchen wir bei unseren Artverwandten nach analogen Verhaltensweisen. Fragen uns auch, ob wir aus Verhaltensweisen, die über unzählige Generationen entstanden sind, nicht für uns etwas lernen können. Bionik im weiteren Sinn könnte man das nennen.

Unter den vielen Verhaltensweisen gibt es nur wenige, die beim Menschen völlig neu sind. Zu ihnen gehört in erster Linie das Marktverhalten. Zwar ist im Pflanzen- und Tierreich die Symbiose weit verbreitet, doch funktioniert sie da unmittelbar. Ich gebe dir ein Drüsensekret, du gibst mir Schutz und Futter. Das gilt für Blattlaus und Ameise genauso wie für Kuh und Bauer. Anders wird es erst, wenn der Bauer seine Milch auf den Markt bringt. Da bekommt er nämlich Geld dafür. Geld, die wahrscheinlich wichtigste Erfindung des Menschen. Das heißt nicht, dass Geld ein anbetungswürdiger Götze ist. Geld ist einfach ein praktisches Tauschmittel, das jedes Produkt und jede Dienstleistung gegen ein anderes Produkt oder eine andere Dienstleistung unabhängig von Ort und Zeit tauschbar macht. Kein Mensch ist gezwungen, sich dieser praktischen Erfindung zu bedienen. Man kann weiter Ziege gegen Kartoffel tauschen oder auch den Tauschhandel ablehnen und nur autark leben. Die Mehrzahl aller Menschen versteht aber den Vorteil, den uns das Geld als universelles Tauschmittel bringt.

Das Geld setzt uns in die Lage, allen Gütern und Dienstleistungen einen Preis zuzuordnen. Es liegt allein in unserer Hand, wieweit wir das zulassen. Nichts ist verächtlicher, als einen Preis für moralische Werte zu akzeptieren, nichts ist vernünftiger, als für alle Produkte und Dienstleistungen einen Preis zu suchen. Die „Kommerzialisierung aller Güter" ist ein wiederkehrender Klageruf aller, die zwischen moralischen Werten einerseits und Produkten und Dienstleistungen andererseits nicht unterscheiden können oder wollen.

11.5 Der wahre Grund der Armut

Viele, die nicht arm sind, haben ein schlechtes Gewissen, weil es Arme gibt. Es ist eine menschliche Eigenschaft mit allen teilen zu wollen, die bedürftig sind. Diesem Trieb zu folgen ist tugendhaft, aber nicht verpflichtend. Würden alle alles mit jedem Bedürftigen teilen, gäbe es keine kulturelle Weiterentwicklung, weil diese immer etwas mehr als das Lebensminimum voraussetzt. Natürlich ist eine Gesellschaft ohne Eigentum und Besitz denkbar. Sie ist nur nicht praktikabel und, wie die Erfahrung lehrt, keineswegs friedlich. Daher ist das Bilden von Eigentum erlaubt. Mit der Folge, dass der eine mehr Eigentum ansammelt als der andere, der eine reicher, der andere ärmer ist. Daraus erwächst die Frage, ob es eine obere Grenze für Eigentum geben soll, ob das Eigentum ehrlich erworben sein kann. Weil der eine mehr verdient, mehr erspart, weniger konsumiert als der andere, kann eine „Vermögensschere" entstehen und sich ausweiten.

Häufiger definieren wir arm und reich am Einkommen. Warum haben manche ein höheres Einkommen als andere? Ohne Berücksichtigung des Zinsertrags auf Vermögen liegt es vor allem daran, dass die einen erfolgreiche Produkte und Dienstleistungen anbieten können, die am Markt begehrt sind, und die anderen, weniger Erfolgreichen, nicht. Diese sind vielleicht in schlecht geführten Unternehmen beschäftigt, sind durch ihre Gewerkschaft schlecht vertreten oder sie leben in einem Staat mit schlechten Regeln. Das gilt sowohl für den Einzelnen als auch für Bevölkerungsgruppen. J. K. Galbraith hat die offensichtlich sehr unterschiedlichen wirtschaftlichen Aktivitäten verschiedener Bevölkerungsgruppen untersucht. Er kommt wie andere zu keinem eindeutigen Ergebnis. Er kann nur sagen, woran es nicht liegt: nicht am Klima, nicht an der Hautfarbe, nicht an der Religion, nicht am Zugang zu Bodenschätzen. An der Regierungsform könnte man sagen. Aber wahrscheinlich ist umgekehrt die Regierungsform eine Folge der wirtschaftlichen Aktivitäten und der damit zusammenhängenden gesellschaftlichen Veränderungen. Oft sind bestimmte Bevölkerungsgruppen lange Zeit arm. Irgendwann beginnt dann ein wirtschaftlicher Aufschwung, dessen Ursache nicht ohne weiteres zu erklären ist. Wir sprechen vom „Wirtschaftswunder". In den letzten Jahrzehnten waren es verschiedene südostasiatische Staaten, die „kleinen Tiger", die plötzlich reich wurden, während ihre Nachbarn und Brüder arm blieben (vergleiche Süd- und Nordkorea, Tabelle 11-1). Auch in Europa gibt es viele Beispiele (z. B. Slowenen, Polen, Esten gegenüber anderen Reformstaaten).

Im Einzelnen kann man vielleicht immer einen wichtigen Anstoß feststellen. Aber wenn wir wissen, wie dieser wichtige Anstoß aussieht, warum geben wir ihn dann nicht den osteuropäischen, lateinamerikanischen, südasiatischen und afrikanischen Bevölkerungsgruppen, die seiner so dringend bedürfen? Sind es die lokalen politischen Verhältnisse, in die wir uns nicht einmischen wollen, weil wir Würde und Selbstbestimmung nicht stören wollen? Oder sind es rassische Unterschiede? (Eine rhetorische Frage, denn wir haben längst erkannt, dass es sie nicht gibt.)

Es ist erstaunlich, dass die wirklich entscheidende Frage, wie nämlich das Wirtschaftsleben einer Bevölkerungsgruppe gestartet werden kann, nicht einheitlich beantwortet wird. Wahrscheinlich liegt es an einer ideologischen Verklemmung. Die einen glauben, es genüge in den Tag hinein zu leben, möglichst wenig zu verändern. Dieser Glaube kann religiös motiviert sein, ökologisch in dem Sinn, dass andere biologische Arten das gleiche Recht auf Lebensraum haben wie die biologische Art Mensch. Andere hängen einem politischen Rezept an, der Meinung, dass Eigentum Diebstahl sei, dass man alles mit jedem teilen müsse.

Rezepte, mit denen einige Staaten Erfolg hatten oder haben, wurden und werden seit Jahrzehnten untersucht, publiziert und an interessierte Staaten weitergegeben. Dafür gibt es viele Institutionen, zum Beispiel im Rahmen der UNO das UNDP, ESOSOC, die WTO, die anderen Spezialorganisationen der UNO (wie ILO, UNIDO, FAO). Vor allem aber die Weltbank und der Internationale Währungsfond (IWF), die alle auf ihrem Spezialgebiet Erfahrungen auswerten und weitergeben. Aber man kann bekanntlich ein Pferd zur Tränke führen, es aber nicht zum Trinken zwingen. Und dort, wo ein gelinder oder grober Zwang ausgeübt wurde, gibt es nicht weniger Misserfolge (Malaysia, Russland, Afrika-Staaten, Rumänien, Bulgarien) als in Ländern, die ihre eigenen Erfahrungen gemacht haben (China, Indien, Brasilien). Frühere Musterschüler der streng marktwirtschaftlich ausgerichteten Institutionen, sind abgestürzt (Kenia, Elfenbeinküste, Ecuador, Indonesien) und andere „ratlose" Länder wie Taiwan sind aufgestiegen. Das liegt vor allem daran, dass es keine Einheitsrezepte geben kann, die für jede Umgebung und jeden Entwicklungsstand anwendbar sind. Ein Staat wie Russland oder China, deren Bürger jahrhundertelang unter Diktatoren gelebt haben, kann nicht nach westlichen Maßstäben wirtschaftlich entwickelt werden. Wenn es überhaupt eine Lehre aus der wirtschaftlichen Entwicklungsarbeit gibt, dann ist es die, dass es bis heute keine für alle Bevölkerungsgruppen allgemein gültige Rezepte gibt.

Arme Bevölkerungsgruppen gibt es nicht nur in exotischer Ferne, wir haben sie mitten unter uns. Wie können wir die Armen aus der Armut führen?

Wahrscheinlich gibt es einen kleinen Teil von Menschen, die arm sein wollen, nichts zu tun haben wollen mit anderen, keine Verpflichtungen haben wollen. Diese wird man wohl arm lassen müssen, darf sie aber nicht als Vorwand zu Untätigkeit verwenden.

Viele haben es versäumt rechtzeitig für ihren Lebensabend zu sorgen. Vielleicht haben sie nie genug verdient oder haben sorglos in den Tag hinein gelebt. Für sie muss die Gesellschaft sorgen. Mit wahrscheinlich knappen Zuwendungen, weil sonst die Zahl derer rasch zunehmen würde, die vorsätzlich nicht vorsorgt.

Viele haben die Ausbildung versäumt, sind nicht dazu angehalten worden einen besseren Schulabschluss oder eine Lehre anzustreben. Ihnen müssen einfache Arbeitsplätze angeboten werden. Es ist dumm, einfache Arbeitsplätze als McJobs zu verteufeln, wenn die Nachfrage gerade nach diesen am größten ist. Viele haben eine hochqualifizierte, aber nicht gefragte

Ausbildung (hoher Prozentsatz von Akademikern).Viele haben Berufe gewählt, in denen es ein Überangebot an Arbeitsuchenden gibt. Viele sind unfähig für Schule und Lehre, nicht in der Lage im Wettbewerb des Arbeitsmarktes zu bestehen. Auch hier muss für Beschäftigung gesorgt werden. Jeder kann und soll etwas für die Wirtschaft beitragen.

Ohne Sozialprogramm wird es nicht gehen. Die Frage ist nur, ob irgendein Staat in der Lage ist, gerecht nach Bedürftigkeit zuzuteilen. Vielleicht ist eine Bürgerrente, eine monatliche Zuwendung für alle Staatsbürger in gleicher Höhe ohne Ansehen der Bedürftigkeit, die beste Lösung.

Alle staatlichen Maßnahmen können nicht das soziale Engagement der Einzelnen ersetzen. Die völlig unorganisierte Hilfe am Nächsten ist ebenso wichtig wie die Organisation in Stadtstiftungen (community foundation), die von der Betreuung der Alten bis zum Nachhilfeunterricht und dem Kontakt zu den Isolierten Aufgaben übernehmen, die Staat und Gemeinden niemals leisten können. Die gerechte Feststellung der Bedürftigkeit lässt sich kaum staatlich organisieren.

12 Zusammenfassung

Die Wirtschaftsleistung hat in allen Ländern entscheidenden Einfluss auf alle Lebensbedingungen. In Kapitel 4 ist mit Hilfe zahlreicher Daten ein Zusammenhang zwischen dem SBIP, dem Bruttoinlandsprodukt pro Kopf und verschiedenen demographischen, politischen, gesellschaftlichen und technischen Daten dargestellt. Dabei ist es unerheblich, ob die Wirtschaftsleistung Voraussetzung oder Folge dieser Daten ist. Es wird hier nicht behauptet, dass das SBIP ein Maß für Glück oder Wohlbefinden sei. Unbestreitbar nimmt aber die Lebensqualität mit steigendem SBIP zu. In den Abb. 12-1 bis 12-3 sind die wichtigsten Veränderungen infolge steigender Wirtschaftsleistung pro Kopf zusammen dargestellt.

In den armen Bevölkerungsgruppen verbessert sich zunächst die sanitäre Versorgung und der Zugang zu sauberem Wasser. Die Säuglingssterblichkeit geht zurück, ebenso die Zahl der Geburten pro Frau, der Anteil der Analphabeten und die Staubbelastung der Luft. Die Lebenserwartung nimmt zu, allerdings auch die Gewaltbereitschaft.

Bei weiterem Ansteigen des Wirtschaftsleistung pro Kopf durchlaufen die Bevölkerungsgruppen der Entwicklungsländer (etwa 1200 bis 7000 $ pro Kopf und Jahr, Abb. 12-2) einige Extremwerte der Entwicklung: Die Wahrscheinlichkeit innerstaatlicher und zwischenstaatlicher Gewalt, die Bevölkerungszunahme in % pro Jahr, die Belastung der Luft mit SO_2 ist maximal. Nun beginnt auch der für die wirtschaftliche Entwicklung wichtige Handel und die Mobilität: Die Zahl der Personen- und Tonnenkilometer pro Kopf und Jahr steigt fast auf den halben Endwert. Mit der Zunahme des Fernsehens steigt die Versorgung mit Information. Die Lebenserwartung nimmt am raschesten zu.

Die reichen Bevölkerungsgruppen mit einem SBIP von mehr als 7000 $ pro Kopf und Jahr (Abb. 12-3) durchschreiten ein Maximum der Umweltbelastung mit Stickoxiden und vielleicht auch der Emission von fossilem Kohlenstoff. Die Mobilität, die Zahl der Personenkilometer pro Kopf und Jahr, kommt in die Sättigung, die Zahl der Kraftfahrzeuge, der PCs und der Internetzugänge nimmt kräftig zu, anderen Bevölkerungsgruppen wird aktiv geholfen. Der Bedarf an technischer Energie nimmt stetig zu. Ein nicht zu kleines SBIP ist offenbar auch Voraussetzung für eine demokratische, freiheitliche Regierungsform. Die Gefahr von Finanzturbulenzen hat bei 10.000 $ pro Kopf und Jahr ein Maximum.

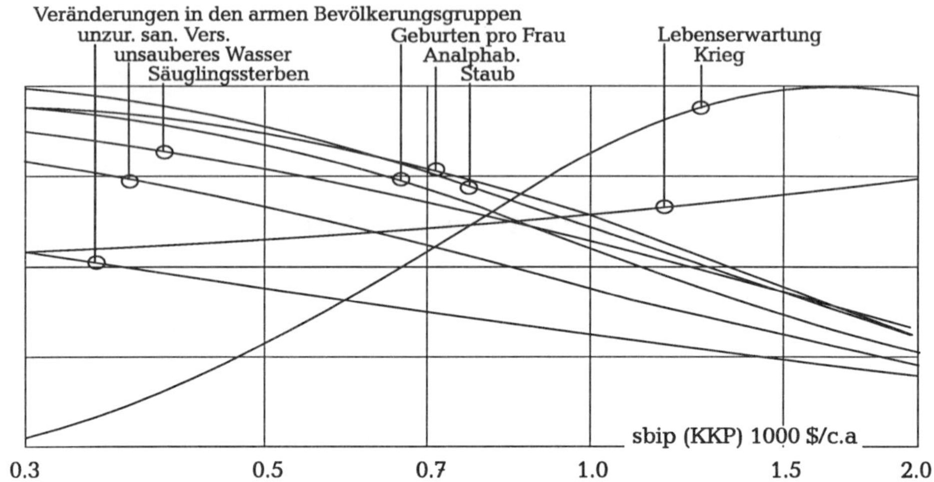

Abb. 12-1. Veränderungen in den armen Bevölkerungsgruppen während der Zunahme der Wirtschaftsleistung von 300 auf 2000 $ pro Kopf und Jahr. Bessere sanitäre Versorgung, Rückgang der Staubbelastung der Luft und Zugang zu sauberem Wasser führen zum Rückgang der Säuglingssterblichkeit und zum Anstieg der Lebenserwartung. Analphabetismus und Fruchtbarkeit nehmen ab, die Wahrscheinlichkeit von Krieg und Unruhen nimmt zu

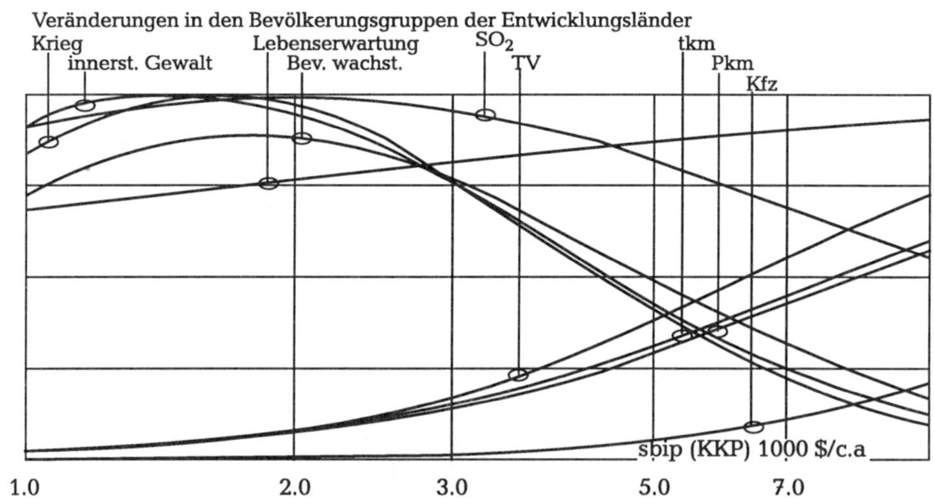

Abb. 12-2. Veränderungen in den Bevölkerungsgruppen der Entwicklungsländer während der Zunahme der Wirtschaftsleistung von 1200 auf 7000 $ pro Kopf und Jahr. Bis 2000 $ pro Kopf und Jahr werden einige Maxima durchschritten, darunter auch das maximale Bevölkerungswachstum in % pro Jahr. Ab 3000 $ pro Kopf und Jahr nehmen Fernsehen und Mobilität kräftig zu, ab 7000 $ pro Kopf und Jahr auch die Fahrzeugdichte

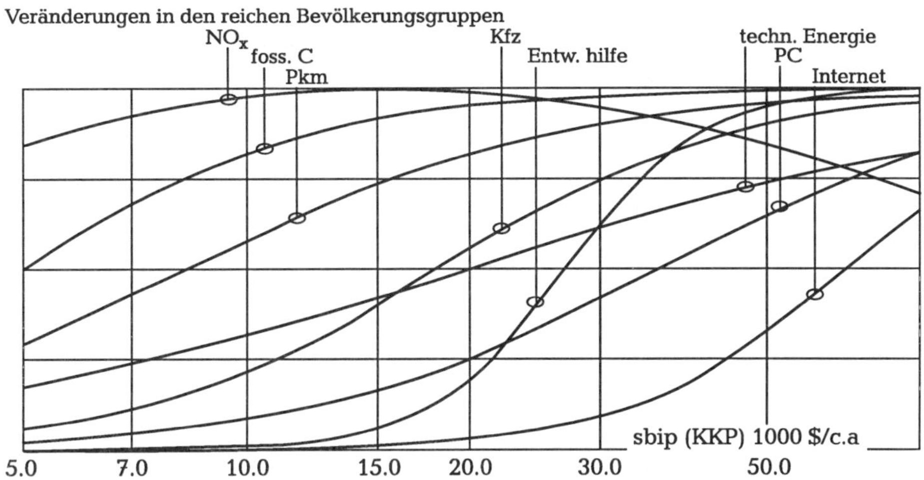

Abb. 12-3. Veränderungen in den reichen Bevölkerungsgruppen während der Zunahme der Wirtschaftsleistung ab 7000 $ pro Kopf und Jahr. Diese Periode ist durch die Zunahme des Bedarfs an technischer Energie, der Emission von fossilem Kohlenstoff, der Mobilität und Zahl der Kraftfahrzeuge, der PCs und der Zugänge zum Internet gekennzeichnet

Man könnte in den reichen Ländern am ehesten eine weitere Zunahme des SBIP in Frage stellen. Aber eine politische Partei, die ein geplantes Nullwachstum in ihrem Programm hat, dürfte noch einige Zeit nicht mehrheitsfähig sein. Jedenfalls streben Wirtschaft und politische Parteien aller Länder aus guten Gründen weiteres Wirtschaftswachstum an. Für den Zeitraum 2000 bis 2004 wird global ein von 3,7 auf 4,6% pro Jahr steigendes reales BIP prognostiziert. Bei einem Bevölkerungswachstum von 1,3% pro Jahr bedeutet das eine jährliche SBIP-Zunahme von 2,4 bis 3,3%.

Die mit Abstand wichtigste Folge steigender Wirtschaftsleistung ist der Rückgang des Bevölkerungswachstums. Ausschlaggebend ist die von 8 auf unter 2 sinkende Zahl der Geburten pro Frau, gegenläufig sind geringere Säuglingssterblichkeit, höhere Lebenserwartung und Zuwanderung, solange es Herkunftsländer mit kleinerem SBIP gibt. Jedenfalls scheinen die hier zitierten Zahlen (Abb. 12-4) zu hoch zu sein. Die jüngsten Prognosen erwarten für das Jahr 2050 weniger als 9 Milliarden Menschen.

Wirtschaftswachstum braucht Energie

Die Menschheit hat zu jedem Zeitpunkt ihrer Geschichte, besonders aber seit 1970, eine Erschöpfung der lebensnotwendigen Ressourcen befürchtet. Es wäre vermessen, das für alle Zukunft auszuschließen. Andererseits ist es kaum möglich, von irgendeiner Ressource ein Versiegen vorauszusagen, ohne dass es einen geeigneten Ersatz gibt. Vor jeder wirklichen Verknappung

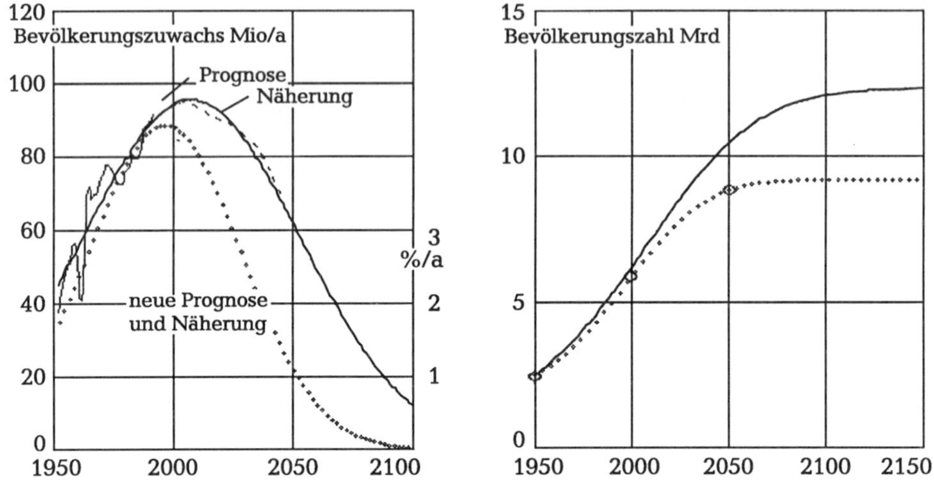

Abb. 12-4. Der bisherige Bevölkerungszuwachs (ausgezogene Kurve im Bild links) hat zu der gestrichelt eingezeichneten Prognose geführt (siehe auch Abb. 3-7). Die tatsächliche Entwicklung bis heute und die neuesten Prognosen (weniger als 9 Milliarden Menschen bis 2050) legen eine andere Näherungskurve nahe (kleine Kreise)

einer Ressource kommt es zum Preisanstieg, der eine andere Ressource zur ökonomisch überlegenen Ressource macht. Das Versiegen aller Ressourcen wird sozusagen ökonomisch verhindert.

Die mit Abstand wichtigste Ressource ist Energie. Sie ermöglicht jeden beliebigen Stoff aus noch so kleiner Verdünnung aus dem unerschöpflichen Angebot der Erdrinde herzustellen. Die Sonne versorgt uns im Übermaß mit Energie. Noch ist die fossile Energie überlegen und macht es daher nachhaltigen Energieformen schwer, auf dem Markt Fuß zu fassen. Aber wir nutzen bereits seit langer Zeit parallel dazu Sonnenenergie in Form von Wasser- und Windkraft. Solarthermische und photovoltaische Anlagen können in Zukunft einen weit größeren Anteil des gesamten Energiebedarfs abdecken. Wir nutzen Solarenergie ohne jeden bleibenden Einfluss. Sie durchströmt, auch ohne dass wir sie nutzen, die Erde. Die Erdoberfläche wandelt sozusagen nutzlos die kurzwellige in langwellige Strahlung um.

Andere nachhaltige Energieformen konnten sich bisher nicht gegen die billige und reichliche fossile Energie durchsetzen. Die Gezeitenenergie nutzt mit vernachlässigbarer Rückwirkung die Rotationsenergie der Erde, die Geothermie mit ebenfalls kaum feststellbaren Folgen die im Erdinneren gespeicherte Wärmeenergie sowie dort ablaufende Kernprozesse.

Aber auch technische Kernprozesse werden wahrscheinlich noch lange eine große Bedeutung für die Energieversorgung haben. Fraglich ist, ob man Kernkraftwerke in unbesiedelten Gebieten betreiben wird oder ob die Gesamtsicherheit der Kernkraftanlagen so weit erhöht werden kann, dass Kernkraftwerke in Städten gebaut werden, wo die Kraft-Wärme-Kopplung optimal realisiert werden kann. (Die Umsetzung dieser Idee war 1975 Jahren für das damalige Leningrad und andere nördliche Städte der UdSSR geplant.)

Es gibt Energie im Überfluss für alle folgenden Generationen, für alle nach menschlichen Vorstellungen überschaubare Zeit. Sie mag zunächst teurer als fossile Energie sein. Wäre sie es nicht, hätte sie diese schon verdrängt. Aber teurer heißt in diesem Zusammenhang nur, dass mehr menschliche Arbeitskraft einzusetzen ist. Eine Abschätzung zeigt, dass nach der Aufgabe der fossilen Energie als Hauptquelle vielleicht 10% der Erwerbstätigen in der Energieversorgung tätig sein werden statt heute 3%. Das hängt damit zusammen, dass elektrische Energie z. B. aus Wasser-, Wind- und Kernkraftwerken nur unter hohem Aufwand transportiert und noch höherem Aufwand gespeichert werden kann. Fossile und Biomasse-Energie ist hingegen fest, flüssig oder gasförmig, relativ leicht zu transportieren und zu lagern. Natürlich können aus elektrischer Energie feste, flüssige und gasförmige Energieträger hergestellt werden, die dann bezüglich Transport und Lagerung mit der fossilen Energie gleichziehen. Aber das fordert eben einen erheblichen Aufwand. Wasserstoff ist ein oft genannter Energieträger der Zukunft. Wahrscheinlich wird man aber flüssige oder leicht verflüssigbare Energieträger vorziehen (Methanol, Dimethyläther, Ammoniak).

Nahrung ist eine besondere Form von Energie. Malthus musste noch annehmen, dass die landwirtschaftliche Fläche mit der Bevölkerungszahl proportional zunehmen müsse. Inzwischen scheint aber ein Punkt erreicht zu sein, ab dem die ha-Erträge rascher steigen als die Bevölkerungszahl. Die globale Landwirtschaftsfläche wird sich nur mehr dann vergrößern, wenn der Einsatz technischer Mittel nachlässt (Bodenbearbeitung, Bewässerung, Düngung, Gentechnik) oder die Zusammensetzung der Nahrung sich ungünstig entwickelt (Fleisch statt Kartoffel, Rindfleisch statt Geflügel).

Wirtschaftswachstum braucht materielle Ressourcen

Der Zugang zu bestimmten Rohstoffen hat viele Jahrhunderte lang die politischen Entscheidungen geprägt. Seit 2500 Jahren erwartet die Menschheit z. B. die Erschöpfung der Zinnminen. Im Dritten Reich wurde der Bevölkerung nicht nur vorgemacht, dass sie ein „Volk ohne Raum sei", sondern dass sie von anderen Ländern von der notwendigen Versorgung mit Rohstoffen abgeschnitten werde. In den 70er Jahren wurden lange Listen mit der so genannten Reichweite verschiedener Rohstoffe erstellt. Danach müssten heute schon eine Reihe von Metallen erschöpft sein. Tatsächlich werden die meisten Rohstoffe jedoch immer billiger, was nicht auf eine nahe Erschöpfung hindeutet. Die „falschen Reichweite-Listen" kamen in erster Linie dadurch zustande, dass bei weitem nicht alle Vorkommen richtig eingeschätzt wurden. Auch hat man auf große Lagerstätten einfach vergessen, z. B.

auf die „Manganknollen", die am Grund des Ozeans eine Fläche bedecken, die größer als das gesamte Festland ist. Auch wurde vergessen, dass Rohstoffe nicht verbraucht werden, sondern den technischen Kreislauf füllen, aus dem sie zu neuer Verwendung immer wiederkehren. So wird z. B. der Schrottanteil bei der Gewinnung aller Metallen immer größer.

Eine Abschätzung der Rohstoffvorräte muß immer davon ausgehen, dass man nach dem Vorkommen des betreffenden Rohstoffs in der zugänglichen Erdrinde fragt und diesen Vorrat mit der notwendigen Menge zur Füllung des technischen Kreislaufs vergleicht. Die bisher produzierte Eisenmenge steckt in Werkzeugen, Fahrzeugen, Bauten aller Art und liegt auf Schrottplätzen. Mögen eines Tages auf jeden der dann 10 Milliarden Menschen 10 Tonnen Eisen kommen, dann wären in Summe 100 Milliarden Tonnen Eisen zu erschmelzen. In der oberen Erdrinde (1 km Tiefe) des Festlands befinden sich aber 200.000 Milliarden Tonnen (siehe Kapitel 7). Bei dieser Methode stellt man fest, dass die vier wichtigsten technischen Elemente, nämlich Sauerstoff, Silizium, Aluminium und Eisen, zugleich die vier häufigsten der oberen Erdrinde sind. Auch wenn man bestimmte Rohstoffe aus immer größer werdender Verdünnung holen müsste, ist doch jeder unerschöpflich. Der mit steigenden Herstellungskosten steigende Preis eröffnet nämlich Alternativen den Markt: nachwachsenden Rohstoffen oder synthetisch aufgebauten Kunststoffen, Keramik, Glas, Tiefseevorkommen oder dem Anzapfen tiefer liegender Schichten. Das sind heute aus Kostengründen unvorstellbare Möglichkeiten, die aber auf die Unerschöpfbarkeit aller materiellern Ressourcen hinweisen.

Wasser ist global überreichlich vorhanden (über 200 Millionen m³ pro Kopf, jedes Jahr 500.000 m³ Regen), allerdings nicht immer an den erwünschten Stellen und zur erwünschten Zeit: Man muss es daher sammeln, wenn es im Übermaß vorhanden ist, und dahin leiten, wo es gebraucht wird. Das machen die Menschen seit Jahrtausenden. Die unzähligen Ruinen von Zisternen und Aquädukten zeigen, dass erst mit dem wirtschaftlichen Niedergang die Fähigkeit verloren geht, zu jedem Zeitpunkt für ausreichend Wasser zu sorgen. Sauberes Wasser kann man herstellen. Durch Wiederaufbereitung, wie es in allen entwickelten Staaten geschieht, oder durch Entsalzen von Meerwasser, das in unerschöpflichen Mengen zur Verfügung steht. Mit modernen Verfahren kann mit der Energie von 1 kg Erdöl 1 m³ Wasser entsalzt werden. (Dafür ist das Öl sicher besser eingesetzt als für einen Krieg um Wasser, der das Wasser ja um nichts vermehrt.) Aber auch mit Solarenergie ist Wasser zu entsalzen. Auf dieser Basis ist Saudi-Arabien zum siebentgrößten Weizenexporteur geworden. Wasser wird nicht verbraucht, verschwindet nicht. Die Menge, die verdunstet, kehrt bald wieder als Niederschlag zurück.

Wirtschaftswachstum und Umweltschutz

Jede Besiedlung auf engem Raum belastet die Umgebung. In den antiken Städten und den Städten des Mittelalters war die Belastung weit höher, als sie es in einer modernen Stadt ist. (Damals Ofenheizung, Tierhaltung, Misthaufen, Ratten. Als Folge immer wiederkehrende Seuchen.) Gewiss folgen allen Aktivitäten unerwünschte Begleiterscheinungen, die Boden, Gewässer und Luft belasten. Es hat sich aber gezeigt, dass alle diese Belastungen auf ein erträgliches Maß zurückgeführt werden können, wenn dazu die Wirtschaftskraft ausreicht. Die Gewässer Mitteleuropas sind schon sauberer geworden, die Luft der Städte weniger belastet (siehe Kapitel 9). Es kann aber noch lange keine Entwarnung gegeben werden. Viele Veränderungen stellen sich erst im Lauf der Zeit heraus. Dann braucht es Zeit, bis wirksame Abhilfe gefunden ist, und abermals Zeit, bis sie wirkt. Das Ozonloch, der steigende Methanpegel der Atmosphäre oder die Belastung des Bodens mit Schwermetallen sind Beispiele. Die zunehmende Lebenserwartung oder der rasch wachsende Waldbestand Mitteleuropas zeigen aber, dass wir gesünder leben als unsere Vorfahren, gesünder als die Mehrzahl der Menschen, die nur über ein kleineres SBIP verfügen.

Ein besonderes, sehr langfristiges Problem stellt der steigende Kohlendioxid-Pegel der Atmosphäre dar. Solange wir fossile Energie nutzen, wird er weiter steigen. Noch übersehen wir nicht die langfristigen Auswirkungen. Wir wissen, dass der CO_2-Pegel bis vor 10 Millionen Jahren erheblich höher war als heute (Abb. 9-27). Die fortwährende Photosynthese hat das CO_2 der Atmosphäre verknappt. Langfristig hat es eine wohlorganisierte Weltgesellschaft in der Hand, den CO_2-Pegel einzustellen, den sie für richtig hält. Vielleicht werden unsere Nachfahren einen CO_2-Pegel von mehr als 500 ppm (heute 360 ppm) als Optimum ansteuern.

Wirtschaftswachstum und Artenschutz

Die übermächtige biologische Art Mensch breitet sich aus und verdrängt andere Arten, wie es auch diese tun und schon immer getan haben. Die biologische Art Mensch ist aber die erste, die sich um den Fortbestand anderer Arten sorgt. Und sei es nur aus egoistischen Gründen („Erhaltung des Genpools"). Erstmals in der Geschichte der Evolution gibt es auch eine Begrenzung des Bevölkerungswachstums infolge Wohlstands. Alle anderen Arten vermehren sich, bis sie an die Grenze der Tragekapazität ihres Biotops stoßen. Auch der Mensch hat das bis vor wenigen Jahrzehnten getan. Und tut es noch, wenn die Wirtschaftsleistung klein ist. Heute aber begrenzen die Menschen in den reichen Ländern die Zahl ihrer Nachkommen, bevor diese Grenze erreicht wird, und lassen so Raum für andere Arten.

Wirtschaftswachstum und Nächstenliebe

Zu unrecht wird immer wieder eine gegenläufige Korrelation zwischen Wirtschaftsleistung und ethischen Werten vermutet. Das Gegenteil ist der Fall: Je höher das SBIP des Einzelnen, einer Bevölkerungsgruppe oder eines Landes, um so größer ist die Bereitschaft mit anderen zu teilen (Abb. 4-38). Gewiss ist des Hergeben von Geld eine unzureichende und, außer im Notfall, zweifelhafte Hilfestellung. Aber die reichen Länder öffnen sich den armen (Erweiterung der EU, NAFTA). Den Bürgern ist gewiss klar, dass das für sie eine Umstellung bedeutet, Aufgabe des traditionellen Erwerbs. Diese Form der Nächstenliebe geht über das ergreifende Beispiel des Mannes, der unter die Räuber gefallen war, weit hinaus. Bedauerlicherweise aktualisieren die Kirchen und anderen Träger ethischer Wertvorstellungen die traditionellen Beispiele aus einer Welt überholter Wirtschaftsformen nicht. Nicht auf das winzige Almosen von einigen Zehntel % des SBIP kommt es an, sondern auf die Bereitschaft, allen Bevölkerungsgruppen dieser Erde eine Lebensform nach ihren Vorstellungen zu ermöglichen. Allem Anschein nach unterscheiden sich diese Vorstellungen nur sehr wenig von denen, die wir für uns geschaffen haben und pflegen.

Für die ethische Evolution gibt es kein so griffiges Maß wie das SBIP. In großer Bescheidenheit dürfen wir uns fragen, was denn die Menschen ethisch besser machen als die anderen biologischen Arten dieser Welt. Wahrscheinlich können wir nur zwei Errungenschaften nennen, die wir allen anderen biologischen Arten voraushaben: die Sorge um den Fremden und andere biologische Arten, die wir in unserer Übermacht zu erdrücken drohen (Fremden- und Naturliebe), und die Marktwirtschaft, die uns dem Fremden nicht emotional-feindlich, sondern rational-freundlich begegnen lässt.

Anhang I

Das Bruttoinlandsprodukt als Maßstab für die Wirtschaftsleistung

Die Wertschöpfung ist ein Anteil am Gesamtwert aller Güter und Dienstleistungen, den eine Volkswirtschaft erarbeitet; sie wird bewertet und in Geldwert in der Landeswährung ausgedrückt. Aus dieser Volkswirtschaftlichen Gesamtrechnung (VGR) errechnen sich das Bruttoinlandsprodukt BIP und das Bruttosozialprodukt BSP. Beide Zahlenwerte werden nach internationaler Vereinbarung auf ein Kalenderjahr bezogen (falls nicht anders angegeben). Das BIP ist, wie alle ökonomischen Daten, keine mathematisch-wissenschaftliche Größe, wie es naturwissenschaftlich-technische Konstanten sind, sondern ein Zahlenwert, der die wirtschaftlichen Gegebenheiten eines Nationalstaates oder eines Teiles davon, einer Staatengruppe (wie der EU) oder der Welt insgesamt möglichst gut beschreiben soll und oft auch kann.

Das BIP nimmt in freien Marktwirtschaften global langfristig stetig zu. Hohes BIP-Wachstum bedeutet nicht automatisch die Stärkung einer Volkswirtschaft auf der Nachfrageseite. (Beispiel Deutschland 1994 in Mrd. DM: BSP 3200, Volkseinkommen 2380, verfügbares Einkommen der privaten Haushalte 2090, also 65% des BSP.) Messung und Berechnung des BIP sind nach wie vor unter Ökonomen und Statistikern strittig. Beispielsweise werden erst zu Beginn des neuen Jahrhunderts die EU-Staaten ihre Volkswirtschaftliche Gesamtrechnung nach einem einheitlichen System durchführen.

Durch die Wahl des BIP als Maßstab für Wachstum sind wir mit Fragen und Widersprüchen konfrontiert, die somit auch in die Schlussfolgerungen und Thesen eingehen, die auf BIP-Basis gemacht werden, also zum Beispiel die Korrelationen mit dem BIP pro Kopf als „Wohlstandsmaßstab". Solche Diskrepanzen können die Ursache für Abweichungen von Mittelwerten sein, die sich aus empirischen Zusammenhängen ableiten. Wir greifen beispielhaft drei Problemkreise heraus. (Die nachfolgenden Bemerkungen über die BIP-Problematik beruhen auf einer Analyse von G. Robol).

Schwammige Definition des BIP

Das BIP quantifiziert das produzierte Güter- und Leistungsvolumen nicht genau, weil qualitative Elemente nicht einbezogen werden. Der Wert von nicht in „Preisen" ausgedrückten Gütern und Leistungen wird im BIP nicht berücksichtigt, wie z. B. Leistungen der öffentlichen Hand. Diese Werte fließen entweder in die Volkswirtschaftliche Gesamtrechnung nicht ein, oder sie werden mit ihren Kosten angesetzt. Diese Frage ist dann wichtig, wenn das BIP eines Staates mit dem eines anderen (in seiner Entwicklung sehr verschiedenen) Staates oder eines Staates mit exzessiver Staatswirtschaft verglichen wird. Auch der Anteil des informellen Sektors an der gesamten Wertschöpfung wird nicht bewertet, weil in den meisten Staaten dieser Sektor wenig erforscht und dokumentiert ist und daher nur grob geschätzt werden könnte. Dazu zählt auch die ziemlich willkürliche Bewertung der landwirtschaftlichen Selbstversorgung („subsistence farming"), die besonders in Entwicklungsländern mit großem Anteil der Landwirtschaft am BIP einen wichtigen Einfluss auf das BIP hat. Die Frage lautet z. B.: Was ist in Ländern wie Indien, Indonesien und China der angemessene „Preis" für Getreide, das für den Eigenverbrauch angebaut wird? Derjenige an der Chicago-Rohstoffbörse? Oder der Importpreis an der chinesischen oder indischen Grenze? Oder irgendein anderer künstlich ermittelter „Preis"? Die im BIP nicht berücksichtigte Schattenwirtschaft macht auch in industrialisierten Staaten einen großen und wachsenden Teil – vielleicht ein Fünftel oder sogar mehr – des „offiziellen" BIP aus; in Deutschland wurden im Jahre 1999 angeblich DM 600 Mrd. „schwarz" erwirtschaftet, also ungefähr ein Sechstel des „offiziellen" BIP.

In vielen Ländern werden Importe vor allem von Anlagegütern zu überhöhten Preisen in die VGR eingerechnet, worin hohe „Schmiergeldzahlungen" enthalten sein können, die gar nicht in dem Importland verbleiben. Schließlich wird das BIP aus Tausenden von Einzeldaten ermittelt, wobei die Wertschöpfungsanteile einzelner Aggregate zu etwa 60% geschätzt werden müssen, was riesige Fehlerquellen eröffnet; auch deshalb werden viele veröffentlichte BIP-Wachstumsraten rückwirkend korrigiert.

Besonders unsicher ist die BIP-Ermittlung bei den Reformländern in Ost- und Mitteleuropa einschließlich der GUS-Staaten und der baltischen Staaten und bei den „Newly Independant States, NIS", die früher an planwirtschaftliche Berichtssysteme gewöhnt waren, deren Ergebnisse nicht mit dem marktwirtschaftlichen System kompatibel und daher nicht vergleichbar sind. Oft wurde und wird das „eigentliche BIP" bewusst verzerrt, wie man aus völlig falsch dargestellten Wirtschaftsdaten der früheren DDR ersehen konnte. Abgesehen von China und Russland sind die meisten dieser Länder wirtschaftlich klein und beeinflussen die globalen Aussagen dieses Berichtes nicht.

Widersprüche bei der BIP-Ermittlung

Zu den Widersprüchen bei der BIP- Ermittlung gehört es beispielsweise, dass Substanz- und Vermögensverluste nicht erfasst werden. Auch werden die Inflation und die Entwertung von Geld- oder Grundvermögen nicht berücksichtigt; davon wiederum ist ein Teil durch den Staat diktiert, nämlich u. a. die Mehrwertsteuer, die ja im BIP teilweise enthalten ist. Manche Steuererhöhungen täuschen somit eine steigende Wirtschaftsleistung vor. Das BIP kann auch durch staatliches Schuldenmachen erhöht, also verfälscht werden.

Wechselkurse

Die meisten internationalen Wirtschaftsvergleiche beruhen auf dem US$ (in diesem Bericht als „$" bezeichnet). Nach welchem $-Wechselkurs sollen die in nationaler Währung ermittelten – und gegebenenfalls in EURO ausgedrückten – BIP-Werte umgerechnet werden, um international vergleichbare Zahlen zu erhalten? Für diese Umrechnungen können mehrere verschiedene Faktoren verwendet werden:

a) der am häufigsten verwendete und anerkannte, quasi „offizielle" Faktor ist der nach dem Weltbankatlas ermittelte; dabei wird ein „moving average" der Wechselkurse für drei Jahre ermittelt.
b) Wechselkurse werden an die Preise angepasst (PARE = price adjusted rate of exchange), wofür Währungskörbe der beteiligten Länder verwendet werden (die oft nicht vergleichbar sind).
c) Vom IWF werden Werte für das BIP aus den „Market exchange rates" (MER) der Währung verwendet.
d) Am häufigsten aber wird eine „wirkliche" Kaufkraft ermittelt, z. B. auf der Basis der Kaufkraftparität (KKP)/Purchasing Power Parity (PPP); siehe unten.

In den EURO-Staaten ist der „Wert" der nationalen Währungen fest an den EURO gebunden. Was aber sind ein EURO oder ein Yen, eine Rupie oder ein Rubel wirklich „wert" – im Vergleich zueinander oder zu US$? Welche der häufig angeführten Gründe verursachen das Auf und Ab des EURO gegenüber dem US$? Wie wirkt sich z. B. eine verschlechterte Budgetdisziplin eines der Euroländer auf diese Kurse aus? Die Meinung des Geldmarktes darüber wird weltweit täglich veröffentlicht. Sind es wirklich die „Marktkräfte", jene unsichtbaren Hände? Vor der Lösung des US$ vom Goldstandard war sein Wert in Unzen Gold ausgedrückt, und der Gegenwert aller umlaufenden US-Dollars hätte als Goldvorrat in Fort Knox liegen sollen. Seither beruht die Stärke der amerikanischen Währung nicht mehr auf Goldvorräten, sondern letzten Endes auf der militärischen und politischen Stärke der USA. Damit – und auf Grund ihrer nahezu unbegrenzten Wirtschaftsmacht – können die USA den Wechselkurs ihrer Währung manipulieren je nach ihren so oft zitierten „nationalen Interessen". Sogar eine Korrelation zwischen dem US$-Wechselkurs gegenüber den wichtigsten Währungen und dem Dow-Jones-Index wurde empirisch festgestellt, der ja die Stärke der US-Wirtschaft (oder das Zutrauen in diese) ausdrückt. Wirtschaftswachstum fördert die Börsenkurse. Wenn also der Dow Jones fällt, sinkt der $-Kurs, und die europäischen Börsen leiden darunter, weil Europäer viele US-Aktien kaufen – aber nicht umgekehrt. Wechselkurse werden täglich „am Markt" ermittelt, mit oder ohne Intervention durch Staatsbanken oder Spekulanten. Sie schwanken selbst in „normalen" Zeiten in einem Bereich plus minus 10 oder mehr Prozent. Wenn der Wechselkurs für den $ (unabhängig davon, wie er ausgedrückt wird) während eines Zeitabschnittes fällt, steigt während der gleichen Zeit die in $ ausgedrückte Wirtschaftsleistung des Vergleichsstaates. Damit wird in der Währung des Vergleichsstaates Wirtschaftswachstum vorgetäuscht. Beispiele: Der Wechselkurs des US$ gegenüber der DM schwankte von 1968 bis 1996 zwischen DM 4,20 und 1,35 je $; Beispiel Österreich: Wechselkurs 1995 = ÖS 10,1; 1999 = ÖS 13,3 je $. Dementsprechend hätte sich die Wirtschaftsleistung Österreichs – in $ ausgedrückt – in vier Jahren um etwa 30% verringert, ohne dass sich das in ÖS ausgedrückte BIP verändert hätte.

Trotz alledem: Das BIP ist immer noch der bestverfügbare Maßstab für „Wirtschaftsleistung". Nach dem oben Gesagten kann „Wirtschaft" mit Hilfe des BIP zwar nicht zutreffend und präzise beschrieben werden. Selbst die Volkswirtschaftliche Gesamtrechnung (VGR), auf der die Berechnung des BIP beruht, wird nach verschiedenen Methoden durchgeführt. In der EU werden sich – nachdem eine einheitliche VGR eingeführt sein wird – viele bisher publizierte nationale Daten rückwirkend verändern. Die Nachteile der Verwendung des BIP als Maßstab sind z. B. schon bei van Dieren deutlich dargestellt. Trotz solcher Einschränkungen und Bedenken wird in diesem Bericht das Bruttoinlandsprodukt als Maßstab verwendet, denn es hat den Vorteil, für fast alle Staaten als Zeitreihe bekannt zu sein. Untersuchungen über Wirtschaftswachstum leiden weit stärker unter anderen Ungenauigkeiten und Unsicherheiten.

Das BIP pro Kopf („SBIP")

In jedem Wirtschaftssystem gibt es zwischen den Bevölkerungsgruppen unterschiedlich hohe Wirtschaftsleistungen, die sich auch in unterschiedlichen verfügbaren Einkommen auswirken. Im weltweiten Durchschnitt liegt dieses bei etwa 60–65% des BIP. Da das BIP für ganze Volkswirtschaften ermittelt wird, ist es ein Wert mit großen Schwankungsbreiten sogar innerhalb eines Landes. In Indien gibt es ebenso viele „kaufkräftige" Menschen wie in der BRD, aber zugleich 800 Millionen Arme mit einem verfügbaren

Einkommen von weniger als $ 600 pro Kopf und Jahr. Somit sagt ein durchschnittlicher Pro-Kopf-Wert nichts über das Wohlstandsgefälle (die sogenannte „Arm-Reich-Schere") aus. Es gibt Staaten mit extrem ungleicher Zusammensetzung der Bevölkerung, wie in Saudi-Arabien mit nur einem Bruchteil an Staatsbürgern und einem Vielfachen davon als „Gastarbeitern" mit um Zehnerpotenzen niedrigerem Lebensstandard, oder wie in China, das manchmal als zwei Länder bezeichnet wird mit extrem verschiedenem Einkommen, nämlich den Bauern im Landesinneren und den Industrie- und Dienstleistungsbeschäftigten in den Küstenprovinzen und erst recht in Hongkong. Das durchschnittliche BIP pro Kopf (SBIP) kann zu falscher Auslegung führen. Das Missverständnis mit den „Durchschnittswerten" sei durch zwei Vergleiche illustriert: Ein Hund, der seinen Schwanz in Eis, seine Schnauze im Feuer hat, hat im Durchschnitt eine angenehme Temperatur. Oder: Ein Jäger, der einen Hasen jagt, aber links daneben trifft, und beim zweiten Schuss genau ebenso weit rechts daneben, hat im Durchschnitt den Hasen getroffen.

Trotz dieser Probleme wird das BIP pro Kopf im vorliegenden Bericht als Maßstab für die Wirtschaftskraft und ihr Wachstum verwendet. BIP und SBIP sind nicht identisch mit „kaufkräftiger Nachfrage". Und das SBIP wird schon gar nicht als Indikator für Wohlbefinden oder gar Glück betrachtet, sondern einzig und allein als Messgröße, welche die Wirtschaftsleistung pro Kopf der Bevölkerung eines Staates oder einer Bevölkerungsgruppe (Kapitel 4 und 5) bezeichnen soll.

Es gibt verschiedene Methoden, das SBIP zu errechnen und auszudrükken, die alle das Ziel haben, zwischen den Ländern möglichst gut vergleichbare Werte zur Verfügung zu haben. Bei der anerkannten und am häufigsten angewandten Methode wird das nach der VGR ermittelte BIP für das Berichtsjahr durch die Anzahl der Einwohner (Durchschnitt Mitte des Jahres) geteilt und das sich ergebende BIP pro capita in nationaler Währung mit den Dreijahresdurchschnitten des betreffenden Wechselkurses in US$ umgerechnet. Insbesondere für „Entwicklungsländer" wird das SBIP zusätzlich vom Weltbankstab auf Grund eigener Untersuchungen geschätzt.

Die „Kaufkraftparität"

Um einen besseren Vergleichsmaßstab für Einkommen oder Verbrauch zwischen verschiedenen Ländern zu erhalten, werden BIP-Werte gelegentlich auf „Kaufkraftparitäten" umgerechnet. Auch Weltbankökonomen haben sich wegen dieser Problematik gelegentlich auf einen sogenannten „McDonalds"-Wechselkurs bezogen, der zwar unprofessionell ist, aber den „wirklichen" handfesten Wert im Sinne von Kaufkraft einer Währung zutreffender ausdrücken kann als es die manipulierenden Klimmzüge einer Staatsbank (wie

z. B. Russland) können. Das SBIP kann also statt mit den offiziellen Wechselkursen mit der Kaufkraftparität der betreffenden Währung umgerechnet werden. (Die nachfolgenden Erläuterungen folgen dem Weltentwicklungsbericht 1997, S. 283.) Diese Kaufkraftparität (KKP) – englisch: Purchasing Power Parity (PPP)-führt zu SBIP-Werten, die in so genannten „internationalen Dollar" (gleiche Kaufkraft wie ein US$) ausgedrückt werden. Die relativen Preise von Gütern und Dienstleistungen, die nicht auf internationalen Märkten gehandelt werden, sind von Land zu Land sehr verschieden, was zu großen relativen Kaufkraftunterschieden der Währungen – und somit der „Wohlfahrt" gemessen als SBIP – führen kann. Die KKP-Faktoren sollen diese Unterschiede korrigieren.

Eine wichtige Quelle für KKP-Daten ist das internationale Vergleichsprojekt IVP der UN mit komplexen Regressionsansätzen. Aber Vorsicht: Es werden zwar vergleichbare Güter für die KKP-Schätzungen herangezogen, Qualitätsunterschiede dieser Güter aber nicht berücksichtigt. Besonders schwierig sind wegen Produktivitätsunterschieden solche Schätzungen bei Dienstleistungen.

Eine andere Basis für KKP-Werte sind die Penn(sylvania) World Tables und die jährlichen Weltbankberichte sowie Zahlenwerte der European Intelligence Unit (im „Economist" regelmäßig publiziert) und des Spiegel-Almanachs, der viele verfügbare Informationen über die Kaufkraft einer Währung laufend auswertet und jährlich publiziert (in diesem Bericht häufig verwendet). Da also die Werte für das SBIP auf KKP-Basis Schätzwerte aus verschiedenen Quellen sind, erklärt das die teils großen Unterschiede in publizierten Zahlenwerten.

Beispiel: Im Falle von China (VR) gibt der Weltentwicklungsbericht 1997 ein SBIP von $ 620 an (1995), den KKP-Schätzwert mit $ 2920; der World Economic and Social Survey der UN nennt ein SBIP von $ 566 (1988-$); der Spiegel-Almanach 2000 verzeichnet ein SBIP nach KKP von $ 3130 (aus dem dort genannten BIP von $ 815 Mrd. errechnet sich bei 1,25 Mrd. Einwohnern ein SBIP von $ 650). Das Fortune-Magazin (Oct. 1999) nennt für China $ 2600 als „Pro-Kopf-Einkommen" und der „Economist" in „World 2000" (Economic Intelligence Unit) ein „GDP per head $ 790".

Tabelle I-1 stellt die auf verschiedener Basis ermittelten SBIP-Werte für 52 ausgewählte Länder einander gegenüber; siehe Tabelle 4-1. Abb. I-1 zeigt, dass bei einigen Ländern die „offiziell" und die nach KKP umgerechneten SBIP-Werte übereinstimmen (Diagonale), z. B. für die USA mit jeweils $ 27.000 und für Hongkong, aber bei den meisten Ländern gibt es Abweichungen: Bei niedrigem SBIP sind die KKP-Werte höher, bei hohem SBIP (Schweiz, Japan) niedriger. Abb. I-2 gibt den gleichen Zusammenhang von BIP pro Kopf nach Kaufkraftparität (KKP) und nach GNP in 1000 $. Tabelle I-1 enthält zugleich Informationen über die Wettbewerbsfähigkeit der Länder (siehe Abb. II-1).

Tabelle I-1. Vergleich des BIP pro Kopf (SBIP) in $ 1000/c.a, nach „offiziellen" Wechselkursen und nach verschiedenen „Kaufkraftparitäten" (KKP), a) nach M. Porter; b) nach Spiegel-Almanach 1999 (Daten für 1997) in 1997-$; siehe Tabelle 4-1; c) KKP nach World Development Report 1997, in 1995-$; d) SBIP auf der Basis GNP (BSP), (Kurs), in 1995-$; Quelle wie c). Zahlen für Russland und Ukraine nur mit Vorbehalt verwendbar. Zur Erläuterung der Spalten A bis D (Wettbewerbsfähigkeit der Länder) siehe Anhang II, Abb. II-3

	BIP pro Kopf, $ 1000/c.a.				Wettbewerbsfähigkeit			
	(a)	(b)	(c)	(d)	A	B	C(%)	D
USA	27,3	29,2	27,0	27,0	3	1	100	(–)
Hongkong	26,1	24,3	22,9	23,0	2	12	60	(–)
Singapur	24,7	26,7	22,8	26,7	1	10	75	(–)
Schweiz	23,7	37,6	25,9	40,6	8	9	69	0
Japan	22,6	23,8	22,1	39,6	11	18	57	(–)
Norwegen	22,6	25,7	21,9	31,3	9	14	57	(–)
Kanada	21,9	22,5	21,1	19,4	5	6	63	0
Frankreich	21,6	21,3	21,0	25,0	21	11	54	0
Dänemark	21,4	23,5	21,2	29,9	15	8	63	0
Australien	20,7	21,1	18,9	18,7	13	15	63	0
Italien	20,5	20,6	19,9	19,0	40	26	52	(–)
Belgien	20,3	22,8	21,7	24,7	26	19	53	(–)
Deutschl.	20,2	22,1	20,1	27,5	23	4	65	(–)
Niederl.	20,2	21,9	20,0	24,0	7	3	72	(+)
Island	20,0	24,7	20,5	25,0	29	24	64	(–)
Grossbrit.	19,8	19,6	19,3	18,7	4	5	59	(+)
Schweden	19,6	19,8	18,5	23,8	22	7	64	(+)
Österreich	19,5	22,2	21,3	26,9	19	16	57	0
Finnland	18,4	20,1	17,8	20,6	14	2	74	(+)
Israel	17,8	18,5	16,5	15,9	28	21	50	0/(–)
Irland	17,3	20,7	15,7	14,7	10	13	65	(+)
Taiwan	16,8	13,2			6	20	51	0
Neuseeland	16,8	17,9	16,4	14,3	12	17	53	(+)
Spanien	15,1	15,7	14,5	13,6	24	22	47	0
Korea, S.	12,8	14,6	11,5	9,7	18	28	53	(–)
Portugal	11,6	13,8	12,7	9,7	25	33		(–)
Malaysia	11,2	10,9	9,0	3,9	16	27	42	0
Chile	10,6	12,0	9,5	4,2	17	23		(+)
Griechenl.	9,3	11,4	11,7	8,2	43	38	36	(–)
Tschech.	8,9	11,0	9,8	3,9	34	30	42	0
Venezuela	8,7	8,3	7,9	3,0	44	50		(–)
Thailand	8,6	6,9	7,5	2,7	20	37		0
Mexiko	8,1	4,3	6,4	3,3	31	30	43	0
Slowakei	7,5	7,5	3,6	3,0	47	36		(–)
Argentin.	7,1	9,7	8,3	8,0	35	34		0
Polen	6,9	6,0 (1996)	5,4	2,8	48	41	41	0
Kolumbien	6,8	2,1	6,1	1,9	46	49		(–)

Tabelle I-1 (Fortsetzung)

	BIP pro Kopf, $ 1000/c.a.				Wettbewerbsfähigkeit			
	(a)	(b)	(c)	(d)	A	B	C(%)	D
Ungarn	6,6	7,0	6,4	4,1	42	31	55	(+)
Brasilien	6,0	6,5	5,4	3,6	45	35	45	0
Türkei	5,9	6,5	5,6	2,8	39	29	30	(+)
Jordanien	5,2	3,6	4,1	1,5	33	32		(+)
Indonesien	4,4	1,1	3,8	1,9	30	51		(–)
Russland	4,3	4,3	4,5	2,2	51	46	27	0
Südafrika	4,2	7,6	5,	3,2	41	25		(+)
Ägypten	4,2	2,9	3,8	0,8	37	40		0
Peru	4,1	4,5	3,8	2,3	36	47		0(+)
China VR	3,2	3,4	2,9	0,6	27	42	50	(+)
Philippinen	3,0	3,4	2,9	1,1	32	45		(+)0
Ukraine	2,6	2,3	2,4	1,6	52	52	25	0
Indien	1,5	1,6	1,4	0,4	49	44	39	(+)
Simbabwe	1,5	2,3	2,0	0,5	50	48		(+)
Vietnam	0,2	1,6	NA	0,2	38	43		0

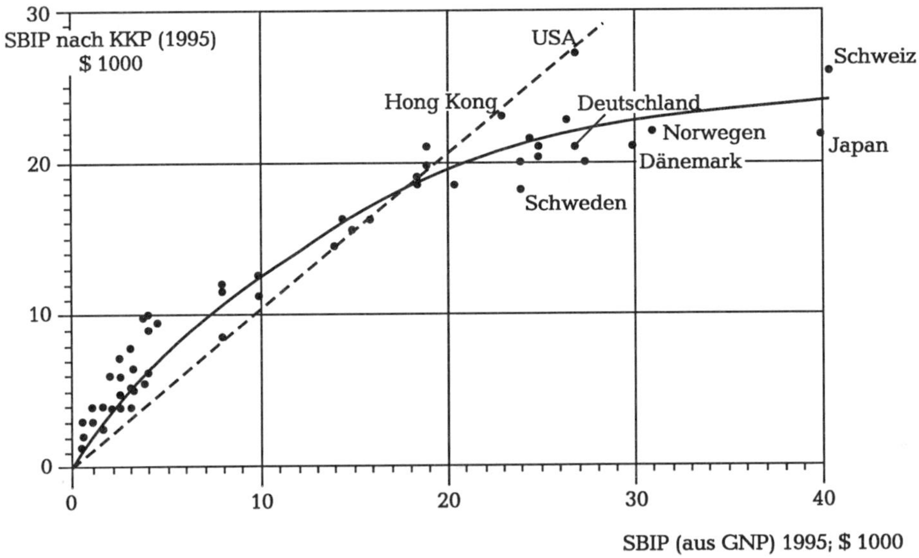

Abb. I-1. Das SBIP nach Kaufkraftparität (KKP) in „internationalen" $/c.a als Funktion des SBIP nach Währungskurs in US$/c.a; 1995 (Weltbank-Jahresbericht 1997 und Spiegel-Welt-Jahrbuch 1999)

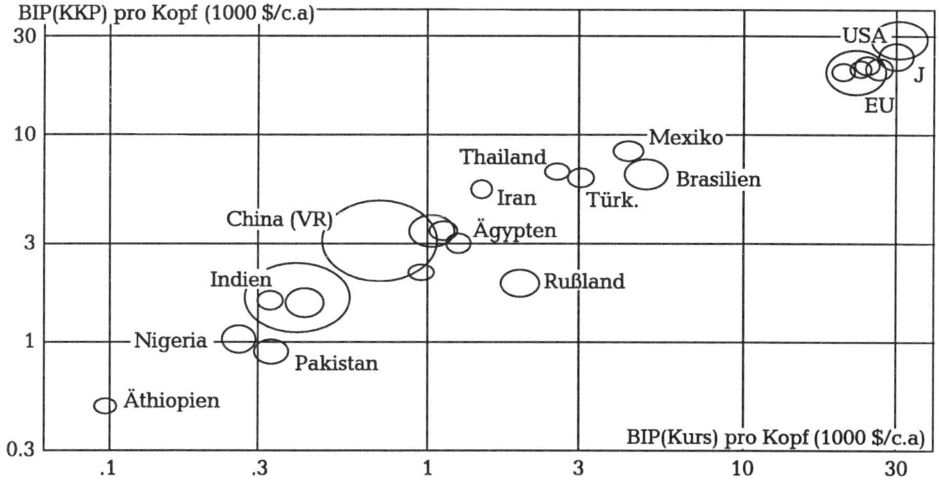

Abb. I-2. Gleiche Korrelation wie I-1. Länder mit mehr als 55 Mio. Einwohnern (die Fläche jedes der Ovale ist proportional zur Bevölkerungszahl). Doppeltlogarithmische Darstellung, Näherungsgerade mit minimalem quadratischem Fehler und Streuung (KKP-Werte nach Spiegel Welt-Jahrbuch 2000)

Sind menschliche Entwicklung und „Wohlstand" überhaupt meßbar?

Anstelle des BIP bzw. des SBIP, oder ergänzend dazu, kann ein „Wohlstandsindikator" verwendet werden, der vom BIP unter Beachtung einiger der oben erwähnten verzerrenden Faktoren und Posten abgeleitet ist. Das überraschende Ergebnis dabei ist, dass es seit Mitte der 80er Jahre in vielen Staaten (einschließlich Deutschland und USA) kein Realwirtschaftswachstum gab und gibt. Nach einem Vorschlag von van Dieren sollte anstatt des BIP ein „Index of Sustainable Economic Welfare (ISEW)" verwendet werden. Auch ein solcher Index beschreibt nicht das Wohlbefinden eines Menschen oder eines Volkes, weil Ansprüche und Vorstellungen der Menschen so unendlich weit auseinander liegen können. Was „menschenwürdig" ist, können nicht Statistiker und Ökonomen fern von dem beurteilten Land entscheiden und miteinander vergleichen. Dafür sind die ethnologischen, religiösen, wirtschaftlichen, historischen usw. Gegebenheiten doch viel zu verschieden. Ein wohlhabender Chinese im ansonsten armen Indonesien hat ein anderes Verhalten und andere Ziele als ein vergleichsweise armer Tiroler Bergbauer im ansonsten reichen Österreich, auch wenn beide zur gleichen Einkommensgruppe gehören sollten. Ein noch so wohlhabender gläubiger Moslem oder Jude wird kein Schweinefleisch essen. Eine halbe Milliarde Inder sind aus religiösen Gründen Vegetarier, unabhängig von ihrem Einkommen. Deshalb wäre ein „Wohlbefindensindikator" oder gar eine Quantifizierung des „Glücklichseins" weder sinnvoll noch aussagekräftig. Jedenfalls sind Glück oder Wohlbefinden nicht mit hoher Wirtschaftsleistung gleichgesetzt.

Wie mit Kapitel 4 erläutert wird, verwendet das UN- Entwicklungsprogramm (UNDP) zur Beschreibung des Grades der menschlichen Entwicklung einen

Human Development Index, HDI

Dieser HDI beträgt maximal 1,00; nach dem Stand 1998 liegt der HDI zwischen 0,90 und 0,96 für Industrieländer (Kanada, Frankreich, USA, Finnland, Niederlande, Japan, Schweden, Spanien, Belgien, Österreich, Großbritannien, Australien) und zwischen etwa 0,2 bis 0,34 für „ärmste" Entwicklungsländer (Uganda, Malawi, Dschibuti, Tschad, Gambia, Mozambique, Guinea, Äthiopien, Burundi, Mali, Niger, Sierra Leone.) Alle anderen etwa 140 Entwicklungs- und Schwellenländer liegen in dem weiten Bereich von 0,34 bis 0,93. Nach dieser Rangliste steht Kanada als das „fortschrittlichste" Land der Welt (was schon wieder eine ganz andere Aussage ist!) an der Tabellenspitze; Deutschland hat den Platz 19, danach folgen Griechenland, Italien, Israel. Schlusslichter sind die afrikanischen Entwicklungsländer. Einen Zusammenhang zwischen dem HDI und dem SBIP (Stand 1998) zeigt Abb. I-3.

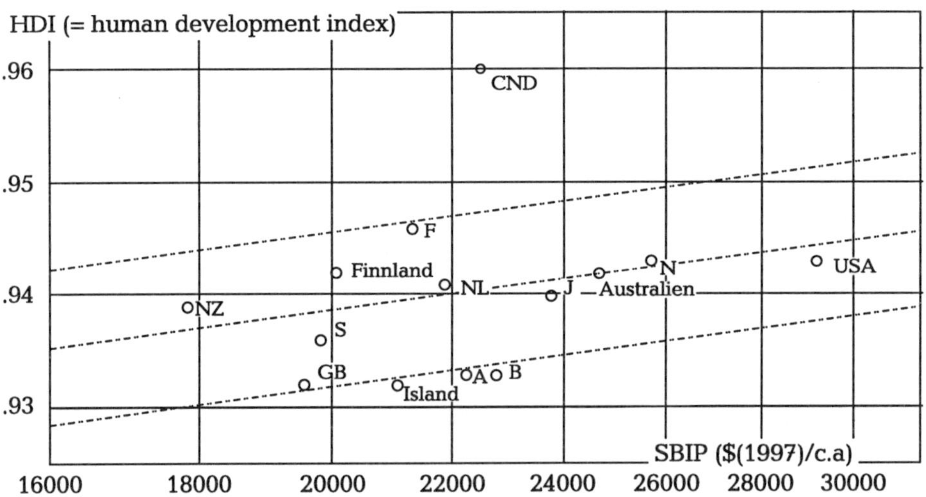

Abb. I-3a. Human Development Index (HDI) in Abhängigkeit vom SBIP: Industrieländer

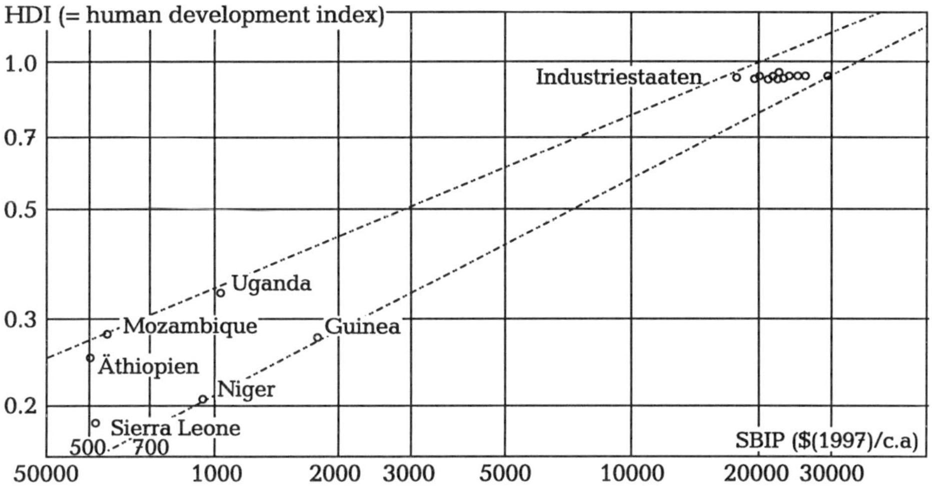

Abb. I-3b. Human Development Index (HDI) in Abhängigkeit vom SBIP: arme Entwicklungsländer (und Industriestaaten zum Vergleich)

Anhang II

Wodurch und warum wachsen das BIP und das BIP pro Kopf?

In einer global vernetzten Wirtschaft hängt der „Wohlstand" (oder die Armut) der Bevölkerung und die Veränderung des BIP und SBIP mit der Zeit vor allem von der Wettbewerbsfähigkeit des betreffenden Landes, einer Region, einer Bevölkerungsgruppe, der bestehenden Unternehmen und aller anderen in Wirtschaft und Verwaltung Tätigen ab. Das Ausmaß der Wettbewerbsfähigkeit wiederum hat politische, makroökonomische und mikroökonomische Ursachen, hängt aber letzten Endes von der Ausbildung und Kreativität der Menschen und ihrer Arbeitswilligkeit ab. Materielle und energetische Ressourcen sind von geringerer Bedeutung. Wenn diese individuellen Ursachen und ihre Korrelationen untereinander bekannt sind, können damit maßgeschneiderte Rezepte für eine angepasste Wirtschafts- und Unternehmenspolitik abgeleitet werden. Die meisten ökonomischen Einflussgrößen für ein BIP-Wachstum sind politisch beeinflussbar: Sie können je nach wirtschaftspolitischer Ausrichtung verbessert oder gebremst werden.

Die (Wirtschafts-)Politik

sollte den wirtschaftlichen Wohlstand der Bevölkerung fördern, nicht aber den der Politiker und den ihrer Partei. Frühere und gegenwärtige Wirtschaftspolitik bestimmen zu einem großen Teil das künftige makro- und mikroökonomische sowie das ökologische Geschäftsumfeld. Dieses wiederum wird immer stärker von den globalen Rahmenbedingungen beeinflusst, die letzten Endes von den einzelnen Regierungen entweder kraft Argumentation oder Stimmenzahl oder wirtschaftlich-finanzieller (und auch militärischer) Macht geformt werden. Daran ändert auch die Diskussion darüber nichts, ob die „wahre Macht" in der Welt nicht eher bei den global agierenden Wirtschaftsunternehmen und Banken liege statt bei den Regierungen. In manchen Staaten scheint diese Macht auf einem Netzwerk von Wirtschaft, Finanzen und Politik zu beruhen (Beispiele: die sogenannte „Nippon-AG" und „Deutschland-AG").

Solange es keine wirksame globale Governance gibt, müssen die Regierungen der Nationalstaaten – oder regionaler Gruppierungen (EU) – die vorhandenen materiellen und energetischen, aber auch die finanziellen Ressourcen im Verein mit den eigenen Humanressourcen wachstumssichernd wirken lassen. Anfänge einer weltweiten Governance zeigen sich beispielsweise in mehr oder weniger wirksamen multilateralen Organisationen wie der UNO mit ihren Spezialorganisationen Weltbank, IWF, WTO u. v. a.

Zur nachhaltigen Steigerung des „Wohlstands"

müssen die sozialen und politischen Verhältnisse „stimmen": Interessenskonflikte zwischen den Generationen und zwischen Arm und Reich sollen ausgeglichen sein. Politische und gesetzliche Institutionen müssen stabil sein. Für die Rechtssicherheit in einem Land werden verschiedene empirisch abgeleitete Kennzahlen verwendet, die das Risiko zu quantifizieren versuchen, das bei einem Engagement den Gewinnerwartungen gegenüberzustellen ist. Dabei spielt die vorgesehene Dauer des Engagements (von kurzfristigen Handelsbeziehungen bis zu langfristigen Direktinvestitionen) eine Rolle. Beispiel: der Business Environment Risk Index BERI, der regelmäßig für die wirtschaftlich wichtigen Staaten veröffentlicht wird. Rechtssicherheit schließt auch den Schutz geistigen Eigentums (Computer-Programme, Internetinformationen) ein.

BIP und SBIP wachsen dann nachhaltig, wenn die Wirtschafts- und Finanzpolitik

- freien Handel und offene Märkte auch für Kapital und Wissen sicherstellt,
- eine effiziente öffentliche Infrastruktur und moderne Kommunikationsmittel zur Verfügung stellt,
- effiziente und „preiswerte" Regierungs- und Staatsinstitutionen mit der Folge einer geringen Staatsverschuldung anbietet (wenn es also soviel „Staat" wie nötig gibt, aber nicht mehr),
- die Wechselkurse und den Geldwert stabil hält (geringe Wechselkursschwankungen werden z. B. im Rahmen des EURO „internationalisiert"),
- langfristiges Wachstum ohne Inflation (aber auch ohne Deflationsangst) unterstützt,
- die Kapitalzinsen niedrig hält,
- günstigen Zugang zu Risikokapital fördert und schließlich
- ein Besteuerungssystem entwickelt, das von den Bürgern als gerecht empfunden (und daher nicht z. B. durch „Schwarzarbeit" unterlaufen) wird (Beispiel: Die deutsche Regierung senkt ab 2000 die Einkommensteuer in der Spitze von 53 auf 45%, im Eingang von 24 auf 15% sowie die Körperschaftssteuer und erwartet dadurch eine Erhöhung des BIP-Wachstums von 2,0 auf 2,5%/a; damit werden zugleich andere EU-Länder dazu gedrängt, ebenfalls die betreffenden Steuern zu senken).

Solche politisch-ökonomischen Wunschlisten und Angebote findet man in den Programmen der meisten demokratischen Parteien, wenn auch mit unterschiedlicher Gewichtung ("Everybody is for motherhood and the flag", sagen die Amerikaner).

Makroökonomische Kennzahlen

für nachhaltigen Wohlstand sind die Bruttoanlageinvestitionen (inländisch und ausländisch) und die Sparquote, beides bezogen auf das BIP. Dabei ist empirisch belegt, dass das BIP-Wachstum umgekehrt proportional der Sparquote ist – vielleicht deshalb, weil sparfreudige Bürger eher zur Vorsicht neigen und weniger unternehmerisch-risikobereit sind. Beispiele: USA und Niederlande haben negative Sparquoten und hohes BIP-Wachstum, bei Italien, Deutschland und Japan ist dies umgekehrt.

Mikroökonomisch

ist der Weg zu höherem wirtschaftlichen Wohlstand durch effiziente Unternehmen und selbständige Wirtschaftstreibende (im wahren Sinne des Wortes: die Wirtschaft „An-treibende!") vorgezeichnet – also durch menschliche Fähigkeiten, durch Motivation, Kreativität, Ausbildung, Kenntnisse, Wissen, Können, Mobilität, Zugang zu Informationen und Erfahrung. Viele Faktoren beeinflussen einzeln oder in Kombination in verschieden hohem Ausmaß das BIP und damit das SBIP und deren Wachstum:

a) Die Arbeitsproduktivität kann (durch Technologie, Ausbildung, Management) gesteigert werden. Das erlaubt höhere (Brutto-)Löhne oder Gewinne der Unternehmen oder beides. Der Staat profitiert von Steuern auf diese höheren Löhne und Gewinne und kann damit bessere Infrastruktur bieten, die ihrerseits die Produktivität verbessern kann: ein positiver Aufschaukelungsvorgang.
b) Wenn die Löhne schneller als die Produktivität steigen oder wenn es an lokal verfügbaren Rohstoffen mangelt, dann werden Innovation und Produktivitätszuwachs angeregt. Deshalb sollen Löhne, Preise, Kosten und Kapitalversorgung nicht künstlich niedrig gehalten werden.
c) Steigende Einkommen der Menschen setzen auch einen sich selbst verstärkenden Prozess in Gang: Käufer/Kunden werden anspruchsvoller und kritischer und begründen daher eine Steigerung der Wettbewerbsfähigkeit von Unternehmen, und diese werden ihrerseits wieder anspruchsvoller gegenüber ihren Zulieferern von Produkten und Dienstleistungen (Produktqualität, Sicherheit, Umweltstandards wachsen).

d) Der Ertrag auf das produktiv eingesetzte Kapital kann außerdem gesteigert werden durch geringere Stillstands- und Ausfallzeiten, die durch höhere Motivation erreichbar sind, und mit Hilfe besserer Technologien und Investitionen in moderne Anlagen. Ein höherer ROI bei optimalem Verhältnis zum Risiko verursacht wiederum einen Anreiz für weitere Investitionen – also eine positive Aufschaukelung.
e) Verstärkter lokaler Wettbewerb zwischen Unternehmen erzeugt eine bessere globale Wettbewerbsfähigkeit, die wiederum weltweites Marketing erfordert.
f) Die Kosten aller „inputs" können durch Arbeitsteilung, Zulieferungen von außen und niedrige Kapitalkosten (durch Ausnützen der internationalen Kapitalmärkte, auch über Aktienausgabe) verringert werden.
g) Höhere Preise für Güter und Leistungen können durch bessere Qualität, Service, Marketing erzielt werden – auch für die eigenen natürlichen Ressourcen wie Bodenschätze, Energie, Naturschönheit, Kultur.
h) Es kann mehr Arbeit oder mehr Kapital oder beides eingesetzt werden (aber nicht für unproduktive Staatsaufgaben).

Die vier zuerst genannten Faktoren verstärken sich selbst durch Aufschaukelvorgänge. Diese können proportional zum Wachstum des wirtschaftlichen Wohlstandes eines Landes oder einer Bevölkerungsgruppe sein.

Ursachen und Voraussetzungen für nachhaltiges SBIP-Wachstum

sind also durch die oben aufgeführten Faktoren vorgegeben. Nicht alle diese Wachstumsvoraussetzungen sind quantifizierbar. Sowohl makro- als auch mikroökonomische Maßnahmen bestimmen komplementär das SBIP-Wachstum.

Je nach SBIP-Niveau des Landes scheinen laut M. Porter verschiedene Faktoren zur Initialzündung einer SBIP-Steigerung wichtig zu sein: Für arme Länder spielen vor allem Handelsliberalisierung, Beseitigung von Korruption, höhere Regulierungsstandards, bessere Infrastruktur vor allem für Kommunikation, mehr ausländische Direktinvestitionen und mehr lokaler Wettbewerb eine entscheidende Rolle. Bei Ländern mit mittlerem SBIP-Niveau kommen zusätzlich hinzu: Bildung von Industrieclustern, hoher Aufwand für Wissenschaft und Technologie und für F&E, günstiger Zugang zu Risikokapital über einen einheimischen Kapitalmarkt (der oft erst aufgebaut werden muss) und weiterentwickelte physische und logistische Infrastruktur. Wirtschaft und Wohlstand von Ländern mit hohem SBIP wachsen dann weiter, wenn rascher Zugang zu weltweit verfügbarer Information, zu Venture Capital, und noch schärferer Wettbewerb im Lande gesichert sind; dazu gehören die Minimierung der Verwaltungs- und Staatskosten sowie schnelle Genehmigungsprozeduren.

Ein günstiges Wirtschaftswachstum kann dagegen nicht aufrechterhalten werden, wenn dieses die mikroökonomischen Grundlagen für das Wachstum überholt. Auch Anne Krueger, Stanford, verweist darauf, dass zur Steigerung der Produktivität Reformen auf der mikroökonomischen (also Unternehmens-)Ebene wichtiger sind als die Makro-Reformen, wie sie von IWF und Geberländern nahezu ausschließlich gefordert werden. Solche Reformen können mittelfristig – wie in zahlreichen Fällen beobachtet wurde – zu Härtefällen und einem Abschwung der betreffenden Wirtschaft führen. Die von den Reformen (Beispiel: Währungsabwertungen) betroffenen Menschen sehen deren Sinn oft nicht ein und sperren sich gegen ihre Durchführung. Die Erfolge dieser Maßnahmen werden eher nach außen (also zum Beispiel Richtung Kreditgeber) als nach innen (also Richtung Bürger) sichtbar gemacht. Dagegen sind mikroökonomisch wichtige Reformen für die Unternehmen des Landes und die einzelnen wirtschaftlich Tätigen, ja für alle Bürger erkennbar. Beispiele: Verbesserung der Mobilität des Einzelnen durch Infrastrukturmaßnahmen und Aufbrechen lokaler Kartelle und Monopole, was durch verstärkten Wettbewerb zur Verbilligung von Nahrungsmitteln, Telefongesprächen, elektrischem Strom, Verkehrskosten usw. führen kann. Dann sind Reformen mit dem Ziel eines SBIP-Wachstums auch durchsetzbar. Wohlstand kann nur gesteigert werden, wenn politische, makro- und mikroökonomische Faktoren miteinander integriert werden.

Es gibt auch externe Einflüsse auf das BIP-Wachstum

die von dem betroffenen Land oder den Wirtschaftstreibenden gar nicht oder nur begrenzt beeinflusst werden können: der Wechselkurs der Währung, der Rohölpreis als der Determinanten für Energiekosten (oder für Staatseinnahmen), der Index für Rohstoff- und Nahrungsmittelpreise und die Leitzinssätze der Notenbanken, die wiederum mit der Inflationserwartung zusammenhängen (sollten). Da die Meinung der Ökonomen über die künftige Entwicklung dieser Daten weit auseinander geht, kann auch nicht erwartet werden, dass die jeweilige nationale oder auch regionale (EU) Wirtschafts- und Finanzpolitik rational ist oder erscheint.

Zur Quantifizierung der Wettbewerbsfähigkeit eines Landes

hat M. Porter einen „Microeconomic Competitiveness Index, MICI" entwickelt. Dieser MICI-Index berücksichtigt

a) die makroökonomische Qualität des nationalen oder regionalen wirtschaftlichen Umfeldes, in dem die Wirtschaftsleistung erbracht wird. Zusätzlich zu den oben genannten Faktoren werden die Gewährleistung des Wettbewerbs berücksichtigt sowie offene Märkte ohne versteckte Barrieren, Standards für Arbeit und Soziales und für Produktqualität, Komplexität der Genehmigungsverfahren, das Besteuerungssystem, die Bekämpfung von Korruption, ein effizientes Regelwerk des Staates und regionaler Außenhandel (insbesondere in Entwicklungsländern wichtig);

b) die Qualität der physischen Infrastruktur, von Kommunikation und Information (Zugänglichkeit und Kosten), Verfügbarkeit von Ressourcen: materielle und energetische Rohstoffe, Investitionskapital, Humankapital (Qualität, Lohnkosten und -nebenkosten), Niveau von Wissenschaft, Technologie, Forschung, Investitionen in nichtmilitärische F&E;

c) Strategie und Management der Unternehmen und ihre Produktivität, Innovationskraft, Motivation der Mitarbeiter, Marketingstärke und Marktpenetration, die Wechselwirkung der Unternehmen mit ihren Zulieferern und Kunden, insbesondere die durch lokalen Wettbewerb und Auswahlmöglichkeit geschärften kritischen Ansprüche der Kunden (diese sind direkt proportional dem SBIP).

Der Index (und damit das SBIP) ist also proportional zur Qualität der Führung der Unternehmen und des wirtschaftlichen und politischen Umfeldes. Ein Unternehmen kann – im Gegensatz zu einem Staat – den Sitz seiner Verwaltung dorthin verlegen, wo die günstigsten makroökonomischen und Faktorbedingungen vorliegen und damit seinen MICI-Index verbessern (Beispiel: Verlagerung der früheren Hoechst AG von Frankfurt nach Straßburg). Damit kann ein Unternehmen wiederum das BIP (und SBIP) der beiden betroffenen Länder verändern.

M. Porter (1999) hat solche Indices auf der Grundlage von Befragungen in 52 Ländern über sieben Bereiche des wirtschaftlichen und politischen Umfeldes von Unternehmen quantifiziert. Dieser empirisch ermittelte MICI-Index stellt sich als lineare Funktion des SBIP dar (Abb. II-1):

$$\text{SBIP (in \$ 1000/c.a.)} = 12{,}5 + 7{,}5 \times \text{MICI}$$

Für die 52 ausgewählten Länder mit einem SBIP (1996) zwischen $ 204 (Vietnam) und etwa $ 27.000 (USA) liegt der MICI zwischen –1,9 und +1,7. Je höher das SBIP, umso größer ist der MICI und umgekehrt. Der Zusammenhang zwischen makro- und mikroökonomischen Daten ist eindeutig und verständlich: Je höher der MICI-Index, umso größer wird das SBIP sein. Es handelt sich um einen Aufschaukelvorgang. Der MICI beschreibt das SBIP und nicht sein Wachstum. Aber die Korrelation zwischen dem MICI-Index und dem Wachstumsindex ist hoch, was wiederum auf eine gegenseitige Aufschaukelung hinweist.

Das Potenzial für SBIP-Wachstum ergibt sich daraus, in welchem Maße die MICI/SBIP-Möglichkeiten ausgeschöpft sind. Es gibt Länder, bei denen das SBIP über dem Wert liegt, der sich aus der mikroökonomischen Grund-

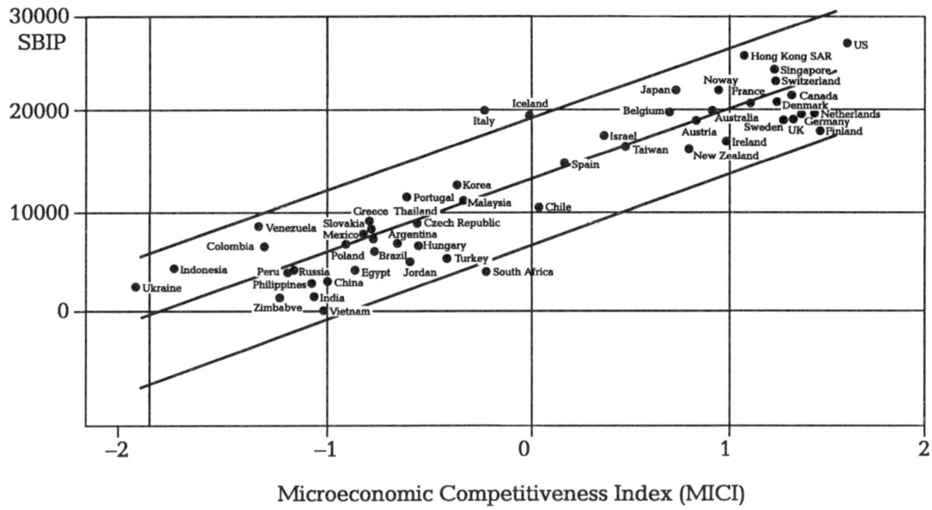

Abb. II-1. Zusammenhang zwischen dem SBIP und dem Microeconomic Competitiveness Index (MICI) nach M. Porter

lage ergeben sollte. Deren Wachstumspotenzial für das SBIP ist also gering (Beispiele: USA, Japan, Italien, Hongkong [1996!], Singapur, Norwegen; Venezuela, Kolumbien, Indonesien, Ukraine). Andere Länder liegen unterhalb der Referenzlinie, sie haben also ein inhärentes Potenzial für SBIP-Wachstum auf Grund der mikroökonomischen Voraussetzungen (Beispiele: Deutschland, Niederlande, Finnland, Neuseeland, Großbritannien; Chile, Südafrika, Türkei, Ungarn, Indien, China). Mit Tabelle I-1 sind in Spalte D jene Länder mit (+) oder (–) gekennzeichnet, die auf Grund ihrer MICI-Bewertung ein Potenzial für SBIP-Wachstum haben (oder zumindest im Referenzjahr 1996 hatten). Maßgebend sind die Produktivität pro Kopf der wirtschaftlich Tätigen und pro physischer Ressource (Bodenschätze, Energie) einschließlich des investierten Kapitals.

Häufig wird die Exportleistung eines Landes oder Unternehmens betrachtet, weil diese summarische Relation zum Beispiel zum SBIP oder zum Umsatz die komparative Stärke des Landes oder Unternehmens charakterisieren kann. Die Faktoren für die Wettbewerbsfähigkeit sind für die verschiedenen Länder nicht von gleicher Bedeutung, vor allem wegen der zunehmenden Spezialisierung der Volkswirtschaften: Für die USA beispielsweise hat der Export eine relativ geringere Bedeutung als für die EU-Länder und Japan.

Die Wettbewerbsfähigkeit von Unternehmen

wird seit Jahrzehnten halbwissenschaftlich hauptsächlich für journalistische Zwecke in Form von Ranglisten („Ranking") einander gegenübergestellt, wie zum Beispiel weltweit mit den jährlich herausgegebenen „Fortune-500-Listen", geordnet nach Ländern und Branchen. Unternehmen werden nach willkürlich herausgegriffenen Gesichtspunkten „beurteilt": nach Umsatz, Zahl der Beschäftigten, nach dem Stand der Verschuldung, nach Exportleistung, sozialer Leistung oder neuerdings auch nach Umweltschutzaktivitäten, nach dem Ergebnis bezogen auf Umsatz oder investiertes Kapital, Wertschöpfung, Veränderung des Shareholder-Value als Summe der Dividenden und der Veränderung der Marktkapitalisierung des Unternehmens. Dieser Shareholder-Value wird nur von wenigen Unternehmen veröffentlicht und seine Berechnung ist umstritten. Stattdessen kann ein „Market Value Added, MVA", als Kenngröße verwendet werden: MVA = (Anlage + Umlaufvermögen) minus investiertes Kapital; daraus abgeleitet ein Wertsteigerungsfaktor WSF = (Börsenwert + Schulden)/investiertes Kapital. Die Summe dieser Wertsteigerungen aller Unternehmen trägt einen wesentlichen Teil zur Steigerung des BIP eines Landes bei. Auch „weiche" Faktoren bestimmen Leistungsfähigkeit und Wert eines Unternehmens und damit indirekt die Wettbewerbsfähigkeit des Landes, in dem das Unternehmen „zu Hause" ist: Image des Unternehmens und seiner Führung, Wert seiner Marken und eines eingeführten Firmennamens; dieser kann allerdings beispielsweise durch lange zurückliegende Verstrickungen in verbrecherisches Verhalten, wie bei Arisierungen oder Zwangsarbeiterbeschäftigung in Deutschland, beschädigt sein – was sich unmittelbar auf Exporte und damit den Ertrag auswirken kann. Viele der Komponenten sind allenfalls willkürlich quantifizierbar. Deshalb kann es für ein Unternehmen keine allgemein gültige Beurteilung nach Art der Schulnoten geben, weil die Fragestellungen ganz verschieden sind – je nachdem, ob sich ein Aktienkäufer, ein Kunde oder Lieferant, ein Kreditinstitut oder ein Kandidat für eine Arbeitsstelle über das Unternehmen informieren will.

PIMS, Benchmarking, Outsmarting usw.

Seit Anfang der 60er Jahre befassten sich General Electric und General Motors und seit 1972 die Harvard Business School systematisch mit der Frage, wovon der Gewinn eines Unternehmens abhänge. An dem sogenannten PIMS-Programm (Profit Impact of Market Strategy) sind inzwischen weltweit mehr als 300 Unternehmen mit etwa 3000 strategischen Geschäftseinheiten (SGE) beteiligt, siehe G. Turnheim. Durch Vergleich der in einer Datenbank gespeicherten Erfahrungen mit der SGE, deren Wettbewerbsfähigkeit untersucht werden soll, erhält man empirisch belegbare Zusammenhänge und Hinweise auf Verbesserungsmöglichkeiten der Wettbewerbsfähigkeit der eigenen SGE.

Der Gewinn eines Unternehmens hängt im Durchschnitt zu 10% vom Geschick des Managements ab, auf neu auftretende äußere Einflüsse zu reagieren, zu 20% von der operativen Effizienz, aber zu 70% von strategischen Einflussfaktoren. Dazu zählen der relative Marktanteil im Vergleich zu den drei größten Mitbewerbern, eine hohe Wertschöpfung pro Mitarbeiter (Produktivität), das Verhältnis von Investition zu Wertschöpfung und die Innovationsrate. Das Ergebnis des PIMS-Programmes ist eine auf jede individuelle Geschäftseinheit spezifisch zugeschnittene Beurteilung der Wettbewerbsfähigkeit mit dem Ziel diese zu verbessern.

G. Peneder gibt eine Übersicht (Abb. II-2) über die Wettbewerbsfähigkeit von Unternehmen und von Branchen, die zugleich die Verbindungen zu nationalen und globalen Einflussfaktoren im ökonomischen, politischen und sozialen Bereich zeigt. Demnach wirkt die Nutzung der Wettbewerbsvorteile durch die Unternehmen auf ihr Umfeld zurück. Der Mensch kann dieses Umfeld gestalten und ist ihm nicht hilflos ausgeliefert: Erfolg oder Misserfolg eines Unternehmens und damit auch eines Landes sind kein „Schicksal".

Schließlich können Unternehmen und Länder durch „Benchmarking" miteinander verglichen werden (siehe den Beitrag von H. v. Pierer am Anfang dieses Berichts). Ein Unternehmen lernt von außen, indem es sich ständig mit den besten Wettbewerbern vergleicht. Intern lernt man durch „best practice

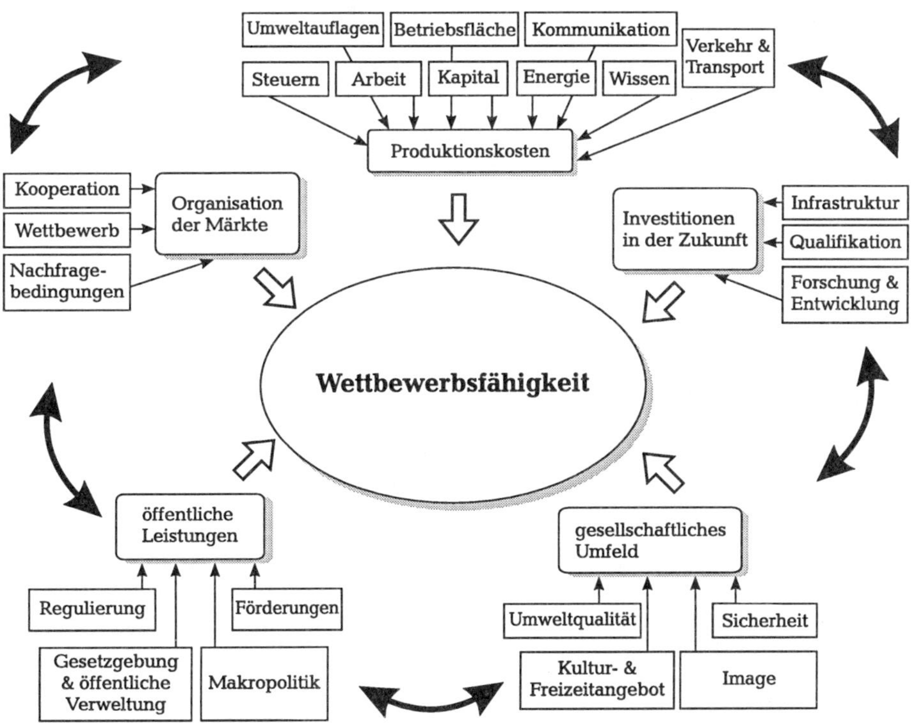

Abb. II-2. Wettbewerbsfähigkeit von Unternehmen und Branchen im politischen und gesellschaftlichen Umfeld, nach Peneder

sharing". Man lernt ständig von den jeweils Besten innerhalb eines Unternehmens, einer Branche, eines Landes. Lernen heißt aber nicht kopieren, sondern adaptieren. Das trifft auf Unternehmen ebenso zu wie auf Länder.

Ein Problem für alle derartigen Vergleiche kann es ein, dass die dafür notwendigen großen Mengen an verlässlichen Daten nicht ohne weiteres verfügbar sind; das ist einer der Gründe dafür, dass so viele Fusionen und andere Unternehmenszusammenschlüsse fehlschlagen. Die gegenseitige Information über künftige Partner ist oft unzureichend oder gar bewusst irreführend. Um das zu verhindern, gibt es auf Unternehmensebene das „Outsmarting" genannte Verfahren zum Aufbau einer Corporate Intelligence (C.I.), wie man der Konkurrenz in die Karten schaut (McGonagle). Gemeinhin – vor allem auf zwischenstaatlicher Ebene – nennt man das Spionage.

Abgesehen von den zahlreichen Managementtheorien („Management by ...") scheint sich zur Wettbewerbsverbesserung – als Alternative zur Fusionitis und zum Kannibalismus – die sogenannte „TransCompetition" anzubieten: die Integration der besten Wettbewerbstaktiken mit einer kreativen Zusammenarbeit von Unternehmen – wie wir es von den Ameisen und den Bienen lernen können. Vielleicht deutet diese „TransCompetition" auch auf künftige Formen eines zivilisierten Wettbewerbs zwischen Staaten und Regionen hin (Robins, M. Finley), die auch Ängste vor einer „radikalen" Globalisierung ausräumen hilft.

Gibt es eine Art „Shareholder-Value" für ein Land –

also einen „Wert" des Landes für die „Anteilseigner" des betreffenden Staates, nämlich die Bürger? Anders gefragt: Kann die Wettbewerbsfähigkeit eines Landes quantifiziert werden? Wie bei einer Unternehmensbewertung könnte man auch bei der Bewertung von Staaten einen Substanz- und Ertragswert heranziehen. Als Substanzwert könnte der Wert der natürlichen Ressourcen wie Bodenschätze und Energie nach Marktpreisen bewertet werden. (In Kapitel 8 wird beispielsweise gesagt, dass ein „Wert" von Erdölexportländern – auch von reinen Ölfirmen – ausschließlich aus dem Marktwert der geschätzten Ölvorräte ermittelt werden kann.) Dieser Substanzwert ist aber null oder hat allenfalls einen „latenten" Wert, z. B. für Kreditaufnahme, wenn die vorhandenen Ressourcen im Boden liegen bleiben und nicht verkauft werden. Nur durch Wertschöpfung kann aus einem Substanzwert ein Ertragswert werden. Der Ertragswert eines Staates ist alles das, was die Menschen aus ihren Ressourcen und mit ihrer Kreativität schaffen, also die Wertschöpfung, ausgedrückt durch das BIP.

Zwischen der Wettbewerbsfähigkeit von Unternehmen und dem SBIP eines Landes gibt es einen Zusammenhang. Deshalb ist man versucht, auch die komparative Wettbewerbsfähigkeit von Ländern mit Indizes zu beschreiben und in tabellarischer Form einander gegenüberzustellen – nach Art einer Fußballliga. Aber wie im Mannschaftssport so ist auch in der Wirtschaft die Leistung des Teams, also der gesamten Volkswirtschaft, maßgebend und die Wettbewerbsfähigkeit ändert sich auch mit dem jeweiligen „Gegner" auf dem Markt, so wie auch Sportmannschaften bei verschiedenen Gegnern verschiedene Stärke zeigen. In einigen Ländern gibt es einen sichtbaren Zusammenhang zwischen ihrer Wettbewerbsfähigkeit und den dort arbeitenden Unternehmen, insbesondere in Japan („Nippon-AG"), wo sich Mitarbeiter mit ihren Unternehmen – und diese mit dem Staat – identifizieren, auch wenn sie private Eigentümer haben.

Die Wettbewerbsfähigkeit von Staaten kann noch viel weniger als die von Unternehmen allgemeingültig quantifiziert oder sonst wie bewertet werden. Sie kann sich mit der Zeit drastisch ändern. Deshalb hält Krugman die Bewertung von Volkswirtschaften in Form eines „Ranking" für sinnlos und grob irreführend. Volkswirtschaften sind im Gegensatz zu Unternehmen nicht durch definierbare Wettbewerbsbeziehungen geprägt (Peneder, 1999). Ein Unternehmen steht nur mit denjenigen anderen Unternehmen im Wettbewerb, die den gleichen Absatzmarkt bedienen bzw. vom gleichen Faktormarkt beziehen wollen. Dagegen besteht zwischen Volkswirtschaften teils Konkurrenz (z. B. Investorenwerbung, Kapital anziehen), teils gibt es komplementäre Beziehungen wie gegenseitige Nachfrageimpulse, wechselseitige Arbeitsteilung. Der Begriff Wettbewerbsfähigkeit wird oft synonym für volkswirtschaftliche Leistungsfähigkeit verwendet. Eine Volkswirtschaft ist dann wettbewerbsfähig, wenn die Menschen einen relativ hohen Lebensstandard haben und ihre Lage nachhaltig aufrechterhalten wird und wenn die Menschen sich wohl fühlen. Dieser Staat hat somit einen hohen „Bürgerwert" („Citizen-Value"). Bürgerwert und Wohlfühlen sind, wieder einmal, nicht quantifizierbar.

Die Weltwirtschaft ist kein Nullsummenspiel, in dem der ökonomische Erfolg des einen Landes auf Kosten der anderen Länder geht. Die Wirtschaft und damit das SBIP aller Länder oder Bevölkerungsgruppen kann gleichzeitig wachsen oder schrumpfen!

Trotz der Bedenken: ein „Wettbewerbsranking" für Länder

M. Porter weitet seine Analyse der Wettbewerbsfähigkeit von Unternehmen auf die Konkurrenzfähigkeit ganzer Volkswirtschaften abhängig vom SBIP aus. Das Datenmaterial kann aus den regelmäßig veröffentlichten „Global Competitiveness Reports" des WEF entnommen werden, deren Aussagen mit denen der „World Competitiveness Yearbooks" des IMD konkurrieren. Immer mehr Institute, Zeitschriften und Einzelpersonen ermitteln und publizieren „Ranglisten" mit Wettbewerbsfähigkeitsindizes.

Das IMD (FAZ Nr. 95/2000) verwendet z. B. 290 gewichtete Kriterien, aufgeteilt in mehrere Gruppen: Lage der Wirtschaft, Regierungspolitik (Steuer-

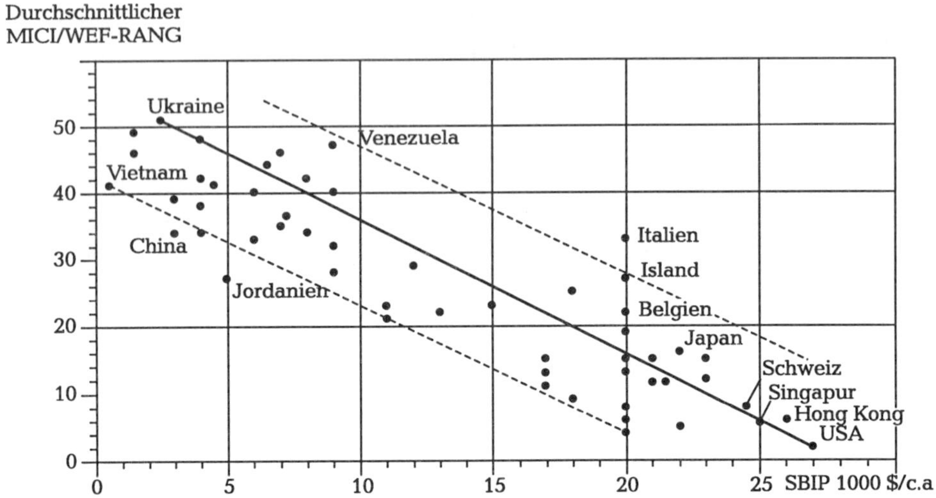

Abb. II-3a. Gemischte mikro- und makroökonomische Reihung der Wettbewerbsfähigkeit von Volkswirtschaften als Funktion ihres SBIP (siehe Anhang I, Tabelle I-1): A = Indexrang nach WEF (1998); B = MICI-Rang nach Porter (1998); C = Relative Wettbewerbsfähigkeit in % (USA = 100), 1999, nach Garelli, World Competitiveness Yearbook 2000, IMD, für 47 wirtschaftlich wichtigste Länder einschl. 18 Entwicklungs- und Schwellenländern; D = Wachstumspotenzial für das SBIP aufgrund des MICI-Index: + positiv, – negativ, 0 indifferent.
Wenn das SBIP zunimmt, dann steigt die betreffende Volkswirtschaft auf einen höheren Platz (also eine niedrigere Zahl) in der Rangliste und zwar um einen Punkt (Durchschnitt von MICI und WEF) je etwa $ 500 SBIP

last, Staatsquote, Schulden, Umweltgesetze), Infrastruktur, Finanzmärkte (Direktinvestitionen), F&E, Internationalisierungsgrad, Managementqualität, Ausbildungsniveau, Arbeitsmarkt (Jahresarbeitszeit), Lebensqualität, „Werte". Jedes der Kriterien ist wiederum Grundlage für eigene „Ranglisten". Die aus statistischen Faktoren gewonnenen Indikatoren werden durch subjektive Umfrageergebnisse (mehr als 3200 Führungskräfte in allen untersuchten Staaten) ergänzt. USA, Finnland und Singapur bilden die Spitze, Hongkong und Japan sind gegenüber früheren Jahren abgerutscht; in der unteren Hälfte sind Mexiko, Indien, Tschechien, Polen und die Türkei angesiedelt, Schlusslichter sind Russland und Ukraine. Aufsteigend sind Länder mit wachsendem Anteil der „New Economy", definiert als inflationsfreies dauerhaftes Wirtschaftswachstum vorwiegend in den Bereichen Hightech und Internetgeschäfte, mit hoher Anpassung der Wirtschaft an Trends.

Das Zusammenwirken von Wirtschaft, Gesellschaft und Politik beeinflusst Richtung und Dynamik der Entwicklung der Unternehmen als den Leistungseinheiten einer Wirtschaft – also auch der gesamten Volkswirtschaft, Abb. II-2. Dabei ist auch die Nachhaltigkeit einer Entwicklung zu beachten: ökologische Gesichtspunkte einschließlich Klimaschutz, die Vermeidung

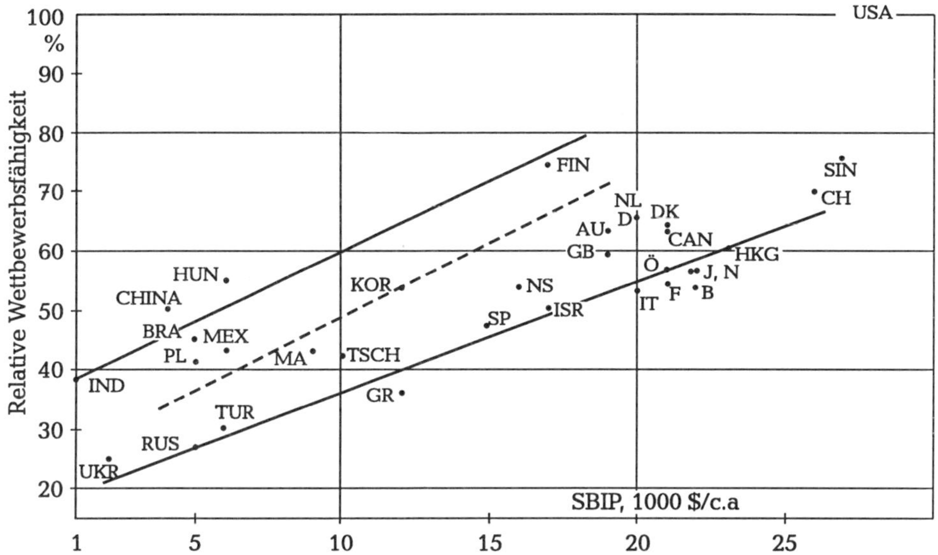

Abb. II-3b. Wettbewerbsfähigkeit (1999) in % (USA = 100%) als Funktion des SBIP (KKP) nach Tabelle I-1, Spalte c. Das SBIP kann um etwa $ 1000/c.a zunehmen, wenn die relative Wettbewerbsfähigkeit um etwa 1,5 Prozentpunkte gesteigert wird. Ein geringeres SBIP als nach der Korrelation zu erwarten ist haben z. B. Indien, China, Ungarn, Finnland, Niederlande. Ein höheres als das zu erwartende SBIP haben Länder wie Russland, Griechenland, Italien, Spanien, Belgien, Japan und die Schweiz

extrem ungleicher Einkommensverteilung, der Abgleich der Interessen heutiger und künftiger Generationen. Extern beeinflusst die Verflechtung einer nationalen Wirtschaft mit anderen Ländern durch Außenhandel und wechselseitige Investitionen die Wettbewerbsfähigkeit. Diese ist auch ein Maß für Arbeitslosigkeit bzw. Vollbeschäftigung – und umgekehrt.

Das SBIP und die Wettbewerbsfähigkeit der Länder

Wenn alle Faktoren, Substanz- und Ertragswerte quantifiziert und gewichtet werden (wobei viele subjektive Urteile einfließen können), dann ergeben sich schließlich Vergleichsindices für die Wettbewerbsfähigkeit einer Volkswirtschaft. Die Faktoren, die die Wettbewerbsfähigkeit beschreiben, sind wegen der Spezialisierung vieler Wirtschaften für unterschiedliche Länder nicht von gleich hoher Bedeutung. Alle Bewertungen und damit auch die darauf aufbauenden Ranglisten gelten nur für den Zeitpunkt, zu dem sie ermittelt wurden, und können durch externe und interne Einflüsse (Wahlen, Kriege) auch kurzfristig drastisch verändert werden. Mit der Zeit steigen manche Länder wie Fußballvereine auf den Ranglisten auf, andere steigen ab.

Schließlich können die makroökonomisch-politischen Indices mit den mikroökonomischen MICI-Indices kombiniert und ein gemischter Länderindex ermittelt werden, zum Beispiel als arithmetischer Mittelwert oder je nach Zweck der Untersuchung, mit stärkerer Gewichtung einer der beiden Indices. Abb. II-3a und b zeigen eine solche Bewertung der Wettbewerbsfähigkeit von Ländern als Funktion des SBIP, beruhend auf den mit Tabelle I-1 genannten Zahlen.

Anhang III

Wirtschaftspolitischer Ausblick für ausgewählte Länder und Regionen

Inhalt:

(1) USA – (2) Europa/EU-Staaten – (3) Reformländer Ost- und Mitteleuropas/ Balkanländer/Türkei u. a. – (4) Russland – (5) Japan – (6) China – (7) Südostasien – (8) Südasien/Indien – (9) Lateinamerika – (10) Mittlerer Osten – (11) Afrika/Nordafrika/Afrika südlich der Sahara.

Die wichtigsten Daten: Bevölkerungszahl, BIP und Pro-Kopf-BIP (SBIP) nach KKP sind mit Tabelle III-1 zusammengestellt. (SBIP nach Kurswert siehe Tabelle I-1, Spalte d, sowie Tabelle 4-1).

(1) Die USA führen das Wachstum an

Die Wirtschaft der USA hat in dem seit 1991 anhaltenden Wirtschaftsaufschwung von niedrigen Rohstoff- und Energiepreisen profitiert sowie von billigen Importen aus Ländern, in denen schwaches Wachstum, Rezession oder gar Depression herrschte. Inzwischen betrifft dies aber fast ein Drittel der Welt. Obwohl deshalb Exporte, Investitionen und Gewinne zurückgehen werden, wollen die USA auch künftig die Weltwirtschaft führen und anführen: mit der eigenen Stärke durch ausgeglichenes Budget, hohe Investitionen in Wirtschaft und in Ausbildung, global unterstützt durch offene Märkte für Güter, Dienstleistungen und Kapital. Die USA haben zur Jahrhundertwende hohe Beschäftigung und niedrige Inflation; die Preise können stabil bleiben, weil die Produktivitätszuwächse durch große Fortschritte der Informationstechnologie erzielt wurden und werden. Künftiges – auch qualitatives – Wachstum kann zum Teil aus dem hohen und wieder steigenden „Verteidigungs"-Budget ($ 280 Mrd./a, also etwa $ 1000/c.a) erwartet werden.

Der $-Wechselkurs liegt auf einem Niveau, auf dem viele Produkte auf den Weltmärkten für die Amerikaner billiger sind als aus heimischer Produktion – und folglich überwiegen die Importe die Exporte. Das Leistungsbilanzdefizit wird am Anfang des Jahrhunderts auf mehr als $ 1000/c.a geschätzt.

Tabelle III-1. Wirtschaftlich wichtige Daten über die in diesem Anhang untersuchten Länder: Bevölkerungszahl in Millionen; Wirtschaftsleistung (BIP) in $Mrd./a; Pro-Kopf-BIP (SBIP) in $1000/c.a, nach Kaufkraftparität (KKP) *)

Land	Bevölkerung in Mio.	BIP in $ Mrd	SBIP (KKP) $1000/c.a
Ägypten	66	83	3,1
Algerien	30	47	4,5
Angola	12	8	1,4
Argentinien	36	300	9,7
Äthiopien	62	6	0,5
Belgien	10	251	23,0
Brasilien	165	820	6,5
Bulgarien	8	12	4,2
Chile	15	77	12,0
China VR	1260	902	3,1
Dänemark	5	175	22,7
Deutschland	82,1	2200	21,3
Ecuador	12	19	5,0
Elfenbeinküste	15	10	1,7
Finnland	5	125	20,1
Frankreich	58	1434	22,0
Großbritannien	59	1360	20,7
Indien	980	380	1,7
Indonesien	207	215	2,0
Iran	61	343	5,7
Irland	4	83	20,7
Israel	6	100	18,5
Japan	126	3777	24,1
Kamerun	14	9	1,9
Kasachstan	17	22	3,6
Kolumbien	38	96	6,8
Kongo-Kinshasa	49	6	0,9
Korea (Süd)	46	295	14,6
Lettland	3	6	3,9
Libyen	6	38	6,0
Luxemburg	0,4	17	30,3
Malaysia	21	98	8,3
Marokko	28	33	3,2
Mexiko	95	416	8,3
Mosambik	18	3	0,7
Nigeria	122	39	0,9
Niederlande	16	378	21,2
Österreich	8	213	22,0
Pakistan	148	62	1,6
Paraguay	5	10	4,0

Tabelle III-1 (Fortsetzung)

Land	Bevölkerung in Mio.	BIP in $ Mrd	SBIP (KKP) $1000/c.a
Peru	24	64	4,7
Philippinen	72	82	3,5
Polen	39	150	6,3
Portugal	10	107	14,2
Russland	146	650	2,0
Saudi Arabien	20	140	9,9
Schweden	9	227	19,8
Schweiz	7	264	25,2
Singapur	3	96	28,5
Slowakei	5	19	7,5
Slowenien	2	18	12,0
Spanien	40	554	16,0
Sri Lanka	18	15	2,5
Südafrika	45	130	7,6
Sudan	29	10	1,6
Thailand	60	154	6,9
Tunesien	9	19	5,4
Türkei	64	200	6,5
Ungarn	10	48	7,0
Venezuela	23	95	8,3
Vereinigte Staaten	274	8520	29,0

* SBIP auf der Basis BSP (GNP) siehe Tabelle I-1, Spalte d, und Tabelle 4-1

Der Wechselkurs des US$ wird mittelfristig von diesen 2000 sehr hohen externen Defiziten beeinträchtigt, die tendenziell weiter wachsen.

Anleger aus aller Welt investieren ihr Geld in Sach- und Finanzwerten in den USA, weil dort der Ertrag auf ihr Kapital höher ist und sicherer erscheint als anderswo. Ein Teil dieses importierten Kapitals wird zur Erhöhung der Produktivität der amerikanischen Beschäftigten verwendet, die damit wachsende Realeinkommen haben. Die Ausländer finanzieren deshalb um die Jahrhundertwende nicht mehr wie in früheren Jahren ein Defizit des Budgets der USA – das steigende Überschüsse aufweist –, sondern den privaten Sektor einschließlich der exzessiven Gewinne am Aktienmarkt, die weitgehend in den Konsum, nicht aber in Investitionen fließen.

Gefahren für die Wirtschaft der USA – und damit der Welt – und ihr weiteres Wachstum werden von einigen „Frühwarnindikatoren" angezeigt: negative Sparrate und hohe Verschuldung privater Haushalte, Ungleichgewichte und damit Einbruch bei Immobilien und am Aktienmarkt und damit des auch von Aktiengewinnen angetriebenen Konsums, der mit 5%/a zunimmt und damit stärker wächst als dem realen Wachstumspotential der

US-Wirtschaft entspricht. Die US-Notenbank wird einen Crash durch Zinserhöhung nicht auslösen.

(2) ... und Europa soll folgen

Europa muss – außer der wirtschaftlichen – eine eigene politische und militärische Identität gewinnen, um gleichberechtigter und gleichwertiger Partner der USA werden zu können, statt im Machtschlepptau der USA zu schwimmen. (Ost- und Mitteleuropa wie auch die Balkanländer und die Türkei gehören zu Europa!) Stattdessen gibt es kriegsähnliche Zustände und Terrorismus (Zypern, Kurden-Problem in der Türkei, Nordirland, Balkankriegs-Nachwehen, Baskenland usw). Einige der Regionen in Europa sind besonders arm (Kosovo, Mazedonien, Albanien).

EU-Staaten

Die USA fordern am Beginn des Jahrhunderts die EU-Länder (SBIP durchschnittlich etwa $ 22.000) nachdrücklich auf, ihr Wirtschaftswachstum zu fördern und Handelshemmnisse abzubauen. (Auch die USA wollen die Agrarzölle um 40% reduzieren). Der Außenhandelsüberschuss der EU-Staaten kann weiter ansteigen. Die Wachstumsraten in den EU-Ländern müssen um einen Prozentpunkt höher sein als die in den USA, um das gegenseitige Ungleichgewicht auszugleichen und die Arm-Reich-Schere zu verringern: In der EU haben 18% der Bürger ein Einkommen von weniger als 60% des jeweils nationalen Durchschnitts, gelten somit nach EU-Definition trotz eines SBIP von bis zu $ 13.000 als „relativ arm". Seit 2000 nähert sich das BIP-Wachstum der Euro-Länder dem der USA mit einem Schnittpunkt bei etwa 3%/a. Die Inlandsnachfrage soll im Euro-Raum wie in den USA zur Nachfragestütze werden, wie es von nachfrageorientierten Wirtschaftspolitikern gefordert wird. Dadurch sollen auch die nationalen Wirtschaften von der längst existierenden globalen Vernetzung weniger abhängig werden: In einigen Ländern gehen die Exporte stärker zurück als die Inlandsnachfrage steigt. Gleichzeitig müssen sich die Euroländer an Haushaltsdisziplin halten, die Zinsen und die indirekten Steuern sollen harmonisiert werden.

Wichtiger für ein nachhaltiges BIP-Wachstum scheinten die Eindämmung der Regelungswut, der Eigenbürokratie der EU (die die ohnehin hohe Bürokratie der EU-Staaten überlagert), die Lösung der Agrarfrage und der Osterweiterung zu sein.

„Das Jahrzehnt von 2000 bis 2010 gehört der europäischen Industrie" – so sehen manche Auguren voraus; sie habe ein großes ungenutztes Potenzial allerdings vor allem in den traditionell „altmodischen" Schlüsselbranchen

Chemie, Maschinenbau, Elektrotechnik und Automobilbau, aber auch im Pharmabereich, bei medizinischen Geräten und im Eisenbahnbau. Die Schnittstellen zwischen Industrie und Dienstleistungen insbesondere in der Informationstechnologie werden in den USA produktiver umgesetzt als in den EU-Staaten.

Einige der EU-Länder haben in den letzten Jahren des vergangenen Jahrhunderts überraschend stark aufgeholt, wie Spanien und Irland.

Spanien

ist ein Beispiel dafür, dass das SBIP in einer funktionierenden demokratischen Marktwirtschaft auch bei weltwirtschaftlich schwierigen Rahmenbedingungen zunehmen kann. In Spanien steigen bei einem Bevölkerungswachstum nahe null Wirtschaft (BIP $ 554 Mrd.) und Wohlstand mit einer Wachstumsrate von 3,3%/a; für das Jahr 2000. Die Spanier arbeiten und konsumieren viel, jährlich gibt es etwa 0,5 Mio. Arbeitsplätze mehr, bei einer allerdings sehr hohen Arbeitslosenquote von 11% oder 18% – je nach Berechnungsweise. Es herrscht sogar Fachkräftemangel, neue Wirtschaftsbereiche wachsen (Design- und Servicefirmen). Tarifpartner und Regierung sind in einem „Wirtschafts- und Sozialrat" in ständigem Dialog und vermeiden Streiks („Konsens lohnt sich"). Zinsen sind niedrig, der Staat subventioniert Sozialleistungsbeiträge für bestimmte Bevölkerungsgruppen und verlangt mehr Eigenverantwortung, Arbeitsuchende haben Pflichten, der Kündigungsschutz wurde gelockert, die Staatsbetriebe werden weiterhin privatisiert, öffentliche Ausgaben gesenkt.

Irland

ist ein anderes Beispiel für hohes BIP-Wachstum – als „ökonomisches Wunder des keltischen Tigers" tituliert (Fortune, Nov. 8, 1999): das dynamischste, wirtschaftlich erfolgreichste, wenn auch kleine Land in Europa. Das BIP nimmt seit 1994 mit real 8,5%/a zu (Zuwachs in %/a: 10,7 (1997), 8,9 (1998), 7,5 (1999). Das SBIP wird das von Großbritannien übersteigen. Auf der Grundlage des MICI (Abb. II-1) gibt es zwar weitere Wachstumschancen, aber die nachhaltig erreichbaren Raten werden auf 5–6%/a fallen.

Was ist die Ursache für diesen Erfolg? Fast alles, was in Anhang II gesagt wird über die Voraussetzungen für das SBIP-Wachstum, ist in Irland realisiert: wirtschaftspolitisch – eine starke Förderung ausländischer Direktinvestitionen, seit 30 Jahren gezielt auf die Hightech-Bereiche Pharmazie und Technologie (Computer, Wafer), niedrige Unternehmenssteuern, wenig Bürokratie, keine Streiks, ein liberaler Arbeitsmarkt, gezielte Förderung seit 1988 durch die EU für Infrastruktur; günstige EU-Basis für US Firmen.

Makroökonomisch – Irland bewegt sich direkt von einer landwirtschaftlich dominierten in eine Infogesellschaft, ohne Umweg über eine Schwerindustrie.

Auch mikroökonomisch stimmt die Richtung: „richtige" Produkte, bewiesen durch Exporterfolge für Hightech-Waren, und durch das Angebot an Jobs aller Kategorien.

Selbst das politische Dauerproblem Nordirland dämpft den Erfolg nicht. Wenn Irland weiterhin wirtschaftlich aufsteigt und nach SBIP ebenso reich wie GB und Nordirland sein wird, löst vielleicht eine Wiedervereinigung auch dieses Problem. (Irland hatte vor 30 Jahren zwei Drittel des Lebensstandards von Großbritannien.) Wegen der Nachfrage nach Arbeitskräften kann der geringe [0,2%/a] Bevölkerungszuwachs ein Problem werden.

Ein „Europa der Regionen"

wird häufig proklamiert: In einigen der EU-Staaten gibt es große regionale Unterschiede im Wohlstand, also im erwirtschafteten SBIP. Beispiele: In Belgien gilt Wallonien als arm mit nur 1%/a SBIP-Wachstum, mehr als 10% Arbeitslosen mit steigender Tendenz, wegen alter Wirtschaftsbranchen, die mit hohen Subventionen am Leben gehalten werden. Demgegenüber gilt Flandern als reiche Provinz mit nahezu Vollbeschäftigung, mit 4%/a SBIP-Wachstum, beruhend auf Hightech-Unternehmen (Software, Telecom, Biotechnologie).

In Deutschland haben die neuen Bundesländer ihr SBIP seit der Wiedervereinigung um etwa 50% auf $ 14.000 gesteigert; die westdeutschen Bundesländer haben demgegenüber ein SBIP von etwa $ 24.000. Außer einigen der „neuen" Bundesländer gibt es auch „alte", die voraussichtlich auch künftig am Tropf des Bundes hängen, wie das Saarland. Ähnliche Beispiele: Baskenland, Süditalien/Mezzogiorno, Südportugal.

(3) Ost- und Mitteleuropa: Die wirtschaftliche Wirklichkeit zum Jahrhundertbeginn

Ein Sonderfall sind im letzten Jahrzehnt des 20. Jahrhunderts – und zu Beginn des neuen – die sogenannten (27) „Reform- oder Übergangsländer" oder „Transition Economies". Diese früher planwirtschaftlich regierten Länder (GUS-Staaten einschließlich Russland, Länder Zentral- und Osteuropas, baltische Staaten, Balkanstaaten) versuchen, sich in die marktwirtschaftlich orientierte Staatengemeinschaft zu integrieren. Einige der Länder werden ihre Verhandlungen über den Beitritt zur EU fortführen, andere werden damit beginnen (Tabelle III-2).

Wie die Beispiele anderer EU-Staaten zeigen – insbesondere Spanien, Irland, Griechenland und Portugal – kann eine solche Integration in relativ kurzer Zeit gelingen und hohe Wachstumsraten bringen. Als Folge davon

Tabelle III-2. BIP-Wachstum und SBIP einiger osteuropäischer Länder, sowie Wettbewerbsfähigkeit gemäß Einstufung auf der Rangliste Tabelle I-1

	BIP-Wachstum in %/a **	SBIP* ($ 1000)	Wettbewerbsrang nach T-I-1
Slowenien	+4	12	–
Tschechien	+2	11	32
Polen	+5	6	44
Ungarn	+5	7	36
Belorussland	+5	4	–
Russland	+3	4	49
Ukraine	+1	3	52
Kroatien		5	
Bosnien		1	
Jugoslawien		2	
Albanien		1	
Bulgarien	+3,5	5	
Rumänien	+5	5	
Slowakei	+2	8	
Estland	+4	5	
Lettland	+4	6	
Litauen	+5	6	
Vergleich:			
EU-Staaten			
Griechenland		11	40
Portugal		14	29

* auf- bzw. abgerundet, Schätzwerte 2000
** 2000/2001, auf- bzw. abgerundet

kann Osteuropa für das beginnende neue Jahrhundert ein Wachstumsmotor für Westeuropa werden. Allerdings sind außer Polen die meisten Länder relativ klein und heterogen: Alle ost- und zentraleuropäischen Länder zusammengerechnet – ohne Polen – haben die Bevölkerungszahl von Frankreich, aber nur etwa ein Zehntel von dessen BIP. Die Mentalitäten der Menschen in den Reformländern sind sehr unterschiedlich.

Der politische und wirtschaftliche Umbruch 1989 ist der Beweis dafür, dass ein Volk auch gegen diktatorisch-totalitäre Übermacht seiner Staatsführung gewinnen kann. Für eine „globale Governance" der Zukunft ist die Erkenntnis wichtig, dass Veränderungen keine Bedrohung sind, sondern eine Chance.

Die wahre Veränderung in Ost- und Mitteleuropa war der Beginn einer Wettbewerbswirtschaft in Ungarn, 1990. Zehn Jahre nach dem Zusammenbruch der Planwirtschaft gibt es in einigen Reformländern eine Rezession, Finanzkrisen, die Destabilisierung einiger Balkanstaaten, eine abnehmende Industrieproduktion und einen Rückgang der ausländischen Investitionen.

Bisher haben diese Länder noch wenig Kapital absorbiert – nämlich etwa 2,5% der Einkommen der Empfängerländer, also immerhin ungefähr so viel wie die Zuflüsse des Marshallplans nach dem Zweiten Weltkrieg. Andererseits können massive Kapitalbewegungen die politische Stabilität der Reformländer gefährden.

Das Wirtschaftswachstum der gesamten Region wurde für 1999 (vor dem Kosovokrieg) mit 2,6%/a geschätzt. Ohne Russland und die anderen GUS-Länder bleiben noch für Mittel- und Osteuropa etwa 2%/a BIP-Wachstum; stärkeres Wachstum wird nur in Ungarn, Slowenien, Polen, Rumänien, Bulgarien und der Slowakei erwartet. In mehreren der 27 Reformstaaten geht das BIP zurück, aber es gibt Anzeichen für eine Trendwende. Um den Rückstand aufholen zu können, müssen die mittel- und osteuropäischen Länder ein viel höheres Wachstum als der EU-Durchschnitt erreichen und durchhalten.

Andererseits leben in einigen der Reformländer (Ungarn, Tschechien, Polen) Bevölkerungsgruppen mit einem SBIP, das bald an die Wirtschaftskraft der EU-Länder Griechenland und Portugal heranreicht. Am Beispiel einiger Länder können die wirtschaftspolitischen Aussichten der Region abgeschätzt werden (Tabelle III-2). Die Inflation dieser Länder ist auf 4 bis 10%/a reduziert worden. Die Leistungsbilanz liegt zwischen (-)2 bis (-)6% des BIP.

Ungarn ist eines der erfolgreichsten Reformländer, wenn auch zur Jahrhundertwende wirtschaftliche Probleme auftauchten, die teils wegen (zu) hohen Wachstums (das mit hohen Defiziten im Staatshaushalt erkauft wurde) entstanden sind. Allein die Sanierung der teilweise privatisierten Banken kostet 8–9% des BIP. Vielleicht war das eine Folge der Umwandlung der kommunistischen Plan- in eine Marktwirtschaft (Fortune Nov. 8, 1999). Zum Jahrhundertbeginn ist die Privatisierung der Staatsunternehmen nahezu abgeschlossen, es gibt viele ausländische Engagements (Banken, Telekom, Pharmazie, Chemie) und Ungarns Wirtschaft wächst stärker als die der anderen Länder in Zentraleuropa.

Tschechien hat demgegenüber mit der Privatisierung Probleme: Jeder Bürger soll Miteigentümer der Industrie werden; stattdessen sind die Hauptanteilseigner der Wirtschaft die nach wie vor staatlichen Banken, die aber privatisiert werden sollen – also eine Art „Umwegprivatisierung". Viele Unternehmen im ausländischen Eigentum mit hohem Exportanteil expandieren und schaffen Arbeitsplätze (die EU-Kommission hat die Subvention für ein neues VW-Skoda-Werk abgeblockt). Die übrige Wirtschaft wächst schwach, die Arbeitslosigkeit nimmt zu. Die Erneuerung der tschechischen Industrie scheint blockiert zu sein: Der Übergang zur Marktwirtschaft ist noch nicht (2000) gelungen und der geplante Beitritt zur EU kann der Landwirtschaft wegen der Marktöffnung schaden. Der Anteil der EU-Länder am Außenhandel liegt bei 2/3. Auf lange Sicht hat Tschechien nicht zuletzt wegen der günstigen geografischen Lage gute Wachstumschancen – vorausgesetzt, die makro- und mikroökonomischen Faktoren werden verbessert (Tschechien liegt auf der MICI/SBIP-Referenzlinie [Abb. II-1]).

In Polen deutet sich ein auf MICI beruhendes Wachstumspotenzial an. Die Bevölkerung hat die Marktwirtschaft und ihre Spielregeln rasch gelernt, aber wegen der Dauerkrise in Russland gibt es eine hohe Kapitalflucht. Auch Polen privatisiert seine Großunternehmen, wenn auch langsam.

Slowenien hat mit etwa 70% des durchschnittlichen EU-SBIP Griechenland überholt und das Wachstum setzt sich fort. Die Slowakei steht ebenfalls auf der Liste der Reformstaaten, die im Jahre 2000 mit Beitrittsverhandlungen mit der EU beginnen wollen, ebenso wie – trotz schlechter Wirtschaftsaussichten – Bulgarien und Rumänien.

Bulgarien ist vom Umbruch stark betroffen, auch deshalb, weil es besonders eng mit der ehemaligen Sowjetunion verbunden war. Rumänien verzeichnet einen Rückgang seines BIP.

Von den baltischen Staaten rechnen sich Estland und Lettland Chancen für einen baldigen EU-Beitritt aus.

Ost- und Mitteleuropa soll keine „wirtschaftliche Kolonie" Westeuropas werden, sondern ein gleichberechtigter Teil Europas, was langfristig nur mit der Osterweiterung der EU gesichert werden kann. Eine Verzögerung kann sich ergeben, weil ein Teil der für die Osterweiterung vorgesehenen Ressourcen für den Wiederaufbau der Balkanstaaten gebraucht wird. Die betreffenden Länder wissen, dass (zunächst) alles etwas kostet, auch der EU-Beitritt – und zwar für alle Beteiligten. Ein Beitrittsproblem sind die Agrarbeziehungen: Die Reformstaaten erhöhen die Importzölle, die EU steigert gleichzeitig ihre Exportsubventionen; dieser gegenseitige Aufschaukelungsprozess muss gestoppt werden. In Polen scheinen die Ängste der Landwirte besonders groß zu sein. Es gibt ein Qualitätsproblem für landwirtschaftliche Produkte. Eine andere Aufgabe ist die Anbindung der Verkehrsinfrastruktur an Westeuropa (Schiene oder Donau via Österreich?). Die Länder wissen aber auch, dass eine größere EU für alle Beteiligten nachhaltige wirtschaftliche Vorteile und damit wachsenden Wohlstand bringen wird.

Andere Länder der Region sind wirtschaftspolitisch und makroökonomisch zum Beispiel hinter Ungarn geschätzte 20 bis 30 Jahre im Rückstand:

Belorussland (Weißrussland) wächst zwar mit etwa 5%/a, ist aber viel ärmer als dem offiziellen SBIP entspricht. Die Ukraine steht in der Wettbewerbsfähigkeit (Tabelle I-1) an letzter der 52 Stellen. Die Wirtschaft ist in einer Krise, der Staat praktisch bankrott. Aus einem Kernkraftwerk soll Strom in den Westen zu niedrigen Preisen exportiert werden. Die Reformfortschritte sind gering. Ein Problem ist die Spannung zwischen den prowestlich-katholischen und prorussisch-orthodoxen Bevölkerungsteilen.

Andere Balkanländer

Da ein weiterer SBIP-Rückgang in den Bereich der „Gewalttätigkeit" befürchtet wird, ist die Gefahr kriegerischer Auseinandersetzungen in und zwischen Balkanländern nicht gebannt und der „Buckel" des höchsten Wirtschaftswachstums wird nicht erreicht. Die Wohlstandsschere gegenüber Westeuropa weitet sich aus, wirtschaftspolitische Rezepte für Reformen funktionieren nicht, sodass die Liberalisierung der Wirtschaft durch massive Finanzhilfen ermöglicht werden muss. Der Wiederaufbau der Balkanländer nach dem Kosovo-Krieg soll geschätzt $ 100 Mrd. kosten (Aufteilung der Finanzierung: Zahlungsbilanzhilfen des IWF, EU-Stabilitätspakt, Privatinvestitionen), die während zehn Jahren aufgebracht werden sollen (also etwa $ 10 Mrd./a oder 0,2% des jährlichen BIP der EU). Dies ist zwar im Vergleich zu anderen Ausgaben eine relativ geringe Summe („peanuts"), aber sie macht andererseits etwa ein Viertel der jährlichen gesamten Entwicklungshilfeleistungen der OECD-Staaten aus.

Die Wirtschaft („Rest"-)Jugoslawiens ist um Jahrzehnte zurückgeworfen. Der Wiederaufbau bringt Aufträge für Bauunternehmen, Maschinen- und Ausrüstungslieferanten, Dienstleister – aber womit bezahlen? Jugoslawien schuldet allein der Weltbank etwa $ 1,5 Mrd. und kann ohne deren Bedienung keine neuen Kredite bekommen. Die Wirtschaft von Kroatien, Bosnien-Herzegowina und Mazedonien leidet unter den Folgen des Kosovokrieges, ein SBIP-Wachstum ist nicht zu erwarten. Albanien war und ist – auch wegen jahrzehntelanger streng kommunistischer Planwirtschaft – das Armenhaus Europas.

Auch die

Türkei

(Wettbewerbsfähigkeitsrang 34 nach Tabelle I-1) will EU-Mitglied werden. Doch dafür reicht das SBIP (noch) nicht aus, vor allem aber nicht die mit den „westlichen Werten" unvereinbaren Auffassungen der türkischen Regierung über Menschenrechte. Die größten 500 Unternehmen machen mit ihrer industriellen Tätigkeit, also der „eigentlichen" Wertschöpfung, nur wenig Gewinn; die Finanzgeschäfte, also betriebsfremde Tätigkeiten, tragen fast 9/10 zum Unternehmensgewinn bei. Die türkische Wirtschaft hat mit hochverzinslichen Staatsanleihen Geld verdient und deshalb wenig investiert. Die öffentlichen Finanzen müssen saniert, die Inflation bekämpft, Exporte gesteigert werden. Dann besteht eine Chance, dass das SBIP – das nach Abb. II-1 ein Potenzial für Wachstum bis auf geschätzt $ 9000 hat – in einigen Jahren auf diesen Wert ansteigen kann. Dabei helfen auch vielleicht die Türken, die aus Westeuropa zurückkehren, wo sie wirtschaftlich-geschäftliche Erfahrungen gesammelt haben.

(4) Russland

ist politisch-militärisch eine Großmacht, wirtschaftlich ein relativer Zwerg: Das geschätzte BIP von $ 650 Mrd. ist weniger als ein Zehntel des BIP der USA. Basierend auf den reichen Vorkommen an Erdöl, Erdgas, Metallen wie Palladium, Gold, Kupfer usw. und den vielen bestens ausgebildeten Menschen, müsste die russische Wirtschaft in der Lage sein, ein SBIP von vielleicht $ 10.000 bis 15.000 (heute $ 4300) zu schaffen. „Aber die Umstände, sie sind nicht so" (Brecht): Wachstumsbremsen sind Korruption, Kapitalflucht, extreme Unterschiede zwischen wenigen Reichen und vielen Armen, ständige Finanzkrise, fehlendes Management (schlechter MICI-Index), für dauerhaftes (markt-)wirtschaftliches Wachstum ungeeignete makroökonomische Zustände, Erhöhung des unproduktiven Anteils des militärischen Sektors am Budget. Die Wirtschaft in Russland muss wachsen, weil die Wohlstandsdifferenz innerhalb des Landes und gegenüber Westeuropa (fünfmal so hohes SBIP) nicht aufrechterhalten werden kann und weil für das übrige Osteuropa Russland entscheidend wichtig ist, weil immer noch enge Wirtschaftsverflechtungen bestehen.

Die Wirtschaft könnte wachsen. Dafür sind institutionelle Voraussetzungen zu schaffen, vor allem durchgreifende Reformen im Finanzsektor (von den Gläubigern verlangt): Es gibt (1999) 2300 Banken, davon ist ein Fünftel in Turbulenzen!; der Bankensektor soll restrukturiert und bis 2002/2004 saniert sein.

Die Steuern müssen eingetrieben werden. Die Inlandsschulden Russlands betragen $ 60 Mrd. Rechtliche Grundlagen für ökonomische Zusammenarbeit mit „westlichen" Ländern müssen erarbeitet werden.

Die Auslandsschuldenfrage muss geklärt werden, wenn weitere Kredite erwartet werden: gesamte Auslandsverschuldung (1999) $ 140 Mrd., davon die Hälfte sogenannte „Altschulden" der ehemaligen Sowjetunion. Der „Pariser Club" (18 staatliche Gläubiger) gewährt Russland vorläufig einen Aufschub des Schuldendienstes für einen Teil der „Altschulden" ($ 15 Mrd.) für eine Zeitspanne von 15 bis 20 Jahren. Die privaten Gläubiger („Londoner Club", vor allem Banken) verhandeln über Schulden in Höhe von $ 30 Mrd. Die Abhängigkeit von „westlichen" Krediten ist drückend. Ein IWF-Kredit (insgesamt $ 6 Mrd., 1999) reicht nicht einmal zur Bedienung der in 1999/2000 fälligen Zins- und Tilgungszahlungen (1999: $ 17,5 Mrd.). Für eine Belebung der Wirtschaft sind Beträge nötig, die vermutlich eine Zehnerpotenz größer sind, also geschätzt etwa $ 400/c. Da in den „Reformjahren" 1991 bis 1998 das BIP um etwa 40% gesunken und die Inflationsrate auf über 80%/a gestiegen ist, sind die Aussichten für die mit einer neuerlichen Kreditgewährung verlangten Reformen gering. (Nach Abb. II-1 liegt der MICI-Index auf der nach dem SBIP erwarteten Referenzlinie.) Auf der Bonitätsliste von 136 Staaten findet man Russland an 104. Stelle. Vielleicht wurde für die Mitwirkung Russlands bei der Beendigung des Kosovo-Krieges ein politischer Preis bezahlt? Schließlich beliefen sich die Kriegskosten auf ein Vielfaches der diskutierten Kreditsumme.

(5) Japan

soll als zweitstärkste Wirtschaftsmacht endlich aus seiner Rezession und Deflation herauskommen. Im letzten Jahrzehnt gab es negative Entwicklungen: eine Wirtschaftskrise 1990, Kursstürze, eine geplatzte Spekulationsblase (Immobilien, Banken), 1992 schrumpfte Japans Wirtschaft um 2,8%, 1998 gab es viele Firmenbankrotte. Arbeitsmarkt und Investitionsbereitschaft haben sich gegen Ende des Jahrhunderts (auch wegen immer noch bestehender Überkapazitäten in der Industrie) verschlechtert. Trotzdem investierte die Wirtschaft 1998 etwa 16% des BIP! Die Zinsen sanken immer tiefer (1995 Zinstief von 0,5%/a), sodass bei hohen Sparraten der Bevölkerung für die Wirtschaft niedrigverzinstes Kapital verfügbar war und ist, bei realen Kapitalkosten nahe null.

Nach Anhang II gehen hohe Sparraten oft mit niedrigem Wirtschaftswachstum einher. Die japanische Zentralbank hält jede Inflation für „unmoralisch", sodass ein Preisanstieg z. B. im Servicesektor durch fallende Preise in anderen Sektoren ausgeglichen werden soll. Trotz dieser Situation ist Risikokapital für Firmengründer schwierig zu erhalten. Der Finanzsektor ist ineffizient. Immer wieder gehen Banken in Konkurs oder werden, um das zu vermeiden, verstaatlicht (1999 wurden zwei Großbanken verstaatlicht). 1998 gab es vermutlich $ 500 Mrd. „faule" Kredite (also ein Sechstel des BIP). Im Jahre 1999 erreichte die Neuverschuldung des Staates etwa 10% des BIP (zum Vergleich: Der Maastrichtvertrag erlaubt maximal 3%). Die japanische Regierung meint, Zinsen und Yen seien zwar auf „früherer" Höhe und die Banken unter Kontrolle, aber erkennt, dass das Vertrauen in die japanische Wirtschaft beschädigt oder gar verloren ist – ein nicht quantifizierbares Faktum in jeder Prognoserechnung. Dazu kamen Mitte 1999 Vermutungen, Japan habe seine Wirtschaftsstatistik aus politischen Gründen „geschönt".

In den Aufschwungsjahrzehnten hat Japan ein Modell entwickelt, das Taiwan, Südkorea und andere Schwellenländer erfolgreich übernommen haben – nämlich eine stark protektionistische Übergangsphase bis zur Marktöffnung mit einem abgeschotteten Binnenmarkt und hohen Exporten (unter Anleitung des MITI). Die Japaner versuchten mit ihrem Handelssystem die Konkurrenz auszulöschen, es waren „Trittbrettfahrer des freien Welthandels." Dieses Modell der einseitigen Marktbeschränkungen funktioniert seit einiger Zeit und in Zukunft nicht mehr. Außerdem haben Japans Bürokraten immer noch hohe Befugnisse. Das MITI hält wettbewerbsunfähige Industrien (Petrochemie, Aluminium u. a.) am Leben. Japanische Hightech-Produkte sind teilweise auf USA-Komponenten wie Software und Mikrochips angewiesen. Ohne drastische Steigerung der Innovation werden die Exporte immer schwieriger, auch gegenüber den wettbewerbsfähigen ostasiatischen Nachbarn und China. Aber schließlich ist „Kaizen" – die stete Verbesserung der Produktion – eine japanische „Erfindung".

Seit die Moralerziehung abgeschafft wurde und soziale und familiäre Bindungen zerfallen, scheint es ein moralisches Wertevakuum zu geben, das die Wettbewerbsfähigkeit verschlechtern kann (MICI/WEF-Rang 14,5, SBIP etwa \$ 3000 höher, als nach dem MICI-Index zu erwarten ist.)

Trotz dieser Negativ-Schlagzeilen: Japan ist mit einem SBIP von etwa \$ 24.000 nach Kaufkraftparität (nach Weltbankdaten für 1997 auf BIP/Kurs-Wert knapp \$ 40.000) eines der reichsten Länder der Erde, es liegt an 5. Stelle vor allen EU-Staaten. Trotzdem leben die Menschen immer noch relativ bescheiden (Wohnung, soziale Sicherheit). Das BIP von etwa \$ 3000 Mrd. beträgt etwa 40% des USA-BIP und mehr als ein Zehntel der gesamten globalen Wertschöpfung. Japan ist weltweit größter Kreditgeber (vor allem gegenüber den USA) und zweitgrößter Exporteur. Ob sich die japanische Wirtschaft ökonomisch selbst überschätzt oder ob Kräfte mobilisiert werden können und ein neuer Aufschwung zu erwarten ist – darüber gehen die Meinungen der politischen Ökonomen (auch in Japan selbst) auseinander.

Einige der bisherigen Gründe für den wirtschaftlichen Erfolg Japans gelten auch in Zukunft. Der Wirtschaftsverband Keidanren sorgt für politische Ruhe. Die Firma ist „alles" in Japan; damit konnte die Marktwirtschaft mit der mittelalterlichen Traditionsgesellschaft versöhnt werden. Dazu gibt es gegenseitige Unternehmensbeteiligungen via Keiretsu – ein „Spinnennetz ohne Spinne". Es werden drastische Änderungen der Wirtschaftspolitik beobachtet: Japanische Finanzhäuser verbinden sich mit US-Banken, Renault beteiligt sich an Nissan, Großunternehmen (Sony, NEC) entlassen Beschäftigte. Japans Konsensgesellschaft muss den Wandel zu weltoffenem Kapitalismus schaffen. Ein erneuertes „Modell Japan" kann auch in einer globalen Wirtschaftswelt bestehen. „Japan muss sich neu erfinden" (Akio Morita). Dabei liegt die Hoffnung auf der Generation der 20- bis 30-Jährigen. Voraussichtlich wird zu Beginn des neuen Jahrhunderts das BIP wieder wachsen.

(6) China

versucht, seine Währung (Renminbi) als eine Art vierte Weltwährung aufzubauen, auch durch entsprechende Geldpolitik (Freigabe großer Kredite an die Wirtschaft); aber die Konkurse staatlicher Investitionsbanken werden durch die Regierung nicht verhindert. Nach dem SBIP (je nach Informationsquelle zwischen \$ 600 und \$ 710 nach Kurswert, aber \$ 2600 bis \$ 3130 nach KKP) zählt China zu den armen Ländern, aber mit riesengroßen Unterschieden in der Einkommensverteilung. Politisch und militärisch ist China, mit Vetorecht im Sicherheitsrat, eine Großmacht – nicht nur nach der Bevölkerungsgröße (viermal so groß wie die EU, etwa fünfmal so viele Einwohner wie die USA); China kann seit 1988 die Neutronenbombe herstellen. Für einen Ausblick auf die künftige wirtschaftliche Situation ist ein Vergleich zwischen der VR China ohne und mit Hongkong und Taiwan nützlich (siehe Tabelle III-3).

Tabelle III-3. Vergleich der Wirtschaftsdaten von VR China, Hongkong und Taiwan

	Einw. Mio.	BIP $ Mrd.	BIP-Wachst. %/a (98/99)	SBIP (KKP) $ 1000/c.a
China VR	1260	902	8,8	3,1*
Hongkong	6	132	5,3	23***
Taiwan**	22	290	6,8	13
gesamt	1288	1324		

* nach IBRD World Dev. Rep 1997 hochgerechnet auf 1997: SBIP $ 700
** Spiegel 1999; *** SBIP $ 24.300 (Spiegel 1999)

Der Unterschied zwischen dem Wohlstand der Volksrepublik China und Taiwan und erst recht Hongkong beruht auf den Auswirkungen der verschiedenen Wirtschaftspolitik.

Wie Tabelle III-3 zeigt, hätte China zusammen mit dem – nach der offiziell geltenden „Ein-China-These" – „irgendwann" wiedervereinigten Taiwan eine Wirtschaftskraft (1996-$) in der Größenordnung des heutigen BIP von Italien oder zwei Drittel des BIP Deutschlands.

Das Wachstumsziel der VR China von 8%/a für das Jahr 2000 und danach soll durch verstärkte Privatisierung der Wirtschaft erreicht werden: Zugang von Unternehmen zur Börse, Förderung von Privatinvestitionen auch im Außenhandel, Erlaubnis zur Bodennutzung und andere Maßnahmen. Als Hindernis auf dem Wachstumspfad zeigt sich die geringe Kauflust der chinesischen Bevölkerung.

Wenn dieses angesetzte Wachstum langfristig durchgehalten werden könnte, dann könnte das BIP eines solchen „wirtschaftlichen Gesamt-Chinas" nach etwa 20 Jahren auf etwa $ 4000 bis $ 5000 Mrd. (1996-$) steigen (zum Vergleich: heutiges BIP Deutschland $ 1700 Mrd., Japan $ 3000, USA $ 7000), es würden dort Bevölkerungsgruppen mit einem durchschnittlichen SBIP in der Größenordnung von $ 3000 (Kurswert auf BIP-Basis) leben – entsprechend dem heutigen SBIP osteuropäischer und lateinamerikanischer Länder.

Der Abstand zum SBIP der (bisherigen) EU-Länder, das in zwanzig Jahren bei angenommen 1,3%/a SBIP-Wachstum Werte um durchschnittlich $ 30.000 erreicht, vergrößert sich: Chinas Wirtschaft kann die des „Westens" insgesamt auch in Jahrzehnten nicht einholen. Das für steigendes SBIP entscheidend wichtige Maximum des Bevölkerungswachstums scheint als Folge staatlicher Eingriffe (siehe Kapitel 2) überschritten zu sein.

Der MICI-Index (Abb. II-1) zeigt, dass China auf Kaufkraftparitätbasis eine SBIP-Reserve von etwa $ 2000 hat. Deren Realisierung setzt voraus, dass marktwirtschaftliche Reformen und Demokratisierung sowie Teilnahme am offenen Welthandel strikt durchgesetzt werden. Das mag auf der anderen Seite schmerzhafte Einschnitte in soziale Gewohnheiten und Ansprüche bedeuten und vor allem vorübergehend noch größere (reale) Arbeitslosigkeit. Ob und wie die immer noch stark planwirtschaftliche Staatsleitung

(Partei plus Regierung) Reformen durchsetzen kann, ist nicht erkennbar. Soziale Spannungen mögen an die Oberfläche kommen. Politische Stabilität heißt, dass die Machtelite erhalten bleibt (anders als in Russland). Mit einer Änderung des kommunistischen Regimes ist in der ersten Dekade des neuen Jahrhunderts nicht zu rechnen; davon gehen Politologen aus. Dafür ist der Einfluss der Dissidenten zu gering, trotz des Wunsches der Jugend nach mehr Demokratie und trotz der ständigen Forderungen der USA und anderer „Westmächte" nach Einhaltung der Menschenrechte. Aber kein Staat dieser Welt hat Erfahrung mit der Lenkung eines Staatsgebildes aus 1,3 Mrd. Menschen – doppelt so viele, wie Europa und USA zusammen haben.

(7) Südostasiatische Entwicklungs- und Schwellenländer

sind für die Wirtschaft von Japan, Westeuropa und der USA von wachsender Bedeutung, auch wenn der Waren- und Kapitalaustausch noch relativ gering ist. Seit 1999 steigen die Exporte aus der EU nach Fernost wieder.

In Südostasien (insgesamt haben die ausgewählten Länder etwa 380 Mio. Einwohner – also ungefähr so viele wie eine erweiterte EU) leben einige Bevölkerungsgruppen mit sehr niedrigem SBIP (unter $ 300), vor allem in armen Ländern wie Laos, Kambodscha, Nordkorea, Papua Neuguinea und Myanmar. Einige der Länder haben wenig oder keine Ressourcen; sie können vielleicht durch Tourismus ihre wirtschaftliche Lage verbessern und durch legale Exporte ihrer Rohstoffe. Auf der anderen Seite zählen zur Region die sogenannten „Tigerstaaten" (Thailand, Malaysia, Südkorea, Singapur und Taiwan) mit hoher Wirtschaftsleistung (SBIP bis $ 27.000). Dazwischen sind Indonesien (SBIP $ 1100) und die Philippinen (SBIP $ 3400) angesiedelt. Ob der ASEAN-Pakt (bestehend aus den genannten „Tigerstaaten" und Myanmar, Brunei, Indonesien und den Philippinen), der ursprünglich eine rein wirtschaftlich ausgerichtete Staatengruppierung war, mit einer stärkeren politischen Annäherung einen neuen Wachstumsschub erreichen kann, ist noch nicht zu erkennen. Die Aufnahme des wachstumsschwachen Myanmar (Burma) hat Widerspruch bei anderen Mitgliedern hervorgerufen.

Alle Länder zusammen haben (ohne Taiwan) ein BIP von etwa $ 1300 Mrd. (nach Kurswert, 1996/97). Wenn die Wirtschaft dieser Länder mit angenommen kumulativ 3%/a wüchse, dann ergäbe das nach 20 Jahren ein „regionales" BIP von $ 2300 Mrd. – also die Größenordnung des halben heutigen BIP der EU-Staaten. Für China wird in zwanzig Jahren ein BIP von $ 4000 bis $ 5000 angenommen. „Gross-"China würde somit wirtschaftlich Südostasien überflügeln. Das angenommene dauerhafte Wirtschaftswachstum in Südostasien ist nach den Erfahrungen der letzten zwei Jahrzehnte möglich, erst recht dann, wenn das wirtschaftspolitische Umfeld weiter verbessert wird. Außerdem müssten viel größere Anteile der Rohstoffe vor Ort oder in der Region verarbeitet und damit Mehrwert geschaffen werden: Erdöl und

Erdgas (Indonesien, Brunei, Malaysia), tropische Hölzer (Indonesien), pflanzliche Öle, Naturkautschuk (Malaysia), Gold (Papua Neuguinea; aus Umweltgründen Goldbergbau weitgehend eingestellt), Phosphate (Nauru), Zinn (Neukaledonien) und vieles mehr. Das durchschnittliche SBIP aller hier betrachteten Länder liegt (1997) bei $ 3300 (Kurswert, nach Weltbankatlas). Parallel zum wachsenden BIP könnte das durchschnittliche SBIP der Region auf etwa $ 4600 ansteigen, bei einem angenommenen regionalen Bevölkerungswachstum von 1,5%/a auf etwa 500 Mio. Allerdings klafft das SBIP der betreffenden Länder gegenwärtig weit auseinander. Auch innerhalb einiger der Länder ist die Arm-reich-Schere weit geöffnet. Nach einer der Aussagen dieses Berichtes ist zu erwarten, dass sich dieses wirtschaftspolitische und soziale Problem mit steigender Wirtschaftsleistung lösen lässt, wie das Beispiel Singapur zeigt.

Für eine Governance wichtig wäre es, das SBIP der armen Länder und Bevölkerungsgruppen (in Vietnam, Laos, Kambodscha, Myanmar, Nordkorea u. a.) deutlich – mindestens auf über $ 2500/c.a – erhöhen zu helfen und diese damit über die Maxima von Bevölkerungswachstum und Gewalttätigkeit („Kriegslust") zu heben. Dazu können die Rezepte der wohlhabenderen südostasiatischen Staaten auf die Situation der armen zugeschnitten werden. Die Aussichten für Wachstum und Wohlstand in Südostasien und für die Verengung der Arm-reich-Schere werden nachfolgend durch ausgewählte Beispiele illustriert (siehe Tabelle III-4).

Tabelle III-4. Wirtschaftsleistung südostasiatischer Länder. Zahlenwerte für SBIP nach KKP

	BIP 1997 in $ Mrd.	SBIP (KKP) 1998 in $ 1000/c.a
Vietnam	24	0,2 *
Korea (Nord)	20?	0,9
Myanmar	52	1,1
Philippinen	84	3,5
Indonesien	225	1,1
Thailand	154	6,9
Malaysia	98	8,3
Korea (S.)	295	14,6
Taiwan**	290	13
Brunei	5	16
Singapur	96	28,5
zum Vergleich		
Neuseeland	53	17
Australien	352	21
Japan	3780	24

* nach Spiegel 1999 $ 1,57 (1996); ** siehe oben unter „China"

Vietnam hat einen ersten „turnaround" geschafft, aufbauend auf den industriell-handwerklichen Erfahrungen (die teils aus der militärischen Ausbildung stammen) und dem Handelsgeist der Bevölkerung, aber auch auf hoher Entwicklungshilfe sogar aus den früher verfeindeten USA.

Nordkorea müsste, bezogen auf die hohen Vorräte an Ressourcen (Kohle, Zink, Magnesium und vieles andere) bei entsprechender Wirtschaftsführung, also drastischer Verbesserung der wirtschaftspolitischen Bedingungen (siehe Anhang II und Kapitel 10), in der Lage sein, sein SBIP wenigstens auf angenommen ein Viertel des SBIP von Südkorea zu steigern, aber stattdessen versinkt das Land immer tiefer in Schulden (Auslandsschulden 12 Mrd.) und Armut. Seit 2000 gibt es eine wirtschaftlich-politische Annäherung zwischen Nord- und Südkorea.

Auch Myanmar ist reich an Mineralien und tropischen Produkten; die Edelsteine machen offenbar die Militärherren reich, nicht aber die Bevölkerung. Ohne Demokratisierung als dem Schlüssel zu effizientem Wirtschaften ist eine spürbare Erhöhung des SBIP nicht zu erwarten.

Einige der ressourcenarmen Länder (Kambodscha, Laos) können durch Tourismus ihre wirtschaftliche Lage verbessern.

Die Philippinen haben ein BIP-Wachstum von 5%/a, also bei 2%/a Bevölkerungswachstum eine SBIP-Zunahme von 3%/a. Das Land hat eine hohe Staatsverschuldung ($ 40 Mrd.), scheint aber die Ostasienkrise wenig beschadet überstanden zu haben, und es leidet häufig unter Naturkatastrophen.

Indonesien zählt zu den an natürlichen Ressourcen reichsten Ländern der Welt (Kohle, Erdöl, Erdgas, Zinn, Nickel, Bauxit, Gold, tropische Hölzer) und hat dazu noch touristische Attraktivität (Bali, Java). Es sollte auf dieser Basis und mit gut ausgebildeten Fachkräften ein viel höheres SBIP erwirtschaften, als es derzeit hat. Offenbar sind aber die Voraussetzungen (wie aus dem MICI-Index abzulesen ist) nicht in Ordnung, denn nach Abb. II-1 hat Indonesien sogar ein höheres SBIP, als der Referenzlinie entspricht. Anstatt – wie es die internationalen Kreditgeber und Berater offenbar einseitig verlangen – auf makroökonomisch-politischen Reformen zu bestehen, müssten auch die mikroökonomischen Voraussetzungen für erfolgreiches Wirtschaften verbessert werden. Offenbar hat sich das Land auch mit kostspieligen Hightech-Projekten zuviel zugetraut (Flugzeugbau als Hobby des früheren Staatspräsidenten). Indonesien hat noch große Probleme vor allem mit politischer Stabilität, ohne die kein Wachstum aufrechterhalten werden kann (das SBIP schrumpfte sogar 1998 von $ 1100 auf $ 470, nach Kurswert). Das Land ist ein Beispiel für sehr ungleiche Einkommens- und Vermögensverteilung, teils als Ergebnis von Korruption, die durch Diktatur begünstigt war. (Die Familie des Expräsidenten soll ein Vermögen von $ 73 Mrd. haben, aus Provisionen, ungetilgten Krediten, Enteignungen und Rupiah-Abwertungen; $ 80 Mrd. wurden durch die chinesische Minderheit ins Ausland transferiert. Dem stehen Auslandsschulden von etwa $ 136 Mrd. gegenüber).

Trotz oder wegen zunehmender Demokratisierung gibt es die Gefahr eines Bürgerkrieges (die sich auch aus dem SBIP ablesen lässt). Die neue (1999) Regierung wird Korruption (Beispiel: Bank Bali) beseitigen und ethnische Probleme lösen müssen; 5% der Bevölkerung sind chinesischer Herkunft und kontrollieren drei Viertel der Volkswirtschaft, was immer wieder Eruptionen von ethnisch begründetem Hass hervorrief.

Die Wirtschaft Thailands hatte eine große Krise; sie schrumpfte 1998 um 5% und erwartet für den Beginn des Jahrhunderts einen neuen Aufstieg. Die Finanzkrise war bei dem SBIP von $ 8600 zu erwarten.

Malaysia ist weltgrößter Produzent von Kautschuk, Zinn, Palmöl und Pfeffer, ferner werden Harthölzer und andere tropische Produkte exportiert. Auch wegen falscher Renommierprojekte gibt es Wirtschaftsprobleme trotz hohen BIP-Wachstums (1998: 8%, 1999: 4,3%, 2000: 5%), und hohe Auslandsschulden ($ 40 Mrd.). Malaysia wollte sich zeitweise ganz aus dem Weltfinanzsystem ausblenden, da Machenschaften von Spekulanten gegen seine Währung vermutet wurden. Bezogen auf den MICI-Index liegt das SBIP auf der Referenzlinie. Durch Verbesserung der mikroökonomischen Faktorbedingungen ist die Grundlage für ein SBIP-Wachstum um vielleicht $ 1000 bis 2000 gegeben – allerdings liegt das SBIP im Bereich des Maximums der Finanzturbulenzen (siehe Kapitel 12).

Die Wirtschaft Südkoreas erholt sich, wächst aber langsamer (1999: +2%) als vor der Finanzkrise. Die Regierung scheint „richtig" gehandelt zu haben: Entmachtung der Chaebols (wie Daewoo) – die auch das Sozialsystem ersetzen –, Strukturreformen, Reformen der Banken, unterstützt durch den IWF. Das Problem der Überkapazitäten in der Industrie bleibt bestehen; es gibt zwar nur noch zwei Automobilhersteller statt sieben, aber trotzdem werden die Autoexporte erhöht. Es gibt starke Gewerkschaften und 10% „offizielle" und geschätzte 20% „reale" Arbeitslosigkeit. Das SBIP Südkoreas liegt über dem Maximum der SBIP-Finanzkrisen-Kurve; vielleicht werden die hohen Auslandsschulden ($ 105 Mrd.) eine neuerliche Krise verursachen; 1999 wurde ausländisches Kapital in Milliardenhöhe von Südkorea abgezogen. Das SBIP liegt höher als nach dem MICI-Index zu erwarten ist, also müssten zu einer Steigerung des SBIP die mikroökonomischen Voraussetzungen kräftig verbessert werden, zumal das Land im Gegensatz zu Nordkorea arm an natürlichen Ressourcen ist (siehe Kapitel 10). (Anfang des Jahres 2000 begannen Gespräche zwischen den beiden „Koreas", siehe unter Nordkorea.)

Das sehr kleine „Erdölland" Brunei (0,3 Mio. Einwohner) ist mit einem SBIP von $ 16.000 „im Durchschnitt" wohlhabend, aber von dem Reichtum des Landes besitzt der Sultan den größten Teil ($ 40 Mrd., entsprechend $ 230.000 pro Kopf der Bevölkerung). Das hohe SBIP ist real (nach Kaufkraft) vermutlich noch höher, weil die Bevölkerung keine Steuern zahlt und freie medizinische und andere Versorgung genießt. Eine Verarbeitung des Erdöls und Erdgases im Lande ist offenbar nicht vorgesehen, vielleicht deshalb, weil eine solche Industrialisierung den „Import" vieler Arbeitskräfte erfordern und Probleme wie in Mittelostländern verursachen würde.

Singapur ist, bezogen auf das SBIP, das drittreichste Land der Welt mit geringen Arm-reich-Unterschieden. Da es fast keine natürlichen Ressourcen gibt, musste der wirtschaftliche Erfolg mit strengem Regiment durch fähige Regierungen geschaffen werden: eine überlegene Infrastruktur bei zentraler geografischer Lage, beste Ausbildung, hohe internationale Direktinvestitionen, verbunden mit Technologietransfer, und ein effizienter Service- und Dienstleistungssektor. Es gibt vor allem Hightech-Industrie in allen Bereichen.

(8) Südasien: groß und arm

Indien, Pakistan und die anderen Länder Südasiens (Nepal, Bangladesh, Bhutan) zählen immer noch zu den armen und ärmsten Ländern der Welt in einem SBIP-Bereich unterhalb $ 1600 (nach KKP). Sri Lanka geht es trotz der Tamilen-Probleme wirtschaftlich besser, auch wegen ausgebautem Tourismus. Immerhin haben diese Länder zusammen einen Anteil von mehr als einem Fünftel der Weltbevölkerung und stellen etwa 30% des globalen Bevölkerungswachstums, aber mit zusammen etwa $ 450 Mrd. weniger als 2% der globalen Wirtschaftsleistung.

Indien liegt mit einem extrem ungleich verteilten SBIP von $ 400 (nach KKP etwa $ 1670) am unteren Ende der (absoluten) Armutsskala, mit einer Wettbewerbsfähigkeit (Tabelle I-1) im Rang 46,5 von 52. Allerdings hat Indien einen hohen Anteil des Dienstleistungssektors, der sich z. B. auf Programmierung und andere Software sowie auf Ingenieurdienstleistungen konzentriert. Wenn dieser Sektor ausgebaut wird und genügend viele Menschen beschäftigen kann, ist hier ein Ansatz für künftiges Wachstum zu erkennen.

Für Pakistan ergibt sich aus dem BIP von $ 65 Mrd. ein SBIP $ 430 (nach KKP etwa $ 1600). Pakistan exportiert Erdöl und Erdgas und ist deshalb und wegen seiner strategischen Lage politisch wichtig (von den USA gestützt), aber wirtschaftlich extrem unterentwickelt und arm. Bedauerlicherweise trifft die Beobachtung der Friedfertigkeit als Funktion des SBIP gerade bei Indien und Pakistan zu, die beide in den „kritischen" SBIP-Bereich erst eintreten. Ihre kriegerischen Auseinandersetzungen um Kaschmir wiederholen sich immer wieder (zuletzt 1999). „Zwei Glatzköpfe streiten sich um einen Kamm", aber dieser strittige „Kamm" ist u. a. der Karakorum-Highway, die direkte Verbindung zwischen Pakistan und China. Die Kriegslust wird am Feuer gehalten durch beiderseitige Hochrüstung („Hindu-Bombe gegen Moslem-Bombe"). Shiva ist der Gott der Zerstörung, und die Moslems erinnern sich daran, dass in Afghanistan sogar die UdSSR-Ungläubigen besiegt wurden. Die Aussichten auf eine friedliche Entwicklung sind mit dem erneuten Militärputsch (Oktober 1999) gesunken. Abgesehen von der Missallokation von Ressourcen gibt es genügend viele bestens ausgebildete Menschen in beiden Ländern; immerhin stellt Indien schon einen Wirtschaftsnobelpreisträger (1998) und „exportiert" Software-Spezialisten u. a. nach der BRD. Wenn es also ein friedliches Wachstum gäbe, dann könnte diese Region der Welt – wenn auch nur langfristig – ihr SBIP zuerst über den Buckel des Bevölkerungswachstums (Indien 1,6%/a, Pakistan 2,7%/a) heben, dann über die gefährlichen Klippen der Aggressivität bringen. Bei angenommen 5%/a SBIP-Wachstum könnten beide Länder erst nach ungefähr 20 bis 25 Jahren ein SBIP von etwa $ 1500 ($ 1996) erreichen.

(9) Die Länder Lateinamerikas

können künftige Wirtschaftskrisen aus eigener Kraft überwinden; sie haben aus der Mexikokrise 1994/95 gelernt. Es gibt unternehmerisch veranlagte und gut ausgebildete Menschen, zusätzlich zu reichen Ressourcen (Erdöl, Kupfer, Phosphate, Eisenerz, Holz). Einige der Länder (Brasilien, Argentinien, Venezuela) haben eine beachtlich entwickelte Industrie. Ein brisantes Problem der Region ist die extreme Ungleichheit der Pro-Kopf-Einkommen und eine sich weiter öffnende Arm-reich-Schere. Mercosur (Argentinien, Brasilien, Uruguay, Paraguay) wurde zur Handelsliberalisierung gegründet. Es war geplant, den US$ als einheitliche Währung im gesamten Mercosurbereich einzuführen, aber nur Argentinien hat diesen Schritt bisher gewagt.

Argentinien geriet wegen der Abwertung des brasilianischen Real Mitte 1999 in die bisher schwerste Wirtschaftskrise mit befürchteter Zahlungsunfähigkeit (Ende 2000). Brasilien sollte die Real-Abwertung gegenüber Argentinien kompensieren, aber die Wirtschaftspolitik im Mercosurbereich ist (noch) nicht koordiniert. Vorher hatte Argentinien ein hohes Wachstum von durchschnittlich 8%/a. Ursachen dafür sind offenbar das beste Bildungssystem in Lateinamerika (100% Einschulungsquote) und weitgehende Privatisierung der Wirtschaft, verbunden mit reichen, wenn auch wenig ausgebeuteten mineralischen und landwirtschaftlichen Ressourcen. Argentinien will mit effizienter Landwirtschaft (die heute ein Drittel der Exporterlöse beisteuert) ein Hauptlieferant Europas für Fleisch, Getreide und andere landwirtschaftliche Produkte werden. Durch Ernteausfälle wurde die Wirtschaftskrise verstärkt.

Brasilien ist die achtgrößte Volkswirtschaft der Welt, die auf gewaltige landwirtschaftliche Ressourcen (Tropenholz, Zuckerrohr, Kaffee) ebenso wie auf mineralische (Eisenerz – größter Exporteur der Welt, Bauxit – viertgrößter Produzent, Platin, Phosphate, Mangan, Uran, Kohle, größte Niobitvorkommen), vor allem aber auf Wasserkraft zurückgreifen kann. Eine Hightech-Industrie besteht (Flugzeugbau, Chemie, Computer, Autos). Im Verbund mit unternehmerischen, gut ausgebildeten Menschen steht einem starken Wirtschaftswachstum „eigentlich" nichts im Wege. Aber es gibt eine Wirtschaftskrise (1999) und Terror, Drogen, Kriminalität haben gefährliche Ausmaße angenommen, die Arm-reich-Schere wird größer. Nur wirtschaftspolitische Reformen können die Rückkehr zum Wirtschaftswachstum ermöglichen.

Uruguay und Paraguay (das BIP von $ 28 Mrd. wächst um etwa 6%/a) haben kaum Bodenschätze, aber eine starke Landwirtschaft, vor allem Viehzucht, und extreme Einkommensunterschiede zwischen den Landbesitzern und den Besitzlosen – Potenzial für innerstaatliche Unruhen, obwohl der gefährliche SBIP-Bereich längst durchschritten ist. Paraguay – ein „Land ohne Fortune" – war jahrzehntelang eine Diktatur mit ausgeprägtem Schmuggel. Beide Länder haben im Rahmen des Mercosur vielleicht in Verbindung mit den Landwirtschaftsplänen von Argentinien ein wirtschaftliches Wachstumspotenzial.

Chile (BIP-Zuwachs etwa 7%/a) hat mit einem SBIP von etwa $ 12.000 (KKP) die höchste Wirtschaftsleistung pro Kopf in Lateinamerika, aber auch eine hohe Verschuldung von $ 27 Mrd. Nach Tabelle I-1 steht Chile auf Rang 20 der Wettbewerbsfähigkeit und hat nach Abb. II-1 ein zusätzliches SBIP-Potenzial von geschätzt $ 2500, das z. B. auf billiger Energie beruhen könnte: Chile hat die weltgrößten Wasserkraftreserven, aber nur ein Viertel des Energieverbrauches werden durch Wasserkraft gedeckt. Die reichen mineralischen Ressourcen (Kupfer, Molybdän, Mangan, Kohle, Erdöl, Erdgas u. a.) erlauben den Aufbau einer weiterverarbeitenden Industrie, sodass die Wirtschaft weniger abhängig von den Kupferpreisen wäre. Auch Nahrungsmittel werden exportiert.

Das BIP Venezuelas in Höhe von $ 67 Mrd./1996 wuchs mit etwa 5%/a. und ergibt ein SBIP von $ 3000 (oder $ 8300 nach KKP). Die Wirtschaftsleistung stammt vor allem aus der Ölförderung und -verarbeitung (190 Mio. t/a Öläquivalent einschließlich Erdgas). Venezuela ist OPEC-(Gründungs-) Mitglied mit sehr hohen Reserven an Erdöl und Asphaltseen (Orinoco) und ist dabei Partner europäischer Unternehmen (E-on). Außerdem wird in Venezuela Kohle gefördert. Eisen- und Stahlindustrie und Aluminiumerzeugung sind ausgebaut. Es gibt eine neue Verfassung mit geänderten Machtverhältnissen. Da Venezuela nach Abb. II-1 ein höheres SBIP hat, als nach seiner mikroökonomischen Leistungsfähigkeit zu erwarten wäre, kann das SBIP nur gesteigert werden, wenn diese Leistung auf Unternehmensebene und die Rahmenbedingungen dafür verbessert werden.

Ecuador war Gründungsmitglied der OPEC, ist aber ausgetreten. Nachdem die Öleinnahmen drastisch sanken (ein Erdbeben zerstörte 1987 die wichtigste Pipeline), steckt Ecuador seit den 80er Jahren in einer chronischen Wirtschaftskrise. Dazu kam (1999) eine schwere Finanzkrise: Der Sucre verlor etwa 80% seines Wertes gegenüber dem $. Ein riesiges Budgetdefizit besteht, die Auslandsverschuldung beträgt 1999 112% des BIP, Ende 1999 war Ecuador zahlungsunfähig und hat u. a. fällige Zinszahlungen auf Euro-Anleihen nicht geleistet. Ecuador muss mit IWF-Hilfe über Wasser gehalten werden und erwartet einen Schuldennachlass. Es gibt Streiks gegen die notwendige Privatisierung. Das hohe SBIP von $ 5100 (nach KKP) gibt einen falschen Eindruck vom „Wohlstand", denn unter den 12 Mio. Einwohnern gibt es einen hohen Prozentsatz an Armen, die mit weniger als $ 1/Tag auskommen müssen. Das BIP von $ 19 Mrd. stammt vor allem aus tropischer Landwirtschaft (Bananen, Kaffee, Kakao, Zuckerrohr) und vielleicht auch (indirekt) aus Drogenhandel (Kokain).

Auch Peru hat eine ungleiche Verteilung des Einkommens und deshalb politische Probleme mit Terrorismus, obwohl dies bei einem SBIP von $ 2700 (bzw. $ 4500 nach KKP) nicht zu erwarten ist. Peru leidet unter Naturkatastrophen. Die Wirtschaftsleistung stammt aus den reichen Bodenschätzen (Kupfer, Silber, Zink, Blei, Phosphate). Da diese noch wenig ausgebeutet sind, gibt es ein SBIP-Steigerungspotenzial, vor allem dann, wenn eine friedliche Entwicklung ermöglicht und dadurch der MICI-Index verbessert wird und wenn die natürlichen Ressourcen im eigenen Land weiterverarbeitet werden.

In Kolumbien herrschen immer noch Drogenkartelle und „revolutionäre (pseudokommunistische) Streitkräfte“, obwohl nach dem SBIP ($ 2500) die Kriegslust eigentlich ihr Maximum überschritten haben müsste. Es gibt sogar einen Guerillastaat, der mit Drogengeldern ein „friedliches Musterland“ – wenn auch mit Unterdrückung – innerhalb Kolumbiens beherrscht. Ein offener innerstaatlicher Krieg „Rebellen gegen Regierung“ droht. Vielleicht zwingt die Angst vor erneuter kommunistischer Macht in Lateinamerika, diesmal durch Drogengelder finanziert, die USA zu noch mehr Hilfe, um den Drogenhandel und damit die Geldquelle einzudämmen. Eine Erhöhung des SBIP wäre nur dann eine Lösung der Probleme, wenn damit die Arm-reich-Schere verkleinert würde. Wie in allen südamerikanischen Staaten werden die sozialen Spannungen durch das große Wohlstandsgefälle zwischen den Bevölkerungsgruppen verursacht. Auch hier täuscht das SBIP über diese Schere hinweg. Die Kriminalität hat weltweite Spitzenwerte. Das BIP wächst trotz der Probleme mit 3%/a und beruht auf dem Bergbau (Kohle, Kupfer, Nickel, Gold) und auf Ölförderung und tropischen Produkten (Kaffee, vor allem aber Kokain). Wie hoch könnten Wachstum und Wohlstand sein, wenn die kriegerischen Auseinandersetzungen beendet würden!

Zentralamerika und die Karibik

Die Wirtschaft Mexikos war jahrelang von Finanzturbulenzen bedroht, obwohl das Land mit $ 8370 (KKP) den dafür kritischen SBIP-Bereich noch nicht erreicht hat. Das BIP wächst (1999) mit etwa 5%/a, woraus bei 1,6%/a Bevölkerungswachstum eine SBIP-Zunahme von etwa 3,4%/a resultiert. Das Land hat enorm hohe Auslandsschulden (nahezu die Hälfte des BIP) – es steht an zweiter Stelle der globalen „Schuldnerliste“ (siehe Tabelle 2-6). Die Teilnahme an NAFTA hat die Probleme mit Inflation und Korruption nicht beseitigt. Mexiko exportiert Erdöl und Strom aus Wasserkraft. Auslandsinvestoren werden von billigen Löhnen und Rohstoffen (Erdöl, Erdgas, Phosphate, Kupfer, Gold, Zink, Uran und andere Erze) angelockt. An der Grenze zur USA werden in Tausenden von Betrieben Halbfertigwaren aus den USA im Zollveredlungsverfahren in Fertigwaren mit teilweiser Hightech-Qualität umgewandelt. Die materiellen und energetischen Ressourcen, im Verbund mit geschulten Arbeitskräften (von denen viele in die USA auswandern), brauchen dann „nur" noch eine Governance, um bis etwa 2010 das SBIP verdoppeln (und das Bevölkerungswachstum verringern) zu können. An den neuen (Dez. 2000) Präsidenten werden große Hoffnungen geknüpft.

Die anderen Länder Zentralamerikas sind klein und arm; Haiti ist das einzige Land in der westlichen Hemisphäre, das (mit einem SBIP von $ 230/1994) zu den „Least Developed Countries" bzw. den HIPC zählt.

Honduras, Guatemala, El Salvador, Costa Rica und die anderen Kleinstaaten haben zusammen ein BIP von weniger als $ 12 Mrd. mit einem SBIP in der Größenordnung von $ 2000 bis $ 3000. Sie sind allenfalls wegen Bananen und Kaffee bekannt und Panama wegen des nunmehr „nationalen" Kanals. Nicaragua war viele Jahre lang eine Art sozialistisches „Musterland" (SBIP $ 2100) mit ständigen Bürgerkriegen, dem die sozialistischen Gönner abhanden gekommen sind.

Etwas besser stehen einige der karibischen Länder wirtschaftlich da: Die Dominikanische Republik und andere karibische Inseln haben beachtliche und wachsende Tourismuseinnahmen; Jamaika verfolgt zwar eine liberale Wirtschaftspolitik und hat gute Einnahmen aus Exporten von Bauxit, Zucker, Rum, Bananen und aus dem Tourismus, aber mit 15% Analphabeten keine besonders günstige Voraussetzung zur Steigerung des SBIP. Die Region ist sehr anfällig für Naturkatastrophen (Hurrikan Gilbert 1988).

(10) Im Mittleren (oder Nahen) Osten

zählen einige der Länder zu den ärmeren oder gar armen Staaten, also mit großem Anteil an Bevölkerungsgruppen mit niedrigem SBIP: Jordanien, Irak, Syrien und Yemen sind Beispiele. Demgegenüber haben andere Länder (VAE, Kuwait, Katar und Israel) ein hohes durchschnittliches SBIP erreicht – nämlich mehr als $ 15.000 (1997). Zugleich haben einige dieser Länder eine sehr ungleiche Einkommensverteilung. Die „Ölstaaten" beschäftigen einen hohen Anteil an ausländischen, niedrig bezahlten Arbeitskräften. Im Gefährdungsbereich von Finanz- und Wirtschaftskrisen befinden sich sogar Saudi-Arabien und Oman (mit jeweils etwa SBIP $ 10.000), vielleicht auch die VAE, wenn in einigen Jahren die Ölquellen trocken sein werden.

Israel ist ein moderner Industriestaat mit einem hohen Pro-Kopf-Einkommen, aber auch hoher Auslandsverschuldung (fast die Hälfte des BIP von $ 85 Mrd.). Israel ist ein positives Beispiel dafür, wie Knappheit an Land, Wasser, natürlichen Ressourcen überwunden werden kann: Da ein Zehntel des Energiebedarfs für Wasserpumpen verbraucht wird (vor allem für Bewässerung), hat sich Israel an die Spitze der Entwicklung der Solarenergie gesetzt. Mit ausgeklügelten Bewässerungssystemen werden landwirtschaftliche (Export-)Produkte erzeugt (Getreide, Zitrusfrüchte, Futterpflanzen). Die Bevölkerung ist ein Beispiel für menschliche Kreativität bei der Steigerung des Wohlstandes: Hightech-Industrien, Rüstungs- und Atomindustrie und Chemieindustrie sind ausgebaut; und das BIP entsteht zu drei Vierteln aus Dienstleistungen und zu einem Viertel aus industrieller Tätigkeit. Auf der Basis der mineralischen Ressourcen wie Phosphate, Kali, Bauxit, Magnesium und Mineralsalze aus dem Toten Meer könnten außer der vorhandenen Düngemittelproduktion andere „konventionelle" Industrien aufgebaut werden – vielleicht gemeinsam mit Jordanien –, aber Israel konzentriert sich eher auf „Hightech". Wenn der Staat nicht soviel Geld für militärische Zwecke ausgeben müsste, dann gäbe es ein Steigerungspotenzial für das SBIP sogar über den EU-Durchschnitt hinaus.

Iran, das bevölkerungsreichste Land der Region, hatte (1999) ein BIP von $ 343 Mrd., das mit etwa 3% wuchs; bei hohem Bevölkerungswachstum bleiben dann nur 1%/a SBIP-Wachstum übrig. Das SBIP ($ 5500) deutet auf einen gewissen Wohlstand – doch scheint dieser ungleich verteilt zu sein. Die Basis des hohen BIP sind die Erdöl- und Erdgasindustrie (zweitgrößte Erdgasreserven der Welt) und andere mineralische Rohstoffe, die aber industriell wenig weiterverarbeitet werden. Auch landwirtschaftliche Produkte aus der Schaf- und Geflügelzucht u. a. werden erzeugt und sogar exportiert. Das Handelsembargo der USA behindert weiteres Wachstum. Die ökonomischen Voraussetzungen müssten stark verbessert werden – und dazu gehört eine liberale Wirtschaftspolitik, verbunden mit wirksamer Demokratie, die von den Führern des Landes immer noch behindert werden.

(11) Afrika

Im Jahre 1998 hatten alle Länder Afrikas ein durchschnittliches BIP-Wachstum von etwa 5% und ein Bevölkerungswachstum von 2,8% p. a., also ein SBIP-Wachstum von 2,2%. Große Unterschiede bestehen aber zwischen den Regionen (Nordafrika, Afrika südlich der Sahara) und den einzelnen Ländern – Unterschiede in Wohlstand (oder treffender gesagt: Armut), Wirtschafts- und Bevölkerungswachstum und Friedfertigkeit (oder besser gesagt: Kriegslust). Wenn die reichen Vorkommen an Bodenschätzen (Erdöl, Diamanten, Kupfer, Uran, Phosphat, Kobalt usw.) in den Ländern selbst verarbeitet würden, könnte allein daraus und im Rahmen freier Marktwirtschaften ohne Korruption und Kriege ein viel höherer Wohlstand geschaffen werden, vielleicht in der Größenordnung von einigen 1000 $/a.c. Dafür fehlen aber die politischen und wirtschaftlichen Voraussetzungen. Wenn man sich trotzdem ein Gedankenspiel erlaubt, könnte man sich vorstellen, dass die etwa 0,6 Mrd. „armen" Afrikaner südlich der Sahara auf ein SBIP-Niveau von $ 1500 angehoben werden könnten. Dafür wären etwa $ 700 Mrd. jährlich erforderlich. Davon abzuziehen sind die Kosten für Kriege und Terrorismus in Afrika, die mit höherem SBIP verringert würden. Der verbleibende Betrag könnte mit entsprechender globaler Governance durch verstärkte Weiterverarbeitung der Ressourcen vor Ort und entsprechend gesteigerte Exporte realisiert werden. Ein afrikanischer Politiker beklagte sich auf einer UNCTAD-Konferenz darüber, dass Afrika der Hauptproduzent von Rohkaffee sei, aber der weltgrößte Exporteur von Röstkaffee sei – Deutschland. Der Grund liegt im Marketing, nicht in der Verfügbarkeit des Rohstoffes. Ein friedliches Wachstum im Sinne einer „afrikanischen Renaissance" (wovon manche afrikanische Führer sprechen; aber von welcher Wiedergeburt?) könnte beginnen, bis neue Krisenbereiche (Finanzturbulenzen) auftauchen. Aber: Das sind Zahlenspielereien: Vermutlich würde ein großer Teil eines solchen Geldsegens durch Korruption irgendwo versickern und ein anderer Teil zum Kauf von Waffen verwendet werden. Es muss eben die absolut notwendige Governance gesichert werden – hier im Sinne von „Kontrolle", was besser sein soll als Vertrauen.

Nordafrika

hat im Vergleich zum übrigen Afrika unterschiedliche Wirtschaftsstrukturen und verschieden hohe Wachstumsraten. Doch selbst die Erdölländer Algerien und Libyen haben ein niedriges bis mittleres SBIP mit geringem Wirtschaftswachstum. In Nordafrika gibt es zwar vor allem religiös motivierten Terrorismus, aber seit den Auseinandersetzungen um die Westsahara (Marokko, Algerien, Mauretanien) keine Kriege.

Algerien hat ein SBIP von etwa $ 1600 (Kurswert). Die 1994 unter IMF-Druck eingeführte „Quasi-Marktwirtschaft" hat keine ausreichend guten mikroökonomischen Wirtschaftsbedingungen ermöglicht. Die Wirtschaft hängt nach wie vor einseitig von Erdöl und Erdgas ab. Die vor allem staatlichen industriellen Aktivitäten wie Erdgasverflüssigung, Erdölverarbeitung, Düngemittelerzeugung – alle auf heimischer Rohstoffbasis – haben geringe Wachstumschancen. Die makroökonomischen Bedingungen sind durch die innenpolitischen, teils religiös bedingten Probleme getrübt, deren Lösung zum Jahrhundertbeginn in Aussicht steht. Selbst bei einem als hoch anzusehenden BIP-Wachstum von 3%/a würde das SBIP wegen des hohen Bevölkerungswachstums (2,3%/a) nur wenig zunehmen. Algerien wird also noch lange Zeit in dem Bereich der „Gewalttätigkeit" verharren.

Das sozialistisch und diktatorisch regierte Libyen leidet immer noch unter einem Wirtschaftsembargo, das inzwischen (2000) gelockert (und immer schon umgangen) wurde, nachdem sich das Land wieder in die Staatengemeinschaft integrieren will. Das SBIP ist wegen der hohen Einnahmen aus dem Öl- und Gasexport mit etwa $ 6500 relativ hoch. Eine Steigerung ist wegen der fehlenden Nicht-Öl-Aktivitäten und des vermutlich geringen MICI-Index nur bei zunehmenden Öleinnahmen zu erwarten.

Marokko und Tunesien haben ihre wirtschaftliche Situation durch Wachstum einerseits der industriellen Verarbeitung ihrer Ressourcen (Phosphate in beiden Ländern), andererseits durch Aufbau und Pflege bedeutender Tourismussektoren auf einen „Middle-Income"-Status gehoben. Der Erfolg Marokkos auch mit der Reduzierung seiner Auslandsschulden (siehe Abschnitt 2.4.) kann trotz des immer noch niedrigen Wohlstandes seiner Bevölkerung als wirtschaftliches Vorbild gelten.

Ägypten hat eine – bezogen auf die besiedelbaren Landflächen – enorm hohe Bevölkerung von 66 Mio. Menschen (mit 1,9%/a Wachstum), wovon ein Viertel in Kairo, der größten Stadt Afrikas, lebt. So viele Menschen können durch die Ernten im Niltal nicht ernährt werden – auch wegen starker Staatseingriffe in die Landwirtschaft. Das Land ist auf hohe Exporte angewiesen um das Nahrungsdefizit zu decken. Aber es leidet unter religiösen Extremisten, die dem Tourismus als zweitwichtiger Exporteinnahme bewusst schaden. Ägypten gilt immer noch als Kernland der islamischen Lehre. Eine rudimentäre Industrie (Stahl, Zement, Düngemittel, Gummi, Textil, Nahrungsmittel, Zuckerrohrverarbeitung) reicht für einige Grundbedürfnisse und geringen Export. Das Wirtschaftswachstum pro Kopf beträgt trotz der Probleme knapp 3%/a. Die Erdölexporte (Reserven geschätzt 0,5 Mrd. t), die Erdgasreserven (Vorräte 800 Mrd. m^3) und andere Ressourcen (Phosphate) könnten bei geeigneten wirtschaftlichen und politischen Voraussetzungen ein SBIP-Wachstum über die Maxima für Bevölkerungswachstum und Gewaltbereitschaft in kurzer Zeit ermöglichen.

Die Sahelzone: Die Ver-wüstung von Ackerland

In den Ländern der Sahelzone – des an die Sahara südlich angrenzenden hunderte Kilometer breiten Landgürtels – geht landwirtschaftliche Nutzfläche verloren, weil der Wind Ackerboden wegträgt und in der Regenzeit die Flüsse den Humus wegspülen, trotz Dämmen. Als Ursachen dieser „Desertifikation" werden Klimakatastrophen und sinkender Grundwasserspiegel genannt. Aber auch die Übervölkerung, die landwirtschaftliche Nutzflächen auslaugt ohne die verlorenen Nährstoffe nachzufüllen, wirkt sich aus, verbunden mit der Überweidung in Nomadengebieten. Vermutlich halten sich die von der Natur stammenden und die anthropogenen Ursachen für diese Bedrängung der Landwirtschaft und somit des Überlebens großer Teile der Bevölkerung die Waage.

Dieses langfristig gefährliche Problem zeigt sich nicht nur in der Sahelzone, wie z. B. Burkina Faso, sondern auch im Mittleren Osten, im Iran, in China, Pakistan, Indien und Südamerika ebenso wie im Westen der USA und in Australien. Ein Sechstel der Weltbevölkerung ist von der Ausbreitung der Wüsten betroffen, weltweit sind geschätzt 0,13 Mrd. ha Ackerfläche im wahren Sinne des Wortes „ver-wüstet". Nach UNEP-Angaben (Spiegel 15/

2000) sollen 3,6 Mrd. ha weltweit durch Verödung gefährdet sein, also fast ein Viertel der Landfläche (15 Mrd. ha) (siehe Kapitel 9). Wegen dieser globalen Bedrohung wurde eine UNO-Wüstenkonvention gegründet mit der Aufgabe, die Maßnahmen zur Zurückdrängung der Ver-wüstung zu koordinieren. Auch dieses Problem ist wiederum nur mit großem finanziellem und technischem Aufwand – also mit steigender Wirtschaftsleistung (Beispiel: Israel, Vereinigte Arabische Emirate) – zumindest teilweise lösbar.

Afrika südlich der Sahara

Kriege gegen den eigenen Wohlstand – oder besser gesagt: Kriege zur Erhaltung der Armut: In diesem Teil Afrikas werden seit Jahrzehnten immer wieder Bürgerkriege und zwischenstaatliche Kriege begonnen, beendet und wieder begonnen. Dabei gewinnen lokale Stammesherrscher Macht (und Geld). Alle Staaten zählen zu den ärmsten oder armen Staaten der Welt, auch wenn es Splitter von reichen Bevölkerungsgruppen gibt. Die Länder in „low and middle income Subsahara Africa" haben ungefähr 600 Mio. Einwohner – also etwa 10% der Weltbevölkerung –, aber mit einem BIP (1995) von insgesamt $ 280 Mrd. nur etwa 1% des Welt-BIP. Das durchschnittliche SBIP lag (1995) bei etwa $ 460 (etwa ein Zehntel des durchschnittlichen SBIP der Welt) mit negativen Wachstumsraten. Keines dieser Länder außer Südafrika hat ein SBIP erreicht, das hohes Wirtschaftswachstum verspricht. Alle Länder sind durch einen SBIP-Bereich gekennzeichnet, der die Bereitschaft zur Gewalttätigkeit anzeigt, und die meisten haben das Maximum dafür noch lange nicht überschritten. Fast alle Staaten leiden somit unter kriegerischen (sinnlos erscheinenden) Auseinandersetzungen in und zwischen den Ländern. Ein afrikanischer Führer sagte, die Bevölkerung in Afrika sei an Grausamkeiten gewöhnt, das entspräche ihrer Entwicklungsstufe; vergelten – nicht vergeben! heisse die Regel. Ebermann zählt 152 Putsche auf, die allein von 1960 bis 1991 in 36 Ländern südlich der Sahara registriert wurden, also im Durchschnitt mehr als vier Putsche pro Land mit einer Streuung von 1 bis 14 (Sudan); nur acht Staaten hatten in dem Zeitraum keine Putsche oder Kriege – und zwar solche, die ein SBIP über dem kritischen Bereich aufwiesen (SBIP 1995 in $ 1000: Botswana 2,8, Elfenbeinküste 1,7, Mauritius 3,0, Namibia 1,8, Senegal 1,5, Simbabwe 2,3). Es fehlen die Governance, die Regierungsfähigkeit und sowohl die makro- als auch die mikroökonomischen Voraussetzungen für Wirtschaft und ihr Wachstum – also auch die Voraussetzungen für wenn auch bescheidenen Wohlstand. Ein Krieg kostet – egal wie groß oder wie arm die beteiligten Länder sein mögen – hunderte von Mio. $/a, also in der Größenordnung von beispielsweise $ 100/c.a. Bei SBIP-Werten von wenigen hundert $/c.a ist dies ein so hoher Prozentsatz, dass ein Wirtschaftswachstum von 10 oder 20 oder noch mehr %/a nötig wäre, um allein die zwischen- und innerstaatlichen Auseinandersetzungen finanzieren zu können. Solches Wachstum erscheint nicht einmal in Ansätzen möglich, sondern es ist in Afrika südlich der Sahara oft negativ. Da die übrigen Ausgaben nicht beschnitten werden können, wenn Hungersnöte und Seuchen verhindert werden sollen, müssen immer wieder Kredite unter der Flagge „Nahrungsmittelhilfe" oder allgemein „Bekämpfung der Armut" aufgenommen werden, vielleicht im Bewusstsein, dass diese ohnehin eines Tages nicht zurückgezahlt werden. (Immerhin hat zwischenzeitlich die Rüstungsindustrie daran verdient, die also letzen Endes aus Entwicklungshilfegeldern bezahlt wird. So einfach kann Weltwirtschaft sein!)

Es gibt außer der bereitwilligen Lieferung von Rüstungsgütern auch andere externe Ursachen für Kriege, die mit dem SBIP des betroffenen Landes nicht zusammenhängen: Das sind beispielsweise die Interessen von Rohstoff- und Ölkonzernen, von denen einige die jeweiligen Rebellen gegen die offizielle (wenn auch meistens selbst durch Rebellion an die Macht gekommene) Regierung unterstützen.

„Wer wohlhabend ist, hat keine Lust, Krieg zu führen",

sagte ein ostafrikanischer Rebellenführer. Nur wirtschaftlicher Aufbau kann die angedeuteten Probleme lösen. In armen Ländern können sich Bevölkerungsgruppen mit höherem SBIP so lange nicht bilden, wie starkes Bevölkerungswachstum und Kriegslust vorherrschen, denn deren Auswirkung überlagert den SBIP-Bereich hohen Wirtschaftswachstums. Das trifft nicht nur auf Afrika zu, aber dort ist es eklatant deutlich zu erkennen. Die relativ wenigen zu den wohlhabenden Bevölkerungsgruppen zählenden Menschen in diesen Ländern haben vermutlich ihren „Wohlstand" illegal erworben, durch Diktatur, Rebellion, Putsche, Korruption: Eine solche Art der Vergrößerung wohlhabender Bevölkerungsgruppen kann nicht erwünscht sein. Aber das Stigma schreckt solche Menschen – die es ja auch in „reichen" Staaten gibt – nicht von ihrem unethischen und unmoralischen Handeln ab.

In einigen Ländern zeichnet sich ab (z. B. in Mosambik), dass auch bei niedrigem SBIP eine friedliche wirtschaftliche Aufwärtsentwicklung möglich ist – wenn die Bevölkerung den Aufwärtstrend spürt und anerkennt. Vielleicht kann auch in anderen Ländern mit guter Governance der gefährliche SBIP-Bereich selektiv „umgangen" werden – selektiv deshalb, weil im gleichen SBIP-Bereich auch das erwünschte Wirtschaftswachstum hoch ist.

West- und Zentralafrika

In der Westafrikanischen Wirtschafts- und Währungsunion gibt es sehr unterschiedliche „Wohlstands"-Niveaus. Wirtschaftlich am stärksten sind die

Elfenbeinküste und Kamerun. Der Reichtum an Ressourcen wie Gold, Diamanten, Erdöl, Kupfer, Uran, Phosphaten – unter anderem in Angola, Sierra Leone, Nigeria, Kongo Kinshasa und Kongo Brazzaville, Senegal – kommt offenbar nur zu einem geringen Teil der Bevölkerung zugute. Der größere Teil der Exporteinnahmen scheint zum Wohlstand einer (militärischen oder rassischen) Elite beizutragen, ein anderer zum Erhalt der Macht eben dieser Eliten (nämlich für Waffenkäufe). Deshalb kann aus dem ohnehin niedrigen SBIP die wahre Armut der Bevölkerung nicht erkannt werden.

In Westafrika gibt es vor allem innerstaatliche Kriege, teils unterstützt von Nachbarstaaten; Beispiele: In Angola herrscht Bürgerkrieg (1999). Trotz $ 4 Mrd./a Einnahmen aus Erdölexporten aus 40 Mio. t/a Ölförderung (die USA beziehen 7% ihres Erdölbedarfes aus Angola) und Diamantenexporten von $ 0,5 Mrd./a zuzüglich „inoffizieller" Verkäufe ist Angola verschuldet und arm. Wenn das BIP weiterhin mit 7%/a wüchse, könnte Angola in einigen Jahren das Wirtschaftswachstumsmaximum erreichen und die Maxima für Bevölkerungswachstum und Gewalttätigkeit hinter sich lassen. Es müsste „nur" Frieden sein!

Die Bevölkerung des größten Staates in Afrika – Nigeria – wächst mit knapp 3%/a. Deshalb nimmt das SBIP nur um 2%/a zu, während die Wirtschaftsleistung ($ 32 Mrd./a) immerhin mit 5%/a wächst. In Nigeria brachte der Übergang von der Diktatur zu einer Art „Militär-Demokratie" zwar freien Wettbewerb durch Privatisierung, Abwertung der Landeswährung, Bekämpfung von Betrug und Korruption – also die Einheitsrezepte des IWF. Aber die hohen Erdöleinnahmen fließen offenbar unkontrolliert zu Militärs und Politikern. Das niedrige SBIP sagt deshalb nichts über die Armut der Bevölkerung aus. Nigeria ist weltweit sechstgrößter Erdölproduzent (neue Funde durch Texaco und Shell wurden berichtet) – und doch ist dort Kraftstoff knapp, denn die Raffinerien werden nicht gewartet. Die Wirtschaft ist völlig von den Erdöl- und Erdgasexporten abhängig – also auch von dem Auf und Ab der Weltmarktpreise dafür. Immer mehr Umweltschäden durch die Ölförderung werden beobachtet. Infrastruktur (es gibt oft weder Strom noch Trinkwasser) und Landwirtschaft erhalten keine Investitionen, Agrarland und viele industrielle Tätigkeiten werden vernachlässigt, reiche Ressourcen (Kohle, Zinn, Kolombit) nicht ausgenützt. Deshalb ist die Aussicht für dauerhaftes Wachstum gering.

In Sierra Leone gab und gibt es schwere innerstaatliche kriegerische Auseinandersetzungen. Als Hilfe für die Regierung sind nigerianische Truppen im Land stationiert, die zum Teil auch marodieren. Die Landwirtschaft ist weitgehend zerstört. Diamanten und Gold werden hinausgeschmuggelt, andere reiche Bodenschätze (Titan, Bauxit) nicht genutzt. Es fehlen Unternehmer, die die mikroökonomischen Bedingungen für Wachstum schaffen, falls überhaupt Frieden einkehrt. Die Chancen für Wachstum des niedrigen SBIP sind gering, sodass das Land noch lange im Bereich der Gewaltbereitschaft bleiben und das Maximum des Wachstums nicht erreichen wird.

Kongo-Brazzaville gehörte früher zum „sozialistischen Lager". Erdölförderrechte haben vor allem USA- und französische Firmen, weshalb das Regime von diesen Ländern gestützt wird. Wenn die vielen Ressourcen (Edelhölzer aus tropischem Regenwald, Rohrzucker, Kakao, Kaffee, Palmöl, Erdgas, Kali) überhaupt oder gar effizient genützt würden, dann könnte das SBIP des kleinen Landes von (1997) $ 800 (nach KKP $ 1800) auf einen mehrfach so hohen Betrag gesteigert werden. Aber innerstaatliche Putsche (1997) und Kriege (1999) lösen einander ab. Die Fähigkeit zum friedlichen Regieren fehlt ebenso wie die ökonomischen Voraussetzungen für Wachstum.

Der fast zehnmal größere Nachbarstaat Kongo-Kinshasa (ehemals Zaire) wird als eine Mineralienschatzkammer bezeichnet: Zwei Drittel der weltweiten Kobaltgewinnung stammen von hier, Kongo fördert und exportiert Gold, Silber, Diamanten, Kupfer (fünftgrößter Produzent weltweit) und hat Reserven an Zinn, Mangan, Zink, Kadmium, Wolfram und anderen mineralischen Rohstoffen. Trotzdem ist Kongo-Kinshasa zum Ende des Jahrhunderts eines der Armenhäuser Afrikas: Das SBIP liegt bei $ 250 (Kurswert). Bergbau und Infrastruktur sollen mit ausländischer Hilfe aufgebaut werden. Doch selbst wenn bei solch friedlicher Entwicklung die Pro-Kopf-Wirtschaftsleistung in kurzer Zeit verdoppelt werden könnte, wäre noch lange nicht weder das Bevölkerungswachstums noch das Kriegslustmaximum erreicht. Ursache dafür sind wiederum die ständigen Kriege und Putsche: Kongo ist von einem Territorium (Goma) abgetrennt, in dem Rebellen herrschen, die von den Nachbarn (Burundi – wo der Tutsi- Stamm herrscht) unterstützt werden. Im Bürgerkrieg 1999 war die Regierung mit den USA, Angola und Namibia u. a. verbündet. Dieser „Multi-Country-War" fing als Stammeskrieg (Hutu gegen Tutsi) in Burundi an und involviert inzwischen starke wirtschaftspolitische ausländische Interessen. Auch Uganda ist in diesen Krieg involviert, aber auch im Sudan-Bürgerkrieg.

In Kamerun verstärken sich die Stammesfehden „Nord gegen Süd" seit 1996, obwohl das SBIP (KKP) mit $ 1930 über dem „kriegerischen Niveau" liegt. Das Land zerstört seinen bescheidenen Wohlstand, der teils aus Erdölexporten stammt. Auch in der Elfenbeinküste gibt es trotz relativ hohem SBIP ($ 1700) Auseinandersetzungen unter den zahlreichen Stämmen. Noch steht das Land mit einer marktwirtschaftlichen Ordnung in Industrie und Landwirtschaft (wenig Exportprodukte wie Baumwolle, Kakao, Kaffee) besser da als die Nachbarn; es war eines der Weltbank-Musterländer.

In anderen west- und zentralafrikanischen Staaten sieht es nicht anders aus: Kriege und Putsche zementieren die Armut und verhindern die Ausnützung der vorhandenen Ressourcen. Und wenn es (noch) keine kriegerischen Auseinandersetzungen gibt, sind diese in dem vorherrschenden niedrigen SBIP-Bereich zu erwarten: vor allem dort, wo Rebellen (von wem auch immer unterstützt) an lokale Rohstoffe und damit an Deviseneinnahmen herankommen wollen.

Ostafrika,

vor allem Mosambik, Simbabwe, Botswana, Swasiland, wird immer wieder von Hochwasserkatastrophen heimgesucht. In den Überschwemmungsgebieten geht landwirtschaftlich nutzbare Fläche für immer verloren. Seuchen und Hungersnot breiten sich aus und vernichten die Entwicklungsarbeit von Jahrzehnten (wie zuletzt Ende 1999).

Ruanda rechnet in 20 Jahren mit einer Verdoppelung seiner Bevölkerung von heute 10 Mio. und zählt heute schon zu den HIPC-Ländern. Trotzdem unterstützt Ruanda (letzten Endes mit geborgtem Geld) die Rebellen in Kongo-Kinshasa und hat den Osten des Landes besetzt, um den Völkermord an Tutsis zu beenden; eine Einigung ist in Sicht.

Äthiopien und Eritrea – beide zählen zu den ärmsten (übrigens christlich dominierten) Ländern der Erde (SBIP nach KKP etwa $ 500) – kämpfen im (1999) größten „konventionellen" Krieg der Welt um ein paar ha Wüstenland und einen Hafen. Ursache ist eine jahrhundertalte sinnlose Grenzziehung aus Zeiten des äthiopischen Kaisers, bestätigt durch OAU-Beschlüsse und zeitweise mit USA- und dann Sowjethilfe. Dieser Krieg kostet angeblich $ 400 Mio./a; allein für Flugzeuge soll Äthiopien $ 1 Mrd. (und für andere Waffen $ 4 Mrd.) ausgegeben haben. Gleichzeitig ernährt das Welternährungsprogramm der FAO/UNO ungefähr 1 Mio. hungernde Äthiopier. Angeblich wird ein Teil dieser Hilfslieferungen von der Regierung verkauft, um mit dem Erlös Waffen beschaffen zu können. Wie soll ein solches kriegführendes Land, das Entwicklungshilfe empfängt, von der Weltgemeinschaft behandelt werden? Welche „Governance" ist angebracht?

In Simbabwe, das den Übergang von „weißer" zu „schwarzer" Herrschaft seit 1980 geschafft zu haben schien, herrscht (2000) wieder Terror: Die Regierung duldet Landbesetzung der Tabak- und Maisfarmen, Großgrundbesitz wird aufgeteilt, obwohl es genug brachliegendes Land gäbe. Die Wirtschaft des einst reichen Landes sinkt durch Korruption, 50%ige Inflations- und gleich hohe Arbeitslosenrate immer weiter ab.

Weniger kriegerisch geht es gegen Ende des Jahrhunderts in anderen Ländern mit niedrigem SBIP zu (Dschibuti, Madagaskar, Mauritius, Tansania, Malawi, Botswana). Mosambik ist zwar sehr arm, aber seit der erfolgreichen Privatisierung der Wirtschaft (1990) mit IWF-Hilfe beginnt sich um die billige Wasserkraft des riesigen Cabora-Bassa Staudammes Industrie anzusiedeln. Dort entsteht eine der größten Aluminiumelektrolysen der Welt, womit sozusagen die Wasserkraft in eine exportierbare Form umgewandelt wird. Seit dem Ende des Bürgerkrieges (1992) scheint der wirtschaftliche Aufstieg interne Putsche und andere Kriegshandlungen verhindern zu können – auch wenn das SBIP noch lange nicht im „friedlichen" Bereich liegt. Überschwemmungskatastrophen werfen das Land immer wieder zurück (2000).

Ähnlich sieht es in Namibia aus, dem viertgrößten Exporteur Afrikas von metallischen Rohstoffen (Uran, Gold, Zink, Kupfer); auch die Fischverarbeitung ist bedeutend. Das SBIP ist viel höher als in anderen Ländern Afrikas, aber das Wirtschaftswachstum (3,2%/a) wird durch das Bevölkerungswachstum (2,4%/a) – das höher ist als nach dem SBIP zu erwarten wäre – stark gebremst.

In Lesotho, mitten in Südafrika gelegen, wurden Rebellen mit südafrikanischer Hilfe besiegt, weil ein Staudamm in Lesotho für Südafrikas Wasserversorgung wichtig ist.

Südafrika

(Rang 33 der Wettbewerbsfähigkeit nach Tabelle T-I-1) hat eine Führungsrolle im Rahmen der afrikanischen Staaten und ihrer Organisationen (OAU u. a.) übernommen: eine Art „moralischer Wiederaufrüstung" gegen Korruption. Es gibt keine Neuverschuldung. Demokratische Wahlen 1999 waren erfolgreich. Seit 1994 herrscht Frieden ohne Wohlstand mit 0% Wachstum der Wirtschaft – also mit negativen SBIP-Wachstumsraten.

Anhang IV

Typischer Durchgang durch die Industrielle Revolution

Aus dem Vorstehenden geht hervor, dass die Entwicklung aller Länder ähnlich verläuft: Mit steigender Wirtschaftsleistung nehmen zunächst die Bevölkerungszahl und die Wirtschaftsleistung selbst immer rascher zu. Bei einer Wirtschaftsleistung von etwa 2500 $ pro Kopf und Jahr erreicht dann das Bevölkerungswachstum ein Maximum, bei etwa 3000 $ pro Kopf und Jahr das Wirtschaftswachstum. Diese Entwicklung kann als typisch bezeichnet werden.

Fragt man nach der typischen Entwicklung eines beliebigen Landes, dann ergeben sich in einem langen Zeitraum die in Abb. IV-1 dargestellten Verhältnisse. Die Anfangsbedingungen sind so gewählt, dass sich nach 2000 Jahren das Maximum des Wirtschaftswachstums einstellt. Im Lauf der ersten 1750 Jahre nehmen Bevölkerung und Wirtschaftsleistung allmählich zu: Die Bevölkerungszahl steigt von 1 Mio. auf 1,2 Millionen, die Wirtschaftsleistung von 63 auf 137 $ pro Kopf und Jahr. Danach folgt aber eine relativ rasche Veränderung, bei der innerhalb von 500 Jahren die Bevölkerung von 1,2 auf 5,6 Mio., die Wirtschaftsleistung von 137 auf 3660 $ pro Kopf und Jahr steigt. Dieser Zeitraum der sehr raschen Zunahme der Bevölkerung auf das 4,6fache und der Wirtschaftsleistung pro Kopf auf das 27fache nennen wir gelegentlich „Industrielle Revolution". In den darauf folgenden 1750 Jahren wird die Bevölkerung auf 75 Millionen und die Wirtschaftsleistung auf 150.000 $ pro Kopf und Jahr zunehmen. (Wenn sich allerdings ein neuer Entwicklungsschub einstellt oder die weitere Entwicklung zum Stillstand kommt oder sich gar ein Rückschlag infolge einer unvorhersehbaren Katastrophe einstellt, dann ist eine beliebig andere Entwicklung möglich.) Wenn die Entwicklung dem bisher erkennbaren Trend folgt, dann erhöht sich in diesen 4000 Jahren die Bevölkerungszahl auf das 8fache, die Wirtschaftsleistung auf das 2000fache.

Zwischen dem Wendepunkt der Wirtschaftsentwicklung und den 250 Jahren danach nimmt die Bevölkerung auf das 1,4fache zu, die Wirtschaftsleistung auf das 16fache.

Zwischen dem Wendepunkt der Wirtschaftsentwicklung und den 2000 Jahren davor nimmt die Bevölkerung auf das 5,6fache zu, die Wirtschaftsleistung auf das 58fache.

Die 4000 Jahre, die das Diagramm IV-1 abdeckt, sind ein viel zu langer Zeitraum für die Anwendung der in den Abb. 4-1 bis 4-7 gefundenen Zusammenhänge. Das Diagramm mag um das Jahr 2000 herum relativ gut gelten. Es verliert im Abstand dazu rasch an Zuverlässigkeit. Wenn man aber die Zeitangaben mit zunehmendem Abstand vom Jahr 2000 als ungefähre Zeitangabe versteht, so bleibt die wesentliche Aussage erhalten, auf die es hier ankommt: In der Entwicklung eines „typischen Landes" folgt auf eine lange Zeit geringer Veränderung ein Schub rascher Entwicklung, in dem sich die Bevölkerungszahl versechsfacht und die Wirtschaftsleistung pro Kopf 430-mal größer wird. Dann folgt vielleicht wieder ein Zeitraum, in

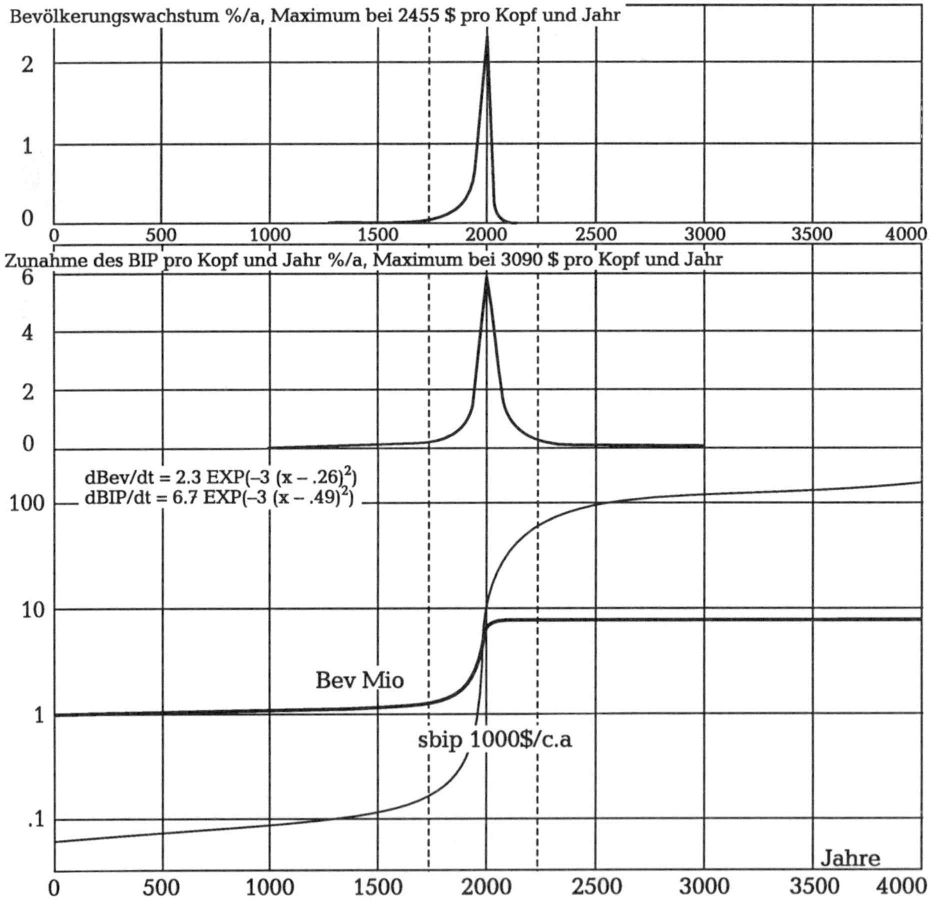

Abb. IV-1. Typische Entwicklung von Bevölkerungszahl und Wirtschaftsleistung pro Kopf in einem Zeitraum von 4000 Jahren. Die Anfangsbedingungen sind so gewählt, dass der Wendepunkt der Wirtschaftsentwicklung im Jahr 2000 eintritt. Der Zusammenhang gilt nur näherungsweise für den Durchschnitt aller. Einzelne können eine abweichende Entwicklung zeigen

dem Bevölkerung und Wirtschaftsleistung nur mehr mäßig weiter wachsen. Wahrscheinlich werden weder Bevölkerungszahl noch Wirtschaftsleistung unbegrenzt wachsen. Es ist ein Ende des Wachstum sichtbar, wenn sie auch in ungewisser Ferne liegt.

Der Entwicklungsschub ist in Abb. IV-2 in einem Zeitraum von −100 bis +150 Jahre vom Wendepunkt der Wirtschaftsentwicklung, in dem das Wirtschaftswachstum pro Kopf maximal ist, dargestellt. Auch sind 10 typische Länder eingezeichnet, die auf der angenommenen Mittelwertskurve liegen. Jedes Land hat einen bestimmten zeitlichen Abstand vom Wendepunkt der Wirtschaftsentwicklung. Auf dieser Annahme kann die weitere Entwicklung der Bevölkerungszahl und der Wirtschaftsleistung näherungsweise errechnet werden (Abb. IV-4). Danach würde China im Jahr 2050 fast 2 Milliarden Einwohner haben, Indonesien die USA an Bevölkerung übertreffen. Die spezifische Wirtschaftsleistung SBIP liegt für China, Indonesien, Brasilien dann bei 20.000 $ pro Kopf und Jahr, Bangladesch verzehnfacht sein SBIP. Ein Vergleich mit den Abb. 4-11 bis 4-13 zeigt dort für die Central Planned Asia and China wesentlich höhere Zahlen, nämlich 120.000, für Latin America 90.000, für South Asia 30.000 $ pro Kopf und Jahr.

Die USA fallen sowohl beim Zusammenhang von Bevölkerungswachstum und SBIP als auch bei SBIP-Wachstum aus dem Rahmen: Sie wachsen derzeit rascher als der Durchschnitt aller anderen Länder. Ob das auch in Zukunft so sein wird, ist nicht absehbar.

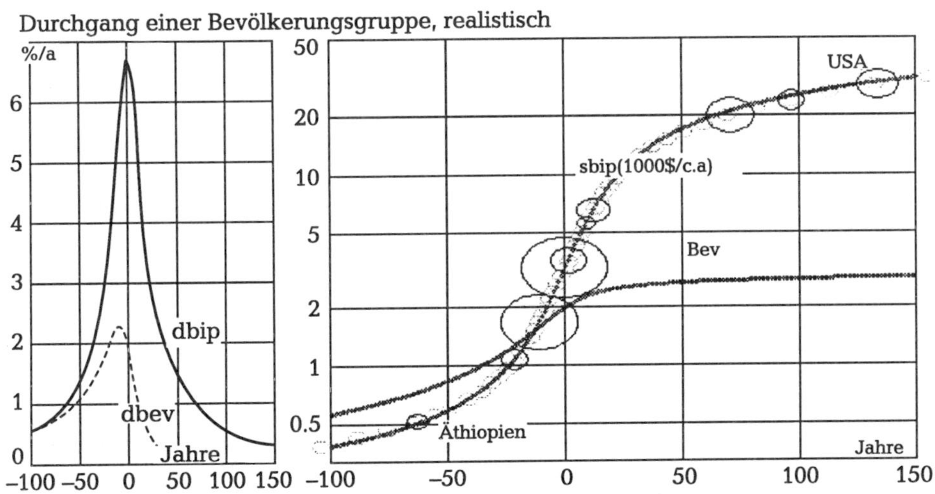

Abb. IV-2. Typischer Durchgang durch die „Industrielle Revolution“. (Die Bevölkerungszahl ist für das Jahr 0, in dem der Wendepunkt der Wirtschaftsentwicklung liegt, willkürlich mit 2 angenommen.) Würden die Länder streng den durchschnittlichen Zusammenhängen folgen, dann lägen sie wie eingezeichnet und hätten den sich daraus ergebenden zeitlichen Abstand von einander. (Die Fläche der Ovale ist proportional der Bevölkerung. Äthiopien, Bangladesch, Indien, China, Indonesien, Iran, Brasilien, EU, Japan, USA.)

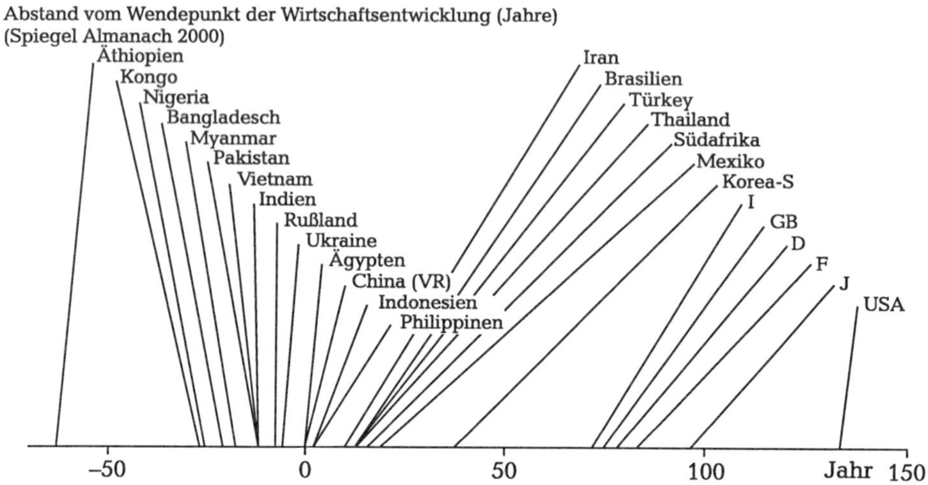

Abb. IV-3. Wenn das durchschnittliche Tempo der Wirtschaftsentwicklung abhängig vom SBIP für alle Länder annähernd zutrifft, dann lässt sich der zeitliche Abstand vom Wendepunkt der Wirtschaftsentwicklung ungefähr angeben. China, Ägypten und Indonesien liegen danach in der Nähe des Wendepunkts, die Entwicklungsländer Brasilien, Türkei, Thailand, Südafrika, Mexiko und Südkorea haben ihn um 10 bis 30 Jahre hinter sich gelassen. (Siehe auch Tabelle 4-2.)

Die Errechnung des BIP liefert unterschiedliche Ergebnisse, je nachdem, ob man vom nach Kaufkraft oder Kurs errechneten IST ausgeht. Die entwikkelten Länder bleiben wenig verändert (EU, USA von 9 auf 11 Billionen $ pro Jahr, Japan von 4 auf 5). Die Entwicklungsländer zeigen dagegen sehr große Unterschiede: Nach Kurswert überholt China Japan im Jahr 2037, nach Kaufkraft ist Chinas BIP heute schon größer und wird 2012 die USA und die EU überholen (Abb. IV-4).

Kleine Änderungen des Wirtschaftswachstum haben erhebliche Veränderungen der Entwicklung zur Folge. Die als sehr pessimistisch bezeichnete Näherung (Abb. 4-6) führt z. B. zur 3,4fachen Bevölkerung zwischen dem Wendepunkt der Wirtschaftsentwicklung und 50 Jahre danach, die als sehr optimistisch bezeichnete zur 2,4fachen (Abb. IV-5).

In den Abb. IV-6 bis IV-10 sind Entwicklungsgrößen für die EU, USA, China, Indien und Brasilien angegeben. Für die Emission von CO_2 aus fossilen Energieträgern ist ein Streuband angegeben, das seine Ursache in der nicht überschaubaren Situation bezüglich der CO_2-Absenkung hat. Wenn die als wünschbar bezeichneten Zahlen greifen, kann in 30 Jahren der untere Rand des Streubands erreicht werden. Die 5 hier angesprochenen Ländergruppen emittieren heute 9,2 Mrd. t fossilen Kohlenstoff (von etwa 11 Mrd. insgesamt). 2030 könnten es 8,3 oder auch 17 Mrd. t sein.

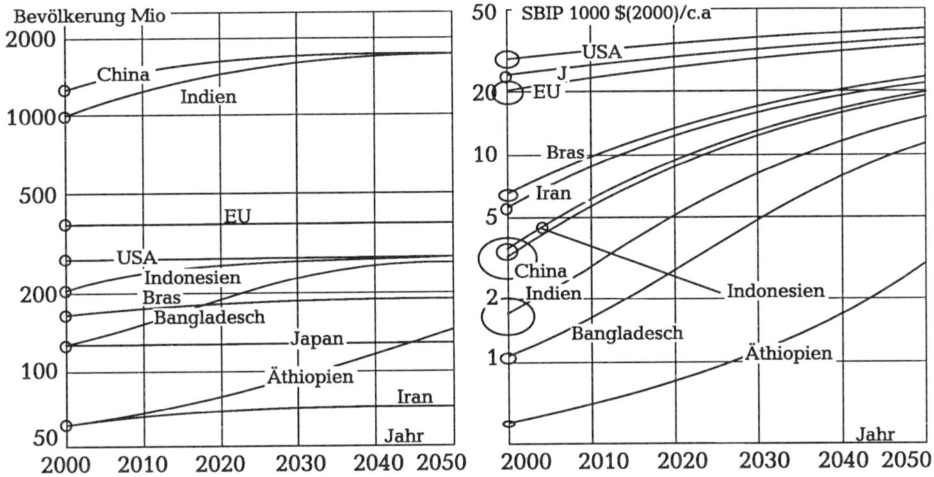

a)

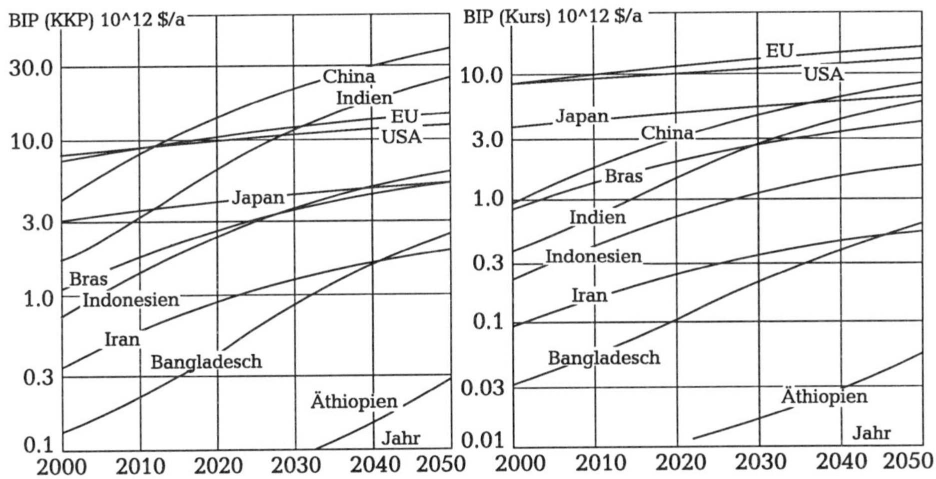

b)

Abb. IV-4. a: Entwicklung von Bevölkerungszahl (links) und BIP (KKP) pro Kopf und Jahr von 2000 bis 2050 unter der Annahme, dass sich die gegenwärtigen Werte wie der Durchschnitt aller Länder nach Abb. 4-1 bis 4-6 entwickeln. Die errechneten Werte sind ungünstiger als die nach der in Abb. 4-11 bis 4-13 zitierten Studie
b: Entwicklung des BIP nach Kaufkraft-Parität und Kurswert

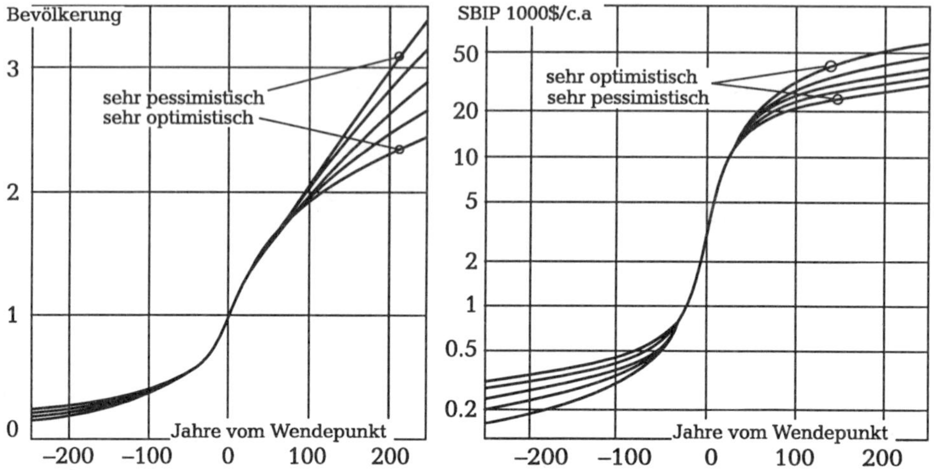

Abb. IV-5. Entwicklung von Bevölkerung und SBIP in den 500 Jahren beiderseits des Wendepunkts des Wirtschaftswachstums. Unterschiedliche Annahmen für das Wirtschaftswachstum wirken sich in erster Linie auf das Bevölkerungswachstum rechts vom Wendepunkt aus

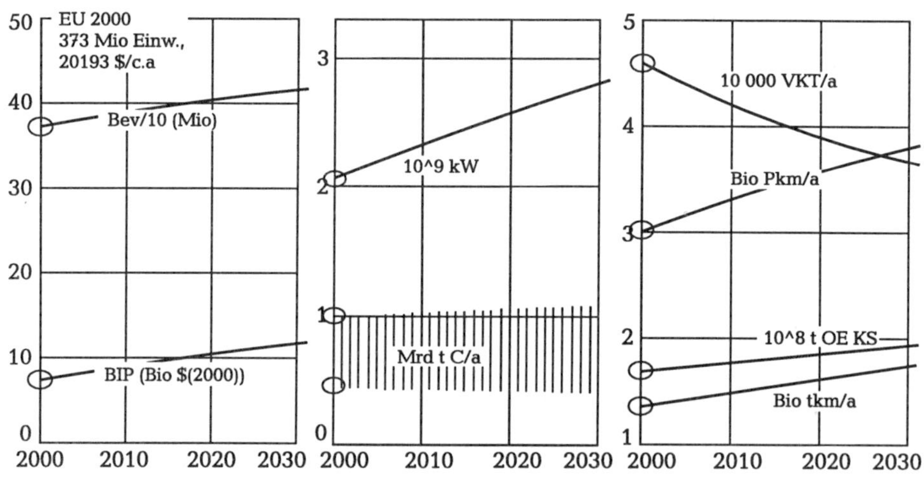

Abb. IV-6. Entwicklungsgrößen der EU in den Jahren 2000 bis 2030 (realistische Erwartung) (VKT … Verkehrstote, OEKS … Ölaequivalent Kraftstoff)

Besonders stark nimmt die Mobilität in China und Indien zu. Der Verbrauch dafür könnte allein in China von 45 auf 85 Mio. t Öl-Äquivalent zunehmen.

Die Zahl der zu erwartenden Kraftfahrzeugen ist in Abb. IV-11 berechnet. Hier findet die oft gestellte Frage nach der Entwicklung der Fahrzeugzahlen in China eine Antwort. Sie ist unsicher, wie alle Angaben über die Zukunft.

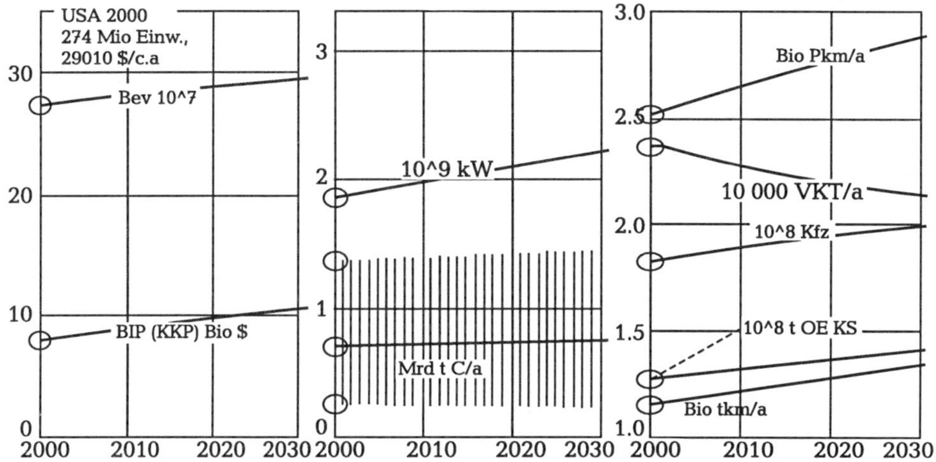

Abb. IV-7. Entwicklungsgrößen der USA in den Jahren 2000 bis 2030 (realistische Erwartung)

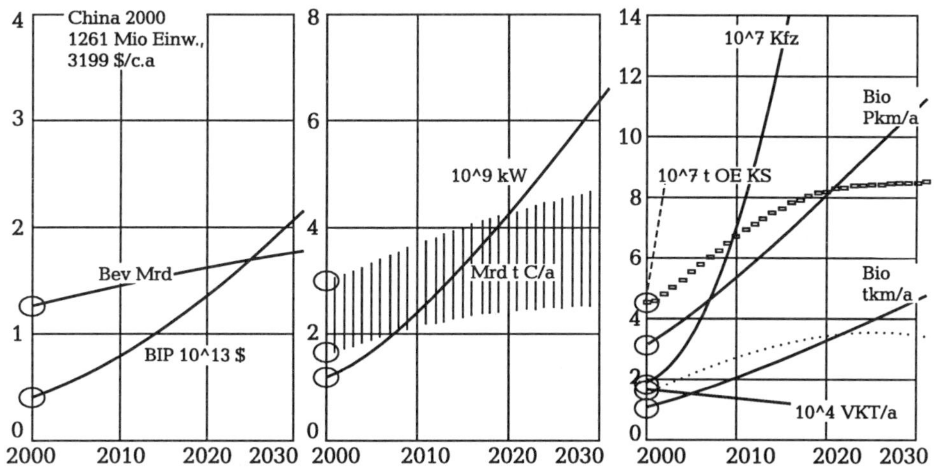

Abb. IV-8. Entwicklungsgrößen Chinas in den Jahren 2000 bis 2030 (realistische Erwartung)

Sie gilt nur, wenn sich die Länder in den heute erkennbaren Bahnen aller Länder entwickeln. Danach würde die Zahl der Kraftfahrzeuge in China in 10 Jahren bereits 40 Millionen, in 20 Jahren 160 Millionen betragen. In den nächsten 30 bis 40 Jahren würden China und auch Indien die USA und die EU mit etwa 300 Millionen Fahrzeugen überholen. In 50 Jahren hätten dann Brasilien und Indonesien die gleiche Zahl von Kraftfahrzeugen wie Japan (120 Millionen), der Iran etwa soviel wie Deutschland heute. Diese neun Länder hätten dann allein über 2 Milliarden Kraftfahrzeuge.

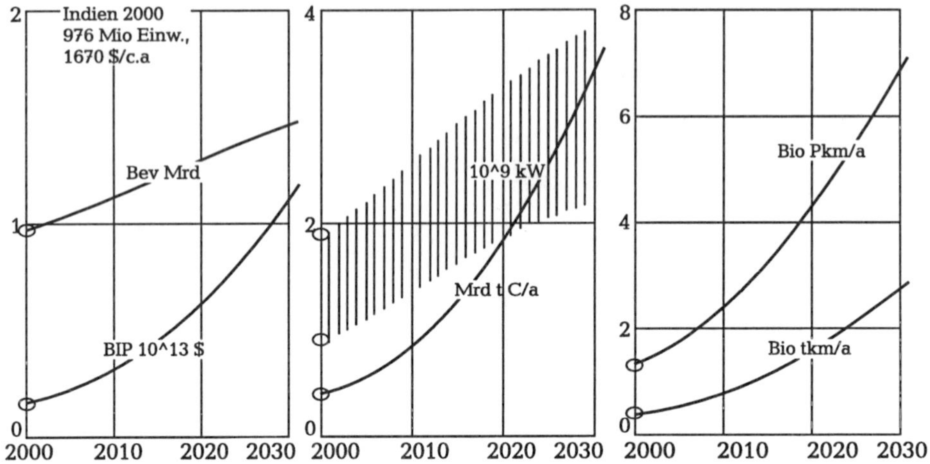

Abb. IV-9. Entwicklungsgrößen Indiens in den Jahren 2000 bis 2030 (realistische Erwartung)

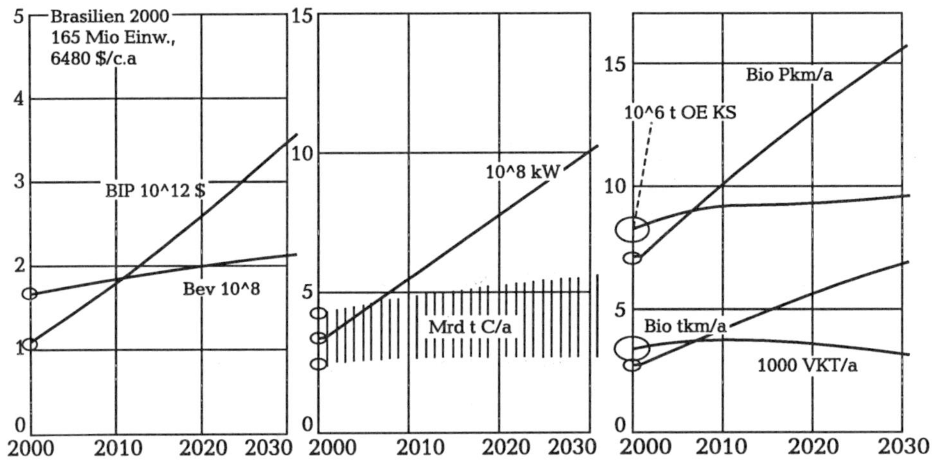

Abb. IV-10. Entwicklungsgrößen Brasiliens in den Jahren 2000 bis 2030 (realistische Erwartung)

Diese Zahlen scheinen sehr hoch zu sein. Aber auch das wirtschaftliche Potential der Entwicklungsländer ist es. Allerdings auch die Möglichkeit anderer wirtschaftlicher und politischer Entwicklungen, die nicht vorhersehbar sind.

Abb. IV-12 zeigt die Entwicklung der Verkehrsleistung und Zahl der Unfalltoten im Verkehr.

In den Abb. IV-13 und IV-15 sind schließlich die Veränderungen in Abhängigkeit vom Abstand des Wendepunktes der Wirtschaftsentwicklung entsprechend den Abb. 4-45 und 4-46 dargestellt.

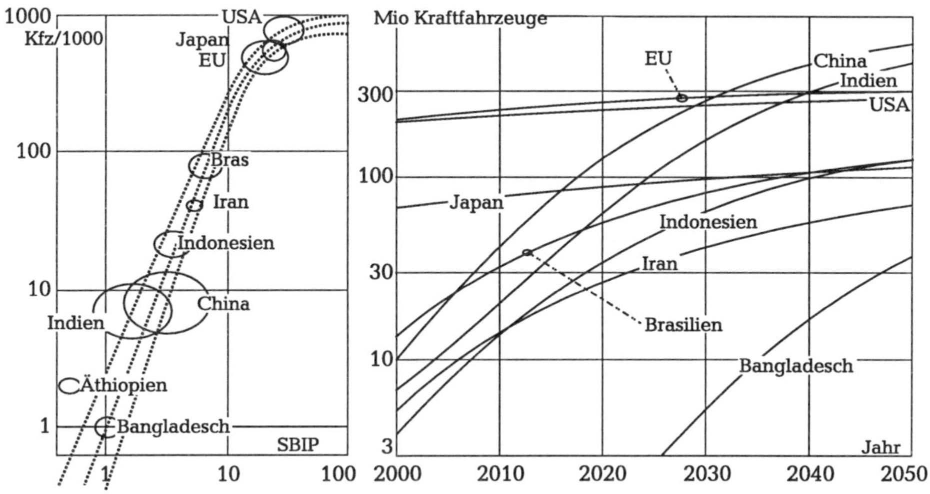

Abb. IV-11. Zahl der Kraftfahrzeuge pro 1000 Einwohner abhängig von der Wirtschaftsleistung pro Kopf in 1000 $ pro Kopf (links) sowie Zahl der Kraftfahrzeuge für die nächsten 50 Jahre. Diese Rechnung gründet auf der Annahme, dass sich die Länder wie der Durchschnitt aller Länder bisher entwickeln. Sie ist unsicher, wie alle Angaben über die Zukunft

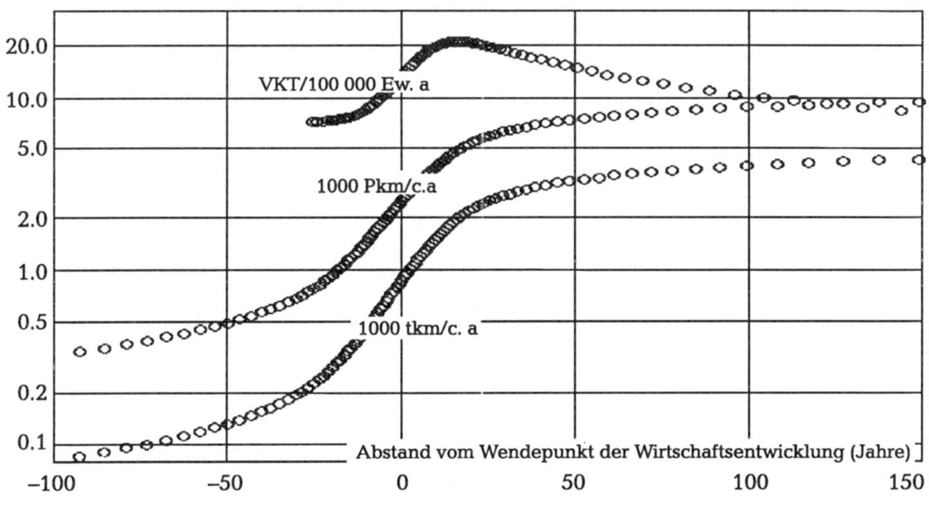

Abb. IV-12. Verkehrsleistung in Personen- und Tonnen-Kilometer pro Kopf sowie Zahl der Verkehrstoten (VKT) je 100 000 Einwohner und Jahr

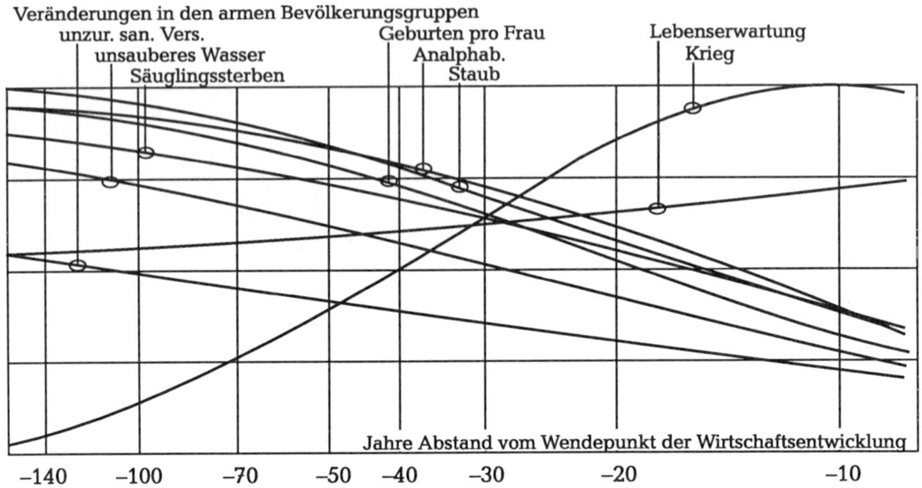

Abb. IV-13.

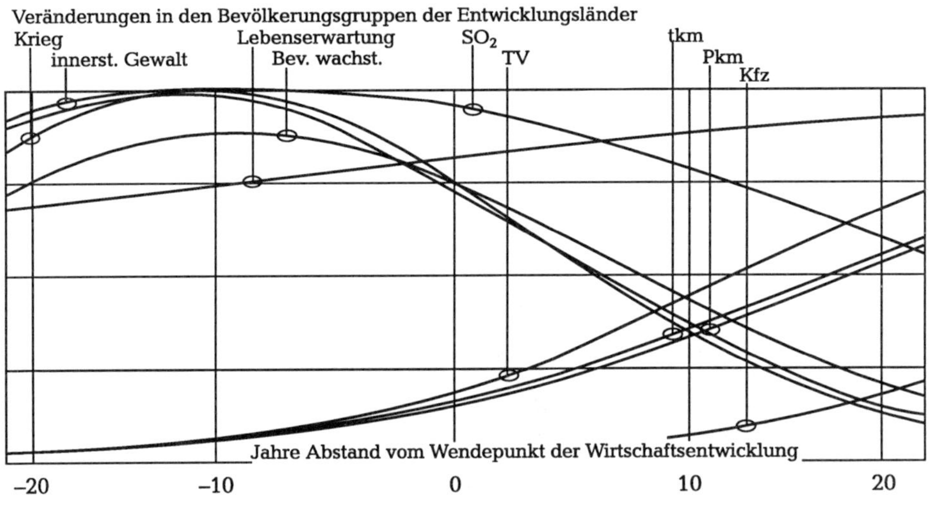

Abb. IV-14.

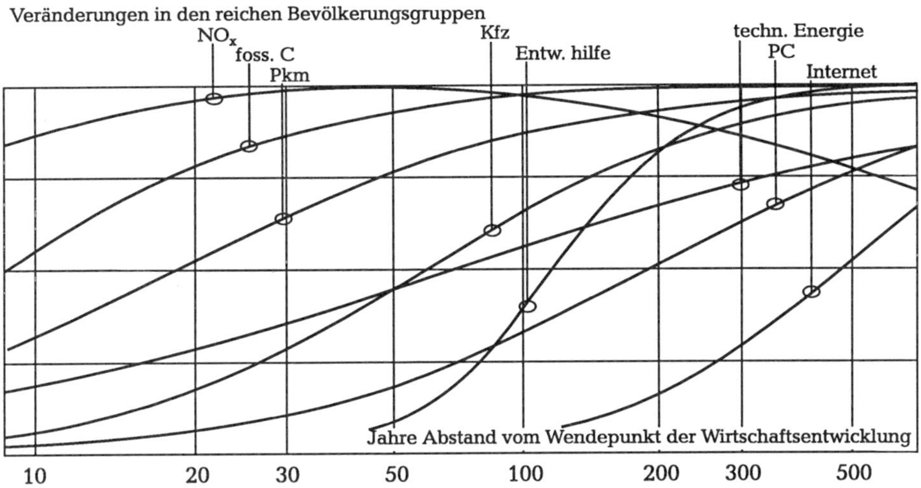

Abb. IV-13 bis IV-15. Veränderung der Lebensumstände mit dem Abstand vom Wendepunkt der Wirtschaftsentwicklung. Wenn auch die verschiedenen Länder die „Industrielle Revolution" unterschiedlich schnell durchschreiten, so bleibt doch die Aufeinanderfolge der Veränderungen: Zunächst nimmt die Zahl der Geburten pro Frau und die Säuglingssterblichkeit ab, dann steigt die Lebenserwartung und der Zugang zu technischen Einrichtungen

Anhang V

Die Kosten für die Ernährung

Auf der Grundlage der Informationen im Abschnitt über den Verbrauch an Nahrung(senergie) können die Kosten für die Ernährung des Menschen abgeschätzt und mit dem Pro-Kopf-Einkommen und dem SBIP in Beziehung gesetzt werden (siehe Kapitel 4). Dieser Kostenaufwand errechnet sich aus vier Bestandteilen:

a) Aus dem Verbrauch an Energie, die in der Nahrung enthalten ist. Dieser „Brennwert", auch als „physiologische Energie" bezeichnet, ist die in der Nahrung enthaltene, vom menschlichen oder tierischen Organismus verwertbare Energie. Dieser Nahrungsenergieverbrauch wird mit Tabelle 6-2a und b zwischen 1,8 und 4,4, im Weltdurchschnitt 1996/97 mit 3,1 kWh/d (130 W/c) genannt, siehe Abb. 6-1. Als Beispiel wird nachfolgend der mit Kapitel 6 genannte Nahrungsbedarf eines „durchschnittlichen US-Amerikaners" von 114 W/c zugrundegelegt.

b) Aus den Preisen für die Nahrungsmittel, ebenfalls bezogen auf die darin enthaltene Energie unter Berücksichtigung der Verluste bei Gewinnung, Aufbereitung, Transport usw. der Nahrung. Diese Nahrungsenergie oder der Brennwert der Hauptnährstoffe beträgt durchschnittlich 4100 (Kohlehydrate) bis 9300 (Fett) kcal/kg (Tabelle V-1).
   Tabelle V-2 nennt die Weltmarktpreise an Warenbörsen für einige Grundnahrungsmittel (Stand 1999), ausgedrückt in $/t und umgerechnet auf $/1000 kcal und $/1000 kWh auf der Basis der genannten Brennwerte. Demnach kostet diese Energie in Nahrungsmitteln pro 1000 kWh zwischen $ 17 (Gerste, Hafer) und $ 49 (Reis) für Kohlehydrate und zwischen etwa $ 50 und $ 170 für Fette, Fische und Fleisch. Allgemein gültige Umrechnungsfaktoren auf einen Endverbraucherpreis gibt es nicht. Als grobe Näherung nehmen wir an, dass der Endverbraucher etwa das Dreifache des Warenbörsepreises bezahlt. Dazu sind noch geschätzt 15 bis 25% zu addieren, um die Verluste bei Aufbereitung und Zubereitung der Nahrungsmittel (ohne Ernteverluste) zu berücksichtigen. Bei einem Nahrungsmix aus Kohlehydraten, Fett und Protein (angenommen je etwa 50% tierische und pflanzliche Nahrung) und mit 20% Zuschlag liegt somit

Tabelle V-1. Brennwert von Nährstoffen in kcal und kWh pro kg

	kcal/kg	kWh/kg
Protein, Kohlehydrate*	4100	3,5
Eiweiß	5000	4,3
Fett	9300	8,0
Ethanol (zum Vergleich)	7100	6,1
Fleisch	7800	6,7
Öle	9000	7,7

* Getreide

Tabelle V-2. Weltmarktpreise für Nahrungsmittel; 1999 (Quelle: Platow-Vorschau 2000 und zahlreiche Pressemitteilungen)
Bemerkungen: (1) zeitweise auf $ 125/t abgesunken; (2) zeitweise auf $ 110/t gestiegen; (3) stark schwankende Preise zwischen $ 100 und $ 300/t, z. B. wegen Überschwemmungen in den Niederlanden auf über $ 300/t gestiegen (1998); (4) Rohzucker und Weißzucker zwischen $ 120 und $ 185/t; der Zuckerpreis ist in der EU etwa dreimal so hoch wie am Weltmarkt; (5) Schlachtfleischpreise stark schwankend, zeitweise $ 2000 bis $ 2800/t (1998), durch BSE-Problem steigende Preise; (6) zum Vergleich: Schweinepreis in EU-Ländern (1999) etwa $ 1000/t; (7) Endverbraucherpreis in EU-Ländern als Beispiel

	$/t	$/1000 kcal	$/1000 kWh
Weizen (1)	160–180	0,04	34
Mais	120	0,03	24
Gerste, Hafer (2)	70–85	0,02	17
Reis	150–250	0,06	49
Kartoffeln (3)	120	0,03	25
Sojaöl	460	0,06	51
Zucker (4)	170–220	0,05	43
Rind, lebend (5)	1400	0,2	170
Schweinebäuche (6)	1300*	0,17	140
Fisch	800	0,12	100
Brot (7)	900	0,22	180

der Weltmarktpreis für Nahrungsenergie zwischen etwa $ 85 und $ 145 je 1000 kWh und der Preis für den Endverbraucher zwischen etwa $ 250 und $ 440 je 1000 kWh. Darin mag der Preis für die Energie in Zucker, Milch, Butter/Margarine, Gemüse, Salat und Getränken berücksichtigt sein. Zum Vergleich: Für den Endverbraucher kostet elektrische Energie etwa $ 50 und Wärmeenergie in Erdölprodukten etwa $ 20 je 1000 kWh/techn. Zwischen diesen Preisen und denen für Nahrungsenergie bestehen keine Umrechnungsbeziehungen. In den Preisen für die Nahrungsenergie sind die Kosten für technische Energie, die zur Nahrungsmittelgewinnung aufgewendet werden muss (siehe Kapitel 6), enthalten. Die Landwirtschaft einschließlich der Viehhaltung wendet laut E. v. Weizsäcker etwa 2,5 kWh an technischer Energie pro kWh Nahrungsenergie auf. Das heißt, bei den genannten Preisen für technische Energie (angenommen ist überwiegender Verbrauch von Wärmeenergie) werden dafür $ 75 pro 1000 kWh Nahrungsenergie aufgewendet. In den Endverbraucherpreisen für Nahrung sind demnach geschätzt zwischen 17 und 30% an Kosten für technische Energie enthalten.

c) Zusätzlich wird technische Energie gebraucht für Transport, Verpackung, Handel und Herstellung der Nahrungsmittel; nach E. v. Weizsäcker werden dafür 4,5 kWh pro kWh Nahrungsenergie angesetzt, entsprechend etwa $ 135 pro 1000 kWh Brennwert in der Nahrung.
d) Schließlich erfordert die Zubereitung der Nahrung Zutaten, Wasser und technische Energie, geschätzt etwa $ 85 je 1000 kWh Nahrungsenergie.

Insgesamt kostet somit die Nahrung – bezogen auf die darin enthaltene Energie – bei einem etwa je zur Hälfte aus pflanzlichen und tierischen Komponenten bestehenden Nahrungsmix geschätzt zwischen etwa $ 500 und $ 650 je 1000 kWh Nahrungsenergie.

Nahrungskosten pro Kopf und Jahr

Aus den vier Komponenten Nahrungsverbrauch (a), Preis der Nahrungsenergie (b), Kosten für technische Energie c) und Sonstiges (d) errechnen sich die Gesamtkosten für Nahrung. Wenn wir a) und b) multiplizieren, erhalten wir die Kosten für die Nahrungsenergie ausgedrückt in $/c.d. Wenn wir dazu c) und d) addieren, erhalten wir die gesamten Kosten für zubereitete Nahrung(senergie) pro Kopf. (Allerdings sind darin Kosten für menschliche Arbeit wie Kochen und für Investitionen in Kücheneinrichtungen nicht enthalten, auch nicht Kosten für Getränke.)

Da sowohl der Energieverbrauch in der Nahrung als auch die Art der Ernährung sehr unterschiedlich sind, können wir nur Grenzwerte und Mittelwerte angeben: Bei einem weltweit angenommenen durchschnittlichen Nahrungsbedarf (130 W/c., Tabelle 6-1) ergibt sich daraus ein Kostenaufwand von durchschnittlich rund (1144 kWh/c.a x $ 500 bis $ 650 je 1000 kWh =) $ 550 bis $ 750 pro Kopf und Jahr.

Bei niedrigem Nahrungsverbrauch (100 W/c.) und niedrigen Nahrungs- und Energiekosten (geschätzt für überwiegend pflanzliche Nahrung $ 200/ 1000 kWh) kostet die Nahrung rund $ 160/c.a, zuzüglich Kosten für Wasser und andere Getränke und Nahrungszutaten mit geschätzt $ 40/c.a. In den ärmsten Ländern, in denen zugleich die Bevölkerungsgruppen mit dem niedrigsten SBIP leben, wird die unter anderem zum Kochen benötigte „technische" Energie zum Teil durch Abholzen von Wäldern oder Savannen beschafft; das ist aus Klimagründen unerwünscht. Die Kosten für diese Art der technischen Energie können nicht sinnvoll beziffert werden. Viele dieser

Länder erhalten ohnehin beispielsweise aus dem World Food Program der FAO Nahrungsmittelhilfe ohne Bezahlung.

Bei hohem Nahrungsbedarf (160 W/c), der vor allem in „reichen" Ländern mit günstigen Nahrungsmittelpreisen verbunden ist, beträgt der Aufwand ungefähr $ 700 pro Kopf und Jahr. Zu den Kosten für die Nahrungsenergie kommen noch andere Kosten (Salz, Gewürze, Kühlenergie für Lagerung usw.) und Kosten für Getränke einschließlich Trinkwasser von geschätzt $ 300 pro Kopf und Jahr.

Anteil der Kosten für Ernährung am SBIP

Bei einem (global) durchschnittlichen SBIP von etwa $ 5000/c.a entspricht das durchschnittliche Nahrungsangebot etwa 600 kcal/c.d je $ 1000 SBIP. Dieser Wert nimmt von etwa 3600 kcal/c.d je $ 1000 SBIP in den ärmsten Ländern bis auf 120 kcal/c.d in den wohlhabenden Ländern ab (siehe Kapitel 4).

Die gesamten Kosten für Nahrung einschließlich Zusatzkosten pro Kopf und Jahr werden somit geschätzt bei „armen" Bevölkerungsgruppen auf $ 200, Durchschnitt weltweit $ 700, bei „reichen" Bevölkerungsgruppen auf $ 1000.

Im Durchschnitt werden somit global 14% des SBIP für die Ernährung verwendet. Bei den „armen" Bevölkerungsgruppen mit niedrigem SBIP erfordert die Ernährung 25 bis 50% des SBIP. „Reiche" Bevölkerungsgruppen benötigen für ihre Ernährung weniger als 10% ihres SBIP (Abb. 4-7). Allerdings liegen SBIP und Haushaltseinkommen weit auseinander; bezogen auf das verfügbare Einkommen sind die %-Zahlen deshalb mit einem Faktor von etwa 1,7 zu multiplizieren.

Tabelle V-3 nennt den Pro-Kopf-Verbrauch an Getreide und Fleisch (FAO-Jahrbücher, World Watch Institute). Der Getreideverbrauch betrug zwischen 1990 und (geschätzt) 2000 weltweit unverändert etwa 330 kg/c.a. Von dieser Getreidemenge verbrauchten Indien und China mehr als 40%.

Tabelle V-3. Pro-Kopf-Verbrauch an Getreide und Fleisch (kg/Jahr), 1990

	Getreide in kg/c.a**	Fleisch* in kg/c.a	Faktor***
USA	800	115	4,4
Italien	400	55	1,9
China	300	25	1,4
Indien	200	1	1,1

* Rind- und Schweinefleisch, Geflügel; ** zum Vergleich: Getreideproduktion in Deutschland 1998: 540 kg /c.a; *** Pro-Kopf-Verbrauch umgerechnet auf kcal/c.d, dividiert durch Nahrungsangebot nach Tabelle 6-2. Zusätzlich werden noch andere Nahrungsmittel verbraucht

Anhang VI

Nachwachsende Rohstoffe

Nachwachsende Rohstoffe (NWR) bieten für die Herstellung etablierter Produkte synthetische und verfahrenstechnische Alternativen, vor allem für die Herstellung von Kunststoffen und Fasern (Kapitel 7). NWR sind aber nur dann gegenüber petrochemischen Rohstoffen vorteilhaft, wenn die gewünschte Zielstruktur des Produktes schon im NWR vorliegt, also eine kostengünstige Synthesevorleistung durch die Natur in Form komplizierter oder großer Moleküle ausgenützt wird. (Beispiel: Kunststoffe mit langen Ketten, aber nicht Aromaten.) Einfache Substanzen wie Massenkunststoffe (Thermo- und Duroplaste) sind auf NWR-Basis nicht wettbewerbsfähig.

Billige Kohlehydrate, Pflanzenöle und Proteine sind die wichtigsten industriell genutzten NWR. Ausgangsstoffe dafür sind Kartoffeln, Mais, Erbsen, Rüben, Getreide, Hirse, Raps, Flachs, Hanf, Sonnenblumen, Sojabohnen und andere Erzeugnisse der Landwirtschaft.

In der Chemieindustrie

werden z. B. in Deutschland etwa 22 Mio. t/a Rohstoffe eingesetzt, davon sind fast 90% Erdöl und Erdgas, 2% Kohle und 8% NWR, hauptsächlich tropische Öle und tierische Abfallfette. In Österreich werden beispielsweise (1998) 230.000 t/a Stärke für Nicht-Nahrungsmittel, nämlich für die Papierindustrie, im Bau, als Klebstoffbasis, für Textilindustrie und Biochemie, verbraucht.

Aus Kokos-, Palmkern- und Palmöl werden Biotenside, Kunststoffe, Polymere und Zwischenprodukte gewonnen. Stärke und Zucker sind Ausgangsstoffe für Zitronensäure und Polyether für PU-Schaumstoffe. Proteine sind schon zu Preisen von $ 0,30/kg verfügbar und somit für Beschichtungen und wasserlösliche Klebstoffe verwertbar.

„Maßgeschneiderte" Pflanzen

sind für eine Verwendung als NWR erforderlich: Pflanzenöle aus Sonnenblumen und Raps („Laurinraps", USA, für Waschmittel) können mit vorgegebener Fettsäurezusammensetzung gezüchtet werden, womit neue Produkte zugänglich werden. Die Saccharosebildung bei Zucker und Kartoffeln kann gentechnisch gesteuert werden, um reine Stärkeformen in hoher Ausbeute zu erhalten, die vor allem für die Papier- und Textilindustrie und für Klebstoffe gebraucht werden; die Eigenschaften der Stärke für die Produktion von Folien, Werkstoffen usw. werden durch die beiden gentechnisch beeinflussbaren Komponenten der Stärke bestimmt. PHB (siehe Abb. VI-3) kann aus gentechnisch veränderter Kresse gewonnen werden.

Neue Rohstoffe für die Chemieindustrie müssen von der Rohstoffbeschaffung über Herstellung, Gebrauch und Entsorgung sowohl ökonomische als auch ökologische Kriterien erfüllen. Oft stehen der erwünschten biologischen Abbaubarkeit unerwünschte Produkteigenschaften wie geringe Dauerhaftigkeit, Witterungsbeständigkeit und Zähigkeit gegenüber. NWR müssen in dieser Hinsicht wie auch im Preis mit petrochemisch gewonnenen Produkten konkurrieren können.

Einige der in den NWR enthaltenen, von der Natur mit oder ohne gentechnische Einwirkung synthetisierten Stoffe werden direkt, also ohne chemische Umwandlung durch Extraktion und andere konventionelle Verfahren gewonnen und für Verbundwerkstoffe und Lösungsmittel verwendet. Cellulose wird in großen Mengen eingesetzt, auch als Zelluloseregenerat. Derivate natürlicher Öle und Fette sind für Polymersynthesen geeignet. Seit eh und je werden Medikamente aus Naturstoffen extrahiert.

Viele NWR

werden chemisch umgewandelt, vor allem Holz, Zellulose, Stärke, Zucker und Pflanzenöle. Die Pyrolyse von Holz wurde vor Jahrzehnten entwickelt und in Zeiten des Mineralölmangels auch technisch angewandt (siehe Abb. VI-2). Zelluloseacetate können auch thermoplastisch verarbeitet werden, sind aber nur begrenzt biologisch abbaubar. Hemizellulosen kommen in der Natur besonders häufig vor, als Teil der so genannten „Biomasse" in Holz, Stroh, Gräsern und Getreidekapseln. Zucker kann nicht nur konventionell aus Zuckerrüben, Zuckerrohr, Zuckerhirse und stärkeliefernden Pflanzen, sondern auch durch Holzverzuckerung gewonnen werden, insbesondere spezielle Zuckerarten wie Pentosen, die für Diabetiker geeignet sind. Propandiol als Grundstoff für Polyester ist via Zucker billiger zugänglich als auf Mineralölbasis.

Beispiel 1: Rapsölmethylester („Biodiesel") (Abb. VI-1)

Obwohl dieses Produkt „RME" aus nachwachsenden Rohstoffen eigentlich zum Thema „Energieressourcen" zählt, ist es doch zugleich ein Industrierohstoff und überhaupt nur im Verbund damit ökonomisch wettbewerbsfähig gegenüber Dieselkraftstoff (DK) aus Erdöl. Der Rapspreis muss weiterhin gestützt und die Ölausbeuten müssen gentechnisch erhöht werden, Methanol muss günstig verfügbar und das Koprodukt Glyzerin verwertbar sein, Rapsschrot muss einen hohen Preis erzielen, und schließlich sollten Nebenprodukte wie Hydrauliköle und langkettige Fettsäuren koproduziert werden. Durch eine solche energetische und chemische Optimierung kann der Preis für „Biodiesel" bei gegebenen Weltmarktpreisen für die anderen Produkte auf (1998) umgerechnet \$ 0,40/Liter gedrückt werden und erfordert dann immer noch eine Stützung von mehr als 40%, um mit DK aus Erdöl gleichzuziehen. Diesem ökonomischen Nachteil stehen die Absenkung der Emission von „Klimagasen" und null SO_2 im Abgas gegenüber. Staat und Gesellschaft müssen also entscheiden, ob diese Umwelteffekte die entgangenen Steuern wert sind oder nicht. (In Deutschland werden jährlich etwa ½ Mio. t RME erzeugt.)

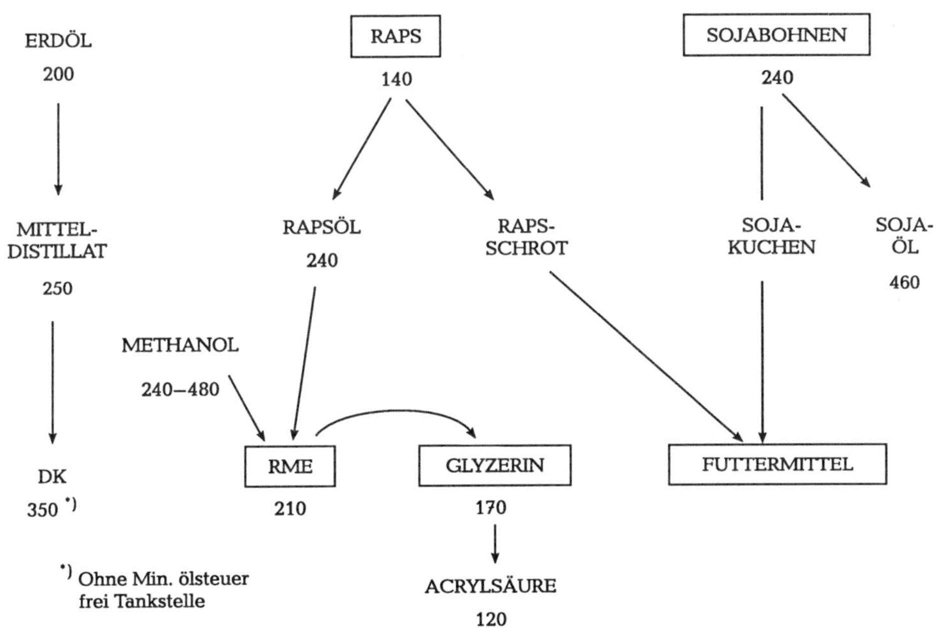

Abb. VI-1. Die mit den Abb. VI-1 bis VI-3 genannten Zahlen sind Weltmarktpreise, ausgedrückt in \$/t. Rapsöl wird aus Raps gewonnen, wobei Rapsschrot als Futtermittel anfällt, das mit Sojakuchen konkurriert. Durch Umsetzung des Rapsöls mit Methanol entsteht der Rapsölmethylester (RME) und als Koprodukt Glyzerin – ein Ausgangsstoff für viele Chemikalien wie z. B. „Plexiglas" und Propandiol

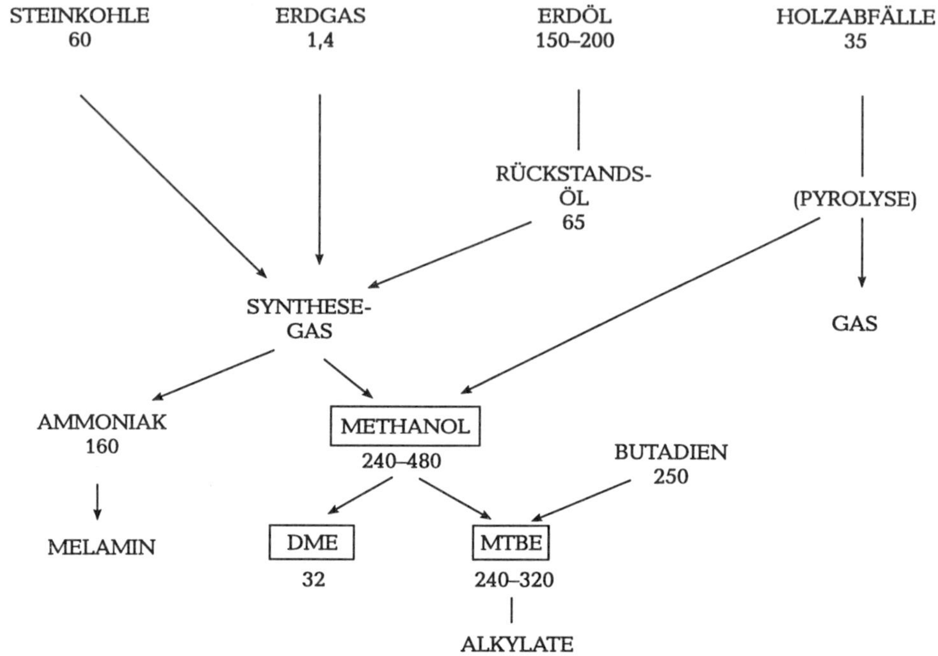

Abb. VI-2. Holz und Holzabfälle sind Rohstoffe für Methanol, Zelluloseacetat, Maleinsäureanhydrid (für Harze) und Polyamide und für C5-Zucker wie Sorbit und Xylose sowie Lignin als Kunstharzbasis und für Depotdüngemittel. Methanol kann aus Synthesegas aus Erdöl, Erdgas oder Kohle, aber auch aus Holzabfällen gewonnen werden. Aus Methanol wird unter anderem Dimethylether als Dieselkraftstoff und MTBE aus Butadien (dies wiederum aus Ethanol auf Melassebasis) hergestellt – alles also aus dem nachwachsenden Rohstoff Holz

Beispiel 2: Methanol ist ein interessanter Ausgangsstoff (Abb. VI-2)

Methanol wird konventionell aus Erdgas oder Rückstandsöl der Erdöldestillation hergestellt, oft als Koprodukt mit Ammoniak. In den EU-Staaten werden etwa 3 Mio. t/a an Methanol erzeugt. Aber auch aus Holz oder Holzabfällen kann mit einer „Flash-Pyrolyse" bei 25% Ausbeute ein Gemisch aus Methanol und Aceton u. a. erzeugt werden. Methanol ist Ausgangsstoff für Treibstoffkomponenten (DME und MTBE), Essigsäure, Acetaldehyd, aber auch für Olefine (MTO-Verfahren). Auf die Möglichkeit, Methanol aus CO_2 z. B. aus Kalkstein und aus Wasserstoff – also aus anorganischen Rohstoffen – zu erzeugen, wird mit Kapitel 8 eingegangen.

Beispiel 3: Eine Kunststoffchemie auf Kohlehydratbasis (Abb. VI-3)

Ein wichtiger nachwachsender Rohstoff ist (Rohr-)Zucker, auf dem via Ethanol eine komplette Olefinchemie aufgebaut werden könnte, einschließlich der

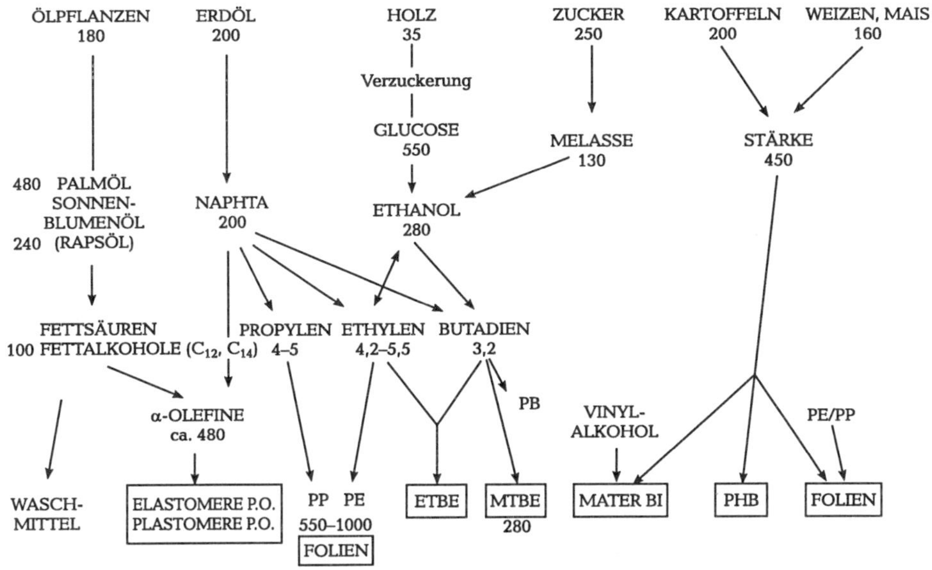

Abb. VI-3. Die wichtigsten aus NWR gewinnbaren Zwischen- und Endprodukte sind den aus Naphtha (oder Erdgas) erzeugten gegenübergestellt, mitsamt den Preisen in $/t (Basis Europa 1999). Zusätzlich ist Butadien eine Basis für Alkylate, aus Pyrolyseöl der Holzvergasung sind komplexe Verbindungen zugänglich, aus Stärke geschäumte Stoffe (Biopac) und sogar Kaffeetassen und die gesamte Glyzerinchemie (siehe unter Rapsöl). Elastomere und Plastomere sind zukunftsreich und könnten PVC verdrängen – ein alter Wunsch der Umweltschützer. Aus Ölpflanzen können Alpha-Olefine gewonnen werden. PHB als Folienkunststoff wird aus Stärke, Melasse oder Zellulose mit Hilfe von Mikroorganismen hergestellt. Verglichen mit Folien aus PP, PE und PET ist PHB nach wie vor (1998) zu teuer. Auch hier müssen die biologische Abbaubarkeit und die entfallenden Gebühren für Verpackungsrücknahme ins Kalkül gezogen werden. Zuckerpolyether sind Bestandteile von PU-Hart- und -Weichschaum

Gewinnung von Butadien und damit synthetischem Kautschuk. Auf der Basis von Stärke aus Kartoffeln, Erbsen und Mais wiederum lassen sich biologisch abbaubare und kompostierbare Werkstoffe erzeugen ebenso wie Klebstoffe, Papierhilfsmittel, PHB-Folien und Flaschen, Zitronensäure und Antibiotika. Das PHB (Poly-3-hydroxybutyrat) und ähnliche Verbindungen werden aus Zucker oder Melasse mit Ausbeuten bis 40% der eingesetzten Glucosemenge erzeugt. Allerdings erfordert die Fermentation riesengroße Anlagen, wenn ein mengenmäßig sinnvoller Ersatz für Glas durch PHB das Ziel sein sollte; es gibt auch hygienische Vorbehalte gegen PHB. Das PHB-Handelsprodukt Biopol ist zu teuer; die Herstellkosten für PHB können vielleicht auf das etwa Anderthalbfache der auf Petrochemiebasis gewonnenen vergleichbaren Polymere gedrückt werden.

Mit den Kenntnissen und Erfahrungen auf diesem Gebiet, die zu Beginn des 21. Jahrhunderts vorhanden sind und ständig ergänzt werden, ließe sich ein nahezu kompletter „Stammbaum“ für eine organische Chemie aufstellen und technisch realisieren. Allerdings wird der Polymermarkt noch auf lange Zeit von den Poliolefinen und von PVC beherrscht werden, deren kurzkettige Monomere auf petrochemischer Basis viel billiger als Biopolymere erzeugt werden. Auch Grundchemikalien sind prinzipiell nicht günstig aus NWR gewinnbar, weil sie keinen Sauerstoff enthalten und weil Kohlehydrate auf einem niedrigen thermodynamischen Energieniveau sind, sodass ihre Umwandlung viel Energie verbraucht.

Dagegen sind, wie gesagt, solche Produkte vorteilhaft aus NWR gewinnbar, bei denen die Syntheseleistung der Natur ausgenützt werden kann, also verbrauchernahe Produkte mit wenig Veredelungsbedarf: technische Öle, Schmierstoffe, Tenside, Klebstoffe, Lacke, natürliche Polyole für PU-Fasern. Eine Ökobilanz für Tenside auf Basis Oleochemie verglichen mit der Petrochemiebasis zeigt einen viel günstigeren Ressourcenverbrauch bei einer NWR-Basis, und geringere gasförmige (allerdings etwas höhere Abwasser-)Emissionen. Deshalb könnten trotz der genannten Vorbehalte die gegenwärtige Petrochemie und damit die fossilen Rohstoffe Erdöl und Erdgas wenigstens teilweise durch NWR ersetzt oder ergänzt werden. Wirtschaftlicher kann eine Verknüpfung von Petrochemie und NWR-Chemie sein, zugleich gekoppelt mit der Erzeugung von Energieträgern aus beiden Rohstoffgruppen. Damit werden die Vorteile der Eigenschaften und Kosten beider Rohstoffgrundlagen genutzt.

Abb. VI-3 gibt eine schematische Übersicht über Chemieprodukte aus NWR im Preisvergleich zu Petrochemieprodukten. Aus NWR können wichtige Bausteine der organischen Chemie ebenso – allerdings bisher noch viel teurer – hergestellt werden wie aus Erdölfraktionen oder Erdgas. Zwar liegen die Preise für Kartoffeln, Mais und Holzabfälle unter den vergleichbaren Naphtha- und Erdölpreisen, aber ohne Bezug auf deren Energieinhalt. Auch Melasse ist billiger, nicht aber Zucker. In der EU gibt es eine Überproduktion an Saccharose (Weltproduktion 120 Mill t/a.).

Anhang VII

Nur mehr – und nicht weniger – Technik kann die Probleme lösen

Den Warnungen der Berichte an den Club of Rome vor einer Überforderung der Ressourcen und der Absorptionskapazität von Abfall, Abwasser und Abgas folgt mit dem Bericht Faktor Vier – Doppelter Wohlstand bei halbem Naturverbrauch (Weizsäcker) eine optimistische Sicht der Probleme: Durch den Einsatz moderner Technologie kann der Wirkungsgrad erheblich verbessert werden. Mehr Technik ist gefordert.

Dieser Weg scheint nun auch immer mehr von anderen beschritten zu werden, die zuvor eher einer pessimistischen Erwartung anhingen. Ein Beispiel ist Lester R. Brown, der Präsident des Worldwatch Institute, der Ende 1999 u. a. in Wien einen Vortrag (veröffentlicht als Sonderausgabe des Creditanstalt „CA-exclusiv" 1/2000) über „Umweltschutz und Wirtschaftswachstum" gehalten hat. Er geht dort auf die gleichen Themen ein, die auch in diesem Bericht behandelt werden. Er kommt im wesentlichen zu den gleichen Erkenntnissen, wenn er sie auch mit anderer Betonung interpretiert. Im letzten Drittel seines Vortrags fordert er „unsere Wegwerfwirtschaft durch eine umfassende Wiederverwendungs-/Wiederverwertungswirtschaft zu ersetzen". (In diesem Bericht nennen wir das Kreislaufwirtschaft für Rohstoffe und Energie [Abb. 1-1 und 1-3]). Allerdings meint er einen Satz später: „Wir benötigen dazu keine neuen Technologien, sondern müssen unsere Wirtschaft umstrukturieren." Als Beispiel nennt er dann die Windkraft und Wasserstofftechnologie, was aber wohl eher neue Technologie als neue Wirtschaftsstruktur ist, wenn Weltbewerbsfähigkeit erreicht werden soll.

Weil die Aussagen L. Browns häufig zitiert werden, sind im Folgenden die Hauptaussagen seines Vortrags kritisch ergänzt:

Argumente Lester R. Browns	*Bemerkungen*
"Die Wirtschaft wächst und wächst, die Erde jedoch nicht."	Wenn nichts stärker wachsen dürfte als die Erde (die nicht wächst), dürfte gar nichts wachsen.

Die Grenzen des Ökosystems Erde werden sichtbar: leere Fischgründe Waldsterben Bodenerosion globale Erwärmung	Wir müssen Wald und Meer nachhaltig bewirtschaften.
Sinkender Grundwasserspiegel	Es gibt Wasser im Überfluss, aber es muss gesammelt, geleitet, aufgearbeitet, entsalzt usw. werden.
Artensterben	Nur eine funktionierende Wirtschaft beendet das Bevölkerungswachstum und kümmert sich um Artenschutz.
Wetterbedingte Schäden	Der globale Schaden steigt mit etwa 5%/a (wie Investitionen) und wird zu 50% von Erdbeben verursacht. Die Zahl der Getöteten sinkt (Abb. VII-1).
China würde 3,5 Mrd. Tonnen pro Jahr Kraftstoff brauchen, wenn es so dicht wie die USA motorisiert wäre.	Der Kraftstoffverbrauch in Liter pro 100 Kilometer sinkt immer weiter. Wir können uns nicht anmaßen, anderen die Motorisierung zu verbieten.
"Es gibt einen natürlichen Konflikt zwischen Autos und Städten."	Auch dieses Problem ist lösbar und wer es zuerst löst, wird einen Vorteil haben (Kapitel 9).
"Wir brauchen keine neue Technologien, wir müssen die Wirtschaft umstrukturieren."	Wir brauchen neue Technologien, z. B. zur Versorgung mit Energie.

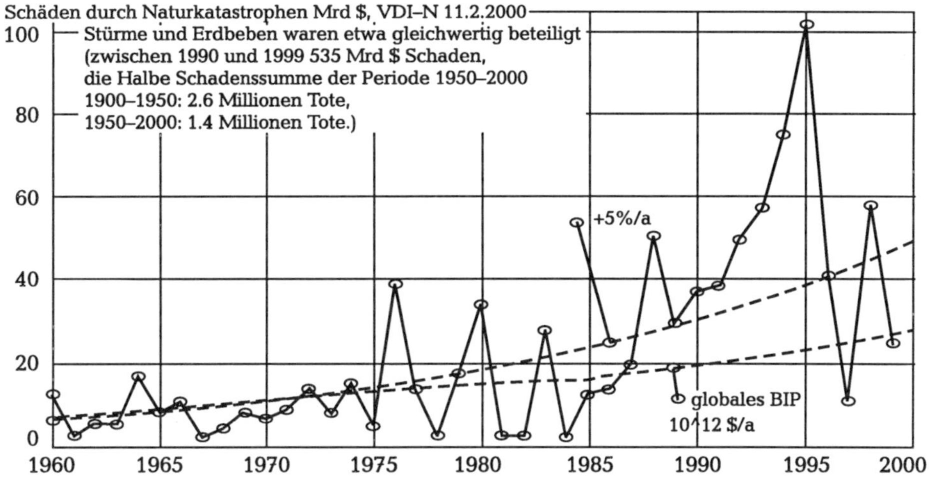

Abb. VII-1. Die Schäden durch Naturkatastrophen steigen mit etwa 5% pro Jahr, also so rasch wie die Investitionen, die Sturm und Erdbeben ausgesetzt sind. Die Zahl der Getöteten dabei war in der zweiten Hälfte des vergangenen Jahrhunderts um 46% kleiner, obwohl mehr als doppelt so viele Menschen den Gefahren ausgesetzt waren

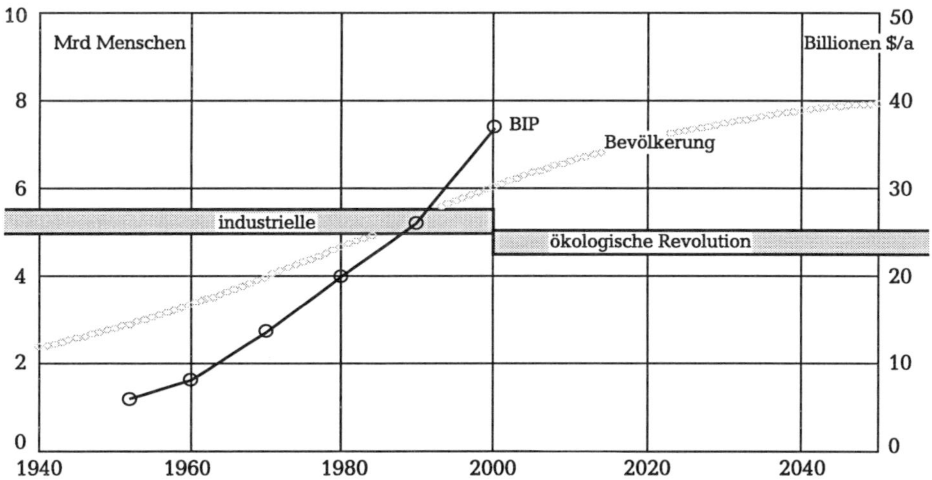

Abb. VII-2. Bevölkerung und Bruttoinlandsprodukt nach L. Brown

Literaturverzeichnis

Bauer, H. J. und B. Hallier: Kultur und Geschichte des Handels, EHI Köln, 1999

Becker-Boost, E., in: Angesichts der Zukunft, Europaverlag Wien 1985

Becker-Boost, E.: Reshaping the World Economic Order, Institut f. Weltwirtschaft, Kiel 1986; Kapitalinvestitionen im Ausland – Chancen und Risiken, BDI Drucksache 165 Köln 2/1983

Becker-Boost, E.: Entwicklungshilfe – ein Geschäft?, Club of Rome Tagung, Wien 1987, Europaverlag Wien

Becker-Boost, E.: Arbeit – die neue Herausforderung, Bericht des Austrian Chapter des Club of Rome, Europaverlag Wien 1989

Bockris, J. u. E. W. Justi: Wasserstoff, Pfriemer, München 1980

Bölkow, L.: Energieversorgung, Maesenata Verlag, München

Brown, L. (Hrsg.): Zur Lage der Welt 1994, Worldwatch Institute Report, Fischer Frankfurt, 1994

Bruckmann, G. und Fleissner, P.: Am Steuerrad der Wirtschaft, Springer Wien 1989

Cap, F.: Graue Energie, ÖZE 45(1992), S. 507

Capra, F.: Wendezeit, dtv 1994 München

Chargaff, E: Kritik der Zukunft, Klett-Cotta, Stuttgart, 1983

Colvin, G.: Past Visions, in: Fortune 1. 3. 1999

Diamond, J.: Der dritte Schimpanse, Fischer Frankfurt 1992

Dieren, W. van.: Mit der Natur rechnen, Birkhäuser Basel-Boston-Berlin 1995

Eco, U. und C. M. Martini: Woran glaubt, wer nicht glaubt?, Zsolnay Wien 1998

Engels, W.: Über Freiheit, Gleichheit und Brüderlichkeit, Frankfurter Inst.f.wiss.Forsch., Frankfurt 1982

Fiala, Zyklen, E.: Wellen, Phasensprünge, in Hierholzer, K. u. a.: Phasensprünge,Wiss. Vrl.-Ges. Stuttgart 1988

Fiala, E.: Innovation – die Chance für den Standort Europa, in: Wie die Zukunft Wurzeln schlug, Springer Berlin Heidelberg 1989

Fiala, E.: Was nach dem Auto kommt, EUROTAX, Freienbach 1994

Fiala, E.: Ethik im Unternehmen, EUROTAX, Freienbach 1996

Flavin, C.: Worldwatch Institute Report, Focus 6/1999

Fox, J.: Efficient Financial Markets, in: Fortune 1. 3. 1999

Fucks, W.: Formeln zur Macht, DVA Stuttgart 1965

Funke, K. H.: Agenda 2000, Wirtschaftswoche 49/ 1998

Galbraith, J. K.: The Affluent Society, Houghton, N.Y. 1958

Garelli, S.: „World Competitiveness Yearbook 2000", International Institute for Management Development IMD, Lausanne

Gausemeier, J. u. a.: Scenario Management, Hauser, München 1997

Gehmacher, E.: Reich und grün, Molden Wien 1998

Geißler, H.: Das nicht gehaltene Versprechen, Kiepenheuer, Köln 1997

Goertz, A.: Betrachtungen zum wissenschaftlich-technischen Fortschritt, Praesens, Wien 1998

Gorz, Andre: Und jetzt wohin? Rotbuch 36, Rotbuch Verlag 1991

Gelbspan, R.: Der Klima-Gau, Gerling Akademie Verlag, München 1998
Global 2000, Bericht an den Präsidenten der USA, 2001-Verlag, Frankfurt 1980
Greven, L.: Migration, Die Woche, 27. 11. 1998
Hankel, W.: Bedrohtes Erbe, Die Woche, 31. 5. 1999 und Dez. 1999 („Millenium")
Hasselmann, K.: Klimaschutz – eine globale Herausforderung, Olzog, München 1998
Heinz, F.: Standard 12/1998 (zit. The Lancet Vol. 352)
Heintz, A. und G. Reinhardt: Chemie und Umwelt, Vieweg Braunschweig 1990
Hengsbach, F.: Das Dogma der Konkurrenz hat die soziale Marktwirtschaft demontiert,VDI-Nachrichten, 30. 4. 1998, S. 2
Holbe, R.: Phantastische Zukunft, Herbig, München 1995
Homann, K.: Sozialpolitik nicht gegen den Markt, FAZ 13. 2. 1999, S. 15
Hug, H.: Der tägliche Ökohorror, Langen Müller/ Harbig, München 1997
Huntington, S.: Kampf der Kulturen, Europa Verlag, München 1997
IIASA: Global Energy Perspectives, IIASA 1995
Jacobi, C.: Spiegel Spezial 10/1998
Jonas, H.: Das Prinzip Verantwortung, Suhrkamp, Frankfurt 1993
Klusacek, C. und Stimmer, K.: Leopoldstadt, Kurt Mohl, Wien 1978
Knizia, K.: Welt am Sonntag, 10. 1. 1999
König, F. und Unger, F.: Und wir haben doch eine Zukunft, Herder, Wien 1992
Koestler, A.: Der Mensch – Irrläufer der Evolution, Fischer, Frankfurt 1989
Krombach, J.: Focus 13/1999
Lammerer, B.: Erdkruste im Wandel, in Wilhelm, F.: Der Gang der Evolution, Beck 1987
Liedtke, P. M.: The Future of Work, Bericht an den Club of Rome 1998
Lorenz, K.: Das sogenannte Böse, Borotha-Schoeler Verlag, Wien 1963
Luttwak, E.: Turbo-Kapitalismus – Gewinner und Verlierer der Globalisierung, Europa Verlag, Hamburg 1999
Martin, H. P.: Die Globalisierungsfalle
Malthus, T. R.: An Inquiry into the Nature and Progress of Rent, 1815
McGonagle, J.: Outsmarting
Meadows, D. H., D. L. Meadows, J. Randers, W. W. Behrens: The Limits to Growth, Universe Books, N.Y. 1972
Meadows, D.H., D. L. Meadows, J. Randers: Die neuen Grenzen des Wachstums, dva, Stuttgart 1992
Mercer, D.: Future Revolutions- Comprehensive Guide to the Third Millenium, Orion Business, London 1998
Mesarovic, M. und E. Pestel: Menschheit am Wendepunkt, dva, Stuttgart 1977
Metz, N: Verteilung der weltweiten CO_2-Emissionen 1980–2010, 10. Internat. Wiener Motorsymosium, 2–1999
Miegel, M.: Publikationen und Vorträge in „Spiegel" (2.99 u. v. a.)
Mohr, H.: Natur und Moral, WGB 1987
Nefiodow, L.: Der 5. Kondratieff, 1991
Nuscheler, F.: in Die Woche, Dez. 1999 „Millenium"
Peneder, M.: „Wettbewerbsfähigkeit und Standortqualität", Wirtschaftspol. Blätter (3), 1999 Wirtschaftskammer Österreich
Platow-Prognose 1999 und 2000, Platow, Frankfurt
Popper, K. R.: Die offene Gesellschaft und ihre Feinde, Francke, Tübingen 1980
Porter, M.: „The microeconomic Foundations of Economic Development and Competitiveness, Wirtschaftspol. Blätter (3) 1999, Wirtschaftskammer Österreich
Quarg, J.: Ölverbrauch bis 2200
Robbins, H. und Finley, M.: TransCompetition, McGrawHill, New York 1998
Robol, G. und Karner H.: Geld statt Arbeit, 3. Föhrenbergbroschüre des IWEF, Wien, Mai 1999
Schmidt, H.: Auf der Suche nach einer öffentlichen Moral, dva, Stuttgart 1998
Schmidt-Bleek, F.: Das MIPS-Konzept. Weniger Naturverbrauch – mehr Lebensqualität durch Faktor 10, Droemer-Knaur, München 1998

Schulten, R. in R. Garwin: Wie die Zukunft Wurzeln schlug
Schulz, R., in: FAZ 249, 1998
Seitz, K.: Wettlauf ins 21. Jahrhundert, Sickler, Berlin 1998
Silver, J.: Prophezeiungen bis zur Schwelle des 3. Jahrtausends, Ariston Genf 1974
Smith, A.: Inquiry into the Nature and Causes of the Wealth of Nations, 1776
Sorman, Guy: „Der Reichtum der Nationen", ECON, Düsseldorf 1989
Soros, G.: Kommentar, Wirtschaftswoche 4. 2. 1999
Spiegel Almanach, Weltjahrbuch 1999 und 2000
Sterr, H. u. a.: Umweltforschung quergedacht, Springer Verlag, Heidelberg 1998
Straaß, V.: Natur erleben, BLV 1997
Spörrle, M.: Die Woche 6. 11. 1998
Streich, J.: 30 Jahre Club of Rome, Birkhäuser 1997
Thielbeer, S.: FAZ 263/ 1998
Thüner, W.: Der Treibhaus-Schwindel, Discovery Press, Saarbrücken
Toffler, A.: Machtbeben („Power Shift"), ECON, Düsseldorf 1993
Turnheim, G.: Sanierungsstrategie, Manz, Wien 1988
UBA u. European Environment Agency, Copenhagen: Luftverschmutzung in Europa und Österreich, Umweltbundesamt, Wien 1988
UNDP, Human Development Reports, UN New York, Annual Editions
Unger, F.: Worldwide survey on cardiatic interventions 1995, Cor Europaeum 7 (1999)
UNIDO, Industrial Development Reports (Annual)
Vahrenholt, F.: Energie, Die Woche, 4. 6. 1999
Volterra, V.: Leçons sur la theorie mathematique de la lutte pour la vie, Gauthier-Villars et Cie, Paris 1931
Weber, Max: Die protestantische Ethik und der Geist des Kapitalismus, Athenäum Hain Hanstein, Bodenheim 1993
Wedel, H. v.: Alter Beton unter Schock, VDI-N 22. 1. 1999, S. 12
Weiden, S. v. d.: Energiebombe unterm Meer, VDI-N 9. 10. 1998, S. 28
Weizsäcker, E. U., A. B. und L. H. Lovins: Faktor Vier, Droemer Knaur, München 1995
Weltbank, Jahresberichte bis 1998 und World Development Reports 1996 bis 1998; World Poverty Report 1996.

Sachverzeichnis

Über die Autoren

Ernst Fiala,
geboren in Wien, Volksschule und Realgymnasium in Wien 3, bis Kriegsende Luftwaffenhelfer, Studium des Maschinenbaus an der TH Wien.

1952–1954: Dipl.-Ing., Assistent am Institut für Verbrennungskraftmaschinen und Kraftfahrwesen der TH-Wien; Dr. techn.

1954–1963: Versuchsingenieur der Daimler-Benz AG, zuletzt Leiter der Versuchsabteilung PKW-Aufbauten.

1963–1970: o. Prof. der TU-Berlin, Direktor des Instituts für Kraftfahrzeuge und der Prüfstelle für den Kraftfahrzeugverkehr an der TU-Berlin, 1966: Visiting Professor am MIT.

1970–1988: Leiter des Konzernbereichs Forschung, ab 1972 Leiter der Forschung und Entwicklung, ab 1973 Mitglied des Vorstands der Volkswagen AG.

Seither Honorarprofessor der TU Wien (Vorlesung Wechselbeziehungen Mensch-Fahrzeug), Mitglied der Europäischen Akademie und des Club of Rome (Austrian Chapter).

Aufsichtsrattätigkeiten (zeitweise): im Volkswagen Konzern (VW Products, VW of Amerika, VW do Brasil, AUDI, Triumph Adler), Siegener Stahlwerke, Hoesch Stahl, Dynamit Nobel, Steyr-Daimler-Puch; Senat der Fraunhofergesellschaft, Senat der Deutschen Luft und Raumfahrt; Mitglied des Umweltbeirats und CO_2-Beirats der Österreichischen Bundesregierung.

Ehrendoktor der Universitäten Heidelberg und Kragujevac, Träger des VDI- und Dieselrings, der Benz-Daimler-, Exner-, Karmasch- und Prechtel-Medaille, des VDI-Ehrenzeichens, des Österreichischen Ehrenkreuzes für Wissenschaft und Kunst, des Großen Goldenen Ehrenzeichens des Landes Steiermark und des Großen Goldenen Ehrenzeichens für Verdienste um die Republik Österreich und anderer internationaler Auszeichnungen.

Über 100 wissenschaftliche Veröffentlichungen und Patente; Bücher: „Soviel Auto braucht der Mensch", „Was nach dem Auto kommt", „Ethik im Unternehmen", „Wachstum ohne Grenzen" – seit 1955 verheiratet, 3 Kinder, 8 Enkel, Hobby: Musik.

*

Erich Becker-Boost,
geboren in Neunkirchen/Saarland, Studium der Naturwissenschaften/ Chemischen Verfahrenstechnik, TH Darmstadt (Dipl.-Ing.-Chem., Dr. rer. nat.) und von Business Finance, USA.

1954–1962 in einem Chemieunternehmen (SKW/VIAG) und im internationalen Projekt- und Anlagenbau-Geschäft (Thyssen/Otto) tätig: Stahlwerke, Chemieanlagen, Entwicklung industrieller Abwasser- und Abgas-Reinigungsverfahren.

1962–1967 Direktor, Geschäftsführer und Vorstand in deutsch-französischen Unternehmen (Saarbergwerke, Elf Aquitaine u. Tochtergesellschaften): Unternehmensplanung Kokereien, Erdölraffinerie, Düngemittel- und Kunststoff-Herstellung.

1968–1987 leitende Funktionen: Direktor bei multilateralen Finanzierungs- und Entwicklungsorganisationen in Washington DC und Wien (Weltbank, IFC/ International Finance Corporation, UNIDO/Industrieentwicklungsorganisation der UN): Projektbeurteilung, Branchenanalysen, Investitionsförderung, Joint Ventures; schwerpunktmäßig in Brasilien, Indien, Nordafrika, Türkei, Indonesien, China. Leiter wirtschaftspolitischer internationaler Arbeitsgruppen und Konferenzen.

Seit 1988 selbständiger Berater: Unternehmensbewertung, Wettbewerbsanalyse, Wirtschaftsprognosen, M&A (EIB/Europ. Investitionsbank, Treuhandanstalt u. a.), Mitglied in Beiräten. – Viele Fachveröffentlichungen, Vorträge, Universitätsseminare, Patente. Gründungsmitglied des Austrian Chapter des Club of Rome. Träger des Großen Bundesverdienstkreuzes 1. Klasse der BRD und des Großen Goldenen Ehrenzeichens für Verdienste um die Republik Österreich u. a. Auszeichnungen. – Hobbies: Klassische und Zigeunermusik (Violine, Bratsche), Fliegen (aktiver Pilot) u. a.

Springer-Verlag
und Umwelt

ALS INTERNATIONALER WISSENSCHAFTLICHER VERLAG sind wir uns unserer besonderen Verpflichtung der Umwelt gegenüber bewußt und beziehen umweltorientierte Grundsätze in Unternehmensentscheidungen mit ein.

VON UNSEREN GESCHÄFTSPARTNERN (DRUCKEREIEN, Papierfabriken, Verpackungsherstellern usw.) verlangen wir, daß sie sowohl beim Herstellungsprozeß selbst als auch beim Einsatz der zur Verwendung kommenden Materialien ökologische Gesichtspunkte berücksichtigen.

DAS FÜR DIESES BUCH VERWENDETE PAPIER IST AUS chlorfrei hergestelltem Zellstoff gefertigt und im pH-Wert neutral.